T. Tittizer, F. Krebs

Ökosystemforschung: Der Rhein und seine Auen

Im Auftrag des Umweltbundesamtes im Rahmen des Umweltforschungsplanes des Bundesministeriums der Umwelt, Naturschutz und Reaktorsicherheit erstellt in der Bundesanstalt für Gewässerkunde, Koblenz

Springer

Berlin
Heidelberg
New York
Barcelona
Budapest
Hong Kong
London
Mailand
Paris
Santa Clara
Singapur
Tokio

Thomas Tittizer · Falk Krebs (Hrsg.)

Ökosystemforschung: Der Rhein und seine Auen

Eine Bilanz

Mit 78 Abbildungen und 68 Tabellen im Buch
und 179 Abbildungen auf Diskette

Springer

Dr. Thomas Tittizer
Dr. Falk Krebs

Bundesanstalt für Gewässerkunde
Kaiserin-Augusta-Anlagen 15-17
56068 Koblenz

ISBN-13:978-3-642-79557-2

Die Deutsche Bibliothek – CIP-Einheitsaufnahme

Ökosystemforschung: der Rhein und seine Auen : eine Bilanz ; mit 68 Tabellen im Buch / im Auftr. des Umweltbundesamtes im Rahmen des Bundesumweltforschungsplanes des Bundesministeriums für Umwelt, Naturschutz und Reaktorsicherheit erstellt in der Bundesanstalt für Gewässerkunde, Koblenz. Thomas Tittizer ; Falk Krebs Hrsg.). Berlin ; Heidelberg ; New York ; Barcelona ; Budapest ; Hong Kong ; London ; Mailand ; Paris ; Santa Clara ; Singapur ; Tokyo : Springer 1996
ISBN-13:978-3-642-79557-2 e-ISBN-13:978-3-642-79556-5
DOI: 10.1007/978-3-642-79556-5

NE: Tittizer, Thomas; Bundesanstalt für Gewässerkunde <Koblenz>

Softcover reprint of the hardcover 1st edition 1996

Satz: Reproduktionsfertige Vorlage vom den Autoren
Umschlagentwurf: Meta-Design, Berlin

Widmung

Dieses Buch ist dem Andenken an Gerhard Möhler gewidmet. Er hat sich als Ministerialrat beim Bundesminister für Umwelt, Naturschutz und Reaktorsicherheit in fachlich und menschlich herausragender Weise für die Arbeit und die Beteiligten eingesetzt. Sein unerwarteter Tod ist uns sehr nahe gegangen. Wir haben uns bemüht, das Werk in seinem Sinne fertigzustellen.

Dr. Manfred Zimmer
Dipl.-Biol. Maria Dommermuth
Dr. Jürgen Bäthe
(Projektbearbeiter)

Dr. Thomas Tittizer Dr. Falk Krebs (Projektleitung)	Bundesanstalt für Gewässerkunde, Koblenz
Dr. Rüdiger Bless Dr. Alfons Henrichfreise (Projektbeirat)	Bundesamt für Naturschutz, Bonn
Dipl.-Ing. Eva Schmitz (Projektbegleitung)	Umweltbundesamt, Berlin

Geleitwort

Fluß und Auen bilden eine ökologische Einheit. Der Rhein schuf vor undenklichen Zeiten durch sein dynamisches Verhalten ein vielfältiges Bodenrelief, das Platz bot für den Artenreichtum, der große Flußökosysteme natürlicherweise auszeichnet. Der Rhein prägte auch seit jeher Kultur und Wirtschaft der Menschen, die an seinen Ufern ansässig waren und sind - heute viele Millionen.

Die wenigsten von uns dürften jedoch gewußt haben, daß die uns vertraute Rheinlandschaft nicht mehr dem ursprünglichen Bilde gleicht, sondern sich heute in mehrmals vom Menschen überformter Gestalt darbietet. Die seit der Völkerwanderung in den Auen siedelnden Stämme hatten es schwer, sich gegen die Gewalt des Wassers zu behaupten. Der in vielen Armen und Windungen frei dahinströmende, häufig sein Bett verlagernde und dabei gelegentlich ganze Dörfer verschlingende Fluß wurde erst im Laufe der Zeit in einen engen Schlauch gezwungen; Siedlungen und Landwirtschaft konnten sich ausbreiten, aber Tier- und Pflanzenarten verschwanden, zuerst aus der Aue, dann aus dem Fluß; der Grundwasserspiegel sank rapide, die Sohlenerosion wurde zum Dauerproblem. Die ansässige Bevölkerung hatte stets von dem natürlichen Potential profitiert: durch Fischerei, Jagd, Holz- und Landwirtschaft, durch Nutzung des Wassers zur Trinkwasserversorgung, als Transportweg, als Energiequelle. Erst die Schäden der jüngsten Hochwasserereignisse haben uns vor Augen geführt, daß wir in der Ausnutzung der natürlichen Ressourcen seit etwa 200 Jahren zu einseitig und ohne Rücksicht auf Nachhaltigkeit die Großschiffahrt, die Wasserkraft und die Urbanisierung der Talaue bevorzugt haben. Wir müssen nun auf weiteren Staustufenbau und restlose Besiedelung der letzten freien Uferstreifen verzichten. Wir müssen durch Deichrückbau wieder naturnahe Retentionsflächen schaffen; was dergestalt dem Hochwasserschutz dient, dient auch dem Artenschutz. Wir müssen unsere Anstrengungen zur Minimierung von Stoffeinträgen fortsetzen und die entsprechende Einhaltung von Qualitätszielen gewährleisten. Auf längere Sicht werden wir besser mit dem Rhein und vom Rhein leben, wenn wir ihn ebenfalls leben lassen.

Das vorliegende Buch vermittelt ein anschauliches Bild von der Veränderung des Rheinökosystems vom Mittelalter bis zur Gegenwart. Es belegt, daß nicht nur die Schadstoffbelastung ursächlich war für den Verlust ehemals heimischer Arten;

den strukturellen Eingriffen des Flußausbaus kommt mindestens ebenso große Bedeutung zu. Es bestätigt, daß das Programm „Lachs 2000“ der Internationalen Rheinschutzkommission (IKSR) auf dem richtigen Wege ist; der Rhein muß wieder durchgängig werden für alle aquatischen Arten. Es verhilft zu der Erkenntnis, daß bei künftigen Ausbaumaßnahmen in der Gegenüberstellung von ökonomischen Vorteilen und ökologischen Auswirkungen eine sorgfältige Bilanz zu ziehen ist. Das ökologische Rüstzeug ist vorhanden; es sind nun andere aufgefordert, ihre ökonomischen Kriterien transparent zu machen. Insbesondere dürfen sich Umweltverträglichkeitsprüfungen nicht auf den unmittelbaren Umgriff der Maßnahmen beschränken. Das Flußkontinuum kennt keine Grenzen; jeder Eingriff hat auch Folgen für die Unterlieger wie für die Oberlieger. Das gilt auch für die nachzuweisende Hochwasserneutralität einer Maßnahme.

Während in den letzten 20 Jahren eine deutliche Verbesserung der Wasserqualität eingetreten ist und sogar der Sandoz-Unfall vor neun Jahren keine bleibenden Schäden hinterließ, sind die Folgen struktureller Eingriffe in ein Flußsystem weitgehend irreversibel. Wir können lediglich in den verbleibenden Handlungsspielräumen Reaktivierungsmöglichkeiten anbieten und abwarten, ob die Natur sie annimmt. In jüngster Zeit sind vier zwischenzeitlich verschollene Fischarten und einige Benthosarten in den Rhein zurückgekehrt. Doch sind die Habitatverhältnisse nicht mehr dieselben, weil sich die Strömungsverhältnisse und mit ihnen weitere Parameter unwiederbringlich geändert haben. Auch haben wir im Zuge des gesamten Gewässerausbaus in Deutschland ehemalige Ausbreitungsgrenzen der Arten durchbrochen und damit sowohl Neubürgern im Rhein Tür und Tor geöffnet – als auch den umgekehrten Weg möglich gemacht. 150 Jahre hat ein kleiner Schlickkrebs aus dem Pontokaspischen bis zum Rhein gebraucht; jetzt tritt er massenhaft auf. Diese Entwicklung läßt sich nicht zurückdrehen; der Ablauf der Zeit ist nicht umkehrbar. Solange Menschen am Rhein wohnen, werden voraussichtlich nie wieder 200 000 Nasen (karpfenartiger Fisch) auf dem Fischmarkt zu Basel angeboten werden, wie das noch 1664 der Fall war. Aber wir können noch vieles tun, um das heute uniforme Bild des Rheins wieder reichhaltiger zu strukturieren und damit Lebensmöglichkeiten zu reaktivieren, die unserem Auftrag zur Erhaltung der Biodiversität gerecht werden.

Das vorliegende Buch folgt einem Ökologiebegriff, der neben der Tier- und Pflanzenwelt auch den Menschen einschließt. Es leitet seinen gedanklichen Ansatz im wesentlichen her von der Idee einer Partnerschaft des Menschen mit der Natur, die dem UNESCO-Programm „Man and the Biosphere“ von 1970 zugrundelag, ferner von verschiedenen Empfehlungen des Rates von Sachverständigen für Umweltfragen seit 1974, Umweltprobleme entsprechend ihren systemaren Zusammenhängen anzugehen, sowie von den Vorschlägen von Ellenberg, Fränzle und Müller (1978) zur Einrichtung von Hauptforschungsräumen in repräsentativen Ökosystemen, u.a. in dem des Rheins. Auf dieser Grundlage hat das Bundesumweltministerium viele Forschungsvorhaben gefördert. Aber erst nach dem Sandoz-Unfall im November 1986 schien es aufgrund der erklärten Zielsetzung der IKSR, einen möglichst naturnahen Zustand des Rheins zu reaktivieren, geboten, ergänzend zu den bis dahin vorrangig behandelten Schadstoffbelastungen auf die Auswirkungen struktureller Eingriffe aufmerksam zu machen. Im Ergebnis gewinnen wir einen beträchtlichen Erkenntnisschub, der auch bei der Bearbeitung anderer Flußsysteme vergleichend von Nutzen sein kann.

Dieses Ergebnis ist vor allem der großartigen Leistung der drei Naturwissenschaftler zu verdanken, die dieses Werk erstellt haben. Sie haben nicht nur 3500 Literaturstellen ausgewertet und in einen sinnvollen Zusammenhang gebracht. Sie haben die Ergebnisse auch in eine so gut lesbare Sprache gekleidet, daß ich „Den Rhein und seine Auen" jedem empfehlen möchte, der an der Geschichte seiner Heimat interessiert ist, in der vielleicht schon seine Vorfahren gelebt haben - wenn auch wohl in einer Landschaft gänzlich anderen Charakters.

Vor allem aber empfehle ich das Buch den Ländern, die in der Deutschen Rheinschutzkommission vertreten sind. Es mag momentan dahingestellt bleiben, ob man sich zu einer Konzeption für ein langfristiges ökologisches Beobachtungssystem des Rheins - wie der ursprüngliche Arbeitstitel lautete - entschließen will; die vorliegende Literaturstudie scheint auf jeden Fall von Nutzen. Durch die gleichsam in die Vergangenheit gewandte und in einem Zeitraffer zusammengefaßte Langfristbeobachtung lassen sich jetzt sehr gut die Abweichungen des gegenwärtigen von einem früher naturnahen Zustand ermessen. Dies kommt der zur Zeit auf verschiedenen Ebenen, z.B. auch im Rahmen der Länderarbeitsgemeinschaft Wasser oder im Rahmen der Internationalen Elbeschutzkommission, geführten Diskussion um Bewertungsmaßstäbe und Leitbilder für die ökologische Beurteilung großer Flüsse sehr entgegen.

Darüber hinaus hoffe ich, daß „Der Rhein und seine Auen" auch das Interesse meiner Kollegen in der IKSR findet. Von der Tulla'schen Rheinkorrektion seit 1817, die, ganz im Zeichen des damals überall erwachenden Nationalstaatgedankens, u.a. das Ziel hatte, eine feste Grenze zu Frankreich zu gewinnen, bis zur Zielvorstellung der IKSR 1986 vom Rhein „als großem europäischen Strom" haben die Rheinanliegerstaaten einen langen, oftmals schmerzlichen Weg zurückgelegt. Seit Gründung der IKSR im Jahre 1953 haben wir erfahren, daß Kooperation und Konsensbildung der tragfähigere Weg in die Zukunft sind. Letzten Endes wissen wir alle, daß der Rhein mit seinen Auen für die ansässige Bevölkerung als Lebensgrundlage und Quell der Lebensart unverzichtbar ist.

Berlin, April 1996

Dr. Andreas Troge
Präsident des Umweltbundesamtes

Vorwort

Das „Aktionsprogramm Rhein“ der Internationalen Kommission zum Schutz des Rheins tritt in seine entscheidende Phase. Bis zum Jahr 2000 sollte erwiesen sein, ob der Lachs aufgrund der eminenten Anstrengungen der Rheinanliegerstaaten zur Rheinsanierung in diesem Flußsystem wieder heimisch werden kann.

Daß es dabei nicht nur um den Lachs geht, sondern vielmehr um die ökologische Gesundung eines gesamten Flußökosystems wird in dem vorliegenden Buch anhand umfangreicher Daten zum Ökosystem Rhein/Rheinaue dokumentiert. Im Vordergrund stehen dabei die Veränderungen der Lebensgemeinschaften, deren natürliche Entwicklung infolge der Eingriffe des Menschen beeinträchtigt wurde. Die nutzungsbedingten Eingriffe reichen von der Abholzung der Auenwälder im 7. Jahrhundert bis zur Einleitung von Abwässern jeglicher Art seit Beginn der Industrialisierung im 19. Jahrhundert. Wasserbauliche Maßnahmen wie Begradigung, Staustufenbau und Kanalisierung sowie Hochwasserschutz, Rohstoffgewinnung, Forst- und Landwirtschaft veränderten die morphologischen wie hydrologischen Verhältnisse und nahmen Einfluß auf den Stoffhaushalt. All dies führte zur Umgestaltung der aquatischen, amphibischen und terrestrischen Fauna und Flora.

Berichte über den Rhein gibt es seit Beginn schriftlicher Aufzeichnungen. Die ausgewertete Fachliteratur erlaubt es, in einer qualitativen Bilanzierung einen „Referenzzustand“ zu definieren, der dem „Sollzustand“ – also dem mittels Reaktivierungsmaßnahmen zu erreichenden „Zielzustand“ des Ökosystems Rhein/Rheinaue – zugrunde gelegt werden muß. Darüber hinaus werden anhand der Analyse des Datenmaterials Beobachtungsparameter genannt, mit deren Hilfe die künftige Entwicklung des Ökosystems Rhein/Rheinaue unter dem Einfluß von Sanierungsmaßnahmen festgestellt und verfolgt werden kann.

Diese Buchveröffentlichung ist aus der Forschungsmaßnahme „Erarbeitung einer Konzeption für ein langfristiges ökologisches Beobachtungssystem des Rheins – 1. Stufe: Literaturstudie“ hervorgegangen, die im Auftrag des Umweltbundesamtes, Berlin, im Rahmen des Umweltforschungsplanes des Bundesministeriums für Umwelt, Naturschutz und Reaktorsicherheit (Forschungsvorhaben 109 02 041) durch die Bundesanstalt für Gewässerkunde, Koblenz, durchgeführt worden ist. Die Ergebnisse und Schlußfolgerungen des Forschungsberichts werden mit dieser Buchfassung einer breiteren Öffentlichkeit zugänglich gemacht. Das in bisher einzigartiger Weise zusammengetragene und ausgewertete Wissen zu einem der bedeutendsten Ströme Europas sollte unserer Überzeugung nach nicht nur Rheinexperten vorbehalten bleiben, sondern all denen zur Verfügung gestellt werden, die sich beruflich oder aus sonstigem Interesse mit aquatischer und amphibisch-terrestrischer Ökologie beschäftigen.

Die Herausgeber möchten an dieser Stelle all den Personen danken, die durch Auskünfte, Diskussionsbereitschaft, Überlassung von Materialien und tatkräftige Unterstützung zu dieser Studie beigetragen haben. Ohne deren Hilfsbereitschaft und kompetenten fachlichen Beistand wäre dieses Werk nicht zustande gekommen. Stellvertretend für die nahezu zweihundert Beteiligten seien hier nur die folgenden aufgeführt (auf den Disketten befindet sich eine Auflistung, von der wir hoffen, daß sie vollständig ist): Dr. v. Aufseß, Dr. Wendling (beide LfW, Mainz), Dr. Scharf (GKSS-Institut für Gewässerforschung, Magdeburg), Dr. Bernerth, Prof. Lelek (beide Forschungsinstitut Senckenberg, Frankfurt), Prof. Dr. Bick, Prof. Dr. Niethammer (beide Univ. Bonn), Dr. Binnemann (CLUA, Offenburg), Dr. Biss (Freiburg), Dr. Bless, Dr. Henrichfreise, Dr. Krause (alle BfN, ehem. BFANL, Bonn), Dr. Backhaus, Dr. Berg, Dr. Matthias, Dr. Theeg (alle LfU, Karlsruhe), Dr. Braun, Dr. Schulte-Wülwer-Leidig (beide IKSR, Koblenz), Dr. Braunbeck, Prof. Dr. Ludwig, Prof. Dr. G. Müller, Prof. Dr. Storch, H. Neugebauer (alle Univ. Heidelberg), Dr. Bergmann, Dipl.-Phys. Günneberg, Dr. Hellmann, Dr. Keller, Dr. Leuchs, Dr. D. Müller, Dr. Nöthlich, Dr. Schöll, Dr. Speer, Dipl.-Chem. Schleichert, Dr. Schleuter, Dipl.-Met. Schröder (alle BfG, Koblenz), Prof. Dr. Carbiener (Illkirch/Frankreich), Dr. Christmann, Dr. Hagendorf (WaBoLu, Außenstelle Langen), Dr. van Dessel (Rijksinst. voor Natuurbeheer, Leersum/Niederlande), Dr. Dister (WWF Auen-Institut, Rastatt), Dr. Digel, Dr. Fesel, Dr. Klös (alle HLU, Wiesbaden), Dr. Fleischer, Hr. Knichel, Hr. Schmidt, Fr. Thiele (Statist. BA, Wiesbaden), Prof. Dr. Friedrich, Dr. Schiller (beide LfU, Essen), S. Gerster (Bern/Schweiz), Dr. Gerike (gest.), Dr. Guhl (beide Henkel, Düsseldorf), Prof. Dr. Gerken (Univ. GHS Paderborn/Höxter, Höxter), Drs. van de Guchte, Dr. bij de Vaate (beide RIZA, Lelystad/Niederlande), Dr. Haag (Univ. Tübingen), Dr. U. Irmer, Dr. Rudolph, Dr. Schulz-Krutisch (alle UBA, Berlin), Dr. Jatzek (BASF, Ludwigshafen), Dr. Jens (Boppard), Dr. Jungbluth (Univ. Wageningen/Niederlande), Dr. Kühn, Dipl.-Chem. Weindel (beide EBI, Univ. Karlsruhe), Prof. Dr. R. Nagel (Univ. Mainz u. Univ. Dresden), Prof. Dr. Philippi (Landessammlung für Naturkunde, Karlsruhe), G. Roth (TH Darmstadt), Dr. Schanz (Univ. Zürich), Dr. Schmidt, (Naturhistorisches Museum, Mainz), Prof. Dr. Schwoerbel (Univ. Konstanz), Dr. Streichfuß (Stadt Tübingen), Dr. Stössel (EAWAG, Dübendorf/ Schweiz), Dr. Tomka (ETH Zürich/Schweiz), Dr. Verhoog (Stichting Reinwater, Amsterdam), Prof. Dr. R.K. Zahn (Univ. Mainz).

Gedankt sei auch ausdrücklich den zahlreichen nichtwissenschaftlichen Mitarbeiterinnen und Mitarbeitern behördlicher und sonstiger Institutionen, denen es oblag, die schriftlichen und telefonischen Anfragen der Projektleiter und Projektbearbeiter zu beantworten.

Unserer besonderer Dank gilt den Mitarbeiterinnen und Mitarbeitern der befragten Bibliotheken und Dokumentationsstellen, von denen stellvertretend zu nennen sind: Frau Nelles, Frau Otte und Herr Essig (alle BfG, Koblenz), Dr. Flueck und Herr Hachmann (BfN, Bonn). Weiterhin danken wir Frau Pittig (BfG, Koblenz) für die sorgfältige Durchführung der Schreibarbeiten, Herrn Lakotta und Herrn Brüggenthies für EDV-Arbeiten sowie Herrn Geil (alle Koblenz) für die Fertigung der Druckvorlage für dieses Buch und die Erstellung der Disketten.

Die Herausgeber danken Herrn Witschel vom Springer-Verlag für seine Entscheidung, den Forschungsbericht in der vorliegenden Form als Buch zu veröffentlichen.

Koblenz, März 1996

T. Tittizer
F. Krebs

Inhaltsverzeichnis

Projektbearbeiter

Dr. Manfred Zimmer
Büro für Umweltdokumentation
Wüstenstr. 17
D-49080 Osnabrück

Stoffliche Einflüsse auf das Rheinökosystem

Dipl.-Biol. Maria Dommermuth
Weinbergstr. 2
D-53545 Ockenfels

Aquatische Ökologie des Rheins

Dr. Jürgen Bäthe
Waldwinkel 9
D-31199 Diekholzen

Amphibisch-terrestrische Ökologie des Rheins

Abkürzungsverzeichnis

Organsisationen/Institutionen

APR	Aktionsprogramm Rhein
ArgeRhein	Arbeitsgemeinschaft der Länder zur Reinhaltung des Rheins
ARSU	Arbeitsgruppe für regionale Struktur- und Umweltforschung
ARW	Arbeitsgemeinschaft der Rheinwasserwerke
AWBR	Arbeitsgemeinschaft Wasserwerke Bodensee-Rhein
BBU	Bundesverband Bürgeriniativen Umweltschutz
BFANL	Bundesforschungsanstalt für Naturschutz und Landschaftsökologie
BfG	Bundesanstalt für Gewässerkunde
BfN	Bundesamt für Naturschutz
BFVNL	Bundesforschungsanstalt für Vegetationskunde, Naturschutz und Landschaftspflege
BLAK QZ	Bund/Länder-Arbeitskreis „Gefährliche Stoffe – Qualitätsziele für oberirdische Gewässer"
BLMP	Bund/Länder-Meßprogramm
BMFT	Bundesministerium für Forschung und Technologie
BMI	Bundesministerium des Innern
BMU	Bundesministerium für Umwelt, Naturschutz und Reaktorsicherheit
BMV	Bundesministerium für Verkehr
CLUA	Chemische Landesuntersuchungsanstalt Offenburg
DFG	Deutsche Forschungsgemeinschaft
DK	Deutsche Kommission zur Reinhaltung des Rheins
EAWAG	Eidgenössische Anstalt für Wasserversorgung, Abwasserreinigung und Gewässerschutz
GDCh	Gesellschaft deutscher Chemiker
GNOR	Gesellschaft für Naturschutz und Ornithologie Rheinland-Pfalz
GSF	Gesellschaft für Strahlen- und Umweltforschung
HLU	Hessische Landesanstalt für Umwelt
IAWR	Internationale Arbeitsgemeinschaft der Wasserwerke im Rheineinzugsgebiet
IGKB	Internationale Gewässerschutzkommission für den Bodensee
IKSMS	Internationale Kommissionen zum Schutze der Mosel und der Saar gegen Verunreinigung

IKSR	Internationale Kommission zum Schutze des Rheins gegen Verunreinigung
IRH	Institut de Recherches Hydrologiques
KHR	Internationale Kommission für die Hydrologie des Rheingebietes
LAWA	Länderarbeitsgemeinschaft Wasser
LfU	Landesanstalt für Umweltschutz Baden-Württemberg
LfW	Landesamt für Wasserwirtschaft Rheinland-Pfalz
LÖLF	Landesanstalt für Ökologie, Landschaftsentwicklung und Forstplanung Nordrhein-Westfalen
LWA	Landesamt für Wasser und Abfall Nordrhein-Westfalen
RIWA	Samenwerkende Rijn- en Maaswaterleidingbedrijven
SRU	Der Rat von Sachverständigen für Umweltfragen
UBA	Umweltbundesamt
VCI	Verband der chemischen Industrie
WWF	World Wildlife Fund

Maßangaben

1 g	=	1 000 mg (Milligramm)
	=	1 000 000 μg (Mikrogramm)
	=	1 000 000 000 ng (Nanogramm)
1 ha	=	10 000 m^2 (Quadratmeter)
1 l	=	1 000 ml (Milliliter)
	=	1 000 000 μl (Mikroliter)
1 ppm	=	1 mg/kg (parts per million)
	=	1 μg/g (parts per million)
1 ppb	=	1 μg/kg (parts per billion)
	=	1 ng/g (parts per billion)

kg/s	=	Kilogramm/Sekunde
g/s	=	Gramm/Sekunde
m^3/s	=	Kubikmeter/Sekunde
üNN	=	über Normalniveau

Abbildungsverzeichnis

Tabellenverzeichnis

1 Einleitung

1.1 Anlaß und Zielsetzung

Anlaß. Am 1. November 1986 brannte eine Lagerhalle des Chemiewerkes der Firma Sandoz AG in Schweizerhalle oberhalb von Basel aus. Von dem Brand wurden unter anderem ca. 1000 Tonnen Agrochemikalien (Pflanzenschutzmittel, Schädlingsbekämpfungsmittel, Düngemittel, Rohstoffe, Zwischenprodukte, Hilfsstoffe) erfaßt. Mit dem zur Brandbekämpfung eingesetzten Löschwasser wurden ca. 10 bis 30 Tonnen Chemikalien über das innerbetriebliche Kanalnetz in den Rhein gespült. Unmittelbar sichtbare Folgen waren die weitgehende Vernichtung des Aalbestandes am Oberrhein und die vorübergehende Einstellung der Trinkwasserversorgung aus verschiedenen rheinnahen Brunnen (BMU 1987a).

Nationale und internationale Folgeaktivitäten. In der Folge dieses Unfalles kam es zu einer Verstärkung der nationalen und internationalen Aktivitäten zum Schutz des Rheins, von denen hier nur diejenigen erwähnt werden, die für das in Frage kommende Forschungs- und Entwicklungsvorhaben bedeutsam sind.

Die Bundesregierung beschloß am 3. Dezember 1986 im Maßnahmenkatalog „Vorsorge gegen Chemieunfälle“, die bestehenden Maßnahmen zur Beobachtung der Gewässergüte und Stoffbelastung durch ein langfristiges ökologisches Beobachtungs- und Überwachungssystem zu ergänzen. Die daraus gewonnenen Erkenntnisse sollen sich in verbesserten Vorsorgemaßnahmen zum Schutz des Rheins niederschlagen (BMU 1987b).

Die Konferenz der Internationalen Kommission zum Schutze des Rheins gegen Verunreinigung (IKSR) stellte am 19. Dezember 1986 auf Ministerebene umfangreiche Ziele auf. Unter anderem sollte

- der ökologische Zustand des Rheins, wie er vor dem Sandoz-Unfall war, wiederhergestellt und verbessert werden,
- die Nutzung des Rheinwassers für die Trinkwasserversorgung auch künftig möglich sein,

- die Belastung des Rheins durch Schadstoffe weiterhin verringert werden mit dem Ziel einer deutlichen Reduzierung der Belastung des Flußsediments,
- ein Untersuchungs- und Wiederherstellungsprogramm ausgearbeitet werden.

Als langfristiges Ziel wurde festgelegt, „daß das Ökosystem Rhein in einen Zustand versetzt werden soll, bei dem etwa im Jahr 2000 heute verschwundene, aber früher vorhandene höhere Arten (z.B. der Lachs) im Rhein als großem europäischen Strom wieder heimisch werden können."

Zur Erreichung des langfristigen Zieles wurde die IKSR mit der Ausarbeitung eines Aktionsprogramms beauftragt (Kommuniqué der 7. Ministerkonferenz über die Verunreinigung des Rheins am 19. Dezember 1986 in Rotterdam).

Die Deutsche Kommission zur Reinhaltung des Rheins legte im Dezember 1986 einen umfangreichen Bericht über die Folgen des Sandoz-Unfalls, über Maßnahmen zur Behebung der Schäden und über Empfehlungen für künftige Untersuchungen vor. Unter anderem wurden darin Besatzmaßnahmen mit Aalbrut zwecks Wiederherstellung des Aalbestandes in der ursprünglichen Höhe vorgesehen. Der Bundesminister für Umwelt, Naturschutz und Reaktorsicherheit (BMU) wurde gebeten, gemeinsam mit den Fachleuten aus den Ländern bis Ende 1987 einen Vorschlag für eine Studie „Ökosystem Fließgewässer" (gezeigt am Beispiel des Rheins) zu erarbeiten, wobei die Gewässergüte- und Fischereireferenten der Länder beteiligt werden sollten (BMU 1987a).

Der Bundesrat hielt in der Entschließung zur „Vorsorge gegen Schadensfälle in der chemischen Industrie" den Aufbau eines ökologischen Beobachtungs- und Überwachungssystems (biologisches Monitoring) für eine im nationalen Bereich gebotene Maßnahme (mit dem Ziel, die langfristigen Auswirkungen insbesondere stofflicher Belastungen auf den Rhein und andere ausgewählte Fließgewässer besser beurteilen und abschätzen zu können) und bat die Bundesregierung, im zwischenstaatlichen Bereich ein Programm zur Sanierung des Rheins (national/international) zu erarbeiten.

Der Bundesminister für Umwelt, Naturschutz und Reaktorsicherheit beauftragte im Januar 1987 in Umsetzung des oben genannten Beschlusses der Bundesregierung und unter Berücksichtigung der oben genannten anderweitigen Aktivitäten das Umweltbundesamt, ein Forschungs- und Entwicklungsvorhaben zur konzeptionellen Erarbeitung eines langfristigen ökologischen Beobachtungssystems des Rheins und seiner Grenzbereiche in die Wege zu leiten. Das Beobachtungssystem sollte den Zweck haben, die Verbesserung des ökologischen Zustandes des Rheins zu verfolgen.

In einer Besprechung mit Vertretern der Länder und der Deutschen Kommission zur Reinhaltung des Rheins am 7. August 1987 wurde vereinbart, das Forschungs- und Entwicklungsvorhaben zunächst auf die 1. Stufe einer Literaturstudie zu begrenzen und nach deren Fertigstellung die Aufgabenstellung für die 2.

Stufe, die eigentliche Konzeption des Beobachtungssystems, mit den Ländern und der Deutschen Kommission zur Reinhaltung des Rheins abzustimmen.

Das Umweltbundesamt (UBA) vergab die Durchführung der Literaturstudie an die Bundesanstalt für Gewässerkunde (BfG), die ihrerseits in Wahrnehmung der Projektleitung 3 Wissenschaftler mit besonderen Voraussetzungen für terrestrische und aquatische Ökologie sowie für ökologische Chemie beauftragte.

Zielsetzung und Aufgabenstellung der Literaturstudie. Die Literaturstudie, als Vorstufe eines Konzepts für ein Beobachtungssystem, hatte das Ziel, den unter ökologischen Aspekten relevanten Bestand an Wissen über den Rhein im Hinblick auf langfristig geeignete Beobachtungsparameter auszuwerten und diesbezüglich mögliche Defizite zu ermitteln. Dabei war folgendes vorauszusetzen:

- Eine ökologische Beobachtung kann, aber muß nicht zwangsläufig mit Ökosystemforschung identisch sein. In Anbetracht von ca. 870 Stromkilometern allein des deutschen Rheinabschnittes sowie des immensen und vorläufig unübersichtlichen Aufwandes einer darauf bezogenen Ökosystemforschung war davon auszugehen, daß sich die angestrebte ökologische Beobachtung zunächst auf ausgewählte Merkmale, Charakteristika und Objekte von hinreichender Aussagekraft würde beschränken müssen.
- Eine ökologische Beobachtung umfaßt definitionsgemäß die Lebewesen vor ihrem gesamten abiotischen Hintergrund und - bei Einflüssen anthropogener Art - nicht nur stoffliche, sondern auch hydrologisch-morphologische Eingriffe.
- In eine ökologische Beobachtung sind zwangsläufig die Auen einzubeziehen, weil sie mit dem Fluß eine ökologische Einheit bilden. Im Hinblick auf wandernde Arten ist der gesamte Flußlauf zu berücksichtigen.
- Bewertungen des ökologischen Zustands sind durch Vergleiche mit früheren oder anzustrebenden zukünftigen Zuständen möglich.

Die Literaturauswertung umfaßt den Rheinstrom einschließlich Stauhaltungen, Altarmen und Mündungsgebieten wichtiger Nebengewässer sowie die mit dem Rhein in Wechselwirkung stehenden terrestrischen Bereiche (vor allem die Rheinauen). Als stehendes Gewässer bietet der Bodensee wesentlich andere hydrologische Bedingungen und biozönotische Verhältnisse, so daß aufgrund der Fülle der hierüber vorliegenden Literatur eine gesonderte Bestandsaufnahme erforderlich wäre. Deshalb werden Daten zum Bodensee hier nur exemplarisch herangezogen, z.B. bei der Behandlung der Folgen von Eutrophierung auf die Fischfauna (Kap. 5.4.2).

Die Inhalte der Literaturstudie gehen schwerpunktmäßig von Arbeiten über das biologische-ökologische Wirkungsgefüge des Rheins und seiner Auen aus. Sie erstrecken sich jedoch auch auf die relevanten stofflichen und nicht-stofflichen Einflußfaktoren des Ökosystems. Grob gegliedert umfaßt die Literaturauswertung folgende Sachkomplexe:

A Aquatische Ökologie
B Terrestrische und amphibische Ökologie
C Nichtstoffliche Einflußfaktoren
D Stoffliche Einflußfaktoren.

Die Sachkomplexe A und B umfassen die Beschreibung der biotischen Komponenten des Rheinökosystems zu verschiedenen Zeiten, wobei insbesondere die für verschiedene ökologische Zonen charakteristischen Biozönosen und Arten unter Berücksichtigung etwaiger Indikatorqualitäten herausgearbeitet werden.

Der Sachkomplex C umfaßt alle ökologisch relevanten hydrologischen und morphologischen Faktoren wie z.B. wasserbauliche Maßnahmen (Ausbau und Aufstau des Rheins), Schiffahrt, Trink- und Brauchwassergewinnung, Energieerzeugung, Fischerei, land- und forstwirtschaftliche Nutzung der Auen etc.

Der Sachkomplex D umfaßt die Gruppe biologisch-ökologisch wirksamer Substanzen, die die Biozönose sowie den Stoff- und Energiehaushalt des Gewässers beeinflussen. Die Begrenzung auf nur wenige Stoffgruppen war erforderlich, weil derzeit Aussagen über Wirkungen einzelner Stoffe auf Arten und Lebensgemeinschaften noch sehr problematisch sind und weil zu berücksichtigen war, daß kontinuierliche Messungen erst seit 1954 durchgeführt werden, während für die Zeit davor andere Angaben hilfsweise heranzuziehen sind.

Diese vier Sachkomplexe waren mittels Zeitreihenvergleichen in qualitativer Abschätzung im Hinblick auf die Veränderungen des Rheinökosystems und deren Ursachen zu integrieren. Hierbei sollten auch Regenerationsmöglichkeiten und die Vernetzung von chemisch-physikalischem mit biologischem Monitoring berücksichtigt werden.

Im einzelnen sollten folgende Fragen beantwortet werden:

- Welche Lebensgemeinschaften besiedelten früher die verschieden ökologischen Zonen des Rheins?
- Wie ist die entsprechende heutige Situation und wie läßt sich die zwischenzeitliche Entwicklung erklären?
- Welche Angaben liegen insbesondere über die natürliche Variabilität ohne Einfluß anthropogener Faktoren und deren zeitliche Entwicklung vor?
- Welche anthropogenen Faktoren waren für die zwischenzeitliche Veränderung maßgeblich und in welchem Verhältnis stehen sie zueinander und zu natürlichen Schwankungen?
- Welche Faktoren müßten für eine Regeneration verändert werden?
- Welche Beobachtungsparameter sind für die Kontrolle der Erfolge geeignet, die durch ökosystemverbessernde Maßnahmen erzielt werden?
- Lassen sich etwaige Kenntnislücken und die zu ihrer Auffüllung notwendigen Aktivitäten näher bestimmen?

Die über Erwarten große Zahl an relevanten Literaturstellen ergab nicht nur eine Reihe von Vorschlägen für Beobachtungsparameter und Hinweise auf weiterführenden Forschungsbedarf. Sie ermöglichte darüber hinaus durch vergleichende Betrachtung der verschiedenen Zustände des Rheinökosystems bestimmte Schlußfolgerungen in bezug auf die vorgenannten Zielsetzungen und die zu veranlassenden Maßnahmen. Unter „Beobachtungsparameter“ sind in diesem Zusammenhang Beobachtungsobjekte von hinreichender Konstanz zu verstehen.

1.2 Vorgehensweise

Der Wissensbestand zu den genannten Sachkomplexen (Kap. 1.1) wurde auf dem Weg von Literaturrecherchen und Expertenbefragungen ermittelt.

Literaturrecherche. Publizierte Arbeiten wurden durch Recherchen in Bibliotheken, Auswertung von Bibliographien und Recherchen in Datenbanken ermittelt. Daneben wurde den Hinweisen von Fachleuten auf veröffentlichte und „graue“ Literatur nachgegangen.

Recherchen in Bibliotheken. Es wurde hauptsächlich in folgenden Bibliotheken recherchiert:

- Bundesanstalt für Gewässerkunde (BfG), Koblenz
- Bundesforschungsanstalt für Naturschutz und Landschaftsökologie (BFANL), Bonn-Bad Godesberg, (vormals Bundesforschungsanstalt für Vegetationskunde, Naturschutz und Landschaftspflege BFVNL, heute Bundesamt für Naturschutz BfN)
- Universitätsbibliothek Bonn.

Darüber hinaus wurden Recherchen in den Bibliotheken der zur Expertenbefragung aufgesuchten Institutionen vorgenommen (siehe Anlage I.3).

Auswertung von Bibliographien. Folgende Bibliographien wurden ausgewertet:

- Bundesanstalt für Gewässerkunde (o.J.): Zusammenstellung der seit 1930 erschienenen und die Belastung des Rheines betreffenden Veröffentlichungen.
- Internationale Union für Geodäsie und Geophysik/Internationale Assoziation für hydrologische Wissenschaften (1938ff.): Hydrologische Bibliographie.- Bundesanstalt für Gewässerkunde, Koblenz.
- Kramer, H. (1968): Literatur über die Limnofauna der ehemaligen Rheinprovinz. Decheniana 121 (1/2): 151-163.

- SCHEELE, M. & NATALIS, G. (Hrsg.) (1981): Biologie Dokumentation. Bibliographie der deutschen biologischen Zeitschriftenliteratur 1796–1965. Bände 1-24. K.G. Saur Verlag, München.
- SCHUA, L. & SCHUA, R. (1981): Wasser. Lebenselement und Umwelt. Die Geschichte des Gewässerschutzes in ihrem Entwicklungsgang - dargestellt und dokumentiert. Verlag Karl Alber, Freiburg/München.
- SCHULZE, S. (1930): Der Rhein von den Quellen bis zur Mündung, seine Nebenflüsse und der Bodensee. Eine Zusammenstellung des Schrifttums. Deutscher Kommunal-Verlag, Berlin-Friedenau.

Weiterhin wurde relevanten Literaturhinweisen aus den bearbeiteten Titeln nachgegangen.

Recherchen in Datenbanken. In der Tabelle 1.1-1 sind die Datenbanken zusammengestellt, in denen recherchiert wurde. Ferner sind Anbieter bzw. Vermittler angegeben sowie der Zeitraum, auf den sich die abgefragten Daten beziehen. Darüber hinaus wurden Auszüge aus Datenbanken folgender Institutionen zur Verfügung gestellt:

- Bundesanstalt für Fischerei, Hamburg
- Abwassertechnische Vereinigung, St. Augustin.

Tabelle 1.1-1. Zur Literatur-Recherche verwendete Datenbanken.

Anbieter	Institution	Datenbank	Zeitraum
BfG	Bundesanstalt für Gewässerkunde, Koblenz	HYDABA	1954–1987
DIMDI	Deutsches Institut für medizinische Information und Dokumentation, Köln	BIOSIS I	1970–1983
		BIOSIS II	1983–1988
		ASFA	1978–1988
		ENVIROLINE	1971–1989
UMPLIS/UBA	Umweltbundesamt, Berlin	UFORDAT	1974–1989
		ULIDAT (ehem. ULIT)[a]	1976–1989
Esa Quest	Verkehrswasserbauliche Zentralbibliothek, Karlsruhe	Pascal	1973–1989
DIALOG		Zoological Record	1978–1987

[a]vereinzelt auch Daten aus der Zeit vor 1976.

Expertenbefragung. Ziel der Expertenbefragung (persönlich oder über Fragebogen; siehe Anlage I) war es vor allem, Hinweise auf bisher unveröffentlichte oder auf schwer zugängliche Literatur zu erhalten. Ferner wurden Auskünfte zu wichtigen Fragen der Literaturstudie erbeten, wie zum Beispiel:

- welche Beobachtungs- und Überwachungsparameter aus ökologischer Sicht für erforderlich gehalten werden,
- welche Vorschläge zu Standorten (siehe Anlage IV) einer künftigen ökologischen Beobachtung und Überwachung des Rheins gemacht werden können,
- wo weitergehender Forschungsbedarf gesehen wird (z.B. im Bereich der Grundlagenforschung im Aufbau einer ökologischen Beobachtung und Überwachung des Rheins).

Dokumentation. Die dokumentierte Literatur umfaßt Monographien, Reihen, Zeitschriftenaufsätze und unveröffentlichte („graue") Literatur von 1666 bis 1989 sowie einige nachträglich gemeldete neuere Arbeiten. Sämtliche Titel (insgesamt ca. 3500 Titel) werden für die Umweltliteraturdatenbank (ULIDAT) des Informations- und Dokumentationssystems Umwelt (UMPLIS) des Umweltbundesamtes dokumentiert. Die Dokumentation soll nach erfolgter Übernahme allgemein zugänglich sein.

Etwa die Hälfte der Arbeiten (53 %) bezog sich zu gleichen Teilen auf die Sachkomplexe „aquatische Ökologie" sowie „amphibische und terrestrische Ökologie", die andere Hälfte (47 %) hatte „stoffliche Einflußfaktoren" zum Thema. Zum Sachkomplex „nichtstoffliche Einflußfaktoren" sind relativ wenig Einzelarbeiten vorhanden; diesbezügliche Fragestellungen werden meist in den biozöntischen Schriften behandelt. Die Anzahl der Literaturnachweise zu einzelnen Sachbereichen sagt jedoch nichts aus über ihren Aussagewert respektive ihre Interpretierbarkeit in bezug auf das Rheinökosystem und ihre Bedeutung für die ökologische Beobachtung des Rheins.

Themen zum biologisch-ökologischen Wirkungsgefüge sind relativ spärlich dokumentiert, ebenso Arbeiten zu Säugetieren, terrestrischen Insekten, aquatischen Dipteren und Phytoplankton. Grundsätzlich besteht ein Mangel an Arbeiten, in denen der Frage nach den anthropogenen Ursachen biozönotischer Veränderungen im Ökosystem Rhein/Rheinaue fundiert und detailliert nachgegangen wird.

Den breitesten Raum im Themenbereich „stoffliche Einflußfaktoren" nehmen rheinbezogene chemisch-analytische Untersuchungen und Arbeiten zum chemisch-physikalischen Rheinmonitoring ein. Darüber hinaus existieren zahlreiche Arbeiten zur Ökotoxikologie einzelner Stoffe. Es handelt sich jedoch meist um Laboruntersuchungen, die Schlußfolgerungen auf die reale Situation des Rheinökosystems nur äußerst bedingt zulassen.

Der Forschungsbericht wurde 1994 fertiggestellt (TITTIZER et al. 1994). In der hier vorliegenden Buchveröffentlichung werden die Ergebnisse und Schlußfolgerungen der Literaturstudie der breiten Öffentlichkeit zugänglich gemacht.

Anlagen auf Diskette. Auf den beiden dem Buch beigefügten Disketten sind neben den Literaturverzeichnissen ein Expertenverzeichnis, Übersichten über Forschungsprojekte, Rheinmeß- und Untersuchungsprogramme und Vorschläge für künftige Beobachtungsstandorte enthalten.

Das Literaturverzeichnis auf den Disketten gibt auch die im Buch nicht zitierten, weiterführenden Titel wieder und ermöglicht damit eine vertiefende Beschäftigung mit Einzelfragen, auf die im Textband nicht detailliert eingegangen wird. Die Gliederung des Literaturverzeichnisses orientiert sich, jeweils alphabetisch und chronologisch geordnet, an den im Buch behandelten Themenschwerpunkten.

- Aquatische Ökologie des Rheins (Anlage V.2)
- Amphibisch-terrestrische Ökologie des Rheins (Anlage V.3)
- Stoffliche Einflüsse auf das Rheinökosystem (Anlage V.4).

2 Geomorphologie und Hydrographie des Rheins und seiner Auen

2.1 Geomorphologie/Morphogenese

Ursprünglich war der Rhein in zwei zu verschiedenen Flußsystemen gehörige Abschnitte geteilt. Der *Alpen-* und *Hochrhein* entwässerte im Mittelpliozän noch zur Donau, der *Urrhein* dagegen in die Nordsee (Abb. 2.1–1).

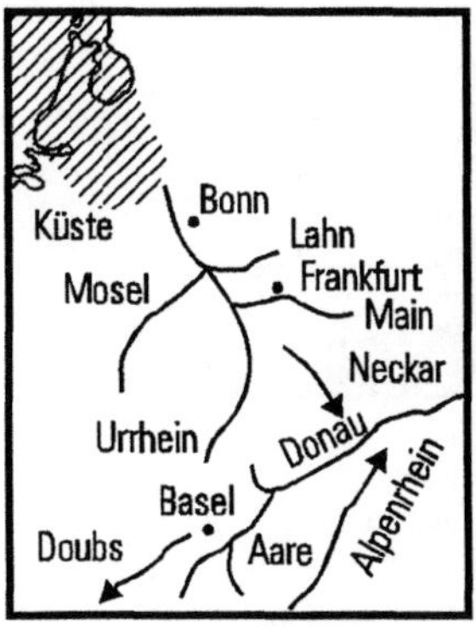

Abb. 2.1–1.
Mittelpliozän
(vor ca. 3,2 Mio. Jahren)
(aus GERKEN 1988a).

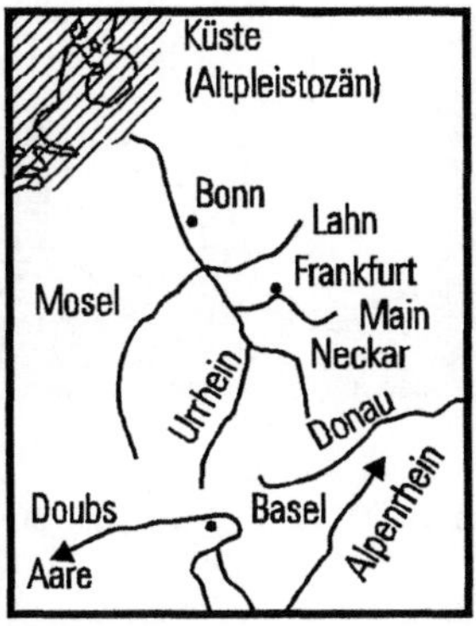

Abb. 2.1–2.
Oberpliozän-Altpleistozän
(vor ca. 2 Mio. Jahren)
(aus GERKEN 1988a).

Abb. 2.1–3.
Heutiges Stromgebiet
(aus GERKEN 1988a).

Das Mündungsgebiet des *Urrheins* befand sich aufgrund eustatischer Meeresspiegelschwankungen zeitweilig weit in das Gebiet der heutigen Nordsee verschoben. Mit der Bildung des Schweizer Faltenjuras im Oberpliozän entstand ein Fluß im Bereich des *Hochrheins* (Abb. 2.1–2) und im Pleistozän kam es zum Alpenrhein-Hochrhein-Oberrhein-System (Abb. 2.1–3).

Der Oberrheinische Binnensee entstand durch die Hebung des Rheinischen Schiefergebirges und bestand zuletzt im Pleistozän vor ca. 1,8 Millionen Jahren. Die *Oberrheinebene* ist ein markanter Abschnitt eines tektonischen Grabenbruches (Abb. 2.1–4). Dieser durch Zerrung entstandene Bruch läßt sich vom Rhonetalgraben über den Oberrheingraben, die Hessische Senke bis hin zum Leinetalgraben verfolgen. Eine Verbindung zum Oslograben (Mittelmeer-Mjösen-Zone) wird vermutet.

Die tektonischen Bewegungen sind seit dem Jura vor ca. 150 Millionen Jahren nachweisbar, der Grabeneinbruch des Oberrheingebietes erfolgte vor etwa 45 Millionen Jahren (Eozän-Miozän) (ILLIES 1982). Die tektonischen Bewegungen halten bis heute an.

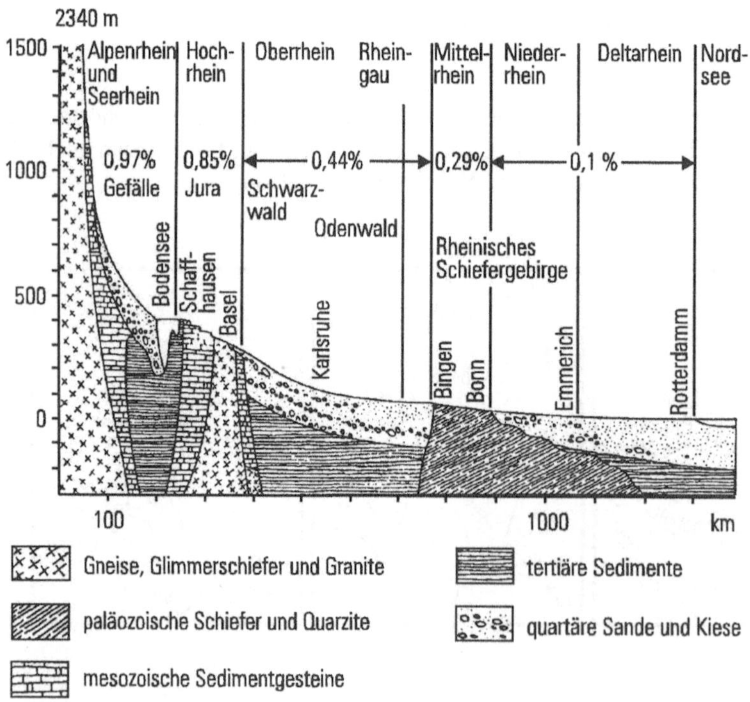

Abb. 2.1–4. Gefälle und Geologie der Rheinlandschaft im Längsschnitt (aus GERKEN 1988a).

Die Sedimente, welche heute den Graben füllen, sind durchschnittlich 2000 m (maximal ca. 4000 m) (ILLIES 1982) mächtig. Wesentliche Sedimentmassen lagerte der Rhein ab, der als Urrhein etwa seit dem Pliozän besteht (vor ca. 3 Millionen Jahren). Die feinen Sedimente zwischen Hagenau und Mannheim, bei Frankfurt und in der Hanauer Senke haben ihren Ursprung im Oberrheinischen Binnensee. Seit dem Ende der letzten Eiszeit beschränkte sich die erosive Tätigkeit des Rheins auf die Würmglazialschotter, die am südlichen Oberrhein als „Hochgestade“ mit ca. 5–10 m Höhe und am nördlichen Oberrhein mit nur ca. 0,5 m Höhe die Aue begrenzen. Die Mächtigkeit der Niederterrasse (Hochgestade) beträgt etwa 200 m im Oberrheingraben (ILLIES 1982).

Die im *Mittelrheingebiet* erfolgte antezedente Taleinschneidung stellte den nordwärtigen Abfluß wieder her. Der Weg des Rheins verläuft im Anschluß an das Durchbruchstal zwischen Bingen und Koblenz durch das Neuwieder Becken mit seinen langgezogenen Inseln bis Andernach und dann bis nach Bonn im weniger engen nördlichen Tal des rheinischen Schiefergebirges. Hier erreicht der Rhein die ebenfalls tektonisch bis in jüngste Zeit aktive Zone der Niederrheinischen Tieflandsbucht. Es ist eine von Brüchen durchzogene und begrenzte Scholle (Senkungsraum) mit der Ville als Horstgebirge im linksrheinischen Köln-Bonner Raum. Landschaftsprägend sind die besonders südlich von Krefeld sehr mächtigen Lößablagerungen auf den Schotterterrassen und die Stauchmoränen bei Emmerich. Die Auenzone des Rheins erweitert sich auffällig unterhalb der Wuppermündung. Hier greift der Rhein mit weiten Mäandern in die Niederterrasse ein. Die Flußaue verbreitert sich zwischen den stark ausgeprägten Terrassenabfolgen auf 6–7 km. Die abflachenden Randböschungen begrenzen zwischen Wesel und Emmerich eine ca. 15 km breite Aue, in der die Akkumulationstätigkeit des Rheins allmählich zunimmt. Als landschaftsprägende Elemente sind neben den eiszeitlichen Stauchmoränen, Flugsanddünen und Inselterrassen die abgeschnittenen Mäanderschlingen (Altrheine) zu nennen.

Kennzeichnend für die Morphologie des *Niederrheingebietes* sind die Terrassenstufen. Die Flußaue weist zwei Elemente auf: Die feuchtere Auenzone mit verlandeten und vermoorten Altrheinen und die um 2–5 m erhöhte Inselterrassenzone, die aus Kiesen, Sanden und Auelehmen besteht. Der Übergang von der Aue zur Niederterrasse ist durch eine 4–6 m hohe, nach Norden deutlich abnehmende Geländestufe gekennzeichnet. Die gleichzeitig verstärkte Tendenz des Flusses zur Sedimentation äußert sich in stark sandigen Ufern und der zunehmenden Breite der Aue. Die Terrassenstufen schließen mit Mittel- und Hauptterrasse ab, denen eiszeitliche Sanderflächen und Stauchendmoränen beigeordnet sind.

Aus der geologischen Entwicklung ergeben sich daher *vier Zonen* mit unterschiedlicher Sedimentbeschaffenheit, die den Charakter des Flußsystems prägen:

- der südliche Oberrheingraben mit grobkörnigen Sedimenten aus den Alpen und den Mittelgebirgen

- der nördliche Oberrheingraben mit feinen Sedimenten aus der Stausee-Phase und der Zeit verminderter Geländeneigung
- der Mittelrhein als felsiges Durchbruchstal ohne große Sedimentationsräume
- der Niederrhein mit glazinogenen Lößdecken und Moränenmaterialien.

2.2 Hydrographie/Hydrologie

Der Rhein entspringt als Vorderrhein in der Gotthardgruppe (Schweizer Alpen), als Hinterrhein in der Adula (Schweizer Alpen) und mündet nach 1.236 km in die Nordsee (Abb. 2.2-1 und 2.2-2). Dabei berührt oder durchfließt er die Schweiz, Liechtenstein, Frankreich, Deutschland und die Niederlande. Sein Einzugsgebiet umfaßt 189.510 km^2 (IKSR 1989a). Aufgrund seiner geomorphologischen Ausprägung weist der Rhein die *normale Längsgliederung* eines Flusses - Steilgefälle im Oberlauf, allmähliche Abflachung im Mittellauf und geringes bis fehlendes Gefälle im Unterlauf - *dreimal* auf. Dies jeweils in den Abschnitten:

- Alpenrhein - Bodensee
- Hochrhein/südlicher Oberrhein - nördlicher Oberrhein/Rheingau
- Mittelrhein - Niederrhein (Tabelle 2.2-1).

Der Rhein prägte durch sein dynamisches Fließverhalten eine Talaue, die allein auf dem Gebiet der Bundesrepublik Deutschland eine Fläche von 2.239,2 km^2 umfaßt. Der Rheinausbau teilt diese Aue heute in vier Zonen (Tabelle 2.2-2).

Der *Alpenrhein* setzt sich aus den Gebirgsflüssen Vorderrhein, der dem Tomasee (2344 m ü. NN) entfließt, und dem Hinterrhein, der vom Zappertgletscher (2902 m ü. NN) gespeist wird, zusammen. Aus einem tiefeingeschnittenen Hochgebirgstal und einem Tal mit schluchtartigen Abschnitten kommend, vereinigen sich Vorder- und Hinterrhein bei Reichenau zum Alpenrhein. Das Alpenrheintal verbreitert sich bis auf 6 km, das Flußbett ist nur gering in den Talboden eingeschnitten. Die zu überwindende Höhendifferenz von mehr als 1900 m zwischen Quellregion und Bodenseeeinmündung setzen große Erosions- und Transportkräfte, besonders bei Hochwasser, frei. Abnehmende Hochwässer führen daher in den gefällearmen Strecken des unteren Alpenrheins und des Mündungsdeltas im Bodensee stets zu großen Materialakkumulationen. Den Alpenrhein kennzeichnen grobe Sedimente und Gerölle (Felsen) der Kalkalpen sowie hochwasserbedingt umgelagerte Kiesinseln.

Der *Hochrhein* ist durch großes Gefälle (1,0 ‰) und ein enges Flußtal charakterisiert. Das starke Gefälle bedingt eine erhöhte Fließgeschwindigkeit, die alle ausbrechenden Wasserfäden stets in Richtung der größten Hangneigung, mehr oder weniger parallel zum Hauptstrom, sammelt. Das stete natürliche Schwingen

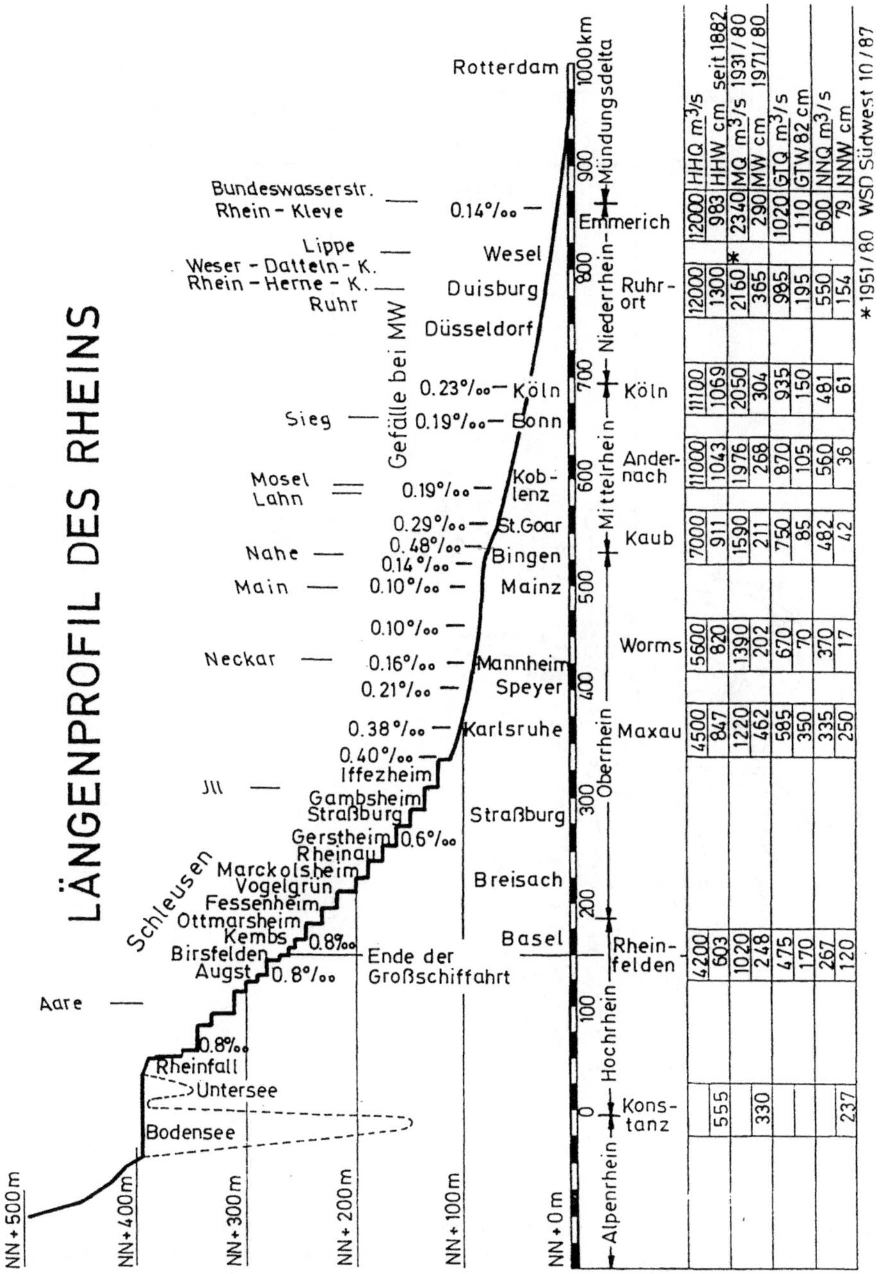

Abb. 2.2–1. Längenprofil des Rheins (aus WSD Südwest 1988).

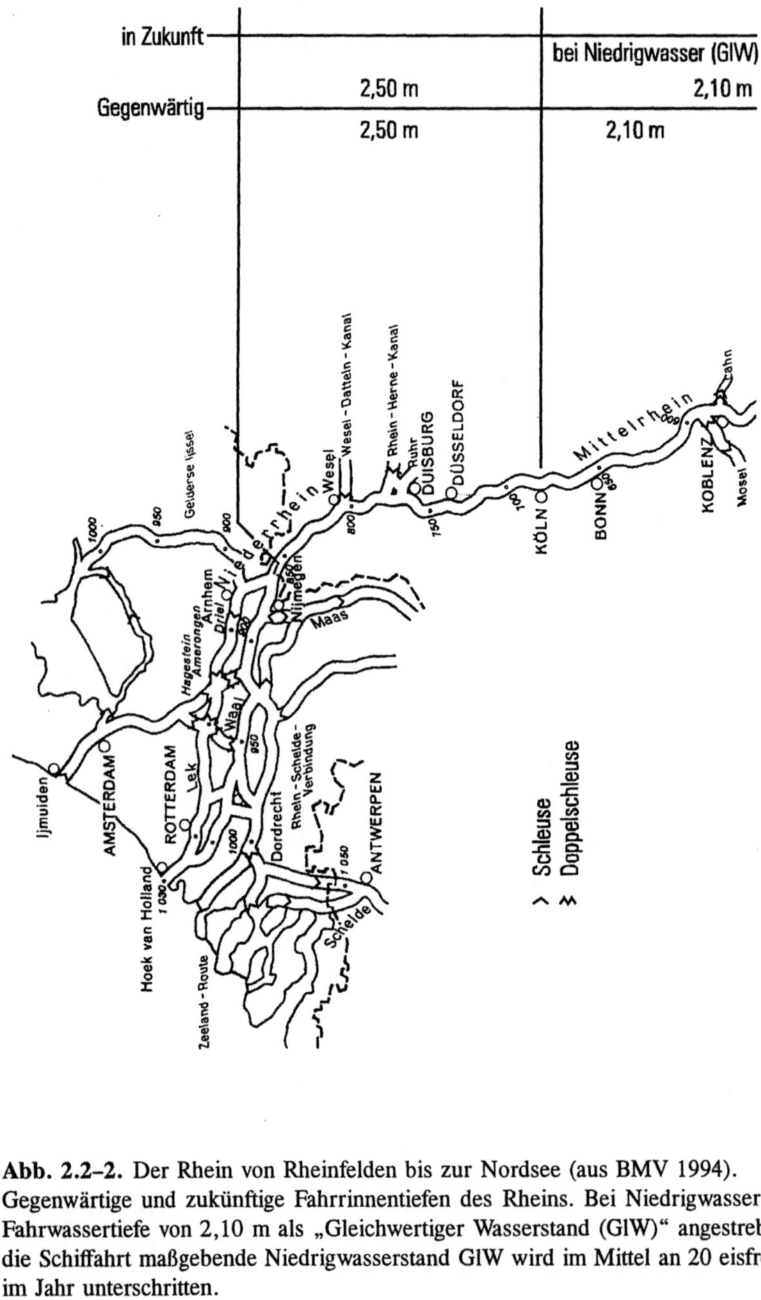

Abb. 2.2–2. Der Rhein von Rheinfelden bis zur Nordsee (aus BMV 1994). Gegenwärtige und zukünftige Fahrrinnentiefen des Rheins. Bei Niedrigwasser wird eine Fahrwassertiefe von 2,10 m als „Gleichwertiger Wasserstand (GlW)" angestrebt. Der für die Schiffahrt maßgebende Niedrigwasserstand GlW wird im Mittel an 20 eisfreien Tagen im Jahr unterschritten.

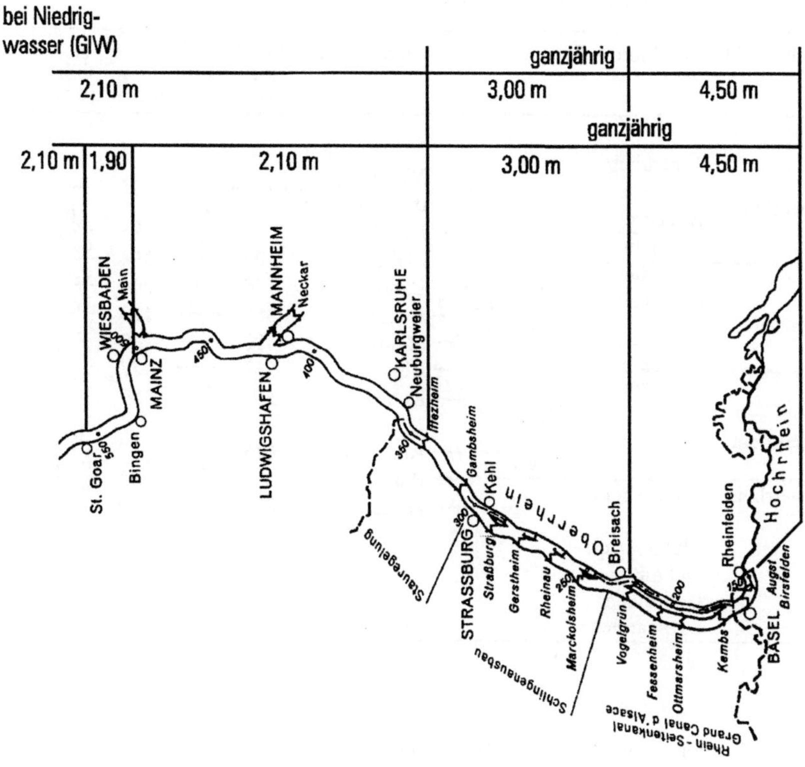

Abb. 2.2–2 (Fortsetzung)

Tabelle 2.2–1. Hydrologische Gliederung des Rheins (aus BFVNL 1975).

Hauptabschnitt	Abschnitt	Zone	Grenzpunkte	Strom km (ca.)	lfd. km	Höhe in m ü.NN.	Gefälle in %
1. Alpenrhein	Alpenrhein		Rheinquellen				
			Mündung in den Bodensee		—	395	—
	Bodensee				38		0,0
			Konstanz	0		395	
	Seerhein				25		0,004
			Stein	25		394	
2. Oberrhein	Hochrhein				142		0,10
			Basel	170		244	
	Oberrhein	-Furcationszone			193		0,07
			Karlsruhe	360		100	
		-Mäanderzone			138		0,01
			Mainz	500		80	
	Rheingau				30		0,01
			Bingen	530		77	
3. Mittelrhein	Mittelrhein	-Durchbruchstal			64		0,02
			Koblenz	590		59	
		-Neuwieder Becken			22		0,03
			Andernach	615		52	
		-Talweitung			41		0,01
			Bonn	655		45	
4. Niederrhein	Niederrhein				213		0,01
			Pannerden	870		10	
	Mündungsgebiet mit niederländischen Stromarmen				132		0,007
			Nordsee	1000			

der Wasserrinnen bewirkt eine fortlaufende gegenseitige Anzapfung und den insgesamt breitgestreckten Verlauf des Gewässers. Von seiner Ausprägung her ist der Hochrhein dem Furkationstyp zuzuordnen. Kennzeichnend für die Furkationszone ist der Reichtum an Kiesinseln und die hohe Morphodynamik im Fließgewässerbereich der Aue.

Der *Oberrhein* ließ sich vor der TULLA'schen Korrektion aufgrund seiner Gefälleausprägung und der dadurch bedingten hydrodynamischen Eigenschaften in zwei Zonen gliedern:

- *Furkationszone* von Basel bis Karlsruhe (durchschnittliches Gefälle: 0,87 ‰, Länge: 202 km), auch südlicher Oberrhein genannt
- *Mäanderzone* von Karlsruhe bis Mainz (durchschnittliches Gefälle: 0,25 ‰, Länge 135 km), auch nördlicher Oberrhein genannt (LAUTERBORN 1916, 1917; SCHÄFER 1978a; KUNZ 1982; LfU BW 1985; BfG 1985).

Diese 4–12 km breiten Zonen sind in den Sedimenten der Niederterrasse vom Rhein in seinem natürlichen Zustand durch Erosion und Sedimentation entstanden. Furkationsarme und Mäanderbögen des Flußsystems befanden sich in der Aue. Sie stellten den amphibischen, nur zeitweilig vollständig überspülten Teil des

Tabelle 2.2-2. Fläche der einzelnen Zonen der Talaue (aus BFVNL 1975). Angaben in Hektar; nur deutsches Gebiet; *Ü* Überschwemmungsgebiet.

	Zone	Hoch-rhein	Ober-rhein	Mittel-rhein	Nieder-rhein	Gesamtrhein/ (Deutschland)
linksrheinisch	1	162	35254	2185	36632	74223
	Ü 2	0	7942	1708	9074	18724
rechtsrheinisch	Ü 3	424	18396	1398	8920	29138
	4	5014	72969	2462	21376	101821
Talaue insgesamt	1-4	5600	134561	7753	76002	223916
Ü insgesamt	2-3	424	26338	3106	17994	47862
Ü in % der Talaue		7,57	19,57	40,06	23,68	21,37
Anteil der einzelnen Abschnitte an der gesamten Talaue in %		2,51	60,09	3,46	33,94	100,0
Anteil der einzelnen Abschnitte am gesamten Ü in %		0,89	55,03	6,49	37,59	100,0

Zone 1: linksrheinisch (lrh.), außerhalb des Überschwemmungsgebietes,
Zone 2: lrh., Überschwemmungsgebiet,
Zone 3: rechtsrheinisch (rrh.), Überschwemmungsgebiet,
Zone 4: rrh., außerhalb des Überschwemmungsgebietes.

Flusses, im morphodynamischen Prozeß des Gewässers dar. Der Transport von Sediment (Geschiebe) erfolgte stets in der gesamten Breite der Aue.

Der *südliche Oberrhein* sedimentiert im Oberrheinischen Tiefland aufgrund der Gefälleverminderung Kies und Schotter. Der Charakter der Furkationszone mit hoher Morphodynamik und einer Vielzahl von Inseln war in der breiten Talniederung besonders gut ausgeprägt. Die 30–40 km breite Ebene des Oberrheinischen Tieflandes zwischen Schwarzwald und Vogesen sowie Odenwald und Haardt bot Raum für eine bis zu 12 km breite Aue (Abb. 2.2-3).

Der *nördliche Oberrhein* ist ein Fluß des Mäandertyps (Mäander: dem stark geschlängelten, kleinasiatischen Flußlauf „Maiandros" entlehnter Begriff). Mit der reduzierten Strömungsenergie reagiert der Wasserkörper verstärkt auf lokale, morphologische Gegebenheiten im Gewässerbett. Der Stromstrich als Linie höchster Wassergeschwindigkeit pendelt aus der Mitte des Wasserkörpers heraus und verursacht eine verstärkte Seitenerosion. Überwiegt die Seitenerosion die Tiefenerosion, so ist die Bildung von Mäandern induziert. Die Funktion von bewegter Wassermasse und Gefälle bedingt die Weite der Mäanderausschläge.

Die Mäanderamplitude wächst mit abnehmendem Gefälle. Während die Mäanderausschläge am südlichen Oberrhein (Furkationszone) mit 0,8 km geringe Ausmaße hatten, so sind diese im Abschnitt Karlsruhe-Speyer mit 2–4 km und zwischen Worms und Mainz mit 5–7 km erheblich größer. Dementsprechend stellt sich auch die Bildung von Auen und Altrheinen in veränderter Form dar (SCHÄFER 1973). Das veränderte Fließverhalten des Rheins führt auch zu einer anderen Form der Sedimentation. Waren die Sedimente der *Furkationszone* noch längs zur Fließrichtung und ungeordnet verteilt, so erfolgt in der *Mäanderzone* eine Anordnung der Korngrößen nach der Fließgeschwindigkeit, die in den Kurven von Prall- zu Gleithang abnimmt.

Die Mächtigkeit der Ablagerungen ist in flußnahen Bereichen stets größer als in flußfernen, da sich auf ein ausuferndes Hochwasser die Faktoren Gefälleverminderung, erhöhte Reibung, Umlenkung der Fließrichtung und geringere Wassertiefe außerhalb des Flußbettes auswirken und größere Kornfraktionen nicht mehr weitertransportiert werden können. Es kommt zur Bildung von Uferdämmen, besonders auf den Prallufern, mit flußseitig steilem Anstieg und landseitig sanftem Abfallen. Uferwälle entstehen durch die Wanderbewegung der Mäander und der grobkörnigen Sedimentation an den Gleithängen, die parallel zur Prallhangerosion verläuft und bei relativ hohen Fließgeschwindigkeiten stattfindet.

Das Wandern der Mäander ruft eine schräge Ablagerung der Schichten hervor, so daß ein Sedimentkörper stets Sedimente mehrerer Tiefenzonen und Fließgeschwindigkeiten des Flusses enthält. Nur unter diesen Bedingungen ist es möglich, große Deckschichten aus Sanden und Auelehm aufzubauen, deren Sedimentationsachsen zumeist quer zum Talverlauf liegen (Abb. 2.2–4).

Die im Verlauf dieser Achsen abgelagerten Kiese sind aufgrund ihres großen Porenvolumens die Hauptbahnen der Grundwasserbewegung. Der Rhein stellt einen Grundwasserlieferanten und zugleich die Erosionsbasis für seine Nebengewässer dar. Jede Vertiefung der Stromrinne verstärkt daher den Grundwasserentzug aus der Aue (Abb. 2.2–5).

Durch besondere Sedimentationsverhältnisse sind die Altrheine, die nicht mehr vollständig durchströmt werden, gekennzeichnet. Diese verschließen sich selbsttätig und bewirken dadurch eine Stillwasser-Sedimentation. Insbesondere feinkörnige Sedimente, auch Schwebstoffe nach Hochwasserereignissen, setzen sich hier ab. Eine allmähliche Verlandung und Niedermoorbildung mit Schilffeldstadien sind die Folgen.

Der *Mittelrhein* stellt einen Flußabschnitt in enger Talrinne mit Felsufern, Klippen, Inseln und strömungsberuhigten Buchten mit Sand- und Schlickflächen dar. Dem cañyonartigen Erosionstal von Bingen bis Koblenz folgen die Talweitung des Neuwieder Beckens, die Linzer Talbucht, die Engstellen im Siebengebirge und die Öffnung zur Niederrheinischen Bucht bei Bonn. Auffallend sind neben den Steilhängen die 15 Inseln, die recht gleichmäßig über die Strecke verteilt sind. Das erhöhte Gefälle (0,3 ‰) und die Enge des Talraumes beschränken die

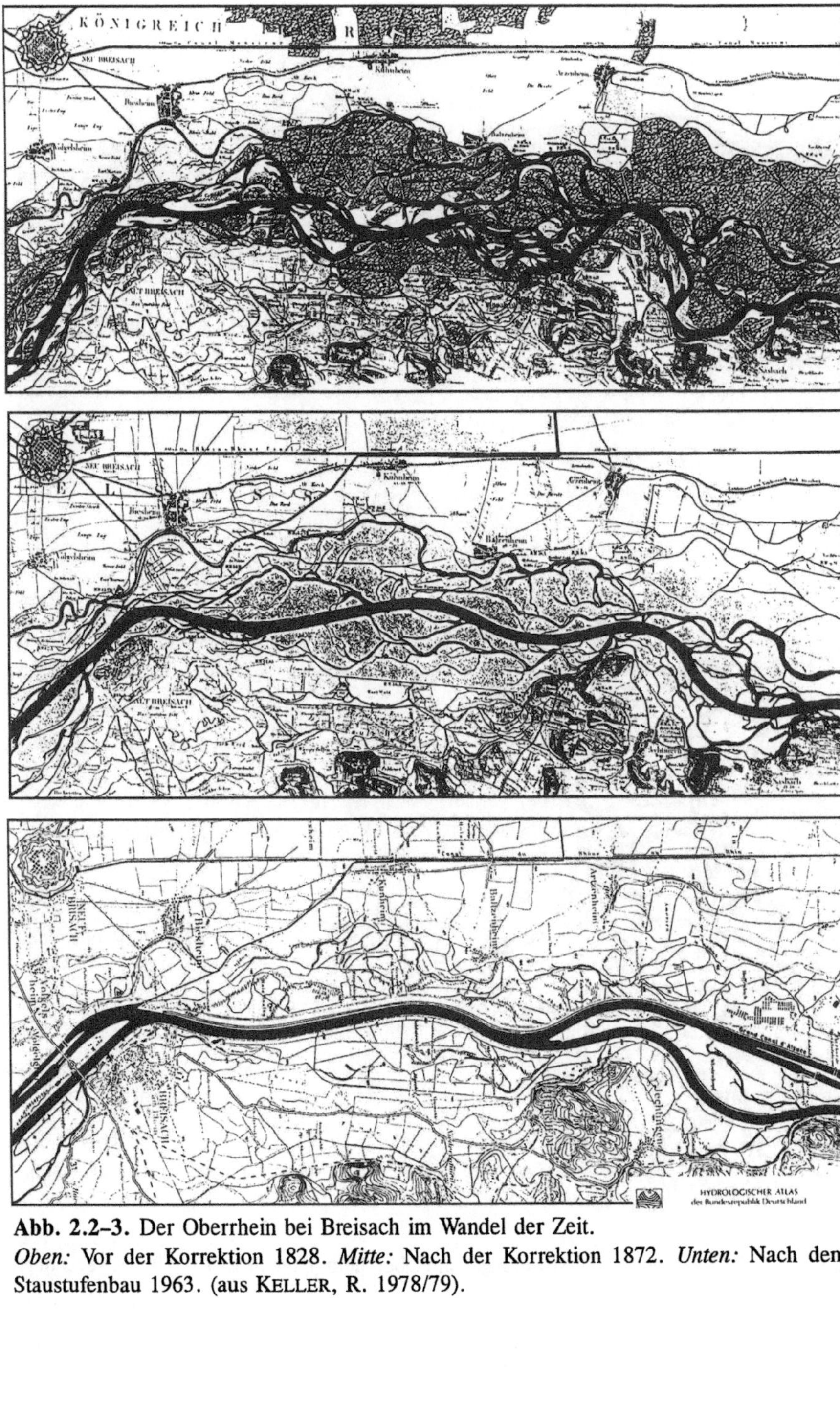

Abb. 2.2–3. Der Oberrhein bei Breisach im Wandel der Zeit.
Oben: Vor der Korrektion 1828. *Mitte:* Nach der Korrektion 1872. *Unten:* Nach dem Staustufenbau 1963. (aus KELLER, R. 1978/79).

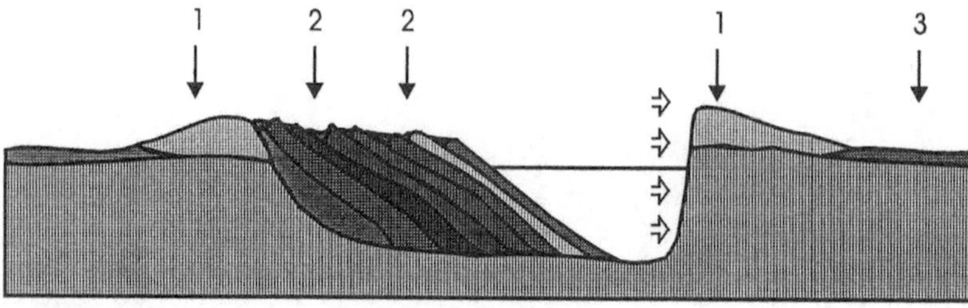

Abb. 2.2-4. Formen der Sedimentation in der Aue (aus REINECK & SINGH 1975). *1* Uferdämme; *2* Uferwälle; *3* Auenlehm.

Abb. 2.2-5. Die Grundwasserströmungen am Oberrhein (nach SCHÄFER 1973a, verändert).

Ausdehnung der Auen auf die Inseln und die vorhandenen Talbuchten, vor allem im Bereich der Nebenflußmündungen.

Niederrhein und *Deltarhein* weisen aufgrund der reduzierten Fließgeschwindigkeit und eines Gefälles von 0,1 ‰ Ähnlichkeiten mit dem nördlichen Oberrheingebiet auf. Dies bezieht sich insbesondere auf das Fließ- und Sedimentationsverhalten des Rheins. Der Niederrhein ist ein Mäanderfluß, dessen Mündungsgebiet durch eine Vielzahl miteinander kommunizierender Stromrinnen gekennzeichnet ist. Die Küstenlinie wird in mehrere Inseln aufgelöst.

3 Nichtstoffliche Einflüsse auf das Rheinökosystem

3.1 Nutzbarmachung des Rheins und seiner Auen

Der Nutzungsanspruch des Menschen an den Fluß und die Aue als Schiffahrtsweg, Energiequelle, Trink- und Brauchwasserspender, Siedlungsgebiet, Ackerland, Holzproduktionsstätte, Fischfanggebiet, Jagdrevier und Abwassersammler führte zu umfangreichen Umgestaltungen des Ökosystems. Die Eingriffe des Menschen in das Ökosystem Rhein/Rheinaue lassen sich in sechs Phasen darstellen, von denen jede einzelne Phase kulturhistorische Charakteristika aufweist.

3.1.1 Die Zeit bis zum Mittelalter

Ca. 4000 v. Chr. erstreckten sich die kleinflächigen Nutzungen am Rhein auf Rodungen zu landwirtschaftlichen Zwecken und zur Viehhaltung (Waldweiden) sowie auf den Fischfang.

Am *Oberrhein* sind steinzeitliche Siedlungen aus den Wäldern der Aue und des Hochgestades bekannt. Siedlungsreste (Pfahlbauten) und Grabhügel konnten am nördlichen Oberrhein aus der Hallstatt-Zeit (800–400 v. Chr.) nachgewiesen werden (SCHÄFER 1974b).

Der *Niederrhein* stellte durch seine Nähe zum Meer und die leichtere Schiffbarkeit bevorzugtes Siedlungsgelände dar. Die Schiffahrt, vor allem flußaufwärts, wurde mit den Techniken des Treidelns und Segelns bewerkstelligt. Die Eignung des Flusses als Grenzlinie zeigen die römischen Kastelle und Hafenanlagen sowie erste Uferbefestigungen. Da der Niederrhein jedoch stark mäandrierte (HOPPE 1970), hatten die Bauwerke nur lokal eine befestigende Wirkung.

3.1.2 Vom Mittelalter bis 1815

Am *Alpenrhein* begannen infolge der knappen besiedelbaren und landwirtschaftlich nutzbaren Flächen in den Tälern die ersten landschaftsverändernden Baumaßnahmen an den Wildflüssen. Seit 1700 wurde die schweizerische Landquart begradigt und kanalisiert. Erste Nutzungen des *Hochrheins* als Verkehrsweg sind aus dem 11. Jahrhundert n. Chr. bekannt (REICHELT 1986). Es gab eine Talschiffahrt auf dem natürlichen Strom bis nach Basel.

An *Hoch- und Oberrhein* wurden in dieser Zeit ausgedehnte Rodungen (Rodungsphase) durchgeführt. Da mit der wachsenden Zahl der Siedler der Bedarf an Bau- und Brennholz stieg, wurden von 800–1200 n. Chr. die oberrheinischen Hartholzauenwälder gerodet. Die großflächigen Waldrodungen hatten eine verstärkte Erosion zur Folge. Das erodierte, vor allem feinkörnige Material gelangte an anderen, dafür günstigen Stellen zur Sedimentation. Durch Windeinwirkung verfrachtete Materialien bildeten Dünen und Flugsanddecken (äolische Sedimente), wie sie aus dem Oberrheingebiet (von Karlsruhe bis zum Main, von Speyer bis Schifferstadt und von Mainz bis Ingelheim) bekannt sind (BURCKHARDT & BURGSDORF 1964, 1966). LAUTERBORN (1917) beschreibt die oberrheinischen Sanddünen und -flächen noch als weitgehend vegetationsfreie Flächen bis in die ersten Jahrzehnte des 19. Jahrhunderts. Die fluviatile Erosion und Sedimentation führte zu verstärkter Bildung von Auelehmdecken und Uferwällen. Als ein Resultat der Rodungen ist die Neuschaffung von Standorten für wärme- und trockenheitsliebende Pflanzen und Tiere zu betrachten. Verstärkte Düngung und Bodenanlandung in den Flüssen und Auen mit entsprechender Produktivitätssteigerung sowie eine Vernichtung ehemals produktiver Waldflächen (Nährstoffauswaschung und Bodenversauerung) sind als weitere Folgen zu nennen. Diese ersten Biotopzerstörungen großen Ausmaßes vernichteten auch Refugialräume der Fauna insbesondere zu Zeiten von Hochwässern. Die Wald-Feld-Flächenverteilung stellte sich wie folgt dar:

	Wald	**Feld**	
7. Jh.:	3/4	1/4	
13. Jh.:	1/4	3/4	(WALTER, J.M. 1979a,b; DISTER 1986b).

Neben der Holznot dieser Zeit machte sich eine feucht-kühle Klimaperiode (1300–1700) mit erhöhten Niederschlagsmengen und intensiven Laufveränderungen am Oberrhein bemerkbar (MUSALL 1982).

Die in den Auen gestiegene Bevölkerungszahl bedingte den Wunsch nach korrigierenden Eingriffen am Fluß, um die Siedlungen besser schützen zu können. Siedlungen auf dem Hochgestade konnten sich halten, solche in der Aue wurden durch die Flußdynamik teils zerstört, teils ausgelöscht.

Der erste künstliche Durchstich am Oberrhein erfolgte bei Liedolsheim im Jahre 1391. Weitere Durchstiche folgten bei Germersheim (1396), Neupotz (1515), Jockgrim (1541), Kembs (1560), Daxlanden (1652) und Dettenheim (1762) (KUNZ 1982; MUSALL 1982). Diese Schlingendurchstiche hatten keinen Bestand gegen die natürliche Flußdynamik. Sie zeigten aber den Willen der Menschen, sich gegen die Natur zu behaupten. In den Auenwäldern wurde in dieser Zeit eine ungeregelte und ungepflegte Niederwaldwirtschaft betrieben (SCHÄFER 1974b).

Die am *Niederrhein* aufkommende Handelsschiffahrt und die wachsende Zahl der Siedlungen führten auch hier zu flußbaulichen Maßnahmen. Seit 1000 n. Chr. entwickelte sich eine Landwirtschaft auf den Flächen von Geest und Marsch, die den Bau von Warden und Ringdeichen gegen Hochwasser förderte. Das Polderdeich-System in den Niederrhein-Auen wurde ca. 1450 durch flußparallele Banndeiche abgelöst. Diese den Abflußquerschnitt vermindernden Deiche brachen mehrfach und bewirkten im Hinterland katastrophale Hochwässer (HESS 1959). Unter französischer Herrschaft wurden die Banndeiche erhöht und befestigt, so daß um 1800 etwa 300 km Deichstrecke mit einer Höhe von 3-5 m fertiggestellt waren. In der Zeit von 1770 bis 1822 wurden folgende Kanäle und Durchstiche (Abb. 3.1-1) gebaut:

Bylandscher Kanal:	1770	Bislicher Kanal:	1789
Büdericher Kanal:	1784	Durchstich Bislich:	1787-90
Durchstich Wesel:	1784-85	Durchstich Grieth:	1819-22.

Infolge dieser Durchstiche wurde die Lauflänge des Niederrheins um ca. 15 km gekürzt (van URK & SMIT 1989). Etwa im gleichen Zeitraum (1765-1781) ließ Preußen unter Friedrich dem Großen den planmäßigen Ausbau des Niederrheins durchführen. Neben der fortlaufenden Uferbefestigung wurden die Seitenarme verbaut und von den vorkommenden 25 Inseln 19 an das Ufer angeschlossen (BÜRGER 1926).

In den Niederlanden wurden die Auenwälder nahezu vollständig gerodet, ihr Holz diente als Baugrund für Siedlungen im Sumpfland (Pfahlroste), als Deichbaumaterial, zum Schiffbau, beim Hausbau und als Brennholz (LAUTERBORN 1917; de BRUIN et al. 1987). Anhand der Aussterberate und des Rückganges verschiedener waldbewohnender Großsäuger (Elch, Ur, Bär, Edelhirsch, Wildschwein) beschreibt LAUTERBORN die Waldvernichtung im Mittelalter und im 14.-16. Jahrhundert. Die frühzeitige Entwaldung und landwirtschaftliche Nutzung des niederländischen Rheingebietes belegt OVERMARS mit kartographischen Darstellungen, die bereits 1739 fast waldfreie Auen zeigen. Er schreibt:

> „Die Antwort auf die Frage, wo der Auenwald geblieben ist, lautet also kurz und gut: er ist von den Kühen gefressen worden. So existierte schon ungefähr 1800 das uns jetzt so vertraute, aber sehr künstliche Bild der Flußauen - Gras und Wasser bis zum Horizont.“ (Zit. aus de BRUIN et al. 1987, Kap. 4, S. 10)

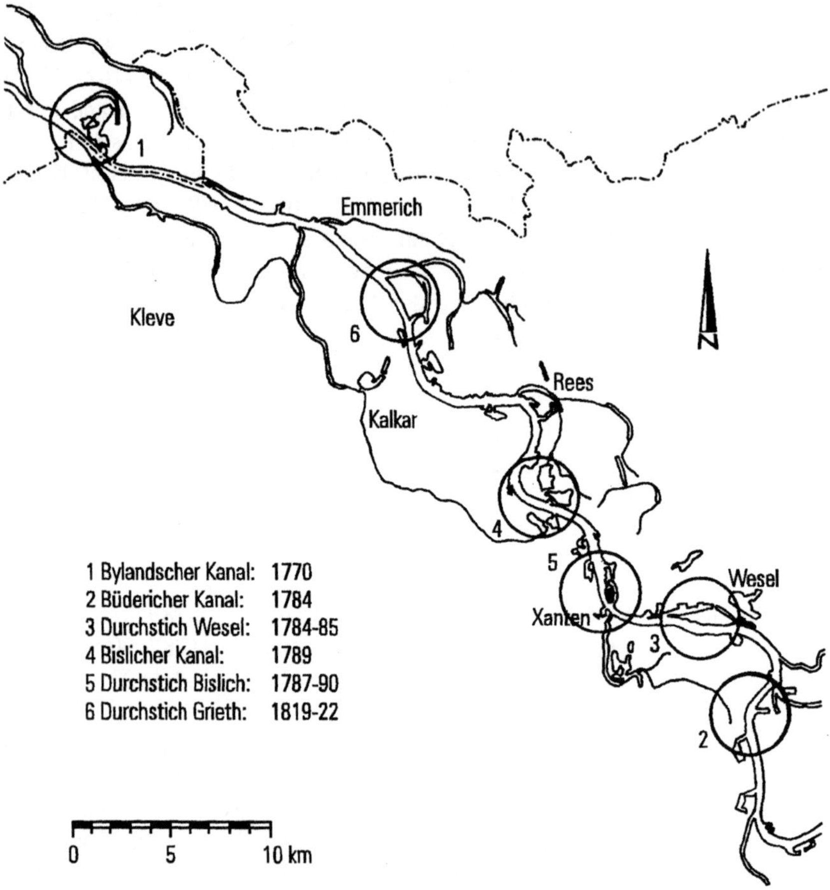

Abb. 3.1–1. Kanäle und Durchstiche am Niederrhein (Ende 18. Jh. bis Anfang 19. Jh.).

Die Entwicklung ist in gleicher Weise auf den deutschen Niederrhein übertragbar. Die Niederrheinauen und ihre Niederterrassen waren bis zum Beginn des 18. Jh. von einer Waldlandschaft in eine Wiesenlandschaft überführt worden. Als Bäume sind neben Weidengebüschen Kiefern- und Pappelforste verblieben (GROTH & WÜBBENHORST 1985). Letzte Zeugen des ehemaligen Auenwaldes sind Weidengebüsche und Kopfweiden, die aufgrund ihrer niederwaldartigen Nutzung erhalten blieben. Pollenanalytische Untersuchungen für die östliche niederrheinische Bucht belegen den rodungsbedingten Rückgang von Niederterrassen- und Auenwaldbäumen wie Hasel (Corylus avellana), Feldulme (Ulmus minor), Winterlinde (Tilia cordata), Schwarzerle (Alnus glutinosa) und Buche (Fagus sylvatica). Stieleiche (Quercus robur) und Hainbuche (Carpinus betulus) wurden im

Mittelalter und darüber hinaus gefördert. Eichen dienten bis zur Einführung der Kartoffel als Schweinemastbäume und die Hainbuchen wurden wegen ihres Stockausschlages waldwirtschaftlich genutzt (SAUER 1956/57).

3.1.3 Von 1815 bis 1900 (1. Ausbauphase)

Die flächenmäßige Ausdehnung menschlicher Siedlungen in den Alpentälern bewirkte die Durchführung weiterer Schutzmaßnahmen. Durch diese Maßnahmen wurden der *Alpenrhein* und seine Zuflüsse einschneidend verändert. Die Schweizer Alpenrheinkorrektion begann 1832 auf der Strecke von Thusis nach Reichenau (unterer Hinterrhein). Die Arbeiten wurden von 1840 bis 1952 ausgeweitet und fortgeführt. Ihr schlossen sich die Verbauung (Kanalisierung und Einbau von Geschiebefängen) der Nolla (1870–1952) und seit 1866 der generelle Verbau aller schweizerischen Wildbäche des Alpenrheineinzugsgebietes an. Die Rheinmündung in den Bodensee wurde bei Fußach verlegt und begradigt (1900). Um die Geschiebezufuhr in den Alpenrhein zu vermindern, verbaute auch Österreich von 1884 bis 1953 über 100 Wildbäche (TÖNDURY 1954, WAGNER, O. 1954). Im Zuge der Jura-Gewässerkorrektion (1878–1885) wurde die Aare ausgebaut.

Am *Hochrhein* machten sich Industrialisierung und Schiffahrt bemerkbar. In Schaffhausen wurde 1802 mit der Werkzeugstahlproduktion begonnen. Seit 1860 nahmen in Basel verschiedene Teerfarbenfabriken (Hoffmann-LaRoche, Ciba-Geigy, Sandoz), ihre Produktion auf. Soda und Ätznatron wurde in Whylen seit 1880 produziert. Die von der Industrie benötigte Energie sollte durch Wasserkraftwerke erzeugt werden. 1860 wurde der Teilstau Schaffhausen errichtet, 1897 folgte die Staustufe bei Rheinfelden (KNÄBLE 1968; REICHELT 1986).

Der *Oberrhein* erfuhr einschneidende Veränderungen durch die Korrektion nach den Plänen des badischen Oberst Johann Gottlieb TULLA (Abb. 3.1-2). Diese von 1817 bis 1885 durchgeführten Maßnahmen waren als Meliorationsmaßnahmen (Bodenverbesserungsmaßnahmen) und zur Festlegung einer badisch-französischen Grenzlinie gedacht (TULLA 1825; HONSELL 1885; KNÄBLE 1968; SCHÄFER 1974c; KUNZ 1982). Im Rahmen der Korrektion wurden die Ufer zum Teil befestigt, doch der Fluß konnte teilweise noch immer mit den Nebenrinnen und abgeschnittenen Altwässern kommunizieren. Die beiderseits des Rheins liegende Aue wandelte sich zum Teil zu riedähnlichen Formationen um. Hochwässer lösten über steigendes Grundwasser Vernässungen aus, bewirkten aber keine flächenhaften, strömenden Überflutungen mehr. Die mit der Korrektion verbundene Laufverkürzung (81,8 km = 23 %) hatte eine Intensivierung der Tiefenerosion zur Folge. Die Erosions- und Transportleistung des südlichen Oberrheins betrug schon vor der Korrektion 600.000–700.000 t Material pro Jahr, das er dem eigenen bis zu 12 km breiten Bett entnahm. Die Mengen mußten nach der Korrektion aus der 200–250 m breiten Rinne entnommen werden. Als Folge trat eine

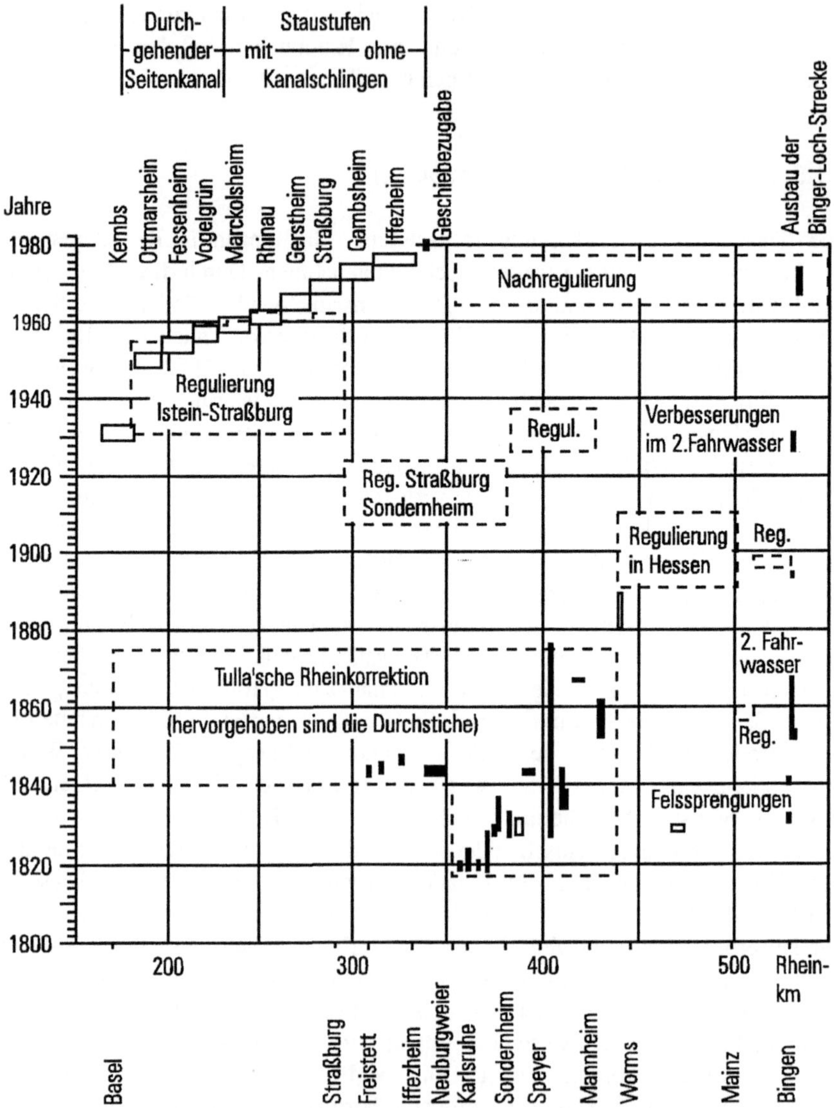

Abb. 3.1–2. Chronologie des Oberrheinausbaus (aus FELKEL 1981).

starke Tiefenerosion und die Ausräumung einer Vielzahl von Inseln ein (KNÄBLE 1968). Die Zahl der Inseln am Oberrhein betrug im Jahre 1825 noch 2218, von denen 63 unterhalb der Murgmündung lagen (SCHWARZMANN 1964).

Wesentliche Folgen der TULLA'schen Korrektion sind:

- Verminderung der natürlichen Auenflächen auf die Bereiche der Dammvorländer,
- Tiefenerosion des Flusses mit einhergehender Grundwasserabsenkung,
- Ausräumung von Inseln und Kiesbänken,
- Intensivierung der Land- und Forstwirtschaft im Auenbereich,
- beginnende Versandung und Verschlickung der Altarme.

Am *Niederrhein* wurde im Auftrag der Rheinstrombauverwaltung in Koblenz eine Mittelwasser-Regulierung durchgeführt (1880–1900), wodurch für die Schifffahrt auf der Strecke Köln-Emmerich bei MNQ (Mittleres Niedrigwasser) eine Fahrwassertiefe von 2,5 m erreicht werden konnte.

Dampfmaschinen und damit auch Dampfschiffe ermöglichten alsbald eine Bergfahrt bis Mannheim. Transportiert wurden vorwiegend Erz und Kohle. Die letzte künstliche Laufveränderung wurde 1825 bei Grietherort vorgenommen. Seitdem hat der Niederrhein ein festes Bett (HESS 1959).

3.1.4 Von 1900 bis 1945 (2. Ausbauphase)

Am *Hochrhein* wurde der Staustufenbau zur Energiegewinnung fortgesetzt. Errichtet wurden in dieser Zeit die Staustufen Augst-Whylen (1912), Laufenburg (1914), Eglisau (1920), Ryburg-Schwörstadt (1930), Albbruck-Dogern (1932), Reckingen (1942) und Säckingen. Am Wehr bei Augst-Whylen wurde 1912 eine Schleuse für die Frachtschiffahrt eingerichtet.

Für den *Oberrhein* kamen hinsichtlich weiterer Baumaßnahmen drei Leitgedanken zum Tragen:

- Landgewinnung/Hochwasserschutz,
- Schiffahrt,
- Energiegewinnung.

Die bereits eingetretene Grundwasserabsenkung von durchschnittlich 1,50–2,50 m (Abb. 3.1-3) und die dadurch verstärkte Nutzbarkeit der Auenböden für Land- und Forstwirtschaft erweckte den Wunsch nach mehr derartigen Flächen, also einem umfassenderen Hochwasserschutz (GREBENAU 1870; SCHÄFER 1973). Darüber hinaus erstrebte die Schweiz den Anschluß an die Nordsee und benötigte daher eine Großschiffahrtsstraße. Frankreich begann 1932 mit dem Bau der Staustufe Kembs und des Grand Canal d'Alsace (Rheinseitenkanal), um den Rhein zur Energiegewinnung zu nutzen.

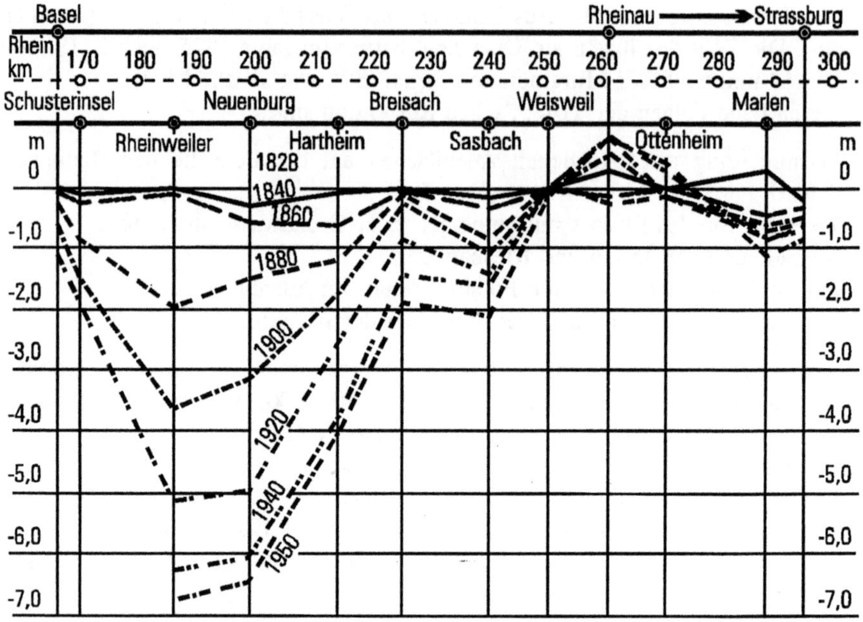

Abb. 3.1-3. Vertiefung des Rheinbetts und die damit einhergehende Absenkung der Wassersstände im Rhein zwischen 1828 und 1950 (aus RAABE 1968).

Als Fortsetzung der TULLA'schen Rheinkorrektion ist die Niedrigwasser-Regulierung von Max HONSELL zu betrachten (HONSELL 1885). Durch diese Maßnahmen erfolgten eine weitere Einengung des Flusses, eine Fortsetzung der Uferbefestigung und eine weitere Trennung von Fluß und Aue. Die Niedrigwasser-Regulierung wurde auf der Strecke Sondernheim-Straßburg in der Periode 1907–1924. Die Strecke Kehl-Basel wurde 1930–1940 ausgebaut. Die Bauarbeiten wurden erst 1962 beendet (KUNZ 1982).

Die durch intensive Sohlenerosion hervorgerufene Absenkung des Rhein- und Grundwasserspiegels hatte in manchen Bereichen Austrocknungs- und Degenerationserscheinungen der Auenwälder zur Folge (LAUTERBORN 1917). Neben dem Rückgang der Pionierkrautfluren war ein Flächen- und Vitalitätsverlust der Silberweidenwälder zu verzeichnen. LAUTERBORN fand den Auenwald (Hartholzaue) von Breisach bis zur Neckarmündung noch als „typisch" vor, beschreibt den Zustand der Flußwiesen von dort bis nach Stockstadt als überdüngt und den Auenwald bis Oppenheim als etwa 2 km breiten Streifen entlang eines jeden Ufers. Die Bezeichnung „typisch" erläutert er jedoch als Klimaxstadium einer Verlandungsgesellschaft (LAUTERBORN 1917).

Als Folge einer ungeregelten Nieder- und Mittelwaldwirtschaft bei intensiver Streunutzung und Wildüberbesatz im Raum Karlsruhe ist das Baumsterben (vor allem Eiche) zu nennen. In diesem Gebiet wurden auch Drainagen und Kanalisierungen von kleineren Zuflüssen durchgeführt. Im 18. und vor allem im 19. Jh. begünstigten diese Faktoren eine Ausbreitung der Kiefer, die schon zu Zeiten der Rodung und Holznot (14. Jh.) eingeführt wurde (HAUSRATH 1899; HUBER, E. 1981).

Die Vegetation des *Mittelrheins* erfuhr im Auenbereich ihre wesentlichen Veränderungen durch Siedlungen in Talweitungen (Flußmündungen) und Wasserbaumaßnahmen. Besonders auffällig ist der Flächenbedarf für die Verkehrswege beiderseits des Rheins in seinen engen Tälern von Bingen bis Koblenz und Andernach bis Bonn. Vordringlichstes Ziel des Wasserbaus war die Herstellung einer regelmäßigen, geraden Fahrrinne von Bingen bis Köln. Der damit verbundene Bau von Buhnen, Leitwerken, Ufer- und Inselbefestigungen sowie die Beseitigung von Kiesbänken schränkten die Lebensräume der Auenvegetation ebenso ein wie die Regulierung von Nebenflußmündungen. Die ohnehin kleinflächigen Auen wurden auf Teile der Inseln („Werths") beschränkt, und die mit Steinen gepflasterten oder verschütteten Ufer mit Hybridpappeln aufgeforstet.

Am *Niederrhein* machen sich in dieser Zeit vor allem die Industrieansiedlung und Kiesabbau als flächenzerstörend bemerkbar.

3.1.5 Von 1945 bis 1975 (3. Ausbauphase)

In diesem Zeitraum wurde an der Aare die 2. Jura-Gewässerkorrektion durchgeführt. Diese Korrektion diente der Retention von Hochwässern und mußte aus Hochwasserschutzgründen infolge der vorangegangenen Kanalisierung ergriffen werden.

Seit 1915 bzw. 1929 bestehen Pläne zur Schiffbarmachung des *Hochrheins* bis zum Bodensee. Aus Kostengründen und mit Rücksicht auf die Funktion des Bodensees als wichtiger Trinkwasserspeicher wurde zunächst nur ein Ausbau zur Energiegewinnung vorgenommen. Zu diesem Zweck wurden die Staustufen Birsfelden (1954), Rheinau (1956) und Koblenz-Kadelburg (1975/76) errichtet. Die Wehr- und Staustufenanordnung ist der Abb. 3.1-4 zu entnehmen.

Der weitere Ausbau des *Oberrheins* vollzog sich in dieser Periode unter Einsatz moderner Wasserbautechniken. Frankreich verfügte durch den Versailler Vertrag von 1919 über die alleinigen Rechte der Energienutzung am Oberrhein und durch den Marshall-Plan (1948) auch über das Geld zum Weiterbau des Rheinseitenkanals. In dieser Zeit wurden die Staustufen Ottmarsheim (1952), Fessenheim (1957) und Vogelgrün (1959) fertiggestellt.

Die tiefgreifendsten und deutlichsten Veränderungen des Oberrhein-Ökosystems sind mit der Phase der Kanalisierung und des Staustufenbaus verbunden. So

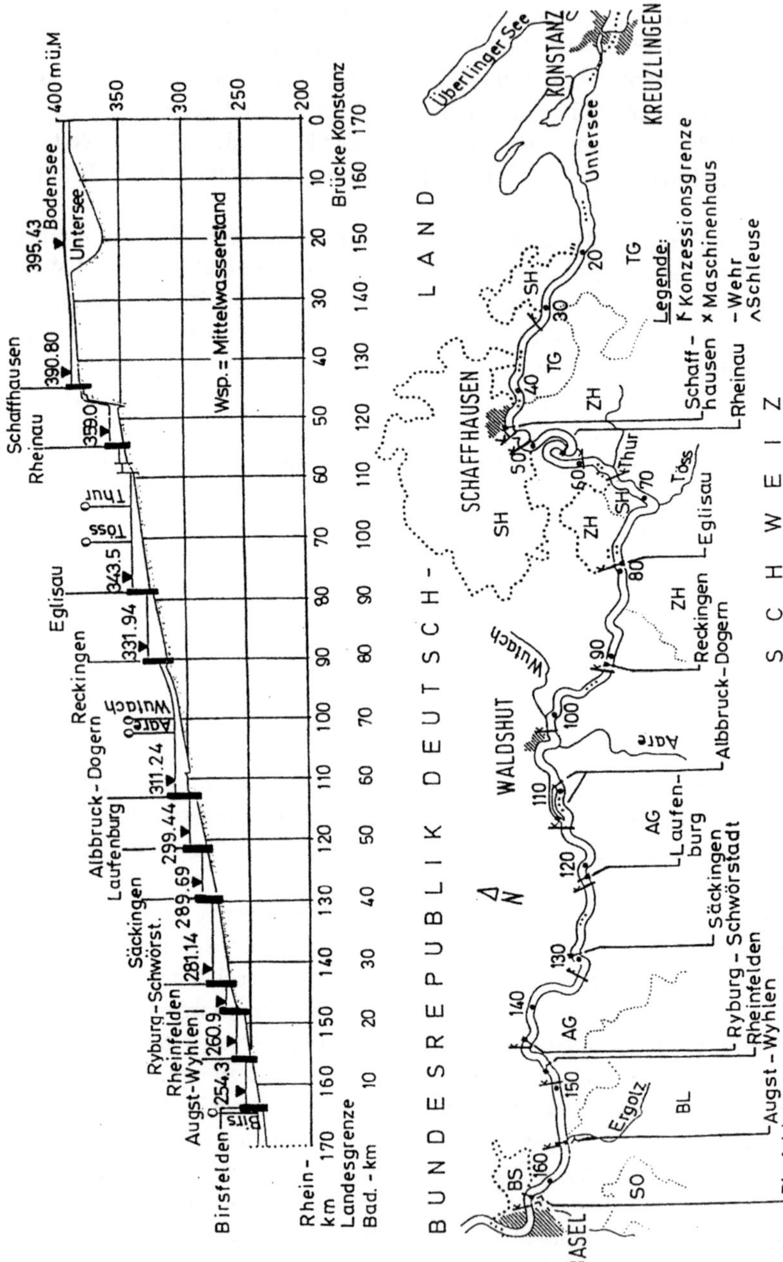

Abb. 3.1–4. Wehr- und Staustufenanordnung am Hochrhein (aus BFVNL 1975).

entstanden ein neuer Schiffahrtskanal (Grand Canal d'Alsace), der als abgedichtete Betonrinne auf langen Strecken (Basel-Breisach) die größte Wassermenge des Rheins sowie die Abwässer aus der Region aufnimmt und ein Restrhein, mit einer Wasserführung von 30–50 m^3/s, in dem kulturbautechnische Maßnahmen angewandt werden müssen, um den Grundwasserstand zu stützen. Der gleichzeitige Schutz von verbliebenen, oligotrophen Gewässern ließ aufwendige Ableitungs- und Pumpvorrichtungen entstehen, die die Abwasserentsorgung übernahmen (BUTZ 1968). Die am Oberrhein durchgeführten wasserbaulichen Maßnahmen bewirkten eine Absenkung des Wasserstandes im Restrhein um 2–3 m und folglich auch des Grundwasserspiegels. Um eine weitere Grundwasserabsenkung zu verhindern, wurde 1965 im Restrhein bei Breisach ein Stausystem errichtet, das als „Kulturwehr" in die Literatur einging (FELKEL 1972A,B; RAABE 1968).

Der ursprünglich bis Straßburg geplante Schiffahrtskanal wurde aufgrund des Oberrheinvertrages (1956) nur bis Breisach gebaut. Beim Bau der vier nachfolgenden Staustufen, Marckolsheim (1961), Rheinau (1963), Gerstheim (1967) und Straßburg (1970) wurde eine Schlingenlösung angewendet.

Zur weiteren Verbesserung der Grundwassersituation und dadurch auch der ökologischen Verhältnisse wurde bei Rheinau-Sundhausen („Taubergießen") das Altrheinverbundsystem gebaut (KRAUSE 1968). Sowohl die Schlingenlösung als auch das Altrheinverbundsystem verursachten das Gegenteil der beabsichtigten Wirkung (KRAUSE & HÜGIN 1987).

Die durch die Stauregulierung ausgelöste verstärkte Sohlenerosion versuchte man durch Errichtung von zwei weiteren Stauanlagen bei Gambsheim (1974) und Iffezheim (1977) zu mindern. Obwohl diese Stauanlagen sich im Bereich geringen Gefälles befinden (Abb. 2.2–1), konnte die Sohlenerosion dadurch nicht minimiert werden. Das Problem wurde letztlich durch künstliche Geschiebezugabe unterhalb des Stauwehres Iffezheim gelöst (BfG 1976 unveröff.; FELKEL et al. 1977; KUHL 1980; BMV 1987; FELKEL 1987).

In allen Abschnitten, in denen der Rhein durch parallele Dämme gefaßt ist (insbesondere Schlingenlösung, Staustufen), wurde die künstliche Grundwasserspiegelhebung durch die Verbindung von Altrheinen zu einem Speisewasserlauf erreicht. Es lassen sich mit den installierten Steuerungsmechanismen künstliche Überflutungen der Aue herbeiführen, die jedoch nicht die Funktionen der natürlichen, dynamischen Fluten erfüllen können. Mit diesen Maßnahmen konnte daher eine Konservierung der zur Bauzeit herrschenden Auenwaldsituation nicht erreicht werden. Auch der Eichen-Ulmen-Wald ist infolge mangelnder Überflutung bis auf kleinere Überschwemmungsbereiche abgestorben (HÜGIN 1981). Eine Naturverjüngung der Silberweidenwälder findet in der Regel nicht mehr statt. Die Grundwasserabsenkung erreicht besonders am südlichen Oberrhein sehr große Ausmaße. Sie betrug 1950 bei Rheinweiler 7 m und bei Breisach 2 m (Abb. 3.1–3). Die Senkung setzte sich bis zum Schwarzwald-Gebirgsfuß fort. Der Fehlbetrag des

Grundwasservorkommens am südlichen Oberrhein beläuft sich heute auf ca. 3 Milliarden Kubikmeter (RAABE 1968; SCHEIFELE 1968).

Zur Verbesserung der Schiffahrtsverhältnisse am *Mittelrhein* erfolgten Vertiefungsarbeiten an den Felsriegeln der Nackenheimer Schwelle und des Binger Lochs. Ebenso wurde die Strecke Neuburgweier–St. Goar vertieft. Auf der rechten Rheinseite im Bereich des Binger Lochs wurde von 1966–1974 eine 120 m breite Fahrrinne ausgebaggert.

Der *Niederrhein* entwickelte sich zum bevorzugten Industriestandort. Neben dem Flächenverbrauch für Industrieansiedlungen erwies sich etwa seit den sechziger Jahren die Rohstoffgewinnung als Problem für die Landschaft. Der nach Norden vordringende Bergbau verursachte Bergsenken. In den Senkungsgebieten veränderte sich das Fließverhalten des Rheins und damit der Grundwasserhaushalt. Ehemals trockene Landschaftsteile vernäßten und umgekehrt. Flächendrainagen oder -auffüllungen wurden notwendig. Deiche mußten erhöht und großflächige Einpolderungen vorgenommen werden. Wesentliche Veränderungen wurden durch die Tieferlegung der Vorländer bei gleichzeitigem Neubau von Banndeichen und einer forcierten Auskiesungstätigkeit im und am Rhein hervorgerufen. Die Deichvorland-Abgrabungen bewirkten eine Landschaftsausräumung, die vor allem die kulturhistorisch bedeutungsvollen Ersatzgesellschaften der Ulmen-Hartholzaue, die Salbei-Wiesen, betraf. Außer diesen etwa 600 Jahre alten Formationen sind im Zuge der großflächigen Auskiesungen auch die Sekundärstandorte der Hecken, Feldgehölz- und Weidelandschaften betroffen worden (HESS 1959; BFVNL 1975).

Der Verlust von Retentionsräumen und die Verarmung der Auenlandschaft wurden durch die landwirtschaftliche Maßnahme des Grünlandumbruchs noch erheblich verschärft. Am Niederrhein vollzog sich nach einer jahrhundertelangen Umwandlung einer Auenwaldlandschaft zu einer Wiesenlandschaft nun eine nur Jahrzehnte andauernde Umwandlung von Sekundärstandorten zu landwirtschaftlich genutzten Flächen und Rohstoffentnahmezonen. Heute sind 78 % der Talauenflächen als naturfern und nur noch 2,3 % als naturnah zu bezeichnen (KNÖRZER 1960; BFVNL 1975; GROTH & WÜBBENHORST 1985; LÖLF 1985). Ein weiteres Problem ist die Oberflächenversiegelung in der ehemaligen Auenlandschaft durch Siedlungs- und Verkehrswege. Angaben in Form einer Flächenbilanz liegen zu diesem Thema nicht vor.

3.1.6 Von 1975 bis heute (4. Ausbauphase)

Am gesamten Flußverlauf finden in diesem Zeitraum neben lokalen Vertiefungs- und Nachbesserungsarbeiten in der Fahrrinne auch Unterhaltungsarbeiten statt, die zur Verbesserung der Schiffahrtsverhältnisse dienen. Das vordringliche Problem dieser Phase ist die ausbaubedingt erhöhte Hochwassergefahr (vgl. Abb. 5.1–3)

(VIESER 1980, 1985; DISTER 1985a,b, 1986a,b, 1988; LfU BW 1980–1988; HLU et al. 1988).

Die heutige Situation der durch wasserbauliche Maßnahmen ermöglichten Nutzungen und deren Auswirkungen zeigt die Abb. 3.1–5, welche in Anlehnung an ein von KOTHÉ für die Elbe erstelltes Wirkungsgefüge erarbeitet wurde (KOTHÉ 1956, 1961, 1967).

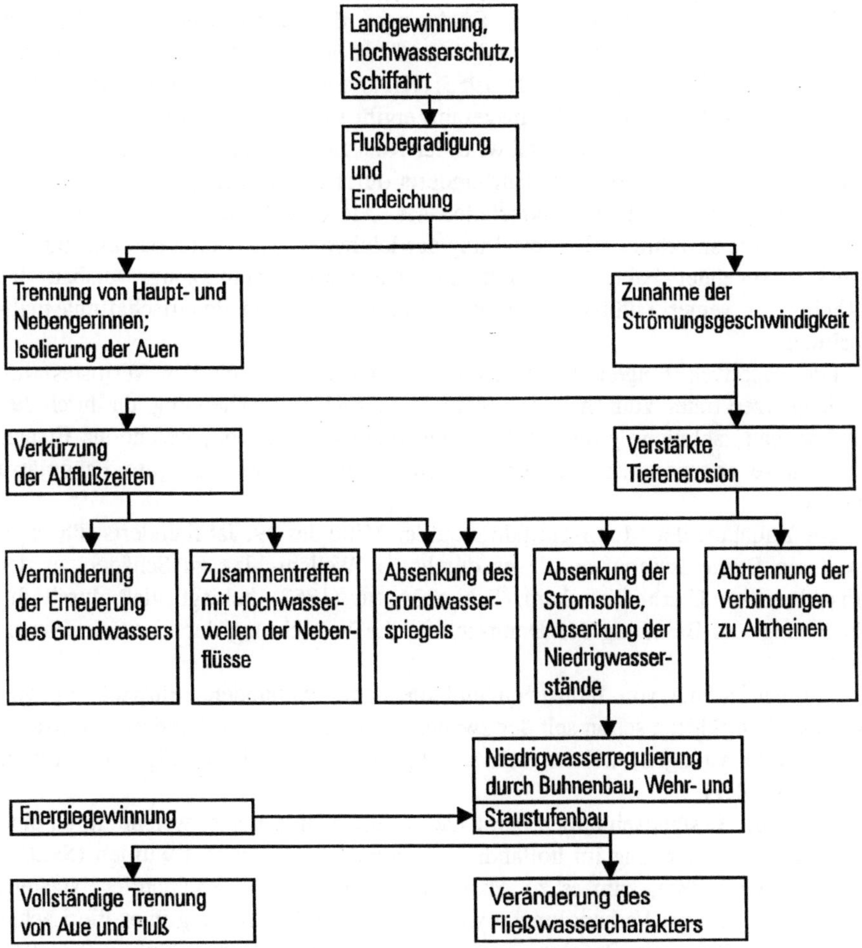

Abb. 3.1–5. Wasserbauliche Umgestaltung des Rheins und ihre Folgen.

3.2 Fischerei

Der Rhein war ehemals ein wirtschaftlich bedeutendes Fischgewässer aufgrund seiner arten- und individuenreichen Fischfauna. Vor allem seit Mitte des letzten Jahrhunderts vollzogen sich jedoch drastische Veränderungen im Fischbestand, welche in der Folgezeit bewirkten, daß die Rheinfischerei heute keine nenneswerte Bedeutung mehr hat (vgl. Kap. 5.3.3).

Die Gründe und Phasen des Rückganges der Rheinfischerei wurden von TRAHMS (1955a,b) geschildert und darauf von anderen Autoren immer wieder aufgegriffen und ergänzt (KOCH 1955; KLAUSEWITZ et al. 1971; SRU 1976; FRIEDRICH & MÜLLER 1984). Insgesamt ergibt sich folgendes Bild:

In der Literatur zur Fischfauna wird der Rückgang der Fischbestände vor allem in der zweiten Hälfte des 19. Jahrhunderts durchgehend belegt. Die Gründe für diesen Rückgang sind multifaktorieller Art. Als Ursache für den Bestandsrückgang und die strukturelle Umgestaltung der Ichthyozönose kommt das Zusammenwirken folgender Faktoren in Betracht: Gewässerverschmutzung, Ausbau des Rheins und seiner Zuflüsse, Schiffahrt, Überfischung und Bewirtschaftungsmaßnahmen.

Die negativen Folgen der Stromregulierung hinsichtlich des Verlustes von Laichplätzen traten zunächst noch nicht so deutlich in Erscheinung, da durch den Buhnenbau zahlreiche große, flache Buhnenfelder entstanden, welche als Ersatzlaichplätze angenommen wurden und zudem für die Fischer gute Fangplätze boten.

Die Zunahme der Motorschiffahrt seit der Mitte des 19. Jahrhunderts führte zu weiteren Bestandseinbußen, da es durch den Wellenschlag zu Schäden an der Fischbrut im Uferbereich kam. Schon MONE (1853) beklagt, daß durch die Strömung und Brandung der Dampfschiffe die Vermehrung der Fische erschwert wird.

Die Ansiedlung von Industrien und die damit verbundene Entwicklung von Großstädten führten schon seit der zweiten Hälfte des 19. Jahrhunderts zu lokalen Abwasserbelastungen, welche sich schädigend auf die Fischerträge auswirkten. (vgl. Kap. 4.1).

Durch die Bestandseinbußen beim Lachs- und Maifischfang, welche durch eine zu intensive Befischung im holländischen Niederrhein verstärkt wurden (SELIGO 1926, JENS 1978a), kam es zu Abkommen zwischen den Rheinanliegerstaaten. Nach mehrjährigen Verhandlungen wurde 1885 der Staatsvertrag über die Lachsfischerei im Rhein zur Regelung des Lachsfanges abgeschlossen. Seit 1891 sollten nach einem Plan des Deutschen Fischereivereins alljährlich 6 Millionen Junglachse ausgesetzt werden (SELIGO 1926). 1895 beschloß die Internationale Maifischkommission, die Maifischbestände durch Schonmaßnahmen und künstliche Erbrütungen zu schützen (SRU 1976).

Doch in der Folgezeit zeigte sich, daß die Schon- und Besatzmaßnahmen nicht ausreichten, die dezimierten Bestände langfristig wieder zu erhöhen. Dies brachte den Beweis, daß nicht die Überfischung die Hauptursache des Bestandsrückganges war, sondern Wasserbau, Schiffahrt und Stoffeintrag. Die Abb. 3.2–1 dokumentiert den Rückgang der Lachs-, Maifisch- und Störfänge in diesem Zeitraum.

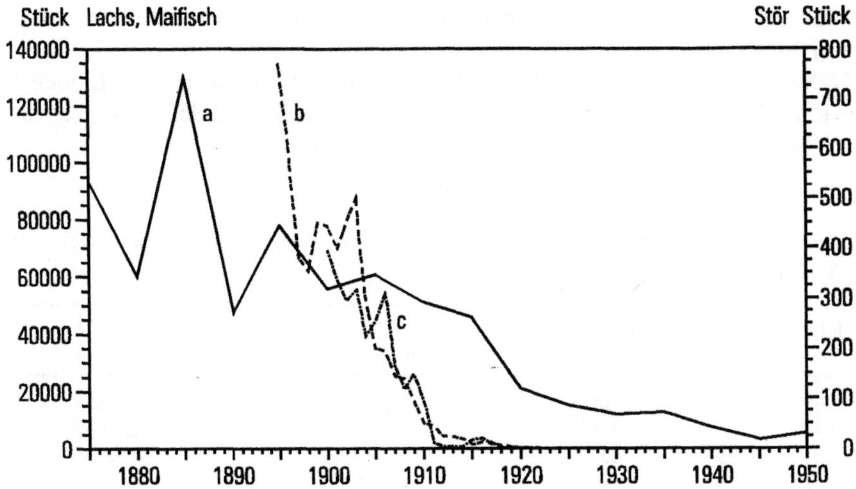

Abb. 3.2–1. Rückgang des Lachs-, Stör- und Maifischfangs (nach TRAHMS 1955a, b; STEINMANN 1923). *a* Lachsfang (ohne Meerforellen) im Rheingebiet (linke Achse). *b* Störfang im holländischen Rheingebiet (rechte Achse). *c* Der Rückgang des Maifisches in Holland (linke Achse).

Zunehmend konnten die verbleibenden Speisefische wegen der Geschmacksveränderung durch Industrieabwässer nicht verkauft werden. Die Wertminderung der Fischerei zeigte sich z.B. am Niederrhein darin, daß die nach zwölfjähriger Pachtzeit erfolgte Neuverpachtung den Staat im Jahr 1924 zwang, die Pacht erheblich zu senken, nämlich auf die Hälfte bis ein Drittel der ursprünglich festgelegten Beträge.

Wegen des Ausbleibens der anadromen Wanderfische stellten die Rheinfischer ihre Fischerei auf den Aalfang um, der ehemals als Konsumfisch nicht gefragt war. Da der im Meer laichende Aal durch keinen Verlust von Laichplätzen betroffen war und auch die Abwasserbelastung tolerierte, konnte er große Bestände ausbilden. Zudem ermöglichte die Einführung eines neuen rentablen Fischereigerätes, des Aalschokkers, lohnende Fangerträge. Infolge der zunehmenden

Intensivierung des Aalfanges wurden jedoch immer mehr abwandernde junge Lachse und Maifische als Beifang abgefangen.

Mit dem Rückgang der Abwasserbelastung in den Jahren der industriellen Produktionsbeschränkung nach dem zweiten Weltkrieg erholten sich die Fischbestände deutlich. Im Jahr 1945 stiegen nach der Zerstörung des Kembser Kraftwerkes sogar wieder Lachse in den Hochrhein auf (BARSCH 1968); dies ist ein deutlicher Hinweis auf die Bedeutung der Gewässerverschmutzung als Mitursache der Dezimierung der Lachsbestände. Doch der forcierte Wiederaufbau setzte dieser Entwicklung ein schnelles Ende.

DENZER (1966) bilanzierte für Nordrhein-Westfalen die finanziellen Einbußen der Rheinfischerei. Die Tabelle 3.2-1 verdeutlicht dies anhand des Rückgangs der Fischfangerträge an 9 Fangplätzen zwischen 1949 und 1963.

Tabelle 3.2-1. Fischfangerträge an neun ausgewählten Fangplätzen am Niederrhein von 1949-1963 (in kg) (aus SRU 1976).

Jahr	Lachs (Salmo salar)	Aal (Anguilla anguilla)	Sonstige Fische
1949	3.306	11.875	33.894
1950	4.316	10.790	31.645
1951	251	10.190	24.759
1952	40	9.523	21.912
1953	30	8.348	18.253
1954	-	6.457	14.698
1955	-	6.507	14.361
1956	-	5.165	12.074
1957	-	5.474	11.657
1958	-	4.775	10.397
1959	-	4.104	8.831
1960	-	3.989	7.855
1961	-	2.675	5.173
1962	-	2.702	4.894
1963	-	1.732	3.574

Nach dramatischen Fischsterben in den Jahren 1949, 1969 und 1971 (TRAHMS 1955A,B; ANT 1969; KLEINSTEUBER 1971) war praktisch das Ende der Berufsfischerei am Nieder- und Mittelrhein gekommen. Am Oberrhein und Hochrhein konnte noch durch die Befischung der Altwässer oder die Umstellung der Fischerei auf die Befischung der Kraftwerksstaue ein gewisser Fang erzielt werden.

Infolge der Inbetriebnahme von Kläranlagen verbesserte sich der Sauerstoffgehalt des Stromes, wodurch jedoch den empfindlicheren, wirtschaftlich wertvollen Arten noch keine ausreichenden Lebensbedingungen geschaffen wurden.

Zudem ist die Fischqualität für Vermarktungszwecke noch nicht ausreichend. Aufgrund der Anreicherung chlorierter Kohlenwasserstoffe im Flußsediment enthalten Aale, Plötze und andere gründelnde Fische Konzentrationen dieser Stoffe, die vielfach über den Bestimmungen von Höchstmengenverordnungen liegen (BERG 1987; Ministerium für Umwelt und Gesundheit Rheinland-Pfalz 1986) (vgl. Kap. 4.3.2; 5.4.2).

Negative Einflüsse, die heute von der Fischerei selbst auf die Biozönose des Rheins ausgehen, liegen in den Bewirtschaftungsmaßnahmen begründet. Fischereiliche Bewirtschaftungsmaßnahmen haben primär die Produktionssteigerung zum Ziel. Derartige Eingriffe in den Bestand einzelner Fischarten sind sowohl für die Fischfauna insgesamt als auch für die gesamte Biozönose von Bedeutung. Mehrere Autoren (MEINERT 1985a,b; LELEK & PELZ 1986; MICHLING 1988) stellten bei fischereilichen Untersuchungen einen bedenklich hohen Raubfischanteil, insbesondere des Aales, in einzelnen Rheinabschnitten fest. Bedenklich ist dies hinsichtlich der Entwicklungschancen des Jungfischbestandes. MICHLING (1988) führt die hohen Bestände auf Besatzmaßnahmen in den Nebenflüssen des Rheins zurück, welche in der Vergangenheit sehr intensiv betrieben wurden. Eine Selbstregulation der Aalbestände wie bei anderen Raubfischarten findet nicht statt. Da der Aal auch kein obligatorischer Raubfisch ist, sondern auch auf andere verfügbare Nahrung (Kleinlebewesen) ausweichen kann, wird er zudem zu einem ernstzunehmenden Nahrungskonkurrenten für andere Fischarten des Stromes. Angesichts der Tatsache, daß die Fortpflanzungsbedingungen im Strom ungünstig sind und der Aal als ausgesprochener Laichräuber bekannt ist, wird der negative Einfluß zu hoher Aalbestände auf den Gesamtfischbestand im Rhein weiterhin deutlich. MICHLING (1988) stellte fest, daß Aale oft mehr als 50 % der Individuenmenge in typischen Laichrevieren wie z.B. überschwemmten Uferbereichen ausmachten. Ähnliche Beobachtungen machten auch LELEK & PELZ (1986) im Bereich des nördlichen Oberrheins und des südlichen Mittelrheins sowohl im Strom als auch in den Altarmen. In den Altarmen stellen die Aale besonders eine Bedrohung für selten gewordene Fischarten wie z.B. den Wildkarpfen dar.

Eine weitere bedenkliche fischereiliche Bewirtschaftungsmaßnahme ist der Besatz mit faunenverfälschenden Fischarten (vgl. Kap. 5.3.3)

Die Rheinfischerei spielt insgesamt heute keine große Rolle mehr. Am Rhein arbeiten nur noch etwa 37 Haupterwerbsbetriebe und 100 Nebenerwerbsfischereien. Etwa 60.000 Sportangler besitzen Fischereierlaubnisscheine (Fischereibehörden der Länder; Umweltbundesamt 1989).

Die Produktitivätseinbußen der Berufsfischerei am Rhein werden deutlich, wenn die potentiellen und die derzeit aktuellen Fangerträge einander gegenüberstellt werden (bewertet zu Marktpreisen). Nach MAKIES (1988) entspricht das gesamte Fangergebnis der Berufsfischerei am Rhein im Jahr 1985 einem Marktpreis von 292.037 DM. Ausgehend von der befischbaren Gesamtfläche des Rheins von 21.600 ha ist jedoch bei der Artenzusammensetzung des Fangjahres 1985 ein theoretischer Ertrag von ca. 10,2 Millionen DM, d.h. ca. der 35fache Ertrag möglich. Der Ertrag, der bei einer potentiell-natürlichen Fischfauna des Rheins erzielbar gewesen wäre, wird auf 17,2 Millionen DM geschätzt (MAKIES 1988). Die Berufsfischerei könnte also unter natürlichen fischereilichen Bedingungen am Rhein den ca. 60fachen Fangertrag erwirtschaften.

4 Stoffliche Einflüsse auf das Rheinökosystem

Seit seiner Entstehung ist das Rheinökosystem stofflichen Änderungen ausgesetzt, die sich nach ihrer Art und ihrem Ausmaß in mehrere historische Phasen einteilen lassen:

- Die Zeit ohne anthropogene Einflüsse,
- die Zeit vom Beginn der menschlichen Besiedelung des Rheintals bis zu den mittelalterlichen Stadtgründungen,
- die Zeit vom Beginn der Industrialisierung (Anfang des 19. Jahrhunderts) bis zum Ende des 2. Weltkriegs (im Jahr 1945),
- die Zeit von 1945 bis zur Mitte der fünfziger Jahre,
- die Zeit von der Mitte der fünfziger Jahre bis zur Gegenwart.

In der Zeit *ohne anthropogene Einflüsse* war der Stoffhaushalt des Rheins allein durch die geologisch-morphologischen Verhältnisse, die klimatischen und witterungsbedingten Einflüsse bestimmt. Substanzkonzentrationen und -frachten des damaligen Flusses kennen wir nicht; sie lassen sich allenfalls annähernd etwa aufgrund von Vergleichsdaten mit Flüssen naturnaher Landschaften und ähnlichen Typs wie der Rhein erschließen. Pflanzliche Produktions- und Abbauprozesse bewirken, daß der Sauerstoffgehalt in Flüssen dieses Typs, in Tages- und Nachtsowie in jahreszeitlichen Rhythmen schwankt. Der Schwermetallgehalt hält sich in anthropogen unbeeinflußtem Zustand in engen Grenzen; selbst in den Sedimenten ist er sehr niedrig.

Mit dem *Beginn der menschlichen Besiedlung* des Rheintals bis zu den *mittelalterlichen Stadtgründungen* änderte sich der stoffliche Zustand des Rheins zunächst nicht. Erst die erwähnten Waldrodungen im Mittelalter führten zu längerfristigen stofflichen Veränderungen vor allem im Hinblick auf die Sedimentfracht (vgl. Kap. 3.1.2), die jedoch nicht quantifizierbar sind. Das mittelalterliche Stadtleben, Nutzungen für Kleingewerbe, Landwirtschaft, Schiffahrt und die damit verbundene Übernahme von Unrat und Fäkalien blieben ohne längerfristige und weiträumige stoffliche Beeinträchtigungen. Es existierten keine bedeutenden Abwassereinleitungen, da Kanalisationen weitgehend fehlten; die Substanzmengen waren gering und zudem meist leicht abbaubar, so daß der Rhein diese stoffliche Belastung infolge seines Selbstreinigungsvermögens gut bewältigen konnte.

Aufgrund mangelnder Daten der stofflichen Entwicklung des Rheins in den ersten beiden Phasen werden in der vorliegenden Studie die drei Phasen vom Beginn der Industrialisierung bis zur Gegenwart ausgewertet (ZIMMER 1992).

4.1 Von 1800 bis 1945

In den ersten Jahrzehnten des 19. Jahrhunderts setzte die Industrialisierung ein; hierbei läßt sich das Ausmaß der damit verbundenen *Urbanisierung* an der Entwicklung der Bevölkerungszahlen verdeutlichen: Von 1819 bis 1970 ist die Einwohnerzahl des Rheineinzugsgebiets von 5,4 Millionen auf etwa 32 Millionen angewachsen (KALWEIT 1976). Zahlreiche im Rheineinzugsgebiet gelegenen Städte haben allein zwischen 1860 und 1920 ihre Bevölkerungszahl nahezu verfünffacht (Abb. 4.1-1). Es bildeten sich die Ballungszentren der Räume Basel, Mannheim-Ludwigshafen, Frankfurt-Wiesbaden sowie das niederrheinisch-westfälische Industriegebiet heraus.

Folgen des Industrie- und Bevölkerungswachstums für den Rhein waren längerfristig wirksame Änderungen in der stofflichen Zusammensetzung des Rheinwassers, seiner Schwebstoffe und seiner Sedimente. Etwa seit der Wende zum 20. Jahrhunderts ließen sich ökologische Schädigungen beobachten, deren Ausmaß vor allem im Niederrheingebiet zur Zeit der zwischen den beiden Weltkriegen forcierten industriellen Produktion beträchtlich war.

Aufgrund eines Mangels an vergleichbaren chemisch-physikalischen Rheinwasseranalysen läßt sich diese Entwicklung im wesentlichen nur qualitativ beschreiben. Besonders die im folgenden dargestellte Abwasserbelastung des Rheins zur Zeit der Jahrhundertwende läßt exemplarisch die Faktoren und Entwicklungsansätze erkennen, die schließlich zum Höhepunkt der stofflichen Rheinbelastung in den sechziger und siebziger Jahren des 20. Jahrhunderts führten.

4.1.1 Abwasserbelastung und Abwasserbehandlung

Abwasserbelastung. Der *Hochrhein* (Rheinstrecke von Konstanz bis Basel) war Anfang der zwanziger Jahre lokal verschmutzt. Nach dem Augenzeugenbericht von STEINMANN (1923) bedeckten die Niederschläge (Kalkflocken) einer Sodafabrik bei Zurzach auf mehrere Kilometer die Steine des Flußbettes und des Ufers. In Kaiseraugst führten die Ablaugen einer Cellulosefabrik zu Schaumbildung; die Abwässer enthielten auch schweflige Säure und zeitweise Chlor. Eine Sodafabrik oberhalb Grenzau entließ ihre Abwässer mehr in die Strommitte,

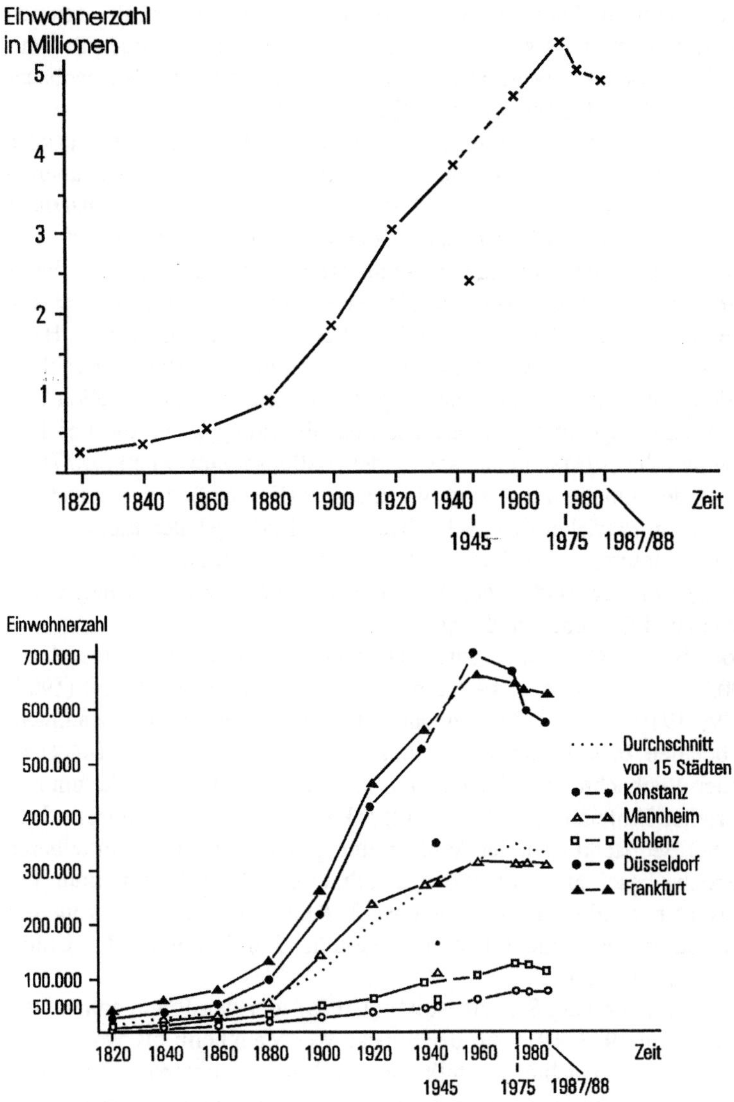

Abb. 4.1–1. Bevölkerungswachstum im Rheineinzugsgebiet von 1800 bis 1988 (nach Daten der städtischen Ämter für Statistik 1989).
Oben: Die Entwicklung von 15 Städten (Konstanz, Basel, Freiburg, Karlsruhe, Ludwigshafen, Mannheim, Wiesbaden, Worms, Mainz, Koblenz, Bonn, Köln, Leverkusen, Düsseldorf, Duisburg). *Unten:* Die Entwicklung am Beispiel einzelner Städte.

ebenso wie die Chemische Fabrik Geigy & Co. Bei Niedrigwasser sedimentierten Abfälle der Chemischen Fabrik an Ufersteinen und zwischen Wasserpflanzen. Schaum- und Faserstoffe sowie gefärbte Schlämme waren ebenfalls zu beobachten. Ähnliches galt für Fabriken bei der Saline Schweizerhall.

Die Abwässer der Basler Schwemmkanalisation und der Basler Industrien riefen auf der Rheinstrecke unterhalb Basels bei andauerndem Niedrigwasser „außerordentlich starke Verschmutzungssymptome" (S. 11) hervor. Auch der *Oberrhein* ab Basel war schon kurz nach der Jahrhundertwende lokal verschmutzt. Ein detailliertes Bild über die damalige Verschmutzungssituation des Oberrheins zwischen Basel und Mainz zeichnete beispielsweise der Autor eines Gutachtens zur Einleitung von Mainzer Abwässern in den Rhein (OHLMÜLLER 1903). Hiernach wurden von Basel bis zur Mündung der Nahe kommunale Abwässer zahlreicher Gemeinden sowie die verschiedensten gewerblichen und industriellen Abwässer in den Rhein eingeleitet. Schwerpunkte der Belastung waren die Bereiche um Basel, Ludwigshafen/Mannheim sowie der Ballungsraum Frankfurt/Wiesbaden/Mainz. In der Tabelle 4.1-1 sind die Einleiter (Kommunen mit industriellen und gewerblichen Betrieben) von Schaffhausen bis Ludwigshafen exemplarisch für OHLMÜLLERs Untersuchung dargestellt. Die Tabelle enthält ferner Angaben zur Bevölkerungszahl der Städte, der Kanalisation, der Abwassermenge und -reinigung sowie zur Fäkalienbehandlung.

In ihren biologischen Rheinwasseruntersuchungen von 1905–1908 kamen LAUTERBORN (1905, 1907a, 1908a–c, 1909a–b, 1910a, 1911a) und MARSSON (1907, 1908a–c, 1909, 1910, 1911, 1912) zu ähnlichen Befunden. Eine Zusammenstellung der bei den meisten Rheinbereisungen LAUTERBORNs und MARSSONs wiederkehrenden Beobachtungen (Tabelle 4.1-2) zeigt zwar unterhalb kommunaler und industrieller Einleiter mehr oder weniger konstante Schadwirkungen, doch blieben diese den Beobachtungen der Autoren zufolge meist auf die unmittelbaren Einleitungsbereiche beschränkt. Lediglich unterhalb der Abwassereinleitung der BASF Ludwigshafen wurde am Ufer eine etwa 3–4 km lange Verödungszone der Uferbesiedlung durch Tiere und Pflanzen festgestellt. Zur Methodik der Untersuchungen vgl. Kap. 4.1.2.).

Zu ähnlichen Befunden kam SPLITTGERBER (1917b), der den Rhein anhand des Saprobiensystems von 1913–1914 auf der Strecke von Mannheim bis Worms und der Neckarmündung untersuchte. Er stellte fest, daß auf der untersuchten Rheinstrecke mehr oligosaprobe Arten (die einen geringen Verschmutzungsgrad anzeigen) als mesosaprobe (mittlere Verschmutzung) zu finden sind. Diese Tatsache deute, wie auch schon LAUTERBORN und MARSSON gefunden hatten,

> „auf die grosse Fähigkeit des Rheines hin, die ihm zugeführten Verunreinigungen leicht zu verarbeiten, und stempelt ihn zu einem der reinsten, wenn nicht dem allerreinsten der grösseren deutschen Ströme." (S. 59)

Tabelle 4.1–1. Einleitung von Abwässern in den Rhein und Nebengewässer auf der Strecke von Schaffhausen bis Ludwigshafen (nach OHLMÜLLER 1903).

Ort (Einwohnerzahl)	Kanalisation	Industrielle/gewerbliche Anlagen, die in Kanäle entwässern / die in den Vorfluter entwässern	Abwassermenge m^3/Tag	Fäkalienbehandlung	Vorfluter; Abwasserreinigung
Schaffhausen (15.268)	teilweise				Durach; keine
Säckingen (4.934)	teilweise [2/3]	1 Seidenbandfabrik, Färberei, 1 Brauerei, 1 Ölgasanstalt / 1 Baumwollweberei, Färberei u. Druckerei, 2 Gerbereien	8 l/sec	Abfuhr	Giessenlauf-Rhein; peripher, z.T. auch Fabriken
Rheinfelden (3.200) (Baselaugst)	voll	1 Saline, 2 Großbrauereien, 2 Zigarrenfabriken / 1 Anilinfabrik, 1 Saline		Einleitung in Kanäle	Rhein; keine
Basel (110.000)	voll	u.a. 1 Gasfabrik, 1 Anilinfarbenfabrik / u.a. 2 Chemische Fabriken, Färbereien, Gerbereien		Einleitung in Kanäle	Rhein; keine
Lörrach (10.347)	teilweise [3/4]	1 Tuchfabrik, 1 Knopffabrik, 1 Seidenbandweberei, Bierbrauereien, Färbereien		Abfuhr	Wiese, keine
Mühlhausen (89.118)	teilweise [1/10]	Spinnereien, Webereien, Maschinenfabriken, Gerbereien, Wäschereien, Brauereien / Spinnereien, Webereien, Druckereien, Färbereien, 1 Chemische-, 1 Maschinen-, 1 Gasfabrik, Wäschereien, öffentliche Bäder		13.000	Rhein-Rhone-Kanal, Ill; keine, z.T. Einleitung in Kanäle z.T. Abfuhr

Tabelle 4.1–1 (Fortsetzung)

Ort (Einwohnerzahl)	Kanalisation	Industrielle/gewerbliche Anlagen, die in Kanäle entwässern / die in den Vorfluter entwässern	Abwassermenge m^3/Tag	Fäkalienbehandlung	Vorfluter; Abwasserreinigung
Straßbourg (151.041)	teilweise [2/3]	alle Gewerbebetriebe innerhalb der Stadtgrenzen ——— je 1 Kunstwolle-, Hopfen- u. Fellenfabrik, 1 Walzwerk, 2 Gerbereien, 1 Dampfwäscherei, 1 Brauerei, 1 Mälzerei, 1 Papierfabrik, 1 Leimfabrik	12.000	Abfuhr	Ill; zentrale Kläranlage (Schlammfänger)
Rastatt (13.940)	teilweise	Waggon- u. Herdfabrik, Gerberei, Wäscherei, Mälzereien, Brauereien	1.080	Abfuhr	Wurg; keine
Karlsruhe (97.182)	voll	Maschinenfabriken, Handschuhfabriken, Möbelfabriken, Rosshaarfabriken, Brauereien, Wurstlereien, Presshefenfabriken, Spiritusfabriken, Stärkefabriken, Waschanstalten	27.000	Abfuhr	Albfluß, Rhein; keine
Speyer (20.912)	teilweise	1 Holzimprägmieranstalt, 1 Filzfabrik, 1 Baumwollspinnerei, 4 Brauereien ——— 1 Schuhfabrik, 1 Schäftefabrik, 1 Holzimprägmieranstalt		Abfuhr	Speyerbach, Rhein; peripher
Heidelberg (40.000)	voll	1 Kunstwollfabrik, 1 Tabakfabrik, 1 Gerberei, 1 Wäscherei, mehrere Brauereien	3.000	Abfuhr	Neckar; keine
Ludwigshafen (48.000)	voll	Alaun-, Schwefelsäure-, Pottasche-, Salpeter-, Salzsäure-, Weinsteinsäure-, Essig-, Tuch-, Malz-, Presshefe-, Maschinen- u. Korkstein etc. Fabriken u. andere Gewerbebetriebe	15.000	Abfuhr	Rhein; keine

Tabelle 4.1–2. Beobachtungen LAUTERBORNs und MARSSONs zur Rheinverschmutzung bei Bereisungen von 1905–1908 (nach den Befunden LAUTERBORNs 1905–1911 und MARSSONs 1907–1912 für die Rheinstrecke von Basel bis Waldhof-Mannheim).

Ort/Gewässer, Abwasser	Charakterisierung der Verschmutzung	Wirkung der Verschmutzung
Stadt Basel	Rückstände der Baseler Abwässer: Stärkezellen der Kartoffel, Reste von Gemüsen, Kaffesatz, Fett-Tropfen, Zellulosefasern, Textilfasern, blaue Farbstoff-Flitter, Haare, durch Gallenfarbstoffe gelb gebeizte Muskelfasern.	Wegen der Strömungsgeschwindigkeit rasche Verteilung der Schmutzstoffe, deshalb schon 3–4 km unterhalb der Einleitungen geringe Manifestation von Abwasserorganismen.
Ill unterhalb Straßburgs (nimmt die Abwässer Straßburgs auf)	Mündung der Straßburger Abwässer: Wasser im höchsten Grade verunreinigt, viele treibende Fäkalbrocken, Papierreste. Noch 400–500 m unterhalb der Mündung der Ill in den Rhein sind die Straßburger Abwässer nachweisbar.	Selbstreinigung der Ill funktioniert während der Zeit starken Pflanzenwachstums am besten.
Schutterkanal bei Kehl, nimmt die Abwässer dreier chemischer Fabriken auf	Mündung des Schutterkanals in den Rhein bietet das Bild einer hochgradigen Verschmutzung. Wasser dunkel getrübt, Massen suspendierter Zellulose- und Textilfasern, Abwässer mit alkalischer oder sauerer Reaktion.	Verpilzung des Ufers bis ca. 200 m unterhalb der Mündung des Schutterkanals in den Rhein.
Zellulosefabrik unterhalb Maxau	Eingeleitete Abwässer in Form aufquellender brauner Wolken etwa 100 m weit sichtbar.	Keine tiefergehende Beeinflussung der Organismenwelt des Ufers. Sphaerotilus-Rasen makroskopisch etwa 200 m weit unterhalb der Einleitung zu verfolgen.
Alb, nimmt die Abwässer von Karlsruhe auf und mündet in den Alb-Altrhein	Außerordentlich starke Verschmutzung etwa 2 km oberhalb der Mündung des Alb-Altrheins; Wasser dunkel stabartig getrübt, zahllose Pilzfladen, Abwassereste aller Art: Stärkezellen der Kartoffel, aus Fäkalien stammende gelbe Muskelfasern, Papierreste, Textilfasern u.s.w.	Trotz relativ niedrigem Pegelstand geringfügige Wirkung. Ein Teil der Abwässer wird schon im sich durch die Auwälder hinziehenden Altrhein aufgearbeitet, der als riesige Faulkammer wirkt.

Tabelle 4.1–2 (Fortsetzung)

Ort/Gewässer, Abwasser	Charakterisierung der Verschmutzung	Wirkung der Verschmutzung
Speyerbach, nimmt die Abwässer von Speyer auf und mündet in den Rhein	Starke Verunreinigung: schmutziges, stark getrübtes Wasser mit vielen Sphaerotilus-Rasen. Im Plankton noch Massen von organischem Detritus, viele Pflanzenreste, Reste der Haus-und Küchenabwässer wie Stärkezellen, Woll- und Textilfasern, Haare, Zellulosereste; gelbe Muskelfasern aus Fäkalien.	100 m nach der Mündung des Speyerbaches in den Rhein sind die Verunreinigungen nur noch selten nachzuweisen; verdünnende Wirkung der gewaltigen Wassermassen des Rheins.
Stadt Ludwigshafen	Papierreste, Gemüse, Fett, Ölhäute bilden dunkles Schmutzband, das ca. 500 m entlang des Ufers zieht, bis es sich mit dem farbigen Abwasser der Anilinfabrik vermischt. Letzte mikroskopisch nachweisbare Reste bis etwa 5 km unterhalb der Einmündung.	Bis 450 m unterhalb der Einleitung Ufersteine mit Rasen von Sphaerotilus.
Stadt Mannheim	Das Abwasser wird seit dem Jahr 1905 auf die Rheinsohle entleert. Aufquellende Schmutzwolken, Fäkalbrocken im Bereich der Einmündung 120–150 m unterhalb der Einleitung: gewaltige Mengen Abwasserresten aller Art (Fett-Tropfen, gelbe Muskelfasern, mit Bakterien bedeckte Stärkezellen der Kartoffel, Zellulose- und Textilfasern). Verunreinigungen nachweisbar bis 2 km unterhalb der Einleitung, z.T. bis Worms.	Am Ufer Rasen von Sphaerotilus.
Waldhof (mehrere Fabriken, besonders Zellstoffabrik)	Neben den Abwässern der BASF quantitativ die bedeutendsten, die dem Rhein zugeführt werden. Sie sind über 5 km weit zu verfolgen (Farbstreifen, Schaumbildung). 200 m unterhalb der Einmündung Zellulosefasern; bis 10 km abwärts Sphaerotilus-Flocken.	Starke Verpilzung des Rheins, die sich von der Mündung dieser Abwässer an über Worms bei Gernsheim und weiter teils durch Pilzwucherungen am rechten Ufer teils durchtreibenden Pilzflocken vom rechten Ufer bis gegen die Strommitte bemerkbar macht.

Demgegenüber bedeute der trotzdem nachweisbare Einfluß einzelner Abwasserzuleitungen auf der beobachteten Rheinstrecke nicht viel. Selbst die Zuführung der Zellstoffabwässer, die in ihrer Menge und Beschaffenheit zu den schlimmsten gewerblichen Abwässern gehörten, schädige den Lauf bzw. die Ufer nur auf einer verhältnismäßig kurzen Strecke, so daß sich schon einige Kilometer weiter unterhalb der Einmündung dieser Abwässer eine nachteilige Einwirkung nicht mehr feststellen lasse. Eine dauernde Verschlechterung des Rheinwassers trete also durch die bedeutenden Mengen von Abwassern, die dem Rhein auf der Strecke von Mannheim bis Worms zugeführt werden, in keiner Weise ein.

Im *Mittelrhein* wurden Anfang des 20. Jahrhunderts mit Hilfe von benthosbiologischen ebenfalls einige - wenige - örtlich begrenzte Belastungen festgestellt (MARSSON 1907–1912). Verunreinigungen durch den Main konnten im Rhein allerdings rechtsseitig bis Koblenz-Niederwerth nachgewiesen werden.

Die Verschmutzung des *Niederrhein-Gebiets* in den frühen zwanziger Jahren war im Gegensatz zu Ober- und Mittelrhein über längere Rheinstrecken erheblich. Sie wurde durch zahlreiche kommunale und industrielle Einleitungen unterhalb Bonns hervorgerufen (BÜRGER 1926). BÜRGER nennt beispielsweise:

- Ölwerke bei Portz,
- Industrien von Deutz, Kalk und Mülheim,
- Farbwerke Bayer in Leverkusen,
- Papierfabriken in Reisholz, Neuß, Düsseldorf, Walsum,
- Zuckerfabrik in Dormagen,
- chemische Fabriken in Leverkusen, Benrath, Neuß, Uerdingen,
- Gerbstoff- und Farbholzfabriken in Benrath,
- kommunale Abwässer von Neuß und Krefeld.

Bei Köln hatte VOHL (1871) schon im Jahr 1870 chemisch-analytische Untersuchungen des Rheinwassers durchgeführt (vgl. Kap. 4.1.2). Er beklagte, daß die Ströme und Flüsse dazu dienten, beim Durchfließen der Städte und Dörfer sämtlichen Unrat aufzunehmen; hierbei trügen insbesondere die „unreinlichen Gewerbe" zur Verschmutzung bei. Andere gewerbliche Anlagen, wie „Färbereien, Anilin- und überhaupt chemische Fabriken" führten den Flüssen oft „höchst giftige Substanzen, z.B. Arsenik, Kupfer, Blei, Zink" zu. Folge davon sei, daß die Abwässer dieser Anlagen das Flußwasser weithin vergifteten und es für gewerbliche Zwecke unbrauchbar machten (S. 322).

Unterhalb von Rheinhausen nahm der Rhein die Abwässer aus Bergwerks- und Hüttenbetrieben (Kohlenbergwerke, Hütten, Hochöfen, Beizereien, Gießereien) auf. Hier reicherte sich das Rheinwasser mit Schmutz- und Sinkstoffen (insbesondere Kohlenstaub) an; hinzu kamen mineralische Ablagerungen an den Ufern und auf dem Gewässerboden.

Höhepunkt der Verschmutzung war das Mündungsgebiet des Emscherkanals, der dem Rhein einen großen Teil der Abwässer des Ruhrgebiets zuführt. BÜRGER (1926) zeichnete ein drastisches Bild der damaligen Verschmutzungssituation:

> „Geiserartig quillen die Emscher-Abwässer deutlich erkennbar aus den Mündungsteilen der großen Rohrleitungen hervor, in die sie vor der Einmündung in den Rhein gefaßt und die mehrere hundert Meter in den Strom hinein verlegt sind. Dicke Ölschichten breiten sich auf der ganzen Oberfläche des Wassers aus, das von tiefschwarzer Färbung ist, und in geschlossenem Strom treiben die Abwässer auf kilometerlangen Strecken leicht erkennbar den Rhein hinab." (S. 228)

Die Abwässer ließen sich noch kilometerweit rechtsrheinisch feststellen, ehe sie sich weit unterhalb von Wesel mehr über die ganze Rheinbreite verteilten. Während die Emscher, die in den Jahren 1906 bis 1907 zum Abwasserkanal ausgebaut wurde, für die „Fischerei als verloren" (v.d. BORNE 1880) zu betrachten war, war auch der Fischbestand der Ruhr in Bereichen unterhalb industrieller Einleitungen sehr stark bedroht. Nach THIENEMANN (1912b) war das Wasser der unteren Ruhr während der Niedrigwasserperiode im Sommer des Jahres 1911

> „eine mit Chemikalien aller Art gesättigte Brühe, in der kein Fisch mehr leben, von der kein Tier mehr trinken konnte und aus deren Nähe jeder Mensch mit normalem Geruchsempfinden möglichst wich [...]." (S. 55)

Im Verlauf ihrer Untersuchungen stellten THIENEMANN und das Chemische Untersuchungsamt der Stadt Duisburg unterhalb der Einleitungen durch Eisenhütten sogar Cyanverbindungen in der Ruhr fest; die Menge gelöster Stoffe bewegte sich mit zunehmender Fließstrecke im Grammbereich, d.h. sie betrug das 10–40fache des Normalbereichs. An verschiedenen Meßstellen wurde 100 %iger Sauerstoffmangel gemessen. Auch die Wupper war zu dieser Zeit infolge gewerblicher Einleitungen vor allem aus den Städten Elberfeld und Barmen ein sehr stark verschmutzter Fluß. Die Wirkung der Abwässer konnte 300 m weit in den Rhein beobachtet werden (SPLITTGERBER 1917a).

Schon im Jahr 1912 wurde beobachtet, daß aus reinen Gewässern stammende Fische wenige Tage nach Hälterung im Rhein unterhalb der Emschermündung Karbolgeruch angenommen hatten (zit. aus FRITSCH 1959). Dieser Geruch wurde vor allem durch Kokereiabwässer verursacht. Allein aus dem Ruhrgebiet flossen dem Rhein neben anderen Schmutzstoffen jährlich etwa 10.000 Tonnen Phenole zu, ehe es dort zu ersten Sanierungsmaßnahmen kam (HELBING 1934b). Zwar konnten einige Erfolge erzielt werden, doch schon im Jahr 1940 kam die Preußische Landesanstalt für Fischerei aufgrund von Rheinwasseruntersuchungen (1935–1937) zu der Einschätzung, daß die Belastung des Rheins besonders bei Niedrigwasser die Grenze des Erträglichen bereits überschritten habe. Zwischen Duisburg und der deutsch-niederländischen Grenze, aber auch zeitweise im Raum Köln, erreiche die Belastung durch Phenol solche Werte, daß Geschmacksbeeinträchtigungen der Fische die Folge waren (WWV-NW & WSD Duisburg 1956).

Auf der gesamten Rheinstrecke, besonders im Niederrheingebiet, wurde eine zunehmende Belastung mit Öl- und Benzinrückständen durch die Dampfschiffahrt registriert. BÜRGER (1926) zählte zwischen Mai und September allein 2.500 Personendampfer, die den Mittelrhein bei Koblenz durchfuhren. Diese Entwicklung setzte in der 2. Hälfte des 19. Jahrhunderts ein, nachdem erst 1816 das erste Dampfschiff auf dem Rhein fuhr. Nach BÜRGER wurde die Dampfschiffahrt neben den Abwässern zum gefährlichsten Schädiger der Fischerei am Niederrhein. Während das Transportaufkommen Ende des 19. Jahrhunderts noch bei ca. 20 Millionen Tonnen gelegen hatte, wurden Ende der dreißiger Jahre 90 Millionen Tonnen erreicht.

Einer statistischen Erhebung über Großeinleitungen zufolge flossen Ende der dreißiger Jahre etwa 40 % der industriellen und etwa 50 % aller kommunalen Einleitungen auf Reichsgebiet in den Rhein. Von den industriellen Einleitungen standen die chemischer Anlagen vor schwerindustriellen Anlagen an der Spitze (MAYER 1939, 1940).

Abwasserbehandlung. Mit steigenden Bevölkerungszahlen wurde die Aufgabe, die Städte von den Abfall- und Schmutzstoffen zu reinigen, immer dringender und notwendiger (BOYNE 1936). Bis zum Anfang des 19. Jahrhunderts war es noch üblich, Abfälle in Wohnhausnähe in Tonnen oder - wenn überhaupt - in dürftig ausgemauerten Gruben zu lagern, bis sie von Zeit zu Zeit abgefahren wurden. Folge davon war eine „grenzenlose Verseuchung des Bodens, besonders im Bereich grösserer Städte“ (STRELL 1913). Auch das Abschwemmen der Abfälle in offenen Gräben oder Rinnsteinen oder die Anlage von „Abtrittsgruben“ minderten die hygienischen Probleme (Grundwasserverunreinigung) nur unwesentlich. Folge waren die großen Epidemien, von denen die Cholera-Epidemien in der ersten Hälfte des 19. Jahrhunderts 60.000 Menschenopfer in der europäischen Bevölkerung forderten. Der Schrecken dieser Epidemien hatte aber wenigstens die nachhaltige Wirkung, daß er

> „die Stadtväter aus ihrer bisher geübten und gewohnten Sorglosigkeit und Nachlässigkeit in hygienischen Fragen aufrüttelte und zu tatkräftigem Handeln auf diesem Gebiete zwang.“ (STRELL 1913, S. 192)

Bis etwa zur Mitte des 19. Jahrhunderts wurden zahlreiche Verordnungen und Gesetze erlassen, die die Hauptaufgabe hatten, die Schmutzwässer aus dem Bereich der menschlichen Wohnsiedlungen zu entfernen (SCHUA & SCHUA 1981).

Die Notwendigkeit eines derartigen Systems ergab sich vor allem durch die Einführung der Wasserspülung und den „Siegeszug des Wasserklosetts“ (DUNBAR 1907), mit dessen Hilfe sich nicht nur Fäkalien, sondern sämtliche abschwemmbaren Stoffe überhaupt über Rinnsteine oder offene Kanäle aus dem unmittelbaren

Wohnungsbereich entfernen ließen. Geruchsbelästigung und weitere hygienische Probleme waren mit dieser aus England übernommenen Methode nur verlagert.

Unter dem Druck der genannten Regelungen und der weiter wachsenden Bevölkerungszahlen wurde der planmäßige Ausbau einer unterirdischen Kanalisation der Städte begonnen, so daß die Schmutzstoffe mittels Wasser in ein stadtnahes Gewässer geleitet werden konnten („Schwemmkanalisation"). Die Abschwemmung vor allem der menschlichen und tierlichen Fäkalien wurde jedoch nicht einhellig begrüßt. J. LIEBIG etwa war der Meinung, daß dem Boden zum Erhalten seiner Fruchtbarkeit die Bestandteile zurückgegeben werden müßten, die ihm durch die Ernte entzogen wurden. Andernfalls würde dieser „Raubbau" zur Verödung des Landes und zum Untergang des Volkes führen (zitiert nach v. SIMSON 1978). Demgemäß trat LIEBIG dafür ein, die menschlichen Exkremente durch die Entwicklung eines Abfuhrsystems als Düngemittel für die Landwirtschaft weiterhin verstärkt nutzbar zu machen.

Die Schwemmkanalisation war jedoch nicht nur aus landwirtschaftlich-ökonomischen Gründen umstritten. Beobachtungen, vor allem an Bächen und Teichen, zeigten deren sichtbare Beeinträchtigung mit der Folge eingeschränkter Nutzungsmöglichkeiten in noch größerem Maße als zuvor. Nach der „Stadtreinigungsfrage" - hier ging es um die Frage der Notwendigkeit, Abfallstoffe aus dem Stadtbereich zu entfernen - wurde seit den späten siebziger Jahren die „Flußverunreinigungsfrage" (v. SIMSON 1973) heftig diskutiert. Ergebnis des Problembewußtseins waren auch die Gründungen von Überwachungs- und Forschungsinstitutionen, wie zum Beispiel der „Internationale Verein zur Reinhaltung der Flüsse, des Bodens und der Luft" (1877, Köln), die „Königliche Versuchs- und Prüfungsanstalt für Wasserversorgung und Abwässerbeseitigung" (1901, Berlin) sowie zu Anfang des 20. Jahrhunderts zahlreiche Flußwasseruntersuchungsämter (Zusammenstellung bei LOHMANN 1934).

Die skizzierte Entwicklung läßt sich an den Städten im Rheineinzugsgebiet anschaulich darstellen. Etwa zur Mitte des 18. Jahrhunderts wurde mit dem Ausbau der Kanalisation der Städte begonnen, beispielsweise in Frankfurt und Basel im Jahr 1867, so daß zur Wende zum 20. Jahrhundert zahlreiche Städte im Rheineinzugsgebiet zumindest teilweise kanalisiert waren. Frankfurt etwa war im Jahr 1903 fast vollständig kanalisiert; in Düsseldorf waren im Jahr 1931 ca. 84% der 473.000 Einwohner zählenden Gesamtbevölkerung an das Kanalsystem angeschlossen (BRIX et al. 1934). Viele Städte behielten neben der modernen Kanalisation zur Aufnahme von Regenwasser, Haushalts- und Fabrikabwässern das altbewährte Fäkalienabfuhrsystem bei, so etwa von den größeren Städten im Rheineinzungsgebiet Straßburg, Stuttgart, Karlsruhe, Heidelberg, Wiesbaden, Düsseldorf (GERSON 1889).

Langwierige Auseinandersetzungen entzündeten sich an der Frage, ob das Schwemmsystem auch Fäkalien aufnehmen dürfe, ob und in welcher Weise das Abwasser vor der Einleitung in den Vorfluter zu reinigen sei. In zahlreichen

Gutachten und Stellungnahmen suchten sich die Städte über die geeigneten Verfahrensweisen der Abwasserbeseitigung klar zu werden und die Flußbelastung abzuschätzen, beispielsweise Basel (PETTENKOFER 1867), Köln (LEUT 1877a,b; KYLL 1877, EULENBERG 1883; STEUERNAGEL 1888, 1893, 1904), Mainz (VIERLING 1891; OHLMÜLLER 1903), Speyer (CLASSEN 1899), Heidelberg (BAUMEISTER (1903), Mannheim (RUBNER & SCHMIDTMANN 1903), Düsseldorf (GEUSEN & LOOCK 1903; BACHMANN & FLEISCHER 1925), Hanau (MARSSON et al. 1905) und Offenbach (LEHMANN et al. 1913). Städte, die am Flußlauf unterhalb geplanter Kanalwasser-Einmündungen lagen, waren bemüht, in Gutachten deren Schädlichkeit zu belegen. So wandte sich Speyer gegen die von Karlsruhe geplante Fäkalien-Einschwemmung (CLASSEN 1899), Worms gegen dieselbe von Mannheim (RUBNER & SCHMIDTMANN 1903). Vor allem nachdem PETTENKOFER (1892, zit. aus BLASIUS et al. 1897) die Einleitung der Fäkalien Münchens in die Isar befürwortet hatte, wurde zahlreichen Städten die Einleitung ihrer ungereinigten Abwässer in die Flüsse erlaubt, so zum Beispiel auch Koblenz, Neuwied (ohne Fäkalien) und Kreuznach (in die Nahe, ohne Fäkalien).

Die Befürworter der Fäkalienabschwemmung in den Rhein argumentierten vor allem mit dessen Selbstreinigungsvermögen, der starken Verdünnung des Abwassers infolge der hohen Wasserführung des Rheins und der starken Strömung, die der Schlammbildung entgegenwirkte. BACHMANN & FLEISCHER (1925) stellten zum Beispiel bei Untersuchungen über die Einwirkung des Düsseldorfer Kanalwassers auf den Rhein eine Erhöhung des Bakteriengehalts und der organischen Substanz fest. Die Autoren relativierten jedoch diesen Befund durch die Aussage, daß ihre Untersuchungen lediglich eine Momentaufnahme seien, welche die Veränderungen durch Wasserführung und Selbstreinigung nicht berücksichtige. Zwar schlossen sie die Möglichkeit der Übertragung von Infektionskrankheiten bei Genuß unfiltrierten Rheinwassers nicht aus, doch hielten sie eine Erörterung dieses Problems zur Zeit nicht für notwendig, „da nach amtlicher Auffassung der Genuß jedes unfiltrierten Oberflächenwassers nur auf eigene Gefahr geschieht." (S. 552)

Gegner der Fäkalieneinleitung in den Rhein bezweifelten dessen Selbstreinigungskapazität. Sie befürchteten eine Zunahme von Seuchen wie Cholera und Typhus, beklagten eingeschränktes ästhetisches und Badevergnügen und mangelnde Nutzungsmöglichkeit des Rheinwassers als Brauchwasser. CLASSEN (1899) etwa stellte in einem Gutachten für die (unterhalb Karlsruhe liegende) Stadt Speyer fest:

> „Wer würde je noch den Abscheu überwinden können und sich dem sonst so erfrischenden, für die Zukunft aber verpesteten Rheinwasser anvertrauen, wenn erst alle Karlsruher Latrinenstoffe, der Abortinhalt aus Krankenhäusern und sonstiger Unrat in den Rhein gelangte. Es ist ganz gewiss nicht die Furcht vor einzelnen mitgeschwemmten Papierfetzen, Korken, Holz- und Lederstücken, Lumpen, Federn, Gemüseblättern, Rettigschwänzen, Aschenteilen, Zwiebeln, Citronen-, Orangen- oder Eierschalen [...],

sondern allein das Bewusstsein, dass der ganze Karlsruher fein verteilte Schmutz, die Auswurfstoffe von Hunderttausenden von teilweise mit den ekelhaftesten Krankheiten behafteten Menschen, die Abgänge vom Schlachthaus, dann der Unrat von Krankenhäusern etc. nunmehr alltäglich unausgesetzt in jedem Teilchen Rheinwasser enthalten sein sollte, dies eröffnet uns eine solch schauderhafte Aussicht auf die künftigen Zustände, dass kein Ausdruck zu stark erscheint, diese Absicht gebührend zu kennzeichnen [...]." (S. 56)

Die auf wissenschaftliche Analysen gegründeten Gutachten befürworteten trotz derartiger Einwände zunehmend die Fäkalieneinschwemmung in den Rhein, allerdings mit der Auflage, daß das Abwasser zuvor gereinigt werden müsse: Es kam zum Bau erster Kläranlagen im Rheingebiet (Tabelle 4.1-3).

Die Stadt Frankfurt nahm im Jahr 1887 die „erste derartige Anlage des gesamten Kontinents" (STRELL 1915) in Betrieb, nachdem die Staatsregierung aufgrund der Mainverschmutzung „wiederholt mit executorischer Schliessung der Canäle gedroht und wegen angeblich unerschwinglichen Kosten der Berieselung" (GERSON 1889, S. 34) Stundung bis zur Herstellung einer Sedimentations- und Klärvorrichtung gewährt hatte. Diese chemisch-mechanisch betriebene Anlage hatte zwischen 1887 und 1902 700.000 m^3 Schmutzstoffe abgefangen, ehe die Bevölkerungszunahme eine Erweiterung erforderlich machte (STRELL 1915, S. 34). Es folgten in der Zeit vor und nach der Wende zum 20. Jahrhundert zahlreiche weitere Anlagen, die mechanisch oder - seltener - mechanisch-chemisch (Zusatz chemischer Fällungsmittel wie z.B. Kalk) arbeiteten. Biologische Verfahren (Tropfkörper, Schlammbelebung) oder Rieselfelder sind seltener. Eine Übersicht über Kanalisationen und Kläranlagen von Städten im Rheingebiet (und damaligen Reichsgebiet) geben BRIX et al. (1934).

Sanierungsmaßnahmen im Ruhrgebiet. Im Bereich des niederrheinisch-westfälischen Industriegebiets waren seit der Wende zum 20. Jahrhundert - vor allem aufgrund der Gefährdung der Trinkwasserversorgung - Sanierungsmaßnahmen als unumgänglich erkannt worden (z.B. THIENEMANN 1912a, b; LEHMANN 1930). Zu ihrer Realisierung wurden Organisationen wie die Emschergenossenschaft (1904), der Ruhrverband (1911), die Linksniederrheinische Entwässerungsgenossenschaft (1913), der Lippeverband (1926) und der Wupperverband (1930) gegründet (zur Gründungsgeschichte vgl. HELBING 1934a,b, IMHOFF 1934, SCHÜTZ 1934, MAHR 1934). Im Jahr 1925 wurde ein Abwassersammler für die Abwässer von Mülheim, Oberhausen und Duisburg fertiggestellt, die dem Rhein erst nach Klärung durch eine mechanische Kläranlage zugeführt wurden. Die Ergebnisse einer diesbezüglichen chemischen Rhein-Ruhr-Untersuchung zeigten nach LEHMANN (1930), daß am Untersuchungstag eine Beeinträchtigung des Rheinwassers durch die Kläranlagenabläufe nicht festzustellen war. Auch biologische Untersuchungen ließen nach LEHMANN keinen wesentlichen Unterschied zwischen der Zusammensetzung des oberhalb und unterhalb der Kläranlage entnommenen Planktons

Tabelle 4.1-3. Beispiele für erste kommunale Kläranlagen im Rheineinzugsgebiet (zusammengestellt nach Angaben von GERSON 1889; STRELL 1915; BRIX et al. 1934 sowie der städtischen Tiefbauämter).

Gemeinde	Inbetriebnahme	Verfahren
Frankfurt	1887	Sandfang, Rechen, Absitzbecken
Freiburg	um 1890	Rieselfelder
Darmstadt	um 1890	Rieselfelder
Marburg	1897	Sandfang, Rechen, Absitzbecken
Düsseldorf	1902	Rechen, Absitzbecken
Mönchen-Gladbach	1902	Absitzbecken
Mannheim	1903/05	Sandfang, Rechen, Absitzbecken
Frankfurt	1905	Sandfang, Rechen, Absitzbecken, Schlammbehandlungsanlage
Köln	1905	Rechen, Sieb, (Absitzbecken geplant)
Wuppertal	1906	Sandfang, Rechen, Absitzbecken
Straßburg (Versuchskläranlage)	1907/11	Grobrechen, Siebschaufelrad, Absitzbecken, Abwasserfischteiche
Essen[a]	1908	Emscherbrunnen
Herne[b]	1909	Emscherbrunnen
Duisburg[c]	1909	Rechen, Sand-, Ölfänger, Riensch-Wurl'sche Scheibe
Wiesbaden	1910	Sandfang, Rechen, Absitzbecken
Krefeld	1910	Sandfang, Rechen
Hanau	1910	Sandfang, Rechen
Essen[d]	1912	Rechen, Sand-, Ölfänger, Vorklärbecken, Nachklärbecken, Schlammbelebung
Duisburg[e]	1915	Emscherbrunnen
Karlsruhe	1913	Siebschaufelrad, Riensch-Scheibe
Mainz	1913/14	Absitzbecken, Wurl'sche Scheiben, Rechen
Hildesheim	1914/15	Sandfang, Rechen, Tropfkörper, Schlammfaulraum
Stuttgart	1916	Emscherbrunnen, Tropfkörper (probeweise für 1/10 der Abwassermenge)
Ludwigshafen	1923	Sandfang, Rechen, Riensch-Wurl'sche Scheiben
Heidelberg	1924	Sandfang, Rechen, Riensch-Scheibe

[a]Kläranlage Essen-Nordwest. Die Kläranlage wurde von der Emschergenossenschaft betrieben. Weitere Kläranlagen der Emschergenossenschaft: Essen-Nord, Essen-Frohnhausen, Stoppenburg, Altessen-West, Kray, Steele-Haferfeld.

[b]Kläranlage Teutoburgia. Herne verfügte über 2 weitere Kläranlagen (Sodingen, seit 1910; Herne-Nord, seit 1921), die ebenfalls aus Emscherbrunnen bestanden.

[c]Es handelt sich um die Kläranlage Kaßlerfeld für die Abwässer auf der Südseite der Ruhr.

[d]Beschrieben ist hier die Kläranlage Essen-Rellinghausen I, deren Schlammbelebungsanlage als die erste des Kontinents gilt. Sie wurde vom Ruhrverband betrieben und

erweitert. Weitere Kläranlagen des Ruhrverbandes: Essen-Rellinghausen II, Werden, Steele, Mecklenbecke, Kupferdreh und andere.

[e]Kläranlagen für die Abwässer aus dem Gebiet nördlich der Ruhr; diese Anlage war von Beginn an funktionsuntüchtig, „da der Anteil des häuslichen Abwassers dem Entwurf gegenüber so gering blieb, daß der Schlamm nicht faulte und wegen seiner schweren Beimengungen nicht aus dem Brunnen abgezogen werden konnte.“ (BRIX et al. 1934, S. 268)

erkennen. Fischereibiologische Untersuchungen ergaben allerdings, daß der Rhein oberhalb der Einleitung der Abwässer von Duisburg schon so stark geschädigt war, „daß durch die Zuführung der Abwässer der Kläranlage Duisburg fischereibiologisch kaum noch etwas verschlechtert werden konnte.“ (S. 475)

Für die Abwässer nördlich der Ruhr war im Jahr 1915 die Emscherbrunnenkläranlage „Alte Emscher“ errichtet worden. Die Funktion dieser Kläranlage war wegen eines ungünstigen Verhältnisses von gewerblichem zu häuslichem Abwasser sehr stark eingeschränkt, so daß der sich nicht zersetzende Schlamm schließlich im alten Bett der Emscher aufgelandet wurde. Die ursprüngliche Anlage mußte abgebrochen werden; sie wurde später ersetzt (HELBING 1934b). Die Emschergenossenschaft errichtete im Emschergebiet bis zum Jahr 1930 25 Kläranlagen für häusliche Abwässer, an die ca. 2 Millionen Einwohner angeschlossen waren; hinzu kamen mehrere mechanisch betriebene Anlagen zur Rückhaltung von Abwässern aus der Bergbau- und Hüttenindustrie. Im Jahr 1928 wurde die Emscherflußkläranlage bei Karnap-Bottrop zur Reinigung des gesamten Emscherwassers in Betrieb genommen. Sie bestand aus einem Klärbecken mit den Abmessungen 200 × 160 m und war 3,5 m tief. Der Schlamm (jährlich ca. 500.000 t) wurde durch Saugbagger abgepumpt und in Erdteiche befördert; seine Nutzung zur Stromerzeugung war vorgesehen. Zur Rückhaltung der Hütten- und Bergwerksschlämme wurden mehrere mechanische Kläranlagen errichtet. Mit steigender Kokserzeugung nach dem 1. Weltkrieg kam es zu anwachsender Phenolbelastung, in deren Folge die Emschergenossenschaft die Erstellung zahlreicher Entphenolungsanlagen betrieb; bis 1930 waren es 12 Anlagen. Die Phenole wurden aus dem Gaswaschwasser der Kokereibetriebe mit Benzol herausgewaschen. Die Phenolbelastung des Rheins konnte so unter den vor dem 1. Weltkrieg vorhandenen Stand gebracht werden (KNOP 1964).

4.1.2 Rheinwasseruntersuchungen und Wirkungsaspekte

Rheinwasseruntersuchungen. Untersuchungen des Rheinwassers wurden anfänglich insbesondere durch die fortschreitende Kanalisierung der größeren Städte und die Ableitung der Kanalwässer in den Rhein veranlaßt. Ferner ging es um die

Feststellung der Eignung des Rheinwassers als Trink- und Brauchwasser sowie um die Auswirkungen industrieller Abwässer auf die Wasserqualität. Auch aufgrund von beobachteten Schädigungen des Fischbestands und eines vermuteten Zusammenhangs mit der Abwasserbelastung des Rheins wurden Untersuchungen vorgenommen. Ein wesentliches Forschungsinteresse der Rheinuntersuchungen richtete sich ferner auf die Frage der Selbstreinigung, zu der schon zur Jahrhundertwende umfangreiche theoretische Vorstellungen entwickelt worden waren.

Chemisch-physikalische Untersuchungen. Seit der Mitte des 19 Jahrhunderts wurde das Rheinwasser chemisch-physikalisch untersucht (Literaturübersichten bei VOHL 1871; LEUT 1877a; CANTZLER & SPLITTGERBER 1915a–e). Es handelte sich hierbei um Einzeluntersuchungen kürzerer Rheinabschnitte (z.B. VOHL 1871; EGGER 1885, 1908; AMTHOR & ZINK 1895; SALOMON 1901; OHLMÜLLER 1903; STEUERNAGEL & GROSSE-BOHLE (1907); KUHLMANN 1911; CANTZLER & SPLITTGERBER 1915a–e, 1916). Zeitreihenaufnahmen wurden vor der Jahrhundertwende selten durchgeführt und waren ebenfalls auf kurze Rheinabschnitte und wenige Substanzen und Meßgrößen beschränkt; auf der niederländischen Rheinstrecke wurde seit 1875 lediglich Chlorid regelmäßig gemessen und dabei von ca. 1835 bis ca. 1915 ein ständiger Anstieg der Chloridfracht festgestellt. Trotz methodischer Unzulänglichkeiten bei Probenahme und Messung spiegeln die erzielten Befunde die Entwicklung der Rheinverschmutzung in Korrelation zu Bevölkerungs- und Industriewachstum recht gut wider (vgl. Abb. 4.1–1 und Abb. 4.3–10).

Erst nach der Jahrhundertwende kam es zu umfassenderen chemisch-physikalischen Untersuchungen längerer Rheinabschnitte, in die zunehmend auch biologische und bakteriologische Untersuuungen einbezogen wurden (z.B. Untersuchungen der Rheinstrecke von Koblenz bis zur deutsch-niederländischen Grenze von 1922–1929; von Mainz bis Emmerich von 1935–1937; von Schaffhausen bis Kaiserstuhl 1938-41 (WASER et al. 1943).

Die Daten der chemisch-physikalischen Untersuchungen und zahlreicher anderer Einzelarbeiten aus der Zeit vor 1945 lassen im allgemeinen Vergleiche untereinander und mit den Meßbefunden aus den nach dem 2. Weltkrieg durchgeführten Meßprogrammen nicht zu. Dies liegt für die klassischen Meßparameter (z.B. Sauerstoff, Nitrat, Phosphat, Chlorid, Härte) nicht so sehr an mangelnder Empfindlichkeit der Analyseverfahren. Vielmehr fehlte es an der einheitlichen Anwendung der Analyse- und Probenahme-Verfahren (normierte Verfahren existierten noch nicht), die zudem meist nicht hinreichend genau beschrieben wurden. Schon VOHL (1871) und LEUT (1877a,b) hatten auf die Problematik der Vergleichbarkeit chemisch-physikalischer Untersuchungen hingewiesen.

Bakteriologische Untersuchungen. Mögliche hygienische Beeinträchtigungen des Rheinwassers durch Kanalabwässer aufzuspüren, war auch ein wesentliches Ziel *bakeriologischer* Untersuchungen, die ebenfalls noch vor der Wende zum 20. Jahrhundert aufgenommen wurden (STEUERNAGEL 1893; STUTZER & KNUBLAUCH 1894a,b; KRUSE 1899). Bakteriologische Untersuchungen dienten damals auch zur Messung der Selbstreinigungskraft des Rheins (vgl. Kap. 4.1.4). Diese Untersuchungen lassen aufgrund methodischer Unsicherheiten keine quantitativen Aussagen zu längerfristigen Entwicklungen der Rheinverschmutzung zu.

Biologische Untersuchungen. Biologische Untersuchungen des Rheinwassers zur Wasserqualititätsbestimmung wurden erst nach der Jahrhundertwende durchgeführt. Hierbei ging es zunächst um die wissenschaftliche Frage, ob die an stehenden Gewässern entwickelten biologischen Verfahren auch auf Fließgewässer angewendet werden können. Es war ein Glücksfall, daß LAUTERBORN und MARSSON den Rhein hierzu zunächst als „Test"gewässer wählten. Ihren Arbeiten sind umfangreiche und sorgfältige Beschreibungen der Wassergüte des Rheins von Basel bis Koblenz zu verdanken (vgl. Kap. 4.1.1). Aufgrund einer ersten orientierenden Untersuchung des Planktons und der Uferflora und -fauna auf der Rheinstrecke von Speyer bis Worms hatte LAUTERBORN (1905) zunächst den Beweis für die Durchführbarkeit der biologischen Wasseranalyse auch an einem großem Strom erbracht und ihre Gleichrangigkeit mit der schon seit längerer Zeit üblichen chemischen und bakteriologischen Beurteilung der Gewässergüte festgestellt.

Im Rahmen ihrer weiteren Untersuchungen führten LAUTERBORN und MARSSON während der Jahre 1905–1908 insgesamt 16 Rheinbereisungen auf der Strecke von Basel bis Mainz (LAUTERBORN (1905, 1907a, 1908–1911a) und von Mainz bis Koblenz (MARSSON 1907–1912) durch. Sie untersuchten Ober- und Mittelrhein meist zweimal pro Jahr zu verschiedenen Jahreszeiten und Wasserführungen. Nicht nur dem Rhein galt ihr Interesse, sondern auch den rheinnahen Gewässern und Mündungsbereichen zahlreicher Nebengewässer (Nebenflüsse, Bäche, Altrheinarme) sowie Abwasserkanälen und Häfen. Besonderes Augenmerk richteten sie auf Gebiete mit kommunalen und industriellen Abwassereinleitungen. Neben der regelmäßigen Ermittlung von Pegel, Wasser- und Lufttemperatur waren wichtigste Beobachtungskriterien:

- Farbe und Trübung des Wassers,
- makroskopische und mikroskopische Abwasserbestandteile,
- Plankton (die Gesamtheit der im freien Wasser des Stromes schwebenden und schwimmenden Organismen),
- Uferflora und -fauna, die besonders reich an Steinen entwickelt ist,
- Schlammablagerungen.

Weitere biologische Rheinuntersuchungen führten KOLKWITZ (1912) im Jahr 1911 auf der gesamten Rheinstrecke und SPLITTGERBER (1917b), von 1913–1914 auf der Strecke von Mannheim bis Worms und der Neckarmündung durch. Im wesentlichen beschränkten die Autoren ihre Untersuchungen auf quantitative Bestimmungen des Planktons. Allgemein bestätigten diese Untersuchungen die Befunde LAUTERBORNs und MARSSONs, vor allem die Abhängigkeit von Menge und Zusammensetzung des Planktons vom Grad der Verschmutzung. Besonders an Mittel- und Niederrhein beobachtete KOLKWITZ relativ regelmäßige Schwankungen im Schwebstoffgehalt (aus methodischen Gründen wurden vor allem unbelebte Partikel und Detritus erfaßt): Unterhalb vor allem städtischer Einleiter stieg der Schwebstoffgehalt zunächst an und fiel dann - bis zum nächsten Einleiter - aufgrund der Wirkung der Selbstreinigung wieder ab. Hieraus schloß KOLKWITZ, daß die Schwebstoffmenge sich nicht addiere und dadurch ständig zunähme, sondern infolge vorwiegend biologischer Selbstreinigung immer „auf ein gewisses Maß“ zurückgedrängt werde (S. 207).

Die Untersuchungen (LAUTERBORN 1917, 1918) wiesen ebenfalls auf die flußabwärts steigende Verschmutzung des Rheins hin (KNÖPP 1957a,b). Während in den ersten Jahrzehnten des 20. Jahrhundets in Ober- und Mittelrhein die Anteile der Leitformen für unverschmutztes und für verschmutztes Wasser etwa gleichgroß waren, betrug der Anteil der Leitformen für unverschmutztes Wasser im Niederrhein lediglich 28 %. Ober- und Mittelrhein standen damals an der Grenze zwischen Oligo- und ß-Mesosaprobie; oligosaprobe Abschnitte dürfte es auch noch gegeben haben. Lediglich für den Niederrhein wurden auch Leitformen für übermäßig verschmutztes Wasser gefunden.

Wirkungsaspekte. Aus der Literatur geht hervor, daß zur Jahrhundertwende zumindest folgende Wirkungen von Abwässern auf ökologische Gegebenheiten und Prozesse im Rhein bekannt waren:

- bakteriologische Veränderungen
- Veränderungen in der Zusammensetzung des Planktons
- Veränderungen in der Zusamm
 Makrozoobenthos
- Schadwirkungen auf Fische
- Beeinflussung des Selbstreinigungsvermögens, Sauerstoffzehrung.

Auf Schadwirkungen auf Fische und auf die Beeinflussung des Selbstreinigungsvermögens wird hier näher eingegangen.

Schadwirkungen auf Fische. Exemplarisch werden die *Grenzwertuntersuchungen* von WEIGELT und seinen Mitarbeitern (WEIGELT et al. 1895) zitiert, da sie Einblicke in damals übliche Methodiken und einen Vergleich mit der heutigen Vorgehensweise, etwa zur Ermittlung von Zielvorgaben (vgl. Kap. 4.4) ermöglichen. Anlaß für die Untersuchungen war eine behördliche Anfrage zum Rückgang von Forellenbeständen im Fechtfluß (gelegen zwischen Colmar und Münster). Den Autoren diente als Meßgröße die Zeitdauer vom Einsetzen des Tieres in Wasser mit bekannter Konzentration der Prüfsubstanz bis zum Beginn der Seitenlage des

Fisches. Die Konzentrationen wurden so lange variiert, bis innerhalb der Beobachtungszeit von einigen Stunden keine schädliche Wirkung mehr zu beobachten war und die Fische in reinem Wasser mehrere Tage nach dem Versuch noch am Leben waren. Allgemein ergaben die Untersuchungen, daß vollentwickelte Fische längere Zeit widerstandsfähig waren als Jungfische bzw. Entwicklungsstadien. Zwar hatten die Autoren beeinflussende Faktoren wie Spezies, Körpergewicht und Temperatur in die Versuche einbezogen, doch stellten sie fest, daß dadurch wohl nicht alle Einflußgrößen berücksichtigt worden seien. Sie lehnten es auch ab, die Zahlenwerte zu etwaigen gutachterlichen Äußerungen über Fragen der Schädlichkeit von Abwässern für Fischzucht und Fischhaltung heranziehen zu lassen. Dennoch kamen sie zu dem folgenden Resultat:

> „Unbedingt erforderlich ist die Verdünnung der Abwässer bis unter die gefundenen Werthe. Saure oder basisch ablaufende Schmutzwässer in die Flüsse gelangen zu lassen ist überhaupt unstatthaft, Ansinnen, denen eine sorgsame Fabrikinspection wohl zu genügen wissen dürfte. Die Verdünnung muß im Sommer weiter getrieben werden als im Winter." (S. 31)

JURISCH (1890) hielt diese Methode nicht für praktikabel. Darüber hinaus stellte er fest, daß die Grenzwerte lediglich einen äußeren Rahmen der *schädlichen Zone* bildeten. Diese schädliche Zone könne durch die Bewegung des Flußwassers so klein werden, „dass Fische nur Bruchtheile einer Sekunde darin verweilen, um sofort reines Wasser aufzusuchen." (S. 95)

Neben *direkten Wirkungen von Abwässern auf Fische* waren bereits zur Jahrhundertwende auch *indirekte*, wie zum Beispiel die Schädigung von Fischnährorganismen, bekannt. Nach ZACHARIAS (1889, zit. nach JURISCH 1890) töteten Metallsalzlösungen, wie sie WEIGELT bei seinen Untersuchungen zur Ermittlung von Schwellenwerten auf die Fische einwirken ließ, Mikroorganismen und Wasserflöhe sehr rasch. In der Tabelle 4.1–4 sind Quellen, Ursachen und Arten der Beeinträchtigung von Fischen (Rheinstrecke von Basel bis zur Emschermündung) zusammengestellt. Die aus der Literatur herangezogenen Daten sind allerdings wenig spezifisch. Als Wirkungskriterium sind vornehmlich beobachtete Bestandsverringerungen angegeben. Meist wird auch nicht deutlich, welche Fischarten betroffen sind. Es ist nicht einmal sicher, ob die genannten Abwässer und Abwasserinhaltsstoffe die Bestandsänderungen verursacht haben, da es an entsprechenden Untersuchungen fehlt. Überfischung oder Strukturveränderungen könnten gleichfalls die Ursache gewesen sein.

Wirkungen auf die Selbstreinigung

Exkurs: Zur Theorie der Selbstreinigung. Vor dem Hintergrund der zunehmenden Verschmutzung der Gewässer beschäftigten sich zahlreiche Autoren mit dem Phänomen der Selbstreinigung der Flüsse, das etwa zur Mitte des 19. Jahrhun-

Tabelle 4.1–4. Schadwirkungen von Abwässern auf Rheinfische (zusammengestellt aus v.d. BORNE 1880; STEINMANN 1923; BÜRGER 1926).

Ort	Quelle	Ursache	Folgen	Autor
Säckingen, Oflingen, Basel	Seifensiederei, chemische Fabriken	giftige Stoffe	schädliche Einflüsse	1
Zurzach	Sodafabrik	Kalflocken-Niederschläge	Fische werden vertrieben, ihre Gesundheit wird bedroht, ihre Laichmöglichkeiten verringern sich.	2
Kaiseraugst	Cellulosefabrick Schonau	schweflige Säure, zeitweilig Chlor	erhöhte Fischsterblichkeit	2
Grenzach	Chemische Fabrik Geigy & Co.	Ablagerung von Schaum- u. Faserstoffen, gefärbte Schlämme am Ufer (bei Niedrigwasser)	Beeinträchtigung der Laichtätigkeit der Edelfische u. des Heranwachsens der Jungbrut	2
Schweizerhall	Fabriken Säurefabrik	Schaum-, Faserstoffe, Schlämme ?	s. o. Verlust von Laichplätzen für Fische	2
Basel	Färbereien, Anilinfabriken	giftige Stoffe	schädliche Einflüsse	1
	Schwemmkanalisation, Basler Industrie	Abwässer	Verschwinden der Forellen, Aeschen, vielleicht Seltenwerden mancher Cypriniden; Entwicklungshemmung der Brut	2
Ludwigshafen	Chemische u. Düngerfabrik, Cementfabrik	?	Schädigung der Fischerei	1
Braubach	Braubacher Hütte	Kupferabwässer	Schädigung der Fischerei	1
Brohl	Fabriken	?	Schädigung der Fischerei	1
Porz	Ölwerke	Abwässer	Verminderung des Fischbestands	3

Tabelle 4.1-4 (Fortsetzung)

Ort	Quelle	Ursache	Folgen	Autor
Deutz, Kalk, Mühlheim	Stadt	kommunale Abwässer	Verminderung des Fischbestands	3
Leverkusen	Farbwerke Bayer	Abwässer	Verminderung des Fischbestands	3
Reisholz, Neuß, Düsseldorf, Valsum	Papierfabriken	organische Abwässer	Verminderung des Fischbestands	3
Leverkusen, Benrath, Neuß, Uerdingen	chemische Fabriken	Abwässer	Verminderung des Fischbestands	3
Zündorf, Monheim, Benrath	Ölwerke	Abwässer	Verminderung des Fischbestands	3
Benrath	Gerbstoff-, Farbholzfabriken	Abwässer	Verminderung des Fischbestands	3
Neuß, Krefeld	Stadt	kommunale Abwässer	Verminderung des Fischbestands	3
Ehingen-Wanheim bis Walsum	Bergwerks- u. Hüttenbetriebe (Kohlenbergwerke, Hütten, Hochöfen), Beizereien	anorganisch-mineralische Abwässer	kein Fischbestand auf der betreffenden Rheinstrecke	3
Emschermündung		Abwässer	Verminderung des Fischbestands	3

1 = v.d. BORNE (1880); *2* = STEINMANN (1923); *3* = BÜRGER (1926).

derts erstmals beschrieben worden war (z.B. durch LETHEBY 1869, zit. nach SCHUA & SCHUA 1981; FRANKLAND 1870, zit. nach KÖNIG 1899a). KÖNIG (1899a) definierte in seiner preisgekrönten Arbeit „Die Verunreinigung der Gewässer, deren schädliche Folgen sowie die Reinigung von Trink- und Schmutzwasser“:

> „Unter Selbstreinigung der Flüsse verstehen wir die völlige Unschädlichmachung verunreinigender Bestandtheile, sei es dadurch, dass die letzteren mit den natürlichen Bestandtheilen des Wassers eine Verbindung eingehen, die bleibend und für alle Fälle unschädlich ist, sei es dadurch, dass die verunreinigenden Stoffe in unschädliche Umsetzungsprodukte, z.B. in unschädliche Salze oder in sich verflüchtigende Gase umgewandelt werden.“ (S. 217)

Mit dieser den damaligen Kenntnisstand zusammenfassenden Definition sprach KÖNIG Prozesse an, die auch nach moderner Auffassung an der Selbstreinigung eines Gewässers beteiligt sind (vgl. Kap. 5.4.3). Vor allem wandte er sich gegen Annahmen, die die Ursache der Selbstreinigung ausschließlich in Verdünnungs- und Sedimentationsvorgängen sahen und die Wirksamkeit dieses Prozesses damit überhaupt in Frage stellten (z.B. FRANK 1888, zit. aus SCHUA & SCHUA 1981; CLASSEN 1898a,b). CLASSEN (1898a) etwa suchte durch hydrometrische Untersuchungen den Nachweis der Wirkungslosigkeit von Selbstreinigung beim Vorhandensein von Fäkalien-Abwässern zu erbringen. In seiner Dissertation bestritt GROSSE-BOHLE (1900), daß Bakterien an der Selbstreinigung in nennenswertem Umfang beteiligt seien. Lediglich höheren Pflanzen billigte er einen Beitrag zur Selbstreinigung zu. Allerdings war SCHENK (1893) schon früher aufgrund von Untersuchungen des Rheinplanktons zur Überzeugung gekommen, daß der Anteil der Bakterien an der Selbstreinigung bedeutender einzuschätzen sei als der der grünen Algen. Auch für O. SPITTA (1900) schien das chlorophylltragende Plankton nicht unabdingbar für die Wiederherstellung des ursprünglichen Reinheitszustands eines Gewässers zu sein (S. 212f.). KÖNIG unterschied in der erwähnten Abhandlung fünf Prozesse der Selbstreinigung:

- Selbstreinigung durch Verdünnung: PETTENKOFER (1898, zit. nach KÖNIG) gibt an, daß Sielwässer mit menschlichen Auswürfen keinen Fluß auf eine längere Strecke verunreinigen können, wenn er mindestens die 15fache Wassermenge [später: die 40fache] der Wassermenge des Siels führt und seine Fließgeschwindigkeit nicht geringer als die des Sielwassers (mindestens 0,6 m/s) ist.
- Selbstreinigung durch mechanisch-chemische Vorgänge: Hier spielen Sedimentationsvorgänge (Absetzen von Schmutzstoffen bei geringer Fließgeschwindigkeit) und chemische Umsetzungen eine Rolle (z.B. Neutralisation freier Säuren durch Karbonate; Oxidationsvorgänge).
- Selbstreinigung durch Verdunstung: (z.B. Abnahme des Gehalts an freiem Ammoniak).

- Selbstreinigung durch biologisch-chemische Vorgänge: Hier unterschied KÖNIG die „oxydirende Wirkung der Bakterien und Wasserfadenpilze“ (S. 247ff.) und die „Thätigkeit der Algen und sonstiger Wasserpflanzen“ (S. 252ff.).
- Selbstreinigung der Flüsse von Bakterien: Diese kommt zustande durch Sedimentation der Bakterien, ihr Absterben durch Veränderung der Wachstumsbedingungen und die Wirkung des Lichtes.

Im Fazit seiner Überlegungen betonte KÖNIG, daß die Selbstreinigung eines Flusses nicht zwangsläufig einträte, sondern nur, wenn der Fluß neben der Gewährleistung einer ausreichenden Verdünnung und Fließgeschwindigkeit „keine Zuflüsse (aus chemischen Fabriken etc.) erhält, die das organische Leben desselben zerstören.“ (S. 266) Damit sprach er das Problem der Vergiftung der Selbstreinigung durch toxische Abwässer an, deren Nachweis für bestimmte Rheinstrecken erst mehr als 50 Jahre später gelang (vgl. Kap. 5.4.3).

Die Selbstreinigungskraft wurde nach der Jahrhundertwende als eine zunehmend meßbare Größe gehandhabt, die in die Kalkulation der den Flüssen zumutbaren Abwassermengen einbezogen wurde, so daß WELDERT (1934) von der „Planbewirtschaftung der Selbstreinigung der Flüsse“ sprach und eine regelmäßige und einheitliche Ermittlung der Kenngrößen Sauerstoff und Temperatur forderte.

Selbstreinigung des Rheins und von Rhein-Nebenflüssen. Die Selbstreinigung des Rheins und seiner Nebenflüsse war um die Jahrhundertwende Gegenstand zahlreicher Untersuchungen. Auf seiner ersten orientierenden biologischen Untersuchung der Rheinstrecke Speyer bis Worms (vgl. Kap. 4.1.1) stellte LAUTERBORN (1905, S. 652) fest, daß ein Abwasser „für sich allein“ kaum dazu imstande sei, den Rhein auf seiner ganzen Breite und auf eine längere Strecke zu verschmutzen. Beispielsweise vernichteten die Abwässer einer Kresolfabrik alles organische Leben auf etwa 5 m unterhalb der Einleitung in den Rhein, doch erschienen Flora und Fauna in 50 m Entfernung wieder normal. Für diese Reinigungsleistung seien die gewaltige Wassermenge und die Schnelligkeit der Strömung und die Verarbeitung der organischen Stoffe durch Pilze und Algen verantwortlich. LAUTERBORN fragte aber schon damals skeptisch, ob

> „dieses bis jetzt immerhin noch günstige Verhältnis zwischen Abwassermenge und Selbstreinigungskraft des Rheines aber auf die Dauer bestehen wird [...], denn die Menge der eingeführten Abwasser nimmt von Tag zu Tag zu und die Selbstreinigungskraft auch des größten Stromes hat ihre natürlichen Grenzen.“ (S. 652)

SCHENK (1893) stellte bei seinen Rheinuntersuchungen massenhaftes Auftreten des „Abwasserpilzes“ Beggiatoa alba in der Nähe von Köln fest, z.B. oberhalb der Stadt im Abfluß der Brauerei Alteburg und im Kölner Hafen. Seinen Beobachtungen zufolge können die Beggiatoen bei flachem Ufer unterhalb von Abwassereinleitungen unter anaeroben Bedingungen zur Faulschlammbildung beitragen. Da dies bei steilen Ufern unterhalb der Kanäle nicht der Fall ist – es kann sich hier kein Schlamm absetzen –, schlug der Autor vor, überall dort, wo mit den Kanalmündung viele Schmutzstoffe in den Rhein gelangen, das Rheinufer durch steile Mauern oder mit Steindämmen einzufassen. So könne die Ablagerung von faulendem Schlamm verhindert werden. (S. 454)

Als Beispiel für die Funktion höherer grüner Pflanzen bei der Selbstreinigung führte LAUTERBORN (1911b) den Rhein-Nebenfluß Ill an, der die Abwässer von Straßburg aufnahm. Nach den biologischen Rheinuntersuchungen LAUTERBORNs war der Einfluß dieser Abwässer im Winter noch im 18 km entferten Rhein festzustellen, im Sommer dagegen nicht. Dies deutete auf die Wirkung der höheren Pflanzen hin, die während der wärmeren Jahreszeit in der Ill stellenweise sehr üppig entwickelt sind und deren Funktion bei der Selbstreinigung darin besteht, die durchströmenden Abwässer von Schwebstoffen zu befreien und sie der Verarbeitung durch die Tierwelt preiszugeben.

Selbstreinigung des Rheinwassers *von* Bakterien wiesen STUTZER & KNUBLAUCH (1894a,b) nach. Auf der linken Rheinseite stellten sie einige Kilometer unterhalb der Abwassereinleitung der Stadt Köln eine wesentlich niedrigere Bakterienzahl fest als bei der Einleitungsstelle.

Die Selbstreinigung des Rheinwassers *durch* Bakterien sollte erst ein vertieftes Forschungsthema der 60iger und 70iger Jahre unseres Jahrhunderts werden (vgl. Kap. 5.4.3).

4.2 Von 1945 bis 1955

Meß- und Untersuchungsprogramme. Die Entwicklung der stofflichen Rheinbelastung läßt sich anhand zahlreicher Einzeluntersuchungen auf bestimmten Rheinstrecken nachvollziehen. Treibende Impulse für diese Untersuchungen waren insbesondere die niederrheinischen Wasserwerke, die schon in den Jahren vor dem 2. Weltkrieg Geruchs- und Geschmacksbeeinträchtigungen des uferfiltrierten Rheinwassers festgestellt hatten. Aber auch Fischereiverbände und -behörden veranlaßten Rheinuntersuchungen, nachdem schon seit der Jahrhundertwende in bestimmten Rheinstrecken (z.B. unterhalb der Emschermündung) gefangene Fische nach Phenol schmeckten (vgl. Kap. 4.1.1).

In der Zeit von 1946 bis 1953 wurde vor allem für das Niederrheingebiet eine große Datenfülle zur Verschmutzung des Rheins erarbeitet, deren Ziel es war, die aufgrund kommunaler und industrieller Abwassereinleitungen sowie durch die zunehmenden Rheinschiffahrt verursachten Belastungen festzustellen (LWA 1989). Ein erstes *chemisch-physikalisches Untersuchungsprogramm* wurde unter der

Leitung der Wasser- und Schiffahrtsdirektion Duisburg durch die Laboratorien der wasserwirtschaftlichen Verbände „Emscher Genossenschaft“ und „Ruhrverband“ sowie dem Hygienischen Institut in Gelsenkirchen von 1946–1953 durchgeführt. Die Befunde bilden eine Grundlage der Denkschrift zur „Verunreinigung des Rheins im Lande Nordrhein-Westfalen“ (WWV-NW & WSD Duisburg 1956). In seiner Arbeit „Die Verschmutzung des Rheines durch häusliche und städtische und durch gewerbliche und industrielle Abwässer“ hat F. SIERP (1955) im ersten Nachkriegsjahrzehnt sämtliche wichtigen und verstreut vorliegenden Daten zur Verschmutzung des Niederrheins zusammengetragen und sich dabei insbesondere auf dieses Meßprogramm bezogen.

Die Niederrheinischen Wasserwerke und das Gasinstitut der Technischen Hochschule Karlsruhe unternahmen unter der Leitung von J. HOLLUTA zunächst für die Zeit von 1953–1955 weitere chemisch-physikalische Messungen. Die Befunde sind in Zahlentafeln dokumentiert (Gasinstitut der Technischen Hochschule Karlsruhe, Abteilung für Wasserforschung und Wassertechnologie 1954–1969).

Im Jahr 1953 nahm die Internationale Kommission zum Schutze des Rheins gegen Verunreinigung (IKSR) ihre Messungen auf. Die Kommission dokumentierte Meßbefunde und Stellungnahmen in den „Berichten der Expertenkommission über die physikalisch-chemische Untersuchung des Rheinwassers“ (IKSR 1956, 1957, 1960, 1963, 1966) und in „Zahlentafeln“ (IKSR 1961ff.).

Eine erstmalige, von verschiedenen behördlichen Institutionen und Verbänden koordinierte *biologische Untersuchung* des Rheins vom Bodensee bis Emmerich wurde zur gleichen Zeit wie das HOLLUTA-Meßprogramm vorgenommen (1953–1955). Der unter Federführung der Bundesanstalt für Gewässerkunde (BfG, Koblenz) erarbeitete Bericht über dieses Untersuchungsprogramm bildet ebenfalls eine Grundlage der „Denkschrift“ (vgl. KNÖPP 1957a,b).

Hervorzuheben sind weiterhin die Untersuchungen der Eidgenössischen Anstalt für Wasserversorgung, Abwasserreinigung und Gewässerschutz (EAWAG), die die Schweizer Rheinstrecke seit 1942 regelmäßig untersuchte (vgl. JAAG 1954; SCHMASSMANN et al. 1957a,b). Schließlich untersuchte die staatliche Lebensmitteluntersuchungsanstalt Karlsruhe im Auftrag der Wasser- und Schiffahrtsdirektion von 1945 bis 1955 die Wassergüte jährlich zweimal an 18 bis 20 Stationen in Bodensee und Rhein bis Karlsruhe (vgl. UHDE 1955; BENSING 1958).

Befunde. Nach Kriegsende richtete sich das Interesse insbesondere auf die durch *Abwässer* verursachte Verschmutzung des Rheins. Einer Berechnung der Abwasserlast (Verhältnis von Schmutzstoffmenge zur Wasserführung) des Rheins im deutschen Einzugsgebiet zufolge nahm die Belastung von der Aare- bis zur Emschermündung kontinuierlich zu; dort erreichte sie den höchsten Wert (IMHOFF 1947, Tabelle 4.2–1).

Tabelle 4.2–1. Die Abwasserlast des Rheins (nach IMHOFF 1947).

Ort	E + EGW[a]	Abwasserlast (Einwohner auf 1 Liter/Sekunde)
Aaremündung	1.000.000	2,8
Karlsruhe	1.690.000	3,2
Mannheim	3.170.000	5,1
Mainz	4.960.000	7,1
Köln	5.259.000	5,8
Emschermündung	11.320.000	12,0
holländische Grenze	9.634.000	9,5

[a] *E + EGW* Einwohner + Einwohnergleichwert (Bemessungsgröße für Abwässer, die auf dem Biochemischen Sauerstoffbedarf in 5 Tagen (BSB_5) basiert. 1 *EGW* entspricht der Abwassermenge, die 1 Einwohner während eines Tages verursacht (damals 54 g BSB_5-Sauerstoff).

Alpenrhein, Bodensee, Hochrhein, Oberrhein bis Karlsruhe. Die Eidgenössische Technische Hochschule hatte schon bei *chemisch-physikalischen* Untersuchungen zwischen 1942 und 1947 im Alpenrhein unterhalb kommunaler und gewerblicher Abwassereinleitungen eine vorübergehende Abnahme der Sauerstoffsättigung festgestellt (JAAG 1954). Aufgrund weiterer Untersuchungen kam JAAG (1954) zu dem Ergebnis, daß Bodensee, Untersee und Rhein dringend gegen Verunreinigung geschützt werden müssen.

Im Jahr 1955/56 wurden die Meßgrößen Sauerstoffhaushalt (Sauerstoffsättigung, BSB_5), Kaliumpermanganatverbrauch, gelöste organische oxidierbare Stoffe, Schwebstoffe, Chloride und Mineralöl untersucht (SCHMASSMANN et al. 1957a,b). Der Biologische Sauerstoffbedarf in fünf Tagen (BSB_5) stieg vom Bodensee bis Karlsruhe von zunächst 1–2 mg/l im Bodensee bis über 4 mg/l bei Karlsruhe. Auch die Menge der schwer abbaubaren löslichen Stoffe stieg stetig an und überschritt schon an der Aaremündung den „Grenzwert der Unbedenklichkeit“ (BENSING 1958) von 12 mg/l Permanganatverbrauch. Ebenso nahmen die Schwebstoffmengen ständig in Fließrichtung zu. Der Sauerstoffgehalt verringerte sich von der Aaremündung an ständig, unterschritt jedoch einen Wert von 7 mg/l nicht. Als Fazit aus diesen Untersuchungen stellte BENSING (1958) fest, daß der Rhein auf der Strecke vom Bodensee bis Karlsruhe zwar in zunehmendem Maße verunreinigt sei. Doch sei zu erwarten, daß wirtschaftlich vertretbare Maßnahmen zu einer völligen Gesundung führen könnten (S. 132).

Niederrhein. Wesentliche Befunde aus dem *chemisch-physikalischen* Untersuchungsprogramm der Wasser- und Schiffahrtsdirektion Duisburg (1946–1953) sind nach der Zusammenstellung von SIERP (1955):

- Die *Sichttiefe* verringerte sich im allgemeinen flußabwärts von Bad Honnef (Rhein-km 640) bis zum Bereich der Landesgrenze (km 830). Rechtsrheinisch wurde dies besonders deutlich. So nahm die Sichttiefe (Jahresmittelwerte) im Jahr 1947 vom Wert 80 (Rhein-km 640) auf 60 (km 830) ab. Im Jahr 1953 war die Abnahme weitaus größer (von 120 auf 45). Nach SIERP ist dies als Zeichen der Verschmutzungszunahme des Rheins innerhalb des betrachteten Zeitraums zu werten.
- Linksrheinisch nahmen die Jahreswerte des *pH-Wertes* von 8,0 im Jahr 1947 auf 7,2 im Jahr 1953 ab. Es ließ sich also auf der linken Rheinseite zu bestimmten Zeiten eine Verschiebung des pH-Wertes in den sauren Bereich beobachten. Dennoch zeigten die Untersuchungen nach SIERP, daß die pH-Wert-Änderungen die biologischen Verhältnisse im Rhein nicht ungünstig beeinflussten, solange die Selbstreinigung nicht durch Giftstoffe beeinträchtigt werde.
- Während in den Jahren 1946–1948 noch gute *Sauerstoffverhältnisse* angetroffen wurden (Mittel bei 9 mg/l), sanken die Werte im Jahr 1949 auf durchschnittlich 8,1 mg/l, im Jahr 1951 auf 7,2 mg/l und im Jahr 1953 auf 6,6 mg/l (sämtliche Werte für die rechte Flußseite). Im Jahr 1953 wurde als niedrigster Einzelwert 4,8 mg/l ermittelt. Die Daten für die Sauerstoffsättigung spiegeln die Verschlechterung besonders deutlich wieder: Lagen die Durchschnittswerte im Jahr 1947 noch fast ausschließlich über 100 %, so sanken sie bis zum Jahr 1953 auf ca. 65 %.

Auch für die anderen Meßgrößen läßt sich eine Zunahme von 1946–1953 feststellen. So erhöhten sich die *Phenol*-Tagesfrachten (Mittel der gesamten Niederrheinstrecke) auf der rechten Flußseite von 785 kg/Tag im Jahr 1946 auf 1.855 kg/Tag im Jahr 1953.

In einem Vergleich der Befunde aus den beiden Niedrigwasserjahren 1949 und 1959 auf drei Abschnitten des Niederrheins wurde eine zum Teil bedeutende Zunahme der Verschmutzung festgestellt (HUSMANN 1963).

Aufgrund *biologischer* Untersuchungen (Plankton und Uferbesiedlung) des Niederrheins, die ebenfalls im Zusammenhang mit den skizzierten chemisch-physikalischen Meßprogrammen durchgeführt worden waren, hatte BENISCH (1954) schon im Oktober 1953 ähnliche Befunde wie KNÖPP (1957a,b) im Jahr 1955 ermittelt. Im Vergleich zu früheren Untersuchungen (1949 und 1951) zeigten die biologischen Indikatoren im Niederrhein zunehmende Verschmutzung an.

Rhein bis Emmerich. Die IKSR hat in den Jahren 1953–1956 festgestellt, daß die Jahresmittelwerte des *Sauerstoffgehalts* (Konzentration und Sättigung) mit der Fließstrecke des Rheins stetig abnahmen (IKSR 1956, 1957, 1960, 1963). Während bei Eschenz/Stein und Kembs Konzentrationen von mindestens 11 mg/l gemessen wurden, sanken diese Werte bei Lauterburg/Seltz unter 10 mg/l, bei Braubach unter 9 mg/l und erreichten bei Emmerich/Lobith lediglich Werte unter 8,0 mg/l. Bei Braubach bewegten sich die Minima (Tagesmittel) der Sauerstoffkonzentration zwischen 6 und 5 mg/l, bei Emmerich/Lobith zwischen 5 und 6 mg/l. Entsprechend dem Absinken der Sauerstoffwerte stiegen die *BSB_5-Jahresmittel* im allgemeinen mit der Fließstrecke des Rheins, wobei die bedeutendsten Zunahmen im Niederrhein festgestellt wurden; die Werte betrugen in der Meßperiode 1953/54 bei Eschenz 2,1 mg O_2/l, nahmen in Kembs, Lauterburg und Braubach stark zu und erreichten in Lobith 6,8 mg/l.

Die Jahresmittel für *Ammonium* und *Nitrat* stiegen ebenfalls rheinabwärts von Eschenz bis Emmerich/Lobith an. In Emmerich/Lobith wurden zum Beispiel für Ammonium-Stickstoff Jahresmittelwerte von 1,2 mg/l (1955/56), für Nitrat-Stickstoff 1,9 mg/l gemessen.

Der *Chloridgehalt* stieg von Eschenz/Stein bis Emmerich/Lobith stufenweise an. Die Jahresmittel der einzelnen Abschnitte betrugen für die Meßperiode 1953/54:

Eschenz bis Kembs:	2,9 - 9,8 mg/l
Lauterburg bis Braubach:	87,3 - 82,7 mg/l
Rees bis Lobith:	143,2 - 162,7 mg/l.

Bei Eschenz/Stein wurde noch kein *Phenol* nachgewiesen; bei Kembs (1 μg/l), bei Lauterburg/Seltz ließen sich Spuren (1-5 μg/l), und stromabwärts größere Mengen feststellen (z.B. bei Emmerich/Lobith 1953/54: 33,5 μg/l). Allerdings basieren diese Werte auf wenigen Einzelproben und sind deshalb sehr unsicher. Aufgrund der Befunde von 1953/54 stellte die IKSR (1956) fest, daß die Verunreinigung des Rheins von Eschenz bis Lobith zunahm. Belastungsschwerpunkte waren:

- das Rheinische-Westfälische Industriegebiet,
- das Gebiet der Mosel,
- die Kaliminen des Elsaßes und des Landes Baden.

Der bei Lobith im Niederrhein festgestellte *Chloridgehalt* hatte nach den Befunden der IKSR „bereits die Grenze des Tragbaren erreicht“ (S. 28) und überstieg an einzelnen Untersuchungstagen in der Bundesrepublik Deutschland geltende Trinkwassernormen. Der Phenolgehalt in Mittel- und Niederrhein wurde als besorgniserregend eingeschätzt. Aufgrund der festgestellten Belastungen besonders des Niederrheins fordete die IKSR dringend Maßnahmen zur Verbesserung der Verhältnisse.

Biologische Untersuchungen des Gesamtrheins wurden zwischen 1953–1955 durchgeführt. Nach KNÖPP (1957b) stellte sich das biologische Zustandsbild des Rheins vom Bodensee bis Emmerich aufgrund der Untersuchung von Ende Oktober bis Anfang November 1955 wie folgt dar (Abb. 4.2–1):

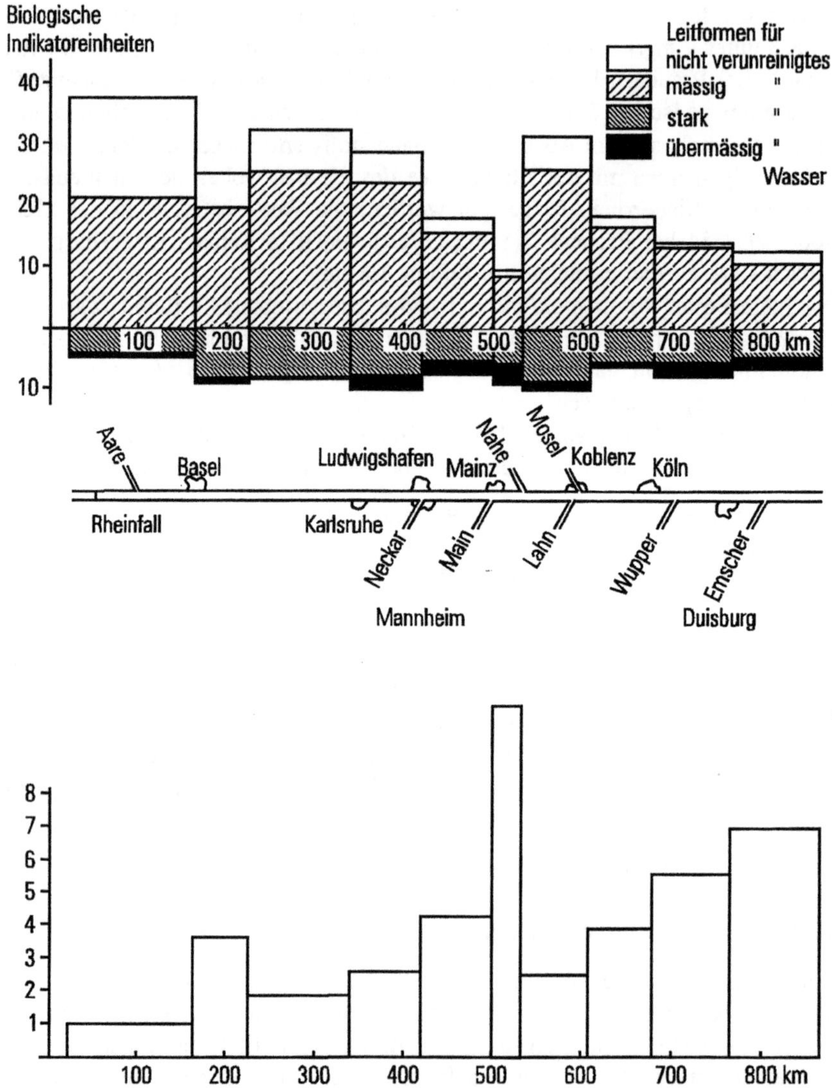

Abb. 4.2–1. Das biologische Zustandsbild des Rheins vom Bodensee bis Emmerich im Jahr 1955 (aus KNÖPP 1957a).
Oben: Die qualitative und quantitative Verteilung der Leitformen für die Besiedlung. Unten: Die Verschmutzung des Rheins, gemessen am biologischen Zustand. (Der Wert für den Hochrhein wurde gleich 1 gesetzt, Abzisse: Rheinkilometer.)

- Der Hochrhein ist sauber und biologisch gesund.
- Städtische und industrielle Abwässer verursachen im Raum Basel eine starke Verschmutzung, von der sich der Strom bis oberhalb Karlsruhe weitgehend erholt.
- Etwa ab km 340 (Raum von Karlsruhe) wird der Rhein erneut stark durch kommunale und industrielle Abwässer belastet. Im Raum Mannheim/Ludwigshafen steigt die Belastung weiter an.
- Oberhalb der Mainmündung steigt die Belastung erheblich an (auf das 11fache des an der Aare-Mündung gemessenen Wertes).
- Die Strecke von der Nahemündung bis zum Raum von Koblenz ist frei von bedeutenden Abwassereinleitungen, so daß sich der Rhein erneut erholen kann.
- Unterhalb von Koblenz bis Köln überlagern sich fortschreitende Selbstreinigung und Wirkung giftiger Industrieabwässer aus dem Gebiet des Neuwieder Bekkens.
- Mit dem Eintritt des Stromes in den Raum Köln-Leverkusen-Dormagen werden die Selbstreinigungskräfte des Rheins aufgrund kommunaler und industrieller Abwässer erneut überfordert, so daß die biologisch wirksame Verschmutzung das 7fache des Ausgangswertes erreicht. Zentren der Verschmutzung liegen im Raume von Köln Leverkusen-Dormagen sowie im Raum von Krefeld-Uerdingen-Duisburg bis zur Emschermündung.

Nach KNÖPP hat sich der biologische Rheinzustand im Vergleich zu den biologischen Rheinuntersuchungen LAUTERBORNs und MARSSONs in den Jahren 1905–1908 (vgl. Kap. 4.1) um nahezu eine ganze Güteklasse verschlechtert; bei fortschreitender Verschmutzung droht α-Mesosaprobie.

Auch *bakteriologische* Untersuchungen wiesen auf eine vom Quellgebiet bis zur Mündung zunehmende Verschmutzung des Rheins hin. Sogar im Alpenrhein nahm die Keimzahl von 30–100 (im Gebiet des Berglands Graubünden) auf etwa 2.000 im Bereich der Mündung in den Bodensee zu (JAAG 1956).

Wie die skizzierten Befunde zeigen, hatte das Ausmaß der Rheinverschmutzung schon bis zur Mitte der fünfziger Jahre den Vorkriegszustand zumindest erreicht. Nach Ansicht SIERPs (1955) konnte der Rhein sogar an einzelnen Profilen beim Zusammentreffen besonders ungünstiger Wasser- und Temperaturverhältnisse umkippen. Ähnlich kritisch wurde die Verschmutzungssituation des Rheins von zahlreichen anderen Autoren eingeschätzt (z.B. KAESS 1951; BENISCH 1954; JAAG 1954, 1956; HOLLUTA 1955; TRAHMS 1955a; UHDE 1955; WWF-NW & WSD Duisburg 1956; IKSR 1956, SCHMASSMANN et al. 1957b; WIBAUT-MOENS 1957).

Bei derartigen Beurteilungen stand damals die Gefährdung der Nutzungsinteressen der Menschen – vor allem die Nutzung des Rheins zur Trink- und Brauchwasserentnahme, zur Abwassereinleitung, als Schiffahrtsstraße und als Fischgewässer im Vordergrund. Diese Sichtweise ist heute differenzierter geworden. So wird von umweltpolitischer Seite auf die – sich etwa in der Poesie ausdrückende – Bindung der Menschen an den Rhein als heimatgebenen Lebensraum hingewiesen (MÖHLER 1990). Zudem wird mehr und mehr die Forderung aufgegriffen, „Natur" auch um ihrer selbst willen zu schützen. Beispielsweise wird dies in den „Leitlinien der Bundesregierung zur Umweltvorsorge" (3. 9. 1986) zum Ausdruck gebracht. Daß „aquatische Lebensgemeinschaften" als Schutzgut definiert wurden (BLAK QZ 1989, vgl. Kap. 4.4), läßt sich ebenfalls vor dem Hintergrund dieser Überlegungen deuten (vgl. zu diesem Themenbereich etwa ALTNER 1979; BIRNBACHER 1979, 1980, 1984; PFEIFER, H. 1980).

4.3 Von 1955 bis heute

4.3.1 Meßprogramme, Datenauswahl und -aufbereitung

Meßprogramme. Nach der durch die Niederlande veranlaßten Gründung der Internationalen Kommission zum Schutze des Rheins gegen Verunreinigung (IKSR) im Jahre 1950 und der Bildung der Arbeitsgemeinschaft Niederrheinischer Wasserwerke (1953), der Vorläuferorganisation der Arbeitsgemeinschaft Rheinwasserwerke, wurden weitere umfassende chemisch-physikalische Untersuchungen im gesamten Rheingebiet vorgenommen. Vor allem die Meßprogramme der IKSR, der Arbeitsgemeinschaft der Länder zur Reinhaltung des Rheins (Arge Rhein, Gründung 1956, Aufnahme der Messungen 1962) und der Deutschen Kommission zur Reinhaltung des Rheins (DK, Aufnahme der Messungen 1976) ermöglichen einen kontinuierlichen Rückblick auf die Entwicklung der stofflichen Belastungssituation von der Mitte der fünfziger Jahre bis zur Gegenwart. Weitere nationale und internationale Institutionen mit zum Teil eigenen Meßprogrammen sind:

- die Eidgenössische Anstalt für Wasserversorgung, Abwasserreinigung und Gewässerschutz (EAWAG, Schweiz),
- die Samenwerkende Rijn- en Maaswaterleidingbedrijven (RIWA, Zusammenschluß der Wasserwerke im niederländischen Rheineinzugsgebiet),
- die Arbeitsgemeinschaft der Rheinwasserwerke (ARW, Zusammenschluß der Wasserwerke im deutschen Rheineinzugsgebiet),
- die Länderarbeitsgemeinschaft Wasser (LAWA),
- die Arbeitsgemeinschaft der Wasserwerke Bodensee-Rhein (AWBR, Zusammenschluß der Wasserwerke im Bodensee-Rhein-Gebiet),
- die Internationale Arbeitsgemeinschaft der Wasserwerke im Rheineinzugsgebiet (IAWR, Zusammenschluß von RIWA, ARW, AWBR).

Auswahlkriterien der Daten für die vorliegende Literaturstudie. Wesentliches Auswahlkriterium der Stoffe und stofflichen Meßgrößen war zum einen die Frage, ob *längerfristige Zeitmeßreihen* vorliegen, die sich mit Wirkungsdaten korrelieren ließen. Im wesentlichen handelt es sich hierbei um die „klassischen" Meßgrößen: Sauerstoffgehalt (Sauerstoffkonzentration, Sauerstoffsättigung), Biochemischer Sauerstoffbedarf in fünf Tagen (BSB_5), Chemischer Sauerstoffbedarf (CSB, gemessen als Verbrauch an Kaliumpermanganat- oder Kaliumdichromat-Sauerstoffverbrauch), Ammonium, Nitrat, Phosphat sowie Chlorid.

Zum anderen berücksichtigte die Auswahl der Meßgrößen auch das *ökotoxikologische Potential* von Schadstoffen für die Rheinökologie. Dieses läßt sich aufgrund bekannter Daten zu Persistenz (Verharren in der Umwelt), biotischem und abiotischem Abbau, Anreicherungstendenz, akuter und chronischer Toxizität abschätzen.

Das *„Aktionsprogramm Rhein"* (APR) (IKSR 1987a, 1989b, 1994b) führt in seiner seit 1987 mehrmals aktualisierten „Liste vorrangig zu reduzierender Stoffe" neben Phosphat und Ammonium auch chlorierte und nichtchlorierte organische Einzelsubstanzen, Schwermetalle sowie den Summenparameter Adsorbierbares organisches Halogen (AOX) auf (Tabelle 4.3–1).

Diese Stoffe sollen nach der Zielvorstellung des APR im Zeitraum von 1985 bis 1995 in der Größenordnung von 50 % reduziert sein. Obgleich für die meisten dieser Meßgrößen erst seit kürzerer Zeit brauchbare Befunde vorliegen, wird deren Entwicklung aufgrund ihrer zu vermutenden Bedeutung für die Rheinökologie hier verfolgt. Im Rahmen des APR sind seit seinem Beginn im Jahr 1987 bis 1994 mehr als 60 Publikationen erarbeitet worden, von denen sich ein Großteil mit der Stoffreduktion beschäftigt (vgl. Literaturverzeichnis).

Nicht eingegangen wird auf radioaktive Substanzen, auf die Belastung mit Mineralölen und auf Abwärme. Einzig ein Hinweis auf die entsprechende Literatur ist möglich. *Radioaktiven Substanzen:* Block & Schneider 1967; Schneider & Block 1968; Schneider, H. 1969, 1970; Pätze 1970, 1975; Grim 1972; Weiss & Röther 1975, Gans et al. 1980; Frantz 1982; Mundschenk 1983a–c, 1985, 1988; Grimm et al. 1987; Stöber 1987; Mundschenk & Tolksdorf 1988 sowie die Berichte von ARW, AWBR, IAWR, IGKB, IKSR, DK und der Bundesländer. *Mineralöle:* Beck 1957; Wagner, H. 1957; Häringer 1959; Holluta 1961; Holluta & Brune 1963; Bensing 1964; Lüssem & Friker 1970; Hellmann & Bruns 1970; Meijers 1970; Blumer 1971; Unger 1971; Hellmann 1973a–d; Klosterkämper 1973, 1975 sowie die Berichte von ARW, AWBR, IAWR, IGKB, IKSR. *Abwärme:* Im Rahmen des APR hat die IKSR eine Inventarisierung der Wärmeeinleitungen durch Krafwerke und Industrie (einschließlich des Wärmeeintrags durch die Nebenflüsse) vorgenommen (IKSR 1989c). Weitere für den Rhein verwertbare Arbeiten vgl. Viehl 1950; Knöpp 1968a, 1969, 1970, 1973b; Haberer 1970; Arge Rhein 1971, 1976; Jansen et al. 1971; Flinsbach 1972; Müller, E. 1972; Müller, R.E. 1972; Nauda-

Tabelle 4.3–1. Liste der prioritären Stoffe und Stoffgruppen (nach IKSR 1994b).

Stoffe	Prioritärer Stoff seit		
	1987	1989	1991
Schwermetalle und Arsen			
Quecksilber	x		
Cadmium	x		
Chrom	x		
Kupfer	x		
Nickel	x		
Zink	x		
Blei	x		
Arsen			x
Organische Mikro-verunreinigungen			
Pestizide			
Atrazin		x	
Azinphos-ethyl			x
Azinphos-methyl		x	
Bentazon		x	
DDT			x
Dichlorvos		x	
Drine	x		
Endosulfan	x		
Fenitrothion			x
Fenthion	x		
Hexachlorcyclohexan			x
Malathion			x
Parathion-ethyl	x		
Parathion-methyl		x	
Pentachlorphenol	x		
Simazin		x	
Trifluralin		x	
Zinnorganische Verb.		x	
Leichtflüchtige Kohlenwasserstoffe			
1,2-Dichlorethan	x		
1,1,1 Trichlorethan	x		
Trichlorethen	x		
Tetrachlorethen	x		
Trichlormethan	x		

Tabelle 4.3-1 (Fortsetzung)

Stoffe	Prioritärer Stoff seit		
	1987	1989	1991
Leichtflüchtige Kohlenwasserstoffe (Forts.)			
Tetrachlormethan	x		
Benzol	x		
Schwerflüchtige Kohlenwasserstoffe			
Chloraniline	x		
Chlornitrobenzole	x		
Trichlorbenzole	x		
2-Chlortoluol		x	
4-Chlortoluol		x	
Hexachlorbenzol	x		
Hexachlorbutadien	x		
PCB	x		
Dioxine			x
Weitere Meßgrößen			
AOX	x		
Gesamtphosphor (P)	x		
Ammonium	x		

SCHER & ZIMMERMANN 1972; FLEIG 1973; GRASSMANN 1973; KÖHLE 1973; HOFFMANN, F.O. 1974; HOFFMANN, N.G. et al. 1974; GÜNNEBERG 1973, 1976; WUNDERLICH & MÜLLER 1976; KEUNE 1977; LAWA 1977; KINZELBACH, W.K.H. 1981; RITTER 1981, 1982; HAMM 1982; STEINLEIN 1982; WUNDERLICH 1982; DEYHLE 1985; LAWA 1990 sowie die Berichte der IKSR (1956ff., 1989c).

Eine einzelstoffbezogene Darstellung der *Analyseverfahren* beschränkt sich auf die genannten „klassischen" Parameter. Zur Analytik liegt in der Monographie von HELLMANN (1986a) eine umfassende und rheinrelevante Bewertung von Methoden und Problemen vor. Die Zahlentafeln der IKSR vermitteln eine Zusammenschau der im Rahmen ihres Meßprogramms angewandten Verfahren für die Wasser- und Schwebstoffanalyse. Hierüber geben auch die Gewässergüteberichte der Bundesländer Auskunft (z.B. LWA 1982ff.). Weitere grundsätzliche Fragen: zur Probenahme vgl. van CRAENENBROECK et al. 1985; BRAUCH & FLEIG 1992; zur Konzentrations- und Frachtermittlung vgl. ARW 1971; SONTHEIMER & GIMBEL 1977; SONTHEIMER 1977b; SONTHEIMER et al. 1979; HELL-

MANN 1977a, 1986c; KLOPP 1986; SYMADER 1988; SYMADER et al. 1988; IAWR 1987; BfG 1994; STEINEBACH 1994; zu Bewertungen von Meßgrößen zur Gewässergüte vgl. SYMADER 1986 und SYMADER et al. 1988.

Datenaufarbeitung und Darstellung der Befunde. Bei der Darstellung vor allem der „klassischen“ Meßgrößen wird grundsätzlich von den Meßprogrammen der IKSR und DK ausgegangen. Eine Übersicht über die herangezogenen Meßstellen gibt die Tabelle 4.3–2. Beide Meßprogramme sind durchgängig in „Zahlentafeln“ dokumentiert. Häufigkeit und Art der Probenahme, die verwendeten analytischen Verfahren und vorgenommene Abänderungen sind in den Zahlentafeln detailliert beschrieben sind. Schließlich sind beide Programme weitestgehend einander angeglichen, wodurch die Vergleichbarkeit nationaler und internationaler Daten grundsätzlich gewährleistet ist.

Tabelle 4.3–2. Meßstationen der Internationalen Kommission zum Schutze des Rheins gegen Verunreinigung (IKSR) und der Deutschen Kommission zur Reinhaltung des Rheins (DK), deren Befunde für die Literaturstudie ausgewertet wurden.

Meßstelle	Fluß-km	Zeitraum	Meßprogramm
Öhningen	HR, km 22,9	seit 1966	Arge Rhein, DK (ab 1976)
Kembs	HR, km 183,0	1956–1976	IKSR
Village-Neuf	OR, km 174,0	seit 1977	IKSR
Weisweil	OR, km 248,9	seit 1966	Arge Rhein, DK (ab 1976)
Seltz	OR, km 340,0	seit 1956	IKSR
Mannheim	Neckar, km 3,2	seit 1966	Arge Rhein, DK (ab 1976)
Kostheim	Main, km 3,2	seit 1966	Arge Rhein, DK (ab 1976)
Mainz	OR, km 498,5	seit 1966	Arge Rhein, DK (ab 1976)
Koblenz/Rhein	MR, km 590,3	seit 1956	IKSR
Koblenz/Mosel	Mosel, km 2,0	seit 1966	Arge Rhein, DK (ab 1976)
Bad Honnef	MR, km 640	seit 1966	Arge Rhein, DK (ab 1976)
Duisburg	Emscher, km 7,8	seit 1966	Arge Rhein, DK (ab 1976)
Bimmen/Lobith	NR, km 865	seit 1956	IKSR

HR Hochrhein; *OR* Oberrhein; *MR* Mittelrhein; *NR* Niederrhein.

Dennoch traten bei der Aufarbeitung von Resultaten dieser wie auch anderer Meßprogramme für die Ziele der Literaturstudie Probleme auf. Diese erschweren die Vergleichbarkeit der Meßergebnisse und kommen vor allem zustande durch:

- Verlegung von Meßstellen, Umstellungen der Probenahmen (Einzel-, Mischproben, kontinuierliche Entnahme), Änderungen der Meß- und Analysemethoden (u.a. Verschiebung der Bestimmungsgrenzen), Aufnahme der Messungen zu verschiedenen Zeitpunkten.

Neben Daten aus den IKSR- und DK-Meßprogrammen werden - vor allem im Hinblick auf Metalle und organische Mikroverunreinigungen - Daten aus Untersuchungs- und Sonderuntersuchungsprogrammen der Arbeitsgemeinschaften der Rheinwasserwerke (ARW 1969ff; AWBR 1969ff; IAWR 1970ff) und der Landesämter herangezogen (z.B. die Rheingüteberichte des Landesamtes für und Abfall Nordrhein-Westfalen, LWA 1991c, 1993). Zwischenzeitlich wurde der Abschlußbericht des Forschungsvorhabens „Vorkommen wichtiger organischer Mikroverunreinigungen im Rhein unter Berücksichtigung des Zusammenhangs von Einzelstoffanalytik und Summenparametern sowie der Trinkwasserrelevanz" vorgelegt (im folgenden zitiert als Forschungsvorhaben „Organische Mikroverunreinigungen" unter BRAUCH & FLEIG 1992), so daß auch hieraus Ergebnisse herangezogen werden können.

Die ausgewählten stofflichen Meßgrößen im Rhein werden - soweit hierüber Literaturangaben vorliegen - im Hinblick auf die Entwicklung der Jahresmittelkonzentrationen, der Jahresmaxima sowie Entwicklungstrends dargestellt.

Hinweis: Die langfristige Entwicklung der Konzentrationen ausgewählter Meßgrößen an verschiedenen IKSR- und DK-Meßstellen im Rhein und den Mündungsgebieten von Rheinnebenflüssen von 1956–1987 wird in Form von *Stufendiagrammen* (Anlage III.5) auf der diesem Buch beiliegenden Diskette dargestellt. Hierbei werden die Stoffdaten der in der Tabelle 4.3–2 aufgeführten Meßstellen und der im folgenden besprochenen Meßgrößen herangezogen (Anlage III, Abb. III–2 bis III–22). Neben den *Jahresmittelwerten* werden in dem jeweiligen Diagramm auch die innerhalb sämtlicher Meßperioden eines Jahres gemessenen *Maximalwerte* angegeben, da auch diese ökologisch relevant sein dürften. Den Stoffdiagrammen vorangestellt sind:

- eine Beschreibung der *Entwicklung der Belastungssituation* der einzelnen Rheinabschnitte,
- eine Übersicht über die *Probenahmefrequenzen* der einzelnen Meßparameter (Anlage III, Tabelle III–1),
- Diagramme zur Entwicklung der *Wasserführung* (Jahresmittel) (Anlage III, Abb. III–1).

4.3.2 Sauerstoffgehalt und organische Summenmeßgrößen

Sauerstoffgehalt. Zur Ermittlung des Sauerstoffgehalts dienen die beiden Meßgrößen Sauerstoffkonzentration und Sauerstoffsättigung. Mit der *Sauerstoffkonzentration* wird der Gehalt an gelöstem Sauerstoff erfaßt; *Sauerstoffsättigung* berücksichtigt die Abhängigkeit des Sauerstoffgehalts von der Temperatur (bei höherer Temperatur wird weniger Sauerstoff im Wasser gelöst).

Jahresmittel und Jahresmaxima (unter „Jahresmaxima" werden hier die maximalen Konzentrationen verstanden, die innerhalb sämtlicher Meßperioden *eines* Jahres gemessen wurden) beider Meßgrößen sanken in den siebziger Jahren auf ein Minimum ab. Dies gilt besonders für solche Rheinabschnitte, die in der Vergangenheit (bis Anfang der siebziger Jahre) stark mit biologisch abbaubaren Stoffen belastet waren. Seitdem ist ein Anstieg der Sauerstoffwerte zu beobachten. Dieser hat sich in den letzten Jahren verringert, da er sich zunehmend der durch physikalische Faktoren (z.B. Temperatur) gegebenen Sättigungsgrenze nähert. Allerdings ließen sich auch noch nach dem Jahr 1981 an bestimmten Meßstellen geringfügig erniedrigte Jahresmittel der Konzentrationen feststellen (z.B. Mainz 1982, 1983, 1985); teilweise lagen hier auch die *Sauerstoffminima* kurzzeitig unter der Grenze von 4,0 mg/l (Bad Honnef, 1983: 3,3 mg/l). (IKSR-, DK-Meßprogramm, Anlage III, Abb. III-2, III-3). Die Entwicklung des Sauerstoffgehalts im Rhein zwischen 1970 und 1992 haben STEINEBACH & KELLER (1994) in einer Farbgraphik dokumentiert, die den räumlichen Verlauf der Sauerstoffkonzentrationen im Rhein von Iffezheim bis zur niederländischen Grenze eindrucksvoll widerspiegelt.

Werden die Konzentrationen (Sauerstoffsättigung) gegen die *Wasserführung* aufgetragen, so ist zu erkennen, daß die niedrigsten Konzentrationswerte (das höchste Sauerstoffsättigungsdefizit) bei niedrigen Wasserführungen auftreten (Abb. 4.3-1). Dies läßt sich mit dem bei Niedrigwasser (= längere Fließzeit) verstärkten biologischen (sauerstoffzehrenden) Abbau bzw. einer relativen Anreicherung biologisch abbaubarer Stoffe erklären (ARW 1988). Vor allem führt das im Sommer auftretende Niedrigwasser, verbunden mit hohen Wassertemperaturen, zu starker Sauerstoffzehrung. Die Darstellung zeigt, daß die Sauerstoffkonzentrationen bei Mainz in den Jahren 1987 und 1988 auch bei Niedrigwasser nicht unter 6 mg/l absanken. Auch das Sauerstoffsättigungsdefizit lag in der Regel unter 40 %.

In der Abbildung 4.3-2 ist das Sauerstoffsättigungsdefizit des Rheinwassers zwischen 1954 und 1987 für drei Meßstellen unter Zugrundelegung von Berechnungen nach dem *Basler Modell* und bezogen auf die mittlere Wasserführung dargestellt. Hiernach lagen die jeweils höchsten Sättigungsdefizite in Mainz/ Wiesbaden, am Niederrhein und bei Karlsruhe von Mitte der sechziger bis Mitte der siebziger Jahre.

Das Basler Modell wurde von der IAWR (SONTHEIMER et al. 1979) konzipiert, um weitgehend unabhängig von den Jahresabflüssen längerfristige Trendaussagen zur Entwicklung der Wasserqualität zu ermöglichen. Für fünf im Hinblick auf die Trinkwassergewinnung wichtige Meßgrößen wurden entsprechende Modellrechnungen zur Konzentrationsabhängigkeit von der Wasserführung durchgeführt (ref. in IAWR 1987). Die ausgewählten Meßgrößen sind:

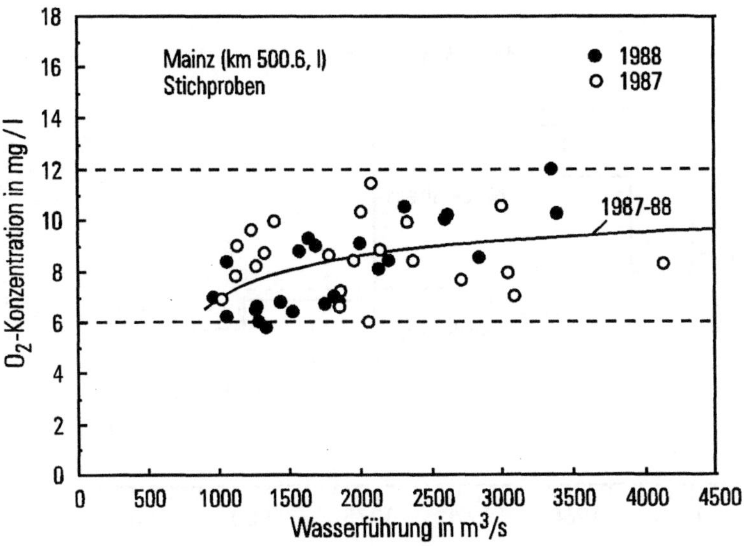

Abb. 4.3–1. Sauerstoffkonzentrationen im Rhein bei Mainz (1987/88) in Abhängigkeit von der Wasserführung (aus ARW 1988).

Stichproben. Die unterbrochenen Linien bezeichnen die von der IAWR (1973, 1986) festgesetzten Grenzwerte zur Rheinwasserqualität. Bei Einhaltung der IAWR-Grenzwerte der Gruppe A kann einwandfreies Trinkwasser allein durch Anwendung natürlicher mechanischer und biologischer Aufbereitungsverfahren gewonnen werden. Eine noch befriedigende Trinkwasserqualität kann durch zusätzliche Anwendung chemisch-physikalischer Aufbereitungsverfahren erreicht werden, wenn die IAWR-Grenzwerte der Gruppe B nicht überschritten werden.

- Gesamtkonzentration der organischen Substanzen (DOC),
- Gesamtkonzentration der organischen Halogenverbindungen (AOX),
- Neutralsalzgehalt,
- Sauerstoffsättigungsdefizit,
- Ammoniumionenkonzentration.

Die *Analyse* des gelösten Sauerstoffs wird im allgemeinen elektrometrisch vorgenommen. Lediglich das IRH verwendet die Titrationsmethode nach WINKLER. Das LWA verwendet eine membranbedeckte Sauerstoffsonde, die anderen Labors eine Clark-Zelle (IKSR 1987d). Weitere Daten zu Fragen des Sauerstoffgehalts (u.a. Sauerstoffübersättigung, zeitreihenanalytische Betrachtungen) bei EBELING (1954, 1955), SCHULZE-RETTMER & BÖHNKE (1973) und STOCK (1981).

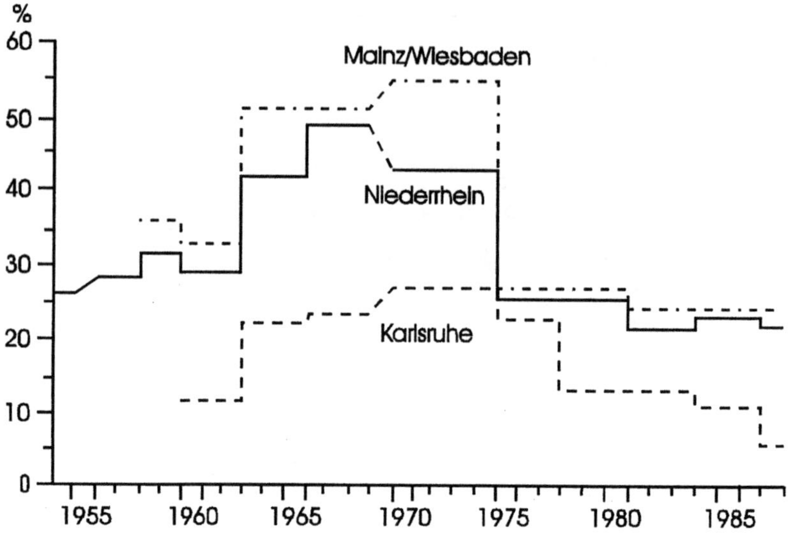

Abb. 4.3-2. Sauerstoffsättigungsdefizit im Rhein (1954–1987) bei mittlerer Wasserführung (aus IAWR 1987).
Niederrhein: Drei Probenahmestellen bei Rheinwasserwerken zwischen Düsseldorf und Duisburg-Hamborn.

Festzuhalten ist, daß die weitestgehend normalisierten Sauerstoffverhältnisse im Rhein der Inbetriebnahme mechanisch-biologischer Kläranlagen zu verdanken sind, die den Rhein von biologisch abbaubaren Substanzen entlasten. Nach der ARW (1988) sollte der größere Fischreichtum im Rhein als Folge der verbesserten Sauerstoffverhältnisse „aber nicht dazu verleiten, die Verlagerung der Rheinverschmutzungen zu übersehen, die in den schwer abbaubaren anthropogenen Substanzen zu sehen ist." (S. 40)

Organische Summenmeßgrößen. Organische Wasserinhaltsstoffe lassen sich summarisch mit Hilfe von vier verschiedenen Meßgrößen erfassen:

- Biochemischer Sauerstoffbedarf (BSB),
- Chemischer Sauerstoffbedarf (CSB),
- gelöster organischer Kohlenstoff (DOC),
- gesamter organischer Kohlenstoff (TOC).

Biochemischer Sauerstoffbedarf (BSB). Mit der Meßgröße *Biochemischer Sauerstoffbedarf* werden im Wasser *biologisch abbaubare Stoffe* erfaßt. Der Biochemische Sauerstoffbedarf in fünf Tagen (BSB_5) gibt die Menge an gelöstem Sauerstoff an, die Mikroorganismen zum Abbau organischer Substanz innerhalb von 5 Tagen benötigen.

Entsprechend den Befunden für Sauerstoff traten die höchsten Belastungen (BSB_5-Jahresmittel) Anfang/Mitte der siebziger Jahre auf; ähnlich lagen auch die BSB_5-Maxima in diesem Zeitraum am höchsten. Selbst in wenig belasteten Rheinabschnitten sind die BSB_5-Jahresmittel seit Anfang/Mitte der siebziger Jahre zurückgegangen. Auch Jahresmaxima von mehr als 10,0 mg/l, wie sie vor dem Jahr 1980 noch häufig gemessen wurden, treten praktisch nicht mehr auf (Kleve-Bimmen, Bad-Honnef 1983: 9,0 mg/l). Die Veränderungen der BSB_5-Jahresmittel sind allerdings – ähnlich wie beim Sauerstoff – etwa seit den letzten 5 Jahren gering (IKSR-, DK-Meßprogramm, Anlage III, Abb. III–4).

Der Sauerstoffverbrauch wird im IKSR- und DK-Meßprogramm in der verdünnten oder unverdünnten Probe bestimmt. Die Sauerstoffmessung wird elektrometrisch oder titrimetrisch vorgenommen (IKSR 1987d).

Neben dem BSB_5 werden der BSB_7 und der Langzeit-BSB (z.B. BSB_{21}) bestimmt. Darüber hinaus wird der *Kurzzeit-BSB* (z.B. BSB_{7h}, BSB_{24h}) zur Beantwortung toxikologischer Fragestellungen – in Verbindung mit der Bestimmung der Zusätzlichen Zehrung (ZZ_{Pepton}, $ZZ_{Glucose}$) – eingesetzt (z.B. KREBS 1978b). Ein extremer Kurzzeit-BSB ist der BSB_{M3} (3-Minuten-BSB), der kontinuierlich gemessen wird und der in Kläranlagen-Abläufen mit dem BSB_5 vergleichbare Ergebnisse liefert (KÖHNE et al. 1986). Der Kurzzeit-BSB und der BSB_5 im Gewässer hingegen lassen sich nicht korrelieren.

Mit der Aussagekraft des BSB setzte eine Arbeitsgruppe des Deutschen Verbandes für Wasserwirtschaft und Kulturbau (DVWK) auseinander (DVWK 1989). Die Gruppe kam zu dem Ergebnis, daß zur Bestimmung des Gehaltes an biologisch leicht abbaubarem organischem Kohlenstoff die Nitrifikation unterdrückt werden muß, und daß sich der C+N-BSB nur zu groben Abschätzungen eignet.

Chemischer Sauerstoffbedarf (CSB). Zusätzlich zu den biologisch leicht abbaubaren Stoffen erfaßt der *chemische Sauerstoffbedarf (CSB)* auch die biologisch schwer und nicht abbaubaren Substanzen. Während zur Oxidation bis etwa zum Ende der sechziger Jahre Kaliumpermanganat eingesetzt wurde, wird seit dieser Zeit in den meisten Meßprogrammen zusätzlich oder ausschließlich Kaliumdichromat verwendet.

Die Belastungsspitzen lagen in den sechziger und siebziger Jahren; seitdem sind die Jahresmittel des CSB stetig gesunken, so daß sie an einigen Meßstellen Werte in der Nähe der Nachweisgrenze (5 mg/l) erreichen (z.B.: Öhningen, 1979: 8 mg/l; 1987: <5 mg/l; Kleve-Bimmen, 1976: 26 mg/l; 1987: 13 mg/l).

An einzelnen Meßstellen zeigte sich allerdings in den Jahren von 1985–1987 wieder ein Anstieg der Jahresmittel für Konzentrationen und Frachten sowie der Jahresmaxima (z.B. Bad Honnef, Jahresmittelwerte 1985: 13 mg/l; 1987: 15 mg/l. Bad Honnef, Jahresmaxima 1985: 20 mg/l; 1987: 29 mg/l), ohne daß allerdings die Spitzenwerte der sechziger und siebziger Jahre annähernd erreicht worden wären. (IKSR-, DK-Meßprogramm, Anlage III, Abb. III–5, III–6)

Mit steigender *Wasserführung* zeigt sich eine geringfügige Konzentrationsabnahme des CSB (Abb. 4.3–3). Den Beitrag erhöhter Abflüsse an der Jahresfracht untersuchte KLOPP (1986) entlang der Ruhr bis zur Ruhrmündung.

Die *CSB-Bestimmung* wird durch Titration nach Oxidation mit Kaliumdichromatlösung vorgenommen. Die Labors verwenden hierzu z.T. verschiedene Molarität (BfG, DBW/RIZA: 0,0083; IRH: 0,042; LWA: 0,02 mol/l). Die Bestimmungsgrenzen liegen zwischen 1 mg (IRH) und 15 mg (LWA) (IKSR 1987d). Zur Bestimmung des CSB in Abwässern und zum Stand der CSB-Überwachung von Abwässern vgl. BORTLIESZ (1987), FRIEGE (1987). PILZ & WERNER (1988) schlagen ein potentiostatisches, kontinuierlich arbeitendes Verfahren vor. Nach SYMADER et al. (1985b) eignet sich der CSB zur Charakterisierung der organischen Belastung des Rheins nicht, da die mittleren Gehalte in der Nähe der Nachweisgrenze liegen. Die Autoren halten deshalb eine Verbesserung der Analyseverfahren für notwendig. Hierauf weist auch das Landesamt für Wasser und Abfall Nordrhein-Westfalen hin (LWA 1989).

Gelöster organischer Kohlenstoff (DOC). Seit dem erheblichen Rückgang der organischen Gesamtbelastung von der Mitte bis zum Ende der siebziger Jahre ist in den achtziger Jahren eine Stabilisierung eingetreten (MEIJERS 1985). Während zum Beispiel an der Meßstation Kleve-Bimmen in den Jahren 1976/77 jeweils noch ca. 14 mg/l gemessen wurden, liegen die Jahresmittelwerte seit dem Jahr 1979 bei ca. 4 mg/l. An der Meßstation Bad Honnef werden seit 1979 ca. 3 mg/l, bei Karlsruhe-Maxau und Weisweil wenig mehr als 2 mg/l festgestellt. (IKSR- und DK-Meßprogramm, Anlage III, Abb. III–7)

Bezogen auf eine mittlere *Wasserführung* zeigt die Entwicklung der DOC-Konzentrationen seit dem Jahr 1970 stärkste Abnahmen im Niederrhein und im Oberrhein bei Mainz/Wiesbaden (Abb. 4.3–4).

Der DOC wurde auch im Rahmen des Forschungsvorhabens „Organische Mikroverunreinigungen" an verschiedenen nationalen und internationalen Meßstellen längs des Rheins ermittelt (BRAUCH & FLEIG 1992). Ein Abnahmetrend konnte während der dreijährigen Messungen (1989) nicht festgestellt werden. Eindeutig war jedoch, daß Konzentrationen (von Öhningen bis Lobith/Bimmen um den Faktor 2) und Frachten (um den Faktor 10) zunahmen. Die im Vergleich zu den Frachten geringere Konzentrationszunahme läßt sich mit der höheren Wasserführung am Niederrhein erklären. Nach den Autoren sollten für einen Vergleich verschiedener Kalenderjahre und Meßstellen die Frachten herangezogen werden, da sie relativ unabhängig von den Abflußverhältnissen sind. Neben dem DOC wurde in dem Forschungsvorhaben mit der Bestimmung des SAK(254) (= Spektraler Absorptionskoeffizient bei 254 nm) eine weitere Methode zur summarischen

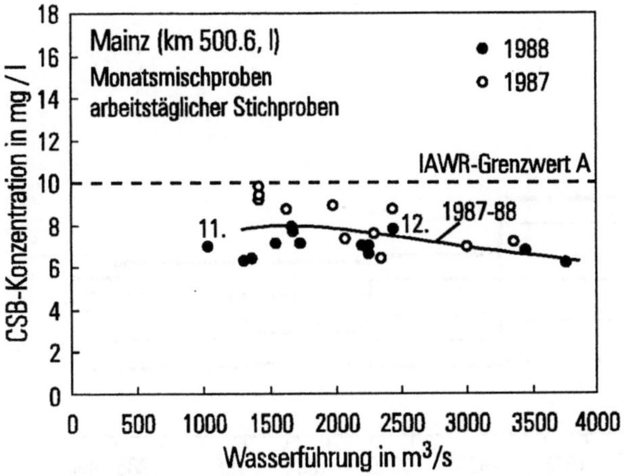

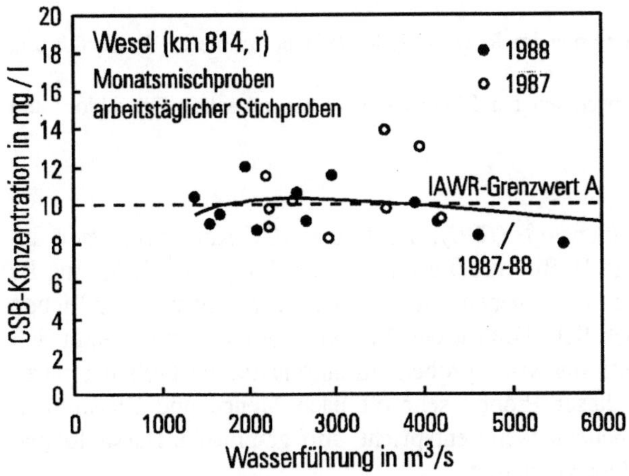

Abb. 4.3–3. CSB-Konzentrationen im Rhein (1987/88) in Abhängigkeit von der Wasserführung (aus ARW 1988).
(Zum angegebenen IAWR-Grenzwert A vgl. Legende zur Abb. 4.3–1, S. 79.)

Erfassung organischer Verbindungen eingesetzt. Die Befunde korrelierten nach Angabe der Autoren meist mit dem DOC, und es wurden auch ähnliche Abhängigkeiten im Rheinlängsprofil gefunden.

Die *Analysemethoden* basieren auf Infrarotspektrometrie von CO_2 oder auf Absorptionsspektrometrie mit Phenolphthalein (DBW/RIZA). In der Regel wird über 0,45 μm filtriert und mit Peroxid/Persulfat aufgeschlossen. Es werden keine Bestimmungsgrenzen angegeben (IKSR 1987d).

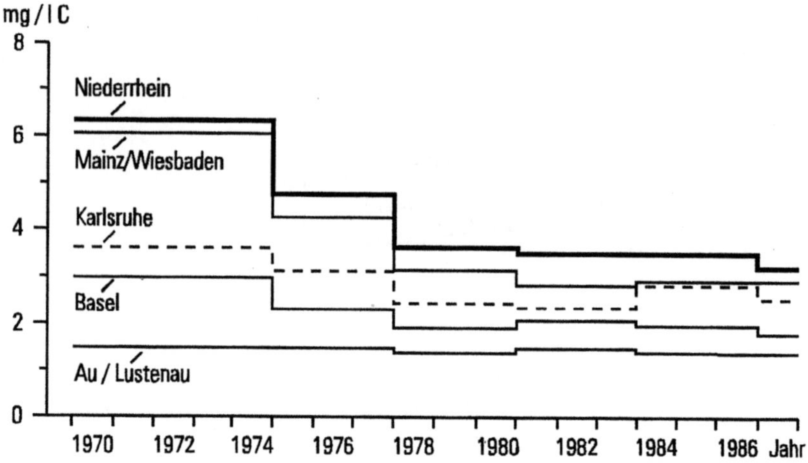

Abb. 4.3–4. DOC-Konzentrationen im Rhein (1970–1987) bei mittlerer Wasserführung (aus IAWR 1987).
Niederrhein: Drei Probenahmestellen bei Rheinwasserwerken zwischen Düsseldorf und Duisburg-Hamborn.

Gesamter organischer Kohlenstoff (TOC). Auch die TOC-Konzentrationen im Rhein haben abgenommen (z.B. Bimmen/Lobith 1978: 9,7 mg/l; 1987: 6,1 mg/l). Diese Meßgröße gilt allerdings wegen ihrer schwierigen gewässerkundlichen Interpretierbarkeit als entbehrlich (HELLMANN 1986a). Ihre Problematik zeigt sich vor allem in den Ergebnissen der Mischproben aus automatischen Probenehmern, da der Schwebstoffgehalt dieser Proben sehr oft nach Menge und Zusammensetzung nicht dem der fließenden Welle entspricht. Auf graphische Darstellungen wird aus diesen Gründen hier verzichtet.

Bei Untersuchungen im Rahmen des „Aktionsprogramms Rhein" (APR) wurden auch die TOC-Gehalte in *Schwebstoffen* (1990) und *Sedimenten* (1988 und 1990) bestimmt (IKSR 1993c–e). Der TOC-Gehalt von Schwebstoffen scheint hiernach im Längsprofil des Rheins zuzunehmen (Ober- und Mittelrhein: 4 %; Niederrhein: 6 % – jeweils bezogen auf 50-Perzentile).

Die *Bestimmung* von TOC in Wasserproben wird mit Infrarotabsorptionsspektrometrie von Kohlendioxid (lediglich DBW/RIZA verwenden Phenolphthalein) nach Aufschluß oder Membranfiltration vorgenommen (IKSR 1987d). Die Bestimmung von TOC in Schwebstoff- und Sedimentproben erfolgt nach Entfernung des anorganischen Kohlenstoffs aus der gefriergetrockneten Probe durch katalytische Verbrennung bei 1000 °C und Gaschromatographie mit Wärmeleitfähigkeitsdetektor (IKSR 1990b).

4.3.3 Pflanzennährstoffe und Chlorid

Pflanzennährstoffe. Zu den Pflanzennährstoffen gehören die anorganischen Stickstoffverbindungen Ammonium, Nitrat und Nitrit und die organischen Stickstoffverbindungen sowie die anorganischen Phosphorverbindungen, die im Wasser meist als Phosphate vorliegen, und die organischen Phosphorverbindungen. Diese Substanzen können in stehenden und strömungsberuhigten Gewässern (Bodensee, Altrheinarme) das Wachstum von Pflanzen derartig fördern, daß deren Sauerstoffverbrauch zu Störungen des Sauerstoffhaushalts führen kann (vgl. Kap. 5.4.2). Zur Sauerstoffverarmung in den Sommermonaten trägt ferner der Nitrifikationssauerstoffverbrauch bei. Zu bedenken in diesem Zusammenhang ist vor allem die „Fernwirkung" der vom Rhein in die Nordsee verfrachteten Pflanzennährstoffe.

Ammonium (Ammonium-Stickstoff). Das Ammonium-Ion ist weniger bedeutsam wegen seines Anteils an der Stickstoff-Fracht, als vielmehr durch den Sauerstoffverbrauch, den seine bakterielle Oxidation (Nitrifikation) verursacht (ARW 1988).

In den belasteten Rheinabschnitten sind Spitzenwerte der Ammonium-Stickstoff-Konzentrationen (Jahresmittel) Anfang bis Mitte der sechziger und Anfang bis Mitte der siebziger Jahre zu erkennen. Seit dieser Zeit - also schon vor der Umstellung der Probenahme auf Mischproben im Jahr 1978 - nahmen die Jahresmittel deutlich ab. Die Jahresmaxima liegen häufig höher als 1,0 mg/l (z.B. Kleve-Bimmen, 1987: 1,4 mg/l). (IKSR- und DK-Meßprogramm; Anlage III, Abb. III–8)

Die Abnahme der Ammoniumkonzentrationen seit Mitte der siebziger Jahre war besonders deutlich am Niederrhein, wo sie in den Jahren zuvor ein Maximum für die deutsche Rheinstrecke erreicht hatten; seit 1984 ist eine leichte Zunahme an den Meßstellen im Oberrhein (Mainz/Wiesbaden) und im Niederrhein zu finden (IAWR 1987). Untersuchungen im Rahmen der ARW-Meßprogramme bestätigen insgesamt den Abnahmetrend von Ammonium; lediglich bei Wesel wurden im Jahr 1988 mit 1,24 mg N/l höhere Konzentrationen als 1987 (1,15 mg N/l) gemessen. Die unverändert hohen Werte bei Wesel lassen sich nach Angaben der ARW (1988) vermutlich auf die Belastung durch die Emscher-Flußkläranlage zurückführen.

Die in den Meßprogrammen übliche Mittelwertbildung der Ammoniumkonzentrationen über das Jahr ist allerdings wegen der temperaturabhängigen Nitrifikation (Oxidation des Ammoniums) problematisch. Deshalb wurden für die Meßstationen Koblenz/Rhein und Kleve-Bimmen die Werte bei niedrigeren Wassertemperaturen (Januar bis April/Mai und Oktober bis Dezember) und die Werte bei höheren Wassertemperaturen (Mai bis August/September) getrennt ausgewertet (Anlage III, Abb. III–8.9 und Abb. III–8.13). Doch auch bei dieser

Betrachtungsweise ergibt sich für beide Zeitperioden das oben skizzierte Bild. Hierbei verhalten sich die Meßergebnisse der Zeitperiode niedrigerer Wassertemperaturen eines Jahres zu höheren Wassertemperaturen etwa wie 2 : 1; seit Anfang der achtziger Jahre etwa wie 3 : 1.

Es existiert die für relativ konstante Stoffeinträge typische *Beziehung zwischen Konzentration und Abfluß*; die Konzentrationen nehmen mit steigendem Abfluß ab. Nach HELLMANN (1989b) übt die Höhe des Abflusses einen größeren Einfluß auf die Ammoniumkonzentration aus als die Wassertemperatur. Bei höheren Temperaturen sind jedoch die Streuungen der Einzelwerte hoch, so daß zur Ermittlung der zu Trendaussagen herangezogenen Frachten der Temperaturbereich von 0 bis 7 °C sinnvoll ist. Bezogen auf einen mittleren Abfluß entwickelten sich die Ammoniumkonzentrationen an ausgewählten Meßstellen seit 1954 entsprechend der Abbildung 4.3-5 (IAWR 1987).

Die *Bedeutung der Nitrifikation für den Stoffhaushalt* des Rheins untersuchten MÜLLER, D. & KIRCHESCH (1985a,b) unter Anwendung des Gütemodells für Fließgewässer der Bundesanstalt für Gewässerkunde. Sie kamen zu dem Ergebnis, daß die Bedeutung des Nitrifikationssauerstoffbedarfs – vergleichsweise zur Abnahme des für den Abbau von C-Verbindungen benötigten Sauerstoffs – gestiegen ist und fordern die Berücksichtigung dieser Tatsache bei abwassertechnischen

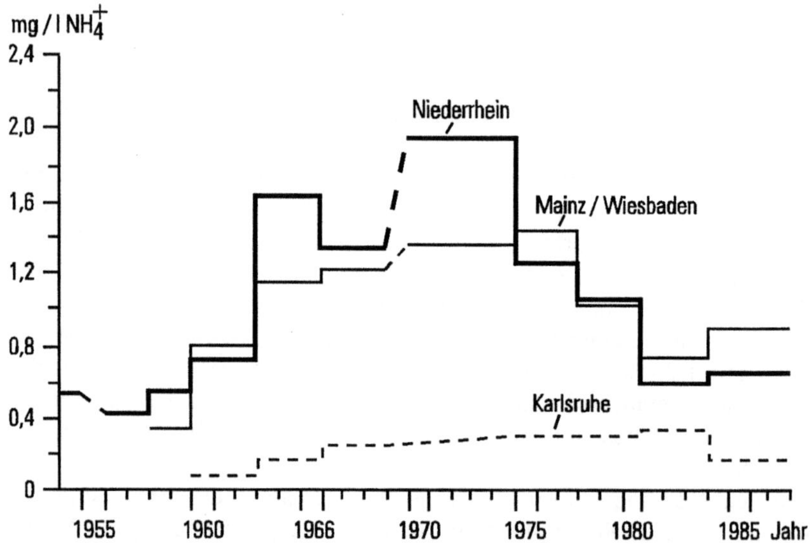

Abb. 4.3-5. Ammoniumkonzentrationen im Rhein (1954–1987) bei mittlerer Wasserführung (aus IAWR 1987).
Niederrhein: Drei Probenahmestellen bei Rheinwasserwerken zwischen Düsseldorf und Duisburg-Hamborn.

Planungen. Meß- und Berechnungsverfahren zur Nitrifikation in Fließgewässern beschreiben MÜLLER, D. & KIRCHESCH (1981) und MÜLLER, D. (1984).

Bis zum Jahr 1977 basierten die Meßergebnisse auf in etwa 14tägigem Rhythmus durchgeführten *Einzelstichproben*. Seit 1978 hat die IKSR ihr Meßprogramm auf 14-Tages-Mischproben umgestellt. Diese Umstellung hatte zur Folge, daß die Meßergebnisse mit einem Fehler behaftet sind, da Abbauvorgänge während der Aufbewahrung der Proben stattfinden. Vor allem Untersuchungen von SYMADER et al. (1985a) belegen, daß diese Abbauvorgänge, die selbst für Tagesmischproben festgestellt wurden, zu einer Unterschätzung der Ammoniumkonzentrationen im Rhein führen; diese konnte im Vergleich zu Stichproben 30 % betragen. Deshalb hat die IKSR die Ammoniumbestimmungen wieder auf 14-Tages-Stichproben umgestellt (IKSR 1987b; vgl. auch EAWAG 1988). Die damalige Umstellung der Probenahme ändert jedoch nichts an der Abnahmetendenz der Ammoniumwerte seit 1978; die Abnahme ist lediglich etwas geringer.

Die *Analysemethode* basiert auf Absorptionsphotometrie mit Salicylat und Bestimmung als Indophenol (BfG, LWA, DBW/RIZA). Die EAWAG verwendet Absorptionsphotometrie nach Gasaustausch von NH_3; das IRH arbeitet elektrometrisch mit ionensensitiver Elektrode. Die Nachweisgrenzen liegen zwischen 0,01 (DBW/RIZA) und 0,05 mg (BfG). (IKSR 1987d)

Nitrat (Nitrat-Stickstoff). Die Jahresmittelwerte der Nitrat-Stickstoffkonzentrationen nahmen von 1966–1987 deutlich zu (z.B. Kleve-Bimmen 1966: 2,62 mg/l; 1987: 3,7 mg/l). Bei den Frachten ist diese Zunahme bis auf die Meßstationen Koblenz und Mainz nicht so deutlich. Maximalkonzentrationen liegen häufg über 5,0 mg/l (IKSR- und DK-Meßprogramm, Anlage III, Abb. III–9).

Messungen der ARW aus den Jahren 1987 und 1988 bestätigen die Tendenz der Nitratzunahme. Die höchsten Konzentrationen wurden in der Mainfahne des Rheins gemessen (1987 und 1988: 7,23 mg/l).

Den Anstieg der Nitratkonzentration an den AWBR/ARW-Meßstellen Schaffhausen, Karlsruhe, Mainz/Wiesbaden, Köln und Lobith von 1945–1988 bringt die Abbildung 4.3–6 zum Ausdruck. Der höchste Anstieg (um einen Faktor 5) ist bei Lobith zu beobachten. Deutlich wird auch die Zunahme der Nitratkonzentrationen im Längsverlauf des Rheins.

Nach Untersuchungen HELLMANNs (1989b) läßt sich eine eindeutige Beziehung zwischen Nitrat*konzentration* und *Abfluß* nicht erkennen. Dies widerspricht der Regel, nach der Belastungen aus Abwässern mit steigendem Abfluß niedrigere Konzentrationen zeigen. Die *Nitratfracht* nimmt hingegen mit steigender Wasserführung zu; die Nitratkonzentrationen (und -frachten) gehen mit steigenden Wassertemperaturen innerhalb eines Kalenderjahres zurück.

Trendaussagen zur Nitrat- und Ammoniumkonzentration müssen die eben skizzierten hydrologischen Bedingungen (Abfluß und Wassertemperatur) einschließen (HELLMANN 1989b). Dies wird in der Abbildung 4.3–7 berücksichtigt,

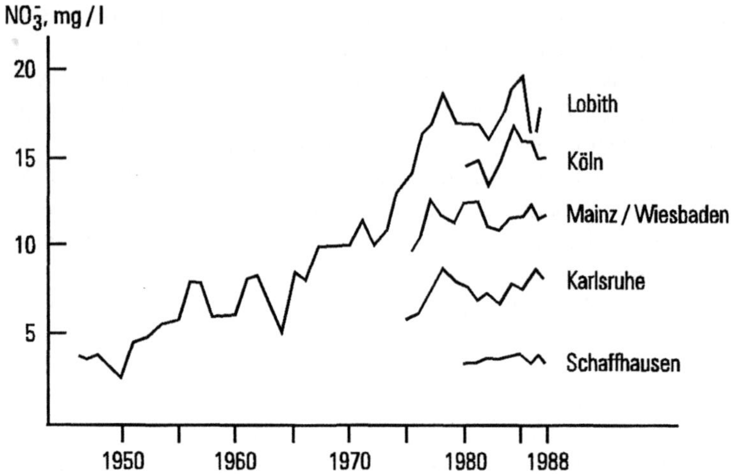

Abb. 4.3-6. Langjährige Entwicklung der Nitratkonzentrationen (Jahresmittel) an verschiedenen Probenahmestellen im Rhein (aus ARW 1988).

in der die Gesamtbelastung aus Ammonim- und Nitrat-Stickstoff auf langjährigen mittleren Abfluß und Wassertemperaturen von 20–15 °C normiert wurde. Die Ammoniumfrachten zeigten ansteigenden Trend bis zu ihrem Belastungshöhepunkt Mitte der siebziger Jahre; danach fielen die normierten Frachten wieder ab. Die Nitratfrachten steigen seit Mitte der sechziger Jahre erheblich an. Dieser Anstieg kommt auch in der Darstellung der Summe aus Ammonium + Nitrat bis zum Jahr 1980 zum Ausdruck: Seit 1954 haben sich diese Frachten mehr als verdoppelt (Mittelrhein). Seit 1980 läßt sich ein Rückgang der Summe aus Ammonium- und Nitratfrachten feststellen. (Zur anthropogenen Belastung vgl. Kap. 4.3.6.)

Hingegen kommt MALLE (1988) zu dem Ergebnis, daß sich die Belastung des Rheins mit der Summe der Stickstoffverbindungen (bei Kleve-Bimmen) seit dem Jahr 1970 nicht mehr wesentlich verändert habe.

Das *Analyseverfahren* basiert mit Ausnahme des vom IRH angewendeten Verfahrens (Elektrometrie) auf Absorptionsphotometrie. Es wird hierbei Sulfanilamid nach Reduktion zum Nitrit (EAWAG, BfG, DBW/RIZA) oder Salicylat (LWA) verwendet. Es werden Bestimmungsgrenzen von 0,5 (IRH) bis 0,2 mg/l (LWA) angegeben. (IKSR 1987d)

Allgemeine Daten zu Nitraten in Gewässern vgl. DFG (1982b); weitere Daten zu Nitraten im Rhein vgl. HELLMANN & SCHUMACHER (1977a,b) und SYMADER et al. (1985a); die Belastung im Bodensee untersuchen KLIFFMÜLLER (1960, 1962a, 1969), WAGNER, G. et al. (1976), MÜLLER, G. (1977), BÜHRER &

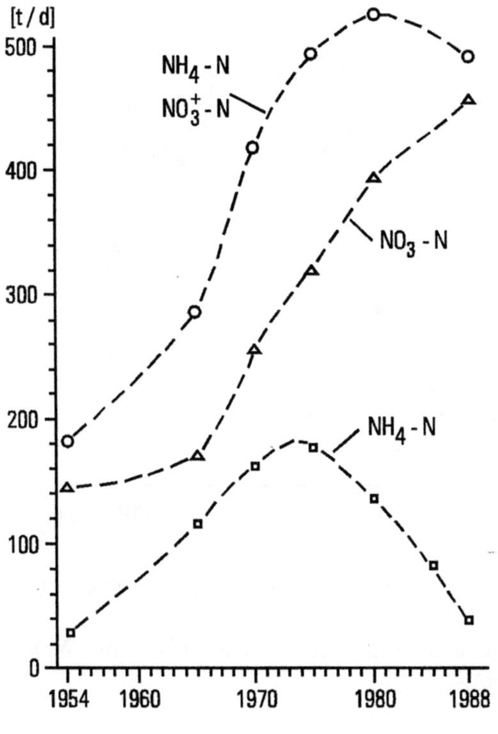

Abb. 4.3–7. Trends der Nitrat- und Ammoniumbelastung des Mittelrheins beim langjährigen mittleren Abfluß (aus HELLMANN 1989b).

WAGNER (1982). Mit Fragen der Denitrifikation beschäftigen sich z.B. ADMIRAAL & van der VLUGT (1988).

Phosphat. Das in Wasser gelöste *Orthophosphat* ist das für Biozönosen verfügbare Phosphat. Nach den Spitzenkonzentrationen der siebziger Jahre gingen die Jahresmittel etwa seit der Mitte der siebziger Jahre zurück; bei Bimmen/Lobith war ein nochmaliger Anstieg zwischen 1982 und 1985 zu beobachten (IKSR- und DK-Meßprogramm, Anlage III, Abb. III–10). Messungen der ARW/IAWR an der deutsch-niederländischen Grenze und im Rohwasser der Bodenseewasserversorgung (zur Zeit der Vollzirkulation) bestätigen den Rückgang (Abb. 4.3–8).

Der Phosphatrückgang dürfte sich jedoch in den nächsten Jahren verlangsamen, da der Phosphatersatz in Waschmitteln als Hauptursache des Rückgangs weitgehend abgeschlossen ist. Eine weitere Verringerung läßt sich dann wohl nur noch über die Phosphateliminierung in Kläranlagen und die Reduzierung des Düngemitteleinsatzes in der Landwirtschaft erreichen.

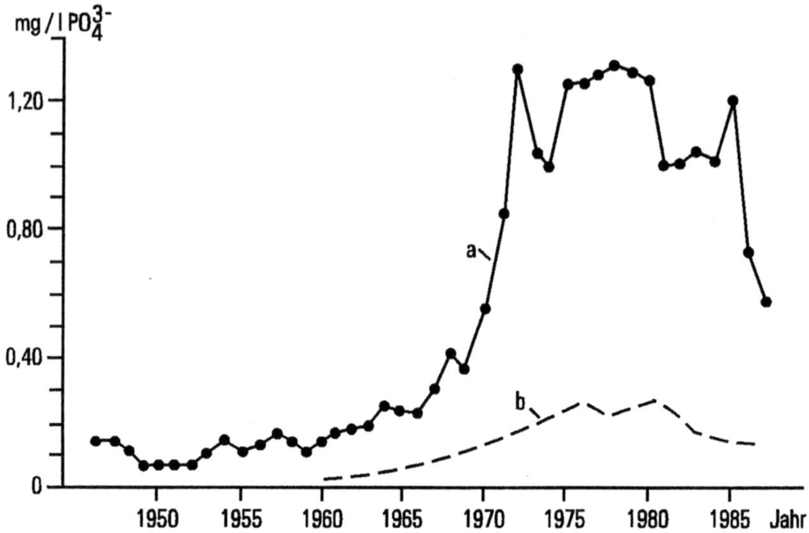

Abb. 4.3–8. Orthophosphatkonzentrationen im Rhein- und Bodenseewasser (1946–1987) (aus IAWR 1987).
a an der deutsch-niederländischen Grenze; *b* im Bodensee (Rohwasser Bodensee-Wasserversorgung zur Zeit der Vollzirkulation).

Die *Analyseverfahren* verwenden sämtlich Absorptionsphotometrie mit Ammoniummolybdat. Die Bestimmungsgrenzen liegen zwischen 0,01 mg/l (IRH) und 0,003 mg/l (DBW/RIZA). (IKSR 1987d)

Gesamtphosphor erfaßt die Summe der in Wasser gelösten und an Schwebstoff gebundenen Phosphorverbindungen. Seit dem Erreichen von Spitzenwerten (Jahresmittel von Gesamtphosphor) bis zur Mitte der siebziger Jahre (z.B. Kleve-Bimmen 1976: 0,97 mg/l) sind die Jahresmittelwerte an den relevanten Meßstationen deutlich gesunken; einmalig gemessene Maximalwerte können jedoch noch immer Werte über 1,0 mg/l erreichen (z.B. Koblenz 1987: 1,12 mg/l). (IKSR-, DK-Meßprogramm, Anlage III, Abb. III–11)

Bei langjährigem *mittleren Abfluß* (MQ) und *mittlerem Niedrigwasser-Abfluß* (MNQ) steigt die Belastung, ausgehend von den niedrigsten Phosphatkonzentrationen im Jahr 1965, zunächst bis etwa zum Jahr 1972/73 (um den Faktor 5–3) steil an und sinkt seit Mitte/Ende der siebziger Jahre ab (HELLMANN 1988) (Abb. 4.3–9). Auch im Rahmen des „Aktionsprogramms Rhein" (APR) wurde Gesamtphosphor bestimmt (IKSR 1993c,d). Hierbei wurde in der 1990er Untersuchung ein deutlicher Anstieg der Phosphatgehalte in Schwebstoffen von Seltz bis Lobith festgestellt.

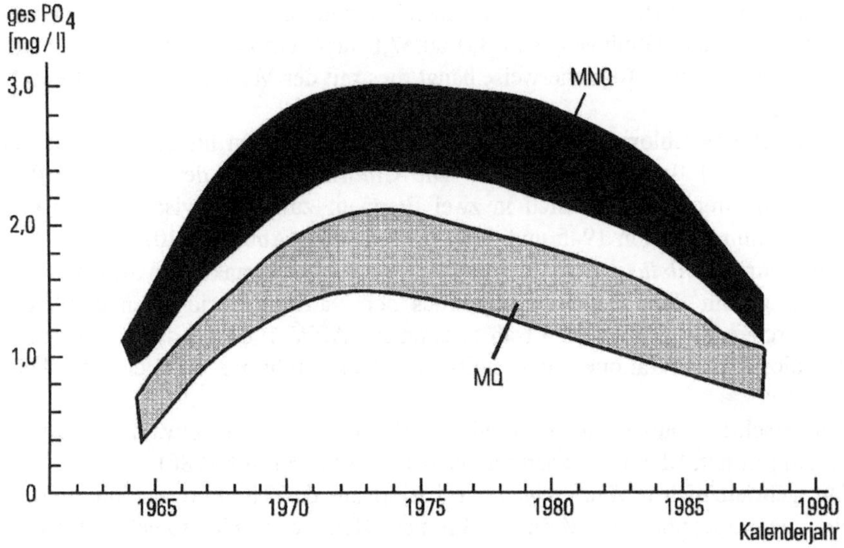

Abb. 4.3-9. Trends von Gesamtphosphor im Mittelrhein (1964–1987) bei langjährigem mittleren Abfluß (MQ) und entsprechendem mittleren Niedrigwasser (MNQ) (aus HELLMANN 1989a).

Die *Bestimmungsmethode* basiert auf Absorptionsphotometrie mit Ammoniummolybdat. Es unterscheidet sich lediglich das Aufschlußmittel. Die Bestimmungsgrenzen liegen zwischen 0,01 mg/l (IRH) und 0,03 mg/l (DBW/RIZA) (IKSR 1987d). Zur analytischen Bestimmung von Phosphor in Fließgewässern vgl. FRIMMEL et al. (1988).

Weitere Daten zur Phosphatbelastung des Rheins vgl. HELLMANN (1977b), HELLMANN & SCHUMACHER (1977a,b). COPPIK & SCHÖMANN (1989) untersuchten zur Kostenabschätzung einer Phosphorelimination den Gehalt von Phosphor im Abwasser von 46 Kläranlagen in Rheinhessen. Daten zum Bodensee vgl. KLIFFMÜLLER (1960, 1962a,b, 1969), MÜLLER, G. & TIETZ (1966), WAGNER, G. et al. (1976).

Chlorid. Die Belastung des Rheins mit Chlorid ist seit etwa der Mitte der sechziger Jahre unverändert hoch: Der Gesamtmittelwert der Konzentrationen aus den Jahren 1966–1987 bei Kleve-Bimmen lag bei 167 mg/l, der Gesamtmittelwert der Frachten bei 351 kg/s. Im Jahr 1987 überstiegen die Jahresmittelwerte an den meisten Meßstellen 100 mg/l. Die maximalen Konzentrationen erreichten an mehreren Meßstellen im Jahr 1987 Werte von mehr als 200 mg/l (IKSR- und DK-Meßprogramm, Anlage III, Abb. III-12). Bemerkenswert ist, daß sich die Konzentrationsmittelwerte von 1966–1987 auch in einem relativ unbelasteten Rheinabschnitt (Meßstelle Öhningen) von 3,0 auf 7,0 mg/l erhöhten (bei weniger stark erhöhten Frachten). Möglicherweise hängt dies mit der Verwendung von Streusalz zusammen.

Vergleichbare Chloridmessungen im Rheinwasser reichen bis zur Zeit vor der Wende zum 20. Jahrhundert zurück. Die Chloridfracht an der deutsch-niederländischen Grenze erhöhte sich in zwei Etappen, zunächst zwischen 1880 und 1915, sodann zwischen 1945 und 1960 (LWA 1989) (Abb. 4.3–10).

Bei niedrigen *Abflüssen* sind starke Konzentrationsschwankungen zu erkennen. Dies hängt mit dem Einleitungsrhythmus der Natriumchlorid-Solen durch die französischen Kaligruben im Elsaß zusammen (ARW 1988). Insgesamt nehmen die Chloridkonzentrationen mit steigender Wasserführung deutlich ab (Abb. 4.3–11).

Die Frachten nehmen mit steigendem Abfluß zu, wie dies etwa an der Ruhrmündung in den Rhein eingehend untersucht wurde (KLOPP 1986).

Die gebräuchlichste *Analysemethode* basiert auf der Titration mit Silbernitrat, wobei der Endpunkt mit Kaliumdichromat (IRH) oder elektrometrisch (BfG, LWA) angezeigt wird. Die EAWAG verwendet ein absorptionsphotometrisches

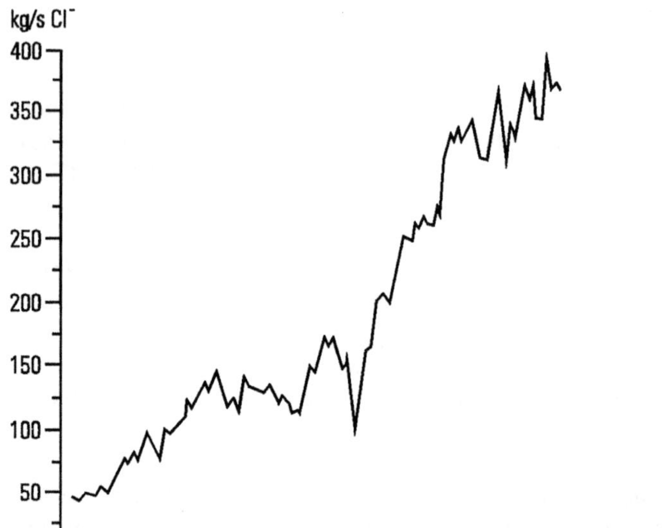

Abb. 4.3–10. Chloridfracht im Rhein an der deutsch-niederländischen Grenze (1885–1987) (aus IAWR 1988).

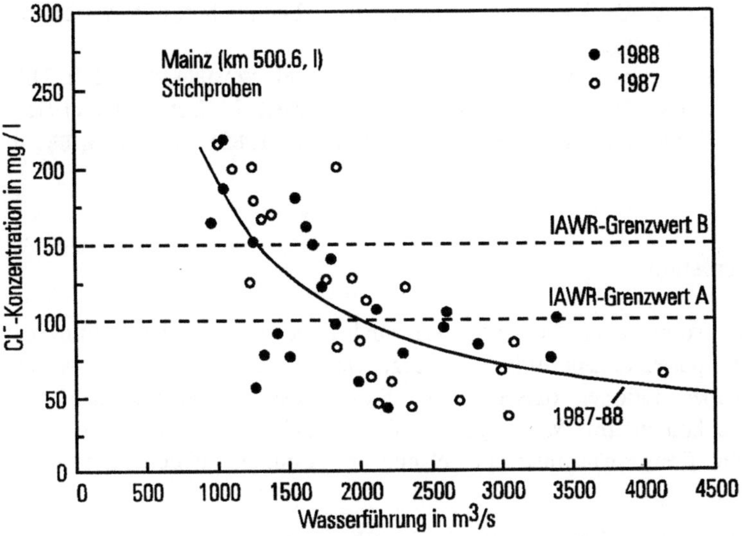

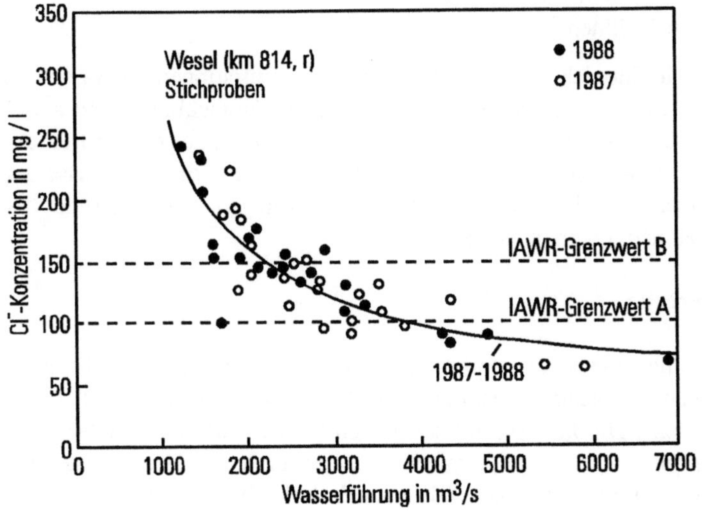

Abb. 4.3-11. Chloridkonzentrationen im Rhein bei Mainz und Wesel (1987/88) in Abhängigkeit von der Wasserführung (aus ARW 1988).
(Zu den angegebenen IAWR-Grenzwerten A und B vgl. Legende zu Abb. 4.3-1, S. 79).

Verfahren, der DBW/RIZA arbeitet elektrometrisch. Lediglich das LWA gibt eine Bestimmungsgrenze an (5 mg/l). (IKSR 1987d)

Weitere Angaben zur Chloridbelastung des Rheins vgl. STAUFFERT (1959), DIETERICH & HARBORT (1962), HINRICH (1972), KRAUSE & CARBIENER (1975), HABERER & KARRENBROCK (1984a), FISCHER, L. (1985) und WAGNER, I. (1985).

4.3.4 Schwermetalle

Schwermetalle kommen in den Gewässern auch ohne menschliches Zutun vor; einige sind in Spurenkonzentrationen für Organismen essentiell, dieselben wirken in höheren Konzentrationen toxisch auf den Stoffwechsel von Wasserorganismen. Schwermetalle können im Wasser gelöst oder an Schwebstoffe und Sedimente gebunden sein. Demgemäß unterscheidet man im Hinblick auf den analytischen Nachweis:

- Gesamtschwermetall (Schwermetalle in der Wasser- und Schwebstoffphase),
- Schwermetalle in Schwebstoffen,
- Schwermetalle in Sedimenten.

Aussagen über die Entwicklung der Schwermetallkonzentrationen im Wasser bis zu den siebziger Jahren sind wegen des damaligen Entwicklungsstandes der Probenahmetechniken und der Spurenanalytik sowie wegen mangelnder Berücksichtigung der hydrologischen Bedingungen fragwürdig. Auch die Ergebnisse der ersten in den siebziger Jahren vorgenommenen Messungen sind aufgrund der geringen Probenahmefrequenz ungenau.

Gesamtschwermetalle

Quecksilber (Gesamtquecksilber). Spitzenkonzentrationen wurden bei Seltz Ende der siebziger/Anfang der achtziger Jahre (1975: 0,84 µg/l; 1977: 0,76 µg/l; 1980: 0,62 µg/l) festgestellt. Die Jahresmittel haben sich seitdem auf Werte in der Nähe der Bestimmungsgrenze (0,05 µg/l) erniedrigt. Auch an den anderen Meßstellen haben sich die Jahresmittel verringert (Bimmen/Lobith, 1977: 0,39 µg/l; 1987: 0,12 µg/l). Maximale Einzelwertkonzentrationen können gegenwärtig ca. 0,3 µg/l erreichen (Koblenz, 1987: 0,32 µg/l). (IKSR-, DK-Meßprogramm, Anlage III, Abb. III–13)

Nickel (Gesamtnickel). Die Jahresmittel der Konzentrationen an Gesamtnickel erreichten Spitzenwerte in den siebziger Jahren (Seltz, 1978: 24 µg/l; Koblenz/Rhein 1974: 16,2 µg/l; Bimmen/Lobith, 1974: 20 µg/l). Bis zum Jahr 1987 ist an allen Meßstellen ein Rückgang auf Werte in der Nähe der Bestimmungsgrenze von 5,0 µg/l festzustellen. Hingegen liegen die Jahresmaxima gegenwärtig (im Jahr 1987) noch deutlich über der Nachweisgrenze (Seltz: 10,0 µg/l; Koblenz/Rhein: 7,7 µg/l; Koblenz/Mosel 8,9 µg/l; Bimmen/Lobith: 7,7 µg/l). (IKSR-, DK-Meßprogramm, Anlage III, Abb. III-14)

Zink (Gesamtzink). Die Jahresmittelwerte der Konzentrationen an Gesamtzink sind in belasteten Rheinabschnitten etwa seit Mitte der siebziger Jahre kontinuierlich gesunken (Bimmen/Lobith, 1977: 162 µg/l; 1987: 44 µg/l). Hingegen ist an relativ unbelasteten Flußabschnitten ein Anstieg der auf niedrigem Niveau liegenden Konzentrationen zu beobachten (Village-Neuf, 1977: 14 µg; 1987: 30 µg/l). Die Jahresmaxima können gegenwärtig (1987) das 4fache der Jahresmittel betragen (Village-Neuf: 130 µgl/l). (IKSR-, DK-Meßprogramm Anlage III, Abb. III-15)

Kupfer (Gesamtkupfer). Die Entwicklung der Konzentrationen an Gesamtkupfer im Rhein ist seit den siebziger Jahren unterschiedlich verlaufen. In Village-Neuf zeigte sich der Belastungshöhepunkt Ende der siebziger bis Anfang der achtziger Jahre (Jahresmittel 1981: 5,5 µg/l; Maximalwert 1981: 9 µg/l). In den darauffolgenden Jahren gingen die Werte deutlich zurück (Jahresmittel 1987: 2,5 µg/l; Maximalwert 1987: 4,9 µg/l). Bei Seltz wurde der Belastungshöhepunkt von 1976/77 erreicht (Jahresmittel 1976: 23 µg/l); bis zum Jahr 1983 gingen die Jahresmittel zurück (1983: 3,6 µg/l); bis zum Jahr 1987 wurde wieder ein Anstieg verzeichnet (Jahresmittel 1987: 17,4 µg/l; Maximalwert 1987: 47,0 µg/l). An den Meßstellen Koblenz/Rhein und Bimmen/Lobith ist eine Abnahme seit Ende der siebziger Jahre zu beobachten (Jahresmittel 1987, Koblenz: 7,1 µg/l; Bimmen/Lobith: 7,5 µg/l. Maxima 1987, Koblenz: 13,7 µg/l; Bimmen/Lobith: 12,6 µg/l). (IKSR-, DK-Meßprogramm, Anlage III, Abb. III-16)

Chrom (Gesamtchrom). Bis zur Mitte der siebziger Jahre wurden bei Seltz (1974: 30,0 µg/l), Koblenz/Rhein (1974: 27,4 µg/l) und bei Bimmen/Lobith (1974: 73 µg/l höchste Jahresmittelkonzentrationen an Gesamt-Chrom gemessen. Insgesamt läßt sich seitdem ein Rückgang feststellen, der im Jahr 1987 bei Village-Neuf Werte <1 µg/l, bei Seltz und Koblenz Werte um 4 µg/l und bei Bimmen/Lobith Werte um 8 µg/l erreicht hat. Die Jahresmaxima erreichen bis auf Seltz (1987: 1,1 µg/l) mehr als das Doppelte der Jahresmittel (z.B. Bimmen/Lobith, 1987: 18,6 µg/l). (IKSR-, DK-Meßprogramm, Anlage III, Abb. III-17)

Blei (Gesamtblei). Spitzenkonzentrationen der Jahresmittel an Gesamtblei traten Mitte/Ende der siebziger Jahre auf (Seltz, 1977: 33 µg/l; Koblenz/Rhein, 1979: 16,4 µg/l; Koblenz/Mosel, 1975: 26 µg/l; Bimmen/Lobith, 1974: 59 µg/l). Seitdem sind die Werte erheblich zurückgegangen. Bei Seltz und Koblenz/Rhein wurden im Jahr 1987 Jahresmittel um 5 µg/l, bei Koblenz/Mosel und Bimmen/

Lobith Werte von 7,3 bzw. 7,8 μg/l ermittelt. Im Jahr 1987 lagen die Jahresmaxima um ca. das Dreifache über diesen Werten (Koblenz/Mosel: 25,6 μg/l). (IKSR-, DK-Meßprogramm, Anlage III, Abb. III–18)

Cadmium (Gesamtcadmium). Spitzenkonzentrationen der Jahresmittel an Gesamtcadmium wurden bis zum Ende der siebziger Jahre gemessen (Village-Neuf, 1978: 0,17 μgl/l; Seltz, 1976: 3,2 μg/l; Koblenz/Rhein, 1978: 1 μg/l; Koblenz/ Mosel, 1975: 0,9 μg/l; Bimmen/ Lobith, 1976: 3,4 μg/l). Die Konzentrationen haben sich seit Anfang der achtziger Jahre auf Werte unterhalb der analytischen Bestimmungsgrenze von 0,3 μg/l erniedrigt. Jahresmaxima oberhalb 0,3 μg/l sind heute selten (Kleve-Bimmen, 1987: 0,4 μg/l; 1986: μg/l). (IKSR-, DK-Meßprogramm, Anlage III, Abb. III–19)

Mangan (Gesamtmangan). Mit der Aufnahme der Messungen im Jahr 1978 wurden die höchsten Jahresmittel an Gesamtmangan festgestellt (Seltz: 72 μg/l; Koblenz/Rhein: 100 μg/l; Koblenz/Mosel 172 μg/l; Bimmen/Lobith: 151 μg/l). Zwar ist seitdem an allen Meßstellen ein Rückgang zu beobachten, doch lagen die Werte im Jahr 1987 noch erheblich über der Nachweisgrenze, die die verschiedenen Labors mit 1–10 μg/l angeben (Seltz: 27 μg/l; Koblenz/Rhein: 76 μg/l; Koblenz/Mosel 80 μg/l; Bimmen/Lobith 90 μg/l). Die im Jahr 1987 gemessenen Maxima lagen deutlich über den Jahresmitteln (Seltz: 40 μg/l; Koblenz/Rhein: 129 μg/; Koblenz/Mosel 216 μg/l; Bimmen/Lobith: 181 μg/l). (IKSR-, DK-Meßprogramm; Anlage III, Abb. III–20)

Eine Auswertung der Entwicklung der Schwermetallbelastung des Rheinwassers von 1974–1990, die im Rahmen des APR vorgenommen wurde (IKSR 1993c), ergab an sämtlichen Meßstationen deutliche Verringerungen. Die Tabelle 4.3–3 zeigt dies für die Meßstation Bimmen/Lobith.

Tabelle 4.3–3. Abnahme der Schwermetallkonzentration an der Meßstation Bimmen/ Lobith (aus IKSR 1993c).

Schwermetall	1974 μg/l	1990 μg/l
Gesamtquecksilber	0,55	0,06
Gesamtcadmium	2,4[a]	0,10
Gesamtchrom	73	5,0
Gesamtblei	59	7,1
Gesamtnickel	20	4,4
Gesamtkupfer	37	8,1
Gesamtzink	240	35

[a]1975

Über den Schwermetallgehalt im Rheinwasser liegen - neben den IKSR- und DK-Daten sowie den Daten der nationalen und internationalen Organisationen der Trinkwasserwerke (ARW, IAWR, AWBR) und der wasserwirtschaftlichen Landesämter - zahlreiche, meist regional begrenzte und nicht auf langjährigen Zeitreihen basierende Daten vor (LÜSSEM 1966; KÖLLE 1971; KÖLLE et al. 1971; FONDS et al. 1980; RINNE 1983). Hervorzuheben ist das „Schwerpunktprogramm Schadstoffe im Wasser“ der Deutschen Forschungsgemeinschaft (DFG), in dessen Verlauf die Schwermetallkonzentrationen von 21 Elementen im Rheinwasser von Basel bis Emmerich bestimmt von 1971–1978 ermittelt wurden (DFG 1982a). Es zeigten sich im Zeitraum 1971–1974 stark erhöhte Konzentrationen bei Mainz (im Vergleich zu Mannheim und Wiesbaden), insbesondere für Mangan, Chrom, Nickel, Zink, Quecksilber, Blei.

Weitere Daten zum Schwermetallgehalt des Rheinwassers vgl. MERKEL, H.E. (1975), REICHERT (1973), NISSING (1975a,b, 1976, 1978), WEINDEL & SONTHEIMER (1979), Rijkswaterstaat (1983a,b), BREDER (1981), RINNE (1983), SALOMONS (1983), LWA (1989, 1991c, 1993).

Gehalte in Schwebstoffen. Am Niederrhein bei Rees transportiert der Rhein jährlich 3-4 Millionen Tonnen Schwebstoffe (IKSR 1993c). Vor allem an den kleinsten mineralischen Teilchen (Ton) und organischem Material können sich Schadstoffe anreichern. Gegenüber den in der Wasserphase gelösten Schwermetallen ist die Konzentration partikulär gebundener Schwermetalle (spezifische Beladung der Schwebstoff-Fraktion) um einen Faktor von 1.000 bis 100.000 höher. Diese Tatsache ist meßtechnisch von Bedeutung, da die Schwermetallkonzentrationen in der Wasserphase meist unterhalb der analytischen Bestimmungsgrenze liegen. Deshalb hat die IKSR seit 1990 ihr internationales Meßprogramm um Schwebstoffuntersuchungen auf Schwermetalle erweitert. Neben Summenparametern (TOC) werden auch Gesamtphosphor und organische Mikroverunreinigen durch Schwebstoffanalysen erfaßt.

Längsprofiluntersuchungen im Rahmen des „Aktionsprogramms Rhein“. Im Rahmen des „Aktionsprogramms Rhein“ (APR) (IKSR 1993c,d) wurden mehrere Schwebstoffuntersuchungen im Längsprofil des Rheins durchgeführt. Das „Sondermeßprogramm Schwebstoff“ im Jahre 1989 beruhte größtenteils auf nationalen Meßprogrammen, die um gemeinsame Parameter ergänzt wurden. In das Schwebstoff-Meßprogramm 1990 wurden über die internationalen Meßstationen hinaus auch die niederländischen Meßstellen Vuren, Hagestein und Kampen in die Untersuchungen einbezogen.

Ein Datenvergleich wird vor allem durch die unterschiedlich hohen Abflüsse in den Untersuchungsjahren sowie den schwankenden TOC- und natürlichen Schwermetallgehalt an den einzelnen Meßstationen erschwert. Im Hinblick auf die Probenahme sind es die unterschiedlichen Probenahmetechniken und -frequenzen, und hinsichtlich der Schwebstoffanalyse auf ihren Stoffgehalt die unterschiedlichen Analyseverfahren, die einen Vergleich der Datenbefunde erschweren.

An dieser Stelle wird nicht auf die Einzelbefunde aus den einzelnen Meßkampagnen eingegangen, sondern auf den Versuch, Aussagen über langfristige Trends zur Entwicklung des Schwermetallgehalts der Schwebstoffe im Rhein zu machen. Aufgrund von Forschungsergebnissen der BfG (siehe unten) für den Mittelrhein bei Koblenz läßt sich von 1972/73 bis 1986 für die Metalle Kupfer, Chrom, Blei, Cadmium und Zink ein deutlicher Belastungsrückgang feststellen (Abb. 4.3-12). Dieser Trend setzte sich in unterschiedlichem Maße auch von 1985-1990 fort.

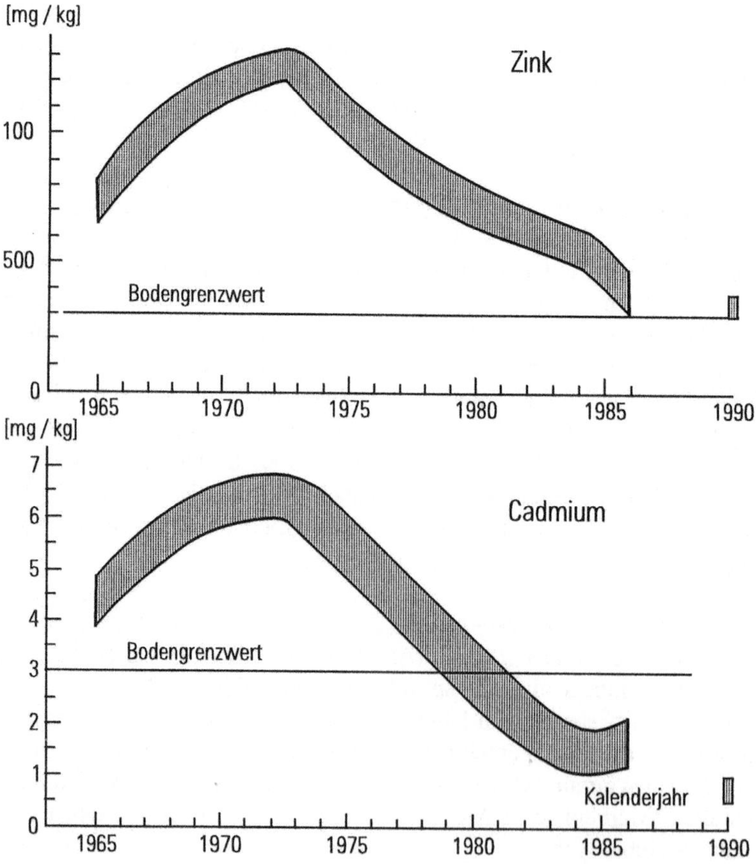

Abb. 4.3-12. Belastung der Schwebstoffe des Rheins bei Koblenz (1965-1986) mit den Schwermetallen Zink und Cadmium bei einem Mittelwasserabfluß von 1600 m^3/s (nach IKSR 1993c).

Frühere Meß- und Untersuchungsprogramme, Forschungsarbeiten. Im Rahmen des IKSR- und des DK-Meßprogramms wurden bis zum Jahre 1987 keine gesonderten Bestimmungen des Metallgehalts von Schwebstoffen vorgenommen und in den Zahlentafeln ausgewiesen. Vereinzelte Messungen in einer geringen Probenahmefrequenz von 1972–1986 lassen jedoch eine deutliche Abnahmetendenz der in Schwebstoffen gemessenen Schwermetalle erkennen (Meßstation Lobith, Tabelle 4.3–4).

Tabelle 4.3–4. Jahresmittel der Schwermetallgehalte in Schwebstoffen an der Meßstelle Lobith (1972–1986). Angaben in mg/kg. (aus IKSR 1987b)

Jahr	Blei	Kupfer	Zink	Chrom	Cadmium	Quecksilber	Nickel
1972	–	720	2.900	1.680	52	–	–
1977	580	310	1.640	710	44	8	118
1981	310	190	1.430	340	20	3	131
1986	127	74	1.081	176	3	1	34

Lediglich die RIWA (Rijncommissie Waterleidingbedrijven, Niederlande) gibt seit 1974 Werte der filtrierten und unfiltrierten Proben Proben an (RIWA 1974ff). Weiterhin wurden im Rahmen des erwähnten Schwerpunktprogramms der DFG in den Jahren 1976 und 1977 Schwebstoffe gesondert von den Wasserproben auf Schwermetallgehalte untersucht (DFG 1982a): Hiernach nahm der Schwermetallgehalt mit der Fließstrecke des Rheins zu, wobei lediglich Quecksilber keinen gleichgerichteten Trend aufwies. Granulometrische Untersuchungen ergaben, daß der Quecksilbergehalt mit abnehmender Korngröße zunahm und diese Tendenz – allerdings in geringerem Maße – auch bei Zink und Cadmium zu finden war. Die Metalle Blei und Chrom ließen keine Regelmäßigkeit bei dem Gehalt je nach Korngröße erkennen.

In mehreren Forschungsvorhaben hat die Bundesanstalt für Gewässerkunde (Koblenz) die Schwermetallbelastung der Schwebstoffe vor allem an der IKSR-Meßstation Koblenz/Rhein seit 1972 intensiv untersucht und hierbei auch Voraussetzungen für die Behandlung von Fragen der *Trendermittlung* erarbeitet (SCHLEICHERT 1975, HELLMANN 1987, KELLER, M. et al. 1988). Es wurde festgestellt, daß die Schwebstofführung mit dem Abfluß exponentiell zunimmt. Nach SCHLEICHERT (1975) sind die Metallgehalte bei niedrigen Schwebstoffkonzentrationen höher und bei hohen Schwebstoffgehalten niedriger; sie unterliegen ferner jahreszeitlichen Schwankungen. Mit der Schwebstofführung ändert sich die Korngrößenverteilung der Schwebstoffe. TIPPNER (zit. aus HELLMANN 1986b) fand, daß die interessierende Korngrößenfraktion von $<20\ \mu m$ bei hohen Abflüssen zu 5–40 %

an der Gesamtfraktion anteilig ist, bei niedrigen Abflüssen zu 40–100 %. Derartige Zusammenhänge müssen bei der Trendermittlung der Schwermetallbelastung bedacht werden; weiterhin müssen nach HELLMANN folgende Bedingungen erfüllt sein:

- Das Probengut muß von einer Entnahmestelle und aus der gleichen Wassertiefe stammen.
- Es können nur Ergebnisse verglichen werden, die zu gleichen Abflüssen und, wenn möglich, auch zu gleicher Abflußdynamik gehören.
- Anstatt auf gleiche Abflüsse kann auch auf gleiche Schwebstofführung bezogen werden.

Grundsätzlich sind nach HELLMANN Trendermittlungen aufgrund der Jahresmittelwerte nicht sinnvoll. Es muß zunächst eine Konzentrations-/Abflußbeziehung erarbeitet werden, der dann für genormte Abflüsse (MNQ, MQ, MHQ) die Daten für die Erstellung der eigentlichen Trendkurve zu entnehmen sind.

Neuere Hinweise auf eine Korrelation zwischen Abfluß und Schwermetallgehalt der Schwebstoffe ergab eine im Jahr 1990 im Rahmen des APR durchgeführte Untersuchung am Mittelrhein bei Koblenz. Hier konnte für die untersuchten Metalle Quecksilber, Blei, Kupfer und Chrom ein Rückgang bei höheren Abflüssen aufgezeigt werden. Keine Korrelation zum Abfluß ergab sich für Cadmium und praktisch auch nicht für Nickel. Ob sich die Korrelation deutlich ausprägt, hängt wesentlich von der Herkunft der Schwebstoffe ab (IKSR 1993c, d).

Über eine erstmals *„mit der fließenden Welle"* durchgeführte Schwebstoffuntersuchung (Juli 1985, November 1985, Mai 1986) im Rhein zwischen Bodensee und Mündungsdelta berichtet FRANZ (1990). Bei dieser Untersuchung wurde neben den Summenparamtern Trockengewicht, Glührückstand, Glühverlust erstmals auch Adenosintriphosphat (ATP) bestimmt. Schlüsse auf Grundprinzipien des Schwebstoffhaushaltes lassen sich nach FRANZ bei der angewandten zeitlichen und räumlichen Beprobungsdichte nur äußerst bedingt ziehen.

Weitere Arbeiten zum Schwermetallgehalt in Schwebstoffen vgl. FÖRSTNER & MÜLLER (1974), MALLE & MÜLLER (1982), MALLE (1985), MÜLLER, G. (1987, 1988), GLÜCK-MACHOLDT & LIESER (1988a,b).

Gehalte in Sedimenten. Schwermetalle reichern sich insbesondere an kleinen Sedimentparktikeln (Ton und organisches Material) an. Bei gleicher Gewässerbelastung sind die Sedimente deshalb um so höher belastet, je höher der Feinkornanteil ist.

Längsprofiluntersuchungen im Rahmen des „Aktionsprogramms Rhein". In den Jahren 1988 und 1990 wurde der Schwermetallgehalt der Sedimente in einer Längsprofiluntersuchung bestimmt. Hierzu wurden Sedimentproben in der Nähe der internationalen Meßstationen der IKSR (Tabelle 4.3–5) entnommen; untersucht wurden die Fraktionen einer Korngröße <20 μm auf den Gehalt von Metallen und Arsen.

Tabelle 4.3–5. Entnahmestellen für die 1990er Sedimentuntersuchung der IKSR (aus IKSR 1993c).

Meßstelle	Rhein-km
Augst-Wyhlen	155,2 rechts
Weil	174,0 Mitte
Iffezheim	334,0 rechts
Koblenz	590,0 links
Lohrwardt	830,0 rechts
Lobith	863,0 rechts
Keeken-Bimmen	863,8 links

Anmerkung: Mit Ausnahme der Meßstelle Weil handelt es sich um die gleichen Stellen wie bei der Sedimentuntersuchung im Jahr 1988 (Meßstelle Birsfelden).

Nach der im Jahr 1988 durchgeführten Sedimentuntersuchung der IKSR (IKSR 1988c; IKSR Untergruppe Ps 1989) liegen die höchsten Werte für Cadmium, Quecksilber, Blei, Nickel, Chrom und Zink im Niederrhein an den Entnahmestationen Lobith (Rhein-km 863 rechtsrheinisch) und Keken-Bimmen (Rhein-km 863,8 linksrheinisch). Die jeweils niedrigsten Werte wurden für Cadmium, Blei und Quecksilber bei Iffezheim (334 r) festgestellt. Wesentliche Ergebnisse der 1990er Untersuchung sind (IKSR 1993c,e):

- Die Gehalte für Cadmium, Quecksilber, Chrom, Kupfer, Kobalt und Zink steigen von Augst (155,2 r) bis Koblenz (590,0 l) geringfügig an, nehmen bei Lohrwardt (830,0 r) deutlich zu und zur deutsch-niederländischen Grenze wieder leicht ab. Abweichungen von diesem Verlauf an einzelnen Meßstellen sind beim Cadmium und beim Quecksilber sowie beim Nickel zu erkennen.
- Die Gehalte von Arsen (Arsen ist seit 1991 prioritärer Stoff im APR) und Mangan weichen von diesem Verlauf deutlich ab; sie sind zwar auch im Niederrhein am höchsten, doch liegen sie in Lobith (863 r) niedriger als in Keeken-Bimmen (863,8 l).

Ein Vergleich der Sedimentuntersuchungen der Jahre 1988 und 1990 ist nicht an allen Meßstellen möglich. Zum einen wurde in der 1988er Untersuchung an der Meßstelle Birsfelden entnommen, zum anderen wurden bei dieser Untersuchung wahrscheinlich ältere Sedimente analysiert. Bei einem Vergleich der Meßstellen Iffezheim, Koblenz, Lohrwardt und Keeken-Bimmen ergibt sich, daß die Gehalte der Metalle Cadmium, Quecksilber, Blei, Chrom, Kupfer, Nickel,

Zink, Mangan, Kobalt und des Metaloids Arsen 1990 geringfügig zurückgegangen sind. Hingegegen ist für die Stoffe bei Lohrwardt ein deutlicher Anstieg festzustellen (Abb. 4.3–13).

Frühere Meß- und Untersuchungsprogramme, Forschungsarbeiten. Untersuchungen von Rheinsedimenten zeigten schon Ende der sechziger Jahre hohe Schwermetallbelastungen (HOLLUTA et al. 1968; de GROOT et al. 1971, zit. aus FÖRSTNER & MÜLLER 1974; FÖRSTNER & MÜLLER 1973a). BANAT et al. (1972a–c) stellten im Niedrigwasserjahr 1971 (Oktober) im Oberrhein - vergleichsweise mit den Bodensee-Sedimenten als „natürlichem Background" - signifikant erhöhte Gehalte an Quecksilber, Blei und Zink fest. Im Niederrhein nahmen die Gehalte sämtlicher bestimmten Metalle weiterhin zu und erreichten die höchsten Werte bei einer Entnahmestelle in den Niederlanden. Von untersuchten Flüssen (Rhein, Neckar, Elbe, Weser, Donau, Main, Ems) war der Rhein (nördlicher Oberrhein, Mittelrhein, Niederrhein) Anfang der siebziger Jahre der mit Blei und Chrom am stärksten belastete Fluß. Den zweiten Platz in der Rangfolge nahm der Rhein für die Metalle Quecksilber, Zink, Kupfer und Nickel ein (BANAT et al. 1972c; FÖRSTNER & MÜLLER 1974).

Seit Anfang der siebziger Jahre ist die Schwermetallbelastung der Sedimente im Rhein durchweg zurückgegangen (MÜLLER, G. 1979, 1985a,b 1987). Die Abbildung 4.3–14 zeigt dies für die Elemente Quecksilber und Cadmium in bezug auf die I_{geo}-Klassen. Der Geo-Akkumulations-Index (I_{geo}) setzt sich aus der gemessenen Konzentration eines Elementes in der Tonfraktion des Sediments und dem geochemischen Background des Elements in Tongesteinen (respektive gemessenem Background in der Tonfraktion vorzivilisatorischer Sedimente) zusammen.

Im Rahmen des „Schwerpunktprogramms Schadstoffe im Wasser" der DFG wurden Schwermetallgehalte verschiedener Sedimente von Wiesbaden bis Emmerich und Bimmen (1975–1977) bestimmt (DFG 1982a). In Anbetracht des relativ kurzen Zeitraums der Messungen ließen sich keine Trendaussagen treffen, doch konnte eine Abhängigkeit des Schwermetallgehaltes von den verschiedensten Meßgrößen, insbesondere von der Korngrößenfraktion, gezeigt werden. Hiernach traten die höchsten Konzentrationen im allgemeinen in den Korngrößenfraktionen von 0,063–2,0 μm auf.

Die Untersuchungen erbrachten ferner den Nachweis, daß die Sedimentbelastung mit den meisten untersuchten Schwermetallen in Fließrichtung des Rheins zunimmt. Beispielsweise wurden im Jahr 1976 bei Wiesbaden für Cadmium und Blei 4,7 mg/kg bzw. 660 mg/kg festgestellt; bei Emmerich betrugen die Werte 23,0 mg/kg bzw. 1040 mg/kg (Korngrößenfraktion jeweils <20 μm).

In der Zeit von 1978–1983 führte das Landesamt für Wasser und Abfall Nordrhein-Westfalen (LWA) ein Programm zur Untersuchung von Flusssedimenten auf ihren Gehalt an Schwermetallen durch (Korngrößenfraktion ≤ 40 μm) (LWA 1986b). Wesentliche Ergebnisse dieses Untersuchungsprogramms sind:

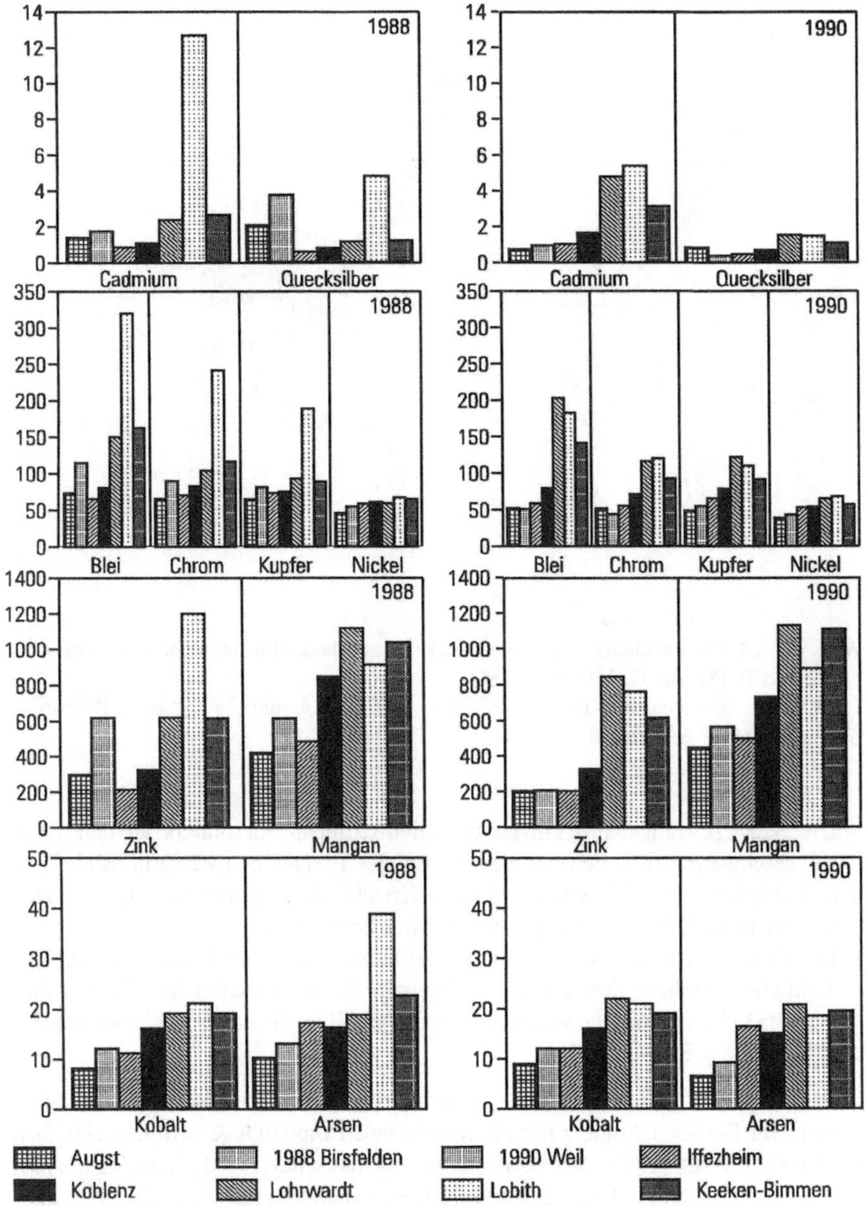

Abb. 4.3-13. Schwermetall- und Arsengehalte in Längsprofiluntersuchungen von Rheinsedimenten 1988 und 1990 (aus IKSR 1993c).

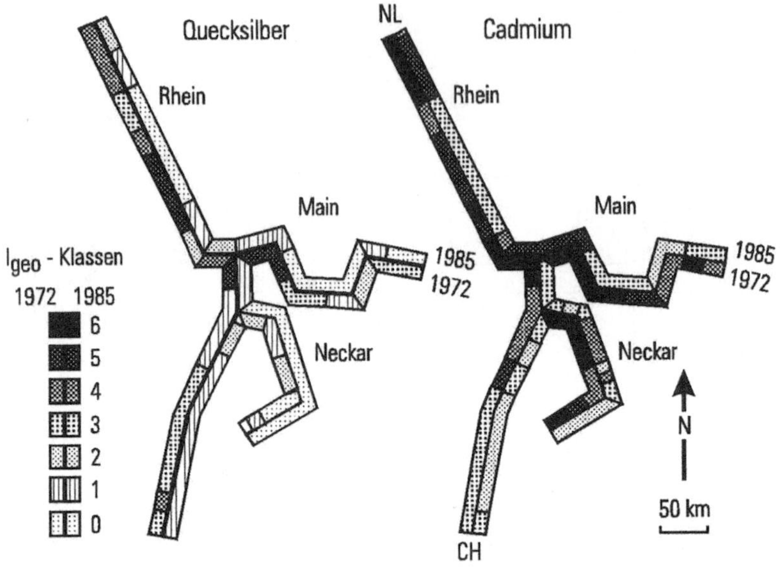

Abb. 4.3–14. Die Belastung von Rhein-, Neckar- und Mainsedimenten mit Schwermetallen (1972 und 1985) (aus G. MÜLLER 1987).
I_{geo}-Klassen: *0* = geogener Background, *2* = mäßige Belastung; *4* = starke Belastung; *6* = übermäßige Belastung.

- Die Schwermetallgehalte gingen im Rheinsediment, besonders an den Belastungsschwerpunkten, deutlich zurück. Bei den Elementen Cadmium, Blei, Zink und Kupfer wurde im Raum Duisburg/Krefeld eine Verringerung der Gehalte um ein Drittel, bei Chrom um zwei Drittel beobachtet.
- Im Rheinlängsprofil zeigte sich von Bad-Honnef bis nach Kleve-Bimmen eine deutliche Zunahme der Schwermetallgehalte im Rheinsediment. Die Schwermetallgehalte im Wasser waren hingegen bei Kleve/Bimmen nur unwesentlich höher als bei Bad-Honnef.

Weitere Daten zum Schwermetallgehalt des Rheins und des Bodensees unter besonderer Berücksichtigung der Sedimente vgl. FÖRSTNER & MÜLLER (1973b), LASKOWSKI et al. (1974, 1975), FÖRSTNER & STIEFEL (1975), STIEFEL (1975), MÜLLER et al. (1977, 1987), DEURER (1978), FÖRSTNER (1978, 1983), MÜLLER, G. (1978, 1979, 1985a,b, 1988), Müller, G. (1983a,b), FONDS et al. (1980), BREDER (1981), CLAUSSEN (1983), DISSANAYAKE et al. (1983), FÖRSTNER & SALOMONS (1983, 1984), HOFFMANN & POLL (1985), FRIEGE et al. (1989).

Exkurs: Geogener Metallgehalt. Die Kenntnis der geologisch bedingten, nicht-anthropogenen Metallgehalte ist notwendig, um die anthropogenen Einträge abzuschätzen. Eine eindeutige Trennung von anthropogener und geogener Belastung ist allerdings heute kaum noch möglich, da durch frühere Bergbautätigkeit, Metalleinträge über Luft und Niederschlag und Freisetzung von Metallen aus dem Untergrund durch saure Niederschläge auch die Metallkonzentrationen im quellnahen Bereich beeinflußt werden (BLAK QZ 1990a). Nach FÖRSTNER & MÜLLER (1974) liefern Vergleichsbasen:

- der geochemische Tongesteinstandard (TUREKIAN & WEDEPOHL 1961)
- fossile Flußsedimente (FÖRSTNER & MÜLLER 1974; IAWR 1982; Rijkswaterstaat 1983a; HÄNDLER 1987)
- Hochwassersedimente (HELLMANN 1970a,b; HELLMANN & GRIFFATONG 1972)
- Sedimente aus Gewässern in industriearmen Regionen (FÖRSTNER & MÜLLER 1974).

Der Bund/Länder-Arbeitskreis „Qualitätsziele" (BLAK QZ 1990a) hat mehrere Untersuchungen zum Hintergrundgehalt von Metallen verglichen und kommt bezüglich des Metallgehalts von Sedimenten zu den folgenden Befunden:

- Vergleich Rheinsediment vom 15./16. Jahrhundert (IAWR 1982) mit geogenen Hintergrundwerten nach dem Bund/Länder-Meßprogramm (BLMP) und den Tongesteinstandards von TUREKIAN & WEDEPOHL (Tabelle 4.3–6): Die Hintergrundwerte des Bund-Länder-Meßprogramms für Blei, Chrom, Kupfer und Nickel entsprechen den im Rheinsediment gemessenen relativ gut. Für Zink liegt der Tongesteinstandard von TUREKIAN & WEDEPOHL näher an dem Wert des Rheinsediments.
- Vergleich Rheinsediment aus der Zeit zwischen 1550 und 1820 mit geogenen Hintergrundwerten nach dem Bund/Länder-Meßprogramm und den Tongesteinstandards nach TUREKIAN & WEDEPOHL (Tabelle 4.3–7): Im Rahmen seiner ICP-atomemissionsspektrometrischen Untersuchungen untersuchte HÄNDLER (1987) Rheinsediment aus vorindustrieller Zeit. Es handelte sich um Düsseldorfer Hafenschlamm aus der Zeit zwischen 1550 und 1820; dieser wurde nach 2 Aufschlüssen mit Königswasser untersucht. Insgesamt entsprechen die Werte aus dem BLMP eher den von HÄNDLER im Rheinsediment gefundenen als die Werte der Tongesteinstandards.

  Auch Sedimentuntersuchungen im Quellbereich kleinerer Flüsse in der Bundesrepublik Deutschland (FAUTH & HINDEL 1988, zit. aus BLAK QZ 1990a) führten zu dem Ergebnis, daß die natürlichen Metallgehalte im Sediment je nach dessen Untergrund differieren und der Tongesteinstandard nach TUREKIAN & WEDEPOHL) nicht immer die geogene Belastung eines bestimmten Einzugsgebiets repräsentiert.

Tabelle 4.3-6. Gehalte von Schwermetallen in einem Rheinsediment aus dem 15./16. Jahrhundert im Vergleich zu natürlichen Hintergrundwerten nach dem Bund/Länder-Meßprogramm (BLMP) und den Tongesteinstandards nach TUREKIAN & WEDEPOHL (IAWR 1982; BLMP 1984, zit. aus BLAK QZ 1990a).

	Blei	Cadmium	Chrom	Kupfer	Nickel	Quecksilber	Zink
Rheinsediment	31	0,5	77	21	33	0,15	93
BLMP	25	0,3	80	20	30	0,2	100
TUREKIAN & WEDEPOHL	20	0,3	90	45	68	-	95

Korngrößenfraktionen: Rheinsediment <16 μm; BLMP <20 μm; TUREKIAN & WEDEPOHL <40 μm. Angaben in mg/kg.

Tabelle 4.3-7. Gehalte von Schwermetallen in einem Rheinsediment aus der Zeit zwischen 1550 und 1820 im Vergleich zu natürlichen Hintergrundwerten nach dem Bund/Länder-Meßprogramm (BLMP) und den Tongesteinstandards nach TUREKIAN & WEDEPOHL (nach HÄNDLER 1987; BLMP 1984, zit. aus BLAK QZ 1990a).

	Altes Rheinsediment, Düsseldorf [cm] (HÄNDLER 1987)				Sedimentgesteine	
	0–10	10–20	20–30	30–40	TUREKIAN & WEDEPOHL 1961	BLMP 1984
Cd	1,4	1,7	1,1	0,9	0,3	0,3
Cr	46	46	50	49	90	80
Cu	25	36	34	37	45	20
Mn	941	872	578	528	850	-
Ni	40	46	44	42	68	30
Pb	25	86	39	41	20	25
Zn	92	207	126	120	95	100

Korngrößenfraktionen: Rheinsediment <40 μm; TUREKIAN & WEDEPOHL <40 μm; BLMP <20 μm. Angaben in mg/kg.

Für Metallkonzentrationen im Wasser (gelöst und an Schwebstoffe gebunden) liegen bisher keine derart verläßlichen Daten wie für die Sedimente vor. Jedoch läßt sich die Hintergrundkonzentration auf der Basis der Werte für unbelastete Sedimente über Verteilungskoeffizienten (k-Werte) zwischen an Schwebstoff gebundenem und im Wasser gelöstem Metall errechnen.

Ein Vergleich der errechneten Hintergrundwerte mit den für den Rhein ermittelten zeigt, daß die durchschnittliche geogene Gesamtkonzentration oft etwa doppelt so hoch liegt wie die errechneten Werte. (BLAK QZ 1990a, Tabelle 4.3-8)

Tabelle 4.3–8. Vergleich der berechneten Hintergrundkonzentrationen von Schwermetallen mit für den Rhein ermittelten Hintergrundwerten (aus BLAK QZ 1990a).

	Berechnete Hintergrund-konzentration [μg/l]	Hintergrund Rhein NL [μg/l]
Blei	0,68	1,5
Cadmium	0,011	0,02
Chrom	2,3	4,7
Kupfer	0,9	2,2
Nickel	1,4	9,5
Quecksilber	0,007	0,01
Zink	3,5	5,5

Die Hintergrundwerte für den Rhein basieren auf Untersuchungen der IKSR-Arbeitsgruppe Ps (41/89).

4.3.5 Organische Mikroverunreinigungen

Im wesentlichen sind zu den organischen Mikroverunreinigungen halogenorganische Verbindungen zu rechnen. Die Zahl der industriell hergestellten halogenorganischen Verbindungen (HOV) erreicht derzeit etwa 10.000 (LWA 1989). Von den in den Oberflächengewässern vorkommenden HOV sind bisher lediglich 10–25 % identifiziert worden (Quentin 1984, zit. aus Keller, M. et al. 1988).

Die Untersuchung der Belastung des Rheins mit organischen Mikroverunreinigungen durch die verschiedensten nationalen und internationalen Meßprogramme wurde in den letzten Jahren intensiviert. So hat die IKSR in ihr Meßprogramm seit dem Jahr 1990 zahlreiche Einzel- und Summenparameter aus dem Forschungsvorhaben „Organische Mikroverunreinigungen" aufgenommen. (Literatur zu organischen Mikroverunreinigungen und zu dem zitierten Forschungsvorhaben vgl. Meijers & van der Leer 1976; Haberer & Karrenbrock 1982, 1983, 1984b; Brauch & Sontheimer 1982, 1983; Brauch & Kühn 1984, 1987, 1988; Meijers 1985, 1988; Zimmermann & Weindel 1986; Haberer et al. 1988; Brauch 1989; Brauch & Fleig 1992 [Abschlußbericht des Vorhabens].)

Gehalte im Wasser. In den letzten Jahren haben die Gehalte zahlreicher Substanzen derart abgenommen, daß sie im Rheinwasser nicht mehr nachweisbar sind. Hierzu gehören etwa die Drin-Insektizide (Aldrin, Dieldrin, Endrin, Isodrin), DDT und Kongenere sowie die PCB, die im Rahmen der IKSR-Meßprogramme seit 1988 im Wasser nicht mehr nachweisbar sind. Diese Substanzen wurden deshalb in die Sediment- und Schwebstoffmeßprogramme der IKSR integriert (IKSR 1993c). Die Entwicklung der organischen Mikroverunreinigungen läßt sich anhand der verschiedensten Meß- und Untersuchungsprogramme nachzeichnen. Hierbei wird neben den IKSR- und DK-Messungen auch auf das zitierte Forschungsvorhaben „Organische Mikroverunreinigungen" (1989–1991) zurückgegriffen. In diesem auf Veranlassung und im Auftrag der deutschen Rheinanliegerländer, des BMU/UBA, der IKSR, der AWBR und der ARW zustande gekommenen Forschungsprojekt wurden an 11 verschiedenen Meßstellen (IKSR, DK, ARW) im Rhein- und Mainwasser untersucht:

- organische Summenparameter (DOC, SAK[254], AOX, AOS)
- leichtflüchtige Halogenkohlenwasserstoffe
- Pflanzenschutzmittel-Wirkstoffe
- schwerflüchtige Einzelsubstanzen.

Dem Forschungsvorhaben gingen Sonderuntersuchungsprogramme der ARW voraus, die ebenfalls in die Auswertung einbezogen werden sollen.

Summen- und Gruppenmeßgrößen (AOX, EOX, AOS). Zur Ermittlung der *Summe* organischer Halogenverbindungen dient das *AOX-Verfahren*, mit dessen Hilfe ca. 95 % aller organischen Halogenverbindungen durch Adsorption an Aktivkohle erfaßt werden (SONTHEIMER & SCHNITZLER 1982); dieses Verfahren erfaßt jedoch keine fluorierten Verbindungen. Mit dem *EOX-Verfahren* werden die durch Hexan extrahierbaren Organohalogene bestimmt. Die mittels dieses Verfahrens erfaßbaren Konzentrationen liegen jedoch deutlich unter denen des AOX-Verfahrens. AOS wird erst seit neuerer Zeit, so z.B. im Forschungsvorhaben „Organische Mikroverunreinigungen" bestimmt und erfaßt hauptsächlich anthropogene organische Schwefelverbindungen (BRAUCH & FLEIG 1992). (Weitere Literatur zu organischen Summenparametern: SONTHEIMER & WEINDEL 1974; RÖHL 1985; SONTHEIMER & KÜHN 1986.)

Analysen des Gruppenparameters AOX (X = vornehmlich Chlor) werden seit 1974 im Rahmen der Meßprogramme von ARW und IAWR vorgenommen. Seit 1990 ist diese Meßgröße auch im IKSR-Meßprogramm enthalten.

Die mittleren AOX-Konzentrationen haben sich seit Aufnahme dieser Meßgröße in die Meßprogramme in den verschiedenen Rheinabschnitten unterschiedlich stark verringert (Abb. 4.3–15). Auch Untersuchungen des LWA (1989) ergaben für EOX (gemessen seit 1978) und AOX (gemessen seit 1985) einen deutlichen Rückgang der Jahresmittelwerte (Meßstellen Bad Honnef, Düsseldorf, Kleve-Bimmen).

Dieser Rückgang geht auch aus den Frachten hervor. Die bedeutendsten Verminderungen der AOX-Frachten gab es hiernach bei Wiesbaden-Schierstein (1981/83: 131,8 g/s; 1987: 73,9 g/s). Dies entspricht einem Konzentrationsrückgang um 40 % (IAWR 1987).

Im Rahmen des Forschungsvorhabens „Organische Mikroverunreinigungen" wurden im Untersuchungszeitraum (1989–1991) deutliche Verringerungen der

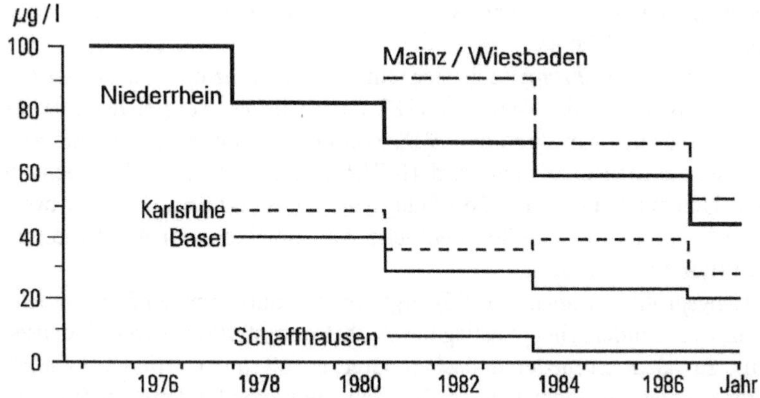

Abb. 4.3-15. Mittlere AOX-Konzentration an verschiedenen Probenahmestellen im Rhein (1975-1987) (aus IAWR 1987).
Niederrhein: Drei Probenahmestellen bei Rheinwasserwerken zwischen Düsseldorf und Duisburg-Hamborn.

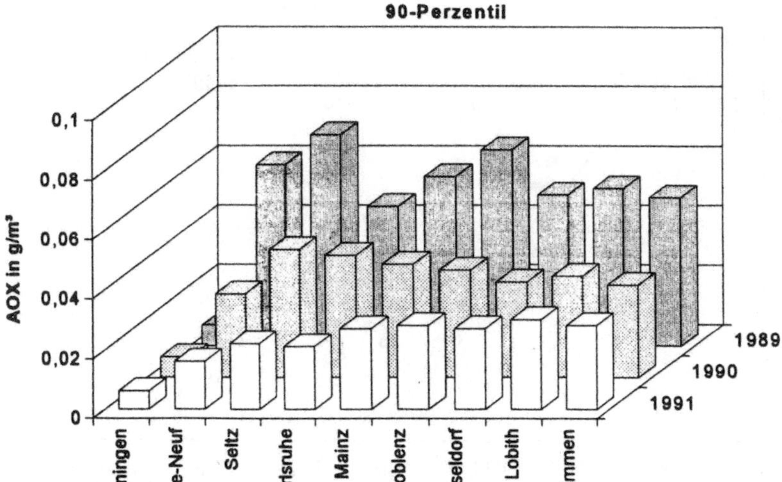

Abb. 4.3-16. Entwicklung der AOX-Konzentration im Längsprofil des Rheins von 1989–1991 (aus BRAUCH & FLEIG 1992). Angegeben sind die 90-Perzentile.

AOX-Konzentration festgestellt. Die Abbildung 4.3–16 zeigt diese Reduktionen für das Längsprofil des Rheins.

Mit steigender *Wasserführung* zeigt sich eine starke Abnahme der AOX-Konzentrationen. Meist liegen die Werte für 1987 unterhalb der Ausgleichskurve für 1984–1986, so daß die Abnahme der AOX-Konzentrationen auch bei Einbeziehung der Wasserführung erkennbar wird (IAWR 1987, Abb. 4.3–17). Auch im Rahmen der Untersuchungen des Forschungsvorhabens „Organische Mikroverunreinigungen" wurde eine zum Teil deutliche Abhängigkeit vom Abfluß festgestellt (BRAUCH & FLEIG 1992).

Frühere Längsprofilmessungen (1986) ergaben bei mittlerem Abfluß im Jahr 1986 einen fast kontinuierlichen Anstieg der AOX-Konzentrationen vom Bodensee (5 μg/l) bis zur deutsch-niederländischen Grenze (60 μg/l). Hierbei wurden Konzentrationsspitzen am Oberrhein in der Nähe industrieller Großeinleitungen festgestellt. Diese Ergebnisse wurden auch bei Untersuchungen im Jahr 1987 bestätigt (KELLER, M. 1987, 1989; KELLER, M. et al. 1988).

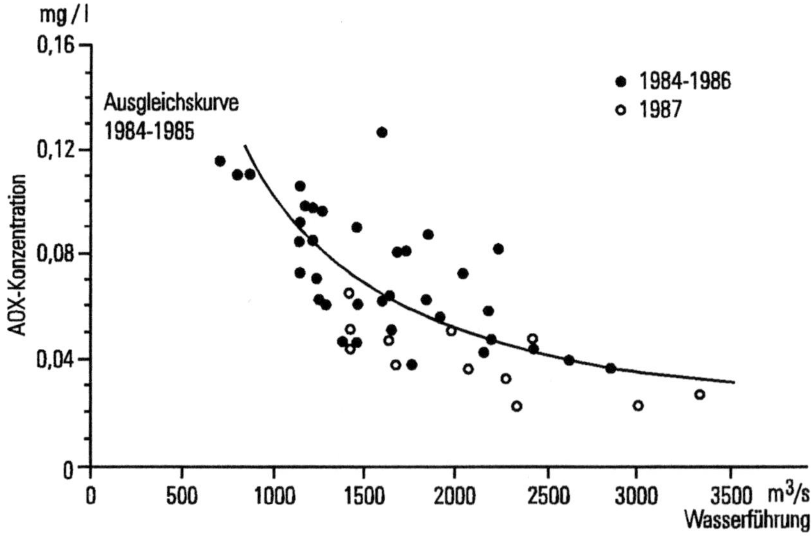

Abb. 4.3–17. Abhängigkeit der AOX-Konzentration von der Wasserführung des Rheins bei Mainz (1984–1987) (aus IAWR 1987).
Monatssammelproben.

„Phenole und Homologe". Die Meßgröße „Phenole und Homologe" war seit der Aufnahme der Messungen der IKSR in den fünfziger Jahren Bestandteil des Meßprogramms. Aufgrund dieser Untersuchungen läßt sich feststellen, daß die Belastung seit Anfang der siebziger Jahre zurückgegangen ist (Anlage III, Abb. III-21).

Seit dem Jahr 1987 wurden „Phenole und Homologe" aus den IKSR- und DK-Meßprogrammen gestrichen, da sich zwischenzeitlich herausgestellt hatte, daß nicht nur Phenole und phenolähnliche Substanzen, sondern eine Fülle anderer organischer Substanzen, einschließlich Organohalogenen, bei den Messungen erfaßt wurden. Einige dieser Einzelparamter (α-Hexachlorcyklohexan, γ-Hexachlorcyclohexan, Hexachlorbenzol, Pentachlorphenol) werden schon seit 1980 als Einzelparameter gemessen.

Pestizide. In der Bundesrepublik Deutschland werden derzeit pro Jahr etwa 30.000 Tonnen Pflanzenschutzmittel ausgebracht. Hierbei werden 60 % als Herbizide (gegen Pflanzen), 20 % als Fungizide (gegen Pilze), 7 % als Insektizide (gegen Insekten) und 13 % gegen weitere Lebewesen eingesetzt (ARW 1988). Zahlreiche Untersuchungen belegen, daß Rückstände der im Rheineinzugsgebiet verbreitet angewendeten und produzierten Pflanzenschutzmittel im Rhein zu finden sind (OEHMICHEN & HABERER 1986; BRAUCH & KÜHN 1987, 1988; KURZ 1987, 1988; LWA 1988, 1989; BRAUCH & FLEIG 1992).

Die Entwicklung der Konzentrationen einzelner *Chlorpestizide* ist in dem letzten Jahrzehnt unterschiedlich verlaufen. Beispielsweise verringerte sich die Jahresmittelkonzentration an Pentachlorphenol von 1982–1987 um ca. 70 % (Bimmen-Lobith 1982: 0,185 μg/l; 1987: 0,049 μg/l). Hingegen stagnieren die Konzentrationen an α-Hexachlorcyclohexan und Hexachlorbenzol etwa seit dem Jahre 1980 bis 1987 in der Nähe der Bestimmungsgrenzen (= 0,010 μg/l). Die in den Jahren 1985/86 an den Meßstellen Koblenz/Rhein und Koblenz/Mosel ermittelten γ-Hexachlorcyclohexan-Konzentrationen erwiesen sich aufgrund analytischer Probleme als zu hoch. (IKSR 1987b)

Weitere Literatur zu Chlorpestiziden vgl. GREVE (1971), GREVE et al. (1980), ALTHAUS (1975), MALISCH et al. (1981), BRAUCH et al. (1988), OEHMICHEN & HABERER (1988), STOCK (1988), HABERER et al. (1989).

Das ESWE-Institut für Wasserforschung und Wassertechnologie, Wiesbaden, untersuchte das Auftreten von 8 *Stickstoffherbiziden* im Rhein von September 1985 bis Februar 1986 (OEHMICHEN & HABERER 1986). Die Frachten von Simazin und Atrazin bewegten sich hiernach zwischen 144 mg/s (Wiesbaden) und 176 mg/s (Köln), von Atrazin zwischen 452 mg/s (Basel) und 685 mg/s (Lobith).

Im Sonderuntersuchungsprogramm „Organische Spurenstoffe im Rhein" der ARW wurde von 1986–1988 Rheinwasser an den Meßstellen Karlsruhe, Wiesbaden, Köln, Düsseldorf und Wesel auf insgesamt 40 *stickstoff- und phosphorhaltige Pflanzenschutzmittel (PBSM)* analysiert. Von diesen Substanzen wurden 4 regelmäßig (Atrazin, Desethylatrazin, Simazin und Metazachlor [Chlorpestizid]) und 11 weitere nicht immer angetroffen; der Rest wurde im Rheinwasser nicht nachgewiesen. Der wohl wesentlichste Befund aus dem Untersuchungsprogramm ist, daß Konzentrationen und Frachten der meisten untersuchten Pflanzenschutzmittel-Wirkstoffe von 1986 bis 1988 deutlich zurückgegangen sind.

Die Untersuchung wurde im Rahmen des Forschungsprogramms „Organische Mikroverunreinigungen" von 1989–1991 erweitert und fortgeführt. Auch hierbei stellte sich ein weiterer Rückgang der PBSM-Wirkstoffe heraus. Von insgesamt 35 analysierten Substanzen wurden bis 1991 noch die vom APR als prioritär eingestuften Substanzen Atrazin, Simazin, Bentazon, daneben die nicht als solche klassifizierten Wirkstoffe Desethylatrazin, Metazachlor, Chlortoluron, Diuron, Isoproturon und Chloridazon gefunden. Trifluralin aus der APR-Liste der prioritären Substanzen wurde hingegen von 1989–1991 nicht nachgewiesen (Brauch & Fleig 1992; IKSR 1993c). Bei dem am häufigsten anzutreffenden Atrazin ist ein leichter Rückgang festzustellen (Abb. 4.3–18).

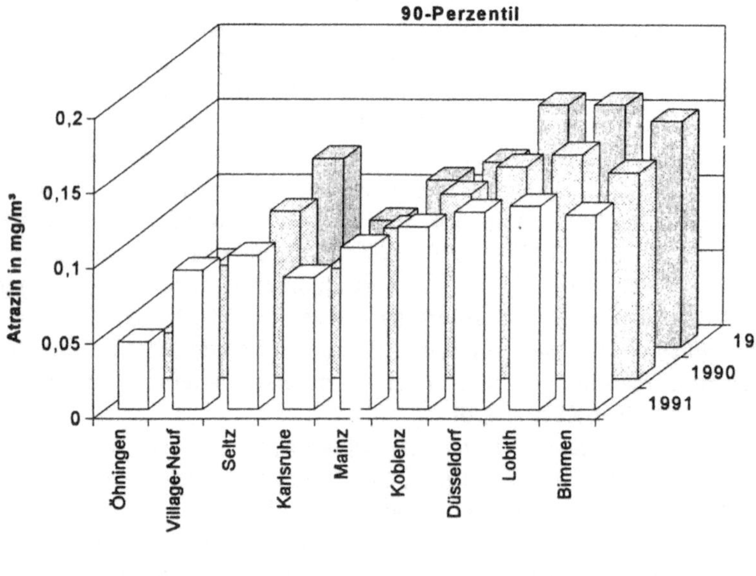

Abb. 4.3–18. Entwicklung der Atrazinkonzentration im Längsprofil des Rheins von 1989–1991 (aus Brauch & Fleig 1992). Angegeben sind die 90-Perzentile.

Leichtflüchtige organische Verbindungen. Nach der aus den Befunden des Sonderuntersuchungsprogramms „Organische Spurenstoffe im Rhein" (ARW 1987, 1988; Brauch 1989) und dem Forschungsprogramm „Organische Mikroverunreinungen“ (BRAUCH & FLEIG 1992) abgeleiteten Einschätzung durch die IKSR (1993c) hat die Bedeutung leichtflüchtiger Halogenkohlenwasserstoffe in den letzten Jahren erheblich abgenommen. Von den insgesamt 20 untersuchten Substanzen zeigte Chloroform deutlich höchste Konzentrationen und Frachtwerte (Jahresmittel). In der Regel wurden diese Spitzenwerte bei Wiesbaden gemessen (1986: 1,18 mg/m^3; 1987: 1,00 mg/m^3; 1988: 1,34 mg/m^3) (ARW 1987). Im Juli des Jahres 1988 wurde dort auch ein Monatsspitzenwert von 2,80 mg/m^3 ermittelt. Die Abbildung 4.3–19 zeigt den signifikanten Rückgang der Trichlormethankonzentrationen von 1989–1991 im Rheinlängsprofil. Vereinzelt wurden auch die prioritären Stoffe Dichlorethan, Trichlorethan, Trichlorethen, Trichlormethan, Tetrachlormethan (Tetrachlorkohlenstoff) gefunden, diese vor allem unterhalb von Einleitungen der chemischen Industrie häufiger (z.B. bei Village-Neuf, Worms und Bischofsheim/Main).

Weitere Literatur zu leichtflüchtigen organischen Halogenverbindungen vgl. HABERER 1978, KUSSMAUL et al. (1978), BÄCHLE (1981), WEINDEL (1981), KARRENBROCK & HABERER (1984), HELLMANN (1984, 1985), IGKB (1985b), GDCh (1987).

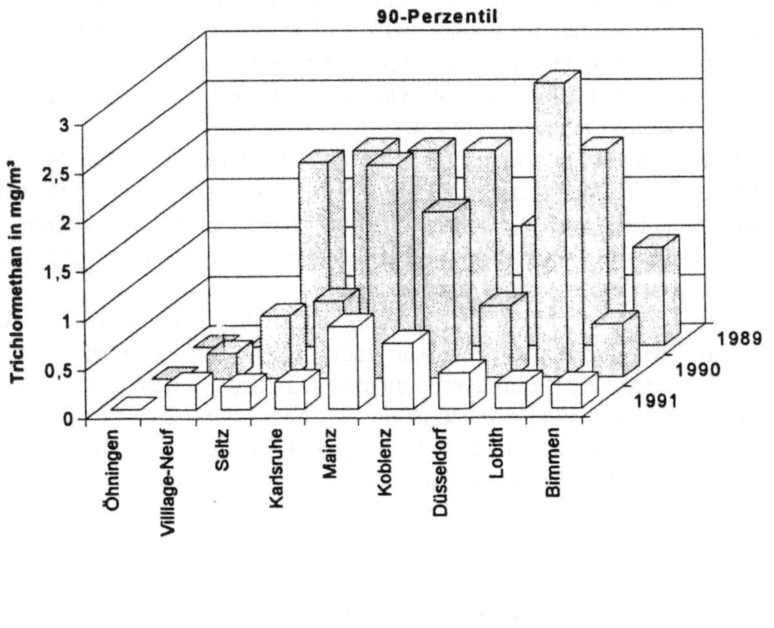

Abb. 4.3–19. Entwicklung der Trichlormethankonzentration im Längsprofil des Rheins von 1989–1991 (aus BRAUCH & FLEIG 1992). Angegeben sind die 90-Perzentile.

Schwerflüchtige organische Verbindungen. Zahlreiche Einzelstoffe aus dieser Stoffgruppe weisen hohe Toxizität auf, wie zum Beispiel die Aniline. Die Konzentrationen der meisten dieser Stoffgruppe sind in den letzten Jahren erheblich zurückgegangen (IKSR 1993c).

Im Rahmen des Forschungsvorhabens „Organische Mikroverunreinigungen" (1989–1991) wurde das Rheinwasser auch auf Chlorbenzole, Nitrobenzole, Chlornitrotoluole, Anilinderivate und auf weitere Einzelsubstanzen analysiert. Nachgewiesen wurden – zum Teil in der Nähe der Bestimmungsgrenzen – Nitrobenzol (erhöhte Gehalte unterhalb Worms und bei Bischofsheim/Main, jedoch deutlicher Rückgang von 1989–1991), 1,2- und 1,4-Dichlorbenzol (0,01 mg/m^3; Rückgang von 1989–1991), 1,3-Dichlorbenzol (deutlich niedrigere Gehalte als die beiden anderen Isomeren).

Ebenso in der Nähe der Bestimmungsgrenzen (BG) (0,01 mg/m^3) bewegten sich die drei Trichlorbenzole (1,2,3-, 1,2,4- und 1,3,5-Trichlorbenzol), von denen lediglich das 1,2,4-Trichlorbenzol an der Meßstelle Bischofsheim/Main in Konzentrationen von bis zu 0,5 mg/m^3 (BG 0,01 mg/m^3) gefunden wurde. Die drei analysierten Chlornitrobenzole (2-, 3- und 4-Chlornitrobenzol) wurden alle nachgewiesen, insbesondere das 2-Chlornitrobenzol an den Meßstellen Village-Neuf und Seltz.

Von den untersuchten Nitrotoluolen wurde 2-Nitrotoluol häufiger nachgewiesen, wobei die Konzentrationen im Bereich bis zu 0,1 mg/m^3 lagen; 3-Nitrotoluol und 4-Nitrotoluol wurden äußerst selten entdeckt. 2-Chlor-4-nitrotoluol und 4-Chlor-2-nitrotoluol wurden vor allem im Main nachgewiesen, wobei Konzentrationen bis maximal 0,12 mg/m^3 gefunden wurden.

Mit 2-Chloranilin (ab der Meßstelle Seltz), 2,4-Dichloranilin (ab der Meßstelle Village-Neuf), 2,6-Dimethylanilin (Village-Neuf, Worms, Bischofsheim/Main), N,N-Dimethylanilin (Worms, Village-Neuf, Bischofsheim/Main), 4-Chor-2,6-dimethylanilin (ab Village-Neuf und NN-Diethylanilin (ab Worms) wurden auch Substanzen aus der Anilingruppe nachgewiesen.

Die Daten lassen erkennen, daß die Gegenwart dieser Produkte im Rhein zumeist Einträgen durch die chemische Industrie zu verdanken ist. Von den insgesamt 35 analysierten Einzelverbindungen sind dem Bericht zufolge Nitrobenzol, 1,2-Dichlorbenzol, 1,4-Dichlorbenzol, 2-Nitrotoluol, 2,6-Dimethylanilin, 4-Chlor-2,6-dimethylanilin und N,N-Dimethylanilin derzeit (um 1990) für den Rhein bedeutsam. Diese Substanzen befinden sich allerdings nicht auf der prioritären Stoffliste des APR (IKSR 1993c; BRAUCH & FLEIG 1992).

Synthetische organische Komplexbildner. Unabhängig von den Problemen bei der Gewinnung zutreffender Analyseergebnisse der anionischen, kationischen und nichtionischen Tenside, auf die vor allem HELLMANN (1986a) hingewiesen hat, kann auch im Fall der anionischen Tenside zunächst festgestellt werden, daß die Konzentrationen der als *methylenblauaktive Substanzen (MBAS)* erfaßten Substanzen zumindest bis zum Jahr 1980 stark abgenommen haben. Seit Ende der siebziger Jahre nahmen sie geringfügiger ab oder stagnierten (IKSR-Untersuchungen von 1976–1986, vgl. Anlage III, Abb. III–22). Dies ergaben auch zahlreiche andere Untersuchungen (z.B. FISCHER, W.K. & WINKLER 1976; HELLMANN 1978; FISCHER, W.K. 1980; GERIKE et al. 1988, 1989), so auch von HELLMANN (1989a), der die MBAS-Belastung im Mittelrhein/Koblenz bei langjährigem mittleren Abfluß untersucht hat. Hiernach hat die MBAS-Belastung von 1971/72 bis etwa 1977/78 stark abgenommen und hielt sich bis 1985/86 auf diesem niedrigeren Niveau (Abb. 4.3–20).

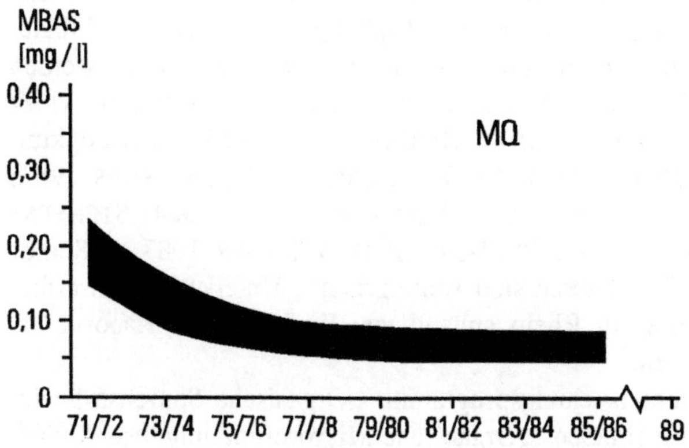

Abb. 4.3–20. Trend der MBAS-Konzentrationen im Mittelrhein bei Koblenz (1971/72–1985/86) bei langjährigem mittleren Abfluß (MQ) (aus HELLMANN 1989a).

Die IKSR hat die anionischen Tenside aus meßtechnischen Gründen seit 1987 aus ihrem Programm genommen, da sich herausgestellt hatte, daß mit der Meßgröße MBAS nicht nur Tenside, sondern auch zahlreiche anderen Substanzen (biogene Störstoffe) gemessen worden sind. In dem erreichten niedrigen Konzentrationsbereich der MBAS lassen sich Konzentrationsschwankungen der Tenside mittels dieser Meßmethode nicht mehr eindeutig feststellen.

Nitrilotriazetat (NTA) und Ethylendiamintetraacetat (EDTA) sind Komplexbildner, von denen NTA als Ersatz der Polyphosphate in Waschmitteln dient und EDTA vor allem in der Industrie vielseitige Verwendung findet.

Beide Substanzen können Schwermetalle aus Flußsedimenten und Schlämmen freisetzen oder verhindern, daß Schwermetalle an feste Partikel im Wasser sorbieren. Diese Effekte sind jedoch an bestimmte Einflußgrößen geknüpft, wie zum Beispiel Menge der Schwebstoffe im Wasser, Konzentrationen der Komplexbildner und Metalle sowie deren Komplexbildungskonstanten und der pH-Wert;

ferner spielt die Konkurrenz der im Wasser schon vorhandenen Erdalkali- und Schwermetallionen sowie anderer Komplexbildner (z.B. Huminsäuren) eine Rolle. Wegen seiner hohen Komplexbildungskonstanten mit Schwermetallen kann EDTA deren Sorption in Belebungsbecken von Kläranlagen verhindern (SIEGRIST et al. 1988) und damit wohl zu einer erhöhten Schwermetallbelastung der Vorfluter beitragen. Dies könnte auch für den Rhein relevant werden, dessen Schwermetallbelastung sich zum größten Teil ohnehin auf Einträge durch kommunale und industrielle Kläranlagen zurückführen läßt (z.B. 1985: Nickel 100 %, Cadmium 90 %, Quecksilber 71 % - Daten aus IKSR 1989b). Eine Analyse von Befunden zur Schwermetallrücklösung aus Sedimenten und Schwebstoffen, respektive der Verhinderung ihrer Sorption, die sich auf weitere Arbeiten stützt, zeigt, daß Schlußfolgerungen wegen der Komplexität der Einflußgrößen einer Remobilisierung/Sorption für den Rhein gegenwärtig nur äußerst bedingt gezogen werden können (HUBER, W. 1974; MÜLLER, G. & FÖRSTNER 1975; SCHLEICHERT & HELLMANN 1977; WERNET & EBERT 1977; REICHERT et al. 1979; Waterloopkunding laboratorium Delft 1980; FÖRSTNER & SALOMONS 1983; HENNES 1983; DEHNAD et al. 1984, 1987; GLÜCK 1984; HENNES & EBERLE 1984; STEHFEST 1984; STEIN & WAGNER 1984; GLÜCK-MACHOLDT & LIESER 1987, 1988a,b; DEHNAD & FÖRSTNER 1988). Hierzu sind weitergehende Untersuchungen erforderlich, die die Verhältnisse im Rhein anhand von Freiland- und Laboruntersuchungen adäquater erfassen.

Im Rahmen des Sonderuntersuchungsprogramms „Organische Spurenstoffe im Rhein“ und des Forschungsvorhabens „Organische Mikroverunreinigungen“ wurden EDTA und NTA seit 1986 an mehreren Entnahmestellen bestimmt (BRAUCH & KÜHN 1987; BRAUCH 1989; BRAUCH & FLEIG 1990; BRAUCH & FLEIG 1992). Im Abschlußbericht des erwähnten Untersuchungsprogramms (BRAUCH & FLEIG 1992) wird festgestellt, daß die EDTA-Konzentrationen im Vergleich zu früheren Messungen (1986–1988) seit 1989 deutlich zurückgegangen sind (Abb. 4.3-21, oben).

Hingegen ließen sich von 1989–1990 deutlich erhöhte Konzentrationen von NTA unterhalb von Worms (nicht in der Graphik aufgeführt) und Mainz feststellen, die allerdings im Jahr 1991 wieder zurückgegangen sind (Abb. 4.3-21, unten). Die Ursache dieser Erhöhungen ist laut Bericht auf Emissionen direkt oberhalb der Meßstelle Worms zurückzuführen.

Aus der Sicht der Trinkwasserversorgung wurde eine drastische Verringerung des EDTA gefordert, da sich diese Substanz selbst durch moderne Verfahren der Trinkwasseraufbereitung praktisch nicht entfernen läßt (IAWR 1987).

Literatur zum Umweltverhalten von Tensiden vgl. HUBER, L. (1985, 1989), MALZ (1987), BERTH et al. (1988), GILBERT & KLEISER (1988), SCHÖBERL et al. (1988), TÄUBER (1988), WOLTERING et al. (1988).

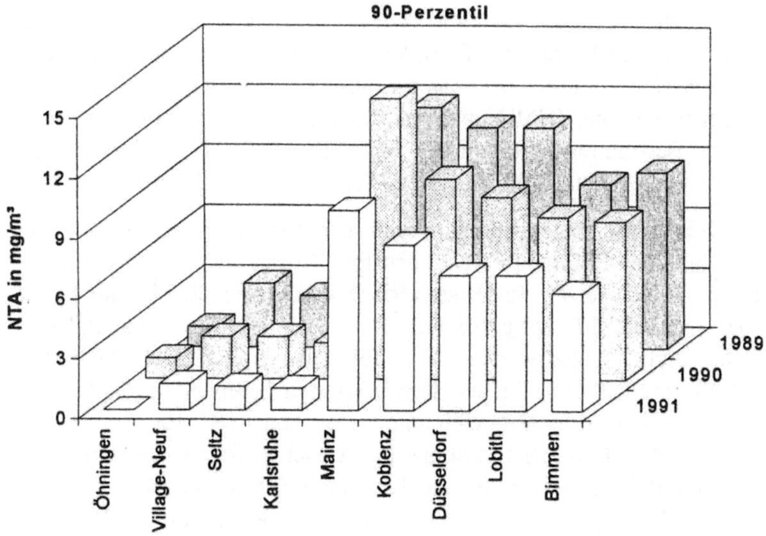

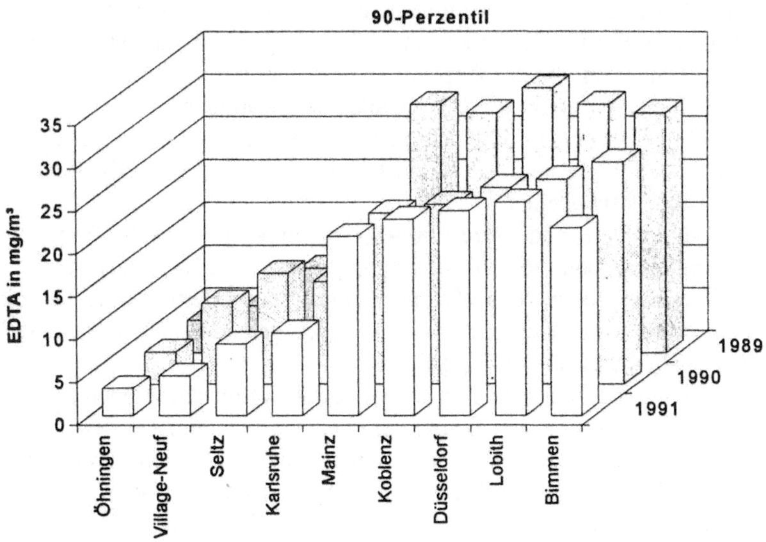

Abb. 4.3–21. Entwicklung der EDTA- und NTA-Konzentrationen im Längsprofil des Rheins von 1989–1991 (aus BRAUCH & FLEIG 1992).
Oben: NTA. *Unten:* EDTA. Angegeben sind die 90-Perzentile.

Gehalte in Schwebstoffen. Im Rahmen der *APR-Längsprofiluntersuchungen* von Schwebstoffen der Jahre 1988–1990 wurden insbesondere Hexachlorbenzol (HCB), polychlorierte Biphenyle (PCB) und polyzyklische aromatische Kohlenwasserstoffe (PAK) in deutlich meßbaren Konzentrationen nachgewiesen. Andere Verbindungen wie Drine, DDT-Kongenere, oder Chlornitrobenzole bewegen sich im Bereich der Bestimmungsgrenzen. Im folgenden werden die wichtigsten Befunde aus der 1990er Untersuchung skizziert (Abb. 4.3–22; IKSR 1993c,d):

- *Hexachlorbenzol* ist diejenige chlororganische Einzelverbindung, die in den Schwebstoffen des Rheins in den höchsten Konzentrationen gefunden wird (100 μg/kg und darüber). Im Rheinverlauf sinken die 50-Perzentile von 27 μg/kg bei Seltz auf 17 μg/kg bei Lobith. Eine eindeutige Abhängigkeit vom Abfluß ist nicht nachzuweisen. Die teilweise hohen HCB-Gehalte der Schwebstoffe können zum Teil aus hochbelasteten Sedimenten der Oberrhein-Staustufen stammen. Ein Vergleich mit Daten von 1985 für den Rhein bei Koblenz zeigt, daß die HCB-Belastung der Schwebstoffe von 170 μg/kg auf 74 μg/kg im Jahr 1990 abgenommen hat (bezogen auf 90-Perzentile).
- Von den *polychlorierten Biphenylen* wurden sechs Kongenere in den Schwebstoffen gemessen. Hierbei steigen die Gehalte der niedrig chlorierten PCB 28 und PCB 52 in den Schwebstoffen vom Oberrhein zum Niederrhein hin deutlich an. Die im Mittel relativ höchsten Gehalte werden für die höher chlorierten PCB 138 und PCB 153 (92 μg/kg bzw. 73 μg/kg bezogen auf 90-Perzentile) gemessen. Wählt man die 50-Perzentile als Bezugsgröße, so erscheinen die Gehalte der höher chlorierten PCB an allen Meßstationen etwa gleich hoch (zwischen 10 und 15 μg/g). Vergleicht man die Befunde mit Daten von 1987 an der Meßstelle Koblenz/Rhein, so ist ein leichter Rückgang der PCB-Belastung der Schwebstoffe festzustellen.
- *Drine, DDT-Kongenere* und *Chlornitrobenzole* wurden im Jahr 1990 nur noch in Konzentrationen nahe der Bestimmungsgrenze (1 μg/kg) gemessen. In einigen Schwebstoffproben der Meßstellen Bimmen und Lobith werden lediglich die Trichlorbenzole mit Gehalten über 10 μg/kg gefunden; an der Meßstelle Seltz mit Gehalten von über 100 μg/kg.
- *Fluoranthen* wird von den sechs *PAK* in den höchsten Konzentrationen gefunden (50-Perzentile 1–2 mg/kg). Die Konzentrationen der anderen PAK liegen in den Mittelwerten und 50-Perzentilen deutlich unter 1 mg/kg. Allgemein werden die niedrigsten PAK-Gehalte an der Meßstelle Bimmen gefunden. (Weitere Arbeiten zu PAK vgl. Althaus 1975; Grimmer & Böhnke 1977; Hellmann 1974a, 1986a, 1980; Hagenmaier & Kaut 1981.)
- Von weiteren chlororganischen Schadstoffen, die an einzelnen Meßstellen bestimmt wurden, waren viele nicht nachweisbar. Nachgewiesen wurden Trichlorbenzole, Chlornitrobenzole, DDT-Kongenere (DDT, DDD, DDE), Drine (Aldrin, Dieldrin, Endrin) und α-Hexachlorcyclohexan, von denen in Einzel-

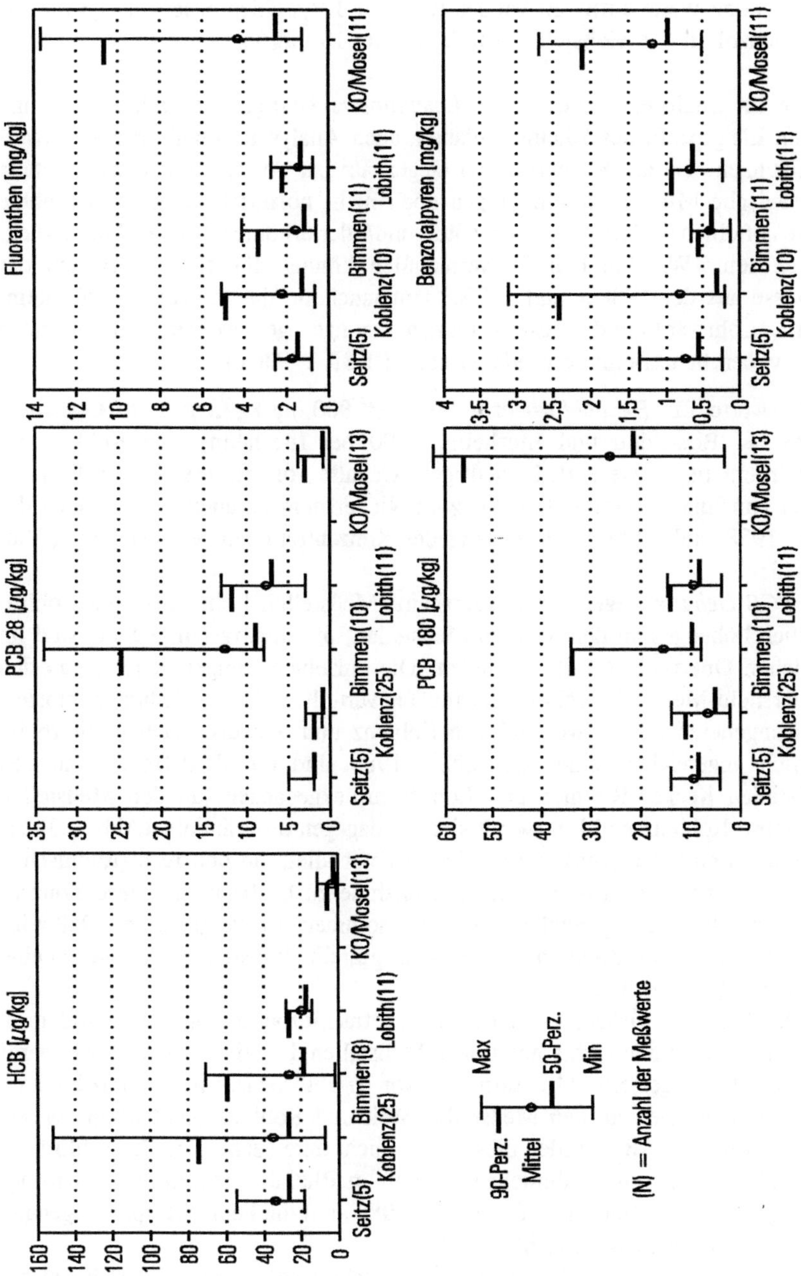

Abb. 4.3-22. Organische Mikroverunreinigungen in Schwebstoffen des Rheins, Längsprofiluntersuchung 1990 (zusammengestellt aus IKSR 1993c).

proben hohe Werte auftreten können (z.B. für 1,2,4-Trichlorbenzol, 1-Chlor-4-Nitrobenzol an der Meßstelle Seltz jeweil um 100 μg/kg).

Gehalte im Sediment. Die *APR-Sedimentuntersuchungen* der Jahre 1988 und 1990 im Längsprofil des Rheins umfaßten auch Analysen organischer Mikroverunreinigungen. Da die Korngröße im Gegensatz zur Analyse der Schwermetalle für organische Mikroverunreinigungen noch nicht normiert ist, können erhöhte Gehalte auf einen erhöhten Feinkornanteil und/oder erhöhten TOC-Gehalt zurückzuführen sein. Wie bei den Schwermetallen können für einen Vergleich der Ergebnisse aus der 1988er und 1990er Untersuchung die Meßstellen Iffezheim, Koblenz, Lohrwardt und Keeken-Bimmen herangezogen werden. Im folgenden werden wesentliche Befunde wiedergegeben (IKSR 1993c,e):

- Spitzenwerte für *Hexachlorbenzol* bis über 900 μg/kg liegen im Oberrhein (1988 bei Birsfelden und Iffezheim, 1990 bei Iffezheim). Bei Koblenz im Mittelrhein liegen wesentlich niedrigere Gehalte vor, die bis Keeken-Bimmen weiter abnehmen. Vom Mittel- bis zum Niederrhein ist auch im Vergleich der Jahre 1988 und 1990 ein Rückgang der Konzentrationen festzustellen. (Abb. 4.3–23)
- Die *PCB-Gehalte* liegen am Niederrhein (Meßstellen Lohrwardt und Lobith) deutlich höher als an den anderen Meßstellen; die niedrigsten Gehalte sind im südlichen Oberrhein (Weil) zu finden. Die einzelnen Kongeneren sind an den Niederrhein-Meßstellen relativ gleichmäßig verteilt, während die höher chlorierten Kongeneren an der Meßstelle in Koblenz und teilweise auch in Iffezheim deutlich angereichert sind. Gegenüber 1988 sind die PCB-Gehalte an den Meßstellen Keeken-Bimmen und Lobith zurückgegangen, an den Meßstellen Iffezheim, Koblenz und Lohrwardt sind sie dagegen unverändert. (Abb. 4.3–23)
- Bei der Summe der sechs *Borneff-PAK* ist vor allem an den rechtsrheinischen Meßstellen stromabwärts eine starke Zunahme zu beobachten. Diese Konzentrationen haben auch gegenüber 1988 zugenommen. Im Vergleich zu 1988 wird rechtsrheinisch eine Zunahme der PAK festgestellt, linksrheinisch dagegen eine Abnahme. (Abb. 4.3–23)
- Die höchsten *Chlorbenzol-* (Di-, Tri-, Tetrachlorbenzol-)gehalte wurden in Iffezheim und an den rechtsrheinischen Meßstellen des Niederrheins (Lohrwardt und Lobith) festgestellt. Mit Ausnahme von Trichlorbenzol in Koblenz konnten diese Verbindungen an den Meßstellen Weil und Koblenz nicht nachgewiesen werden. Im Jahr 1988 wurden diese Stoffe nicht untersucht. Die Pentachlorbenzolgehalte zeigten einen ähnlichen Verlauf im Rheinlängsprofil, bei allerdings niedrigeren Konzentrationen. Gegenüber 1988 sind die Pentachlorphenolgehalte deutlich zurückgegangen. (Abb. 4.3–24)
- Die Belastungsspitze für die (vom LWA im Jahr 1990 erstmals im Rahmen des internationalen Meßprogramms untersuchten) *PCDD- und PCDF-Kongeneren*

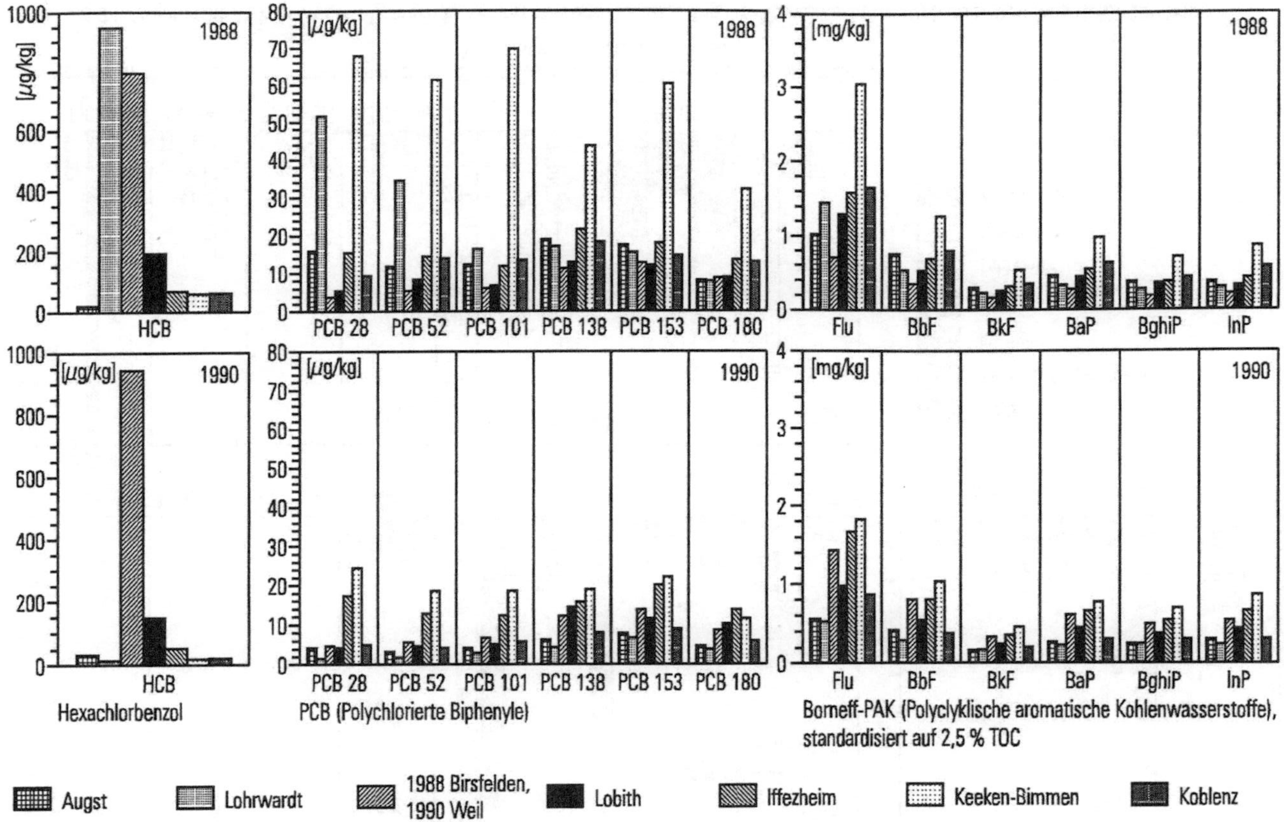

Abb. 4.3-23. Organische Mikroverunreinigungen in Sedimenten des Rheins, Längsprofiluntersuchungen 1988 und 1990 (aus IKSR 1993c).

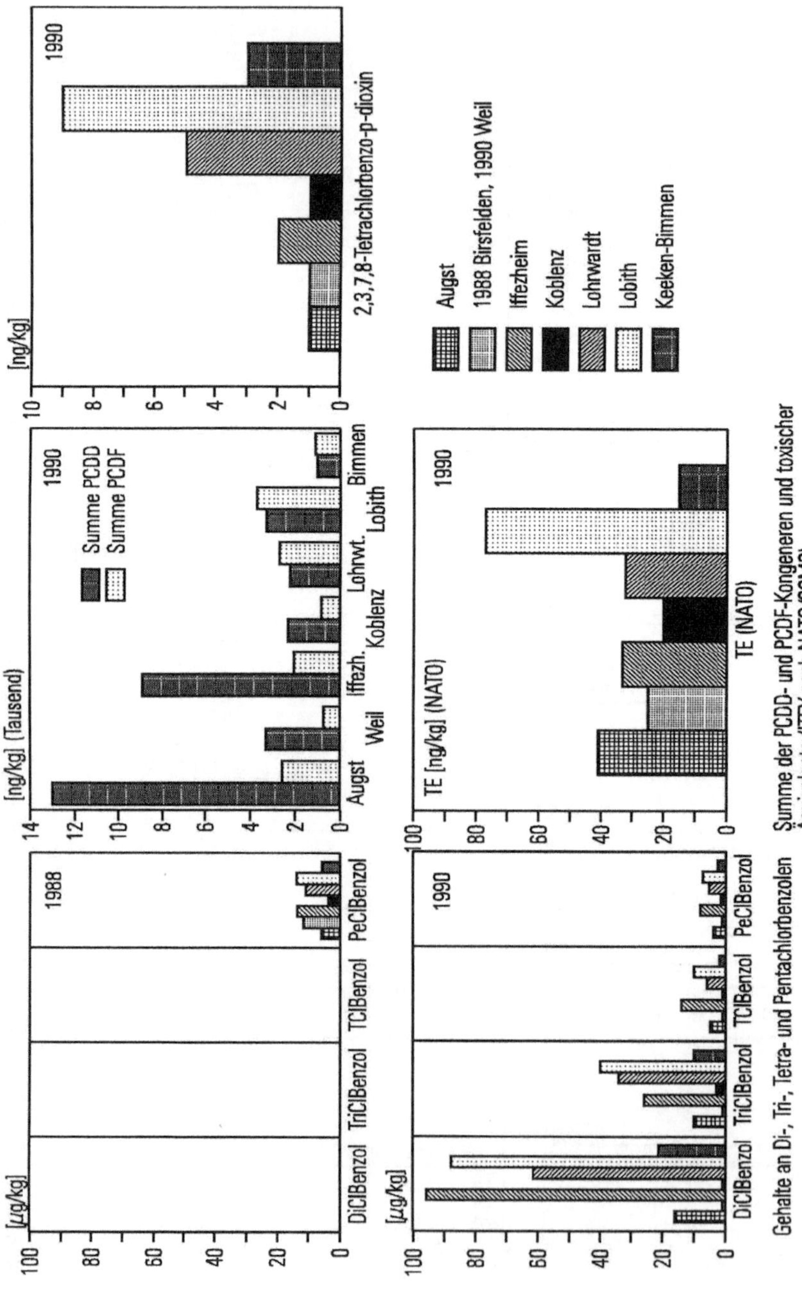

Abb. 4.3-24. Organische Mikroverunreinigungen in Sedimenten des Rheins, Längsprofiluntersuchung 1988 und 1990 (aus IKSR 1993c).

(Summe der PCDD- und PCDF-Kongeneren) lag 1990 bei Lobith im Niederrhein, die zweithöchste Belastung wurde bei Augst im Hochrhein festgestellt. Die Gehalte des besonders toxischen 2,3,7,8-Tetrachlordibenzo-p-dioxins lagen an den Meßstellen Augst und Weil unterhalb der Bestimmungsgrenze (1 ng/kg) und stiegen im Längsprofil des Rheins bis auf Werte von 9 ng/kg am rechten Niederrhein und 3 ng/kg am linken Niederrhein an. (Abb. 4.3–24)

Von *weiteren Untersuchungen* außerhalb des APR sind die Arbeiten zum *TCDD- und PCDD*-Gehalt in Sedimenten des Ober- und Niederrheins hervorzuheben. Die in den Jahren 1985/1986 in Sedimenten des Oberrheins ermittelten Summenwerte für PCDD bewegten sich im ppb-Bereich (Nanogramm/g) (HAGENMAIER 1987; HAGENMAIER et al. 1986; BRUNNER et al. 1988; HAAG et al. 1988). Um und unterhalb Basel stiegen die Werte gegenüber dem Bodensee und dem Hochrhein sowie dem Neckar deutlich an, so daß sich auf spezifische Kontaminationsquellen in diesem Bereich schließen läßt. Die Summenwerte für PCDF

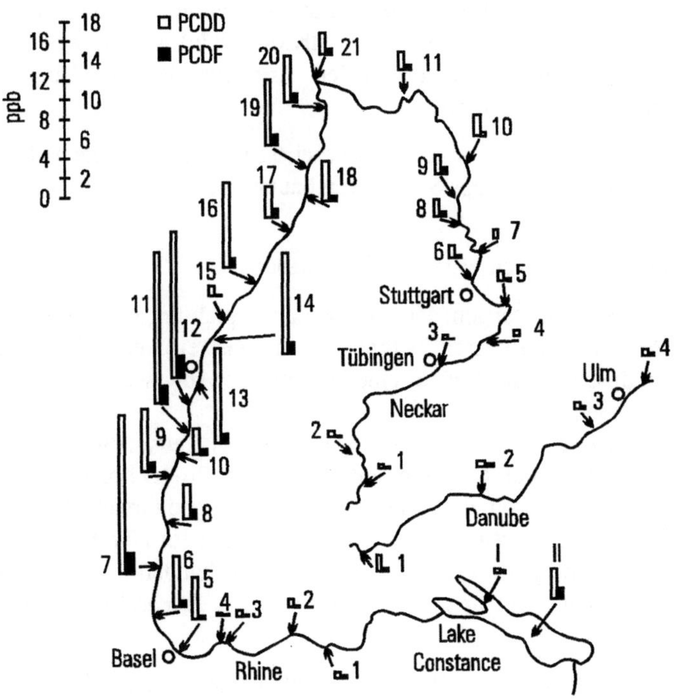

Abb. 4.3–25. Polychlorierte Dibenzodioxine und Dibenzofurane in Sedimenten des Oberrheins, 1986 (aus HAAG et al. 1988).

liegen wesentlich niedriger als die für PCDD; sie erreichen nicht mehr als 0,68 ng/g (Abb. 4.3–25).

Auch im Niederrhein wurden bisher durchweg höhere PCDD- als PCDF-Gehalte festgestellt (LWA 1989). Hierbei nahmen in der Regel die Konzentrationen niederchlorierter Homologen zu höherchlorierten zu.

Nach Untersuchungen durch das LWA (1989) im Jahr 1987/1988 wies der Hafen Hitdorf (unterhalb des Bayer-Stammwerkes) sehr hohe Konzentrationen an *PCB* auf. Ferner wurden auch im Hafen Wesel unterhalb der Lippe-Einmündung hohe PCB-Werte gemessen; dort waren auch die Werte des PCB-Ersatzstoffes Ugilec hoch.

4.3.6 Belastungsquellen

Angaben zur Herkunft der Belastungsstoffe sind im Rahmen eines Langzeitbeobachtungssystems des Rheins unerläßlich. Sie ermöglichen Aussagen über die in bestimmten Rheinabschnitten zu erwartende Belastung und notwendige Sanierungsmaßnahmen. Im „Aktionsprogramm Rhein“ (IKSR 1987a) werden *regelmäßige* und *unfallbedingte* Einleitungen unterschieden. Es werden folgende Quellen für regelmäßige Einleitungen aufgeführt:

- Industrieanlagen, kommunales Abwasser, Landwirtschaft, Energieerzeugung, Lagerung und Transport gefährlicher Stoffe, Bergbautätigkeiten, vielfältige und nicht identifizierte Quellen.

Bei den *regelmäßigen* Einleitungen werden unterschieden:

- *„Produktionsbezogene“* Einleitungen: Hierbei handelt es sich um Abwässer, die bei bestimmten Produktionsprozessen in Industrie und Gewerbe entstehen und entweder in eine industrieeigene oder in eine kommunale Abwasserreinigungsanlage eingeleitet werden;
- *„Diffuse“* Einträge: Diese umfassen Belastungen, die aus Verwendungen von Schadstoffen in Industrie und Gewerbe außerhalb der Produktionsprozesse stammen. Sie können auch von dem Gebrauch in der Landwirtschaft (z.B. Pestizide, Düngemittel) herrühren sowie durch Verwendung im Haushalt (z.B. Wasch-, Reinigungs-, Lösemittel) bedingt sein. Ferner handelt es sich um Einträge aus der Luft sowie aus dem Straßenverkehr (z.B. Streusalze, Abriebstoffe von Autoreifen).

Bei der Ermittlung der Herkunft von Belastungsquellen spielen auch solche eine Rolle, die ohne nachweisbare anthropogene Tätigkeit zustande kommen, also „natürlichen“ Ursprungs sind.

Aufgrund von Angaben zur Größe und Demographie der Wassereinzugsgebiete wurden im Rahmen des „Aktionsprogramms Rhein“ die Anteile jedes Anliegerstaates an der Gesamtverschmutzung geschätzt. Flächenanteile und Einwohnerzahl des Rheineinzugsgebiets verteilen sich gemäß der Tabelle 4.3-9.

Tabelle 4.3-9. Flächenanteile und Einwohnerzahl der Anliegerstaaten am Rheineinzugsgebiet (aus IKSR 1994a).

Anliegerstaaten	Flächenanteile [km^2]	%	Einwohnerzahl [Mio.]	%
Bundesrepublik Deutschland	100.000	71	32,5	76
Frankreich	22.000	15	3,7	9
Schweiz (nur Rheineinzugsgebiet unterhalb der Seen)	9.500	7	3,0	7
Niederlande	6.500	5	3,1	7
Luxemburg	2.500	2	0,3	1
Insgesamt	140.500	100	42,6	100

Punktförmige Belastungsquellen

Sauerstoffzehrende Stoffe. In dem 3. Sondergutachten des Rates von Sachverständigen für Umweltfragen „Umweltprobleme des Rheins" (SRU 1976) wurde vor fast zwanzig Jahren eine umfangreiche Schätzung von Herkunft und Menge sauerstoffzehrender Stoffe unter Berücksichtigung vorhandener und geplanter Vermeidungsmaßnahmen vorgelegt (Abb. 4.3-26, Tabelle 4.3-10). In der Darstellung wurden nur Bruttofrachten größer als 150.000 Einwohnergleichwerte (EGW) erfaßt. Es wurden 71 Großeinleiter (Einleitung meist >150.000 EWG) identifiziert und namentlich aufgeführt. Diese produzieren eine Bruttoverschmutzung von ca. 60 Millionen EGW, die mit Hilfe von Vermeidungsmaßnahmen auf ca. 26 Millionen EGW reduziert wird.

Nach Untersuchungen der IKSR im Rahmen des APR fiel laut APR im Jahr 1985 eine *Gesamtverschmutzung* mit sauerstoffzehrenden Stoffen (Kommunen + industrielle Direkt- und Indirekteinleiter) von ca. 115 Millionen EGW an (IKSR 1988a). Hiervon stellten die Einleiter aus der Bundesrepublik Deutschland mit ca. 78 % den größten Anteil, gefolgt von Frankreich (ca. 10 %), den Niederlanden (ca. 6 %), der Schweiz (ca. 5 %) und Luxemburg (ca. 0,5 %). Durch mechanisch-biologische Kläranlagen wurde diese Belastung um ca. 80 % auf ca. 21 Millionen EGW reduziert. Die Bruttobelastung verteilte sich zu ca. 60 % auf Kommunen + indirekt einleitende Industriebetriebe und ca. 40 % auf industrielle Direkteinleiter. Bei der *Nettobelastung* lautete das Verhältnis ca. 72 : 28 % (Tabelle 4.3-11). Großeinleiter (Einleitung >50.000 EGW) produzieren ca. 82,6

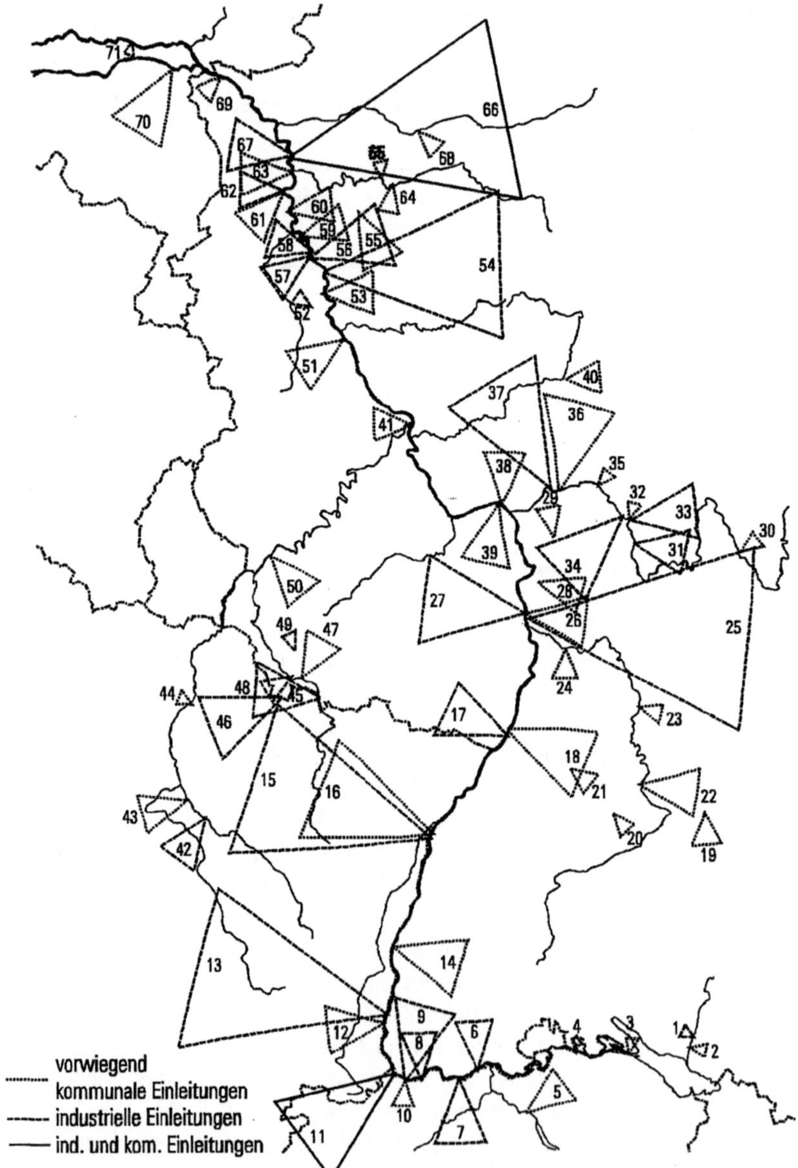

Abb. 4.3-26. Große Einleitungen abbaubarer Stoffe unter Berücksichtigung vorhandener Vermeidungsmaßnahmen (Stand 1975) (nach SRU 1976). Legende siehe Tabelle 4.3-10.

Tabelle 4.3–10. Große Einleitungen von abbaubaren Stoffen im Rheineinzugsgebiet (Stand 1975) (SRU 1976).

Nr.	Einleiter		Einwohner plus Einwohnergleichwerte	
			ohne Maßnahme Bruttofracht	nach Vermeidungsmaßnahmen, Einleitungen
1	Papierfabrik Baienfurt	(Schussen)	500.000	10.000[a]
2	AV Mariatal	(Schussen)	200.000	20.000
3	Konstanz		160.000	16.000
4	AV Hegau		200.000	20.000
5	Zürich		500.000	150.000
6	Papierfabrik Albbruck		200.000	160.000[a]
7	Hoffmann La Roche, Sisseln		300.000	250.000[a]
8	Degussa, Rheinfelden		120.000	110.000
9	Ciba Geigy, Hoffmann La Roche, Grenzach		750.000	350.000[a]
10	Schweizerhalle		500.000	50.000
11	Stadt Basel, Hoffmann La Roche, Sandoz, Ciba Geigy		950.000	950.000
12	Mühlhausen		200.000	200.000
13	Rhone Poulenc		2.600.000	2.600.000
14	Freiburg, AV Untere Elz, AV Breisgauer Bucht		1.000.000	300.000
15	Zellstoffabrik Straßburg		2.500.000	2.500.000[a]
16	Straßburg		1.500.000	1.000.000
17	Zellstoffabrik Maxau		1.000.000	300.000
18	Karlsruhe		700.000	500.000[a]
19	Göppingen	(Neckar)	170.000	80.000
20	AV Böblingen, Sindelfingen	(Neckar)	350.000	40.000
21	Pforzheim	(Neckar)	250.000	60.000
22	Stuttgart	(Neckar)	1.400.000	200.000
23	Heilbronn	(Neckar)	300.000	30.000
24	Heidelberg	(Neckar)	300.000	70.000
25	Zellstoffabrik Mannheim		4.000.000	3.000.000
26	Mannheim		860.000	220.000
27	BASF, Ludwigshafen, Frankental		9.000.000	900.000
28	AV Bergstraße, Freudenberg	(Weschnitz)	250.000	120.000[a]
29	Darmstadt, Merck	(Schwarzbach)	550.000	60.000
30	Würzburg	(Main)	280.000	30.000
31	Obernburg und Glanzstoffwerk	(Main)	180.000	160.000[a]
32	Aschaffenburg	(Main)	150.000	15.000
33	Zellstoffwerk Aschaffenburg	(Main)	300.000	250.000
34	Zellstoffabrik Stockstadt	(Main)	700.000	500.000
35	Hanau	(Main)	220.000	20.000
36	Frankfurt	(Main)	1.500.000	500.000[a]

[a]Anlage im Bau.

Tabelle 4.3–10 (Fortsetzung)

Nr.	Einleiter		Einwohner plus Einwohnergleichwerte	
			ohne Maßnahme Bruttofracht	nach Vermeidungs-maßnahmen, Einleitungen
37	Hoechst AG, Offenbach, Griesheim, Hoechst	(Main)	2.400.000	1.000.000[a]
38	Wiesbaden		220.000	150.000[a]
39	Mainz		320.000	220.000[a]
40	Giessen	(Lahn)	260.000	80.000[a]
41	Koblenz		170.000	80.000
42	Brasseries Champigneulles	(Meurthe)	230.000	130.000
43	Nancy	(Mosel)	330.000	150.000[a]
44	Metz	(Mosel)	220.000	20.000
45	HBL (Houillères du Bassin de Loraine) (Lothringische Steinkohlenbergwerke)	(Saar)	350.000	280.000
46	Chimie de Carling	(Saar)	550.000	380.000[a]
47	Saarbrücken	(Saar)	200.000	100.000
48	Röchling-Eisen, Völklingen	(Saar)	150.000	50.000
49	Renitex, Niederlosheim	(Prims)	200.000	20.000
50	Trier	(Mosel)	220.000	150.000
51	Bonn		350.000	200.000[a]
52	Knapsack AG, Hürth		180.000	20.000
53	Köln		1.400.000	140.000
54	Bayer AG, Leverkusen		3.000.000	2.000.000
55	Wuppertal-Buchenhofen	(Wupper)	1.300.000	200.000
56	Rheinische Preßhefe u. Spritfabrik, Monheim		370.000	370.000[a]
57	Erdölchemie u. Bayer AG, Dormagen		1.500.000	120.000
58	Zuckerfabrik Monheim		170.000	120.000[a]
59	Düsseldorf-Süd		1.100.000	110.000
60	Düsseldorf-Nord		950.000	100.000
61	Krefeld		1.200.000	120.000
62	Bayer AG, Uerdingen		800.000	100.000
63	Duisburg, Kaßlerfeld		250.000	160.000[a]
64	Hagen	(Ruhr)	260.000	40.000
65	Bochum, Ölbachtal	(Ruhr)	170.000	20.000
66	Klärwerk Emschermündung		5.400.000	3.000.000[a]
67	Rheinberger Altrhein		350.000	250.000
68	Kamen-Sesekemündung	(Lippe)	500.000	50.000
69	Kleve		160.000	30.000
70	Nijmegen	(Waal)	300.000	300.000
71	Papierfabrik de Hoop		200.000	15.000

[a]Anlage im Bau.

Tabelle 4.3–11. Inventar aller Einleitungen mit sauerstoffzehrenden Stoffen im Jahr 1985 im Rheineinzugsgebiet, ausgedrückt in Einwohnergleichwerten (EGW) (nach IKSR 1988a).

Land	Bruttoverschmutzung		Nettoverschmutzung (%-Reduktion bis 1995)	
Schweiz	K	3.525.000	695.000	
	I	2.525.000	104.000	
	K + I	6.050.000	799.000	(11,2)
Bundesrepublik Deutschland	K	56.300.000	10.400.000	
	I	34.100.000	3.100.000	
	K + I	90.400.000	13.500.000	(58,8)
Frankreich	K	4.400.000	2.700.000	
	I	7.000.000	2.000.000	
	K + I	11.400.000	4.700.000	(46,8)
Luxemburg	K	530.000	61.000	
	I	20.000	2.000	
	K + I	550.000	63.000	(1,6)
Niederlande	K	4.555.000	1.136.000	
	I	2.500.000	704.000	
	K + I	7.055.000	1.840.000	(31,0)
Gesamtes Rheineinzugsgebiet	K	69.310.000	14.992.000	
	I	46.145.000	5.910.000	
	K + I	115.455.000	20.902.000	(51,0)

Millionen EGW, die bei Vermeidungsmaßnahmen auf ca. 7,6 Millionen EGW reduziert wird.

Zwar ist eine Vergleichbarkeit mit den Schätzungen des SRU (siehe oben) erschwert, da Großeinleiter unterschiedlich definiert werden, jedoch ist die Reduktion der Nettobelastung von 26 Millionen EGW (nur Großeinleiter >150.000 EGW) im Jahr 1975 auf 7,6 Millionen EGW (Großeinleiter >50.000 EGW) im Jahr 1985 eindeutig.

Aus der Tabelle 4.3–11 ist zu ersehen, wie sich die Belastungen durch Kommunen und Industriebetriebe länderspezifisch verteilen. Darüber hinaus ist angegeben, um wieviel Prozent die Belastung bis zum Jahr 1995 voraussichtlich zurückgehen wird. Im gesamten Rheineinzugsgebiet wird demnach die Belastung an sauerstoffzehrenden auf ca. die Hälfte des Wertes von 1985 gesunken sein.

Im folgenden werden die neueren Einleitungs- und Reduktionsdaten nach den Schätzungen im Rahmen des APR für die Jahre 1985, 1990 und 1992 für einzelne Stoffe und Stoffgruppen wiedergegeben.

Ammonium. Bestandsaufnahmen für Ammonium (N) wurden für das Jahr 1985 und 1992 getrennt für die einzelnen Anliegerstaaten durchgeführt (Tabelle 4.3-12). Von 1985 bis 1992 wurde für industrielle + kommunale Einleiter eine Reduktion um ca. 44 % erreicht. Als Haupteinleiter wurden die BASF AG, Ludwigshafen, und die Kläranlage Emschermündung identifiziert. Im Jahr 1992 stellte Deutschland 79 % der Ammonium-Einleitungen. (IKSR 1994b)

Tabelle 4.3-12. Punktuelle Ammonium-Emissionen getrennt nach Anliegerstaaten (1985 und 1992) (aus IKSR 1994b).

	industrielle + kommunale Einleitungen 1985 [kg]	industrielle + kommunale Einleitungen 1992 [kg]	industrielle Einleitungen 1992 [kg]	kommunale Einleitungen 1992 [kg]
Schweiz	7.665.000	<7.000.000	<1.000.000	<6.000.000
Frankreich	23.620.000	8.940.000	1.700.000	7.240.000
Deutschland	140.420.000	80.278.552	15.266.274	65.012.278
Niederlande	9.080.000	5.060.000	660.000	4.400.000
Summe	180.785.000	<101.278.552	<18.626.274	<82.652.278

Gesamtstickstoff. Bestandsaufnahmen für Gesamtstickstoff wurden im Rahmen des APR nur für das Jahr 1992 durchgeführt. Wie die Tabelle 4.3-13 zeigt, liegen die Einleitungen im Bereich von 200 Millionen kg, wobei es sich überwiegend (ca. 80 %) um kommunale Einleitungen handelt und Deutschland ca. 70 % sämtlicher Einleitungen stellte. Als Haupteinleiter wurden die Kläranlage Nürnberg I, die BASF AG, Ludwigshafen, Köln-Stammheim, die Bayer AG in Leverkusen und die Bayer AG in Dormagen identifiziert. (IKSR 1994b)

Gesamtphosphor. Wie die Tabelle 4.3-14 zeigt, hat sich die Belastung durch Gesamtphosphor von 1985 bis 1992 um ca. 58 % reduziert. Die Gesamtphosphor-Emissionen stammten 1992 größtenteils (zu 64 %) aus kommunalen Einleitungen.

Deutschland stellt die meisten Einleitungen (52 %), gefolgt von den Niederlanden (26 %). Haupteinleiter sind Straßburg (F), die Kemira Pernis B.V (NL) und die Hydro Agri Rotterdam B.V (NL).

Chlorid. Laut dem Rhein-Salzvertrag sind bestimmte Frachten im Rhein und seinen Nebengewässern genehmigt (Tabelle 4.3-15) (IAWR 1988). Die Salzbelastungen beginnen schon im Hochrhein („natürliche“ Fracht ca. 2 kg/s) oberhalb Basel. Die Einleitungen auf den französischen Flußstrecken (Mosel, Saar, Rhein) stellen den größten Beitrag (bezogen auf die Daten der Tabelle 4.3-15: 53,7 %),

Tabelle 4.3–13. Punktuelle Gesamtstickstoff-Emissionen getrennt nach Anliegerstaaten (1992) (aus IKSR 1994b).

	industrielle + kommunale Einleitungen 1992 kg	industrielle Einleitungen 1992 kg	kommunale Einleitungen 1992 kg
Schweiz	<18.500.000	<1.000.000	<17.500.000
Frankreich	28.200.000	10.050.000	18.150.000
Deutschland	138.044.169	25.313.119	112.731.050
Niederlande	11.700.000	1.700.000	10.000.000
Summe	<196.444.169	<38.063.119	<158.381.050

Tabelle 4.3–14. Punktuelle Gesamtphosphor-Emissionen getrennt nach Anliegerstaaten (1985 und 1992) (aus IKSR 1994b).

	industrielle + kommunale Einleitungen 1985 kg	industrielle + kommunale Einleitungen 1992 kg	industrielle Einleitungen 1992 kg	kommunale Einleitungen 1992 kg
Schweiz	2.467.000	<1.030.000	<30.000	<1.000.000
Frankreich	6.000.000	3.398.000	520.000	2.878.000
Deutschland	23.585.000	10.138.802	945.577	9.193.225
Niederlande	15.060.000	5.200.000	3.700.000	1.500.000
Summe	47.112.000	<19.766.802	<5.195.577	<14.571.225

gefolgt von den Einleitungen der deutschen Rheinstrecken (43,1 %) und dem Anteil der Schweiz (3,2 %). Neben dem Anteil der französischen Kaliminen (ca. 130 kg/s) spielen zu gleichen Teilen Einleitungen von Sümpfungsabwässern des Steinkohlenbergbaus und Abwässern der chemischen Industrie (jeweils ca. 40 kg/s) die Hauptrolle (LWA 1989). Die französischen Kaliminen werden Ende der 90er Jahre wahrscheinlich geschlossen, so daß diese Belastung dann entfällt. Neben den industriellen Quellen ist auch mit einem Anteil aus Haushaltungen (Speisenbereitung, Stoffwechsel, Nahrungsmittel, Trinkwasser) und aus diffusen Quellen (Sole, Regenwasser, Streusalz) zu rechnen. Dieser Anteil beträgt allerdings weniger als 10 % der Gesamtbelastung.

Tabelle 4.3–15. Genehmigte Salzfrachten im Rhein (nach IAWR 1988). In der rechten Spalte sind die jeweiligen Summen angegeben. Angaben in kg/s Cl^-.

Schweiz	10 kg/s	10 kg/s
Frankreich Elsässische Kaligruben Industrie an Mosel und Saar[a]	 130 kg/s 38 kg/s	168 kg/s
Bundesrepuplik Deutschland Kembs - Seltz/Maxau[a] Seltz/Maxau - Mainz[a] Mainz - Braubach/Koblenz[a] Braubach/Koblenz - Bimmen/Lobith[a]	 4,2 kg/s 15,8 kg/s 9,9 kg/s 105 kg/s	134,9 kg/s
Niederlande Bimmen/Lobith - Mündung	0	0
Gesamt		312,9 kg/s

[a]Es handelt sich um mehrere Einzeleinleitungen auf den betreffenden Rheinstrecken.

Schwermetalle und organische Mikroverunreinigungen. Ähnlich wie bei Stickstoff und Phosphor werden im APR auch die Emissionen von Schwermetallen (einschließlich Arsen) und organischen Mikroverunreinigungen (einschließlich Summenparameter AOX) pro Land und einzelne kommunale und industrielle Einleiter abgeschätzt. In der Tabelle 4.3–16 werden lediglich die landesspezifischen Daten wiedergegeben.

Tabelle 4.3–16. Aufteilung der punktuellen Einleitungen an Schwermetallen und organischen Mikroverunreinigungen im Jahr 1992 pro Land (aus IKSR 1994b). Angegeben in kg/Jahr

Stoffe	Schweiz	Deutschland	Frankreich	Niederlande	Summe
Schwermetalle und Arsen					
Quecksilber	<97	378	170	500	<1145
Cadmium	<225	1080	1000	1790	<4095
Chrom	<2600	44032	12665	10900	<70197
Kupfer	<9000	74560	43576	42500	<169636
Nickel	<7600	49751	26175	11600	<95126
Zink	<88000	483065	131728	89500	<792293

Tabelle 4.3–16 (Fortsetzung)

Stoffe	Schweiz	Deutsch-land	Frankreich	Nieder-lande	Summe
Forts.					
Blei	<3400	47992	16320	22700	<90412
Arsen	0	156	400	2100	<2652
Organische Mikro-verunreinigungen					
Pestizide					
Atrazin	<	0	0	<	<
Azinphos-ethyl	0	0	0	<	<
Azinphos-methyl	0	0	0	<	<
Bentazon	0	440	0	<	440
DDT	0	0	0	<	<
Dichlorvos	<	0	0	<	<
Drine	0	0	<0	4	4
Endosulfan	<	<1	<	2	<3
Fenitrothion	0	0	0	<	<
Fenthion	0	0	0	<	<
HCH	0	30	0	70	100
Malathion	0	0	0	<	<
Parathion-ethyl	<	0	<	<	<
Parathion-methyl	0	0	0	<	<
Pentachlorphenol	<	<	0	200	200
Simazin	<	0	0	<	<
Trifluralin	0	0	0	<	<
Zinnorg. Verb.	<	<50	0	<70	<120
Leichtflüchtige Kohlen-wasserstoffe					
1,2-Dichlorethan	35	9333	6760	5700	21828
1,1,1-Trichlorethan	<300	<941	986	300	<2527
Trichlorethen	<500	777	707	840	<2824
Tetrachlorethen	<400	1226	498	880	<3004
Trichlormethan	<1420	9192	2300	145	<13057
Tetrachlormethan	<20	92	45	50	<207
Benzol	<100	2700	2235	8400	<13435

Tabelle 4.3–16 (Fortsetzung)

Stoffe	Schweiz	Deutschland	Frankreich	Niederlande	Summe
Schwerflüchtige Kohlenwasserstoffe					
Chloraniline	135	200	310	0	645
Chlornitrobenzole	<	350	2000	0	2350
Trichlorbenzole	1	<960	<	<	<961
2-Chlortoluol	<	<225	0	<	<225
4-Chlortoluol	<	210	0	<	210
Hexachlorbenzol	<	7	<	2	9
Hexachlorbutadien	<	0,4	<	0,5	0,9
PCB	<20	0	250	7,1	<277
Dioxine	0	0	0	D.A.	0

Diffuse Belastungsquellen. Die Belastung des Rheins durch diffuse Quellen gewinnt wachsende Bedeutung, vor allem deshalb, weil die punktuellen Belastungen durch Industrie und Gewerbe aufgrund kontrollierter Maßnahmen verringert werden konnten. Im Rahmen des APR wurde nur für das Jahr 1985 eine *Gesamtschätzung* sämtlicher diffus eingetragenen prioritären Stoffe vorgenommen (IKSR 1989b, Tabelle 4.3–17). Hiernach wiesen von den diffusen Einträgen der Schwermetalle Quecksilber und Blei mit jeweils 28 % und auch Cadmium mit 10 % erhöhte Anteile an der durch die jeweilige Substanz hervorgerufenen Gesamtbelastung (industrielle + kommunale + diffuse Quellen) auf. Von den organischen Mikroverunreinigungen lagen die Anteile sämtlicher Pestizide und von Tetrachlorethen über 50 % an der Gesamtbelastung. Auch 1,1,1-Trichlorethan, Chlornitrobenzol, PCB, Trichlorbenzol und Trichlorethen zeigen mit Werten von 29–44 % hohe Anteile an der Gesamtbelastung. Hingegen war der Anteil von AOX vernachlässigbar gering. Der Anteil von Gesamtphosphor wurde auf 17, der von Ammonium-Stickstoff auf 19 % geschätzt.

Im Jahr 1993 hat die IKSR (1993g) eine Gesamtbilanz *diffuser Nährstoffeinträge* für das Rheineinzugsgebiet (Stichjahr 1985) vorgelegt. Die Bestandsaufnahme soll Bewertungsgrundlagen für vorzuschlagende Maßnahmen sein, die zu einer Verringerung der diffusen Einträge führen. Es sollen Aussagen darüber ermöglicht werden, ob die Zielsetzung einer 50 %igen Verringerung diffuser Nährstoffeinträge von 1985–1995 erreicht werden kann. Die wichtigsten Ergebnisse für das Bezugsjahr 1985 sind:

Tabelle 4.3–17. Anteile diffuser Belastungsquellen prioritärer Stoffe an der Gesamtbelastung im Jahr 1985 (zusammengestellt nach IKSR 1989b).

	Gesamteintrag kg/Jahr	Eintrag aus diffusen Quellen kg/Jahr	Eintrag aus diffusen Quellen Prozent
Schwermetalle			
Quecksilber	3.775	1.075	28
Cadmium	24.055	2.430	10
Chrom	600.429	1.480	0
Kupfer	499.342	21.100	4
Nickel	386.220	1.300	0
Zink	2220.560	43.000	2
Blei	392.421	111.380	28
Organische Mikroverunreinigungen			
Pestizide			
Drine	165	132	80
Endosulfan	405	400	99
Parathion	321	300	93
Pentachlorphenol	4.065	2.090	51
Leichtflüchtige Kohlenwasserstoffe			
1,2-Dichlorethan	582.105	100	0
1,1,1-Trichlorethan	8.511	2.500	29
Trichlorethen	23.536	10.330	44
Tetrachlorethen	30.316	15.550	51
Trichlormethan	116.650	7.500	6
Tetrachlormethan	19.236	1.500	8
Benzol	87.420	5.100	6
Schwerflüchtige Kohlenwasserstoffe			
Monochloranilin	36.925	–	–
Chlornitrobenzol	56.050	16.500	29
Trichlorbenzol	1.960	750	38
Hexachlorbenzol	200	4	2
Hexachlorbutadien	67	–	–
PCB	5.201	1.904	37
Weitere Meßgrößen			
AOX	6665.320	1.100	0
Gesamtphosphor	57.372	9.600	17
Ammonium (N)	224.015	42.350	19

- Im Rheineinzugsgebiet unterhalb der schweizerischen Seen werden im Mittel jährlich etwa 13.000 t Phosphor und 21.000 t Stickstoff (einschließlich Hintergrundbelastung) in den Rhein eingetragen.
- Wichtigste Quelle für diffuse Stoffeinträge bildet die Landwirtschaft (Phosphor: 42 % für die Niederlande, 95 % für Frankreich) und Stickstoff (50 % für die Schweiz, 100 % für Frankreich) - ausgenommen die durch die Landwirtschaft verursachten atmosphärischen Einträge.
- Die Haupteintragspfade für Phosphor und Stickstoff unterscheiden sich stark: Phosphor wird in den meisten IKSR-Staaten hauptsächlich durch Erosion und Abschwemmung eingetragen (ausgenommen die Niederlande). Stickstoff wird hauptsächlich über Grund- und Dränagewasser in die Oberflächengewässer eingetragen.
- Unter Berücksichtigung der bisher im Rahmen des APR ergriffenen und noch zu ergreifenden Maßnahmen kann in den meisten IKSR-Staaten erst nach dem Jahr 2000 eine Verringerungg von 30 bis 40 % für Phosphor und von etwa 20 bis 30 % für Stickstoff erwartet werden.

Ferner wurde die *atmosphärische Deposition* für 17 prioritäre Stoffe als diffuse Quelle der Gewässerbelastung im Rheineinzugsgebiet ebenfalls für das Bezugsjahr 1985 geschätzt (IKSR 1993b). Aufgrund der Ergebnisse dieser Bilanzierung sollten notwendige Reduktionsmaßnahmen festgelegt werden. Die wichtigsten Ergebnisse sind:

- Für 7 Stoffe aus der prioritären Liste ist der atmosphärische Eintrag im Vergleich zu den industriellen und kommunalen Einleitungen als bedeutsam für die Gesamtbilanz (mit 6 %) zu bewerten. Diese Stoffe sind Quecksilber, Blei, 1,1,1-Trichlorethen, Tetrachlorethen, Benzol und Pentachlorphenol.
- Für die genannten Substanzen sind von 1985 bis 1995 Verringerungen von zumeist mehr als 50 % zu erwarten. Lediglich Frankreich gibt für Tetrachlorethen eine Verringerung von 15 % an; die Niederlande rechnen für Pentachlorphenol mit einer Verringerung von 20–30 %.

Weitere Arbeiten mit Relevanz zu diffusen Einträgen in das Rheingebiet: zu Pflanzennährstoffen vgl. IKSR 1990c; Studie über Wirkungen und Qualitätsziele von Nährstoffen in Fließgewässern, zitiert unter GDCh 1991; Herkunft, Wege und Verbleib von Stickstoff in Oberflächengewässern („Stickstoffstudie", Gesamthochschule Kassel, Umweltforschungsplan BMU 102 04 364); zu Pflanzenschutzmitteln vgl. IKSR 1992b; zu schwer- und leichtflüchtigen halogenierten Kohlenwasserstoffen vgl. KELLER, M. 1987, 1989; HOV-Studie, zitiert unter GDCh 1987; zu verschiedenen anorganischen und organischen Substanzen vgl. KÜHN 1987.

Unfallbedingte Belastungsquellen. Eine weitere Belastungsquelle des Rheins mit Schadstoffen stellen unfallbedingte Stoffeinträge dar. Seit einigen Jahren veröffentlichen die IAWR, die IKSR, die ARW und die einzelnen Landesämter Deutschlands Zusammenstellungen unfallbedingter Einträge und illegaler Einleitungen von Schadstoffen in den Rhein. Im folgenden werden exemplarisch Ergebnisse aus einzelnen Berichten aufgeführt.

In den Jahren 1986/1987 wurden der IAWR (1987) insgesamt 114 unfallbedingte und illegale Einleitungen bekannt. Nach der Art der Schadstoffe entfielen:

- auf Öl/Benzin 48 %,
- auf organische Einzelsubstanzen 48 %,
- auf anorganische Verbindungen 4 %.

Über die Dauer der Einleitungen wurden wenig Angaben gemacht; sie lagen zwischen 10 Minuten und 48 Stunden. Die Dunkelziffer der nicht gemeldeten und festgestellten Rheinverschmutzungen dürfte hoch sein (IAWR 1987b). Auch aufgrund von Untergrundbelastungen (z.B. die diffusen Belastungen durch Pestizide) werden kleinere Störfälle oft nicht bekannt (WEINDEL 1988).

Die IKSR veröffentlicht in ihren Jahresberichten Listen der über den Internationalen Warn- und Alarmplan „Rhein“ weitergeleiteten Meldungen sowie Übersichten über die gemeldeten Unfälle und Betriebsstörungen im niederländischen Rheineinzugsgebiet. Soweit verfügbar werden dabei neben Zeitpunkt und Ort des Schadstoffeintrags angegeben:

- die Art und die Menge der Schadsubstanzen,
- die Herkunft der Schadstoffe und die Ursache des Unfalls,
- chemisch-physikalische und toxikologische Untersuchungsergebnisse.

In der tabellarischen Übersicht (Tabelle 4.3–18) sind die Substanzen aufgeführt, die von 1990–1993 laut Meldungen über den Warn- und Alarmplan in den Rhein gelangten (IKSR 1990a, 1991, 1992a, 1993a). Ökologische Untersuchungen im Anschluß an den Schadstoffeintrag werden in der Regel nur dann vorgenommen, wenn aufgrund vorhandener Toxizitätsdaten (z.B. aus Biotests) Hinweise auf eine mögliche Schädigung von Flora und Fauna des Rheins vorliegen.

Eine Zusammenstellung unfallbedingter Einleitungen des 1. Halbjahres 1989 wurde auch im Rahmen des Forschungsvorhabens „Organische Mikroverunreinigungen“ (BRAUCH 1989) vorgenommen. Die im Halbjahr 1989 gemeldeten oder entdeckten Schadensfälle werden sowohl für die Lebensgemeinschaften im Rhein als auch für die Trinkwasserversorgung aus Uferfiltrat als wenig bedeutsam eingeschätzt.

Tabelle 4.3–18. Unfallbedingte Schadstoffeinträge, die von 1990–1993 über den Internationalen Warn- und Alarmplan „Rhein" gemeldet wurden (zusammengestellt aus IKSR 1990a, 1991, 1992a, 1993a).

	Anzahl der Meldungen	Substanzen
1990	33, davon 2 Ölwarnungen	Öl (13mal), jeweils 1mal: 1,2 Dichlorethan; Acetophenon; o-Methoxyanilin; Methylpyridin; Methanol; Chlorbenzol; *Drimarenblau*[a]; Metamitron; Pentachlorphenol; Sulfid; *4-Chlor-2-Nitroanilin*[a]; Tetrahydrofuran; Nitrobenzol; N,N-Dibutylformamid; PAK (Erdaushub); 3-Trifluormethylanilin; Isononansäure; Xylol
1991	24	Öl (14mal); jeweils 1mal: Benzinkomponenten (Toluol; Xylol, Benzol, Ethylbenzol); Anthrachinon-1,8-disulfonsäure; Chromet; Methanol; Magnesiumbisulfid und Schwefeldioxid; Benzol-Toluol-Gemisch; Isobutylacetat; Octobase-Hydrochlorid; Methylacrylat
1992	18, davon 1 Ölwarnung, 1 Probealarm	Öl (9mal), jeweils 1mal: Ethylenglykol; 1,1,2-Trichlormethan; Methanol; Löschwasser mit Cyanid; 4-Nitrotoluol-2-sulfonsäure; Triethylphosphat; alkalisches Reinigungsmittel (1 %ige Lösung)
1993	29, 3 als Warnungen	Öl (13mal), jeweils 1mal: Dichlormethan; Ortho-Nitroanisol, Ortho-Chlornitrobenzol, *Nitrobenzol und Methanol*[a]; Chlordioxid; Xylol (Warnung); Löschwasser mit Methanol; Isophorondioxin (Warnung); Chlorbenzol; Ortho-Dichlorbenzol; 30 %ige Salzsäure; Dioxin und Tetrahydrofuran; Ditolin (2.6-Diethyl-4-methylanilin); Cyclohexan

[a]Nach diesen Schadstoffeinträgen folgten ökologische Untersuchungen.

Eine bedeutende Ursache unfallbedingter Stoffeinträge sind Verkehrsunfälle in der Binnenschiffahrt. Die Anzahl der Unfälle, bei der brennbare Flüssigkeiten (Erdöl, Mineralölprodukte) in den Rhein gelangten, überwogen gegenüber Unfällen mit Gasen, Säuren und Laugen bei weitem (Bezugszeitraum 1975–1982). (Tabelle 4.3–19)

Die ARW nennt Belastungsschwerpunkte durch schadensfallbedingte Einleitungen (1986–1988) (ARW 1988):

- der Raum Basel/Hochrhein,
- Ludwigshafen/Mannheim,
- Mainz/Wiesbaden einschließlich Main,
- Mittelrhein etwa ab Koblenz,
- Niederrhein einschließlich Emscher und Lippe.

Tabelle 4.3–19. Verschmutzung des Rheins durch gefährliche Güter im Zusammenhang mit Verkehrsunfällen bei der Binnenschiffahrt im Zeitraum 1975–1987 (nach Unterlagen des Statistischen Bundesamtes 1989).

Jahr	Anzahl der Unfälle mit			Tonnen ins Fahrwasser ausgelaufener gefährlicher Güter		
	brennbaren Flüssigkeiten (Erdöl, Mineralölprodukte)	Gasen und ätzenden Stoffen (Säuren, Laugen)	sonstigen gefährlichen Gütern	brennbare Flüssigkeiten (Erdöl, Mineralölprodukte)	Gase und ätzende Stoffe (Säuren, Laugen)	sonstige gefährliche Güter
1975	15	–	1	315	–	1
1976	12	2	1	221	22	60
1977	7	–	–	121	–	–
1978	14	–	–	218	–	–
1979	8	–	–	50	–	–
1980	9	–	1	232	–	96
1981	16	–	–	281	–	–
1982	14	1	–	180	15	–
1983	14	–	–	60	–	–
1984	8	–	–	137	–	–
1985	12	1	–	85	2	–
1986	16	–	–	86	–	–
1987	15	–	1	72	–	(Teer)

Umfassende biologisch-ökologische und ökotoxikologische Untersuchungen in der Folge der Schadensfälle werden nur vereinzelt durchgeführt (oder die Untersuchungen werden nicht publiziert), so daß über Langzeitfolgen für das Rheinökosystem aufgrund „alltäglicher" Unfälle keine verläßlichen Daten vorliegen; lediglich spektakuläre Unfälle wie der Sandoz-Unfall im Jahr 1986 hatten eine Vielzahl derartiger Untersuchungen zur Folge (vgl. Kap. 5.4.2).

Hingegen sind chemisch-analytische Untersuchungen und Untersuchungen mittels Modellen zur Schadstoffausbreitung in der Folge von Schadensfällen – sofern diese entdeckt wurden – die Regel (z.B. AURAND et al. 1971; GREVE & WIT 1971; LÜSSEM & SCHLIMME 1971; BERGMANN & HELLMANN 1980; KALWEIT 1985; SONTHEIMER 1986; BRÜGGEMANN et al. 1987, FRIEGE et al. 1987, CAPEL & GIGER 1988; CAPEL et al. 1988; HELLMANN et al. 1988; FRIEGE 1988; HABERER et al. 1989).

4.4 Zielvorgaben zum Schutz des Rheins vor gefährlichen Stoffen

Definition und Konzeption der Zielvorgaben. Das „Aktionsprogramm Rhein“ (APR) (IKSR 1987a) enthält den Auftrag, *Zielvorgaben* für das Gesamtprogramm längs des Rheins in Form von Meßgrößen, zahlenmäßigen Angaben und örtlichen Bedürfnissen festzulegen. Nach dem APR (IKSR 1993c) sind Zielvorgaben

> „fachlich begründete und auf die allgemeinen Vorgaben des APR gestützte Bewertungsmaßstäbe. Sie dienen dazu, die Maßnahmen der Emissionsverminderung sowie weitere Maßnahmen und die dadurch erreichte Entlastung der Gewässer sowie die Verbesserung des ökologischen Systems Rhein zu beurteilen. Auf dieser Grundlage ist dann zu prüfen, ob unter Berücksichtigung aller wesentlichen Gesichtspunkte weitere Maßnahmen durchzuführen sind.“ (S. 115)

Stoffliche Zielvorgaben sind definitionsgemäß also weder *Grenzwerte*, bei deren Überschreitung zwingend Maßnahmen zu ihrer Einhaltung zu treffen wären, noch handelt es sich um *Qualitätsziele* im Sinne rechtlich verbindlicher Grenz- und Richtwerte (LAWA 1993). Mit der Erarbeitung von Zielvorgaben für den Gewässerschutz wird dem als Grundlage für die Gewässerschutzpolitik der Bundesrepublik Deutschland dienenden *Emissionsprinzip* das *Immissionsprinzip* zur Seite gestellt. Hiermit wird dem Sachverhalt Rechnung getragen, daß z.B. trotz Abwasserreinigung durch Reststoffe toxische Effekte auf die Biozönosen des Gewässers hervorgerufen werden können, also eine Beeinträchtigung des Qualitätszustandes nicht auszuschließen ist. Zielvorgaben zusätzlich zu den Emissionszielen können demgemäß demonstrieren, ob im Gewässerschutz Maßnahmen getroffen werden müssen, die über die Anforderungen einer einheitlichen Emissionsbegrenzung hinausgehen (IRMER et al. 1994).

Zur Ableitung derartiger Zielvorgaben hat der *Bund/Länder-Arbeitskreis „Gefährliche Stoffe – Qualitätsziele für oberirdische Gewässer“ (BLAK QZ)* (BLAK QZ 1989, LAWA 1993) ein umfassendes Konzept erarbeitet, das eine wichtige Grundlage für die internationale Festlegung von Zielvorgaben im Rahmen des APR bildete. Die IKSR hat Zielvorgaben für gefährliche Stoffe und für Nährstoffe erarbeitet (Tabelle 4.4–1), die im APR als prioritär zu behandelnde Meßgrößen definiert wurden (vgl. Tabelle 4.3–1, S. 74). Unter *„gefährlichen Stoffen“* sind nach dem Wasserhaushaltsgesetz (WHG § 7a) Stoffe oder Stoffgruppen zu verstehen, die wegen der Besorgnis einer Giftigkeit, Langlebigkeit, Anreicherungsfähigkeit oder einer krebserzeugenden, fruchtschädigenden oder erbgutverändernden Wirkung als gefährlich zu bewerten sind. Für IRMER et al. (1993, 1994) ist eine Überarbeitung dieser Liste dringlich. Einerseits fehlen mit iso-Chloridazon (Nebenprodukt bei der Chloridazon-Herstellung), Chlortoluron, Diuron, Isoproturon, Metazachlor und Terbuthylazin Pflanzenschutzmittel-Wirk-

Tabelle 4.4–1. Zielvorgaben für prioritäre Stoffe im Rahmen des „Aktionsprogramms Rhein" (IKSR 1993c). 90-Perzentilwerte.

Stoffname	Zielvorgabe	Einheit	Bezug	Schutzgut
Schwermetalle und Arsen				
Quecksilber	0,5	mg/kg	Schwebstoff	**
Cadmium	1,0	mg/kg	Schwebstoff	**
Chrom	100,0	mg/kg	Schwebstoff	**
Kupfer	50,0	mg/kg	Schwebstoff	**
Nickel	50,0	mg/kg	Schwebstoff	**
Zink	200,0	mg/kg	Schwebstoff	**
Blei	100,0	mg/kg	Schwebstoff	**
Arsen	40,0	mg/kg	Schwebstoff	***
Organische Mikroverunreinigungen				
Pestizide				
Atrazin	0,1	μg/l	Wasser	T + aqL
Azinphos-ethyl	0,1	μg/l	Wasser	T
Azinphos-methyl	0,001	μg/l	Wasser	aqL
Bentazon	0,1	μg/l	Wasser	T
DDT je	0,001	μg/l	Wasser (1)	F
DDE je	0,001	μg/l	Wasser (1)	F
DDD je	0,001	μg/l	Wasser (1)	F
Dichlorvos	0,0007	μg/l	Wasser	aqL
Drine				
Aldrin	0,001	μg/l	Wasser (1)	aqL + F
Dieldrin	0,001	μg/l	Wasser (1)	aqL + F
Endrin	0,001	μg/l	Wasser (1)	aqL + F
Isodrin	0,001	μg/l	Wasser (1)	aqL + F
Endosulfan	0,001	μg/l	Wasser	aqL
Fenitrothion	0,001	μg/l	Wasser	aqL
Fenthion	0,007	μg/l	Wasser	aqL
α-HCH	0,1	μg/l	Wasser	F
β-HCH	0,1	μg/l	Wasser	F
δ-HCH	0,1	μg/l	Wasser	F
γ-HCH	0,002	μg/l	Wasser	aqL

Tabelle 4.4–1 (Fortsetzung)

Stoffname	Zielvorgabe	Einheit	Bezug	Schutzgut
Malathion	0,02	µg/l	Wasser	aqL
Parathion-ethyl	0,0002	µg/l	Wasser	aqL
Parathion-methyl	0,01	µg/l	Wasser	aqL
Pentachlorphenol	0,1	µg/l	Wasser	T
Simazin	0,06	µg/l	Wasser	aqL
Trifluralin	0,002	µg/l	Wasser	aqL
Organozinnverbindungen				
Dibutylzinnverbindungen	0,8	µg/l	Wasser	aqL
Tributylzinnverbindungen	0,001	µg/l	Wasser	aqL
Triphenylzinnverbindungen	0,005	µg/l	Wasser	aqL
Tetrabutylzinnverbindungen	0,001	µg/l	Wasser	(3)
Leichtflüchtige Kohlenwasserstoffe				
1,2-Dichlorethan	1,0	µg/l	Wasser	T
1,1,1-Trichlorethan	1,0	µg/l	Wasser	T
Trichlorethen	1,0	µg/l	Wasser	T
Tetrachlorethen	1,0	µg/l	Wasser	T
Trichlormethan	0,6	µg/l	Wasser	aqL
Tetrachlormethan	1,0	µg/l	Wasser	T + aqL
Benzol	2,0	µg/l	Wasser	aqL
Mittel- bis schwerflüchtige Kohlenwasserstoffe				
Chloraniline				
2-Chloranilin	0,1	µg/l	Wasser	T
3-Chloranilin	0,1	µg/l	Wasser	T
4-Chloranilin	0,05	µg/l	Wasser	aqL
3,4-Dichloranilin	0,1	µg/l	Wasser	T
Chlor-Nitrobenzole				
1-Chlor-2-Nitrobenzol	1,0	µg/l	Wasser	T
1-Chlor-3-Nitrobenzol	1,0	µg/l	Wasser	T
1-Chlor-4-Nitrobenzol	1,0	µg/l	Wasser	T
Trichlorbenzole	je 0,1	µg/l	Wasser	T
Chlortoluole				
2-Chlortoluol	1,0	µg/l	Wasser	T
4-Chlortoluol	1,0	µg/l	Wasser	T
Hexachlorbenzol	0,001	µg/l	Wasser (1)	F
Hexachlorbutadien	0,5	µg/l	Wasser	aqL

Tabelle 4.4–1 (Fortsetzung)

Stoffname	Zielvorgabe	Einheit	Bezug	Schutzgut
Polychlorierte Biphenyle (PCB):				
PCB-28	0,0001	µg/l	Wasser (1)	aqL
PCB-52	0,0001	µg/l	Wasser (1)	aqL
PCB-101	0,0001	µg/l	Wasser (1)	aqL
PCB-138	0,0001	µg/l	Wasser (1)	aqL
PCB-153	0,0001	µg/l	Wasser (1)	aqL
PCB-180	0,0001	µg/l	Wasser (1)	aqL
Dioxine	(4)	(4)	(4)	(4)
Weitere Meßgrößen:				
AOX	50	µg/l	Wasser	T (2)
Gesamtphosphor (P) (Mittelwert)	150	µg/l	Wasser	aqL
Ammonium-N	200	µg/l	Wasser	aqL

* Die auf Wasser bezogenen Werte gelten für den Gesamtgehalt einschließlich des schwebstoffgebundenen Anteils.
** vgl. Schwebstoff/Sedimente.
*** 2x Hintergrundbelastung.
T Schutzgut: Trinkwasser; gemäß EG-Richtlinien 75/778 und 80/778 EWG
aqL Schutzgut: Aquatische Lebensgemeinschaften
F Schutzgut: Fischerei
(1) Der Stoff reichert sich im Schwebstoff an, so daß der Gehalt im Wasser sehr niedrig ist. Von daher sollte der Gehalt im Schwebstoff gemessen werden.
(2) entspricht dem IAWR-Memorandum 1986.
(3) Die Datenbasis reicht zur Ableitung einer Zielvorgabe nicht aus. Da Tetrabutylzinnverbindungen in der Umwelt in Tributylzinnverbindungen umgewandelt werden, wird die Zielvorgabe für Tributylzinnverbindungen auch für Tetrabutylzinnverbindungen angewendet.
(4) Zielvorgabe noch nicht festgelegt.

stoffe, deren Analyse anhand der Kriterien Toxizität, Expositionspotential und einzugsgebietsbezogene Relevanz ergeben hat, daß sie für den Rhein von prioritärer Bedeutung sind. Andererseits berücksichtigt die Liste noch immer solche Wirkstoffe, die heute nicht mehr als bedeutsam gelten, wie z.B. die Drin-Pestizide Aldrin, Dieldrin, Endrin und Isodrin.

Ableitung der Zielvorgaben

Ableitung nach dem Bund/Länder-Arbeitskreis „Gefährliche Stoffe – Qualitätsziele für oberirdische Gewässer" (BLAK QZ). Der aufgrund einer Vereinbarung der Länderarbeitsgemeinschaft Wasser (LAWA) und des Bundesumweltministeriums Ende 1986 gegründete BLAK QZ hat im Jahre 1989 nach Anhörung interessierter Kreise erstmals eine „Konzeption zur Ableitung von Zielvorgaben zum Schutz oberirdischer Binnengewässer vor gefährlichen Stoffen" vorgelegt (BLAK QZ 1989). Der im Mai 1993 vorgelegte Stand dieser Konzeption (LAWA 1993) schließt mehrere aufgrund von Einsprüchen durch Interessenverbände initiierte Modifikationen ein, so daß er von der 40. Umweltministerkonferenz unter dem Vorbehalt der weiteren Erprobung verabschiedet werden konnte. Nach dieser Konzeption wurden die Zielvorgaben getrennt für einzelne Schutzgüter erarbeitet. Besondere Bedeutung wurde den folgenden Schutzgütern beigemessen:

- aquatische Lebensgemeinschaften
- Berufs- und Sportfischerei
- Schwebstoffe und Sedimente
- Trinkwasserversorgung.

Am Beispiel des Schutzguts *„Aquatische Lebensgemeinschaften"* wird hier auf wichtige Prinzipien der Ableitung von Zielvorgaben eingegangen (zur kritischen Diskussion vgl. IRMER et al. 1994). Ziel ist, „in einem Gewässer eine möglichst naturnahe, standortgetreue, sich selbst reproduzierende und selbst regulierende Lebensgemeinschaft von Pflanzen und Tieren" (LAWA 1993, S. 14) zu erhalten oder wiederherzustellen. Grundlage bilden ökotoxikologische Untersuchungen an Vertretern von vier zentralen Trophiestufen der Gewässerbiozönose (Grünalgen, Kleinkrebse, Fische, Bakterien) mit Hilfe allgemein anerkannter standardisierter Reproduktionsteste (Verfahren nach DIN, ISO, OECD, EG oder ihnen entsprechende Verfahren). Die Untersuchungsergebnisse ermöglichen Aussagen über diejenigen Konzentrationen gefährlicher Stoffe, die bei längerfristiger Exposition ohne beobachtbare Wirkung bleiben (NOEC = no observed effect concentration). Zur Ableitung der Zielvorgaben sollen als Grunddatensatz im Regelfall NOEC-Werte aus folgenden Untersuchungen vorliegen:

- an *Primärproduzenten* (Grünalgen, z.B. Scenedesmus subspicatus) in einem Test über mehrere Zellgenerationen (72 Stunden)
- an *Primärkonsumenten* (Kleinkrebse, z.B. Daphnia magna) in einem Reproduktionstest über 21 Tage
- an *Sekundärkonsumenten* (Fische, z.B. Brachydanio rerio) in einem Test über mindestens 28 Tage einschließlich Fortpflanzung (behelfsweise in einem 14-Tage-Test [Stufe I Chemikaliengesetz], ersatzweise an frühen Lebensstadien von Fischen [early life stage])

- an *Destruenten* (Bakterien, z.B. Pseudomonas putida) in einem Test über mehrere Zellgenerationen (16 Stunden).

Das *niedrigste Testergebnis* für die empfindlichste Art ist Ausgangspunkt für die Ableitung von Qualitätszielen. Da es grundsätzlich nicht möglich ist, alle denkbaren Umweltrisiken (synergistische Stoffwirkungen, empfindlichere Arten im Gewässer) vorauszusagen und demgemäß Unsicherheiten bleiben, muß das Restrisiko pragmatisch durch Einkalkulieren ausreichend bemessener *Ausgleichsfaktoren* minimiert werden. Die Bedingungen für derartige Zahlenwerte wurden vom BLAK QZ festgelegt. Hierbei sind zu unterscheiden:

- ein *Ausgleichsfaktor* F_1 (= 0,1), der die Unsicherheit der Übertragung von einzelnen Laborbefunden an wenigen Organismen (niedrigstes Testergebnis der empfindlichsten Art) auf die reale Gewässersituation berücksichtigt. Nach der Konzeption von 1989 führte eine unzulängliche Datenbasis (fehlende Daten aus Langzeittests) automatisch zu einer Erhöhung des Ausgleichsfaktors F1 auf 0,01. Nach der überarbeiteten Konzeption wird der Faktor F_1 in 0,1 × 0,1 aufgeteilt: Bei fehlenden Daten zur chronischen Toxizität werden die akuten Daten mit 0,1 multipliziert, um einen berechneten Wert für „chronische Toxizität“ zu erhalten; erst dann wird das niedrigste Testergebnis der empfindlichsten Spezies mit 0,1 multipliziert. Nach IRMER et al. (1994) werden die Zielvorgaben durch diese Vorgehensweise bedeutend entschärft, denn das Verhältnis vorliegender ökotoxikologischer Daten aus akuten und längerfristigen Tests wird nicht immer durch den Quotienten 10 abgedeckt, sondern liegt häufig bei 100 und nicht selten bei 1000 (KÜHN et al. 1989, MARKARD 1992, PATTARD & PERNAK 1992, zit. aus IRMER et al. 1994).
- ein *Ausgleichsfaktor* F_2 (= 0,1), der beim Vorliegen zusätzlicher Risikofaktoren anzuwenden ist, z.B. wenn es niedrigere Wirkungswerte für andere als die für den Regelfall geforderten Taxa (z.B. Amphibien, Insekten) gibt, oder wenn Umwandlungsprodukte (Metabolite) entstehen, die nachgewiesenermaßen toxischer auf Wasserorganismen wirken als die Ausgangsprodukte.

Für die Anwendung der Zielvorgaben gilt grundsätzlich das *Verschlechterungsverbot*, d.h. Zielvorgaben dürfen nicht als Grundlage für verringerte Anforderungen an die Einleitungen verwendet werden.

Ableitung nach der Internationalen Kommission zum Schutze des Rheins (IKSR). Das IKSR-Konzept (IKSR 1993c) basiert im wesentlichen auf den vom BLAK QZ erarbeiteten Grundlagen sowie auf einer ähnlichen Vorgehensweise in den Niederlanden (SCHULTE-WÜLWER-LEIDIG 1994). Hierbei werden bei den „Zielvorgaben für die Belastung des Wassers, der Schwebstoffe, des Sediments und/oder der Wasserorganismen“ zunächst die gefährlichen Stoffe berücksichtigt, die im APR als prioritäre Stoffe festgelegt worden sind. Sodann wird geprüft, welche schon im Rhein vorhandenen Stoffe zusätzlich einzubeziehen sind, wobei auch Summen-, Leit- und Wirkparameter zu beachten sind. Vorrangige Schutzgüter sind aquatische Lebensgemeinschaften, Trinkwasserversorgung, Schwebstoffe/Sedimente und die Fischerei. Unterschiede zur BLAK-QZ-Konzeption liegen in der Anwendung der *Ausgleichsfaktoren* und in der Berücksichtigung möglicher Schadstoffanreicherungen in Wasser- und Landorganismen.

Werden die BLAK-QZ-Zielvorgaben mit den entsprechenden Zielvorgaben der IKSR verglichen (Tabelle 4.4-2), so sind aufgrund der genannten Unterschiede in einigen Fällen Abweichungen festzustellen, wobei die IKSR-Zielvorgaben meist strenger angesetzt worden sind.

Die IKSR hat bis zum Jahr 1992 für insgesamt 69 prioritäre Stoffe/Stoffgruppen (einschließlich Kongeneren) Zielvorgaben abgeleitet, die bis zum Jahr 2000 erreicht oder unterschritten sein müssen. Lediglich für Tetrabutylzinnverbindungen konnte aus Gründen mangelnder Datenbasis bislang keine Zielvorgabe abgeleitet werden. Da Tetrabutylzinnverbindungen in der Umwelt in Tributylzinnverbindungen umgewandelt werden, wird die Zielvorgabe für Tributylzinnverbindungen auch für Tetrabutylzinnverbindungen angewendet (IKSR 1993c).

Zielvorgaben und Belastungssituation des Rheins

Erprobung von Zielvorgaben der Jahre 1988–1991 durch die LAWA. Auf der Grundlage der BLAK-QZ-Konzeption hat das Umweltbundesamt für gefährliche Stoffe Zielvorgaben erarbeitet, die allerdings unter dem Vorbehalt der weiteren Erprobung der Konzeption stehen. Von diesen Stoffen haben 28 bereits ein Anhörungsverfahren durchlaufen (Stand 1993). Im Rahmen der Erprobung dieser Konzeption durch den BLAK QZ-Nachfolgearbeitskreis, den LAWA-Arbeitskreis „Zielvorgaben (ZV)", wurden die Daten der 28 ausgewählten Stoffe an verschiedenen Flußgebieten mit den von dem BLAK QZ abgeleiteten Zielvorgaben verglichen. Bisher liegen Vergleichsdaten (Vergleich des Istzustands mit den Zielvorgaben) für die Jahre 1988–1991 vor (LAWA & UBA 1994). Hier werden lediglich die für den Rhein ermittelten Daten wiedergegeben.

Bei dem durchgeführten Vergleich wurde vorrangig das 90-Perzentil herangezogen, wobei die erforderliche Datenbasis $n > 10$ betragen soll. Bei einer zu geringen Meßdichte wurde der arithmetische Mittelwert (erforderliche Datenbasis $n > 2$) oder für $n < 3$ der Maximalwert mit dem Wert für die Zielvorgabe verglichen. Die von der LAWA vorgenommenen Datenauswertungen beziehen sich auf die Erprobung von Zielvorgaben für die Schutzgüter „Aquatische Lebensgemeinschaften", „Trinkwasserversorgung" und „Berufs- und Sportfischerei" getrennt für die Jahre 1988–1991.

Tabelle 4.4–2. Gegenüberstellung der vorläufigen BLAK-QZ-Zielvorgaben für 28 organische Umweltchemikalien und der verabschiedeten IKSR-Zielvorgaben (IRMER et al. 1994).

Stoff	ZV BLAK-QZ		ZV IKSR	Bestimmungsgrenze
	(A) µg/l	(T) µg/l	(T,A,F) µg/l	µg/l
Dichlormethan	10	1	--	1 - 10
Trichlormethan	0,8	1	0,6 (A)	0,001 - 1,0
Tetrachlormethan	7	3	1 (T,A)	0,001 - 0,2
1,2-Dichlorethan	2	1	1 (T)	0,01 - 8,0
1,1,1-Trichlorethan	100	1	1 (T)	0,001 - 0,2
Trichlorethen	20	1	1 (T)	0,001 - 0,3
Tetrachlorethen	40	1	1 (T)	0,001 - 0,2
Hexachlorbutadien	0,5	1	0,5 (A)	0,001 - 0,4
1,4-Dichlorbenzol[a]	10	1	--	0,01 - 0,6
1,2,3-Trichlorbenzol	8	1	0,1 (T)	0,001 - 0,1
1,3,5-Trichlorbenzol	20	0,1	0,1 (T)	0,001 - 0,1
1,2,4-Trichlorbenzol	4	1	0,1 (T)	0,001 - 0,1
Hexachlorbenzol[b]	0,01	0,1	0,001 (F)	0,0009 - 0,01
Nitrobenzol	0,1	10	--	0,02 - 0,5
1-Chlor-2-nitrobenzol	10	1	1 (T)	0,01 - 0,1
1-Chlor-4-nitrobenzol	30	1	1 (T)	0,01 - 0,1
1,2-Dichlor-3-nitrobenzol	20	1	--	0,1
1,2-Dichlor-4-nitrobenzol	20	1	--	0,1
1,4-Dichlor-2-nitrobenzol	20	1	--	
2-Nitrotoluol	50	10	--	0,02 - 0,5
3-Nitrotoluol	50	10	--	0,02 - 0,5
4-Nitrotoluol	70	10	--	0,02 - 0,5
4-Chlor-2-nitrotoluol	20	1	--	0,02 - 0,1
2-Chlor-4-nitrotoluol	--	1	--	0,02 - 0,1
2-Chloranilin	3	1	0,1 (T)	0,02 - 1,0
3-Chloranilin	1	0,1	0,1 (T)	0,02 - 1,0
4-Chloranilin	0,05	0,1	0,05 (A)	0,02 - 1,0
3,4-Dichloranilin	0,5	0,1	0,1 (T)	0,02 - 1,0

[a] ZV nach BLAK QZ für das Schutzgut „Berufs- und Sportfischerei": 0,02 µg/l.
[b] ZV nach BLAK QZ für das Schutzgut „Berufs- und Sportfischerei": 0,001 µg/l
bzw. für das Schutzgut „Schwebstoff und Sedimente": 40 µg/kg.

ZV Zielvorgabe; *A* Schutzgut „Aquatische Lebensgemeinschaften"; *F* Schutzgut „Berufs- und Sportfischerei"; *T* Trinkwasserversorgung.

ZV BLAK-QZ ist auf das einzelne Schutzgut bezogen.

ZV IKSR ist vom empfindlichsten Schutzgut von (*T, A, F*) abgeleitet.

ZV-Werte sind 90-Perzentilwerte.

Für den Rhein wurden demnach im Jahr 1991 noch Überschreitungen festgestellt (bezogen auf das Schutzgut „aquatische Lebensgemeinschaften"):

- für Trichlormethan an den Meßstellen Mannheim und Worms um einen Faktor von ≥2 bis <5 und an der Meßstelle Mainz um einen Faktor von ≥1 bis <2,
- für 1,2-Dichlorethan an der Meßstelle Worms um einen Faktor von ≥5 bis <10,
- für Nitrobenzol an der Meßstelle Worms um einen Faktor von ≥2 bis <5 sowie an den Meßstellen Düsseldorf, Kleve-Bimmen, Koblenz jeweils um einen Faktor von 1 bis <2.

Die LAWA führte auf der skizzierten Basis eine weitere Erprobung der Zielvorgaben für Schwermetalle von 1990–1992 durch. Bezogen auf das Schutzgut „Aquatische Lebensgemeinschaften" lagen im Jahr 1992 folgende Überschreitungen vor (LAWA 1994):

- für Blei an den Meßstellen Bad Honnef und Mainz, jeweils um Faktoren von >2 bis <5,
- für Cadmium bei Bad Honnef und Kleve-Bimmen, jeweils um Faktoren von >1 bis <2,
- für Kupfer bei Weisweil (>1 bis <2), Karlsruhe (>1 bis <2), Bad Honnef (>2 bis <5) und Kleve-Bimmen (>1 bis <2),
- für Nickel bei Koblenz (>1 bis <2), Bad Honnef (>2 bis <5) und Kleve-Bimmen (>1 bis <2),
- für Quecksilber bei Koblenz (>1 bis <2) und Kleve-Bimmen (>2 bis <5),
- für Zink bei Öhningen (>1 bis <2), Karlsruhe (>1 bis <2), Koblenz (>5 bis <10), Bad Honnef (>1 bis <2) und Kleve-Bimmen (>2 bis <5).

Vergleich von Zielvorgaben und Istwerten des Rheins durch die IKSR (1990–1993). Die im Rahmen des APR erstmals für den Zeitraum von 1990–1992 durchgeführten Vergleiche des Istzustands mit den Zielvorgaben (IKSR 1993c, 1994a, e–g) sollen eine Aussage darüber ermöglichen, ob in der zweiten (1990–1995) oder dritten Phase (1996–2000) des APR zusätzliche Maßnahmen zum Erreichen der Ziele durchzuführen sind. Die IKSR (1993c) hat die prioritären Stoffe zur Durchführung des Vergleichs in drei *Ergebnisgruppen* eingeteilt:
Ergebnisgruppe 1: Die Zielvorgaben werden nicht erreicht. Hierzu zählen alle prioritären Stoffe, deren 90-Perzentil (oder doppeltes 50-Perzentil bzw. für Gesamtphosphor Mittelwert) größer als die doppelte Zielvorgabe ist.
Ergebnisgruppe 2: Die Meßwerte liegen in der Nähe der Zielvorgaben. Hierzu zählen

- alle prioritären Stoffe, deren errechnetes 90-Perzentil (oder doppeltes 50-Perzentil bzw. für Gesamtphosphor Mittelwert) kleiner als die doppelte und größer als die halbe Zielvorgabe ist,

- alle prioritären Stoffe, deren Zielvorgabe unter der Bestimmungsgrenze liegt. Diese sind in den entsprechenden Tabellen mit einer Fußnote gekennzeichnet.

Ergebnisgruppe 3: Die Zielvorgaben werden erreicht. Hierzu zählen alle prioritären Stoffe, deren 90-Perzentil (oder doppeltes 50-Perzentil bzw. für Gesamtphosphor Mittelwert) kleiner als die halbe Zielvorgabe ist.

Grundlage für den Vergleich bieten die Daten an den sechs internationalen Meßstellen Village-Neuf, Seltz, Koblenz/Rhein, Koblenz/Mosel, Bimmen und Lobith. Die Daten werden den Zahlentafeln der IKSR und den nationalen Meßprogrammen unter Beteiligung folgender Institutionen entnommen:

- Engler-Bunte-Institut, Universität Karlsruhe (EBI)
- Institut de Recherches Hydrologiques, Nancy, Colmar (IRH)
- Bundesanstalt für Gewässerkunde, Koblenz (BfG)
- Landesanstalt für Wasser und Abfall Nordrhein-Westfalen, Düsseldorf (LWA)
- Rijkinstitut voor Zuivering van Afvalwater, Lelystad (RIZA)
- Samenwerkende Rijn- en Maaswaterleidingbedrijven, Amsterdam (RIWA).

In der Regel werden für den Vergleich die 90-Perzentile herangezogen, für Gesamtphosphor der Jahresmittelwert. Läßt sich das 90-Perzentil aufgrund von Datenmangel nicht statistisch sicher berechnen, so wird das doppelte 50-Perzentil zum Vergleich mit den Zielvorgaben herangezogen. Bis einschließlich 1991 wurden auch die Befunde aus dem Forschungsvorhaben „Organische Mikroverunreinigungen" ausgewertet.

Generell wird ein Vergleich durch die unterschiedliche Datenverfügbarkeit erschwert. Aufgrund Datenmangels konnte bisher (1990–1992) keine Einordnung von Isodrin, δ-Hexachlorbenzol und 3,4-Dichloranilin vorgenommen werden. Für einige Isomeren sind nur wenige Meßdaten verfügbar; diese werden dann „aus fachlicher Sicht" einer adäquaten Ergebnisgruppe zugeordnet (1992: 2,4'-DDD; 2,4'-DDE, 2,4'-DDT; jeweils nur 1 Messung bei Lobith). Im Jahr 1992 lagen nach Angaben der IKSR (1994a,f) für drei Stoffgruppen (1990, 1991: jeweils 1 Stoffgruppe) und acht Einzelstoffe (1990, 1991: jeweils 7 Stoffe) keine oder zu wenige Meßergebnisse vor:

- Stoffgruppen: Organozinnverbindungen, Chlornitrobenzole (1,2-, 1,3- und 1,4-Chlornitrobenzol, Chlortoluole (2- und 4-Chlortoluol)
- Einzelstoffe: Bentazon, α-Hexachlorcyclohexan, ß-Hexachlorcyclohexan, δ-Hexachlorcyclohexan, Parathion-ethyl, 3,4-Dichloranilin, 1,2,3-Trichlorbenzol, 1,3,5-Trichlorbenzol.

Im Rahmen des APR wurde ein erster Ist-Soll-Vergleich für die Gütedaten aus dem Jahre 1990 durchgeführt (IKSR 1993c). An mindestens einer internationalen Meßstelle wurden die Zielvorgaben von 10 Stoffen oder Stoffgruppen damals nicht erreicht. Es handelte sich um

- die Schwermetalle Quecksilber, Cadmium, Kupfer und Zink,
- die organischen Mikroverunreinigungen γ-HCH (Lindan), Trichlormethan (Chloroform), Hexachlorbenzol und PCB (6 Isomeren),
- die Nährstoffe Gesamtphosphor und Ammonium.

Bei ca. 2/3 der weiteren im Rahmen des APR festgelegten prioritären Stoffe bestanden nach Angaben der IKSR im Vergleich zu den Zielvorgaben keine Probleme mehr. Ein erneuter Vergleich der Daten von 1990–1993 ergab ähnliche Befunde (IKSR 1994a,e). Phosphor und Chloroform lagen im Bereich der Zielvorgaben, so daß diese Substanzen nicht mehr als Problemstoffe „Zielvorgaben nicht erreicht“ eingestuft wurden. Jedoch kam mit Blei ein weiteres Schwermetall hinzu, für das 1993 die Zielvorgaben nicht erreicht werden konnten. In der Tabelle 4.4–3 sind die Befunde für die genannten Substanzen (Quecksilber, Cadmium, Kupfer, Zink, Blei, γ-HCH, Hexachlorbenzol, PCB zusammengestellt. Wesentliche Befunde sind (IKSR 1994a,e):

- *Quecksilber:* Bei Bimmen und Lobith werden die Zielvorgaben in den vier Bezugsjahren nicht erreicht. Im Jahr 1993 wurde die Zielvorgabe an der Meßstation Lauterburg ebenfalls nicht erreicht. Die Meßwerte können dort das Doppelte der Zielvorgabe betragen. An der Meßstation Koblenz/Rhein bewegen sich die Werte in der Nähe der Zielvorgabe.
- *Cadmium:* An den Meßstationen Koblenz/Mosel, Bimmen und Lobith werden die Zielvorgaben in den vier Bezugsjahren nicht erreicht. Die Meßwerte können dort das 2fache der Zielvorgaben betragen. An den Meßstationen Village-Neuf, Seltz und Koblenz/Rhein liegen die Meßergebnisse in der Nähe der Zielvorgaben.
- *Kupfer:* Die Zielvorgaben werden an den Meßstationen Koblenz/Rhein, Koblenz/Mosel und Lobith in fast allen Bezugsjahren nicht erreicht. Die Meßwerte können fast das 3fache der Zielvorgaben betragen. Lediglich bei Village-Neuf und bei Bimmen liegen die Meßergebnisse im Jahr 1993 in der Nähe der Zielvorgaben.
- *Zink:* Die Zielvorgaben werden an den Meßstationen Koblenz/Mosel, Bimmen und Lobith in allen Bezugsjahren nicht erreicht. Die Meßwerte können dort fast das 3fache der Zielvorgaben betragen. An den Meßstation Village-Neuf, Lauterburg und Koblenz/Rhein liegen die Meßresultate 1992 und 1993 in der Nähe der Zielvorgaben.
- *Blei:* Eine positive Tendenz zeigt sich lediglich an der Meßstation Seltz (Lauterburg), wo die Meßresultate im Jahr 1993 in der Nähe der Zielvorgabe liegen. An der Meßstelle Koblenz/Rhein liegen die Befunde in allen Bezugsjahren in der Nähe der Zielvorgaben, während sie an der Meßstelle Koblenz/Mosel in diesem Zeitraum nicht erreicht werden.

Tabelle 4.4–3. Zielvorgaben und Zuordnung zu Ergebnisgruppen für prioritäre Substanzen im Rhein, für die die Zielvorgaben bis 1993 noch nicht erreicht wurden (zusammengestellt aus IKSR 1994a,e).

Substanz/ Zielvorgabe	geogene Hintergrundbelastung	Meßstation	Ergebnisgruppe			
			1990	1991	1992	1993
Quecksilber		Village-Neuf	2		2	2
		Seltz-(Lauterburg=L)	2		2(L)	1(L)
		Koblenz/Rhein	1	1	2	2
0,5 mg/kg	0,2 mg/kg	Koblenz/Mosel		2	3	2
		Bimmen	1	1	1	1
		Lobith	1	1	1	1
Cadmium		Village-Neuf	1		2	2
		Seltz-(Lauterburg=L)	2		1(L)	2(L)
1,00 mg/kg	0,3 mg/kg	Koblenz/Rhein	2	2	2	2
		Koblenz/Mosel		1	1	1
		Bimmen	1	1	1	1
		Lobith	1	1	1	1
Kupfer	20 mg/kg	Village-Neuf	1		2	2
		Seltz-(Lauterburg=L)	1		1(L)	1(L)
50 mg/kg		Koblenz/Rhein	2	1	1	1
		Koblenz/Mosel		1	1	1
		Bimmen	1	1	1	2
		Lobith	1	1	1	1
Zink		Village-Neuf	1		2	2
		Seltz-(Lauterburg=L)	1		2(L)	2(L)
200 mg/kg	100 mg/kg	Koblenz/Rhein	1	2	2	2
		Koblenz/Mosel		1	1	1
		Bimmen	1	1	1	1
		Lobith	1	1	1	1
Blei		Village-Neuf	2		2	2
		Seltz-(Lauterburg=L)	1		2(L)	2(L)
100 mg/kg	25 mg/kg	Koblenz/Rhein	2	2	2	2
		Koblenz/Mosel		1	1	1
		Bimmen	2	1	1	2
		Lobith	2	1	1	1
Lindan		Village-Neuf		1	1	2
(γ-HCH)		Seltz-(Lauterburg=L)	2[a]		1(L)	1(L)
		Koblenz/Rhein		1	1	1
0,002 μg/l	–	Koblenz/Mosel		1	1	1
		Bimmen	2[a]	2[a]	2[a]	2[a]
		Lobith	1	2	1	1

Tabelle 4.4-3 (Fortsetzung)

Substanz/ Zielvorgabe	geogene Hintergrundbelastung	Meßstation	Ergebnisgruppe			
			1990	1991	1992	1993
Hexachlorbenzol		Village-Neuf		1		
		Seltz-(Lauterburg=L)	2			1(L)
		Koblenz/Rhein	1	1	1	2
0,001 μg/l	–	Koblenz/Mosel	3	3	3	3
		Bimmen	1		1	1
		Lobith	1	1	1	2
PCB		Village-Neuf				
		Seltz-(Lauterburg=L)	1			1(L)
0,0001 μg/l	–	Koblenz/Rhein	1	1	1	1
		Koblenz/Mosel	1	1	1	1
		Bimmen	1	1	1	1
		Lobith	1	1	1	1
Ammonium-Stickstoff		Village-Neuf	2	2	2	2
		Seltz-(Lauterburg=L)	2	2	2(L)	2(L)
		Koblenz/Rhein	1	2	2	2
200 μg/l	unbekannt	Koblenz/Mosel	1	2	1	2
		Bimmen	1	1	1	1
		Lobith	1	1	1	1

[a]Die Zielvorgabe ist gleich der Bestimmungsgrenze oder liegt unter der Bestimmungsgrenze. Diese Werte blieben bei der Auswertung unberücksichtigt.

1 = Die Zielvorgaben werden nicht erreicht.

2 = Die Meßwerte liegen in der Nähe der Zielvorgaben.

3 = Die Zielvorgaben werden erreicht.

L Meßwerte aus der Meßstation Lauterburg.

- *Hexachlorcyclohexan (γ-HCH, Lindan):* An fast allen Meßstationen wird die Zielvorgabe nicht erreicht (Seltz-Lauterburg, Koblenz/Rhein, Koblenz/Mosel, Lobith). Hierbei können die Meßwerte das bis zu 16fache der Zielvorgabe betragen. Eine positive Entwicklung ist lediglich an der Meßstation Village-Neuf gegeben.
- *Hexachlorbenzol:* An den Meßstationen Koblenz/Rhein und Lobith ist eine positive Entwicklung zu Werten in der Nähe der Zielvorgabe zu erkennen. An der Meßstelle Koblenz/Mosel werden die Zielvorgaben in allen Bezugsjahren erreicht. Bei Seltz-Lauterburg, wo die Zielvorgaben nicht erreicht wurden, können die Meßwerte fast 10mal höher als die Zielvorgaben sein.

- *Polychlorierte Biphenyle (PCB):* Eine positive Entwicklung ist an sämtlichen Meßstationen nicht zu erkennen. An den Meßstationen Koblenz/Rhein und Koblenz/Mosel können die Maximalwerte das 6fache der Zielvorgaben betragen.
- *Ammonium-Stickstoff:* Bei Bimmen und Lobith werden die Zielvorgaben in den vier Bezugsjahren nicht erreicht. Gleiches gilt im Jahr 1990 für die Meßstellen Koblenz/Rhein und Koblenz/Mosel und im Jahr 1992 für die Meßstelle Koblenz/Mosel. Bei allen anderen Meßstellen liegen die Meßwerte in der Nähe der Zielvorgaben.

4.5 Zusammenfassung

Bis *ausgangs des 19. Jahrhunderts* lassen sich keine längerfristigen und großräumigen Störungen Rheinökosystems als Folge von Schadstoffeinträgen nachweisen. Wachsende *Industrialisierung* und der damit einhergehende *Bevölkerungsanstieg* im Rheineinzugsgebiet - vor allem zwischen 1860 und 1920 - verursachten zunehmende stoffliche Belastungen des Rheins. Innerhalb dieses Zeitraums wurde auf der niederländischen Rheinstrecke ein ständiger Anstieg der Chloridfracht gemessen, der die Entwicklung der Verschmutzung in Korrelation zu Bevölkerungs- und Industriewachstum deutlich widerspiegelt. Für diesen Zeitraum lassen sich zur Rheinverschmutzung und zu deren Wirkung auf Biozönosen lediglich einige qualitative Aussagen treffen. In *Hochrhein, Oberrhein* und *Mittelrhein* gab es seit Ende des 19. Jahrhunderts punktuelle Belastungen durch kommunale, gewerbliche und industrielle Abwässer, die örtlich Flora und Fauna sowie die Fischerei schädigten und das Badevergnügen einschränkten. Der *Niederrhein* war dagegen schon seit der Wende zum 20. Jahrhundert auf weiten Strecken stark verschmutzt, vor allem aufgrund der Abwässer aus dem Ruhrgebiet. Entsprechende Schädigungen wiesen die Rheinbiozönosen auf. Die Fischerei hatte Bestandseinbußen zu beklagen. Schon im zweiten Jahrzehnt nach der Jahrhundertwende wurden unterhalb Duisburg Geschmacksbeeinträchtigungen der Fische durch Phenole festgestellt.

Die Entwicklung der Rheinbelastung *im ersten Nachkriegsjahrzehnt (1945-1955)* kann zunächst durch eine kurze „Erholungsphase“ nach den Zerstörungen von Kanalisationen, Kläranlagen und Industrieanlagen charakterisiert werden. Jedoch begannen schon Anfang der fünfziger Jahre die Sauerstoffwerte (Konzentrationen, Sättigung) wieder abzusinken. Der *Hochrhein* bis zur Aaremündung blieb dennoch weitgehend biologisch gesund. Der *Oberrhein* wurde streckenweise zunehmend verschmutzt (oberhalb Basel, Karlsruhe, Ludwigshafen), wobei die stärkste biologisch wirksame Verschmutzung im Raum Mainz/Wiesbaden auftrat. Phenole und ähnliche Verbindungen waren schon ab Lauterburg/Seltz (Oberrhein) nachweisbar; diese Substanzen nahmen mit der Fließstrecke des Rheins zu. Im *Mittelrhein* bei Braubach und im *Niederrhein* bei Bimmen/Lobith wurden die niedrigsten Sauerstoffwerte (Jahresmittel) der Rheinstrecke erreicht. Entsprechend stiegen die BSB_5-Konzentrationen mit der Fließstrecke des Rheins an und erreichten höchste Werte an der deutsch-niederländischen Grenze; ebenso stiegen die Jahresmittel für Ammonium, Nitrat, Chlorid mit der Fließstrecke des Rheins an. Zwischen Duisburg/Kleve-Bimmen im Niederhein erreichte die Verschmutzung bis zur Mitte der fünfziger Jahre weitere Spitzenwerte.

Im allgemeinen wurde der *Höhepunkt der Rheinverschmutzung zwischen 1965 und 1976* erreicht. Dies gilt – mit Ausnahme von Chlorid und Nitrat – zumindest für die klassischen Meßgrößen (BSB, CSB, DOC, Phosphat, Ammonium). Aussagen zur Entwicklung der Konzentrationen von Schwermetallen und organischen Mikroverunreinigungen bis zu den siebziger Jahren sind nur bedingt möglich, da der Entwicklungsstand der Probenahmetechniken und der damaligen Methoden der Spurenanalytik sowie mangelndes Wissen über die Bedeutung der hydrologischen Bedingungen nicht zu sicheren Ergebnissen führten. Im allgemeinen dürfte auch für diese Substanzklassen der Höhepunkt der Belastung in den siebziger Jahren gelegen haben. Die Entwickung der Belastung der einzelnen Rheinabschnitte (Hochrhein, Oberrhein, Mittelrhein, Niederrhein) ist aufgrund nationaler, bundesländerbezogener und internationaler Meß- und Untersuchungsprogramme gut dokumentiert.

Hinweis: Detaillierte Angaben zur Entwicklung der Meßgrößen Sauerstoffkonzentration, -sättigung (Jahresmittelwerte, Jahresminima), Biochemischer Sauerstoffbedarf (BSB_5), Chemischer Sauerstoffbedarf (CSB), gelöster organischer Kohlenstoff (DOC), Ammonium-, Nitrat-Stickstoff, o-Phosphat-Phosphor, Chlorid, Schwermetalle, Phenole und Homologe sowie anionische Tenside (MBAS) (jeweils Jahresmittelwerte der Konzentration und Jahresmaxima) auf den einzelnen Rheinabschnitten bis zum Jahr 1987 sind in der Anlage III enthalten.

Im Hinblick auf die Bedeutung der stofflichen Entwicklung für die Biozönosen des Rheins (vgl. Kap. 5.4.2, 5.4.3) lassen sich aufgrund der vorliegenden Zeitmeßreihen zusammenfassend folgende Angaben machen:

- Der Hochrhein bis zur Aaremündung war/ist gering belastet.
- Die Belastung nahm/nimmt in bezug auf die meisten Meßgrößen mit der Fließrichtung des Rheins zu, so daß der Niederrhein insgesamt am stärksten belastet war/ist.
- Die Meßgrößen zum *Sauerstoffhaushalt* (Sauerstoffkonzentration, -sättigung, BSB_5, CSB) erreichten ihre Minima/Maxima Ende der sechziger und Anfang

der siebziger Jahre auf allen Rheinstrecken und ändern sich seit den letzten Jahren nur noch geringfügig.

- Die Nettobelastung des Rheineinzugsgebiets mit *sauerstoffzehrenden Stoffen* betrug im Jahr 1985 ca. 21 Millionen Einwohnergleichwerte. Sie hat sich damit durch Vermeidungsmaßnahmen seit den siebziger Jahren erheblich reduziert.
- Ebenso haben sich die *DOC-, TOC-, CSB-Konzentrationen* (Meßgrößen für die Gehalte an organischen Stoffen) in unterschiedlichem Maße erniedrigt, wobei die Abnahme seit den achtziger Jahren stagniert oder geringer ist. Die CSB-Werte liegen seit Ende der achtziger Jahre in der Nähe der Bestimmungsgrenzen.
- Die Belastung des Rheins mit *Pflanzennährstoffen* (Ammonium, Nitrat, Phosphat) muß differenziert betrachtet werden: Seit den siebziger Jahren hat die Belastung mit *Phosphaten* auf sämtlichen Rheinabschnitten (mit Ausnahme des gering belasteten Hochrheins) erheblich abgenommen. Ähnliches gilt für die Jahresmittelwerte der Konzentrationen an *Ammonium-Stickstoff.* Im Gegensatz dazu steigen die Jahresmittel der *Nitrat*konzentrationen auf sämtlichen Rheinabschnitten bis Anfang der neunziger Jahre an und erreichen Spitzenwerte in den niederrheinischen Abschnitten.
- Die Chloridbelastung des Rheins ist nach wie vor erheblich. Sie erreicht Spitzenwerte im Niederrheingebiet.
- Die in Frage stehenden *Schwermetalle* Quecksilber, Cadmium, Kupfer, Zink, Chrom, Mangan, Nickel und Blei liegen im Rhein vorwiegend gebunden an Schwebstoffe/Sedimente vor. Die Konzentrationen der *Gesamtschwermetalle (Wasser + Schwebstoffe)* und der an *Schwebstoffe* gebundenen Schwermetalle sind deutlich zurückgegangen, nachdem ihre Maxima in den siebziger Jahren gelegen haben. Seit Mitte der achtziger Jahre verlangsamt sich der Rückgang. Über die Gehalte der Schwermetalle in *Sedimenten* liegen für das Rheinlängsprofil erst seit kurzem verläßliche Angaben vor, so daß sich Entwicklungstendenzen nicht sicher abschätzen lassen. Jedoch bilden die Sedimente in lokal unterschiedlichem Maß einen wesentlichen Eintragspfad für diffuse Schwermetallbelastungen.
- Die Belastung des Rheins mit *organischen Mikroverunreinigungen* (Wasser, Schwebstoffe, Sedimente) ist besonders wegen der großen Anzahl ökologisch schwer einzuschätzender Stoffe bedeutsam. Allein die Zahl der industriell hergestellten halogenorganischen Substanzen erreicht derzeit etwa 10.000; von diesen sind bisher erst 10–25 % identifiziert). Es lassen sich mehrere Gruppen von organischen Mikroverunreinigungen unterscheiden, die vor allem wegen ihres unterschiedlichen Adsorptionsverhaltens an Schwebstoffe/Sedimente differenziert betrachtet werden müssen. Es sind dies *Pestizide* (Chlor- und Nichtchlorpestizide wie z.B. DDT und Atrazin), *leichtflüchtige Kohlenwasserstoffe* (z.B. Chloroform, Benzol) und *schwerflüchtige Kohlenwasserstoffe* (z.B. Chlor-

aniline, PCB) sowie die *Summenmeßgrößen AOX* (für organische Halogenverbindungen) und *AOS* (für organische Schwefelverbindungen). Für einen großen Teil der Schadstoffe aus den einzelnen Gruppen liegen Messungen erst seit neuerer Zeit, vor allem im Rahmen des Sonderuntersuchungsprogramms „Organische Mikroverunreinigungen" (1989–1991) vor.

Bezogen auf die Gehalte im Wasser kann grundsätzlich von einem Rückgang der meisten dieser Substanzen ausgegangen werden. Problemstoffe bleiben jedoch, wie zum Beispiel Chloroform aus der Gruppe der leichtflüchtigen Kohlenwasserstoffe sowie die stickstoff- und phosphorhaltigen Pflanzenschutzmittel-Wirkstoffe in ihrer Gesamtheit und als Einzelsubstanzen. Von den schwerflüchtigen organischen Kohlenwasserstoffen sind es vor allem Hexachlorbenzol (im Wasser und in Schwebstoffen/Sedimenten) und PCB (in den Schwebstoffen/Sedimenten), die trotz ihres festgestellten Rückgangs noch beachtet und deren Konzentrationen weiter reduziert werden müssen. Seit Aufnahme der Messungen in den siebziger Jahren ist auch der Summenparameter für die halogenorganischen Verbindungen (AOX) auf sämtlichen Rheinstrecken stark zurückgegangen.

Der *allgemeine Schadstoffrückgang* im Rhein ist auf verstärkte und verbesserte Technologien bei Vermeidung (z.B. bei Produktionsverfahren) und Rückhaltung (Kläranlagen) zurückzuführen. Dies betrifft die punktuellen Einleitungen durch Industrie und Kommunen. Demgegenüber gewinnen die *diffusen Stoffeinträge* zunehmend an Bedeutung.

Die im Rahmen des Aktionsprogrogramms „Rhein" aufgrund ökotoxikologischer Untersuchungen erarbeiteten *Zielvorgaben* für die prioritär zu reduzierenden Schadstoffe wurden im Bezugszeitraum 1990–1993 für die meisten Meßgrößen erreicht. Zum Teil deutlich überschritten wurden die Zielvorgaben zumindest im Jahr 1993 und an in der Regel mehreren Meßstationen für die Schwermetalle Quecksilber, Cadmium, Kupfer, Zink, Blei und für die organischen Mikroverunreinigungen γ-Hexachlorcyclohexan (Lindan), Hexachlorbenzol, Polychlorierte Biphenyle (PCB) und für Ammonium-Stickstoff.

5 Biozönosen des Rheinökosystems

In den folgenden Kapiteln werden die Lebensgemeinschaften (Biozönosen) des Rheins und seiner Auen in ihrer zeitlich-räumlichen Entwicklung behandelt. Als Voraussetzung für das Verständnis der Veränderung der Lebensgemeinschaften wird der Wandel des Ökosystems Rhein/Rheinaue dargestellt. Sodann werden die amphibisch-terrestrischen und aquatischen Biozönosen, jeweils getrennt nach Flora und Fauna, besprochen. Dabei wird nicht beansprucht, die Biozönosen des Ökosystems vollständig zu erfassen. In einigen Bereichen erlaubt die vorhandene Literatur die Behandlung nur von Teilaspekten der Lebensgemeinschaften. Die Forschung zur Biozönologie (Lehre von den Lebensgemeinschaften) - besonders im faunistischen Bereich - steht erst in den Anfängen (Gesellschaft für Ökologie 1988). Dies spiegelt sich auch in der den Rhein betreffenden Literatur wider. Es gibt nur sehr wenige Arbeiten zur Biologie des Rheins und seiner Auen mit einem biozönologischen Ansatz, der neben der qualitativen Beschreibung des Artenspektrums die quantitativen Zusammensetzungen und die funktionalen Beziehungen innerhalb des Wirkungsgefüges einer Lebensgemeinschaft behandelt. Besonders die ältere Literatur geht über eine Beschreibung der Artenvorkommen nicht hinaus. Auch die heutigen Forschungen sind nur wenig umfassender. Vielfach wird darauf aufmerksam gemacht, daß schon erhebliche Forschungsdefizite bei den Grundlagendisziplinen wie Systematik, Taxonomie und Tiergeographie bestehen (z.B. Gesellschaft für Ökologie 1988). Erst nach der Entwicklung und Erprobung biozönologischer Untersuchungsmethoden wird man wohl die Biozönosen des Rheins besser beschreiben können.

Um Verständnisschwierigkeiten zu entgehen, die sich oft schon beim Gebrauch der grundlegenden Begriffe wie Art, Biozönose und Ökosystem ergeben, werden diese Begriffe hier definiert. Weitere Begriffe werden im Glossar erläutert (s. Kap. 9) (HENTSCHEL & WAGNER 1993; RHEINHEIMER 1991; SCHAEFER, M. 1992; SEDLAG & WEINERT 1987; TISCHLER 1990, 1993; UHLMANN 1975; WALTER, H. 1979):

Art: Reale Abstammungs- und Fortpflanzungsgemeinschaft sowie zentrale Kategorie des die abgestufte Mannigfaltigkeit der Organismen ordnenden Systems.

Biozönose: Lebensgemeinschaft; eine Vergesellschaftung von Lebewesen, die einen einheitlichen Abschnitt des Lebensraums bewohnen und deren Mitglieder mehr oder weniger in einem Zustand gegenseitiger, korrelativer Bedingtheit leben.

Biotop: Summe der abiotischen Faktoren eines Lebensraumes. Für Tiere gehören auch die Pflanzen mit ihren Eigenschaften als Substrat und Raumstruktur dazu.

Ökosystem: Ein biologisches System, das sich aus der Integration und Wechselwirkung aller oder zahlenmäßig begrenzter biotischer und abiotischer Elemente eines definierten Bereichs der Biosphäre ergibt. In der Dimension ist das Ökosystem nicht festgelegt. Durch ein Netz von Rückkopplungskreisen bilden Biozönosen und Biotop eine funktionale Einheit.

5.1 Der Wandel des Ökosystems Rhein/Rheinaue

Der Landschaftswandel am Rhein, hervorgerufen durch Flächeninanspruchnahme (Industrialisierung, Besiedlung) und Nutzungsintensivierung (Land-, Forst-, Wasserwirtschaft und Schiffahrt), ist Ausdruck einer negativen Entwicklung der Funktions- und Leistungsfähigkeit des Naturhaushaltes.

5.1.1 Natürliche Wechselwirkungen zwischen Fluß und Aue

Die natürlichen Auen zeichnen sich durch eine sehr große Biotopvielfalt aus. Mindestens die Hälfte unserer einheimischen Tierarten findet hier ihren Lebensraum (GEPP 1985). In der Aue leben hoch spezialisierte Tierarten mit Anpassungen an abiotische Extremsituationen, mit entsprechenden Lebenszyklen, die oft abwechselnd im Wasser und auf dem Land ablaufen. Die große Artenvielfalt ist nur möglich, weil sich die natürliche Aue durch das Vorhandensein von verschiedenen Biotoptypen und -strukturen, die sich in unterschiedlichen Altersstadien befinden, auszeichnet.

Die Wechselwirkungen im Biotopsystem Fluß/Aue zeigen sich deutlich in der Verknüpfung des Nahrungsnetzes (Abb. 5.1–1).Die Aue ist der wesentliche Nährstofflieferant für die aquatische Lebensgemeinschaft. Vor allem Detritus (Laub, Holz, abgestorbenes organisches Material) und die im Wasser gelösten Nährstoffe bilden die Grundlage für die Existenz vielfältiger pflanzlicher und tierischer Organismen im Wasser.

Mikroorganismen und Detritusfresser (z.B. Flohkrebse, Wasserasseln, Schnekken) zersetzen und mineralisieren das abgestorbene organische Material, stellen ihrerseits die Nahrungsgrundlage für räuberische Arten (z.B. Wasserkäfer,

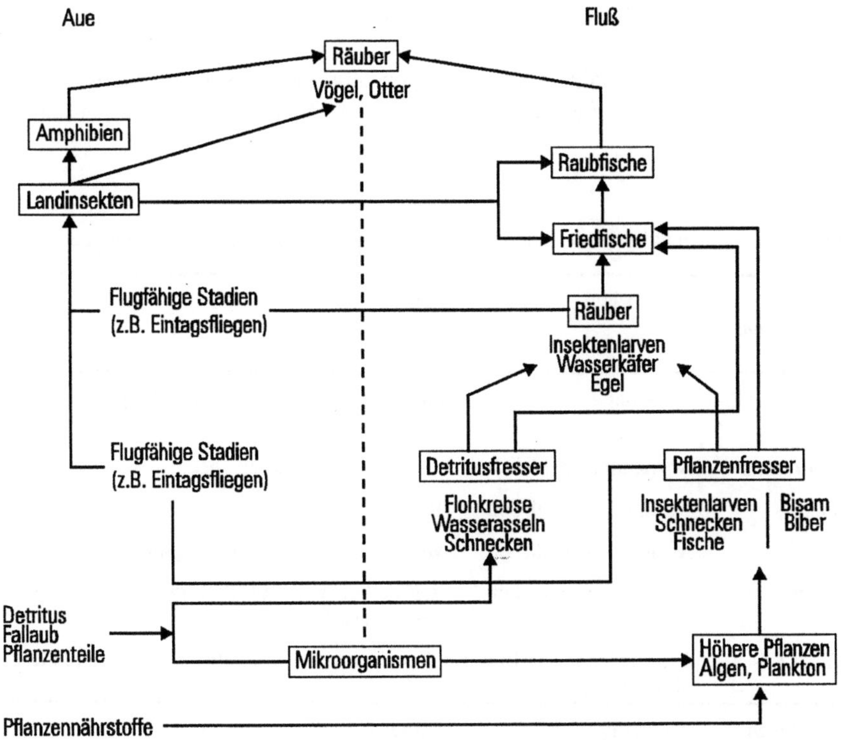

Abb. 5.1–1. Die trophische Verflechtung von Aue und Fluß, stark vereinfacht. Schematischer Ausschnitt aus dem „Ökosystem Rhein".

Libellenlarven, Egel, Fische) dar und liefern Nährstoffe für Wasserpflanzen, die die Nahrungsgrundlage für Fische, Bisam und Biber bilden, die dann Beute für räuberische Arten (z.B. Vögel, Otter) sein können.

Die Aue liefert nicht nur die energetische Grundlage zur Entwicklung des aquatischen und, damit verbunden, des amphibisch-terrestrischen Nahrungsnetzes, sie ist auch Laich-, Brut-, Wander- und Rückzugsraum für viele Arten des Flusses und des umgebenden Landes. Wird die Aue von Fischen, Amphibien, Vögeln und Säugetieren als Laich- und Brutraum genutzt, so stellt der Fluß für sie den Wander- und Verkehrsraum dar, in dem sie sich aktiv oder passiv fortbewegen und verbreiten.

Viele Insektenarten der Auen (Käfer, Schmetterlinge) werden durch Wind- oder Wassereinwirkung und andere Ereignisse vom Land ins Wasser eingetragen und dienen dort z.B. den Fischen als Nahrung. Andere Insektenarten (Eintagsfliegen, Köcherfliegen) verbringen ihre Larvalphase im Fluß, fliegen nach dem Schlüpfen in die Auen und können dort von Vögeln erbeutet werden.

5.1.2 Ursachen und Ausprägungen des Ökosystemwandels am Rhein

Ein Vergleich des ehemaligen und heutigen Zustands des Ökosystems Rhein/Rheinaue läßt die im folgenden zusammengestellten Unterschiede erkennen (Tabelle 5.1–1).

Tabelle 5.1–1. Ehemaliger und heutiger Zustand des Ökosystems Rhein/Rheinaue

Aquatische Lebensräume	ehemalig:	heute:
Fluß	natürlich	ausgebaut als Wasserstraße (Hauptrinne/Kanal)
Seitenrinnen	vorhanden, natürlich	als Restrhein oder an Inseln
Gießen	vorhanden, natürlich	Restbestände
Kolke	vorhanden, natürlich	vorhanden, teils Verlandungsformen
Altarme	vorhanden, natürlich	vorhanden, teils künstlich geschaffen, teils verlandend
Zuflüsse	mit natürlichen Mündungszonen	ohne natürliche Mündungszonen, kanalisiert
Amphibisch-terrestrische Lebensräume	ehemalig:	heute:
Kies-, Sand-, Schlammbänke	vorhanden, durch Hydrodynamik geprägt	nur noch in Restrhein und Überflutungsaue vorhanden
Inseln	sehr zahlreich	Restbestände im Rheingau und am Mittelrhein
Uferabbrüche	vorhanden, durch Hydrodynamik geprägt	Restbestände, meist außerhalb der wirksamen Hydrodynamik
Röhrichte	vorhanden	reichhaltige Verlandungsstadien, meist andere Artenzusammensetzung
Wiesen	in verschiedenen Ausprägungen	als Kulturformen durch Grünlandumbruch, Düngung und forstl. Bepflanzung rückläufig
Überflutungsaue	vorhanden	kleinräumig, Altaue durch Rheindeiche entstanden
Weichholzaue	vorhanden	nur noch in Restbeständen in Überflutungsauen
Hartholzaue	vorhanden	nur noch in Restbeständen in Überflutungsauen

Tabelle 5.1-1 (Fortsetzung)

Formende und prägende Faktoren	ehemalig:	heute:
Hydrodynamik, Überflutungshöhe, Überflutungsdauer	unbehinderte, natürliche Abläufe	Beschleunigung und Erhöhung der Hochwasserwellen durch Einengung der Rheinauen, Grundwasserstandsschwankungen stark vermindert im Staustufenbereich u.a.

Die Stoffwechselendprodukte aus den verschiedenen Nahrungsketten gelangen schließlich in den Auenboden oder das Wasser, um dort erneut als Pflanzennährstoffe zur Verfügung zu stehen. Diese engen Verflechtungen zwischen Fluß und Aue auf trophischer und funktioneller Ebene sind integraler Bestandteil des Gesamtsystems.

Ursachen der Biotopveränderungen sind:

- Veränderungen im Abflußverhalten des Rheins und seiner Nebengewässer durch Einschränkung der Morphodynamik und Beschleunigung des Abflusses,
- Belastung von Grund- und Oberflächenwasser sowie von Böden mit Schadstoffen,
- Stau von Oberflächengewässern,
- Veränderungen im Grundwassersystem durch Absenkung des Grundwassers bis hin zur Austrocknung der Aue,
- Freilegung des Grundwasserkörpers durch Auskiesung,
- Verlust und Veränderung von Auenbiotopen mit der Folge der Umstrukturierung des gesamten Biotopsystems und des Rückgangs auentypischer Pflanzen- und Tierarten, teilweise bis zu deren vollständigem Verschwinden (HLU et al. 1988).

Hochwasserverstärkung und Grundwasserabsenkung. Die Restbestände der Überflutungsaue sind durch die gestiegene Rasanz der Hochwasserereignisse gefährdet. Trotz fortschreitender Sohlenerosion des Rheins ist vielfach keine Verminderung der Überflutungshöhen bei Hochwasser festzustellen. Kanalisierung und Verlust von Überschwemmungsflächen führten zu höheren, schnelleren und häufigeren Hochwasserereignissen (Abb. 5.1-2 und 5.1-3) (HOMAGK 1983a,b).

Während die Überflutungsaue durch verstärkten Hochwassereinfluß belastet wird, unterliegt die Altaue (Gebiet außerhalb der Hochwasserdeiche) nurmehr dem Grundwassereinfluß. Die Verlandung und das Ausbleiben der Überschlickung mit frischen Sedimenten führten zu einer veränderten Bodenbildung in der Altaue. Die Altauenböden sind heute durch terrestrische Bodenbildungsprozesse und fortschreitende Entbasung gekennzeichnet. Diese Entwicklung wird durch die kon-

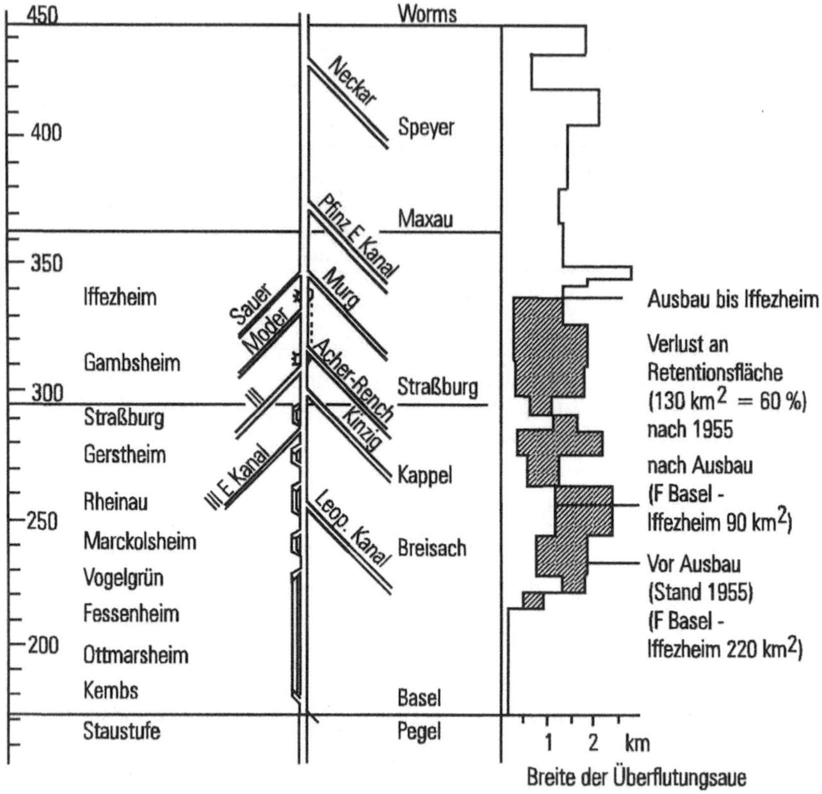

Abb. 5.1-2. Verlust von Retentionsflächen am Oberrhein (aus HLU et al. 1988 nach VIESER 1985).

tinuierliche Grundwasserabsenkung gefördert. Außer der Tiefenerosion des Rheins sind hierfür die stetig steigende Entnahme von Trink- und Brauchwasser, die Entnahme von Beregnungswasser für die Landwirtschaft und die tief eingeschnittenen Vorfluter verantwortlich. Die intensive Auskiesung, die zur Freilegung des Grundwasserkörpers führt, bewirkt dessen Gefährdung durch Verschmutzung (Biozide, Düngemittel, andere chemische Substanzen im Rheinwasser, Abfälle).

Wasserverschmutzung und Intensivierung der Nutzung. Eine nachteilige Wirkung kann die Wasserqualität der Rheinzuflüsse auf die Altauengewässer ausüben. Viele Zuflüsse (z.B. Welzbach, Seltz, Speyerbach, Eckbach) weisen eine schlechtere Wasserqualität auf als der Rhein selbst. Sie gelten als kritisch belastet bzw. übermäßig verschmutzt (Ministerium für Umwelt und Gesundheit Rheinland-Pfalz 1988). Dies macht sich insbesondere bei Altrheinen bemerkbar,

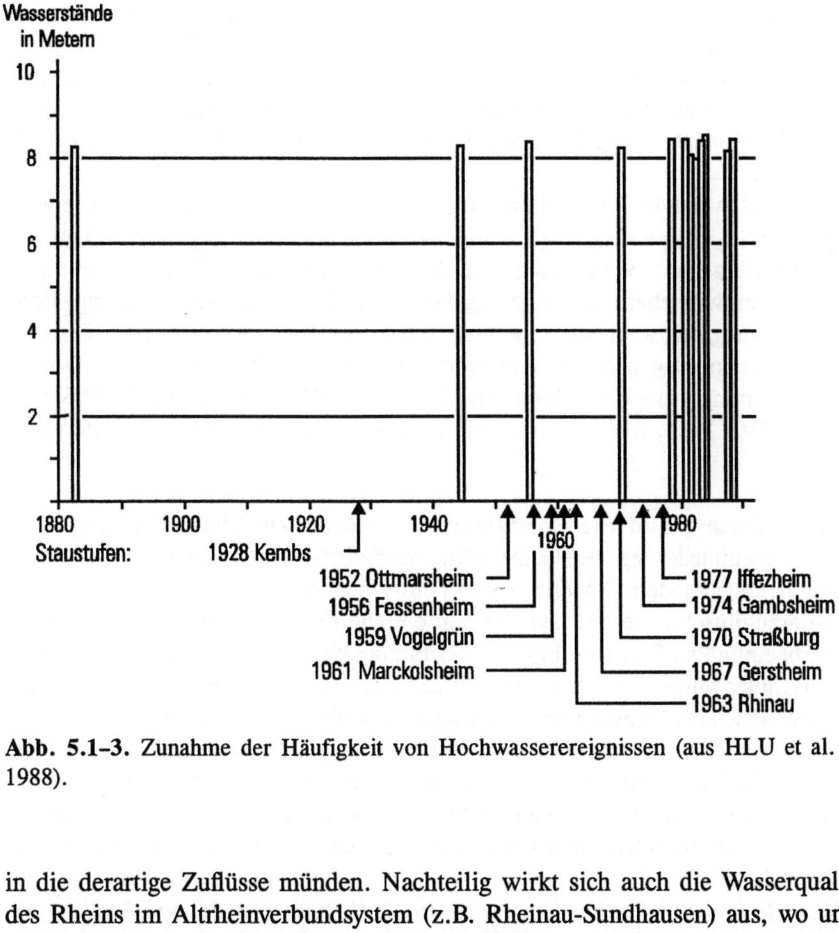

Abb. 5.1–3. Zunahme der Häufigkeit von Hochwasserereignissen (aus HLU et al. 1988).

in die derartige Zuflüsse münden. Nachteilig wirkt sich auch die Wasserqualität des Rheins im Altrheinverbundsystem (z.B. Rheinau-Sundhausen) aus, wo unter Mißachtung natürlicher Geländestrukturen Altrheine zu einem künstlichen Fließgewässer verbunden worden sind. Statt einer Wasserwechseldynamik liegt hier eine permanente Wasserfüllung vor. Die Schwebstoffe im Rheinwasser dichten die Porenräume des Gewässerbettes ab und heben zusammen mit den ebenfalls künstlich vertieften Seiten- und Nebengewässern die Funktion der früheren Grundwassereinspeisung der überfluteten Gießen auf. Die Monotonisierung der ehemaligen Altrheinvielfalt zeigte sich im drastischen Rückgang einiger Wasserpflanzen wie Rotalge (Hildenbrandia rivularis), Tannenwedel (Hippuris vulgaris) und Borstige Armleuchteralge (Chara hispida) (BFANL 1980).

Auch am Bodensee wurden durch Umgestaltung der Uferzonen, Wasserverschmutzung und Freizeitnutzung wertvolle Biotope zerstört. Großflächige Verwandlungen der Flachufer in Steilufer durch Ufermauern und in den See vordringende Bebauung vernichteten viele Schilfzonen. Vermehrtes Aufkommen von

Wasserfahrzeugen gefährdet durch Wellenschlag und Verschmutzung die noch verbliebenen, naturnahen Uferbiotope. Das Problem der überhöhten Phosphatfrachten und Abwasserlasten im größten Trinkwasserspeicher der Bundesrepublik Deutschland wird von den Anliegergemeinden zur Zeit durch entsprechende technische Maßnahmen gelöst (ASAL 1959; BFVNL 1975; IGKB 1982a,b; METTLER 1988).

Landschaftsverändernde Wirkungen gehen auch von der Vielzahl der Auennutzungen aus. Landschaftsverbrauch und Nutzungsintensivierung verursachen die Einschränkung und Verinselung der Rest-Biotopbestände. Insbesondere sind intensive landwirtschaftliche Nutzung, Forstwirtschaft, Industrieansiedlung, Rohstoffgewinnung (Kies, Sand), Siedlung sowie der Bau von Verkehrs-, Freizeit- und Kraftwerksanlagen dafür verantwortlich (SCHÄFER, W. 1973–1975; DISTER 1980a; Planungsgruppe Ökologie und Umwelt 1982, 1983, 1984a,b, 1986a,b; VIESER 1980, 1985; BFANL 1988; Ministerium für Umwelt Baden-Württemberg 1988a,b).

Raumgliederung und Standortfaktoren der heutigen Rheinniederung. Die heutige Rheinniederung weist eine völlig veränderte Raumgliederung und damit verbunden auch andere Standortfaktoren auf (Tabelle 5.1–2).

Die amphibisch-terrestrischen Flächen entlang des Rheins bestehen aus hochwasserbeeinflußten Biotopen in der Überflutungsaue (Gebiet zwischen den Hochwasserschutzdämmen) und Biotopen in der Altauen-Zone (Gebiet außerhalb der Hochwasserschutzdämme) ohne natürliche Überflutungen. Letztere sind meist voneinander getrennt und durch eine Vereinzelung (Verinselung) gekennzeichnet. Die typische Vernetzung von Fluß und Aue als einem der artenreichsten Lebensräume ist somit nicht mehr gegeben (Abb. 5.1–4a und 5.1–4b). Durch die Kleinflächigkeit der strukturreichen Restbiotope ist auch der Fortbestand der meisten Arten bedroht.

Diese Entwicklung zeigt sich auch am *Hochrhein*. Durch den Ausbau und Aufstau des Flusses verschwand die für diesen Rheinabschnitt charakteristische Biotopvielfalt und, damit verbunden, auch die auentypische Vegetation. Heute existieren hier nur noch kleinflächige Reste von Hartholzauenstreifen und Schilfröhrichten mit Weidengebüschen. Der einzige verbliebene Silberweidenwald ist bei Dogern-Albbruck zu finden. Auengewässer liegen in Form einiger Gräben in landwirtschaftlich genutzten Flächen vor. Ähnlich ist die Situation am *Alpenrhein*. Mit der Abkoppelung des Flusses aus dem Landschaftsgefüge wurde die Hochwassergefahr erhöht und die Biotopqualität verschlechtert.

Tabelle 5.1–2. Raumgliederung und Standortfaktoren der Rheinniederung (aus HLU et al. 1988).

Raumgliederung					
Überflutungsaue		Altaue			
Tiefe (nasse bis feuchte) Auenzonen incl. Auengewässer und -ufer	Hohe (frische bis mäßig trockene) Auenzonen	Tiefe (nasse bis feuchte) Altauenzonen incl. Altauengewässer und -ufer		Hohe (frische bis mäßig trockene) Altauenzonen	
		rheinnah	rheinfern	deichnah	deichfern
Wasserhaushalt					
Wechsel der Rheinwasserstände		Wechsel der Grundwasserstände			
		Starker Grundwassereinfluß		Mittlerer bis schwacher Grundwassereinfluß	
Häufige u. länger dauernde (periodische) Überflutungen im DS alle 1,5–2,5 Monate für insges. 2–5 (max. 9) Monate/Jahr	Gelegentliche u. kurzzeitigere (episodische) Überflutungen im DS alle 2,5 Monate bis 2,5 J. für insges. 2 Tage bis 2 Monate/Jahr	Stark schwankender Grundwasserstand, starker Druckwassereinfluß mit periodischer Überstauung	gering schwankender, anhaltend hoher Grundwasserstand, Grundwasserzuzug aus der Niederterrasse, zeitweise Druckwassereinfluß	Kurzzeitige Vernässung durch starken Druckwassereinfluß bei ansonsten niedrigem bis mittlerem Grundwasserstand	Fehlender oder schwacher Druckwassereinfluß bei ansonstem niedrigem bis mittlerem Grundwasserstand

Tabelle 5.1–2 (Fortsetzung)

		Erosion, Sedimentation und Nährstoffzufuhr	
lokale schwache Erosion, stärkere Sedimentation	± fehlende Erosion, schwache Sedimentation	fehlend (bzw. kleinflächig an Bächen, Erosionserscheinungen an Kiesseen sind ohne Dynamik)	fehlend (bzw. kleinflächig an Bächen, Erosionserscheinungen an Kiesseen sind ohne Dynamik)
		Bodenentwicklung	
auentypisch		Vermoorung, semiterrestrische Bodenentwicklung (v.a. aus verschiedenen Auen-Gleyen)	Entbasung, terrestrische Bodenentwicklung (z.B. (Para-) Braunerden aus braunen Auenböden)

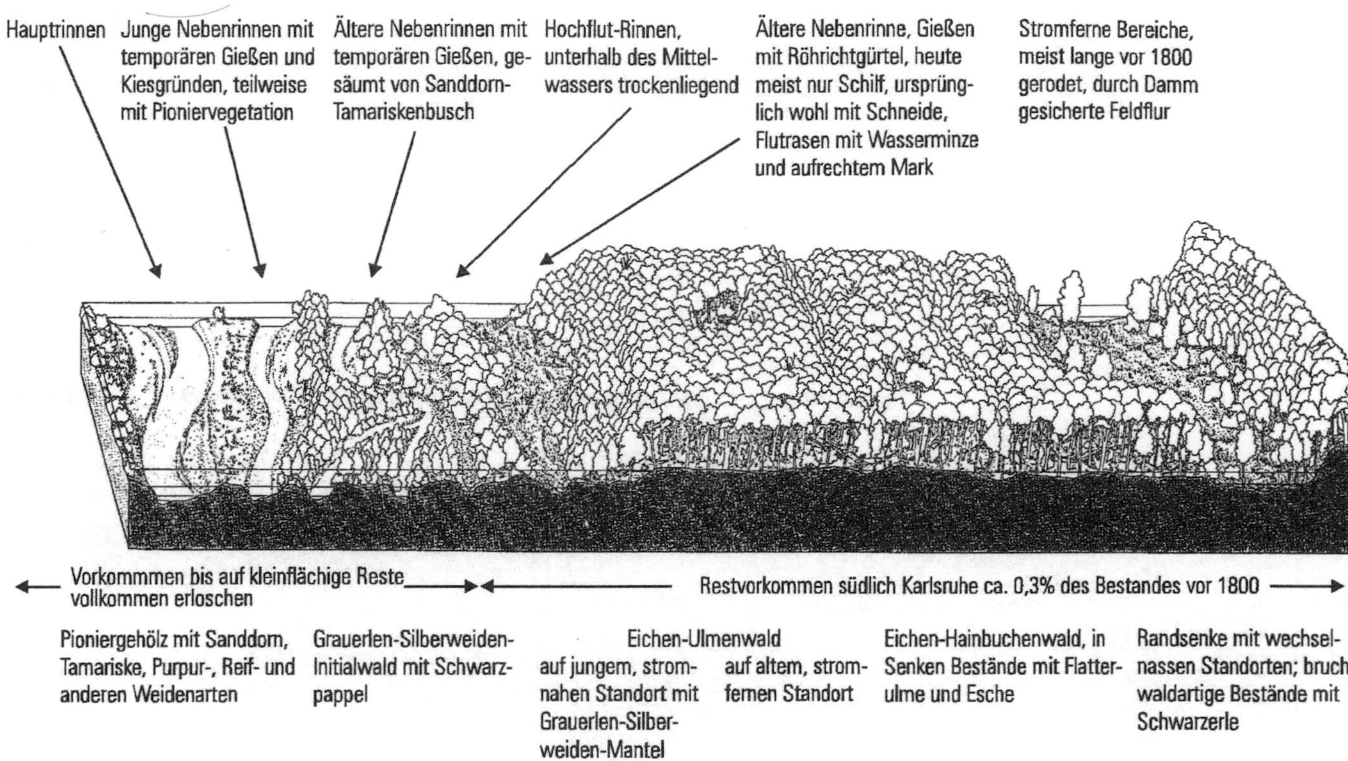

Abb 5.1-4a. Darstellung der natürlichen Auenlandschaft (aus GERKEN 1988a).

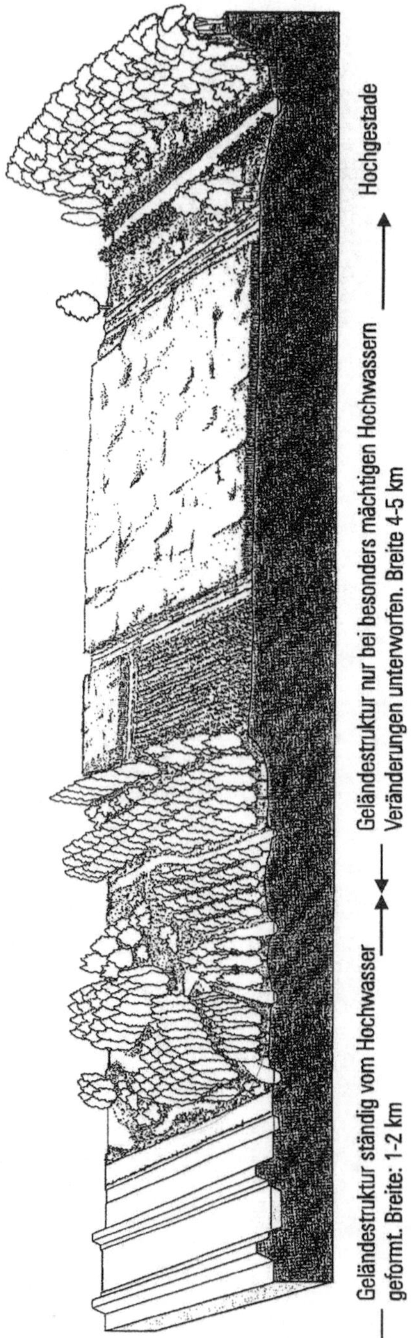

Abb. 5.1-4b: Darstellung der vom Menschen geprägten Auenlandschaft (aus GERKEN 1988a).

Für die *nördliche Oberrheinniederung* wurde von den Ländern Hessen, Rheinland-Pfalz und Baden-Württemberg in Zusammenarbeit mit der Bundesforschungsanstalt für Naturschutz und Landschaftsökologie (BFANL) eine Biotopkartierung vorgenommen; es wurden Entwicklungsvorschläge für das Biotopsystem erarbeitet (HLU et al. 1988). Dabei wurden im Untersuchungsgebiet von Iffezheim bis Bingen folgende Flächenanteile der Auen festgestellt:

Gesamtfläche der ursprünglichen Aue	1155 km^2 ≙	100,0 %
Fläche der Altaue	817 km^2 ≙	70,7 %
Fläche der Überflutungsaue	251 km^2 ≙	21,8 %
Fläche der Randsenken	88 km^2 ≙	7,5 %.

Das heißt, daß heute nur noch ein Fünftel der ehemaligen in diesem Gebiet vorkommenden Aue einem dynamischen Hochwassereinfluß unterliegt. In der Tabelle 5.1-3 sind die in der Überflutungszone vorhandenen Biotoptypen aufgeführt. Diese Biotoptypen sind zur Zeit beidseits des Hochwasserdammes weit gestreut und als Naturschutzgebiete mit einer Gesamtfläche von 97 km^2 (8,4 %) erhalten.

Für den *nordrhein-westfälischen Niederrhein* liegt eine ähnliche Erhebung vor. Hierbei ist jedoch nur die Überflutungsaue berücksichtigt worden (LÖLF 1985). Die heutige Nutzung dieser Überflutungsaue stellt sich wie folgt dar:

Fläche der Überflutungsaue	160,28 km^2 ≙	100,0 %
Grünlandanteil	97,25 km^2 ≙	60,7 %
Ackerflächen	26,53 km^2 ≙	16,6 %
Brache	10,00 km^2 ≙	6,0 %
Künstliche Wasserflächen	6,30 km^2 ≙	4,0 %
Abgrabung in Betrieb	5,40 km^2 ≙	3,4 %
Erholung/Freizeit	4,60 km^2 ≙	2,9 %
Altrheinarm	4,70 km^2 ≙	2,9 %
Wald/Forst	4,40 km^2 ≙	2,8 %
Sonderkulturen/Gartenbau	1,10 km^2 ≙	0,7 %
Bestehende Naturschutzgebiete (unter Einschluß versch. Nutzungsflächen)	39,10 km^2 ≙	24,4 %.

Da die Naturschutzgebiete dieses Rheinabschnittes stets vielfach genutzt werden, ist nur noch weniger als ein Viertel der Überflutungsaue als naturnah anzusehen. Mehr als drei Viertel der durch Deiche eingeschränkten und wasserbaulich überformten (Vorlandnivellierung) „dynamischen Aue" sind heute in ihrer natürlichen Ausprägung stark beeinträchtigt.

Tabelle 5.1–3. Bedeutsame Biotoptypen der nördlichen Oberrheinniederung (aus HLU et al. 1988).

Biotoptypen der Gewässer und Ufer	
Überflutungsaue	Altaue
(am Rheinkanal, in Altrheinen, Gießen, Kolken und flachen Kiesgruben)	(in ausgedeichten Altrheinen, Kolken, flachen Kiesgruben und an Bächen)
- Biotope makrophytenfreier Auengewässer - Wasserpflanzenbiotope mit submerser und emerser Vegetation, zum großen Teil von Natur aus nur fragmentarisch entwickelt - Pionierbiotope der Kies-, Sand- und Schlammbänke und Uferabbrüche, stellenweise auch bis in höhere Auenzonen zumindest zeitweise makrophytenfrei - Röhricht- und Großseggenriedbiotope in echter von Oberflächenwasser geprägter Ausbildung und als terrestrische Schilf- und Seggenwiese, zum großen Teil auch von Natur aus nur fragmentarisch entwickelt	- Biotope des makrophytenfreien Wassers - Wasserpflanzenbiotope mit submerser und emerser Vegetation - Pionierbiotope der Kies-, Sand- und Schlammbänke und Uferabbrüche, vor allem an Baggerseen - Röhricht- und Großseggenriedbiotope in echter, von Oberflächenwasser geprägter Ausbildung und als terrestrische Schilf- und Seggenwiese
Biotoptypen der tiefen (nassen bis feuchten) Zonen	
Überflutungsaue	Altaue
(Weichholzaue und tiefe Hartholzaue)	(Sümpfe und Brücher)
- Feucht- und Naßwiesenbiotope, einschließlich Wiesenbrachen und Staudenbiotope - Buschlandbiotope der tiefen Auenzonen - Eichen-Ulmen-Auenwald-Biotope der tiefen Hartholzaue, einschl. Waldränder - Silberweidenwald-Biotope der Weichholzaue, einschließlich Kopfweidenbestände	- Feucht- und Naßwiesenbiotope, einschl. Stromtalwiesen, Wiesenbrachen und Staudenbiotope - Buschlandbiotope der Sümpfe und Brücher - Erlen- und Eschen-Sumpfwald-Biotope einschl. Waldränder, Weidenbestände - Erlen-Bruchwald-Biotope, einschließlich Waldränder, Weidenbestände

Tabelle 5.1-3 (Fortsetzung)

Biotoptypen der hohen (frischen bis mäßig trockenen) Zonen	
Überflutungsaue (hohe Hartholzaue und Übergangszone)	Altaue
- Ackerwildkrautbiotope, einschließlich Ackerbrachen und Feldgehölzen - Frischwiesen- und Halbtrockenrasen-Biotope, einschließlich Wiesenbrachen und Staudenbiotope - Buschland- und Streuobstbiotope der hohen Überflutungsaue - Eichen-Ulmen-Auenwald-Biotope der hohen Hartholzaue und der Übergangszone einschließlich Waldränder	- Ackerwildkrautbiotope, einschließlich Ackerbrachen und Feldgehölzen - Frischwiesen- und Halbtrockenrasen-Biotope einschließlich Wiesenbrachen und Staudenbiotope - Buschland- und Streuobstbiotope der hohen Altaue - Eichen- Hainbuchenwald-Biotope der hohen Altaue einschließlich Waldränder

5.2 Amphibisch-terrestrische Biozönosen

5.2.1 Vegetation

Potentiell-natürliche Vegetation. Der Zustand und die Ausprägung der Vegetation einer Flußaue wird maßgeblich von folgenden Faktoren bestimmt:

- Wechsel der Wasserstände,
- Zeitpunkt und Dauer von Trockenfallen und Überflutung,
- Strömungsgeschwindigkeit,
- Sedimentation,
- Geländegestalt.

Die unterschiedlichen Lebensraumansprüche der Pflanzenarten spiegeln die Wirkung dieser Faktoren in der Flußaue wider. Die Höhe und Dauer der Überflutungen wirken als limitierende und selektierende Faktoren auf Vegetation. Das Sedimentationsverhalten des Flusses bestimmt die Entwicklung des Untergrundes hinsichtlich der Korngröße des abgelagerten Materials, des Nährstoffgehaltes und der Morphologie. Letztere beeinflussen wiederum die Überflutungsdauer.

Die Rekonstruktion vergangener Ökosystemzustände ist durch die Erhebung der Vegetation eher möglich als durch die Erhebung der Fauna, da relative Standortkonstanz und Lebensdauer höherer Pflanzen erst mehrjähriger Anpassungs- oder Reaktionsphasen bedürfen, um etwaige Veränderungen anzuzeigen (DISTER 1980a). Dies gilt insbesondere für Bäume, deren Alter das eines Menschen zumeist übertrifft, sofern ihr natürlicher Lebensablauf nicht durch forstwirtschaftliche Maßnahmen unterbrochen wird.

Im folgenden wird eine Übersicht über die idealisierte Zonierung der Auenvegetation in den einzelnen Rheinabschnitten gegeben.

Südlicher Oberrhein. In der Abbildung 5.2–1 ist eine Rekonstruktion der Pflanzenbestände in den Auen des südlichen Oberrheins nach GERKEN & WINSKI (1983) wiedergegeben.

Auf den frisch aufgelandeten Kies-, Schotter-, Sand- und Auenlehmflächen sorgen *Pioniergehölze* durch tiefe und weitverzweigte Wurzeln für eine Verfestigung der Sedimente. Die Pioniergehölze sind zumeist Treibgut, das nach Abklingen des Hochwassers in der Aue zurückbleibt. Es sind dies insbesondere Weidengewächse der Gattungen *Salix* und *Populus*. Als Pionierkräuter der ersten Vegetationsperiode, deren Samen durch die Hochwässer verbreitet werden, siedeln auf den jungen Standorten häufig beispielsweise

- Ampferknöterich (Polygonum lapathifolium),
- Milder Knöterich (Polygonum mite),
- Spießblättrige Melde (Atriplex hastata),
- Graugrüner Gänsefuß (Chenopodium glaucum),
- Zweizahn-Arten (Bidens cernua, Bidens connata, Bidens frondosa, Bidens tripartita),
- Sumpfkresse (Rorippa palustris),
- Mohn-Arten (Papaver somniferum, Papaver hybridum),
- Natternkopf (Echium vulgare),
- Wilde Möhre (Daucus carota),
- Weißer Steinklee (Melilotus albus),
- Echter Steinklee (Melilotus officinalis),
- Gemeine Nachtkerze (Oenothera biennis).

Derartige Pionierkrautfluren werden vom Hochwasser solange regelmäßig bereinigt und an anderer Stelle neu begründet, bis durch Gehölzwachstum und durch morphologische Veränderungen im Gerinne waldfähige Inseln gebildet werden. Der Konkurrenzkampf der Pflanzen auf dem Inselstandort wird durch die Hochflutdynamik und die Substratbeschaffenheit entscheidend gesteuert. Im wechselnden Artenbestand sind als Leitarten Schwarzpappel (Populus nigra), Grauerle (Alnus incana), Weidenarten (Salix spp.), Steinklee (Melilotus spp.), Zweizahn-Arten (Bidens spp.), Ackergauchheil (Anagallus arvensis), Deutsche Tamariske (Myricaria germanica), Sanddorn (Hippophae rhamnoides) sowie verschiedene, eingeschwemmte Alpenpflanzen vertreten.

Sehr anschaulich hat v. ITTNER (1818) schon zu Anfang des 18. Jahrhunderts die Pionierbesiedlung der Rheininseln beschrieben. Leitarten waren zur damaligen

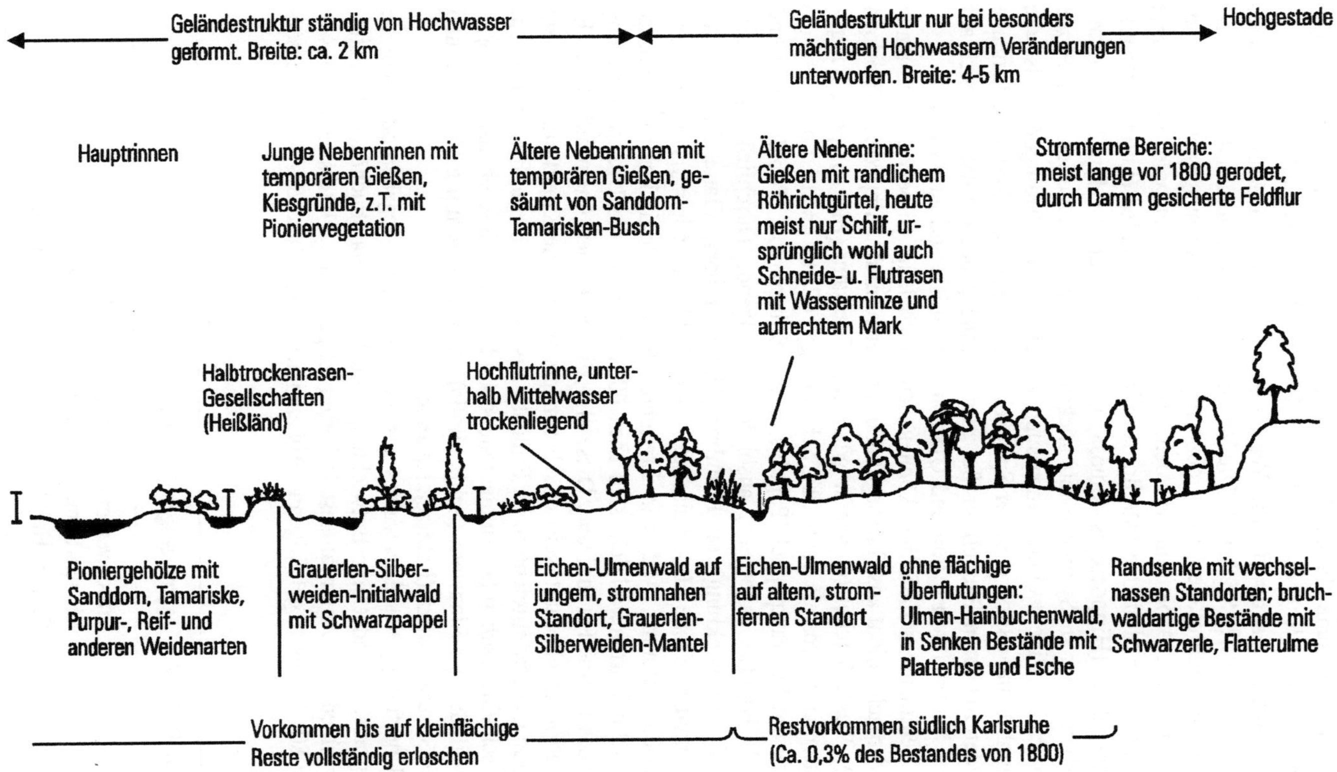

Abb. 5.2-1. Biotope und potentiell natürliche Vegetation des südlichen Oberrheins (nach GERKEN & WINSKY 1983, verändert).

Zeit z.B. die Deutsche Tamariske (Myricaria germanica) und der Sanddorn (Hyppophae rhamnoides), die heute fast völlig verschwunden sind.

Als limitierender Faktor für die Vegetation in den jungen Auenböden dieses Flußabschnittes gilt der Stickstoff. Die Versorgung mit Kalk und anderen Mineralien an den gut durchlüfteten, mit grobkörnigen Sedimenten ausgestatteten Standorten ist bei einem Alpenfluß wie dem Rhein gut. Pflanzen wie die Grauerle (Alnus incana), der Steinklee (Melilotus officinalis), Hornklee (Lotus corniculatus), Hufeisenklee (Hippocrepis comosa) und der Sanddorn (Hyppophae rhamnoides) leben daher in Symbiose mit stickstoffbindenden Bakterien oder Pilzen (Actinomyceten). Eine weitere Anpassung an die Standortbedingungen ist die Polykormonbildung (Bildung vieler Sprosse): Flach unter dem Boden verlaufende Triebe bilden mit ihren Wurzeln große, zusammenhängende Gerüste, die sich auf das lockere Material von Inseln und Uferzonen stabilisierend auswirken.

Je nach Sedimentbeschaffenheit können sich gleichaltrige Silberweidenbestände mit einer Strauchschicht aus Hartriegel (Cornus sanguinea), Sumpfkresse (Rorippa amphibia), Wasserfenchel (Oenanthe aquatica), Zweizahn (Bidens spp.), Sumpf-Vergißmeinnicht (Myosotis palustris), Schlanksegge (Carex gracilis) oder Grauerlenbestände mit Schwarzpappel (Populus nigra), Silberpappel (Populus alba) und Graupappel (Populus canescens) ausbilden. Genügende Durchlichtung fördert außerdem die Entwicklung von Feldulme (Ulmus minor), Flatterulme (Ulmus laevis), Gemeiner Esche (Fraxinus excelsior), Waldrebe (Clematis vitalba) und Mistel (Viscum album). Mit dem Erreichen der physiologischen Altersgrenze einiger Weichholzarten vollzieht sich nach 60–120 Jahren die Umstrukturierung des Bestandes in eine Hartholzaue. Diese als „Eichen-Ulmen-Auenwald" bezeichnete Vegetationsgesellschaft weist eine besonders artenreiche Krautflora mit einem ausgeprägten Geophytenreichtum im Frühjahr aus. Als Arten sind hier zu nennen: Gelbes Buschwindröschen (Anemone ranuncoloides), Gemeiner Gelbstern (Gagea lutea), Zweiblättriger Blaustern (Scilla bifolia), Aronstab (Arum maculatum) und Braunroter Schuppenwurz (Lathraea squamaria).

Ist die Überflutung des Auenwaldes nur noch episodisch gegeben oder fällt sie vollständig aus, so findet eine Entwicklung zum Eichen-Hainbuchen-Wald statt.

Die verschiedenen Auenwaldgesellschaften zeigen nach Untersuchungen von HÜGIN (1980) in der Regel folgende Abhängigkeit vom Stand des Mittelwassers (MW):

cm oberhalb MW	Auenwaldgesellschaft
10–80	Silberweidenwald (Salicetum albae)
80–250	Eichen-Ulmen-Wald (Querco-Ulmetum)
> 250	Eichen-Hainbuchenwald (Ulmo-Carpinetum)

Angaben zu den verschieden ausgeprägten Überflutungstoleranzen der Pflanzen in den Auenzonen sind der Abb. 5.2–2 zu entnehmen.

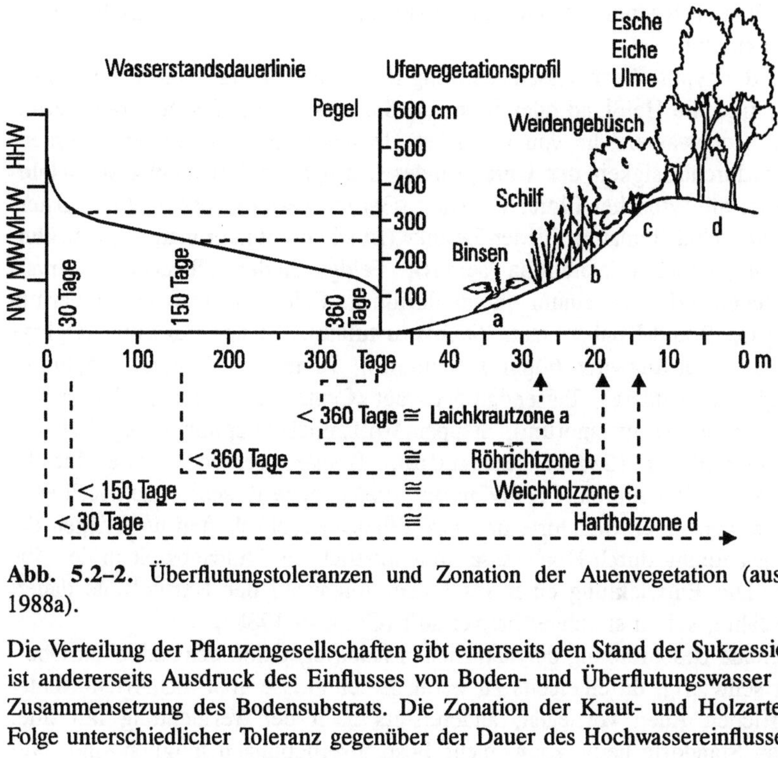

Abb. 5.2–2. Überflutungstoleranzen und Zonation der Auenvegetation (aus GERKEN 1988a).

Die Verteilung der Pflanzengesellschaften gibt einerseits den Stand der Sukzession wieder, ist andererseits Ausdruck des Einflusses von Boden- und Überflutungswasser sowie der Zusammensetzung des Bodensubstrats. Die Zonation der Kraut- und Holzarten ist eine Folge unterschiedlicher Toleranz gegenüber der Dauer des Hochwassereinflusses.

Die wasserdurchströmten Rinnen des Auenwaldes führen zum einen nährstoffreiches Flußwasser, zum anderen klares Uferfiltrat- bzw. Grundwasser („Giessen“). Die Gießen beherbergen eine kalkoligotrophe (nährstoffarm-kalkhaltige) Vegetation mit Armleuchteralgen (Characeen), Tannenwedel (Hippuris vulgaris), Aufrechtem Merk (Sium erectum) und Wasserfeder (Hottonia palustris). Mit zunehmendem Nährstoffangebot finden sich auch Laichkraut-(Potamogeton) und Wasserschlauch-(Utricularia)-Gesellschaften sowie Flutrasen mit Wasserstern (Callitriche), Einfachem Igelkolben (Sparganium simplex), Flutendem Hahnenfuß (Ranunculus fluitans) und in strömungsberuhigten Zonen auch die Große Teichrose (Nuphar lutea).

Die Bereiche der hauptgerinnefernen Randsenken zwischen Eichen-Hainbuchen-Wald und der Niederterrasse unterliegen einer abgeschwächten Wasserwechseldynamik, dadurch vermindertem Schweb- und Nährstoffeintrag sowie einer schlechteren Versorgung mit Grundwasser aus der Niederterrasse. Ganzjährig vernäßte Bereiche entwickeln sich zu Erlen-Bruchwäldern mit der Schwarzerle (Alnus glutinosa) als dominierender Baumart.

Diese Standorte werden auch als Auen-Anmoore bezeichnet. Auf weniger nassen, höher gelegenen Standorten stockt der Traubenkirschen-Eschen-Wald (Pruno-Fraxinetum).

Ein Standorttypus, über dessen ursprüngliche Ausdehnung keine Erkenntnisse vorliegen, sind die Heißländ oder Brennen. Sie entstehen auf Schotterablagerungen durch Hochwässer, die von normalen Hochwässern nicht erreicht werden. Die Wasserdurchlässigkeit des Untergrundes bedingt die Entstehung von Halbtrockenrasen mit typischer Flora: Labkraut (Galium verum), Gewöhnliche Osterluzei (Aristolochia clematis), Fieder-Zwenke (Brachypodium pinnatum), Gewöhnlicher Steinquendel (Calamintha acinos), Feldgamander (Teucrium botrys), Sonnenröschen (Helianthemum nummularium), Echter Gamander (Teucrium chamaedrys), Brand-Knabenkraut (Orchis ustulata), Bienen-Ragwurz (Ophrys apifera), Hummel-Ragwurz (Ophrys fuciflora), Thymian (Thymus serpyllum), Dost (Origanum vulgare), Tausendgüldenkraut (Centaurium minus), Karthäuser-Nelke (Dianthus carthusianorum), Steppen-Wolfsmilch (Euphorbia seguieriana), Milder Mauerpfeffer (Sedum sexangulare), Trockenrasenmoose wie Tortella inclinata, Syntrichia ruralis, Ceratodon purpureus sowie verschiedene Flechten.

Alle oben genannten Standorte und ihre Pflanzengesellschaften unterliegen der steten Umwandlung durch Hochwasser, das letztlich die Umtriebszeit in der Aue bestimmt. Die Entwicklung einer Insel zum Auenwald der Hartholzaue dauert etwa 300 Jahre, sofern sie ungestört verläuft (GERKEN 1988a).

Eine genaue Beschreibung der natürlichen Auenvegetation des südlichen Oberrheins ist schwierig, da einerseits zu wenig Erkenntnisse über das Arteninventar der natürlichen Auen vorliegen, andererseits nach der Vernichtung fast aller natürlichen Standorte heute kaum mehr Bestandserhebungen möglich sind. Nur von einigen wenigen Naturschutzgebieten des Oberrheins liegen ausführliche Florenbeschreibungen naturnaher Standorte vor. Auf die expliziten Darstellungen des Taubergießengebietes sei beispielhaft hingewiesen (BACKHAUS & KRAUSE 1974).

Nördlicher Oberrhein. Grundsätzliche Unterschiede zur südlichen Oberrheinaue sind in der Bodentextur, in Klimafaktoren und im Nährstoffdargebot zu finden. Arten mit Präferenz für durchlässiges Substrat finden nur selten Existenzmöglichkeiten in der nördlichen Oberrheinaue. Ebenso ist es mit Arten subatlantischer oder submediterran-atlantischer Verbreitung. Sie sind durch das kontinental geprägte Klima des nördlichen Oberrheins nur selten oder gar nicht vorhanden. Arten mit hohen Ansprüchen an die Nährstoffversorgung sind dagegen vermehrt anzutreffen (PHILIPPI 1978a,b; DISTER 1980a). Mit der Entfernung zu den Alpen macht sich auch die Abnahme präalpiner Elemente wie Grauerle (Alnus incana),

Sanddorn (Hippophae rhamnoides), Zwergrohrkolben (Typha minima), Weiße Segge (Carex alba) und Deutsche Tamariske (Myricaria germanica) bemerkbar. Die ökologischen Ansprüche der Pflanzen dieses Rheinabschnittes lassen sich mit den Faktoren feinkörnige Böden, subkontinentale Klimaverhältnisse, reiches Nährstoffangebot und Wasserwechseldynamik grob umschreiben (CARBIENER 1974).

In der *Weichholzaue* des nördlichen Oberrheins kommen vorwiegend Silberweiden (Salix alba) und Schwarzpappeln (Populus nigra) vor (Abb. 5.2–3). Geeignete Keimungsbedingungen für die Samen dieser Arten, wie feuchte Schlammflächen in der Wasserwechselzone, sind in der zweiten Maihälfte und in den darauffolgenden Monaten zuweilen vorhanden. Diese gestatten auch heute noch in seltenen Fällen eine Naturverjüngung der Weichholzaue (DISTER 1980a, b). Die nur selten auftretenden Niedrigwasserstände zu dieser Zeit, besonders beim sommerhochwassergeprägten Rhein, erlauben diesen Vorgang bisweilen jahrzehntelang nicht. Beim Zusammentreffen aller günstigen Faktoren erfolgt die Verjüngung jedoch massenhaft. Dies ist der Grund für die Gleichaltrigkeit der meisten Weichholzbestände am nördlichen Oberrhein. Entscheidend für das Zustandekommen einer Naturverjüngung und für die Entwicklung der Weichholzauenwälder ist die Wasserwechseldynamik. Diese Dynamik schafft während der Hochwasserzeit weitgehend vegetationsfreie Standorte, die als Grundlage für eine Naturverjüngung und Ansiedlung der Bestandsbildner dient. Nachfolgende Überflutungen bewirken durch Höhe und Dauer eine Arten-Selektion z.B. unter Salix purpurea, S. alba, S. viminalis, Populus nigra und P. alba. An den Ufern der Altwässer sind ebenfalls waldartige Silberweidenbestände anzutreffen. Je nach Dynamik und Alter des Standortes sind Feldulmen (Ulmus minor) zwischen den Silberweiden vertreten. Feldulmen sind Pionierbäume der Hartholzaue. Senken in der Nähe des Rheins oder eines Altarmes weisen Schlammbodenpflanzen wie Wasserkresse (Rorippa amphibia) auf, die in fortgeschrittenen Sukzessionsstadien von der Brennessel (Urtica dioica) abgelöst werden.

In breiten, flußfernen Senken verläuft die Sukzession über einen Silberweidenwald mit Wasserkresse (Rorippa amphibia), Sumpf-Vergißmeinnicht (Myosotis palustris) und ähnlichen Arten zu Schilfbeständen mit Rohrglanzgras (Phalaris arundinacea) und Schilf (Phragmites communis), bis schließlich der Brennesselflur der Eichen-Ulmen-Wald folgt. An den Uferhängen älterer Senken treten Flatterulme (Ulmus laevis) und in ihrer Folge Feldulme (Ulmus minor) und Esche (Fraxinus excelsior) auf. Die Weichholzaue des nördlichen Oberrheins geht nach etwa 60–100 Jahren, auf flußfernen Standorten noch erheblich später, in einen Hartholzauenwald über.

Im *Hartholzauenwald* der unteren Stufe, also nahe dem Mittelwasserstand und damit häufig überflutet, dominieren Flatterulme (Ulmus laevis) und Stieleiche (Quercus robur) (Abb. 5.2–3). Spärlicher vertreten sind Feldulme (Ulmus minor), Esche (Fraxinus excelsior) und Wildbirne (Pyrus pyraster). Die Krautschicht

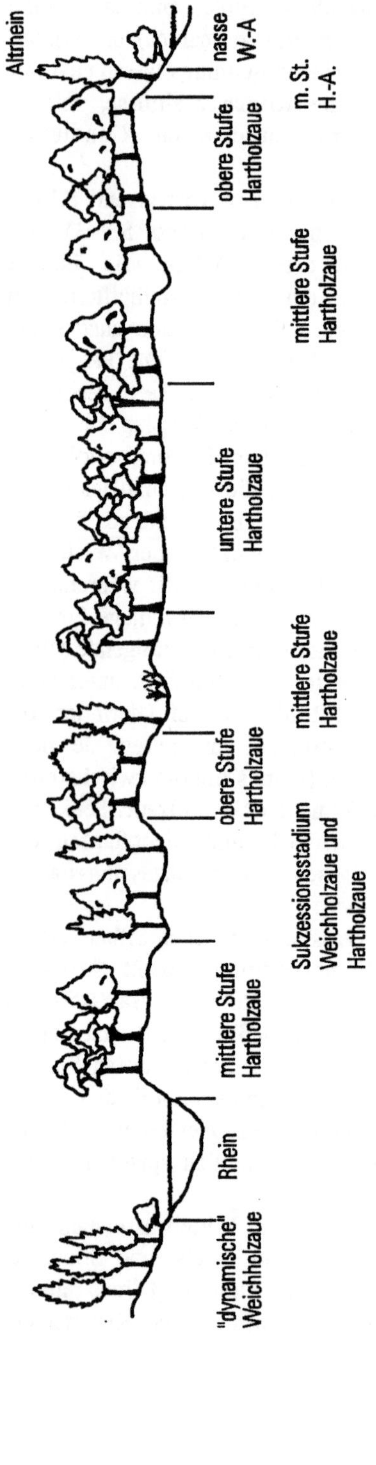

Abb 5.2-3. Querschnitt durch die natürliche Aue des nördlichen Oberrheins (nach DISTER 1980, verändert).

bilden vorwiegend Arten wie z.B. Rohrglanzgras (Phalaris arundinacea), Seggen (Carex spp.), Wasser-Schwertlilie (Iris pseudacorus), Sumpf-Vergißmeinnicht (Myosotis palustris), Gemeiner Gilbweiderich (Lysimachia vulgaris), Brennessel (Urtica dioica), Kleinblütige Aster (Aster tradescantii) und Kratzbeere (Rubus caesius).

Die Überflutungen reduzieren das Artenspektrum der Strauchschicht auf Weißdorn (Crataegus monogyna) und Wasserschneeball (Viburnum opulus).

Das mittlere Niveau der Hartholzaue wird von Stieleiche (Quercus robur), Feldulme (Ulmus minor) und Esche (Fraxinus excelsior) sowie Flatterulme (Ulmus laevis) und Silberpappel (Populus alba) besiedelt. Die zweite Baumschicht wird von Arten wie Wildbirne (Pyrus pyraster) und Wildapfel (Malus sylvestris) gebildet. Als Sträucher sind unter anderen Weißdorn (Crataegus monogyna), Hartriegel (Cornus sanguinea), Pfaffenhütchen (Euonymus europaea), Schlehe (Prunus spinosa spp. fruticans), Holunder (Sambucus nigra) und Wasserschneeball (Viburum opulus) zu nennen. Als Lianengewächse treten Waldrebe (Clematis vitalba) und Echte Wildrebe (Vitis vinifera ssp. sylvestris) in Erscheinung. Eine auentypische Art ist auch der Efeu (Hedera helix), an Bestandsrändern der Hopfen (Humulus lupulus) sowie der Taubenkropf (Cucubalus baccifer).

Das obere Niveau der Hartholzaue zeichnet sich durch den größten Artenreichtum aus. Die Baumschicht wird durch Winterlinde (Tilia cordata), Feldahorn (Acer campestre), Hainbuche (Carpinus betulus), Stieleiche (Quercus robur), Flatterulme (Ulmus laevis) und Feldulme (Ulmus minor) gebildet. Hasel (Corylus avellana), Liguster (Ligustrum vulgare), Heckenkirsche (Lonicera xylosteum) und Kreuzdorn (Rhamnus cathartica) sind in der Strauchschicht vertreten. Auch die oben genannten Lianenarten sind stellenweise häufig, ihr Wuchsoptimum für diesen Standorttypus wird vermutet (DISTER 1980a).

Auffallend ist der Geophytenreichtum dieses Teils der Hartholzaue. Blaustern (Scilla bifolia), Buschwindröschen (Anemone nemorosa), Bärlauch (Allium ursinum), Maiglöckchen (Convallaria majalis), Aronstab (Arum maculatum) und Salomonsiegel (Polygonatum multiflorum) zählen zu den häufigsten Arten.

Die *Auenwiesen* sind potentielle Hartholzauenstandorte; sie sind als Folge extensiver Weidewirtschaft entstanden. Derzeit am häufigsten sind sie an der hessischen Rheinstrecke zu finden. Die Anpassung der Pflanzenarten an diese Nutzungsform und an die gegebenen ökologischen Faktoren der Aue führten im Laufe der Jahrhunderte zur Bildung abgesättigter Pflanzengesellschaften. Das Alter dieser Formation und die maßvolle Nutzungsform, die letztlich vielen Arten erst eine Existenz am Standort ermöglicht, berechtigen zu der Bezeichnung „fast-natürliche“ Vegetation. Geprägt werden die Auenwiesen von der Überflutungsdauer und der Bodenbeschaffenheit. Der Tonanteil der Böden liegt bei 40 % bis über 60 %.

Den Typus der *Wirtschaftsauenwiese* stellen die Ausprägungen der Glatthaferwiese (Trespen-, Salbei-, Storchschnabel-, Fuchsschwanzglatthaferwiese) dar. Die übrigen Auenwiesen sind durch Pflanzen der Flutrasen, Röhrichte und Großseggenriede geprägt. Bei einer jährlichen Überflutungsdauer von 5 bis 40 Tagen ist die Kantenlauch-Fuchsschwanz-Auenwiese mit deutlich weniger Sumpfpflanzen durchsetzt als die Ampfer-Sumpfrispen-Auenwiese mit 40 bis 125 Tagen jährlicher Überflutungsdauer. Seltener ist die Feldklee-Schafschwingel-Auenwiese anzutreffen. Ihr Standort sind ehemalige Sandbänke des Rheins, und sie weist daher Trocken- und Magerkeitszeiger auf.

Röhricht und Seggenbestände kommen in Altrheinarmen mit fortgeschrittener Verlandung vor. An allen tieferen oder stärker durchströmten Altrheinen sowie der Hauptrinne fehlen derartige Uferbestände. Die Ufervegetation wird hier von den Silberweiden (Salix alba) gebildet (DISTER 1980a). Bei episodisch trockenfallenden Altrheinen findet sich an den Ufern Schilf (Phragmites communis), zum Wasser hin ein Streifen aus Rohrglanzgras (Phalaris arundinacea), dem dann Seggenbestände (Carex gracilis) und Horste von Teichsimse (Schoenoplectus lacustris), Breitblättriger Rohrkolben (Typha latifolia) und Schmalblättriger Rohrkolben (Typha angustifolia) folgen. Mit den sich jährlich verändernden Wasserverhältnissen ändert sich auch die Vegetation dieser Standorte; sie zeigt relativ kurzfristige Anpassungsformen.

Zur Vegetation der Altrhein-Wasserkörper zählen die *Schwimmblattpflanzen*. Ihr Vorkommen ist von der Wassertiefe und den Wasserstandsschwankungen abhängig. Eine Wassertiefe um 80 cm bei Mittelwasser und mit Weiden gesäumte Ufer bevorzugt die Wassernuß (Trapa natans). Für die Entwicklung dieser Art sind noch ein stromabwärts gelegener Hauptgerinne-Anschluß des Altarms und ein hohes Nährstoffangebot nötig. Bei ca. 60 cm Wassertiefe und mit Röhrichtbeständen gesäumten Ufern bilden sich Seekannen-Decken (Nymphoides peltata) aus. Im Gegensatz zur Wassernuß meidet die Seekanne (Nymphoides peltata) Faulschlamm, ist aber andererseits in der Lage, bei längerer Austrocknung Landformen zu bilden.

Vorwiegend stagnierende Altwasser weniger eutropher Ausprägung und einer Tiefe von knapp über einem Meter bevorzugt die Teichrose (Nuphar lutea). Allen Schwimmblattpflanzen gemeinsam ist ihre Abhängigkeit von feinkörnigem Substrat, wie es am nördlichen Oberrhein natürlicherweise vorkommt. Im eutrophen Wasser der isolierten Altrheine entwickeln sich insbesondere nach Hochwasserereignissen ausgedehnte *Wasserschweber-Decken*. Absterbende Röhrichte und Seggen liefern hier die Nährstoffe. Kleine Teichlinse (Lemna minor), Teichlinse (Spirodela polyrhiza) und Algenfarn (Azolla filiculoides) schwimmen an der Wasseroberfläche. Kurzlebige Gesellschaften der im Spätsommer trockenfallenden Altwässer bilden die *Schlammbodenpflanzen*. Die kalkhaltigen Sedimente und die Wasserwechseldynamik schaffen für diese Pflanzen günstige Lebensbedingungen.

Im feuchten Schlamm von Flachufern siedeln Schlammling (Limosella aquatica), Sumpfruhrkraut (Gnaphalium uliginosum), Gifthahnenfuß (Ranunculus sceleratus), Blauer Gauchheil-Ehrenpreis (Veronica catenata), Fremder Ehrenpreis

(Veronica peregrina), Kleiner Wegerich (Plantago intermedia) und Wasserkresse (Rorippa amphibia). Später kommen Spießmelde (Atriplex hastata), Roter Fuchsschwanz (Alopecurus aequalis), Sumpfkresse (Rorippa palustris), Roter Gänsefuß (Chenopodium rubrum) und Wasserfenchel (Oenanthe aquatica) hinzu. Besonders im nördlichsten Teil des Oberrheins müssen diese Pflanzen als ursprünglich und natürlich vorkommend betrachtet werden, da ihre Existenzgrundlagen durch das besondere Sedimentations- und Überflutungsverhalten des Rheins stets gegeben waren.

Rheingau und Mittelrhein. Weit ausgedehnter als heute dürften die Auenwälder noch im Bereich des Rheingaus von Mainz bis Bingen auf den Flächen des Mainzer Beckens gewesen sein. Auch hier bestand schon immer eine Vielzahl von Inseln. Die Inseln waren umsäumt von einer Weichholzzone aus Weiden (Salix alba, S. viminalis), Pappeln (Populus nigra) und Erlen (Alnus glutinosa, A. incana). Die Hartholzaue war von einem Eichen-Ulmen-Wald (Querco-Ulmetum) gebildet, dessen Flora sich kaum von der des Oberrheins unterschied (LAUTERBORN 1917).

Interessant ist die Vegetation der Talhänge des Mittelrheins. Die günstigen klimatischen Bedingungen führten hier zur Ausbildung einzigartiger Pflanzengesellschaften. Die besonnten Westhänge tragen im Gegensatz zu ihren Hochplateaus einen buchenarmen oder buchenfreien, bodensaueren Traubeneichen-Trockenwald. In ihm sind bisweilen Französischer Maßholder (Acer monspessulanum), Elsbeere (Sorbus torminalis) und Speierling (Sorbus domestica) zu finden. Einen idealisierten Querschnitt durch das Mittelrheintal zeigt die Abbildung 5.2–4 (LAUTERBORN 1917; KORNECK 1974; NÜCHEL 1974; BFVNL 1975; SPERBER 1981).

Extreme Standorte wie Felsgrate sind von Trockenrasen und Felsenbirnengebüschen bewachsen. Im Bereich zwischen Lorch und Boppard ist eine Xerothermvegetation ausgebildet, die Arten wie Federgras (Stipa pennata), Pfriemengras (Stipa capillata), Blau-Schwingel (Festuca pallens), Wimper-Perlgras (Melica ciliata), Glattes Brillenschötchen (Biscutella laevigata), Goldhaar-Aster (Aster linosyris), Diptam (Dictamnus albus), Hirschwurz (Peucedanum cervaria) und Echter Haarstrang (Peucedanum officinale) enthält.

Die beschatteten Hänge tragen meist buchenreiche Wälder. Zu den Baumarten zählen Eichen (Quercus spp.), Hainbuche (Carpinus betulus), Rotbuche (Fagus sylvatica), Winterlinde (Tilia cordata), Sommerlinde (Tilia platyphyllos), Feldahorn (Acer campestre), Bergahorn (Acer pseudoplatanus), Bergulme (Ulmus glabra), Feldulme (Ulmus minor), Flatterulme (Ulmus laevis) und verschiedene Birkenarten (Betula spp.).

Die Biotopvielfalt der Aue erfährt durch das Relief Einschränkungen. Größere Auenwaldflächen waren außer auf den Inseln vor allem in den Taleinschnitten bei Bingerbrück, Bacharach, Ehrental, Rhens, Bendorf, Namedy, Leutesdorf, Unkel

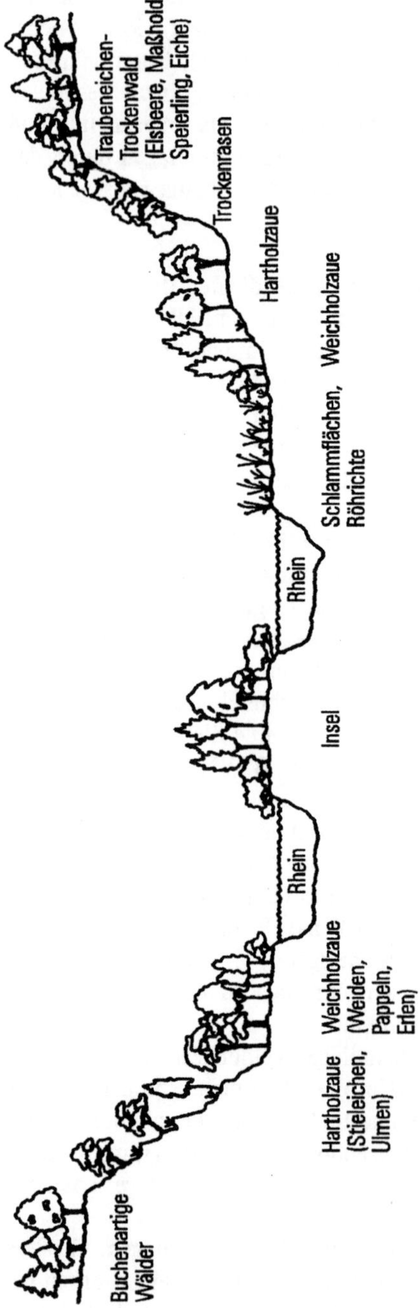

Abb 5.2-4. Die potentiell-natürliche Vegetation der Engtalstrecke des Mittelrheins (schematische Darstellung).

und Königswinter vorhanden sowie an den Flußmündungen von Nahe, Lahn, Mosel, Wied, Ahr und Sieg.

Niederrhein. Eine detaillierte Rekonstruktion der auf den Terrassenstufen des Niederrheins vorkommenden natürlichen Vegetation ist infolge ihrer sehr frühzeitigen Vernichtung durch den Menschen nicht möglich. Reste von Weichholz- und Hartholzauenwäldern an der Siegmündung, bei Urfeld, Lülsdorf, Langel, Baumberg, Grind, Xanten, Salmorth und wenigen Stellen des niederländischen Rheins (z.B. Ewijk) geben uns einige Anhaltspunkte, wie diese Flächen ehemals besiedelt waren.

Die Terrassen sind zwischen Bonn und der Wuppermündung als Maiglöckchen-Perlgras-Buchenwaldgebiet und zwischen Wupper- und Lippemündung als Flattergras-Trockeneichen-Buchenwaldgebiet ausgebildet. Daran schließen im Bereich der Hilden-Wahner-Heideterrasse, der Niederrheinischen Sandplatten und der Niederrheinischen Höhen die Trockeneichen-Buchenwälder (Fago-Quercetum) an. Die Hartholzaue setzt sich aus Feldulme (Ulmus minor), Esche (Fraxinus excelsior), Stieleiche (Quercus robur) und Schwarzpappel (Populus nigra) zusammen. Die Weichholzaue weist verschiedene Weidengewächse (Salix spp.) und Pappelarten (Populus spp.) auf (Abb. 5.2–5) (LAUTERBORN 1917; BURCKHARDT & BURGSDORF 1964, 1966; BFVNL 1975; de BRUIN et al. 1987).

Auch am Niederrhein gibt es Ersatzgesellschaften für den Eschen-Ulmen-Auenwald (Querco-Ulmetum). Diese sind die durch extensive Beweidung vor bis zu 1000 Jahren entstandenen Salbei-Wiesen. Ihre Vegetation ist an sonnige Standorte mit sandigem Untergrund, schnell trocknendem Oberboden, hohem Kalkgehalt, Nährstoffreichtum und einer Wasserwechseldynamik gebunden. Das Alter der Salbei-Wiesen, ihre Artenvielfalt und die Hartholzauen ähnlichen Lebensansprüche erlauben es, sie als quasinatürliche Vegetationsformation einzustufen (KNÖRZER 1960).

Veränderungen der Vegetation. Das vollständige Unterbinden der natürlichen Hydrodynamik in der Aue, die Verringerung des pflanzenverfügbaren Grundwassers in Zusammenhang mit einer sich verschlechternden Wasserqualität und die intensive Nutzung der Aue führten im Laufe von Jahrzehnten zu Veränderungen der Vegetation.

Veränderungen der Vegetation in den forstwirtschaftlich genutzen Bereichen. Nahezu alle Auenwaldflächen unterliegen seit Jahrhunderten einer forstwirtschaftlichen Nutzung. Nach der ungeregelten Plenterwaldnutzung folgte die Nieder- und Mittelwaldnutzung, die bis zu Beginn des 20. Jahrhunderts andauerte. Zuletzt war es die Rheinstrombauverwaltung, die eine solche Bewirtschaftung vorschrieb. Seither zwingen die Folgen der Rheinkorrektion und des kanalisierten Vollausbaues zu besonderen Bestockungen.

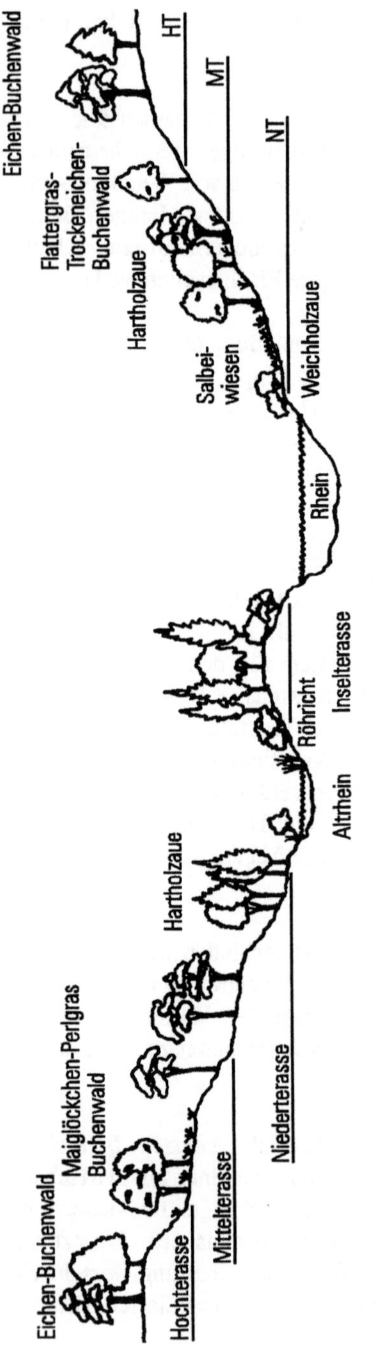

Abb 5.2-5. Die potentiell-natürliche Vegetation des Niederrheins (schematische Darstellung).

Erstrebt wurde eine Überführung der Auenwälder in Hochwälder. Anpflanzungen von Eschen, Ahorn und Rotbuchen scheiterten häufig an sauerstoffarmen Druckwasseraustritten auf den landwärtigen Dammseiten, die zugleich das Bodengefüge störten (FABRICIUS 1879; MUSALL 1969).

Ohne Standortuntersuchungen wurden Anpflanzungen diverser Baumarten unter oft ungünstigen Voraussetzungen vorgenommen (1940–1948). Als nicht standortgemäße Arten wurden Schwarznuß, Roteiche, Robinie und Tulpenbaum eingeführt. Besondere Förderung erfuhren verschiedene Pappelhybriden. Die besonders nach 1950 angewandte Kahlschlagwirtschaft läßt Altersklassenwälder heranwachsen.

Um die Trockenstandorte südlich von Breisach forstwirtschaftlich auch nach dem völligen Absterben der dortigen Auenwälder nutzen zu können, erfolgte eine ausgedehnte Kiefernbestockung. Andere trockene, kiesig-sandige Zonen der Aue wurden mit Douglasie bepflanzt. Das zu Beginn der siebziger Jahre einsetzende Ulmensterben vernichtete den größten Teil der Feldulmen und auch kleinere Anteile des Spitzahorns. Der Verlust wurde durch Balsampappeln, Bastardpappeln und andere meist gebietsfremde Arten ausgeglichen. Die Ergebnisse der Forsteinrichtungserneuerung für 1978 des baden-württembergischen Rheinauengebietes weisen noch immer für 50 % der Bestände Mittelwaldcharakter aus. Wie sehr die natürlichen Auenwald-Baumarten noch unterrepräsentiert sind, zeigt die Tabelle 5.2-1.

Für die rheinland-pfälzischen Auenwälder am Rhein gilt annähernd die gleiche Verteilung, es sind jedoch bezüglich der Hybridpappeln und Stieleichen lokale Unterschiede anzutreffen (HUBER, E. 1981; BAUER 1951; WESTERMANN & SCHARFF 1987/88).

Erschwerend wirken sich die Wildschäden auf Hochwaldeinrichtungen aus. Der hohe Überbesatz, insbesondere mit Rehwild in den Auenwäldern, verhindert die Naturverjüngung in großem Umfang. Die einzig wirksame Methode gegen die Verbißschäden ist die drastische Dezimierung des Wildbestandes. Dies wurde besonders in den vorübergehend wildärmeren Jahren 1945–1950 deutlich, als sich vermehrt Ansätze zur Naturverjüngung zeigten (DISTER 1980a,b; HUBER, E. 1981).

Zum Zeitraum der Forsteinrichtungserneuerung 1978 passend ist die Bewertung der Wälder der badischen Rheinaue von 1977–79 zu sehen, die das Institut für Vegetationskunde der BFANL (HENRICHFREISE 1981) durchgeführt hat (Abb. 5.2-6). Dem Natürlichkeitsgrad der Baumartenzusammensetzung entsprechend wurde dabei eine Unterteilung in 5 Wertstufen vorgenommen (verändert nach HENRICHFREISE 1981):

Tabelle 5.2–1. Vergleich eines Auenwald-Baumbestandes mit forstwirtschaftlich genutzten Flächen.

Natürliche Auenwald-Baumarten		Forstwirtschaftlich eingebrachte Arten	
Eiche	18 %	Douglasie	2 %
Esche	18 %	Kiefer	4 %
Ulmen (30–35 % vor dem Ulmensterben)	1 %	Roteiche	6 %
		Hybridpappeln	10 %
Schwarzpappeln und Weiden	11 %	Spitzahorn	2,5 %
Erlen	10 %	Hainbuche	7 %
Ferner: Weißpappel, Feldahorn, Grauerle und andere natürliche Arten		Bergahorn	8 %
		Sonstige	2,5 %
	58 %		42 %

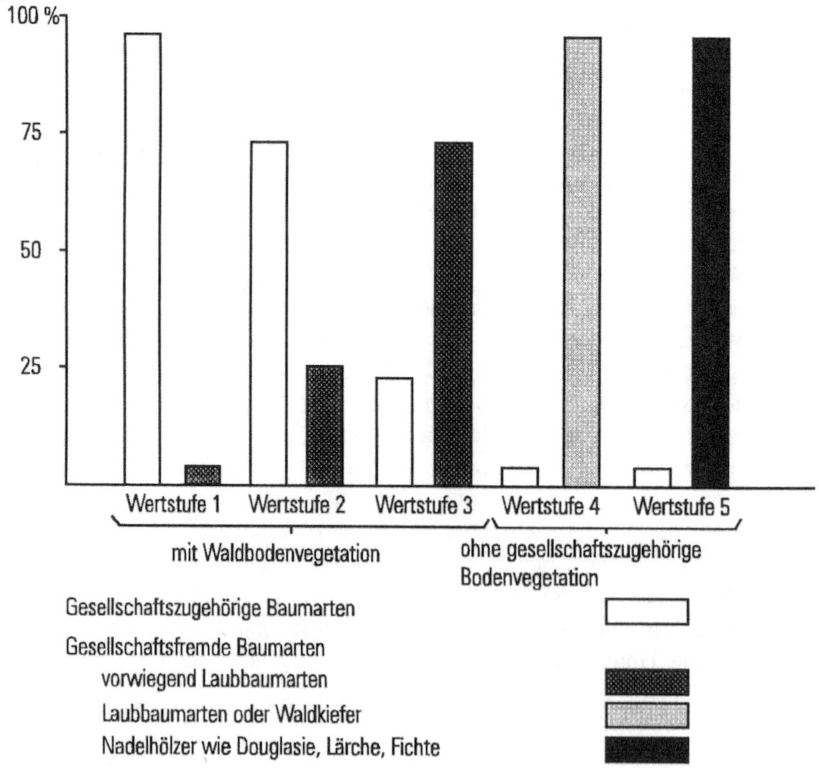

Abb. 5.2–6. Bewertung der Wälder nach dem Vorkommen gesellschaftszugehöriger und gesellschaftsfremder (Baum)-Arten (aus HENRICHFREISE 1981).

- Wertstufe 1:	naturnah, ohne nennenswerte Veränderungen	5 %
- Wertstufe 2:	naturnah, mit Veränderungen im Artengefüge, bis zu 50 % gebietsfremde Baumarten	25 %
- Wertstufe 3:	Edellaubholzbestände, überwiegend gebietsfremde Baumarten, starke forstwirtschaftliche Prägung	50 %
- Wertstufe 4:	naturferne Forste	} 20 %
- Wertstufe 5:	naturfremde Forste (Nadelholzforste)	

Die letzten naturnahen Auenwälder (Wertstufe 1) befinden sich im Überflutungsgebiet unterhalb der Staustufe Iffezheim. Diese Silberweiden und Eichen-Ulmenwälder nehmen nur noch eine Fläche von 90 ha ein. Faßt man die Wertstufen 1 und 2 zusammen, so sind ca. noch 400 ha Auenwald als naturnaher Restbestand vorhanden, das sind weniger als 3 % der insgesamt erfaßten Waldfläche. Demgegenüber sind etwa 20 % der Fläche als naturferner/naturfremder Forst zu bezeichnen.

Veränderungen der Vegetation in den nicht-forstwirtschaftlich genutzten Bereichen. Läßt man bei der Betrachtung der Rheinauenvegetation den forstwirtschaftlichen Nutzungsaspekt außer acht, so treten nicht nur Veränderungen in der Holzartenzusammensetzung in Erscheinung, sondern auch Veränderungen, die die abiotischen Standortfaktoren und damit auch die Grundlage der potentiell-natürlichen Vegetation betreffen. Übergeordnete Faktoren der Veränderung sind:

- die tiefgreifende Wandlung der Gewässercharakters (Fließgewässer der Aue wurden zu Stillgewässern und Feuchtgebiete wurden zu Trockengebieten umgewandelt),
- die Wandlung der Gewässerbeschaffenheit (oligo- und mesosaprobe Gewässer wurden zu meso- und eutrophen Gewässern).

Am *Oberrhein* stellen sich diese Veränderungen wie folgt dar:
In den ausgetrockneten Auen des südlichen Oberrheins wandelten sich die Eichen-Ulmen-Auenwaldreste meist zu Hainbuchen-Winterlinden-Trockenwäldern. Auf den nicht intensiv genutzen Flächen kamen Trocken- und Halbtrockenrasen zur Entwicklung mit einer Fülle seltener und schützenswerter Pflanzenarten (u.a. Orchideen). Diese Standorte sind jedoch durch den seit 1950 forcierten Grünlandumbruch und Kiefernaufforstungen, besonders aber durch großflächige Kiesentnahmen, stark bedroht.

Die Auenwälder des nördlichen Oberrheins bewahren ihren Status als naturnahe, allmählich degenerierende Wälder.

Von der Unterbindung der Hydrodynamik in den Auen sind die amphibischen Flachwasser- und Weichholzzonen am stärksten betroffen. Die zumeist permanent überstauten Silberweidenwälder beginnen zu verlanden, vermehrtes Schilfwachstum führt zu Schlamm- und Detritusanreicherung im Wurzelbereich, verstärkte Zehrungsprozesse verursachen Sauerstoffmangel und letztlich das Absterben der

Baumvegetation. In der Ausbreitung begünstigt sind Pflanzengesellschaften im stagnierenden Wasser. Günstige Lebensbedingungen sind für sie im Oberwasserbereich der Staustufen gegeben. Hier kommt es vermehrt zur Bruchwaldbildung.

Feuchtere Bereiche werden von Erlen-Bruchwäldern bestockt, höher gelegene von Erlen-Eschen-Wäldern. Weitere, an den Staustufen verbreitete Pflanzen sind: Schwanenblume (Butomus umbellatus), Hundsbraunwurz (Scrophularia canina), Rosmarinblättriges Weidenröschen (Epilobium dodonaei), Amerikanischer Ehrenpreis (Veronica peregrina), Nordamerikanische Goldrute (Solidago canadensis), Springkraut (Impatiens nolitangere), Zweizahn (Bidens spp.). Die vier zuletzt genannten Arten besiedeln als nitrophile Neophyten vorwiegend die durch den Ausbau gestörten Flächen, die übrigen die offengelassenen Kiesflächen der Wasserstraßen-Baustellen als Reliktstandorte. Die Schwanenblume breitet sich, wie zuvor im Hochrhein, in den strömungsfreien, eutrophen Randzonen der gestauten Rheinabschnitte aus.

Diese Veränderungen lassen sich als Ruderalisierung der Landschaft bezeichnen (SCHÄFER 1975a). Die fortschreitende Bodenentblößung bedeutet eine Veränderung des Mikroklimas mit negativen Folgen für die gesamte Biozönose. In der Oberrheinebene verläuft diese Entwicklung von feucht-warmem zu trocken-warmem Mikroklima, was sich für eine Landschaft, deren Wasserversorgung fast ausschließlich vom Flußsystem abhängt (Niederschläge: südl. Oberrhein ca. 600 mm/a, nördl. Oberrhein ca. 550 mm/a, Mainzer Becken ca. 500 mm/a) sehr nachteilig auswirkt. Der Oberrheingraben zählt aufgrund seiner Niederschlagsmengen zu den trockensten Gebieten Deutschlands bzw. Europas (SCHÄFER 1975a; DISTER 1980a; BFVNL 1975).

In der Abbildung 5.2–7 ist der Rückgang der Auenstandorte zwischen Basel und Neuburgweier dargestellt, wobei nicht die reale, sondern die auf den derzeit vorhandenen Standorten mögliche potentiell-natürliche Vegetation angegeben wurde (HÜGIN 1981).

Im folgenden sollen Beispiele für auffällige Veränderungen im Arten- und Gesellschaftsgefüge der Vegetation gegeben werden. Der stärkste Rückgang aller Auengesellschaften ist bei den Pionierkrautfluren zu verzeichnen (HENRICHFREISE 1983).

(1) *Rückgang der Arten offener Standorte*

- Deutsche Tamariske (Myricaria germanica): letztes bekanntes Vorkommen auf elsässischer Seite.
- Dreikantige Teichsimse (Schoenoplectus triqueter): letztes bekanntes Vorkommen bei Meißenheim.
- Zwerg-Rohrkolben (Typha minima): Restvorkommen bei Kappel.
- Ufer-Reitgras (Calamagrostis pseudophragmites): Ersatzstandorte in Kiesgruben zwischen Karlsruhe und Mannheim.
- Reif-Weide (Salix daphnoides): kontinuierlich schrumpfende Restbestände.

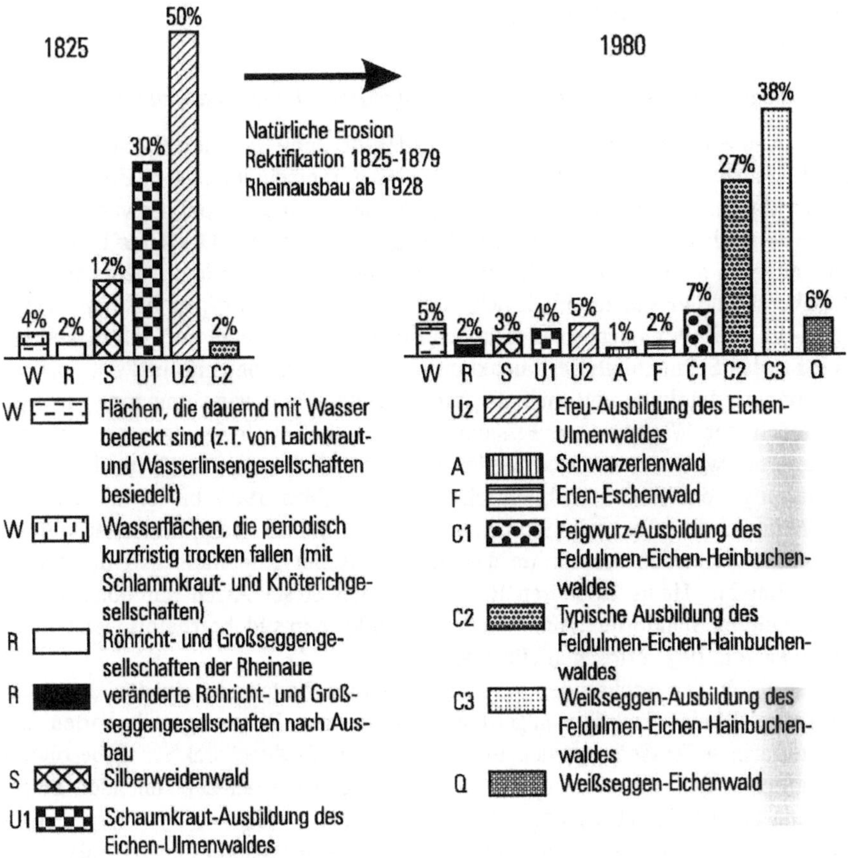

Abb. 5.2–7. Rückgang der Rheinauenstandorte zwischen Basel und Neuburgweier (rechtes Ufer, 136 km²; dargestellt als potentiell-natürliche Vegetation) (aus HÜGIN 1981).

- Bunter Schachtelhalm (Equisetum variegatum): stark bedroht, da verbliebene Standorte rasch zuwachsen.
- Alpenschwemmlinge (z. B. Alpen-Leinkraut (Linaria alpina)), Kriechendes Gipskraut (Gypsophila repens); Alpen-Gänsekresse (Arabis alpina): ehemals am südlichen Oberrhein, heute fast vollständig erloschen.

(2) Artenausbreitung auf den trockenen, nicht mehr überfluteten Standorten

- Weiße Segge (Carex alba)
- Schmerwurz (Tamus communis), Haselwurz (Asarum europaeum)
- Mandelblättrige Wolfsmilch (Euphorbia amygdaloides)

- Süße Wolfsmilch (Euphorbia dulcis)
- Wunder-Veilchen (Viola mirabilis).

(3) Artenrückgang und -ausbreitung als Folge der Wasserverschmutzung

Als entscheidender Faktor für die Veränderung der Vegetation trat in der Mitte des 19. Jahrhunderts erstmals deutlich die Wasserverschmutzung in Erscheinung. Wasserpflanzen mit Ansprüchen auf oligotrophe und mesotrophe Gewässer waren bis 1850 noch häufig am Ober- und Hochrhein vertreten. Das Gras-Laichkraut (Potamogeton agramineus) z. B. verschwand nach 1850 aus dem Rhein im Raum Mannheim-Ludwigshafen, hielt sich noch bis 1910 in dortigen Altrheinen und weist seit 1950 nur noch einen einzigen Standort bei Kappel auf. Ähnliches gilt auch für das Schmalblättrige Laichkraut (Potamogeton angustifolius).

Besonders deutlich zeigt sich die zunehmende Wasserverschmutzung am Verschwinden der Wassermoose Fissidens rufulus und Pachyfissidens grandifrons. Beide Arten wuchsen an tiefen Stellen im Rhein und zeigten noch bis 1900 eine Verbreitung vom Bodensee bis nach Straßburg. Von 1900 bis etwa 1920 beschränkte sich ihre Verbreitung nur noch auf den Bereich Basel-Waldshut und auf die schnellfließenden Abschnitte des Schaffhausener Rheinfalls und der Kadelburger Laufen. Heute existieren Restvorkommen dieser Arten nur noch an den letztgenannten Standorten. Auch die Reliktstandorte in südoberrheinischen Gießen sind etwa seit 1960 erloschen (PHILIPPI 1982b).

In der Zeit der wachsenden Abwasserbelastung hatten sich in den durch die Tulla'sche Rheinkorrektion abgetrennten Altarmen Pflanzengesellschaften des nährstoffarmen Wassers entwickeln können. Der Gießencharakter, insbesondere am südlichen Oberrhein ausgeprägt, erlosch jedoch mit der zunehmenden Eutrophierung des Rheins (WESTERMANN & SCHARFF 1987/88).

Weitere Beispiele für Artenrückgang (-) und Artenausbreitung (+) als Folge der Eutrophierung und Verschmutzung des Rheinwassers nennen KRAUSE (1981) und WESTERMANN & SCHARFF (1987/88). Die Eutrophierung und ihre weite Verbreitung durch den Altrheinverbund löschten die mit (-) gekennzeichneten Gesellschaften aus oder drängten sie auf die wenigen noch erhaltenen Quelltöpfe und deren Abflüsse zurück.

- Grasartiges Laichkraut (Potamogeton gramineus): (-)
- Schmalblättriges Laichkraut (Potamogeton angustifolius): (-)
- Armleuchter-Algen-Arten (Chara spp.): (-)
- Wassermoose (Fissidens rufulus, Pachyfissidens grandifrons): (-)
- Wasserfeder (Hottonia palustris): (-)
- Schwimmendes Laichkraut (Potamogeton natans): (-)
- Weiße Seerose (Nymphaea alba): (-)
- Schwimmfarn (Salvinia natans): (-), nur noch an 5 Fundorten zwischen Karlsruhe und Mannheim
- Wassernuß (Trapa natans): (-)

- Seekanne (Nymphoides peltata): (+-)
- Nixenkraut (Najas marina): (+-)
- Buckellinse (Lemna gibba): (+), bildet Schwimmdecken in abwasserbelasteten Gewässern
- Darmalge (Enteromorpha intestinalis): (+), vermutlich durch Versalzung gefördert
- Lamprocystis-Gesellschaft, eine Bakterien-Gesellschaft in Quelltöpfen mit der auffällig rosa gefärbten Leitart L. roseo-persicina: (-)
- Magno-Charetum hispidae; Reinbestände der Armleuchteralge Chara hispida in tiefen, strömungsarmen Kolken: (-)
- Hippuris vulgaris fluviatilis-Gesellschaft mit Massenbeständen des Tannenwedels in den Ausflüssen aus Quelltöpfen: (-)
- Hildenbrandia-Sietum in bachartigen Rinnen mit der auf Kieseln wachsenden Rotalge Hildenbrandia rivularis, Aufrechtem Merk, Dichtem Laichkraut u.a.: (-)

Zur heutigen Situation der Wasserpflanzengesellschaften nährstoffreicher Gewässer berichten KRAUSE (1974a,c, 1981), OBERDORFER (1977) und WESTERMANN & SCHARFF (1987/88):

- Callitrichetum obtusangulae, eine vom Nußfrüchtigen Wasserstern dominierte Gesellschaft der mäßig nährstoffreichen, mäßig strömenden und nicht zu tiefen Altrheine. Die Gesellschaft erreichte vermutlich in der Zeit vor dem Rheinausbau ihre größte Verbreitung und geht in der Gegenwart deutlich zurück. Sie entwickelte sich in stark eutrophierten Altrheinen immer mehr zu Gesellschaften, in denen der Flutende Hahnenfuß (Ranunculus fluitans) und das Kamm-Laichkraut (Potamogeton pectinatus) dominieren, der Nußfrüchtige Wasserstern (Callitriche obtusangulae) hingegen verschwunden ist oder kümmert.
- Potamogetonetum lucentis, in wenig bewegtem, tiefem, nährstoffreichem, sommerwarmem Wasser mit Massenbeständen des Glänzenden Laichkrautes (Potamogeton lucens), Kamm-Laichkrautes (Potamogeton pectinatus), Durchwachsenen Laichkrautes (Potamogeton perfoliatus) u.a. Nach KRAUSE (1981) in geringer Ausdehnung möglicherweise schon vor der Korrektion, seither in ständiger Ausbreitung, in den letzten 10 Jahren zunehmend von der Sagittario-Sparganietum emersi-Gesellschaft verdrängt.
- Sagittario-Sparganietum emersi, am südlichen Oberrhein ganz überwiegend eine Wasserpflanzengesellschaft in 0,5 bis 1,5 (2,0) m tiefem, sehr nährstoffreichem Wasser, die sich stark ausbreitet, mit Massenbeständen des Pfeilkrautes (Sagittaria sagittifolia), der Schwanenblume (Butomus umbellatus) und des Einfachen Igelkolbens (Sparganium emersum) und ausschließlich Wasserpflanzen als Begleitarten (WESTERMANN & SCHARFF 1987/88).
- Myriophyllo-Nupharetum in mäßig nährstoffreichen bis nährstoffreichen, stehenden oder schwach durchflossenen, bis etwa 2 m tiefen Altrheinen: Im

Gebiet nördlich von Kehl eine besonders wertvolle Variante des relativ sauberen Wassers mit Massenbeständen des Quirlblättrigen Tausendblatts (Myriophyllum verticillatum), des Tannenwedels (Hippuris vulgaris) und der Weißen Seerose (Nymphaea alba) noch verbreitet.

- Ceratophyllum demersum-Gesellschaft in nährstoffreichen, wenig bewegten, sommerwarmen, oft beschatteten Gewässern.
- Lemno-Spirodeletum polyrrhizae, eine Wasserlinsengesellschaft, die mehrere Zentimeter dicke Decken bildet und in der Gegenwart eine sehr weite Verbreitung in stehendem oder nur gering bewegtem, nährstoffreichem Wasser hat. Häufig kommen auch Algendecken aus Cladophora crispata, Hydrodictyon reticulatum und Enteromorpha intestinals (KRAUSE 1974a,c) vor, die in kurzer Zeit strömungsarme Altrheine zuwuchern können.
- Azolla-Gesellschaft, wohl als Überlagerung von Wasserlinsen-Beständen durch den Großen Algenfarn zu deuten (OBERDORFER 1977). Seit mindestens 10 Jahren auch im Gebiet zwischen Kehl und Breisach in rascher Ausbreitung (WESTERMANN & SCHARFF 1987/88).

(4) Ursprüngliche Ufervegetation auf kiesig sandigen Schwemmböden (LAUTERBORN 1917; OBERDORFER 1977)

- Scirpetum maritimi, eine Pionierröhrichtgesellschaft des flachen Wassers, in einer Ausbildung mit der Dreikantigen Teichsimse (Schoenoplectus triqueter) und der Steinsimse (Schoenoplectus tabernaemontani), vor dem Rheinausbau noch weit verbreitet. Um 1975 war die Dreikantige Teichsimse am südlichen Oberrhein noch aus zwei Baggerseen bei Meißenheim bekannt (PHILIPPI 1978a, b), wo sie seither anscheinend verschwunden ist.
- Erythraeo-Blackstonietum, eine Pioniergesellschaft feinkörniger Schwemmböden oberhalb der Mittelwasserlinie, mit den Charakterarten Später Bitterling (Blackstonia acuminata) und Kleines Tausendgüldenkraut (Centaurium pulchellum) sowie weiteren zu den Zwergbinsenfluren gehörenden Arten. Heute verarmte und unbeständige Ausbildungen an Baggerseen der Rheinniederung.
- Equiseto-Typhetum minimae, eine zeitweise überflutete Flachmoorgesellschaft auf schluffigem Schwemmboden, mit dem aus den Alpen stammenden, bestandsbildenden Zwerg-Rohrkolben (Typha minima) und dem Bunten Schachtelhalm (Equisetum variegatum). Die Gesellschaft ist heute verschwunden. Der Zwergrohrkolben wurde im Taubergießengebiet an einem völlig untypischen und damit stark bedrohten Wuchsort wieder entdeckt (GÖRS & MÜLLER 1974).
- Juncetum alpini, eine Flachmoorgesellschaft auf kiesigem Schwemmboden; wächst noch als Relikt in trockenliegenden Schluten der Altaue (PHILIPPI 1968; MÜLLER, T. 1974a,b), wo es durch Austrocknung, Eutrophierung, Überwucherung und Auffüllungen stark gefährdet ist. Verarmte Sekundärstandorte bestehen an Baggerseen der Rheinniederung.

- Phragmitetum communis, das Schilf-Röhricht. Das strömungs- und hochwasserempfindliche Schilf vermochte sich erst nach Abschluß des Rheinausbaus in stärkerem Umfange auszubreiten. Seit der Einrichtung des Altrheinverbundes kehrt sich diese Tendenz wieder um. Die stark eutrophen Rheinwasser-Schübe verminderten die natürlichen Zersetzungsprozesse und erhöhten die Freisetzung von Schwefelwasserstoff aus dem Faulschlamm. Schwefelwasserstoff läßt Schilf absterben.

(5) Pflanzengesellschaften der heutigen verschlammten und stark mit Nährstoffen angereichterten Ufer (WESTERMANN & SCHARFF 1987/88)

- Butometum umbellati, das Schwanenblumen-Röhricht, in rascher Ausbreitung im wenige Dezimeter tiefen Wasser des Rheins, des Leopoldskanals und etlicher Altrheine.
- Alopecuretum aequalis (Gesellschaft des Roten Fuchsschwanzes), Polygono-Chenopodietum polyspermi (Fluß-Knöterich-Gesellschaft) und Rumicetum obtusifolii (Gesellschaft des Stumpfblättrigen Ampfers) auf zeitweise trockenfallenden Schlammflächen der Altrheinufer und der alten Kiesbänke im Restrhein südlich Breisach.
- Phalaridetum arundinaceae (Rohrglanzgras-Röhricht), in geringer Ausdehnung wahrscheinlich schon vor der Korrektion vorhanden (KRAUSE 1981).
- Glycerietum maximae (Gesellschaft des Wasserschwadens).
- Typhetum latifoliae (Röhricht des Breitblättrigen Rohrkolbens).

(6) Ersatzgesellschaften an wasserbaulich veränderten Ufern (LOHMEYER 1970, 1981)

Anstelle der natürlichen Auenvegetation entwickeln sich an den befestigten Ufern des Rheins Ersatzgesellschaften. Zu ihnen zählt das aus nitro- und hygrophilen Arten (Sommerannuellen) zusammengesetzte Polygono-Chenopodietum der trockenfallenden Kies-, Sand- und Schlickflächen. In der Regel erfolgt eine jährlich im Winter und Frühjahr stattfindende Ausräumung dieser Formationen durch Hochwasser.

5.2.2 Fauna

Wirbellose (Invertebrata). Die Invertebraten stellen die taxonomisch umfangreichste Gruppe der Auen-Fauna dar. Sie besiedeln die verschiedensten Biotope der Auen mit ihrer Vielzahl ökologischer Nischen. Sie sind sowohl im Grundwasser als auch in den aquatischen, amphibischen und terrestrischen Lebensräumen vertreten. Ihre Artenvielfalt wird in der folgenden Übersicht dokumentiert:

- Landschnecken > 60 Arten
- Wasserschnecken und Muscheln 30–40 Arten
- Libellen ca. 50 Arten
- Käfer > 1000 Arten
- Schmetterlinge ca. 1000 Arten
- Spinnen > 100 Arten.

Diese Erkenntnisse entstammen Untersuchungen der letzten zwei Jahrzehnte (Casemir 1963; Gepp 1985; Gerken 1988a; Schmid 1978; Tuna 1969). Ältere Angaben, die Rückschlüsse auf die ehemalige Invertebratenfauna der Rheinauen zuließen, sind in der Mehrzahl der Fälle nicht verwertbar. Grund dafür sind vor allem die fehlenden Angaben zu den Fundorten, die häufig nicht rekonstruierbare Nomenklatur und die nur sporadische Bearbeitung der Auen-Fauna.

Die von Lauterborn (1917, 1918, 1926a,b) publizierten Beobachtungen zur Invertebratenfauna der Rheinauen beschreiben bereits den Zustand nach der Rheinkorrektion. Konkrete und verwertbare Hinweise zur unbeeinflußten natürlichen Lebensgemeinschaft der Wirbellosen sind auch diesen Arbeiten nicht zu entnehmen.

Der heutige Wissensstand über die Invertebratenfauna der Rheinauen stützt sich auf nur wenige Jahre umfassende, jüngere Bestandserhebungen (z.B. Bettag 1973; Brechtel 1986, 1987; Casemir 1962, 1963; Dannapfel 1977; v. Helversen 1974; Gerken 1980a,b, 1981, 1985; Lehmacher 1978; Lehmann, H. 1965; Leist 1978; Otrembnick 1978; Siepe 1985; Späh 1977; Voigt 1978a,b; Westrich 1985). In diesen Arbeiten sind Arteninventare oder einzelne ökologische Aspekte bestimmter taxonomischer Gruppen dargestellt.

Um die potentiell-natürliche Invertebratenfauna der Rheinauen zu ermitteln, werden Bestandserhebungen in noch natürlich erhaltenen, den Rhein-Auen vergleichbaren Flußauen durchgeführt (BFANL 1988; Gerken 1988a,b). Solche den ungestörten Oberrhein-Auen vergleichbare Standorte sind noch an der Durance und Loire (Frankreich) sowie an der Theiß (Ungarn) zu finden. Hier können Erkenntnisse zu den natürlichen Arteninventaren und Abundanzen gewonnen werden.

Aus den vorliegenden Literaturangaben sind folgende Schlüsse zu ziehen:

- Die weitgehende Zerstörung der Wasserwechseldynamik und die daraus folgende Degradation der Auen führten zum Verlust von autochthonen Arten.
- Die gestiegene Überflutungshöhe und -dauer bei Hochwasserereignissen führten in flußnahen Bereichen (innerhalb der Hochwasserdämme) zu häufigerer Schädigung der Invertebratenfauna, bei gleichzeitiger Verlängerung der Regenerationszeit dieser Zönosen.
- Die Artenvielfalt der Invertebraten-Zönosen ist abhängig von der Strukturvielfalt (Natürlichkeitsgrad) der Biotope.

Für die Spinnenfauna der Rheinufer konnte CASEMIR (1962, 1963) eine außerordentliche Arten- und Individuenarmut an Uferbereichen mit Steinschüttungen feststellen. Derartig beschaffene Ufer unterscheiden sich hinsichtlich ihrer Artenvielfalt sehr stark von den naturbelassenen Abschnitten. Ähnliches gilt für die Käferfauna der Rheinufer. Bei Untersuchungen im Großraum Köln fand LEHMANN (1962) eine verarmte Laufkäferfauna, die mit jedem Hochwasser ausgelöscht wurde. Die Carabiden-Zönosen im Uferbereich des Rheins sind häufig allochthon. Es handelt sich dabei um Gastarten, die keine standorttreuen, stabilen Populationen in den Rheinuferbereichen aufzubauen vermögen. Dieser Zustand belegt die negativen Auswirkungen künstlich befestigter Ufer auf die Carabidenfauna.

Lurche und Kriechtiere (Amphibia und Reptilia). Alle einheimischen Amphibien- und Reptilienarten können theoretisch in den Rheinauen vorkommen (GEPP 1985; GERKEN 1988a) (Tabelle 5.2-2).

Amphibien sind während der Larvalphase auf das Vorhandensein von Stillgewässern oder solchen mit geringer Strömung angewiesen. Als besiedelbare Biotope dienen in der Überflutungsaue die Randbereiche der Wasserstraße, Kolke, ephemere Tümpel und in der Altaue die Altrheine, Kolke, Auskiesungen, Entwässerungsgräben sowie überschwemmte Wiesen.

Die ehemaligen Rheinauen stellten Entwicklungs- und Verbreitungsschwerpunkte der Amphibien dar. Auch heute noch läßt sich dies anhand des Vorkommens vieler Arten nachvollziehen. Durch Biotopvernichtung und -zerschneidung ist heute ein drastischer Rückgang im Bestand vieler Arten festzustellen, dem lokale Artauslöschungen folgen. Wie wichtig ausreichend große Lebensräume für stabile Amphibienpopulationen sind, zeigen die von BLAB (1979) ermittelten Näherungswerte für die Flächenausdehnung potentieller Jahreslebensräume:

- Erdkröte (Bufo bufo)	1520 ha
- Springfrosch (Rana dalmatina)	380 ha
- Grasfrosch (Rana temporaria)	200 ha
- Knoblauchkröte (Pelobates fuscus)	50 ha
- Bergmolch (Triturus alpestris)	50 ha
- Fadenmolch (Triturus helveticus)	50 ha
- Teichmolch (Triturus vulgaris)	50 ha
- Geburtshelferkröte (Alytes obstetricans)	0,5 ha

Die Vernichtung, Einengung, Verschmutzung und fischereiwirtschaftliche Nutzung der Amphibien-Biotope stellen eine ernste Gefahr für die Amphibien in den Rheinauen dar.

GLASER (1868) weist noch in seinen Beschreibungen auf die überaus zahlreichen Molche, Frösche und Kröten im Rhein bei Worms hin, die nach Ablauf des Hochwassers in den Randgewässern zu finden waren. Die Amphibien wurden

Tabelle 5.2–2. Amphibien- und Reptilienarten am Rhein.

Amphibien- und Reptilienarten	Vorkommen (Rheinabschnitt/Autor)																					
	Oberrhein									Mittel-rhein				Niederrhein								
	1	2	3	4	5	6	7	8	9	1	2	3	4	1	2	3	4	5	6	7	8	9
Feuersalamander (Salamandra salamandra)	+								+													
Bergmolch (Triturus alpestris)					+			x	+			+			+	+	+				+	
Fadenmolch (Triturus helveticus)	+		+		+			x	+			+				+	+				+	
Teichmolch (Triturus vulgaris)	+	+		+	+	+	+	+	+		+	+	+		+	+	+		+		+	+
Kammolch (Triturus christatus)	+	+	+	+	+	+	+	+	+			+	+			+	+		+		x	+
Geburtshelferkröte (Alytes obstetricans)											+					+	+					
Gelbbauch-Unke (Bombina variegata)		+	+	+		+		+	+			+				+	+			+		
Knoblauchkröte (Pelobates fuscus)		+	+	+	+	+	+	+	+		+	x	!			+						
Erdkröte (Bufo bufo)		+	+	+	+	!	+	+	+			+	+			+	+		+	+	!	+
Kreuzkröte (Bufo calamita)		+	+	+	+	+	+	+	+			+	!			+	+		+			+
Wechselkröte (Bufo virides)		+		+	+	+	+	+	+			+	!			+				+	x	
Laubfrosch (Hyla arborea)		+	+	+	+	+	-	x	+			+				+	+				x	
Moorfrosch (Rana arvalis)		+	+	+	+	+	+	!	+		+	x				+			+			
Springfrosch (Rana dalmatina)			+				x	x	+			+								+	+	
Grasfrosch (Rana temporaria)		+		+	+	+		x	+			+				+	+		+	+	+	+
Wasserfrosch (Rana esculenta)		+	+	+		+	+	+	+			+	+			+	+		+	+		+
Seefrosch (Rana ridibunda)		+		+		+			+			x	!							+		
Europ. Sumpfschildkröte (Emys orbicularis)		+															!					
Blindschleiche (Anguis fragillis)	+					+			+							+	+		+			+
Zauneidechse (Lacerta agilis)			+			+			+				+			+	+		+			+
Smaragdeidechse (Lacerta viridis)	+	+							+													
Waldeidechse (Lacerta vivipara)									+								x					+
Mauereidechse (Podarcis muralis)		+							+								+					
Schlingnatter (Coronella austriaca)									+					+	+			+				
Ringelnatter (Natrix natrix)	+	+	+			+			+	+			+		+	+			+			+
Würfelnatter (Natrix tessellata)											+		!	+								
Kreuzotter (Vispera berus)	+														+	+			+			

+ Artnachweis; - Einzelfund; *!* Art stark gefährdet; *x* Art verschollen o. ausgestorben.

Oberrhein: 1 Worms, GLASER 1868; *2* LAUTERBORN 1917; *3* Taubergießen, HELVERSEN, v. 1974; *4* Oppenheim, VIERTEL 1976; *5* Schwetzingen, VOGT 1978; *6* Rheinhessen, BITZ 1979; *7* Kühkopf, VIERTEL 1980; *8* Worms-Oppenh., SCHADER 1983; *9* Hördt, Planungsgruppe Ökologie und Umwelt 1986a.

Mittelrhein: 1 Nahe, Mittelr., GEISENHEYNER & NOLL 1874; *2* LAUTERBORN 1918; *3* Bonn, BLAB 1979; *4* untere Nahe, BLAUFUSS et al. 1981.

Niederrhein: 1 OTTO 1909; *2* LAUTERBORN 1918; *3* rechter Niederrh., WIEDEMANN 1930; *4* linker Niederrh., SCHNELL 1971; *5* Bezirk Nordrhein, GLANDT 1972; *6* MÜLLER 1971 (1970–75 Erhebung); *7* Siegmündung, OBERT 1977; *8* Hüls, SINSCH 1978; *9* GROTH & WÜBBENHORST 1985.

durch das Hochwasser noch nicht beeinträchtigt. Auch LAUTERBORN (1917, 1918) findet am Rhein die typischen Arten noch vor. Er beschreibt das Restvorkommen der Europäischen Sumpfschildkröte (Emys orbicularis) bei Straßburg. Diese Auen-Charakterart besiedelte bis zum 16. Jahrhundert noch massenhaft den Oberrhein. Ein Reliktvorkommen beschreibt auch SCHNELL (1971) am Niederrhein.

In den 70er und 80er Jahren ist ein Rückgang der Amphibienbestände bei fast allen Arten zu verzeichnen. Ausnahmen bilden der Teichmolch (Triturus vulgaris) und der Grünfrosch-Komplex (Rana esculenta, R. ridibunda, R. lessonae). Als besonders bedroht müssen die Laubfroschbestände eingestuft werden. Der Laubfrosch (Hyla arborea) ist ein Bewohner der Überflutungsaue und vermag sich dort auch während Hochwasserereignissen als Larve zu halten. Durch die Kanalisierung des Rheins kommt es zu erhöhter Rasanz des Hochwassers und höherem Wasserstand in Fluß und Überflutungsaue. Dem entstehenden „Düseneffekt" können die Amphibien nicht standhalten. Vielfach sind die Laubfroschpopulationen am Oberrhein aus diesem Grund bereits erloschen (VIERTEL 1980; SCHADER 1983; GERKEN 1988a).

Eine Besonderheit stellt die Würfelnatter (Natrix tessellata) dar. Ihr Verbreitungsgebiet am Rhein erstreckte sich von der Nahe über den Mittelrhein bis zur Mosel. Sie besiedelte ebenfalls die Lahn und die Ahr, wo sie ihre nördliche Verbreitungsgrenze in Mitteleuropa erreicht. GEISENHEYNER & NOLL (1874) berichten über sehr individuenreiche Populationen der Würfelnatter am Rhein. LAUTERBORN (1918) traf sie noch in strömungsberuhigten Uferzonen des Rheins an. Bis 1938 konnte diese Schlange noch bei Rheinbrohl nachgewiesen werden (GRUSCHWITZ 1978). Die Würfelnatter ist von allen Schlangen am stärksten ans Wasser gebunden. Sie ernährt sich von Fischen und benötigt Flachwasserzonen am Ufer mit ungestörten, sonnenexponierten Ruheplätzen. Seit Beginn der vierziger Jahre fehlt Natrix tessellata am Rhein, die Population an der Nahe ist stark gefährdet. An der Mosel und Lahn bildet sie seither Reliktpopulationen, zwischen denen der Rhein eine Ausbreitungsschranke darstellt. Bestandsbedrohende Faktoren sind neben der schlechten Wasserqualität, der Gewässerausbau, die fehlenden Uferpflanzen, der übermäßiger Schiffs- und Bootsverkehr, die Campingplätze und die Angler (GRUSCHWITZ 1978).

Nahezu verschwunden ist aus den Rheinauen die Kreuzotter (Vipera berus). Bis zu den dreißiger Jahren wurde sie noch regelmäßig angetroffen, fiel dann aber der Flurbereinigung, Intensivierung der Landwirtschaft und schließlich der Vorlandtieferlegung am Niederrhein zum Opfer. Diesen Eingriffen ging eine intensive Verfolgung durch die Menschen voran. Heute vermögen die verbliebenen Restpopulationen die naturferne Aue, insbesondere am Niederrhein, nicht mehr zu besiedeln (GLASER 1868; LAUTERBORN 1918; GLANDT 1971).

Vögel (Aves). Von allen Waldstrukturen Europas beherbergen die Auenwälder, so auch die des Rheins, die artenreichsten Vogelgemeinschaften. Den Rheinauen kommt neben der Funktion als Brut- und Nahrungsraum auch eine große Bedeutung als Durchzugsgebiet und Rastraum nordischer Vögel zu. Ebenso finden sich süd- und südosteuropäische Arten als Gäste, vorwiegend am Hoch- und Oberrhein, ein. Die Auen bieten durch ihre Lebensraumvielfalt und ihr reichhaltiges Nahrungsangebot vielen Vogelarten Entfaltungsmöglichkeiten, so daß in großem Artenreichtum Tauchvögel, Stelzvögel, Entenvögel, Greifvögel, Hühnervögel, Watvögel, Singvögel und Rabenvögel dort anzutreffen sind. Artenvielfalt und Individuenreichtum der Brutvogelfauna sind jedoch nicht nur Kennzeichen einer hohen Strukturvielfalt der Biotope und eines großen Nahrungsreichtums, sie lassen gleichzeitig auch eine Dynamik der Standortbedingungen erkennen. Die Vögel erfüllen somit eine Indikatorfunktion auf hoher intergrierender Ebene (GEPP 1985; GERKEN 1988a; SPÄTH 1985).

Am Rhein sind vier Bereiche in die „Liste der Feuchtgebiete von internationaler Bedeutung in der Bundesrepublik Deutschland" (Ramsar-Konvention) aufgenommen worden:

- Bodensee (Untersee)
- Oberrhein (Lörrach-Kehl)
- Rheingau (Eltville-Bingen)
- Unterer Niederrhein (Bislich - Landesgrenze).

Neben den großräumigen Kernbereichen des Naturschutzes wie z.B. Rastatter Rheinaue, Kühkopf und Taubergießengebiet sind es vor allem die naturnahen Auenreste, die heute der Vogelwelt Zufluchtstätten bieten. Den Wasservögeln dienen zudem die Wasserflächen oberhalb der Stauwehre als Rast- und Nahrungsraum.

Veränderungen der Vogelfauna des Rheins lassen sich für die vergangenen 150 Jahre anhand vorliegender Bestandsaufnahmen aufzeigen (FREY 1970; BFVNL 1975; HANDKE & HANDKE 1982). Wesentliche Veränderungen sind:

- Rückgang der Artenzahlen
- Konzentration, vor allem bedrohter Arten, auf verbliebene naturnahe Biotope oder nicht optimale Rückzugsbiotope
- Ausbreitung von polyvalenten Arten und Neubürgern.

Für den Rückgang der Artenzahlen und die Bedrohung des Fortbestandes vieler Arten sind folgende Faktoren verantwortlich:

- Rheinausbau: Durch die Beseitigung von Kiesinseln und Sandbänken, Befestigung der Ufer sowie Schädigung der Auen sind vor allem die Limikolen wie z.B. Regenpfeifer und Wasserläufer sowie die Seeschwalben, darunter die Flußseeschwalbe betroffen.

- Entwaldung oder Veränderung der Waldstruktur: Durch Verringerung des Alt- und Totholzanteils in den Wäldern und Umwandlung naturnaher Wälder in Forsten ist der Bestand der Höhlenbrüter (z.B. Mittelspecht) stark zurückgegangen.
- Entwässerungsmaßnahmen: Durch den Verlust von Sumpf- und Feuchtwiesenbiotopen wurden vor allem Störche, Reiher, Dommeln, Limikolen und Eulen betroffen.
- Flurbereinigung: Der Verlust von Hecken, Gebüschen, Gehölzen und Einzelbäumen führte zum Bestandsrückgang bei Grasmücken, Spöttern, Wiesenschmätzern, Drosseln, Meisen, Ammern und Finken.
- Umstrukturierung der Landwirtschaft: Durch die Aufgabe der Dreifelderwirtschaft, den Verlust der Brachflächen und die Intensivierung der Landwirtschaft bei gleichzeitigem Pestizideinsatz wurde die gesamte Avifauna betroffen.
- Direkte und indirekte Wirkung von Chemikalien: Durch Verminderung des Nahrungsangebots (indirekte Wirkung) und direkte toxische Wirkung auf die einzelnen Arten wurde die gesamte Avifauna beeinträchtigt.
- Beunruhigung durch Industrie- und Verkehrslärm, Camping, Sport, Jagd und Angeln: Die Auswirkung erstreckt sich auf die gesamte Avifauna.
- Gezielte Verfolgung einzelner Arten bis hin zur Ausrottung: Betroffen sind vor allem Schlangenadler, Kolkrabe, Wanderfalke und Auerhuhn.
- Klimatische Veränderungen: Durch Temperaturrückgang und Zunahme der Niederschlagsmenge im 19. Jahrhundert wurde die gesamte Avifauna beeinträchtigt.

Bereits im Jahre 1849 berichtet der badische Oberforstmeister und Ornithologe v. KETTNER:

> „In der Rheinebene sind seit dem Anfange unseres Jahrhunderts ausgedehnte sumpfige Flächen, s.g. Brücher, trockengelegt und zu schönen Wiesen umgewandelt worden; die landwirthschaftliche Cultur ist dicht an die Ufer des Stromes, seiner Altwasser und Nebenflüsse vorgerückt, und so sind den Sumpf- und Wasservögeln, welche vordem in grossen Massen hier zu finden waren, beliebte Aufenthaltsorte entzogen worden, wovon ihre numerische Abnahme die natürliche Folge gewesen ist." (v. KETTNER 1849, S. 42–43)

Als besonders betroffene Vogelarten, deren Vorkommen er als Seltenheit bezeichnet, nennt v. KETTNER die Bekassinen, Wasserläufer, Schnepfen, Wachteln, Rohrhühner und Reiher. Den Fischadler, den Seeadler, den Uhu, die Waldohreule und die Sumpfohreule zählt v. KETTNER bereits zu den ausgestorbenen oder nicht nachweisbaren Vögeln der Rheinebene. Ihr Verschwinden wird auf die „Ausrottung der Wälder in den Ebenen und Vorbergen" zurückgeführt (v. KETTNER 1849, S. 43).

Für den *Bodensee*, *Hochrhein* und *Oberrhein* stellt sich die Entwicklung der Avifauna wie folgt dar (Tabelle 5.2–3, S. 207ff.):

- *Nicht mehr vorhanden sind folgende Brutvögel*: Waldrapp, Nachtreiher, Schwarzstorch, Spießente, Gänsesäger, Schreiadler, Schlangenadler, Fischadler, Wanderfalke, Auerhuhn, Rothuhn, Großtrappe, Triel, Trauerseeschwalbe, Zwergseeschwalbe, Blauracke, Steinrötel, Steinsperling, Kleines Sumpfhuhn, Kolkrabe, Kornweihe und Zwerghuhn (FREY 1970; NIEHUIS 1982; BLAB et al. 1984; WOLF 1985; WESTERMANN & SCHARFF 1987/88).
- *Einen deutlichen Bestandsrückgang zeigen folgende Arten*: Rohrdommel, Roter Milan, Rohrweihe, Wachtel, Wachtelkönig, Kiebitz, Flußregenpfeifer, Bekassine, Großer Brachvogel, Flußseeschwalbe, Hohltaube, Flußuferläufer, Uhu, Sumpfohreule, Eisvogel, Wiedehopf, Wendehals, Uferschwalbe, Rauchschwalbe, Mehlschwalbe, Wiesenpieper, Blaukehlchen und Saatkrähe (FREY 1970; HANDKE & HANDKE 1982; NIEHUIS 1982; WILLI 1985; WOLF 1985; WESTERMANN & SCHARFF 1987/88).

Es besteht ein deutlicher Zusammenhang zwischen dem Ausrottungszeitraum der Brutvögel, ihrer Stellung in der Nahrungspyramide und den damit verbundenen Biotopansprüchen. Raubvögel mit relativ großen Arealansprüchen und einer, bedingt durch ihre Körpergröße, guten Jagdbarkeit verschwanden in der Zeit um die Jahrhundertwende (Schreiadler, Schlangenadler, Kornweihe, Fischadler und Wanderfalke). Dasselbe gilt für andere große Arten wie Nachtreiher, Schwarzstorch, Gänsesäger, Auerhuhn, Großtrappe und Kolkrabe. Wurden die Raubvögel noch als lästige Konkurrenten und Schädlinge angesehen, so boten die anderen Großvögel nur ein genügend großes Ziel für die Jäger, was schon damals vielerorts beklagt wurde (OTTO 1908; FREY 1970).

Gleichzeitig mit der unnachgiebigen Verfolgung bewirkte die Biotopzerstörung, vor allem in Form der Flächenverminderung, das Erlöschen der genannten Brutvorkommen. Bereits im 16. Jahrhundert wurde im Hochrhein- und Bodenseegebiet der Waldrapp Opfer dieser Entwicklung. Kleinere Vogelarten, insbesondere die an Wasser gebundenen Arten, verloren ihre Brutbiotope durch wasserbauliche Maßnahmen am Rhein und den Nebengewässern sowie durch großflächige Trockenlegungen von Sümpfen, Brüchen und Rieden.

Ehemalige Charakterarten des Rheins sind die auf Kiesinseln und an den Ufern brütenden Arten: Triel, Lachmöwe, Flußseeschwalbe, Trauerseeschwalbe und Zwergseeschwalbe. Ihre natürlichen Bruthabitate sind durch den Rheinausbau fast völlig vernichtet worden. Die ehemals zahlreichen offenen Kies- und Schotterflächen der Rheinufer und Rheininseln sind durch die Kiesgruben in den Auen nur bedingt ersetzbar. Die Vegetationsfreiheit dieser Sekundärbiotope endet in der Regel mit dem Ende der Materialausbeutung. Damit verschwinden dann auch die Ersatzbrutplätze für Arten wie den Flußregenpfeifer und den Flußuferläufer, die sich derzeit noch in Restbeständen halten.

Eine *geringfügige Zunahme der Bestände und der Artenvielfalt* erfährt die oberrheinische Avifauna bei folgenden Arten:

- Eine Bestandsvermehrung zeigen: Graureiher, Haubentaucher, Stockente, Schwarzmilan, Habicht, Wiesenweihe, Kiebitz, Mauersegler, Schwarzspecht, Sumpfrohrsänger, Trauerschnäpper, Amsel, Star, Elster, Ringeltaube, Eichelhäher und Turteltaube.
- Neu hinzugekommen sind: Graugans, Schnatterente, Löffelente, Tafelente, Reiherente, Kolbenente, Uferschnepfe, Türkentaube, Alpensegler, Gebirgsstelze, Rohrschwirl, Wacholderdrossel, Girlitz und Beutelmeise (HOLZWARTH et al. 1969; FREY 1970; NIEHUIS 1982; WESTERMANN & SCHARFF 1987/88).

Die Einwanderung neuer Arten könnte auf die noch anhaltende nacheiszeitliche Besiedlungsphase Mitteleuropas aufgrund klimatischer Faktoren zurückzuführen sein. Diese Besiedlung ist durch Arealgrenzverschiebungen positiver und zuweilen auch negativer Art gekennzeichnet, deren Beständigkeit sich erst im Laufe der Zeit erweisen wird.

Die Bestandsvermehrung einzelner Arten wird auf die fehlende Konkurrenz durch aussterbende Arten, aber auch die Anpassung einiger Arten an die anthropogen geprägte Umwelt (Kulturfolger) zurückgeführt. „Verstädterung" oder gezielte Unterstützungsmaßnahmen für bedrohte Arten können ebenfalls eine positive Entwicklung bewirkt haben.

Der tatsächliche Grund für die Expansion oder Vermehrung einer bestimmten Vogelart kann jedoch nicht mit Sicherheit angegeben werden. Der Beginn der Bestandsvermehrung ist in der Mehrzahl der Fälle auf den Zeitraum vom Ende der sechziger bis zum Anfang der siebziger Jahre unseres Jahrhunderts zu datieren. Die bis zu dieser Zeit durch Auskiesungen entstandenen Wasserflächen entlang des Rheins sowie die Vermehrung und Ausbreitung der Dreikantmuschel (Dreissena polymorpha), die als Nahrung für viele Wasservögel dient, werden als wichtige Faktoren für die Neueinwanderung der Reiherente angegeben. Für die Tafelente wirkte sich die Eutrophierung der Gewässer im Zusammenhang mit vermehrtem Wasserpflanzenwuchs begünstigend aus (LEUZINGER & SCHUSTER 1970; NIEHUIS 1982; SUTER 1982a,b). Die durch die Stauregulierung des Rheins entstandenen Staubecken wirken sich besonders im Stauwurzelbereich fördernd auf das Vorkommen von Enten, Rallen, Seeschwalben, Reihern und Limikolen aus, sofern eine naturnahe Gestaltung der Uferbereiche vorliegt (REICHHOLF 1976; WOLF 1985). Die Entwicklung der Vogelfauna zeigt generell aber weiterhin eine negative Tendenz. Die große Zahl der abnehmenden oder als Restpopulationen vorhandenen Arten wird von den zuwandernden Arten weder quantitativ noch qualitativ kompensiert. Die fortschreitende Reduzierung der Lebensräume bedingt eine weitere Abnahme der Artenzahl. Als Beispiel seien hier die Verhältnisse am baden-württembergischen Rheinabschnitt aufgeführt: Von den 125 registrierten Brutvogelarten sind 82 Arten gefährdet, 54 Arten davon brüten in den Auengebieten auf einer Fläche von ca. 1,3 % der Fläche Baden-Württembergs (BFANL 1980). An diesem Verhältnis wird die hochgradige Gefährdung der Vogelbestände auch durch relativ kleinräumige, schädigende

Eingriffe in den Naturhaushalt der Auen offenbar (LANDBECK 1847; v. KETTNER 1849; SCHMID-BEY 1925; FREY 1970; BFANL 1980; NIEHUIS 1982; WILLI 1985; WOLF 1985).

Von großer Bedeutung für die Vogelwelt des Oberrheins sind die nachfolgend genannten Gebiete (Abb. 5.2–8):

- Bodensee (1)
- Restrhein von Basel bis Breisach (2)
- „Taubergießen" von Wyhl bis Ottenheim (3)
- Murgmündung bis Neuburgweier (4)
- Karlsruhe bis Germersheim (5)
- Speyer bis Mannheim (6)
- Roxheim bis Worms (7)
- Eich bis Geinsheim (8)
- Mainz bis Bingen (wichtigstes Rastgebiet zwischen Bodensee und Nordsee) (9)

Das Europareservat „Wasservogelschutzgebiet Bingen-Erbach" mit den Rheininseln Mariannenaue, Fulderaue, Ilmenaue und Rüdesheimeraue ist als Rastplatz für nordeurasiatische Wasser-, Strand- und Watvögel von internationaler Bedeutung. Zur Zeit der Schutzgebietsausweisung konnten 12000 Wasservögel aus 35 Arten auf 470 ha Fläche Rast- und Nahrungsplätze finden (WERNER 1976). Die sich abzeichnende positive Entwicklung des Gebietes in Form der Zunahme von Rast- und Brutvögeln (z.B. Kormoran, Graureiher, Haubentaucher) wird vor allem durch Freizeitaktivitäten (Bootsverkehr, Surfer, Jäger) und Baumaßnahmen (Uferbefestigungen) beeinträchtigt (FOLZ 1983).

Die Vogelfauna des *Mittelrheins* ist in der Artenzusammensetzung weitgehend der des Oberrheins ähnlich. Bedingt durch die morphologischen Gegebenheiten des Mittelrheins und die damit verbundene geringere Lebensraumvielfalt, ist die Artenvielfalt der hier vorkommenden Wasservogelfauna etwas geringer (vgl. Tabelle 5.2–3, S. 207).

Die Vielzahl der flußnahen Verkehrswege, verbunden mit dem intensiven Straßen- und Schienenverkehr sowie die steilen und mit Bruchsteinen befestigten Ufer verhindern das Vorkommen von uferbewohnenden Vögel. Vor allem sind davon der Flußregenpfeifer, der Sandregenpfeifer und der Flußuferläufer betroffen. Besondere Bedeutung haben daher die Mittelrhein-Inseln wie zum Beispiel: Graswerth, Hammersteiner Werth, Nonnenwerth, Grafenwerth und Urmitzer Werth, mit Resten der Weich- und Hartholzaue und die Nebenflußmündung der Ahr (SANDBERGER 1857; BFVNL 1975; Abb. 5.2–8).

Der *Niederrhein* ist ebenso wie der Oberrhein für Brut- und Gastvögel von besonderer Bedeutung. Die durch den Menschen verursachten Biotopzerstörungen führten jedoch auch hier zu Beeinträchtigungen der Avifauna (Tabelle 5.2–3, S. 207).

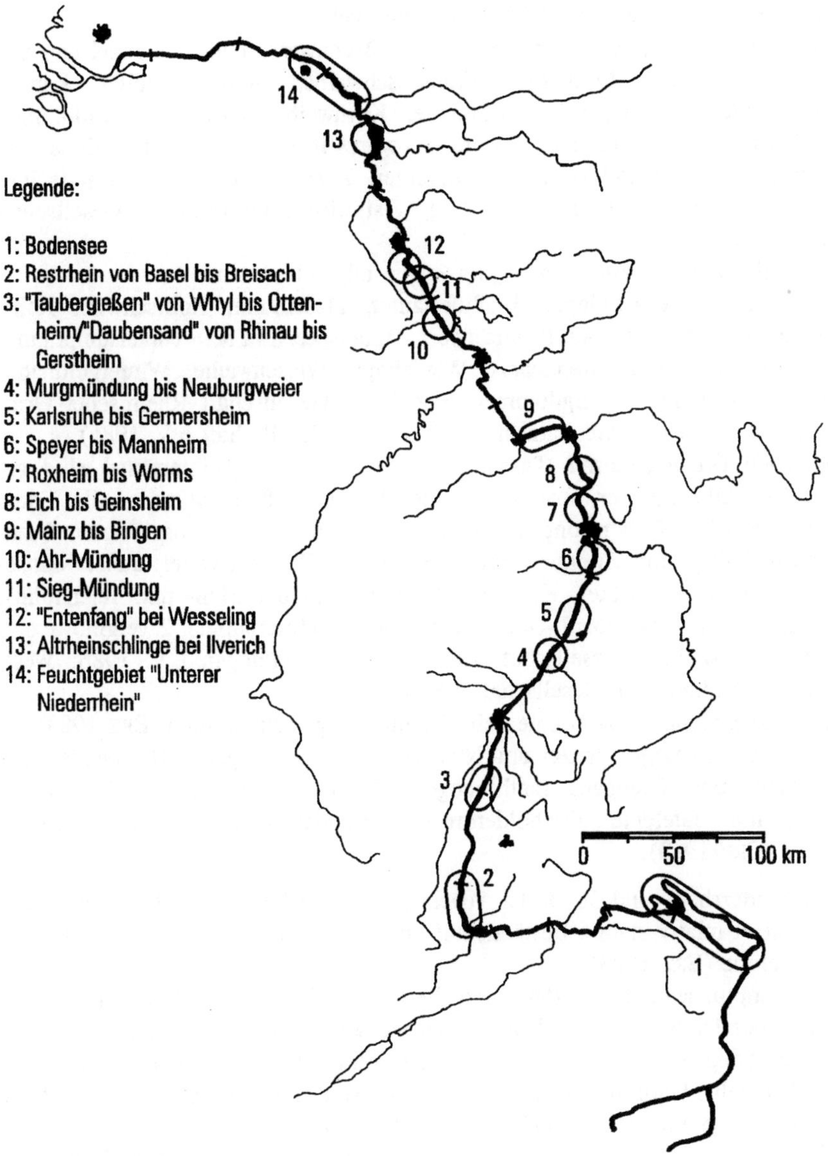

Abb. 5.2–8. Avifaunistisch bedeutsamste Gebiete am Rhein.

- *Nicht mehr vorhanden* sind folgende Brutvögel:
Alpenstrandläufer, Birkhuhn, Blauracke, Bruchwasserläufer, Doppelschnepfe, Drosselrohrsänger, Fischadler, Flußseeschwalbe, Goldregenpfeifer, Kampfläufer, kleines Sumpfhuhn, Kolkrabe, Kornweihe, Ortolan, Rohrdommel, Rotkopfwürger, Sandregenpfeifer, Schwarzstirnwürger, Seggenrohrsänger, Sumpfohreule, Wanderfalke, Zaunammer, Zwergseeschwalbe (Gesellschaft Rheinischer Ornithologen e.V. 1986; Westfälische Ornithologen-Gesellschaft e.V. 1986).
- *Einen deutlichen Bestandsrückgang* zeigen folgende Arten:
Blaukehlchen, Brachpieper, Flußuferläufer, Haselhuhn, Rohrschwirl, Rohrweihe, Rotschenkel, Schilfrohrsänger, Trauerseeschwalbe, Tüpfelsumpfhuhn, Uhu, Wachtelkönig, Wendehals, Wiedehopf, Wiesenweihe, Wintergoldhähnchen, Zippammer, Zwergdommel (ERZ 1983; Gesellschaft Rheinischer Ornithologen e.V. 1986; Westfälische Ornithologen-Gesellschaft e.V. 1986).
- Folgende *Gastvogelarten* (Durchzügler, Sommergäste, Wintergäste) *sind gefährdet*: Alle Taucher, Kormoran, alle Reiher, Löffler, Störche, alle Enten (außer Stock-, Reiher- und Tafelente), alle Gänse (außer ausgesetzten Graugänsen), Sing- und Zwergschwan, alle Sänger, alle Greifvögel (außer Mäusebussard und Turmfalke), Kranich, alle Rallen (außer Bleß- und Teichhuhn), Großtrappe, alle Watvögel (außer Kiebitz und Flußuferläufer), Zwergmöwe und alle Seeschwalben (Gesellschaft Rheinischer Ornithologen e.V. 1986; Westfälische Ornithologen-Gesellschaft e.V. 1986).
- Eine *Bestandszunahme* konnte beim Kiebitz festgestellt werden (ERZ 1983).
- Folgende *Neubürger* treten am Niederrhein auf: Rostgans, Halsbandsittich, Truthahn und Graugans (anthropogene Faunenverfälschung), Türkentaube, Reiherente, Tafelente, Wacholderdrossel, Brandgans, Austernfischer, Silbermöwe (ERZ 1983).

Am Niederrhein sind 36 % der Vogelarten im Rückgang begriffen, knapp ein Drittel weist relativ stabile Bestände auf und 23 % der Arten zeigen eine Individuenzunahme (ERZ 1983).

Die Hauptursache des Arten- und Bestandsrückgangs ist in der intensiven Nutzung der landwirtschaftlichen Flächen zu sehen (Abb. 5.2–9). Insbesondere die Beseitigung von Kleinstrukturen in Form von Hecken, Gebüschen, kleinen Bächen, Tümpeln, Feldrainen etc. haben zu einer Verarmung der Strukturvielfalt der Lebensräume geführt (ERZ 1983; BLAB et al. 1984). Diese negative Entwicklung wird in den Rheinauen auch durch die Forstwirtschaft, Jagd, Moorkultivierung, Freizeitaktivitäten und den Gewässerausbau gefördert (ERZ 1983; GERKEN 1988a).

Das *„Internationale Feuchtgebiet unterer Niederrhein“* ist ein Rast- und Nahrungsbiotop von überregionaler Bedeutung. Eine Vielzahl nordeurasiatischer Arten nutzt dieses Gebiet als Winterquartier oder Zwischenstation auf ihrer Wanderung.

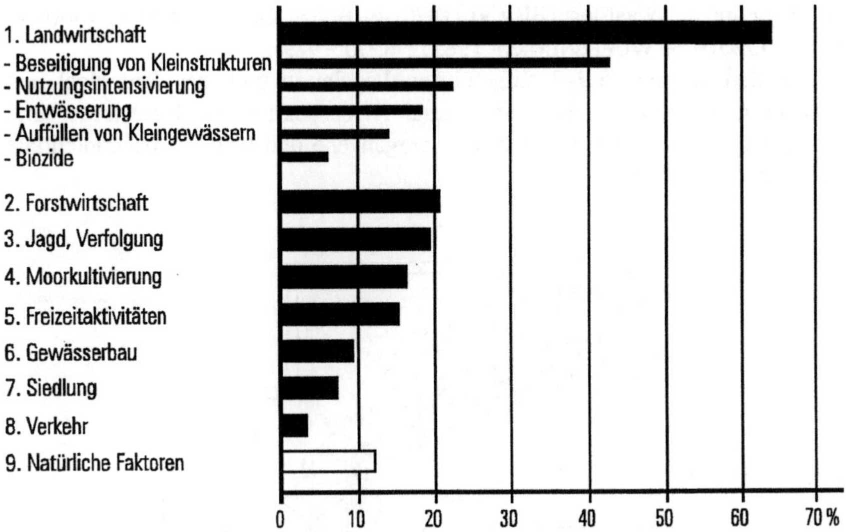

Abb. 5.2-9. Ursachen des Bestandsrückgangs rheinischer Brutvogelarten (aus ERZ 1983).

Das Gebiet hat eine herausragende Bedeutung als Gänserastplatz. Überwinterten zu Beginn der 60er Jahre noch etwa 1000 Saatgänse und wenige Bläßgänse, so wurden im Winter 1981/82 ca. 65000 Saat- und 19000 Bläßgänse festgestellt: die Zahl erreicht zuweilen 100000 Wildgänse (MOOIJ & WITT 1985). Der Grund für das enorme Anwachsen der Gastpopulationen ist in der Aufgabe anderer Winterquartiere und einem veränderten Wanderverhalten dieser Vögel zu sehen.

Als Lebensräume für Wat- und Wasservögel am Niederrhein sind folgende Gebiete von Bedeutung (Abb. 5.2-8):

- Siegmündung (11)
- „Entenfang" bei Wesseling (12)
- Altrheinschlinge bei Ilverich (13)
- Feuchtgebiet „Unterer Niederrhein" (Binsheim bis Landesgrenze) (14)

Die Hauptverbreitungsgebiete der Gänse am Niederrhein und ihre Äsungsplätze sind der Abbildung 5.2-10 zu entnehmen. In dem „Internationalen Feuchtgebiet unterer Niederrhein" sind 58 Vogelarten nachgewiesen worden, die in der Roten Liste des Landes Nordrhein-Westfalen verzeichnet sind. Davon gelten 31 Arten als sichere Brutvögel und 9 Arten als brutverdächtig (vgl. Tabelle 5.2-4, S. 216). Schwerpunkte dieser Gebiete sind neben den Gänserastplätzen (Abb. 5.2-10) die Teilbereiche „Xantener Altrhein" und „Altrhein Bienen-Praest". Mit ähnlicher Naturraumausstattung setzen sich diese Gebiete in den Niederlanden entlang des

Neder Rijn und der Waal fort (BFVNL 1975; ENGLÄNDER 1976; HOFER 1960a,b, 1962a,b; GROTH & WÜBBENHORST 1985; MOOIJ 1979).

Die in den Tabellen 5.2-3 aufgeführten Vogelarten umfassen Brutvögel und Gastvögel gleichermaßen. Dargestellt sind Artenspektren aus historischer und jüngerer Zeit, die einen Überblick über vergangene und heutige Artenpotentiale des Rheins ermöglichen.

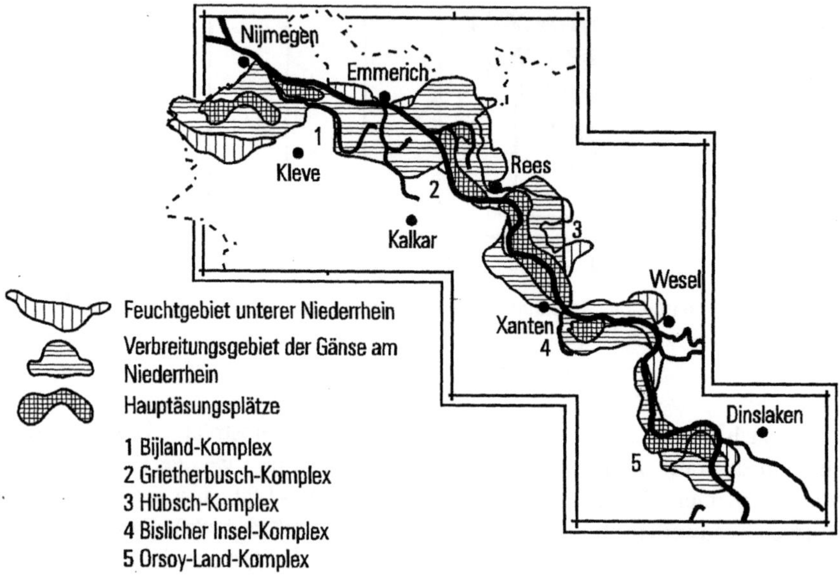

Abb. 5.2-10. Verbreitungsgebiet und Hauptäsungsplätze der Gänse im „Internationalen Feuchtgebiet unterer Niederrhein" (nach MOOIJ 1979, verändert).

Tabelle 5.2–3. Vergangene und heutige Artenspektren der Brut- und Gastvögel des Rheins und seiner Auen. Nomenklatur nach HEINZEL, FITTER & PARSLOW (1983).

Taxa	BH 1847	SO 1849	OT 1974	M 1857	NOW 1870	NOK 1970	NOR 1978	NW 1887	N 1908	NK 1971
Seetaucher (Gaviidae)										
Eistaucher (Gavia immer)		*								
Prachttaucher (Gavia arctica)			*		*	*				
Sterntaucher (Gavia stellata)			*		*					*
Lappentaucher (Podicipedidae)										
Haubentaucher (Podiceps cristatus)	**	**	**	**		**	**	*		*
Rothalstaucher (Podiceps grisegena)		**	*			*	*	*		*
Ohrentaucher (Podiceps auritus)		**	*			*	*			
Schwarzhalstaucher (Podiceps nigricollis)		**	*			*	*		*	*
Zwergtaucher (Tachybatus ruficollis)	**	**	**			**	**		*	*
Pelikane (Pelecanidae)										
Rosenpelikan (Pelecanus onocrotalus)	*	*								
Krauskopfpelikan (Pelecanus crispus)		*		*						
Kormorane (Phalacrocoracidae)										
Kormoran (Phalacrocorax carbo)	*	**	*			*	*	*	*	*
Reiher (Ardeidae)										
Graureiher (Ardea cinerea)	***	**	*	*	**	*	*	***	***	*
Purpurreiher (Ardea purpurea)	*	**	*	*		*	*			–
Silberreiher (Casmerodius albus)	*	*	*			*				–
Nachtreiher (Nycticorax nycticorax)	**	**	*	*	**	*	*			–
Zwergdommel (Ixobrychus minutus)	**	**	*			**	*	**		*
Rohrdommel (Botaurus stellaris)	**	*	*			*	*	*	*	*
Löffler (Threskiornithidae)										
Löffler (Platalea leucorodia)	*	*	*			*				
Sichler (Plegadis falcinellus)		*	*							
Waldrapp (Geronticus eremita)										
Störche (Ciconiidae)										
Weißstorch (Ciconia ciconia)	**	**	–	*	*	–	–	*	*	*
Schwarzstorch (Ciconia nigra)	*	**	*	*		*	–	*	*	
Entenvögel (Anatidae)										
Höckerschwan (Cygnus olor)	**	**	*	*		*	*	*		*
Singschwan (Cygnus cygnus)	**	**	*	*		*	*			*
Zwergschwan (Cygnus bewickii)			*			*				*
Graugans (Anser anser)	**	*	*			*				
Saatgans (Anser fabalis)	**	***	**			*				*

Tabelle 5.2–3 (Fortsetzung)

Taxa	BH	SO	OT	M	NOW	NOK	NOR	NW	N	NK
	1847	1849	1974	1857	1870	1970	1978	1887	1908	1971
Entenvögel (Forts.)										
Kurzschnabelgans (Anser brachyrhynchus)			*							
Zwerggans (Anser erythropus)						–				
Blässgans (Anser albifrons)	*	**	*							*
Ringelgans (Branta bernicla)	*	*				–				
Rothalsgans (Branta ruficollis)	*									
Brandgans (Tadorna tadorna)		**	*			*				*
Rostgans (Casarca ferruginea)			*			*				
Stockente (Anas platyrhynchos)	**	**	***	**		***	*	**		**
Schnatterente (Anas strepera)	*	*	–	*		*	*			*
Pfeifenente (Anas penelope)	*	**	*	*		*	*	**		*
Krickente (Anas crecca)	**	**	*	**		*	*	*		*
Knäkente (Anas querquedula)	**	**	*	**		*	*	*		*
Spiessente (Anas acuta)	*	**	*	*		*	*	*		*
Löffelente (Anas clypeata)	*	*	*	*		*	*	*		*
Kolbenente (Netta rufina)	*	*	*	*		*				
Reiherente (Aythya fuligula)	**		**	*		***	**		*	*
Bergente (Aythya marila)	*	*	*			*	*			*
Tafelente (Aythya ferina)	**	**	*			*	**		*	*
Moorente (Aythya nyroca)			*			*	*	*		
Eiderente (Somateria mollissima)	*	*	*			*	*			*
Trauerente (Melanitta nigra)	*	*	*	*		*	*	*		*
Samtente (Melanitta fusca)	*	*	*			*	*	*		*
Schellente (Bucephala clangula)	*	*	**			*	**	*		*
Eisente (Clangula hyemalis)	*	*	*			*	*	*		*
Gänsesäger (Mergus merganser)	**	*	**	*		**	*	*	**	*
Mittelsäger (Mergus serrator)	*	*	*	*		*	*	*		*
Zwergsäger (Mergellus albellus)	**	*	*	**		*	*	*	*	*
Weisskopf-Ruderente (Oxyura leucocephala)	*	*								
Greife (Accipitridae)										
Fischadler (Pandion haliaetus)	*	–	*	*		**	*	*	*	–
Seeadler (Haliaetus albicilla)	*	–	*			*			*	–
Rotmilan (Milvus milvus)	**	*	*		*	*	–	*		–
Schwarzmilan (Milvus migrans)	*	*	*			**	*			–
Schlangenadler (Circaetus gallicus)	*		*	*						
Sperber (Accipiter nisus)	**	*	**			*	*	*	*	*
Habicht (Accipiter gentilis)	**		*			*	*			*
Mäusebussard (Buteo buteo)	**	*	**	**		**	*	**	**	*
Rauhfußbussard (Buteo lagopus)	*	*	*	*		*				*
Wespenbussard (Pernis apivorus)	**	*	*	*		**	*		*	–
Steinadler (Aquila chrysaetos)	*	*	*	*						
Schreiadler (Aquila pomarina)	*	*				*			*	

Tabelle 5.2–3 (Fortsetzung)

Taxa	BH 1847	SO 1849	OT 1974	M 1857	NOW 1870	NOK 1970	NOR 1978	NW 1887	N 1908	NK 1971
Greife (Forts.)										
Schmutzgeier (Neophron percnopterus)	*	*								
Bartgeier (Gypaetus barbatus)	*	*								
Mönchsgeier (Aegypius monachus)		*								
Gänsegeier (Gyps fulvus)	*	*		*						
Rohrweihe (Circus aeroginosus)	*	*	*			*	*	*		*
Kornweihe (Circus cyaneus)	*	*	*	*		*	*			*
Wiesenweihe (Circus pygargus)	*	*	*	*		*	*			
Wanderfalke (Falco peregrinus)	*	*	*	*		–				*
Baumfalke (Falco subbuteo)	*	*	*	*		*				*
Merlin (Falco columbarius)	*	*	*	*		*	*	*		
Turmfalke (Falco tinnunculus)	**	*	**	*	**	**	*	**	**	*
Hühnervögel (Phasianidae)										
Haselhuhn (Tetrastes bonasia)	*	*							**	
Birkhuhn (Lyrurus tetrix)	*								*	
Auerhuhn (Tetrao urogallus)	*	*		–				***		
Rothuhn (Alectoris rufa)	*	*						***		
Rebhuhn (Perdix perdix)	**	*	*	*		**	*			*
Wachtel (Coturnix coturnix)	**	*	*	*		*			**	–
Kraniche (Gruidae)										
Kranich (Grus grus)	**	**	*	*	**	*		**	**	*
Trappen (Otididae)										
Großtrappe (Otis tarda)	**	*		*		–		*	*	
Rallen (Rallidae)										
Wasserralle (Rallus aquaticus)	**	**	**	**		*	*	**	**	-
Tüpfelsumpfhuhn (Porzana porzana)	**	**	*	*		*	*	**	**	-
Kleines Sumpfhuhn (Porzana parva)	*	*	*	*						
Zwergsumpfhuhn (Porzana pusilla)	*	*		*						
Wachtelkönig (Crex crex)	**	**	*			*		*	*	*
Teichhuhn (Gallinula chloropus)	**	*	**	*		**	*	***	**	*
Blässhuhn (Fulica atra)	**	*	***	*		***	*	**	**	*
Austernfischer (Haematopedidae)										
Austernfischer (Haematopus ostralegus)	*	*				*				*
Regenpfeifer (Charadridae)										
Sandregenpfeifer (Charadrius hiaticula)	**	*	*			*		**		–
Flußregenpfeifer (Charadrius dubius)	**	**	*	*		–	*	***		*
Kiebitz (Vanellus vanellus)	**	*	**		*	**	*	**	**	*

Tabelle 5.2–3 (Fortsetzung)

Taxa	BH	SO	OT	M	NOW	NOK	NOR	NW	N	NK
	1847	1849	1974	1857	1870	1970	1978	1887	1908	1971
Schnepfenvögel (Scolopacidae)										
Temminckstrandläufer (Calidris temminckii)	**	**	*					*		*
Rotschenkel (Tringa totanus)		*	*			*		**		*
Grünschenkel (Tringa nebularia)		*	*			*	*			*
Flußuferläufer (Actitis hypoleucos)	**	*	*			*	*	**		*
Bruchwasserläufer (Tringa glareola)	**	*	**			*	*	**		*
Waldwasserläufer (Tringa ochropus)	**	*	*			*	*	**		*
Kampfläufer (Philomachus pugnax)	*		**			*	*			*
Großer Brachvogel (Numenius arquata)	**	**	*	*		–	*	*		*
Uferschnepfe (Limosa limosa)			*			*		*		–
Pfuhlschnepfe (Limosa lapponica)	*	*	*			*		*		
Waldschnepfe (Scolopax rusticola)	*	*	*	*	*	*		*	**	–
Doppelschnepfe (Gallinago media)		*							*	
Zwergschnepfe (Lymnocryptes minimus)			*			*				–
Bekassine (Gallinago gallinago)	***	**	*		*	*	*	**	**	*
Triel (Burhinus oedicnemus)	**	**								
Möven (Laridae)										
Lachmöve (Larus ridibundus)	*	**	**	*	**	**	**	**	**	**
Zwergmöve (Larus minutus)		*	*			*	*			
Schwarzkopfmöve (Larus melanocephalus)	*	*	*							
Silbermöve (Larus argentatus)	*	*	*		*	*	*			*
Heringsmöve (Larus fuscus)		*	*			–				*
Sturmmöve (Larus canus)	*	*	**			*	*	*		*
Seeschwalben (Sternidae)										
Flußseeschwalbe (Sterna hirundo)	**	**	**	**		–	*	**		–
Zwergseeschwalbe (Sterna albifrons)	*	*	*	*		–		**		–
Trauerseeschwalbe (Chlidonias niger)	***	**	**	*		*	*			-
Weißflügelseeschwalbe (Chlidonias leucopterus)	**	*	*			*				
Tauben (Columbidae)										
Hohltaube (Columba oenas)	**	*	*	*		-	*	*		*
Ringeltaube (Columba palumbus)	**		***	**		***	***	**	**	*
Türkentaube (Streptopelia decaocto)	*		*			**	*			**
Turteltaube (Streptopelia turtur)	**	*	*	*		***	**	***		
Kuckucke (Cuculidae)										
Kuckuck (Cuculus canorus)		**	*	**		**	**	**		*

Tabelle 5.2–3 (Fortsetzung)

Taxa	BH 1847	SO 1849	OT 1974	M 1857	NOW 1870	NOK 1970	NOR 1978	NW 1887	N 1908	NK 1971
Eulen (Strigidae)										
Schleiereule (Tyto alba)	**	*	**	**		*		**		*
Uhu (Bubo bubo)		–				–				
Waldohreule (Asio otus)	**	–	*	**		*	*	*		*
Sumpfohreule (Asio flammeus)	*	–	*	*		–		*	*	*
Rauhfußkauz (Aegolius funereus)		*								
Steinkauz (Athene noctua)	**	*	*			–	*	**		*
Waldkauz (Strix aluco)		*	**	**		**	*	**		*
Ziegenmelker (Caprimulgidae)										
Ziegenmelker (Caprimulgus europaeus)		*	*	*		–		**	*	
Segler (Apodidae)										
Mauersegler (Apus apus)		**	**	**		–		**	**	*
Alpensegler (Apus melba)		*	*						*	
Racken (Craciidae)										
Blauracke (Coracias garrulus)										
Eisvögel (Alcedinidae)										
Eisvogel (Alcedo atthis)		*	*	**	**	–	*	**		*
Wiedehopf (Upupidae)										
Wiedehopf (Upupa epops)			*	*		–		*	*	–
Spechte (Picidae)										
Schwarzspecht (Dryocopus martius)		*	*	*		*	*		*	
Grauspecht (Picus canus)		**	**	**		**	*			
Grünspecht (Picus viridus)			*	*		**	*	**	**	*
Buntspecht (Dendrocopos major)		**	**	**		**	**	**	*	*
Mittelspecht (Dendrocopos medius)		*	*	*		*	*	*	*	
Weißrückenspecht (Dendrocopos leucotos)		*								
Kleinspecht (Dendrocopos minor)		*	**	*		*	*		*	*
Wendehälse (Jyngidae)										
Wendehals (Jynx torquilla)			-	*		-		*		
Lerchen (Alaudidae)										
Heidelerche (Lullula arborea)		*	*	*		*		*		
Feldlerche (Alauda arvensis)		*	*	**		**	*	**	*	*
Haubenlerche (Galerida cristata)		*		**		*	*	*		*
Schwalben (Hirundinidae)										
Rauchschwalbe (Hirundo rustica)	***	**	*	***		*	*	**		*
Uferschwalbe (Riparia riparia)	**	**	**	***	**	-	*	**	*	*
Mehlschwalbe (Delichon urbica)	***	**	**	***		-	*	**		*

Tabelle 5.2–3 (Fortsetzung)

Taxa	BH 1847	SO 1849	OT 1974	M 1857	NOW 1870	NOK 1970	NOR 1978	NW 1887	N 1908	NK 1971
Stelzen (Motacillidae)										
Baumpieper (Anthus trivialis)	**	**	*	*		**	**	**		*
Wiesenpieper (Anthus pratensis)	**	**	*	*		**	*	**		*
Brachpieper (Anthus campestris)	*	**	*	*		–		*		*
Bachstelze (Motacilla alba)	***	**	**	***	**	**	**	***	***	*
Gebirgsstelze (Motacilla cinera)	**	**	*			*	*		**	*
Schafstelze (Motacilla flava)	**	*	*	*		**	*	**		*
Seidenschwänze (Bombycillidae)										
Seidenschwanz (Bombycilla garrulus)		**	*	*		*		*		*
Würger (Laniidae)										
Raubwürger (Lanius excubitor)	*	*	**	**		*	*	**		*
Schwarzstirnwürger (Lanius minor)		*	*	*		–				
Rotkopfwürger (Lanius senator)	*	*	*	*		–	*	**		
Neuntöter (Lanius collurio)	**	*	*	**		*	*	*		*
Braunellen (Prunellidae)										
Heckenbraunelle (Prunella modularis)		*	*			**	*	**		*
Grasmücken (Sylviidae)										
Feldschwirl (Locustella naevia)			**			**	*			*
Rohrschwirl (Locustella luscinioides)						*				
Schlagschwirl (Locustella fluviatilis)		*								
Teichrohrsänger (Acrocephalus scripaceus)	**	*	**			**	*	***		*
Sumpfrohrsänger (Acrocephalus palustris)	*	*	*	*		*	-	***		*
Drosselrohrsänger (Acrocephalus arundinaceus)	**	*	*			*	*	***		*
Seggenrohrsänger (Acrocephalus paludicola)	**	*		*		*		*		
Schilfrohrsänger (Acrocephalus schoenobaenus)	**	*	*			*		***		*
Gelbspötter (Hippolais icterina)			*			**	*	**		*
Dorngrasmücke (Sylvia communis)		*	***	*		**	*	***		*
Klappergrasmücke (Sylvia curruca)		*	*	*		*				*
Gartengrasmücke (Sylvia borin)		*	*	*		*	**	**		*
Sperbergrasmücke (Sylvia nisoria)		*		*		*				
Mönchsgrasmücke (Sylvia atricapilla)		*	**	*		**	**	***		*
Fitis (Phylloscopus trochilus)		*	**	***		**	**	***		*
Zilpzalp (Phylloscopus collybita)		*	*			**	**	***		*

Tabelle 5.2-3 (Fortsetzung)

Taxa	BH 1847	SO 1849	OT 1974	M 1857	NOW 1870	NOK 1970	NOR 1978	NW 1887	N 1908	NK 1971
Grasmücken (Forts.)										
Waldlaubsänger (Phylloscopus sibilatrix)			*	*		*		*		*
Wintergoldhähnchen (Regulus regulus)	*	**	*	*		**	*	**		-
Sommergoldhähnchen (Regulus ignicapillus)	**	**	*	*		*	*	**		*
Sänger (Muscicapidae)										
Grauschnäper (Muscicapa striata)	**	*	*	**		*	*	**		*
Trauerschnäpper (Ficedula hypoleuca)	*	*	*	*		*	*	*		*
Halsbandschnäpper (Ficedula albicollis)	*	*				*				
Zwergschnäpper (Ficedula parva)	*									
Schwarzkelchen (Saxicola torquata)			*	*		*				*
Braunkelchen (Saxicola rubetra)			*	*		*	*			*
Steinrötel (Monticola saxatilis)										
Steinschmätzer (Oenanthe oenanthe)		**	*			*	*	*		*
Hausrotschwanz (Phoenicurus ochrurus)		**	–	**		*	*	***		*
Gartenrotschwanz (Phoenicurus phoenicurus)		*	*	**		**	*	**		*
Rotkehlchen (Erithacus rubecula)		**	**	**		**	*	**		*
Blaukehlchen (Luscinia svecica)		*	*	**		-	*	**		
Sprosser (Luscinia luscinia)		*		**						
Nachtigall (Luscinia megarhynchos)		*	*	*		**	**	**		*
Amsel (Turdus merula)	***	*	**	**		***	*	***	**	*
Ringdrossel (Turdus torquatus)	*	*	*	*		*		**		*
Wacholderdrossel (Turdus pilaris)	*	*	*	**		**	*	**		*
Singdrossel (Turdus philomelos)	**	**	**	**		**	*	**	**	*
Misteldrossel (Turdus viscivorus)	**	**	*	*		*	*	*		*
Papageischnäbel (Paradoxornithidae)										
Bartmeise (Panurus biarmicus)	*	*	*			*				
Schwanzmeisen (Aegithalidae)										
Schwanzmeise (Aegithalos caudatus)	**		*	*		**	*	*		*
Beutelmeisen (Remizidae)										
Beutelmeise (Remiz pendulinus)	*	*	**			*				
Meisen (Paridae)										
Tannenmeise (Parus ater)	*	*	*	*		*				*
Kohlmeise (Parus major)	***	**	*	**		***	**	***		***

Tabelle 5.2–3 (Fortsetzung)

Taxa	BH 1847	SO 1849	OT 1974	M 1857	NOW 1870	NOK 1970	NOR 1978	NW 1887	N 1908	NK 1971
Meisen (Forts.)										
Blaumeise (Parus caeruleus)	**	**	*	*		**	*	***		**
Haubenmeise (Parus cristatus)	**	**		*		*		**		*
Sumpfmeise (Parus palustris)	**	**	*	*		*	*	***		
Weidenmeise (Parus montanus)			*			**	*			*
Spechtmeise (Sittidae)										
Kleiber (Sitta europaea)	**	**	*	**		**	*	*	**	*
Mauerläufer (Tichodromidae)										
Mauerläufer (Tichodroma muraria)	*	*		*						
Baumläufer (Certhiidae)										
Waldbaumläufer (Certhia troglodytes)	**	**	*	*		–	*	*		
Gartenbaumläufer (Certhia brachydactyla)			*			*	*	*		*
Zaunkönige (Troglodytidae)										
Zaunkönig (Troglodytes troglodytes)	*	**	*	**		*	**	**		*
Wasseramseln (Cinclidae)										
Wasseramsel (Cinclus cinclus)	**	*	*	*				*		
Ammern (Emberizidae)										
Grauammer (Emberiza calandra)	*	*	**	*		*	*			*
Zippammer (Emberiza cia)	*	*		*						
Goldammer (Emberiza citrinella)	***	**	*	***		**	*	**		*
Zaunammer (Emberiza cirlus)	*	**								
Ortolan (Emberiza hortulana)	*	*	*			*		**		*
Rohrammer (Emberiza schoeniclus)	**	**	**	**		**	**	**		*
Finken (Fringillidae)										
Bergfink (Fringilla montifringilla)	**	*	*	*		*	*	***		*
Buchfink (Fringilla coeleps)	***	***	**	***		***	**	***		*
Stieglitz (Carduelis carduelis)	**		*	**		*	*	***		*
Zeisig (Spinus spinus)	*	*	*	**		*	*	***		*
Grünling (Chloris chloris)	**	**	*	**	**	**	*	***		*
Gimpel (Pyrrhula pyrrhula)	**	**	*			*	*	*		*
Kernbeisser (Coccothraustes coccothraustes)	**	**	**	*		*	*	*		*
Birkenzeisig (Acanthis flammea)			**			*		**		
Hänfling (Acanthis cannabina)	**	*	*	**	*	**	*	***		*
Girlitz (Serinus serinus)	*	**	*	*		*	*			
Fichtenkreuzschnabel (Loxia curvirostra)	**		*	*		*				*

Tabelle 5.2-3 (Fortsetzung)

Taxa	BH 1847	SO 1849	OT 1974	M 1857	NOW 1870	NOK 1970	NOR 1978	NW 1887	N 1908	NK 1971
Sperlinge (Passeridae)										
Feldsperling (Passer montanus)	***	***	*	***	***	**	*	***		*
Haussperling (Passer domesticus)	***	***	*	***	***	*	*	***		*
Stare (Sturnidae)										
Star (Sturnus vulgaris)	**	**	**	**		**	**	***		*
Pirole (Oriolidae)										
Pirol (Oriolus oriolus)	**	*	**	*		**	**	**		*
Rabenvögel (Corvidae)										
Eichelhäher (Garrulus glandarius)	**	*	*	**		**	*	**		*
Tannenhäher (Nucifraga caryocataces)	**	*		*		*		*	*	
Elster (Pica pica)	**	**	*	**		***	*	***		*
Alpendohle (Pyrrhocorax graculus)	*	*								
Kolkrabe (Corvus corax)	**	*		*		-		*		
Saatkrähe (Corvus frugilegus)	**	*	**	**	**	-	**	***		-
Nebelkrähe (Corvus corone cornix)	*			*	**	*		**		*
Dohle (Corvus monedula)		*	*	**	**	-	*	***		*

Legende:

* Art nachgewiesen
** Art häufig
*** Art sehr häufig
– Art verschollen

BH Bodensee, Hochrhein — 1847: Landbeck (1847)
SO Südlicher Oberrhein — 1849: v. Kettner (1849)
OT Oberrhein-Taubergießen — 1974: Westermann & Saumer (1974); Opitz (1974)

M Mittelrhein — 1857: Sandberger (1857)

NOW Nördlicher Oberrhein-Raum Worms — 1870: Glaser (1870 a,b)
NOK Nördlicher Oberrhein-Kühkopf — 1970: Pfeifer; Rothmann & Zettl (1970)
NOR Nördlicher Oberrhein-Rußheim — 1978: Mahler & Mahler (1978)

NW Niederrhein-Raum Wesel — 1887: Hartert (1887)
N Niederrhein — 1908: Otto (1908, 1912)
NK Niederrhein-Raum Krefeld — 1971: Schnell & Schnell (1971).

Tabelle 5.2–4. Rote-Liste-Arten des „Internationalen Feuchtgebietes unterer Niederrhein" (aus GROTH & WÜBBENHORST 1985).

Gefährdungsgrad	Art Reihenfolge der Arten zusammengestellt nach der Roten Liste der Vögel NW's (ERZ, 1979)	Gesamtraum			Düffel	Salmorth	Bienen-Praest	Reeserward	Rheinaue	Orsoyer Rheinbogen	Walsumer Rheinaue
		MOOIJ (mdl., 16.8.1985)	ZEH (LÖLF)	HAARMANN							
A.4	Haubentaucher	B	B	-	-	-	B	B	-	-	B
A.3	Zwergtaucher	B	-	-	-	-	(B)	-	-	-	B
A.2	Graureiher	B	B	-	G	G	-	G	-	G	-
A.1.2	Rohrdommel	(B)	-	-	-	-	(B)	-	-	-	-
A.1.2	Zwergdommel	(B)	-	-	-	-	(B)	-	-	-	B
A.3	Knäkente	B	B	-	-	B	B	(B)	-	G	B
A.2	Krickente	B	B	-	-	G	G	-	-	G	B
A.3	Löffelente	B	B	-	-	B	(B)	-	-	G	-
A.4	Reiherente	B	-	-	-	-	B	-	-	-	B
B.3'	Schnatterente	G	-	-	-	G	-	G	-	G	-
B.3'	Spießente	G	-	G	-	-	-	G	-	-	-
A.4	Tafelente	B	-	G	-	G	B	B	-	B	-
A.3	Brandgans	B	-	-	B	B	-	B	B	-	-
B.3'	alle Gänsearten	G	-	-	-	-	-	-	-	-	-
B.3'	Singschwan	G	-	-	-	G	-	-	-	-	-
B.3'	Zwergschwan	G	-	-	-	G	-	-	-	-	-
A.3	Baumfalke	B	-	-	-	-	B	B	-	(B)	-
A.4	Habicht	B	-	-	-	-	-	-	-	B	-
A.1.1	Kornweihe	G	-	-	-	G	-	-	-	G	-
A.1.2	Rohrweihe	B	-	-	-	-	B	-	-	B	-
A.3	Rotmilan	G	B	-	-	-	-	-	-	G	-
A.1.2	Schwarzmilan	G	-	-	-	-	-	-	-	G	-
A.2	Sperber	B	-	-	-	-	-	-	-	(B)	-
A.3	Wachtel	B	-	-	-	B	-	-	-	B	-
A.1.1	Kleines Sumpfhuhn	G	-	-	-	-	-	-	-	G	-
A.2	Tüpfelsumpfhuhn	(B)	-	-	-	-	(B)	-	-	B	(B)
A.3	Wachtelkönig	B	B	-	-	-	-	B	(B)	B	-
A.3	Wasserralle	B	B	-	-	-	B	-	-	B	B
A.1.2	Flußuferläufer	(B)	-	-	-	-	-	-	-	-	-
A.1.1	Alpenstrandläufer	G	-	-	-	G	-	G	-	-	-
A.3	Austernfischer	B	-	-	-	B	B	B	B	B	B
A.2	Bekassine	B	B	-	G	B	(B)	-	-	B	(B)
A.2	Großer Brachvogel	(B)	B	-	B	G	-	B	-	(B)	-
A.1.1	Bruchwasserläufer	G	-	-	-	-	-	G	-	-	-
A.4	Flußregenpfeifer	B	B	-	-	-	-	B	B	B	B
A.1.1	Goldregenpfeifer	G	-	G	-	G	-	G	-	G	-
B.2'	Kampfläufer	(B)	B	-	-	G	(B)	B	-	-	-
A.2	Rotschenkel	B	B	-	B	B	B	B	B	(B)	B

Tabelle 5.2–4 (Fortsetzung)

Gefährdungsgrad	Art Reihenfolge der Arten zusammengestellt nach der Roten Liste der Vögel NW's (ERZ, 1979)	Gesamtraum			Düffel	Salmorth	Bienen-Praest	Reeserward	Rheinaue	Orsoyer Rheinbogen	Walsumer Rheinaue
		MOOIJ (mdl., 16.8.1985)	ZEH (LÖLF)	HAARMANN							
B.2'	Säbelschnäbler	(B)	-	-	-	-	-	G	-	-	-
A.3	Uferschnepfe	B	B	-	B	B	B	-	B	B	B
B.2'	Sturmmöve	(B)	-	-	-	-	-	-	(B)	G	-
A.1.2	Flußseeschwalbe	B	B	-	-	-	-	-	B	-	-
A.1.2	Trauerseeschwalbe	B	B	-	-	G	B	-	-	-	-
A.2	Hohltaube	B	B	-	-	-	(B)	-	(B)	-	-
A.3	Schleiereule	B	-	-	-	-	-	-	-	B	-
A.4	Steinkauz	B	B	-	B	-	B	B	B	B	-
A.1.2	Sumpfohreule	G	-	-	-	G	-	-	-	-	-
A.2	Eisvogel	-	-	-	-	-	-	-	-	-	B
A.1.1	Wiedehopf	-	-	-	-	-	-	-	-	B	-
A.2	Wendehals	G	B	-	-	-	-	-	-	-	-
A.4	Uferschwalbe	B	-	-	-	-	-	B	-	G	-
A.2	Saatkrähe	B	B	-	-	-	B	-	-	G	-
A.1.2	Blaukehlchen	(B)	-	-	-	-	(B)	-	-	-	-
A.3	Braunkehlchen	B	B	-	B	B	-	-	-	B	-
A.1.2	Drosselrohrsänger	B	B	-	-	-	B	-	-	-	-
A.1.2	Rohrschwirl	(B)	B	-	-	-	-	-	-	-	-
A.2	Schilfrohrsänger	(B)	B	-	-	-	(B)	-	-	-	-
A.4	Schwarzkehlchen	B	B	-	B	-	-	-	-	-	-
A.3	Neuntöter	G	B	-	-	-	-	-	-	G	-

B Brutvogel, es werden jeweils die in der Quelle aufgeführten aktuellsten Angaben verwendet.

(B) Brutverdacht.

(B̲) Brutverdacht möglich.

G Gast, es erfolgte keine weiter Aufsplittung in regelmäßig/unregelmäßig oder Wintergast/Durchzügler.

Quellen: ZEH o.J.; HAARMANN 1977; Düffel: MÖLLER 1982; Salmorth: MÖLLER 1984; Bienen-Praest: MÜLLER 1983; Reeserward: BRANDENFELS 1983; Rheinaue: MÜLLER 1984; Orsoyer Rheinbogen: HAUSTEIN 1983; Walsumer Rheinaue: SCHMITZ 1983.

Anmerkung: Spezielle Darstellungen der Brutvogelwelt stellen nur die Quellen: MÜLLER 1983 u. 1984 und MÖLLER 1984 dar. Die Angaben der LÖLF (ZEH) erscheinen in der Gegenüberstellung als nicht vollständig, zumal davon ausgegangen werden kann, daß über die gemachten Angaben hinaus möglicherweise noch weitere Nachweise geführt werden.

Säugetiere (Mammalia). Die Kenntnisse über die Säugetierfauna des Rheins sind bis heute leider sehr lückenhaft. Von den 87 Säugetierarten, die als einheimisch für das Gebiet der Bundesrepublik Deutschland galten, sind 8 Arten bereits ausgestorben und 40 in ihrem Bestand bedroht (ROER 1980; BLAB et al. 1984).

Zu der *autochthonen Säugetierfauna* des Rheingebietes zählen:

Tabelle 5.2–5. Autochthone Säugetierfauna des Rheingebietes.

terrestrische Arten	semiaquatische Arten
- Zwergmaus (Micromys minutus)	- Wasserspitzmaus (Neomys fodiens)
- Nordische Wühlmaus (Microtus oeconomus)	- Sumpfspitzmaus (Neomys anomalus) (nur am Niederrhein)
- Gartenschläfer (Eliomys quercinus)	- Ostschermaus (Arvicola terrestris)
- Siebenschläfer (Glis glis)	- Biber (Castor fiber albicus)
- Haselmaus (Muscardinus avellanarius)	- Europäischer Nerz (Mustela lutreola)
- Hausratte (Rattus rattus)	- Fischotter (Lutra lutra)
- Wanderratte (Rattus norvegicus)	
- Auerochse, Ur (Bos primigenius)	
- Elch (Alces alces)	
- Rothirsch (Cervus elaphus)	
- Reh (Capreolus capreolus)	
- Wildschwein (Sus scrofa)	
- Dachs (Meles meles)	
- Wildkatze (Felis sylvestris)	
- Abendsegler (Nyctalus noctula)	
- Wanderfledermaus (Leucone daubentonii)	
- Rauhhaut-Fledermaus (Leucone dasycneme)	

Die genannten Arten bilden nur einen Teil der in den Auen beheimateten Säugetierfauna. Der Säugetierbestand unterliegt seit dem Vordringen des Menschen in die Flußaue einer tiefgreifenden Veränderung. Die Verfolgung durch Jagd und Fallenstellerei sowie die Biotopzerstörung führten zur Auslöschung und zum Bestandsrückgang vieler Arten.

Für den Niederrhein ist der Elch als Jagdwild noch bis zum Jahr 1025 belegt, der Ur bis 1344. Bär und Wolf verschwanden im Mittelalter, wobei der Wolf sich in die Ardennen zurückzog und dort noch bis zum Beginn des 19. Jahrhunderts nachgewiesen wurde (LAUTERBORN 1918). Dieselben Arten erloschen am Oberrhein bereits um das Jahr 1000. Der letzte Bär der Rheinebene wurde 1492 bei Schwetzingen erlegt (LAUTERBORN 1917).

Waren die semiaquatischen Säugetiere noch bis zum 18. Jahrhundert am gesamten Rhein verbreitet, so können sie seit der Mitte unseres Jahrhunderts bis auf einige wenige Bereiche als ausgerottet gelten (Abb. 5.2–11). Selbst in relativ reich strukturierten Altauen (Taubergießen-Gebiet) fehlen Nachweise dieser Arten (BRETZENDORFER 1974; SCHAEFER, H. 1935).

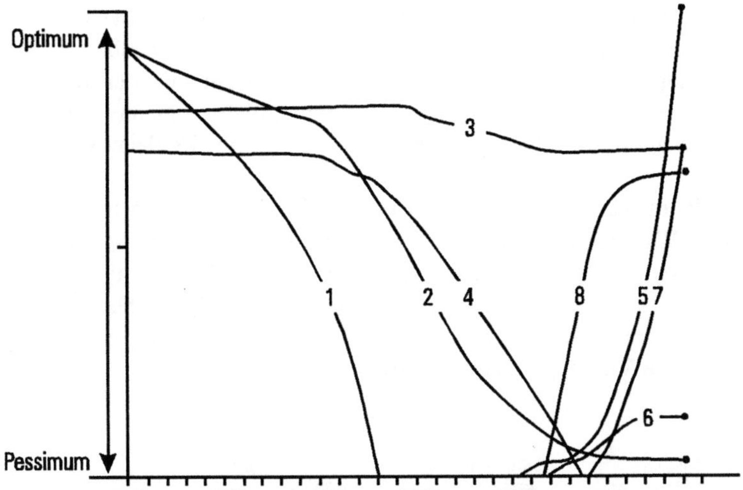

1 Biber (Castor fiber albicus); *2* Otter (Lutra lutra); *3* Wasser- u. Teichfledermaus (Myotis daubentoni, M. dasycneme); *4* Nerz (Mustela lutreola); *5* Bisam (Ondatra zibethicus); *6* Nutria (Myocastor coypus); *7* Waschbär (Procyon lotor); *8* Mink (Mustela vison).

Abb. 5.2-11. Entwicklung einheimischer (*1-4*) und eingebürgerter (*5-8*) Säugetierarten semiaquatischen Charakters (nach SCHMITT 1964; ELM 1971; ENGSTFELD 1985; PELZ 1985; VERKAIK & KEULEN 1985).

Der Biber (Castor fiber albicus) wurde etwa um 1830 fast ausgerottet (RIEDER & ROHRER 1982; GERKEN 1988a). Er nimmt als pflanzenfressendes Nagetier aufgrund seiner landschaftsgestaltenden Lebensweise eine Sonderstellung ein. Die von ihm verursachten kleinflächigen Entwaldungen und Überstauungen der Landschaft waren einst die ersten natürlichen Siedlungsräume für Tier- und Pflanzenarten offener Areale. Im Verlandungsstadium wurden die Moore und Biberwiesen schließlich auch vom Menschen genutzt. Heute steht der Biber den Zielen der Wasserwirtschaft (Deichaushöhlung, Abflußgefährdung), der Forstwirtschaft (Forstschäden) und des Naturschutzes (Zerstörung der vom Menschen geschaffenen oder begünstigten und gepflegten Naturschutzgebiete) entgegen. Wissenschaftliche Freilanduntersuchungen konnten beweisen, daß keines dieser Argumente haltbar ist und der Biber in den Resten seiner ursprünglichen Verbreitungsgebiete am Rhein lebensfähig wäre (RIEDER & ROHRER 1982; SCHNEIDER, E. & SCHULTE 1985; RIEDER 1985).

Der Otter (Lutra lutra) wird in älteren Schriften (v.d. BORNE 1883; LAUTERBORN 1917, 1918) als Fischereischädling am gesamten Rhein bezeichnet. Obwohl er ehemals in den Rheinauen häufig vorkam, mußte man 1943 die Restpopulationen unter Schutz stellen. Seither sind Otterpopulationen lediglich im Gebiet des holländischen Niederrheins bekannt. Die Dezimierung der Otterbestände ist durch Uferverbau, Biotopzerstörung, direkte Verfolgung, Beunruhigung der Bestände und Wasserverschmutzung bedingt. Besonders empfindlich reagieren Otter auf Quecksilber, polychlorierte Biphenyle (PCB) und chlorierte Kohlenwasserstoffe (VEEN 1985).

Die zur Wiederansiedlung des Otters zu erfüllenden Bedingungen in Hinblick auf Biotop- und Wasserqualität würden sich auch günstig auf eine Vielzahl anderer Arten auswirken. Das Lebensraumangebot der Flußlandschaft und die Lebensansprüche des Otters bilden ein enges Beziehungsgefüge (Abb. 5.2-12). Das von ihm beanspruchte Minimalareal (5-10 km Uferlinie) ist gleichzeitig Lebensraum für eine Vielzahl anderer Tierarten.

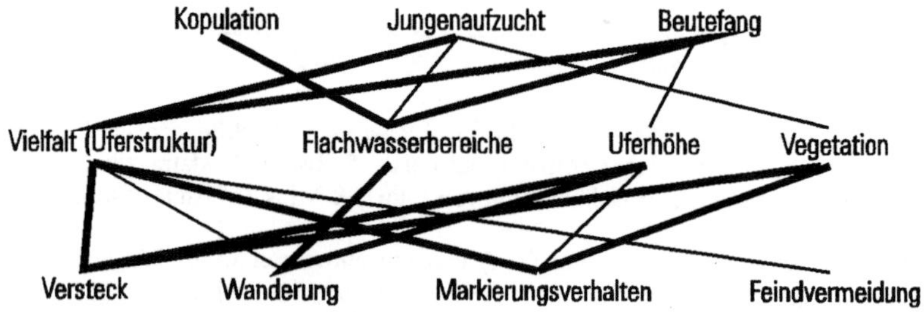

Abb. 5.2-12. Die Lebensraumansprüche des Otters (Lutra lutra) in Beziehung zur Biotopstruktur (aus GERKEN 1988a).

Die Untersuchung der Fledermausbestände am Rhein ergab einen drastischen Rückgang aller Arten. Die einzigen Ausnahmen stellen die Wasser- und Teichfledermäuse (Myotis daubentoni und Myotis dasycneme) dar. Ihre Nahrungsaufnahme erfolgt über dem Wasser und ist offenbar im Gegensatz zu den Nahrungsquellen anderer Fledermausarten nicht eingeschränkt worden. Diese Arten sind jedoch nicht an den Rhein und seine Randgewässer gebunden. Ihre hohe Mobilität läßt ein rasches Wechseln der Nahrungsbiotope zu. Der limitierende Faktor für das Vorkommen der Fledermäuse in den Rheinauen ist der Rückgang der Schlaf- und Ruheplätze. Auch dies ist eine Folge abnehmender Strukturvielfalt der Landschaft (ROER 1980; KOCK 1981).

Die Wiederbesiedlung des Rheins in seinem heutigen Zustand mit Arten wie Wasserspitzmaus, Sumpfspitzmaus und Fischotter ist problematisch. Untersuchungen zur Habitatpräferenz dieser Arten zeigten, daß die mit Wasserbausteinen befestigten Ufer im Präferenzspektrum dieser Tiere nicht vorkommen (SCHRÖPFER 1985a,b; REUTHER 1985).

Zu den *eingebürgerten (allochthonen) Säugern*, die am schiffbaren Rhein, an Altrheinen und sonstigen Auegewässern angetroffen werden, zählen: Bisam (Ondatra zibethicus), Nutria (Myocastor coypus), Mink (Mustela vison) und Waschbär (Procyon lotor) (AMTMANN 1963).

Der Zusammenbruch der einheimischen Populationen semiaquatischer Säugetiere und die fortschreitende Umwandlung ihrer Lebensräume zu Monostrukturen wirkte sich begünstigend auf die Ausbreitung des Bisams (Ondatra zibethicus) aus (ELM 1971; SCHRÖPFER 1983, 1985a,b; REUTHER 1985). Diese Art ist ein Neozoon mit hoher ökologischer Potenz. Seit der Einführung aus Nordamerika im Jahre 1905 zum Zweck der Pelztierzucht und dem Entweichen einiger Exemplare aus der Gefangenschaft ist der Bisam in ständiger Ausbreitung begriffen. Zu Beginn der siebziger Jahre war bereits die Besiedlung des Rheins abgeschlossen. Als einziges semiaquatisches Säugetier vermag der Bisam erhebliche Wasserverschmutzung und befestigte Ufer zu ertragen. Bisampopulationen überlebten nachweislich Zeiten größter Wasserverschmutzung am Mittelrhein (Fischsterben 1969) und an der Saar (Fischsterben 1976). Ausschlaggebend sind wahrscheinlich ihre schnelle Reaktionsfähigkeit auf Umweltpessima und ihre Umstellungsmöglichkeit auf terrestrische Nahrungsquellen. Der Bisam wird seit 1938 bekämpft; jedoch konnte weder seine Ausbreitung noch die Zunahme der Populationsgrößen verhindert werden. Es scheint angeraten, die Bekämpfungsmethoden zu überdenken (vgl. ELM 1971). Das Fehlen von natürlichen Feinden des Bisams wie Nerz, Otter, Uhu und anderen Räubern in der Aue begünstigt die weitere Expansion dieser Art (SCHMITT 1964; ENGSTFELD 1985; PELZ 1985; VERKAIK & KEULEN 1985).

Eine Zunahme der Bestandsdichte kann man in den letzten Jahren beim Rotwild erkennen. Die Hege des Wildes, insbesondere des Rotwildes, ist ein Problem für die Auengebiete, speziell für die verbliebenen naturnahen Bereiche. Der künstlich erzeugte Überbesatz verhindert in den Auenwaldungen das Aufwachsen naturverjüngter oder gepflanzter Gehölze. Eine Indikatorfunktion für die gebietstypische Populationsgröße des Rehwildes bei gleichzeitig naturnaher Waldentwicklung kommt dem Pfaffenhütchen (Euonymus europaea) zu (DISTER 1980a). Das Pfaffenhütchen zählt in der Oberrheinaue zu den bevorzugt verbissenen Pflanzen. Seine Entwicklung zur ausgewachsenen Pflanze auch an Standorten, die von Rehwild häufig aufgesucht werden, kann stellvertretend für eine positive Entwicklung des gesamten naturnahen Auenwaldes gewertet werden.

Die Befragung von Mitarbeitern des Landespflanzenschutzdienstes (Bezirk Koblenz/Emmelshausen) und von am Rhein tätigen Fachleuten (J. Niethammer, Bonn; E. Dister, WWF-Rastatt; A. Siepe, Freiburg) ergab, daß eine Besiedlung des schiffbaren Rheins mit ursprünglich einheimischen (autochthonen) semiaquatischen Säugetierarten derzeit nicht nachweisbar ist.

5.3 Aquatische Biozönosen

5.3.1 Allgemeine biologische Gliederung eines Fließgewässers

Jedes Fließgewässer weist als Lebensraumtypen den fließenden Wasserkörper und das Gewässerbett auf. Der fließende Wasserkörper wird durch zwei ökologische Gruppen, das Nekton und das Plankton besiedelt (ODUM 1980; SCHWOERBEL 1980).

Zum *Nekton* eines Gewässers gehören alle aktiv schwimmenden Organismen; in Fließgewässern demnach vor allem die Gruppe der Fische. Sie repräsentieren einen wesentlichen Teil der aquatischen Biozönosen, der zudem von wirtschaftlicher Bedeutung ist.

Zum *Plankton* gehören alle schwebenden Organismen, darunter Bakterien, Pflanzen und Tiere, welche passiv von der Strömung verfrachtet werden. Im allgemeinen ist das Plankton nicht in der Lage, sich aktiv gegen nennenswerte Strömung zu bewegen. Ein spezifisches Flußplankton (Potamoplankton) gibt es nicht. Es setzt sich aus Arten zusammen, welche auch in stehenden Gewässern verbreitet sind und welche aus den Stillwasserbereichen eines Flusses eingeschwemmt werden. Eine Vermehrung der Planktonorganismen im Fluß ist nur dann möglich, wenn die Verweilzeit größer ist als die Vermehrungszeit. Dies ist meist im Unterlauf von größeren Strömen wie dem Rhein der Fall. Stauräume im Fluß oder in Zuflüssen beeinflussen auch aus diesem Grund wesentlich die Planktonvermehrung. Im Längsverlauf eines Fließgewässers unterscheidet man einen Abschnitt ohne Plankton (aplanktischer Abschnitt), einen Abschnitt mit Planktontransport, jedoch ohne Planktonvermehrung (tychoplanktischer Abschnitt) und einen Abschnitt mit fortschreitender Planktonzunahme durch Planktonvermehrung (euplanktischer Abschnitt). Nach systematischen Gesichtspunkten unterscheidet man Bakterio-, Phyto- und Zooplankton. Die Zusammensetzung des Flußplanktons wird hauptsächlich durch das Phytoplankton bestimmt. In diesem haben die Diatomeen (Kieselalgen) und Chlorophyceen (Grünalgen) den größten Anteil. Auch die Cyanobakterien (Blaualgen) sind von Bedeutung. Das Zooplankton nimmt gegenüber dem Phytoplankton eine untergeordnete Rolle ein.

Betrachtet man jedoch die gesamte Biozönose des Fließgewässers, so spielt Plankton und Nekton im Vergleich zum *Benthos* (Lebensgemeinschaft des Gewässergrundes) nur eine untergeordnete Rolle. Im Fließgewässer sind die meisten Organismen an das Gewässerbett gebunden.

Auch bei den Benthosorganismen ist zwischen einem Phyto- und Zoobenthos und jeweils zwischen mikroskopisch kleinen und makroskopisch sichtbaren Organismen zu trennen. Die höhere Vegetation der Fließgewässer wird durch submerse Blütenpflanzen, welche vor allem in kiesig-schlammigen Sohlenbereichen vorkommen, und Moose, die mehr steinige Substrate überziehen, gebildet. Der Aufwuchs auf Steinen und anderen Substraten setzt sich aus Cyanobakterien, ein- und mehrzelligen Algen (vor allem Grün- und Kieselalgen) und Protozoen, wie z.B. Ciliaten, zusammen. Den Bakterien und den bakterienfressenden Protozoen kommt besonders in abwasserbelasteten Flußabschnitten eine wichtige Rolle bei der Selbstreinigung zu. Ansonsten bildet der Aufwuchs Besiedlungsraum und Nahrungsgrundlage für die weidenden Kleintiere. Zu den makroskopisch sichtbaren Tierarten (Makrozoobenthos) gehören zahlreiche Vertreter der Wirbellosen, vor allem der Schwämme, Strudelwürmer, Schnecken, Muscheln, Würmer, Krebstiere, Insekten und Moostierchen, aber auch einige Fischarten und deren Jungstadien.

In stark strömenden Abschnitten ohne Schlammablagerungen wird der Gewässergrund von Organismen besiedelt, die fest an das Substrat geheftet sind, sich festklammern oder sich in strömungsgeschützten Arealen, im Lückensystem der Lockergesteine oder in Pflanzenpolstern aufhalten. In Zonen geringerer Strömung mit weichem Untergrund leben vor allem grabende Formen wie Großmuscheln, Würmer und verschiedene Insektenlarven. Das Hohlraumsystem der Stromsohle (hyporheisches Interstitial) bildet den Lebens- und Rückzugsraum vieler Tierarten und spielt deshalb auch eine bedeutende Rolle z.B. bei der Wiederbesiedlung des Gewässerbettes nach starken Hochwässern oder Gewässerintoxikationen.

Der Stoff- und Energietransport in einem Fließgewässer spielt sich auf drei Stufen ab:

- Stufe der *Produzenten*, die aus Bakterien und Pflanzen bestehen und den Aufbau von organischer Substanz aus anorganischen Nährstoffen unter Zuhilfenahme von Strahlungs- oder Chemoenergie bewirken,
- Stufe der *Konsumenten*, bestehend aus Pflanzenfressern und Räubern, welche die Gewinnung von Energie durch den Umbau organischer Materie bewerkstelligen,
- Stufe der *Destruenten*, auf der durch Bakterien und Pilze der Abbau toter organischer Substanz unter Energiegewinn stattfindet.

Mikroflora (Aufwuchsalgen, Phytoplankton) und Makrophyten sind in Fließgewässern die Hauptproduzenten. Dabei nimmt in großen und tiefen Fließgewässern das Phytoplankton die wichtigste Rolle ein. Jedoch würde deren Biomasseproduktion nicht ausreichen, um die große Menge von Konsumenten, die man in größeren Fließgewässern findet, zu versorgen. Die Lebensgemeinschaft eines Fließgewässers ist in hohem Maß auf die Zufuhr von „allochthonem Material" angewiesen, d.h. auf organisches Material, das außerhalb des Flusses produziert wird. Hier erkennt man deutlich, wie eng Flüsse mit dem sie umgebenden Land und mit ihren Zuflüssen verbunden sind (vgl. Kap. 5.1). Viele der Primärkonsumenten in einem Fließgewässer sind Detritusfresser, die sich vom organischen Material ernähren, welches in den Fluß eingeschwemmt wird. Die benthische Konsumentenkette, die auf eingeschwemmtem Material, sedimentierten Organismenresten und benthischem Pflanzenmaterial aufbaut und über das Makrozoobenthos zu den Fischen führt, ist in Fließgewässern wichtiger als die pelagische Konsumentenkette, welche auf dem Phytoplankton basiert (SCHWOERBEL 1980).

Der Lauf eines Flusses von der Quelle bis zur Mündung bildet Lebensräume unterschiedlichster Bedingungen für Pflanzen und Tiere. Im Längsverlauf eines Fließgewässers folgen bestimmte Abschnitte aufeinander, die sich in Wasserführung, Breite und Tiefe, Geschiebe- und Schwebstoffführung, Beschaffenheit des Untergrundes, Trophie, Saprobie, Temperatur, Sauerstoffgehalt des Wassers etc. unterscheiden. Strömungsgeschwindigkeit und Sauerstoffgehalt nehmen von der Quelle zur Mündung hin ab, Temperatur, Wasserführung, Breite und Tiefe nehmen dagegen zu. Mit abnehmender Strömung verändert sich der Untergrund von Geröll über Kies zu Feinsedimenten.

Die unterschiedlichen Lebensbedingungen im Längsverlauf eines Fließgewässers wirken sich auch auf die Lebensgemeinschaften aus. So bezeichnet man nach den dort in der Regel am häufigsten vorkommenden Fischarten die einzelnen, nicht scharf voneinander abgrenzbaren Gewässerabschnitte in der Abfolge von der Quelle bis zur Mündung als Forellenregion, Äschenregion, Barbenregion, Brachsenregion und Kaulbarsch-Flunder-Region (Tabelle 5.3–1). Der Faunenwechsel von einem zum nächsten Abschnitt findet nicht abrupt statt. In den Übergangszonen wird eine Leitform nach und nach durch andere ersetzt.

Tabelle 5.3–1. Längszonierung eines Fließgewässers.

	Krenal (Quellzone)	
Salmonidenregion	Rhithral (Gebirgsbach)	
1. Forellenregion		– Epirhithral – Metarhithral – Hyporhithral
2. Äschenregion		
Cypridenregion	Potamal (Tieflandfluß)	
3. Barbenregion		– Epipotamal
4. Brachsenregion		– Metapotamal
5. Kaulbarsch/Flunder-Region		– Hypopotamal

Eine ähnliche Gliederung gilt im Prinzip auch für andere Wassertiere und ist für alle Fließgewässer der Erde gültig. ILLIES (1961) schlug daher eine Zonierung der Fließgewässer vor, bei der Jahrestemperaturamplitude und Struktur der Stromsohle als Unterscheidungskriterien gelten. Demnach unterscheidet man das Krenal (Quellzone), das Rhithral (Zone des Gebirgsbaches) und das Potamal (Zone des Tieflandflusses). Die Abbildung 5.3–1 veranschaulicht die typische Längszonierung eines Fließgewässers.

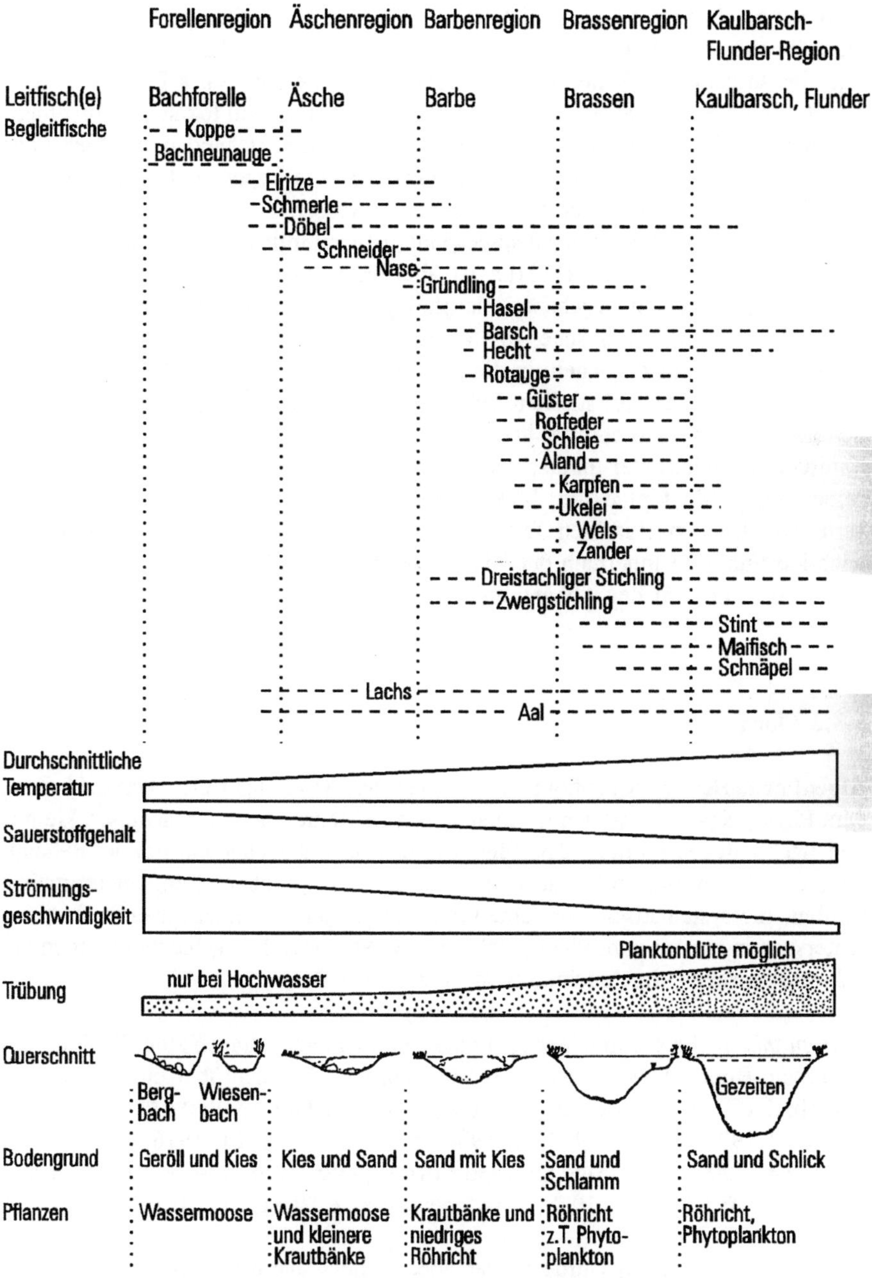

Abb. 5.3-1. Längszonierung eines Fließgewässers (aus BLESS 1988).

Neben der Längszonierung existiert eine Gliederung im Querprofil, zu der auch die zeitweilig überflutete Aue gehört (vgl. Kap. 5.1, 5.2). Es ist jedoch schwierig, eine allgemeine Zonierung der Auengewässer entlang eines Flusses zu definieren, da deren Charakteristik sehr vielfältig und stark von lokalen Bedingungen abhängig ist. Man findet hier alle Variationen zwischen stehenden und fließenden Gewässerabschnitten und dementsprechend auch alle Typen und Zwischentypen der Fischregionen fließender und stehender Gewässer.

Auch der Rhein weist eine entsprechende naturräumliche und biogeographische Zonierung auf (Abb. 5.3–1). Hier ist allerdings auf eine Besonderheit zu verweisen: Aufgrund der gegebenen morphologischen und hydrologischen Verhältnisse tritt die charakteristische Abfolge von Rhithral und Potamal dreimal hintereinander auf, bevor der Rhein in die Nordsee mündet (vgl. Kap. 2.2).

Die ehemals charakteristischen Lebensgemeinschaften dieser Zonen (vornehmlich deutsche Rheinabschnitte) und deren Veränderungen werden in den folgenden Kapiteln behandelt. Der unterschiedliche Umfang der einzelnen Teile der Lebensgemeinschaft (Phytoplankton, Makrozoobenthos etc.) darf nicht zu der Annahme verleiten, daß den einzelnen Teil-Lebensgemeinschaften eine mehr oder minder wichtige Funktion innerhalb der Biozönose zukommt. Vielmehr hängen Umfang und Ausführlichkeit der Abhandlung weitgehend von verfügbaren Literaturdaten ab.

5.3.2 Flora

Algenflora. Bei der Algenflora ist zwischen den Arten des freien Wasserkörpers, dem Phytoplankton, und den makroskopisch sichtbaren bis mikroskopisch kleinen bodengebundenen Formen, dem Phytobenthos, zu unterscheiden. Bei der Behandlung der Algenflora sollen auch die Blaualgen (Cyanobakterien) angesprochen werden, die systematisch zwar eine selbständige Einheit bilden, aber in früheren Untersuchungen mit zum Phytoplankton bzw. Phytobenthos gerechnet wurden (zu bakteriologischen Untersuchungen siehe Kap. 4.1.2).

Phytoplankton. Es gibt nur wenige umfassende Untersuchungen zum Plankton des gesamtem Rheins bzw. einzelner Rheinabschnitte, die auch über qualitative bzw. quantitative Zusammensetzung des Planktons berichten (KOLKWITZ 1912; LAUTERBORN 1905, 1907a, 1908a–c, 1909a,b, 1910a,b, 1911a, 1916, 1917, 1918; MARSSON 1907–1912; SEELER 1936; JAAG 1938; CZERNIN-CHUDENITZ 1958; BACKHAUS & KEMBALL 1978; zusammenfassende Darstellung bei FRIEDRICH & MÜLLER 1984).

In früheren Arbeiten wurde immer wieder die Frage diskutiert, ob Flüsse ein spezifisches Flußplankton (Potamoplankton) haben oder nicht (KLOSE 1968). Nach BEHNING (1928) kann nur dann von einem wirklichen Potamoplankton die Rede sein, wenn Lauflänge des Flusses bzw. Strömungsgeschwindigkeit eine Vermehrung der Planktonten ermöglichen, diese sich außerdem normal ernähren können und planktonspezifische Anpassungen ausbilden. Charakteristisch im Gegensatz zum Plankton stehender Gewässer ist, daß die Planktonten im Fließgewässer kontinuierlich mit der fließenden Welle flußabwärts transportiert werden. Die Planktonorganismen entstammen stehenden Gewässern, welche mit dem Fluß in Verbindung stehen. Die qualitative und quantitative Zusammensetzung des Planktons eines Fließgewässers hängt somit von den hydrologischen Gegebenheiten ab, d.h. von der Anzahl und Eigenart der Seen, der Auen- und Randgewässer, aus denen direkt oder indirekt Plankton ausgeschwemmt werden kann. Aber auch das Vorhandensein von gestauten Flußabschnitten und bei größeren Fließgewässern sogar die schwächer durchströmten Abschnitte wie Strombuchten oder Buhnenfelder spielen dabei eine Rolle. Der Anteil des Tychoplanktons (zum Aufwuchs gehörende Organismen, welche losgerissen wurden) am Phytoplankton ist abhängig von der Strömungsgeschwindigkeit sowie von Zusammensetzung und Menge des Aufwuchses.

Während frühere Arbeiten zum Rheinplankton insbesondere die Ausprägung und Herkunft des Flußplanktons behandelten oder eine saprobielle Bewertung des Flusses über eine Planktonanalyse zum Gegenstand hatten (vgl. Kap. 4.1.2), wurde seit den fünfziger Jahren vermehrt die Frage nach der Beteiligung des Planktons (einschließlich des Bakterioplanktons) am Stoffhaushalt des Flusses und dessen Quantifizierung sowie Bedeutung für die Selbstreinigung gestellt (KLOTTER 1955; KNÖPP 1959, 1960; FRIEDRICH & VIEHWEG 1984, 1987; MÜLLER, D. & KIRCHESCH 1985a,b; vgl. Kap. 5.4).

Die Veränderung der Zusammensetzung des Rheinplanktons seit Beginn des zwanzigsten Jahrhunderts haben BACKHAUS & KEMBALL (1978) für den Hoch- und Oberrhein beschrieben. FRIEDRICH & MÜLLER (1984) führten diese Darstellung weiter und ergänzten sie um Angaben zum Mittel- und Niederrhein. Die Situation bis in die dreißiger Jahre des zwanzigsten Jahrhunderts stellt sich demnach folgendermaßen dar.

Entwicklung des Phytoplanktons bis in die dreißiger Jahre des 20. Jahrhunderts. Das Phytoplankton des *Hochrheins* stammte hauptsächlich aus dem Bodensee, welches unterhalb des Aarezuflusses durch Formen des Züricher Sees ergänzt wurde. Es setzte sich hauptsächlich aus Diatomeen (Kieselalgen), Chrysophyceen (Goldalgen) und verschiedenen Chlorophyceen (Grünalgen) zusammen. Als charakteristische, wenn auch nicht zahlreiche Diatomeen aus dem Bodensee nannte LAUTERBORN (1910b) die Cyclotellen. Am häufigsten waren Cyclotella bodanica neben C. socialis und C. melosiroides. Typisch für das Aareplankton waren das Cyanobakterium Oscillatoria rubescens (Burgunderblutalge) und die Diatomeen Tabellaria fenestrata und Melosira islandica var. helvetica, welche fortan zu den eigentlichen Leitformen des Rheinplanktons wurden. Bemerkenswert ist, daß diese drei Arten bei einer der ersten Planktonuntersuchungen LAUTERBORNs (1896a,b) noch nicht zum Rheinplankton gehörten. Erst um die Jahrhundertwende kam es im Züricher See zu Massenentfaltungen dieser Arten, welche von LAUTERBORN (1910b) mit einer Zunahme der Nährstoffe erklärt wurde. Die aus dem Bodensee stammenden Formen wurden stromabwärts immer seltener und gelangten nur in Ausnahmefällen bis zum Mittelrhein. Die Formen des Züricher Sees zeigten dagegen stromabwärts bis zur Mündung keine Abnahme. Beiden Seen gemeinsam waren weit verbreitete Diatomeen wie Asterionella formosa (= A. gracillima?), Synedra delicatissima und Fragilaria crotonensis.

Der *Oberrhein* wies zu Beginn des Jahrhunderts beim Eintritt in die Tiefebene eine dem Hochrhein unterhalb der Aaremündung ähnliche Phytoplanktonzusammensetzung auf. Wenn bei normalen Pegelständen, eine Verbindung zu den Altwässern bestand, vermehrten sich dort die aus dem Strom eingeschwemmten Planktonten; vor allem Tabellaria und Oscillatoria kamen oft in großen Massen vor. Besonders bei fallenden Wasserständen gelangte das angereicherte Plankton der voralpinen Seen zusammen mit dem autochthonen Plankton der Auengewässer in den Hauptstrom. Die in den Oberrhein mündenden Bäche und Flüsse waren ausgesprochen planktonarm. Die stromabwärts zu beobachtende Zunahme der Planktonartenzahl ist auf den Eintrag aus den Altwässern, Strombuchten und Häfen zurückzuführen. Trotz zunehmender Artenzahl blieben die Individuenzahlen jedoch gering (LAUTERBORN 1910b, 1917).

Das Plankton des *Mittelrheins* wies im allgemeinen dieselbe Artenzusammensetzung auf wie der Oberrhein, bereichert um wenige Arten aus dem Main (Cyanobakterien, Grünalgen) und der Mosel (Diatomeen).

Am *Niederrhein* fand kaum eine Bereicherung durch neue Formen statt, da offene Altwässer als Anreicherungsstätten fehlten. Den Hauptbestand bildeten wiederum die Diatomeen mit den Arten Fragilaria crotonensis, Asterionella formosa (= A. gracillima ?), Synedra delicatissima und Tabellaria fenestrata. Auch Oscillatoria rubescens war noch häufig.

Im *Rheindelta* kam es durch die reichliche Zufuhr an Nährstoffen zu einer Massenentwicklung des Planktons, wie sonst nirgends am Rhein (LAUTERBORN 1918).

Nach LAUTERBORN führte SEELER (1936) im Jahr 1933 eine Untersuchung des Planktons im Rhein von Straßburg bis zur Mündung in die Nordsee durch. Ziel der Untersuchung war, die Einwirkung von Abwässern auf die quantitative Planktonentwicklung zu beurteilen. Er gliederte den Rhein hinsichtlich der Planktonentwicklung in zwei Abschnitte: einen Abschnitt unselbständiger Planktonentwicklung (Hochrhein bis Basel) und einen Abschnitt selbständiger Planktonentwicklung (Basel bis zur Gezeitenzone). Nach seinen Ausführungen wies der Oberrhein bis zur Mainmündung noch relativ niedrige Phytoplanktondichten auf. Er vermutete jedoch, daß es unterhalb des Abschnitts Ludwigshafen/Mannheim durch die Einwirkung von Industrieabwässern zur Hemmung einer normalerweise viel stärkeren Planktonentwicklung kam. Eine negative Beeinflussung der Phytoplanktonentwicklung stellte er auch am Niederrhein fest. Da Angaben zu der Planktonzusammensetzung nicht gemacht wurden, kann aus den Angaben SEELERS kein qualitativer Vergleich mit einem früheren Zustand abgeleitet werden. Aus den Angaben zu den Zellzahlen ist jedoch ersichtlich, daß sich gegenüber KOLKWITZ (1912) die Phytoplanktondichte vergrößert hat (Tabelle 5.3–2).

Tabelle 5.3–2. Jahresmaxima der Phytoplanktondichte seit 1912 (zusammengestellt aus BACKHAUS & KEMBALL 1978; FRIEDRICH & MÜLLER 1984; LWA 1989).

Rheinabschnitt	Jahr	Zellen/ml	Monat	Autor
Hochrhein	1912	20–23	8	KOLKWITZ 1912
	1955	1800	3	CZERNIN-CHUDENITZ 1958
Oberrhein	1912	44	8	KOLKWITZ 1912
	1936	500	9	SEELER 1936
	1955	1800	3	CZERNIN-CHUDENITZ 1958
	1974	17300[a]	4	BACKHAUS & KEMBALL 1978
Niederrhein	1936	4000	9	SEELER 1936
	1955	2000	3	CZERNIN-CHUDENITZ 1958
	1970/74	14000	8	HEUSS 1975
	1979	59000	8	FRIEDRICH (unveröff.)
	1980	46000	5	FRIEDRICH (unveröff.)
	1981	56000	4	FRIEDRICH (unveröff.)
	1982	63200	5	FRIEDRICH (unveröff.)
	1988	64700	8	LWA 1989

[a]Für Hoch- und Oberrhein zusammen angegebene maximale Zellzahl.

Entwicklung des Phytoplanktons nach dem 2. Weltkrieg. Die nach dem 2. Weltkrieg beobachteten Veränderungen des Phytoplanktons betreffen sowohl seine qualitative wie auch quantitative Zusammensetzung. Die Tabelle 5.3–2 dokumentiert die Zunahme der Phytoplanktondichte, die Tabelle 5.3–3 verdeutlicht exemplarisch für den Hoch- und Oberrhein die qualitative Veränderung der Phytoplanktonzusammensetzung durch die Gegenüberstellung der zu verschiedenen Zeiten dominierenden Planktonarten.

BACKHAUS & KEMBALL (1978) schildern die Entwicklung an *Hoch- und Oberrhein* folgendermaßen. Schon 1941 wurden im Hochrhein die ehemals häufigen Arten Fragilaria crotonensis und Asterionella formosa weitgehend von Tabellaria fenestrata verdrängt. CZERNIN-CHUDENITZ (1958) bestätigte diese Entwicklung für das Jahr 1955. Bei seinen Planktonuntersuchungen des Rheins vom Bodensee bis zur holländischen Grenze stellte er fest, daß die Selbstreinigungskraft des

Tabelle 5.3–3. Veränderung des Phytoplanktons des Hoch- und Oberrheins bei Berücksichtigung der aspektbildenden Arten (Quellen: BACKHAUS & KEMBALL 1978; FRIEDRICH & MÜLLER 1984. Bis 1940: Autoren siehe oben; 1955: CZERNIN-CHUDENITZ 1958, nach BACKHAUS & KEMBALL 1978; 1974: BACKHAUS & KEMBALL 1978).

Taxa	S	bis ca. 1940	1955	1974
Cyanobakterien				
Anabaena sp.		*		
Oscillatoria limosa (ROTH) AGARDH	a–b		*	
Oscillatoria rubescens DE CAND.	b	**	*	*
Chrysophyta				
Dinobryton sertularia EHR.	o	*		
Bacillariophyta (= Diatomeae)				
Asterionella formosa HASSAL	o–b	*		*
Cocconeis pediculus EHR.	b		*	
Cyclotella spp.		*	*	
Cyclotella bodanica EULENST.	o	*		
Cyclotella comta (EHR.) KÜTZ	o	*		
Cyclotella melosiroides KIRCHN.		*		
Cyclotella meneghiniana KÜTZ.	a-b		*	
Cyclotella socialis SCHÜTT.		*		
Diatoma elongatum AGARDH	b-o	*		
Diatoma vulgaris BORY	b		*	
Diatoma vulgaris v. ovalis (FRICKE) HUST.				*
Fragilaria crotonensis KITTON	o-b	*	*	*
Gomphonema spp.		*		
Gomphonema olivaceum (LYNGB.) KÜTZ.	b			*
Melosira islandica ssp. helvetica O. MÜLLER	b	**	*	*
Melosira varians AGARDH	b		*	
Navicula spp.		*		*
Navicula rhynchocephala KÜTZ.			*	
Nitzschia acicularis W. SMITH	a		*	*
Nitzschia fruticosa HUST.				*
Stephanodiscus astraea v. minutula GRUN.			*	
Stephandiscus hantzschii GRUN. + spp.	a		**	**
Suriella robusta EHR.			*	
Synedra acus KÜTZ.	b	*		
Synedra acus v. angustissima GRUN.	o	*		
Synedra delicatissima W. SMITH		*		
Synedra ulna (NITZSCH) EHR.			*	
Synedra ulna v. oxyrhynchus V. HEURCK			*	
Tabellaria fenestrata (LYNGB.) KÜTZ.	o–b	**	**	*
Xanthophyta				
μ-Algen				*
Pyrrhophyta				
Ceratium hirundinella (O.F.M.) SCHRANK	o	*		

Tabelle 5.3-3 (Fortsetzung)

Taxa	S	bis ca. 1940	1955	1974
Cryptophyta				
Chroomonas spp.			*	
Chryptomonas spp.		*		*
Chryptomonas erosa EHR.	a			*
Rhodomonas minuta v. nannoplantica SKUJA				*
Chlorophyta				
μ-Algen				**
Actinastrum hantzschii LAGERHEIM	b			*
Ankistrodesmus/Monorhaphidium				*
Chlorcoccales				*
Dictyosphaerium spp.				**
Dictyosphaerium ehrenbergianum NAEG.	b		*	
Eudorina elegans EHR.	b		*	
Gonium pectorale MÜLLER	p–a		*	
Scenedesmus spp.				*
Sphaerocystis schroeteri CHODAT	o			
Staurastrum gracile RALFS	o–b		*	

* weit verbreitet; ** dominant; *S* saprobielle Einstufung nach SLADECEK (1973); *o* oliogosaprob; *b* beta-mesosaprob; *a* alpha-mesosaprob; *p* polysaprob. Die Nomenklatur richtet sich nach den Autoren bzw. SLADECEK (1973).

Rheins bis Mainz zufriedenstellend war. Im Hoch- und Oberrhein fand er vorwiegend oligosaprobe Organismen, denen sich stromabwärts immer mehr meso- und polysaprobe sowie halophile (salzhaltiges Wasser bevorzugende) Formen anschlossen.

Als weitere dominierende Arten führte er für den Hochrhein die Kieselalgen Diatoma vulgare, Nitzschia acicularis, Synedra ulna var. oxyrhynchus, Melosira varians, Melosira islandica var. helvetica und Fragilaria crotonensis auf. Weiterhin stellte er fest, daß stromabwärts von Germersheim (Rhein-km 384, Oberrhein) die Kieselalge Stephanodiscus hantzschii, eine alpha-mesosaprobe Art (SLADECEK 1973), zur „Leitform" des Rheinplanktons wird. Auch die Untersuchungen von BACKHAUS & KEMBALL (1978) aus dem Jahr 1974 zeigten eine einseitige Verlagerung der Phytoplanktonproduktion auf die Gattung Stephanodiscus, einige chlorococcalen Grünalgen, schwer bestimmbare μ-Algen (Chlorophyceen und Xanthophyceen), Rhodomonaden sowie in geringeren Dichten die Diatomeen Nitzschia acicularis, Asterionella formosa und Fragilaria crotonensis. Tabellaria fenestrata, welche 35 Jahre vorher andere Massenarten verdrängt hatte, kam nur noch in geringen Dichten vor. Die Cyclotellen waren fast überall verschwunden. Die Untersuchungen zeigten weiterhin, daß die Zusammensetzung des Phytoplanktons im Längsverlauf des Rheins keine erkennbaren Korrelationen zum durchschnittlichen Gewässerchemismus zeigte. Nur einige Diatomeen (Nitzschia acicularis, Melosira varians, Asterionella formosa und vermutlich Stephanodiscus hantzschii) ließen eine Förderung durch die Aufsalzung des Oberrheins durch den elsaß-lothringischen Salzbergbau vermuten.

Die für die zunehmende Eutrophierung verantwortliche Erhöhung der Phosphatkonzentrationen ließ sich nach BACKHAUS & KEMBALL (1978) als Ursache für die Zunahme des Phytoplanktons im Rhein bestätigen. Der Vergleich mit anderen Fließgewässern läßt aber nicht den Schluß zu, daß eine vermehrte Phytoplanktonproduktion generell als Folge höherer Nährstoffkonzentrationen zu werten sei. Weitere wesentliche Faktoren zur Steuerung der Algenproduktion, welche vor allem zu kurzfristigen starken Fluktuationen führen, sind Licht, Temperatur und Wasserführung.

Der schon von SEELER (1936) beobachtete Einfluß des verschmutzten Mainzuflusses auf die Planktongesellschaften des *Mittelrheins* wurde von CZERNIN-CHUDENITZ (1958) verstärkt festgestellt. Unterhalb von Mainz trat eine starke Verschlechterung ein, die sich im niederrheinischen Industriegebiet noch verstärkte. Dichte und Zusammensetzung des Planktons im Längsprofil des Rheins wechselten in Abhängigkeit von der schädigenden bzw. düngenden Wirkung industrieller und häuslicher Abwässer (KNÖPP 1957a). Durch den Zufluß des Mains und industrieller Abwässer bei Mainz sank die Zahl abwasserempfindlicher Arten, während Cyclotellen und vor allem Stephanodiscus hantzschii sich stark vermehrten. Unterhalb von Mainz war zuerst eine Hemmung der Phytoplanktonentwicklung zu beobachten, während ab Bingen die düngende Wirkung der Abwässer voll zum Tragen kam. Charakteristisch war eine unterschiedliche Zusammensetzung des Phytoplanktons im Querprofil des Flusses, welche durch die bis zur Loreley feststellbare Abwasserfahne des Mains verursacht wurde.

Am *Niederrhein* werden seit Beginn der siebziger Jahre im Rahmen der Gewässergüteermittlung Phytoplanktonuntersuchungen durchgeführt. Seitdem hat sich die qualitative Zusammensetzung nicht mehr wesentlich geändert, die Zellenzahlen sind jedoch beträchtlich angestiegen, wie der Tabelle 5.3-2 zu entnehmen ist. Der heutige Zustand unterscheidet sich erheblich vom Zustand vor dem zweiten Weltkrieg wie auch zur Nachkriegszeit, in welcher das Phytoplankton durch toxische Substanzen sehr stark beeinträchtigt wurde. Zur gleichen Zeit wie BACKHAUS & KEMBALL (1978) am Oberrhein konnte HEUSS (1975) die Dominanz der Diatomee Stephanodiscus hantzschii am Niederrhein nachweisen. Er stellte fest, daß im Jahresverlauf ca. 30–50 % aller Planktonorganismen auf diese Kieselalge entfielen. Auch heute dominieren im Phytoplankton des Niederrheins die Diatomeen mit der Gattung Stephanodiscus, welche mit zwei Drittel der Gesamtbiomasse des Planktons das Gesamtbild prägt. Andere häufige Diatomeen sind Melosira granulata var. angustissima, Melosira islandica, und Cyclotella meneghiniana. An Massenentwicklungen sind zentrische Diatomeen mit mehr als

80 % der Biomasse beteiligt (Abb. 5.3–2). Der Anteil der Chlorophyceen, welche durch typische Arten eutropher Gewässer vertreten sind (Scenedesmus, Monoraphidium, Crucigenia, Oocystis, μ-Algen), liegt meist bei 30 %. Den Rest bilden Chryptophyceen und Chrysophyceen. Die zu Beginn des Jahrhunderts dominierenden Taxa sind verschwunden (FRIEDRICH & MÜLLER 1984; LWA 1989).

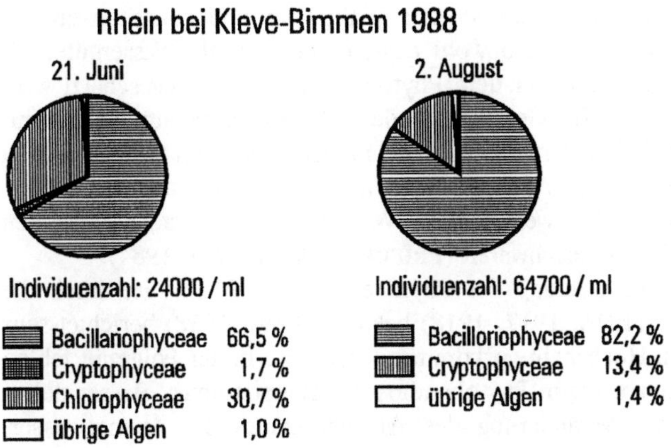

Abb. 5.3–2. Zusammensetzung des Phytoplanktons im Niederrhein an zwei typischen Sommertagen des Jahres 1988 (aus LWA 1989).

Gegenüber der Vorkriegszeit ist es neben der qualitativen Verschiebung in der Artenzusammensetzung des Phytoplanktons zu typischen Formen eutropher Gewässer vor allem zu einer wesentlichen Erhöhung der Planktondichte gekommen. Die Tabelle 5.3–2 zeigt die Entwicklung der maximalen Phytoplanktondichten seit 1912.

Grundsätzlich gelten als Ursachen für diese Änderung die verbesserten Entwicklungsmöglichkeiten im staugeregulierten Bereich des Rheins aufgrund der Verlängerung der Fließzeit und vor allem die höhere Nährstoffbelastung.

Die Belastung mit den Pflanzennährstoffen Phosphat und Ammonium ist zwar nach den Spitzenwerten in den siebziger Jahren zurückgegangen, die Nitratkonzentrationen nehmen jedoch weiter zu (vgl. Kap 4.3.3, 5.4.2).

Kurz- und mittelfristige Schwankungen der Planktondichte sind auch stark vom Licht, Abfluß und Wetter abhängig und dürfen deshalb nicht vorschnell als Folge einer geänderten Nährstoffversorgung angesehen werden (BACKHAUS & KEMBALL 1978; LWA 1989).

Phytobenthos. Zum Phytobenthos gehören die makroskopisch sichtbaren Algen und die mikroskopisch kleinen Organismen des sogenannten Aufwuchses. Der Gebrauch des Begriffs „Aufwuchs" ist nicht ganz korrekt, da er auch die tierischen Organismen dieser Lebensgemeinschaft beeinhaltet. Man versteht darunter alle festgewachsenen oder nur zur Kriechbewegung auf dem Substrat befähigten mikroskopisch kleinen pflanzlichen und tierischen Organismen. Hier soll jedoch nur auf die pflanzlichen Organismen eingegangen werden (zur Mikrofauna siehe 5.3.3).

Es gibt nur sehr wenige Informationen zur qualitativen und quantitativen Zusammensetzung des Phytobenthos, obwohl dessen Funktion als Wassergüteindikator von vielen Autoren gegenüber dem Phytoplankton höher eingeschätzt wird (KLOSE 1968; Landesanstalt für Gewässerkunde und Gewässerschutz Nordrheinwestfalen 1969; HEUSS 1970). Ursachen hierfür mögen neben den taxonomischen Schwierigkeiten bei der Bestimmung der Arten auch in der Nutzung des Rheins für die Schiffahrt und in den wechselnden Wasserständen liegen, welche den Einsatz künstlicher Substrate erschweren (FRIEDRICH & MÜLLER 1984).

Die ehemalige Zusammensetzung des Phytobenthos des Rheins ist durch die Arbeiten LAUTERBORNs (1916, 1917, 1918) bekannt. JAAG (1938) berichtet sehr ausführlich über die am Hochrhein vorkommenden Arten. In der Folgezeit fehlen jedoch ausführliche Angaben zum Phytobenthos des Hauptstromes. Besser dokumentiert ist dagegen die Veränderung des Algenbestandes der Auengewässer, besonders in bezug auf die makroskopischen Algen.

Die benthische Algenflora des *Hochrheins* bestand nach LAUTERBORN (1916) vorwiegend aus lithophilen (Steine und andere Festsubstrate bevorzugenden) kalkbevorzugende Arten. Charakteristische Vertreter der Cyanobakterien, deren Polster und Überzüge die Felsen bedeckten, waren die Kalkkrusten-Blaualge Rivularia haematites, eine der häufigsten „Algen" am Hochrhein überhaupt, sowie die Krusten-Blaualge Schizothrix lacustris und die Häutchenblaualge Phormidium favosum. In der kälteren Jahreszeit bildeten vornehmlich Diatomeen auf den Steinen braune Überzüge und Polster. Weitverbreitet waren ferner die makroskopisch sichtbaren Lager der Grünalge Cladophora glomerata und einer Vertreterin der Rotalgen, der sogenannten Froschlaichalge Batrachospermum moniliforme. Die Goldalge Hydrurus foetidus bildete besonders auf der Oberfläche glatter Geschiebe oft fingerlange flutende Büschel.

Im *Oberrhein* bildete sich besonders auf der Oberfläche von Schlickzonen in Stillwasserbereichen und auf festen Substraten im Uferbereich eine auf weite Strecken hin jeweils gleichartige Mikroflora, hauptsächlich aus Diatomeen, Phytoflagellaten und Grünalgen bestehend. Stromsohlenbereiche aus labilem Kies waren dagegen nur spärlich besiedelt.

Die befestigten Ufer wiesen einen vielgestaltigen Algenbestand auf. Als weit verbreitete Arten nannte LAUTERBORN (1917) die Rotalgen Batrachospermum moniliforme, Chantransia sp. und Hildebrandia rivularis sowie die Braunalge

Lithoderma fontanum. Unter den Grünalgen war Cladophora glomerata die weitaus häufigste Art.

Auch am *Mittelrhein* war Cladophora glomerata von allen Algen die häufigste. Mikroskopisch kleine Aufwuchsformen, vorwiegend Cyanobakterien und Diatomeen, fand man auf dem Schlickbelag der Ufersteine wie an den Cladophora-Rasen.

Am *Niederrhein* konnten sich Festsubstrat besiedelnde Grünalgen wie Cladophora und Ulothrix vorwiegend nur an den künstlich eingebrachten Hartsubstraten (Bruchsteine) ansiedeln. Die Oberfläche der ausgedehnten Sand- und Schlickzonen besonders des unteren Niederrheins war von Diatomeen und Cyanobakterien überzogen.

Zur derzeitigen Artenzusammensetzung der benthischen Algenflora des Rheins gibt es nur wenige Angaben (FRIEDRICH & MÜLLER 1984; JATZEK 1986a). JATZEK fand bei seinen Untersuchungen hauptsächlich Diatomeen, Grünalgen und Cyanobakterien. Besonders die benthischen Diatomeen bilden auch heute den wesentlichen Teil des Aufwuchses. Weitverbreitete Taxa sind Navicula, Gomphonema und Cymbella (FRIEDRICH & MÜLLER 1984).

LANGE-BERTALOT & LORBACH (1979) untersuchten die Benthosdiatomeen des Rheins zwischen der Aaremündung und Bonn. Bei früheren Untersuchungen des Mains konnte bereits nachgewiesen werden, daß weniger einzelne „Leitarten“, sondern vielmehr die quantitative Artenzusammensetzung der Diatomeengesellschaften die Wasserqualität einzelner Stromabschnitte indiziert. Nach Maßgabe ihrer ökologischen Toleranz wurden die Diatomeenarten drei Artengruppen, sogenannten Differentialartengruppen, mit abgestufter Toleranz gegenüber der Saprobität zugeordnet. Die Untersuchungsergebnisse zeigten auch für den Rhein ein charakteristisches Verteilungsmuster, welches mit den Befunden der Gewässergüteuntersuchungen der Bundesländer übereinstimmt.

Makrophyten. Die Gruppe der aquatischen Makrophyten umfaßt alle zum Leben im Wasser übergangene Gefäßpflanzen (Kormophyten), d.h. Vertreter der Moose, Farne und Samenpflanzen. Bei der ökologischen Zonierung im Uferbereich, also beim Übergang vom aquatischen über den amphibischen zum terrestrischen Bereich, spielen Makrophyten eine große Rolle. Wesentliche Aspekte zur Makrophytenvegetation vor allem der Rheinauen wurden schon in Kap. 5.2.1 behandelt. Hier erfolgen lediglich auf den Hauptstrom begrenzte ergänzende Ausführungen.

Nach LAUTERBORN (1910b, 1916, 1917) war der Hauptstrombereich des Hoch- und Oberrheins meist frei von Phanerogamen (Samenpflanzen).

Höhere Pflanzen bildeten im *Hochrhein* nur oberhalb des Rheinfalls ausgedehnte Bestände. Am häufigsten waren das Ährige Tausendblatt (Myriophyllum spicatum), verschiedene Laichkräuter (darunter Potamogeton perfoliatus, P. pectinatus, P. lucens), der Teichfaden (Zannichellia palustris), die Kanadische Wasserpest (Elodea canadensis) und der Tannenwedel (Hippuris vulgaris). Auch der Flutende

Hahnenfuß (Ranunculus fluitans), der sich im 20. Jahrhundert extrem ausbreitete, wurde schon im 19. Jahrhundert in botanischen Arbeiten über den Hochrhein erwähnt, wie dies detailliert bei HUBER, M. (1976) und KNECHT (1985) geschildert wird. Nach LAUTERBORN (1916) und JAAG (1938) wies der Hochrhein dagegen eine besonders artenreiche Kryptogamenflora (blütenlose Pflanzen) auf. Charakteristisch war der ungewöhnliche Reichtum an Wassermoosen. Der Rheinfall von Schaffhausen, welcher insbesondere durch verschiedene Moosarten reich besiedelt war, galt im Vergleich zu anderen Wasserfällen durch seinen Artenreichtum als eine botanische Besonderheit. Eine umfassende Darstellung der Literatur- und Herbarnachweise über höhere Wasserpflanzen des ursprünglichen Hochrheins gibt HUBER, M. (1976).

Seit 1970 kam es am Hochrhein durch die Massenentwicklung des Flutenden Hahnenfußes (Ranunculus fluitans) zu beträchtlichen Problemen (HUBER 1976; THOMAS 1976). Bereits in den vierziger Jahren fielen im Rhein bei Basel ausgedehnte Ranunculus-Felder auf. In den fünfziger Jahren wucherten verschiedene Wasserpflanzen zunächst in gestauten, später auch in ungestauten Hochrheinabschnitten. Nach 1970 erreichte die Verkrautung das bisherige Höchstmaß bei tonnenweise angeschwemmten Pflanzenmassen, welche zu erheblichen Störungen im Betrieb der Kraftwerke führte. Durch die auf den Flußboden absinkenden toten Pflanzenmassen kam es weiterhin zu einer rapiden Verschlammung des Gewässergrundes. Eine weitere negative Konsequenz dieser Entwicklung ist der Anstieg des Wasserstandes, welcher durch die aufstauende Wirkung der Hahnenfußfelder verursacht wurde. Es ist bekannt, daß viele Ranunculusarten bei einer hohen Belastung des Gewässers mit Pflanzennährstoffen zur Massenentfaltung neigen.

KNECHT (1985) wies nach, daß das Zusammenwirken mehrerer Faktoren die Wucherungen des Flutenden Hahnenfußes im Hochrhein verursachte. Seine Untersuchungen zeigten, daß

- im Schaffhausischen Rhein in den 60er Jahren ein geringes Phosphat- ($< 20\ \mu g/l\ PO_4^{3}$-P) und Ammoniumangebot (um 30 $\mu g/l\ NH_4^+$-N) Wucherungen verhinderten,
- in den siebziger Jahren der Hahnenfuß besonders stark wucherte, wenn das Rheinwasser im Frühjahr besonders klar war und dadurch günstige Lichtverhältnisse bot,
- die Einwanderung der Dreikantmuschel Dreissena polymorpha die Wucherungen begünstigte, da sie den Flußgrund stabilisierte und aufgrund ihrer filtrierenden Ernährungsweise die Klarheit des Wassers erhöhte.

Nach LAUTERBORN (1917) erschienen am *Oberrhein* erst in der Mainzer Region wieder diverse Laichkräuter (Potamogeton pectinatus, P. perfoliatus). Hier boten vor allem die Auen Standorte für eine reichhaltige aquatische Flora. Durch die Rheinkorrektion im 19. Jahrhundert und die daran anschließenden wasserbaulichen Maßnahmen im 20. Jahrhundert wurde unter anderem der Grundwasserspiegel gesenkt, was in der Folge zur Austrocknung aquatischer Habitate in der Aue führte. Dadurch kam es zu einem beträchtlichen Artenrückgang.

Der *Mittelrhein* wies schon nach LAUTERBORN (1918) nur eine artenarme aquatische Flora auf. Die Vegetation der Felsen und Gerölle bestand hauptsächlich aus Wassermoosen. In Strombuchten fand man auch verschiedene Laichkräuter (Potamogeton spp.) und weitere höhere Wasserpflanzen wie das Gemeine Hornblatt (Ceratophyllum demersum), das Quirlblättrige Tausendblatt (Myriophyllum verticillatum) und die Kanadische Wasserpest (Elodea canadensis). FRIEDRICH & MÜLLER (1984) führten weiterhin die Schwanenblume (Butomus umbellatus) und den Teichfaden (Zanichellia palustris) als typische Elemente auf.

Im Stromgebiet des unteren Mittelrheins und des *Niederrheins* konnte schon 1892 SCHENK (1893, zit. nach SCHMIDT-RIES 1973) nur in der Ahr- und Siegmündung sowie in einigen Häfen des Kölner Raumes noch einige Bestände an Batrachium, Potamogeton, Callitriche und Myriophyllum entdecken. Auch LAUTERBORN (1918) fand nur an einigen Stellen, besonders im Buhnenbereich, flutende Bestände der Laichkräuter Potamogeton pectinatus und P. perfoliatus. Die Altwasser und Kolke, besonders in der Gegend von Wesel, sind auch noch heute Standorte einer reichhaltigen aquatischen Makrophytenflora, darunter auch seltene und bedrohte Arten. FRIEDRICH & MÜLLER (1984) nennen die in Auengewässern vorkommende Seekanne (Nymphoides peltata). Im schiffbaren Strombereich selbst spielen Makrophyten heute insgesamt keine Rolle mehr. Durch bauliche Maßnahmen und den schiffahrtsbedingten Wellenschlag im Uferbereich werden die Ansiedlungsmöglichkeiten für höhere Wasserpflanzen stark eingeschränkt. Nur noch in den Nebengewässern und Altwässern bilden sie Bestände aus.

Fazit. In der Mikroflora (Phytoplankton, Periphyton) des gesamten Rheins nehmen die Diatomeen (Kieselagen) ehemals wie heute eine dominante Stellung ein.

Gegenüber der Zeit um die Jahrhundertwende ergeben sich in den qualitativen und quantitativen Zusammensetzungen des Phytoplanktons erhebliche Unterschiede. Die ehemaligen „Leitformen“ der Rheinplanktons (u.a. Oscillatoria rubescens, Fragilaria crotonensis, Tabellaria fenestrata, Asterionella formosa) spielen heute keine Rolle mehr. Die dominante Stellung nimmt heute die Diatomeengattung Stephanodiscus ein. Quantitative Unterschiede gegenüber dem früheren Zustand zeigen sich im langfristigen Anstieg der Phytoplanktondichte vermutlich als Folge der zunehmenden Nährstoffbelastung des Rheins und der verlängerten Verweilzeit im stauregulierten Bereich. Am Niederrhein werden derzeit zur Hauptvegetationszeit bis zu 64.700 Zellen/ml gezählt gegenüber ca. 4.000 Zellen/ml in den dreißiger Jahren.

Die zweite bedeutsame Planktongruppe ist das Bakterioplankton, welches den wesentlichen Träger der Selbstreinigung des Gewässers darstellt.

Höhere Wasserpflanzen hatten schon zu LAUTERBORNs Zeiten vor allem im schiffbaren Teil des Stromes nur schlechte Ansiedlungsmöglichkeiten. Heute sind Makrophyten im Strombereich nahezu verschwunden. Nur am Hochrhein gibt es noch ausgedehnte Makrophytenbestände. Dort sind sie jedoch massenhaft verbreitet und führen zu Nutzungseinschränkungen (Kraftwerksbetrieb, Schiffahrt, Fischerei).

5.3.3 Fauna

Mikrofauna. Zur Mikrofauna eines Fließgewässers gehören die meist mikroskopisch kleinen tierischen Organismen des Zooplanktons und des „Aufwuchses“. Im Zooplankton eines Flusses spielen hauptsächlich Rotatorien (Rädertiere) neben spärlicher vertretenen Entomostracen (Niedere Krebse), Wimpertiere (Ciliaten) und Heliozoen (Sonnentierchen) eine Rolle. Charakteristisch ist weiterhin das Auftreten der Larven Niederer Krebse (Nauplien) und verschiedener Weichtiere, wobei im Rhein vor allem die Veligerlarven der Dreikantmuschel (Dreissena polymorpha) eine Rolle spielen. Im Dickicht des pflanzlichen Aufwuchses findet man einzellige Organismen wie Flagellaten (Geißelträger), Rhizopoden (Wurzelfüßer) und Ciliaten sowie einige Mehrzeller wie Rotatorien.

Generell gilt, daß die Mikrofauna gegenüber der Mikroflora arten- und individuenmäßig eine untergeordnete Stellung einnimmt. Dies mag auch der Grund dafür sein, daß diese Organismengruppe nur wenig untersucht wurde. LAUTERBORN (1916–1918) nennt einige Vertreter der Mikrofauna des Rheins. SEELER (1936) erfaßt neben dem Phytoplankton auch die Protozoen, Rotatorien und Crustaceen (Krebstiere) als Gruppen des Zooplanktons, führt jedoch keine genaueren Bestimmungen durch, sondern verfolgt die Fragestellung, wie sich die Bestandsdichten in Abhängigkeit von den Abwassereinleitungen verändern. Bei HEUSS (1970) und in Arbeiten der Landesanstalt für Gewässerkunde und Gewässerschutz Nordrhein-Westfalen (1969, 1973) sind Ergebnisse von Routineuntersuchungen aus Mischproben (Aufwuchs und Plankton) zu finden. Untersuchungen, welche qualitative und quantitative Veränderungen des Zooplanktons an einzelnen Stellen des Rheins im Jahresgang berücksichtigen, wurden von KAMMEL (1960), SEIBT (1980) und PYRIKI (1981, 1985a,b) durchgeführt.

Der Aspekt des Potamoplanktons wird grundsätzlich durch das Phytoplankton bestimmt (KLOSE 1968). Die Lebensbedingungen im Fluß sind für Zooplanktonarten äußerst ungünstig. Nur Formen mit stärkeren Chitinpanzern wie z.B. die Rotatorien können hier überleben. Sowohl frühere wie neuere Untersuchungen zeigen, daß die Zooplanktondichte für Crustaceen unter 1 Individuum/l und für Rotatorien unter 500 Individuen/l liegen (SEIBT 1980, zit. aus FRIEDRICH & MÜLLER 1984). Erst im niederländischen Teil des Rheins, vor allem im Rheindelta, steigen die Individuendichten von Zooplanktern, vor allem der Rotatorien, an. Als Primärkonsument übt das Zooplankton einen steuernden Einfluß auf das Phytoplankton aus. Eine Dezimierung des Phytoplanktons ist zu beobachten (ADMIRAAL et al. 1990).

Die Menge der Zooflagellaten und Ciliaten im Plankton und Aufwuchs hängt wesentlich von der Menge abbaubarer organischer Stoffe ab. Da sie in der Mehrzahl Bakterienfresser sind, entwickeln sie sich vor allem dort in beträchtlicher Zahl, wo leicht abbaubare organische Substanzen eingeleitet werden. Dabei werden charakteristische Sukzessionen ausgebildet. SEELER (1936) konnte im Längsverlauf des Flusses charakteristische Verteilungsmuster von Protozoenmaxima und -minima in Abhängigkeit von den Abwassereinleitungen feststellen. Neuere umfangreiche Untersuchungen zur Artenvielfalt und Populationsdynamik von Aufwuchsciliaten hat SCHMITZ, M. (1985, 1986a) am Niederrhein durchgeführt.

Makrozoobenthos

Zur Rekonstruktion der ursprünglichen Besiedlung. Den von 1905 bis 1908 durch LAUTERBORN (1905, 1907a, 1908a–c, 1909a,b, 1910a, 1911a) und MARSSON (1907–1912) durchgeführten biologischen Untersuchungen des Rheins von Basel bis Koblenz zur Bestimmung der Wasserqualität verdanken wir die ersten umfassenden Angaben zur Wirbellosenfauna des Flußbettes (Makrozoobenthos). Vor allem LAUTERBORN erforschte weiterhin die Biozönosen des Rheins. Seine Veröffentlichungen von 1916 bis 1918, in denen er seine Ergebnisse zusammenfaßt, enthalten die erste umfassende Darstellung des Makrozoobenthos des Rheins von der Quelle bis zur Mündung. Seine Angaben können nur durch wenige weitere Autoren ergänzt werden. Nur für die Gruppe der Mollusken liegen Arbeiten vor, welche noch in die Zeit vor LAUTERBORN zurückgehen (BACH 1844; GOLDFUSS 1851, 1856; POHLIG 1886; KOBELT 1908; BOETTGER 1912; HAAS 1912).

Die Angaben LAUTERBORNs zu der Insektenfauna des Rheins können ergänzt werden durch einige Arbeiten zu verschiedenen Insektengruppen des Hochrheins von RIS (1897), FELBER (1908) und NEERACHER (1910), des Oberrheins durch EIDEL (1937), des Mittelrheins und oberen Niederrheins durch LE ROI (1912, 1913) sowie des Niederrheins durch PUHLMANN (1913). Anhand dieser Literaturvorgaben wurde versucht, die ehemalige Besiedlung des Rheinstroms zu Zeiten der Jahrhundertwende zu rekonstruieren. Von einer Darstellung der ursprünglichen, natürlichen Fauna kann jedoch keine Rede sein, da um 1900 die großen wasserbaulichen Maßnahmen am Niederrhein (18. Jh.) und am Oberrhein (TULLA'sche Rheinkorrektion im 19. Jh.) schon durchgeführt waren und die Abwasserbelastungen schon erste Auswirkungen zeigten (vgl. Kap. 3.1, 4.1.1).

Ein Vergleich der gegenwärtigen Benthalfauna mit dem früheren Faunenbestand des Rheins wird durch die im folgenden angeführten Mängel der alten Angaben erschwert.

Fehlende oder aus heutiger Sicht unzureichende optische Hilfsmittel sowie damals noch nicht vorhandene systematische und taxonomische Kenntnisse erschweren den Vergleich früherer und heutiger Artenlisten. So ist z.B. gut möglich, daß verschiedene ehemals beschriebene Arten heute unter einer Art zusammengefaßt würden. Bei vielen Angaben läßt sich heute nicht feststellen, welche Art dem Autor tatsächlich vorgelegen hat. Dies gilt insbesondere für bestimmte Insektengruppen, besonders für die Steinfliegen (Plecoptera) (ZWICK, SCHLITZ, schriftl. Mitt.) und für verschiedene Familien der Köcherfliegen (Hydropsychidae, Hydroptilidae) und Eintagsfliegen (Heptageniidae, Baetidae) (CASPERS 1980a). Dieser Tatbestand relativiert jedoch nicht die Aussage, daß insbesondere bei den Insekten der Artenrückgang besonders drastisch ist. Selbst wenn einige der damals aufgeführten Arten unter jeweils einer Art zusammengefaßt würden, bliebe der Rückgang der Insektenfauna eklatant.

Die ehemaligen Artenzahlen sind wahrscheinlich eher zu niedrig angesetzt, denn

- viele Gruppen wurden damals gar nicht oder nur kursorisch bearbeitet (Niedere Würmer, schwierige Insektengruppen, z.B. Zweiflügler),
- viele der damaligen Autoren haben nur sporadisch am Rhein gesammelt; je größer jedoch das untersuchte Areal war und je häufiger untersucht wurde, desto mehr Arten konnten nachgewiesen werden,
- die Fundorte wurden oft nur ungenau angegeben. Nur bei einer möglichst sicheren Zuordnung der Arten zur Rheinfauna konnten diese auch berücksichtigt werden.

Die frühere und heutige Nomenklatur stimmen vielfach nicht überein. In den meisten Fällen gelang die Übertragung der damals üblichen Namen in die Nomenklatur der Limnofauna Europaea (ILLIES 1978). Bei den Weichtierarten wurde darauf verzichtet, Unterarten gesondert aufzuführen; sie wurden jeweils zu der Hauptart zusammengefaßt. Die noch fraglichen Artennamen wurden in den Tabellen 5.3-6 bis 5.3-11 (S. 259ff.) mit einem Fragezeichen versehen.

Angaben zu den Abundanzen bzw. relativen Häufigkeiten sind nur für wenige Arten möglich, da die Funde in der Literatur sich meist auf die Nennung des Vorkommens der Arten beschränken.

Die im folgenden vorgenommene Rekonstruktion des Makrozoobenthos versteht sich deshalb als Diskussionsgrundlage.

Potentiell-natürliches Makrozoobenthos des Rheins. Die ursprüngliche Makrozoobenthosbesiedlung des Rheins läßt sich aus den oben aufgeführten Gründen nicht mehr vollständig rekonstruieren. Es ist jedoch davon auszugehen, daß der von LAUTERBORN (1916–1918) nachgewiesene Faunenbestand, ergänzt durch die Angaben weiterer Autoren, weitestgehend die natürliche Verteilung der Makrozoobenthosarten nach dem damalig verfügbaren Kenntnisstand wiedergibt.

In den Tabellen 5.3-6 bis 5.3-11 ist für ausgewählte Tiergruppen (Schwämme, Strudelwürmer, Egel, Moostierchen, Schnecken, Muscheln, Krebstiere, Eintagsfliegen, Steinfliegen und Köcherfliegen) die Verbreitung des „ursprünglichen" Faunenbestandes der heutigen Verbreitung der Makrozoobenthosarten gegenübergestellt. Dabei werden nur solche Tiergruppen herangezogen, die sich für eine derart detaillierte Gegenüberstellung eignen. Aufgrund der früheren Angaben läßt sich die „ursprüngliche" Benthalfauna des Rheinstroms folgendermaßen beschreiben:

Durch seine geomorphologische Gestaltung sowie seine Hydrologie (vgl. Kap. 2) bot der *Hochrhein* der Tier- und Pflanzenwelt äußerst günstige Lebensbedingungen. Nirgends am Rhein war die Stromsohle so reich und vielgestaltig besiedelt wie gerade am Hochrhein. Der Hochrhein war gekennzeichnet durch starkes Gefälle sowie Auftreten von Wasserfällen und Stromschnellen (z.B. Rheinfall von Schaffhausen, Laufen bei Laufenburg). Die Stromsohle wurde vielfach von Felsklippen gebildet. Bis zur Aaremündung war das Fehlen einer eigentlichen Geschiebeführung bezeichnend. Das festliegende Geröll und die Felsklippen boten gute Ansiedlungsmöglichkeiten für litho-rheophile (Steine bevorzugende, strömungsliebende) Insektenlarven und andere Makrozoen. Günstige Lebensbedingungen fanden viele Makrozoen in den Wassermoospolstern und zwischen den kalkbevorzugende Algen, die das überströmte Gestein überzogen. Eine starke Veränderung brachte die Aare, die durch eine erhebliche Wasserfracht, Geschiebe- und Schwebstofführung den Abschnitt Koblenz (CH) - Basel deutlich veränderte. Durch die Zuführung von Sinkstoffen und Geschiebe kam es unterhalb der Aaremündung zur Sedimentation von Sand und Schlick in stilleren Buchten.

Charakteristisch für den Hochrhein war der außerordentliche Reichtum bestimmter Insektengruppen, vor allem der Eintagsfliegen, Steinfliegen und Köcherfliegen, sowohl in Bezug auf Artenvielfalt auch Individuendichte. Gerade die ehemalige Insektenfauna des Hochrheins gehört - mit Ausnahme der Zweiflügler - zur bestbekannten des Stromes. Durch ihr massenhaftes Auftreten fielen folgende Arten auf:

- Eintagsfliegen:	Oligoneuriella rhenana
	Rhithrogena diaphana (= R. aurantiaca)
- Köcherfliegen:	Micrasema setiferum (= M. nigrum)
	Chimarra marginata
	Hydroptila forcipata
	Rhyacophila tristis
	Glossosoma boltoni (= G. vernale)
	Agapetus ochripes (= A. comatus)
	Psychomyia pusilla
	Athripsodes cinereus (= Leptocerus cinereus)
	Silo piceus

- Steinfliegen: Dinocras cephalotes (= Perla cephalotes)
Dictyogenus imhoffi (= Dictyopteryx imhoffi)
Chloroperla tripunctata (= Isopteryx tripunctata)
Isoperla grammatica (= Chloroperla grammatica).

Die übrigen Insekten traten gegenüber der Artenvielfalt dieser Insektengruppen stark zurück. Hervorzuheben bleiben noch die Libellen, welche am Hochrhein mit 17 Taxa besonders artenreich vertreten waren.

Die sonstige niedere Tierwelt war wenig bekannt. LAUTERBORN (1916) fiel die Armut des Hochrheins an aquatischen Weichtieren auf. Damals besiedelten nur vier Schneckenarten und eine Muschelart diesen Rheinabschnitt.

Durch die ehemalige Gliederung des *Oberrheins* in eine Furkationszone, eine Mäanderzone und den Rheingau, sowie die ausgedehnte Flußaue gab es in diesem Abschnitt alle Übergänge vom stark strömenden bis zum stehenden Gewässer. Somit wies das Flußsystem des Oberrheins eine wesentlich größere Biotopvielfalt als der Hochrhein auf. Dementsprechend vielfältig waren auch die Lebensgemeinschaften des gesamten Stromsystems. LAUTERBORN (1917) beschrieb diese differenziert sowohl für die verschiedenen Gewässertypen der Altwässer wie auch für den strömenden Rhein, wobei er zwischen Stromsohle, Ufer, Kiesbänken, Sand- und Schlickgründen unterschied.

Die Stromsohle des Rheins war relativ artenarm besiedelt. Durch den ständigen Geschiebetrieb konnte sich hier eine dauernde Besiedlung nicht etablieren. Eine typische Form des labilen Kiesgrundes war die Gemeine Flußmuschel (Unio crassus; von LAUTERBORN (1917) noch als Unio batavus pseudocrassus bezeichnet), welche eine diesen Lebensbedingungen angepaßte Form entwickelt hatte. Die große, dickschalige Rheinperlmuschel (Margaritifera auricularia = Pseudunio sinuatus) war zu LAUTERBORNs Zeiten schon ausgestorben. Allgemein war das Vorkommen der lithophilen Organismen auf grobe Geschiebe beschränkt.

Die Sand- und Schlickgründe, welche sich stromabwärts zunehmend in ruhigen Buchten, zwischen Buhnen oder hinter Kiesbänken ausbildeten, waren ebenso relativ artenarm. An sandigen Bereichen kamen verschiedene Muscheln wie die Malermuschel (Unio pictorum), die Aufgeblasene Flußmuschel (Unio tumidus), die Gewöhnliche Teichmuschel (Anodonta anatina), die Strommuschel (Pseudanodonta elongata), weiterhin verschiedene Kugel- und Erbsenmuscheln vor. In schlickigen Strombereichen fand LAUTERBORN verschiedene Schlammschnecken, so z.B. die Ohrschlammschnecke (Lymnaea auricularia) und den Flußsteinkleber (Lithoglyphus naticoides), eine Schneckenart pontokaspischer Herkunft, welche in den Rhein von Norden her durch Schiffe eingeschleppt wurde.

Die Ufer waren schon Anfang des zwanzigsten Jahrhunderts fast am ganzen Oberrhein mit Steinblöcken befestigt. Dadurch war die Struktur der ursprünglichen Uferbesiedlung grundlegend verändert. Wo ehemals die Ufer nahezu ausschließlich aus spärlich besiedeltem Kies, Sand und Schlick bestanden, sicherte die künstliche Uferbefestigung für festsitzende Organismen eine günstige Besiedlungsfläche. Die artenreiche lithophile Fauna der Uferzone setzte sich aus verschiedenen Schwämmen, Moostierchen, Egeln, Schnecken, Muscheln und Krebstieren sowie vielen Insekten zusammen. Einen erheblichen Anteil der Uferfauna bildeten die Insektenlarven, die nach Arten- und Individuenzahl am südlichen Oberrhein am häufigsten vertreten waren. LAUTERBORN nennt zahlreiche potamale Vertreter der Eintagsfliegen, Köcherfliegen und Steinfliegen am südlichen Oberrhein (vgl. Tabelle 5.3–9 bis 5.3–11).

Eine erhebliche Bedeutung für ihren Anteil am Gesamtbestand nahmen wohl auch die Zweiflügler, darunter besonders die Zuckmücken (Chironomidae) ein. Ohne weitere Differenzierung schildert LAUTERBORN (1917), daß besonders die sandinkrustierten Röhren der Zuckmückengattung Tanytarsus die Oberfläche der Steine dicht überzogen.

Ufer und Sohle des *Mittelrheins* wurden ähnlich dem Hochrhein aus Felsen, groben Steinblöcken und wenig bewegten Geschiebemassen gebildet. Sie boten damit Lebensraum für vorwiegend sessile und litho-rheophile Kleinlebewesen. Die Lebensgemeinschaften waren jedoch wegen der stärkeren Erwärmung des Mittelrheins im Sommer, der stärkeren Trübung und der schon bei LAUTERBORN (1918) festgestellten stärkeren Verschmutzung (Mainzufluß als dunkler Schmutzstreifen entlang des rechten Ufers bis zur Loreley feststellbar) arten- und individuenärmer als die des Hochrheins.

Aspektbestimmend war eine Lebensgemeinschaft zusammengesetzt aus Schwämmen, Moostieren, verschiedenen Niederen Würmern, Krebsen, Schnecken, Steinfliegen-, Eintagsfliegen-, Köcherfliegen- und Zweiflüglerlarven, welche vor allem die Unterseiten der Steine besiedelten. Bis auf die lithophile Dreikantmuschel (Dreissena polymorpha) waren die Muschelbestände auf feinkiesige und sandige, strömungsberuhigte Stellen beschränkt. Eigentliche Altwässer und natürliche Strombuchten fehlten dem engen Felsental des Mittelrheins weitgehend. Die von LAUTERBORN erwähnten strömungsberuhigten sandigen Buchten waren schon meist künstlichen Ursprungs: Hafenbecken, Buhnenfelder und tote Rheinarme, die durch Anbindung von Inseln ans Ufer entstanden waren.

Der *Niederrhein* nahm ab Bonn endgültig den Charakter eines Tieflandflusses an. Sand- und Schlickablagerungen an der Sohle und im Uferbereich bildeten Sandinseln und Schlickbänke. Entsprechend dominierten in der Lebensgemeinschaft die Sand- und Schlickbewohner. Typisch waren die Ausbildung großer Muschelfelder sowie das Vorkommen charakteristischer, pelo- und psammophiler Insektenlarven wie der Zuckmücken- und Schlammfliegenlarven, einiger Eintagsfliegenarten wie z.B. Ephemera vulgata, Ephoron (= Polymitarcys) virgo und Palingenia longicauda, welche vor allem am Deltarhein unvorstellbar große Populationen bildete, und der Köcherfliegenlarve Molanna angustata.

Lithophile Organismen waren ursprünglich nur spärlich vertreten und hauptsächlich auf Geröllbänke des oberen Niederrheins beschränkt. Die durchgehende Uferbefestigung und die Steinschüttungen an den Buhnen schufen wie am Oberrhein Sekundärbiotope für sessile und lithophile Organismen wie Schwämme, Moostierchen, verschiedene Schnecken- und Muschelarten. Die Gruppe der lithophilen Insekten wurde durch die Eintagsfliegenarten Baetis fuscatus (= B. bioculatus) und Caenis horaria (= C. dimidiata), verschiedene Köcherfliegenarten der Gattung Hydropsyche und durch die Steinfliegenlarve Isogenus nubeluca vertreten. LAUTERBORN (1918) charakterisierte die lithophilen Arten des Niederrheins insgesamt als weit verbreitete, anspruchslose Formen.

Das potentiell-natürliche Makrozoobenthos des Rheins wird zusammenfassend wie folgt charakterisiert: Die arten- und mengenmäßige Zusammensetzung der Benthalfauna des Rheins war durch die geomorphologischen und hydrologischen Gegebenheiten geprägt. Vom Hochrhein über südlichen Oberrhein zum nördlichen Oberrhein und vom Mittelrhein zum Niederrhein war so jeweils eine sukzessive Abnahme der strömungsliebenden, steinbewohnenden Fauna und eine Zunahme der Sand- und Schlickbewohner zu verzeichnen, wie dies der natürlichen faunistischen Gliederung eines Fließgewässers entsprach. Das Besiedlungsbild war allgemein durch eine große Artenvielfalt geprägt, wobei besonders der Reichtum an typischen potamalen Insektenarten hervorzuheben ist.

Veränderung des Makrozoobenthos. Die vielfältigen anthropogenen Nutzungen des Rheins, welche zu morphologischen, hydrologischen und chemischen Veränderungen des Flußsystems geführt haben, blieben auch für das Makrozoobenthos nicht ohne Folgen. Die Auswirkungen äußerten sich durch Rückgang der Artenzahlen und Veränderungen in der Zusammensetzung der Zoozönosen.

Rückgang der Artenzahlen. Die tatsächliche Gesamtzahl der Arten im anthropogen unbeeinflußten Rhein ist nicht bekannt. KINZELBACH, R. (1988) schätzt diese Zahl auf über 500, ohne jedoch seine Schätzung zu belegen. Unter Einbeziehung z.B. der meist nur kursorisch bearbeiteten Zweiflügler (Diptera) und der Wenigborster (Oligochaeta) ist diese Zahl durchaus realistisch. Bei LAUTERBORN (1916–1918) werden ca. 130 Arten für den Hoch-, Ober-, Mittel- und Niederrhein (ohne Deltarhein) aufgeführt, wobei zu beachten ist, daß LAUTERBORN sicherlich nicht alle Arten erfaßt hat. Nach Ergänzung der LAUTERBORNschen Angaben um diejenigen weiterer zeitgenössischer Autoren (vgl. Tabellen 5.3–6 bis 5.3–11) kommt man schon auf ca. 270 Arten, von denen ca. 70 % zu den Insekten gehören.

Will man die Entwicklung der Artenzahlen im 20. Jahrhundert verfolgen, so muß man sich auf den schiffbaren Rhein (d.h. ohne Hochrhein) beschränken, da nur für diesen Rheinabschnitt vergleichbare Befunde aus dieser Zeit existieren. Der hier unternommene Versuch, die Ergebnisse unterschiedlicher Untersuchungen miteinander zu vergleichen, kann und will auch nicht mathematische Exaktheit beanspruchen. Die Abhängigkeit der Befunde von der Bearbeitungsintensität und -methode sowie vom Stand der taxonomischen Kenntnisse der Fachleute darf bei einem solchen Vergleich nicht außer acht gelassen werden. Strukturelle, richtungsweisende Umschichtungen der Biozönose sind jedoch, wie die Abbildung 5.3-3 und 5.3-4 zeigen, deutlich zu erkennen.

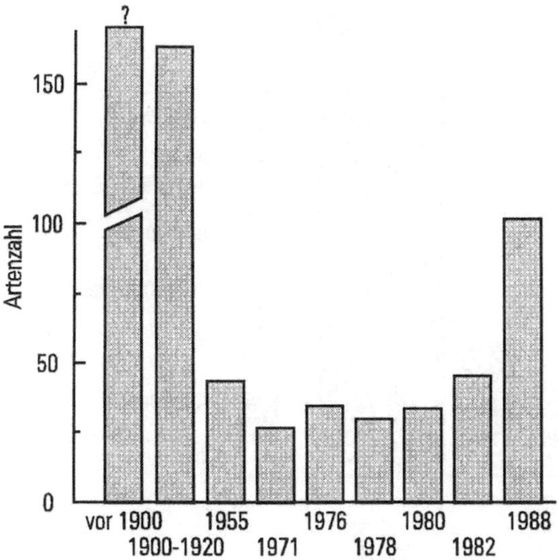

Abb. 5.3-3. Entwicklung der Artenzahlen des Rheins (ohne Hochrhein) in zeitlicher Abfolge. (Quellen: Daten für den Zeitraum um 1900/1920 vgl. Tabelle 5.3-6 bis 5.3-11; KINZELBACH, R. 1983, 1985a; JATZEK 1986a; TITTIZER & SCHÖLL 1988)
Von 1971 an sind nur solche Arten gezählt, die an mehr als 10 % der Sammelstellen auftraten.

Die in der Literatur bereits mehrfach vorgenommenen Vergleiche der Artenbestände (z.B. KNÖPP 1957a; KINZELBACH, R. 1982, 1983, 1985a) gingen immer von den LAUTERBORNschen Angaben aus und kamen daher stets im Vergleich zu der hier vorgelegten Bilanz zu geringeren Artenverlusten. Bei der hier vorgenommenen Einbeziehung der Befunde weiterer, zuvor meist nicht beachteter zeitgenössischer Autoren wird der Rückgang der Artenzahlen wesentlich deutlicher.

Um die Jahrhundertwende wurden demnach ca. 165 Arten im schiffbaren Rhein gefunden. Die nach LAUTERBORN folgende erste umfassende longitudinale biologische Untersuchung des Rheins wurde erst im Jahr 1955 unter Beteiligung mehrerer Institute und unter Federführung der Bundesanstalt für Gewässerkunde durchgeführt (KNÖPP 1957a). Die Ergebnisse dieser Untersuchungen zeigen, daß der Artenbestand schon zu diesem Zeitpunkt auf ca. ein Viertel des Ausgangsbestandes zurückgegangen war. Dieser Trend setzte sich mit steigender Abwasser-

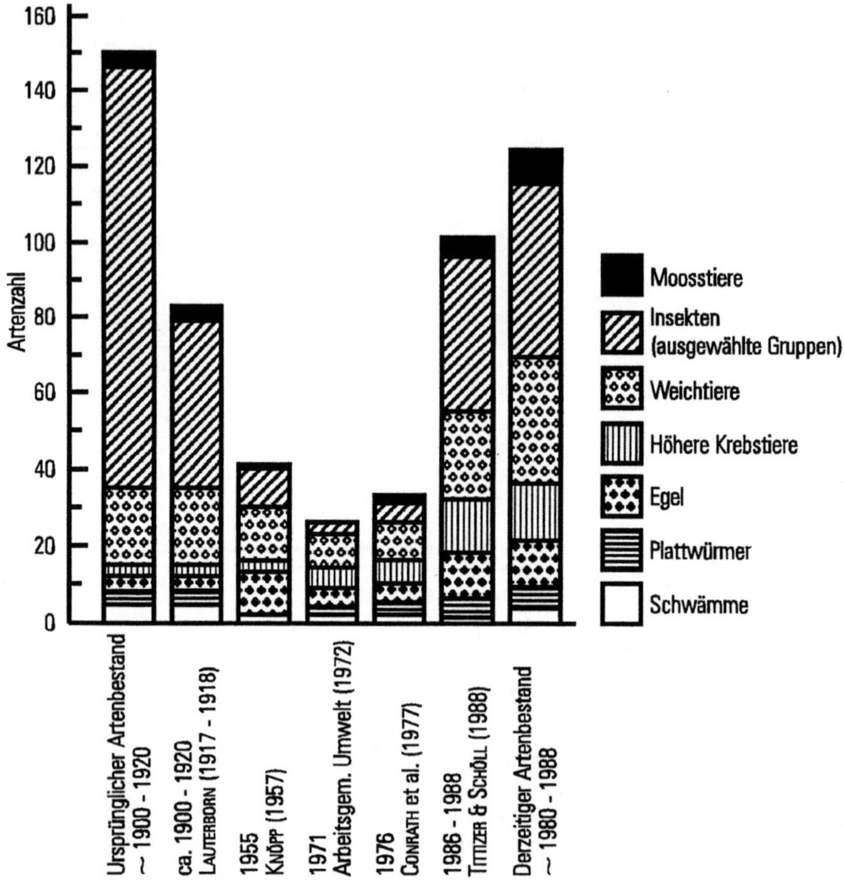

Abb. 5.3–4. Veränderung der wichtigsten Makrozoengruppen des Rheins (Ober-, Mittel- und Niederrhein ohne niederländischen Bereich).

belastung fort. Eine Untersuchung Anfang der siebziger Jahre erbrachte einen Tiefststand mit 27 nachgewiesenen Arten (Arbeitsgemeinschaft Umwelt Mainz 1972). Um die Mitte der siebziger Jahre wurde nur ca. ein Fünftel der Artenzahlen des Ausgangsbestandes festgestellt (CONRATH et al. 1977).

Seit Mitte der siebziger Jahre zeigt sich ein kontinuierlicher Anstieg der Artenzahlen, welcher auf die verbesserten Sauerstoffverhältnisse zurückzuführen ist (TITTIZER 1977, vgl. Kap. 5.4.2). Im Zeitraum von 1986 bis 1988 haben TITTIZER & SCHÖLL (1988) insgesamt 143 Arten und höhere Taxa im schiffbaren Rhein nachgewiesen. SCHILLER (1988) korreliert das sukzessive Ansteigen der Artenzahlen an verschiedenen Bereichen des Niederrheins mit der Inbetriebnahme oberhalb der Fundorte liegender Kläranlagen. Die heute vergleichbar hohe Anzahl der nachgewiesenen Arten ist aber auch auf die gesteigerte Untersuchungsintensität sowie auf eine neue, wasserstandsunabhängige Entnahmetechnik zurückzuführen (TITTIZER et al. 1988; TITTIZER & SCHÖLL 1988).

Veränderungen in der Zusammensetzung der Zoozönosen. Die Betrachtung der Gesamtartenzahlen allein genügt jedoch nicht, da darin keine Aussagen zu den qualitativen und quantitativen Veränderungen der Zusammensetzung der Zoozönosen enthalten sind.

Um die strukturelle Umgestaltung des Makrozoobenthos beurteilen zu können, wird im folgenden die Entwicklung der Artenzahl verschiedener Tiergruppen in einer Zeitreihe gegenübergestellt. Der Tabelle 5.3-4 ist die unterschiedliche Entwicklung verschiedener Tiergruppen zu entnehmen. Die Abbildung 5.3-4 veranschaulicht diese Zahlenwerte. Für den Vergleich wurden nur Tiergruppen herangezogen, welche schon zum damaligen Zeitpunkt hinreichend gut bearbeitet waren. Dazu gehören die Schwämme, Plattwürmer, Egel, höhere Krebstiere, Weichtiere (Schnecken und Muscheln), Moostiere und Insekten. Aus der Gruppe der Insekten wurden lediglich die Köcherfliegen, Eintagsfliegen und Steinfliegen berücksichtigt.

Tabelle 5.3-4. Veränderung der wichtigsten Makrozoengruppen des Rheins (Ober-, Mittel- und Niederrhein ohne niederländischen Bereich).

	Ursprünglicher Artenbestand ~ 1900-1920[a]	LAUTERBORN (1917-1918)	1955 KNÖPP (1957)	1971 Arbeitsgem. Umwelt (1972)	1976 CONRATH et al. (1977)	1986-1988 TITTIZER & SCHÖLL (1988)	Derzeitiger Artenbestand ~ 1980-1988[a]
Schwämme	5	5	2	2	2	3	4
Plattwürmer	3	3	-	2	3	3	5
Egel	4	4	11[c]	5[c]	5[c]	12	12
Höhere Krebstiere	3	3	3	5	6	12	13
Weichtiere	20	20	14	9	10	23	33
Insekten[b]	111	44	10	3	5	41	46
Moostiere	4	4	1	-	2	5	9
Summe	150	83	41	26	33	99	122

[a]Artenbestand nach eigenen Literaturauswertungen entsprechend Tabelle 5.3-6 bis 5.3-11.
[b]Nur Eintagsfliegen, Steinfliegen und Köcherfliegen.
[c]Ringelwürmer (einschließlich Egel).

Ein Vergleich der Befunde zeigt, daß

- die Anzahl der Schwämme (Porifera) und der Plattwürmer (Plathelminthes) mehr oder weniger konstant geblieben ist,
- die Egel (Hirudinea), Weichtiere (Mollusca), Krebstiere (Crustacea) und Moostiere (Bryozoa) heute mit mehr Arten vertreten sind als früher und
- der Insektenbestand (Eintagsfliegen, Steinfliegen, Köcherfliegen) sehr stark abgenommen hat.

Bei diesem Vergleich kommt jedoch nicht zum Ausdruck, welche Abundanzverschiebungen eingetreten sind und inwieweit Artenverluste durch das Hinzukommen neuer Arten kompensiert wurde. Deshalb war es noch wichtig, der Frage nachzugehen, wieviele und welche der ehemals ursprünglich vorhandenen Arten auch heute noch nachgewiesen werden konnten. Eine derartige Betrachtung ist wesentlich aussagekräftiger als der bloße Vergleich der Artenzahlen, da hierin auch das Hinzukommen neuer Arten Berücksichtigung findet.

Die Ergebnisse dieser Auswertung sind für verschiedene Tiergruppen, bei denen ein derartiger Vergleich sinnvoll ist, in der Abbildung 5.3–5 dargestellt. Zwecks einer detaillierteren Darstellung der Ergebnisse wurde zwischen den verschiedenen Rheinabschnitten (HR = Hochrhein, OR = Oberrhein, MR = Mittelrhein, NR = Niederrhein) differenziert.

Der Vergleich zeigt, daß zu den Weichtieren und Krebstieren heute neue, biogeographisch nicht zum Rheineinzugsgebiet zählende Arten (*Neozoa*) hinzugekommen sind. Mit Ausnahme der Weichtiere zeigten diese Gruppen auch zu Zeiten starker und sehr starker Abwasserbelastung (1955–1975) keinen drastischen Rückgang der Artenzahlen.

Bei den empfindlicheren Schnecken und Muscheln kam es jedoch seit den sechziger Jahren zu einem übermäßigen Artenrückgang. MIEGEL (1963), der 1959 die Molluskenfauna zwischen Kehl und Emmerich untersuchte, mußte schon das Fehlen einiger Muschelarten und einer Schnecke, des Flußsteinklebers Lithoglyphus naticoides verzeichnen. Durch eine 1971 durchgeführte Untersuchung (Arbeitsgemeinschaft Umwelt Mainz 1972) wurde bereits ein bedeutender Artenrückgang sowohl in qualitativer wie auch in quantitativer Hinsicht festgestellt. Besonders deutlich war der Rückgang im Bereich größerer Abwassereinleitungen. Die Großmuscheln der Gattungen Unio, Anodonta und Pseudanodonta waren aus der Lebensgemeinschaft verschwunden.

Infolge fortschreitender Gewässerverschmutzung beschränkten sich die Muschelvorkommen nur noch auf verschiedene Altrheine (HEMMEN 1973; KINZELBACH, R. 1976; SCHÄFER 1978a). Mit der Inbetriebnahme zahlreicher Kläranlagen wurde der Rhein sukzessiv wiederbesiedelt. Im Jahr 1979 konnten am Mittel- und Niederrhein wieder die Teichmuschel (Anodonta anatina) und die Malermuschel (Unio pictorum) nachgewiesen werden (BLESS 1981a,b). In den letzten Jahren

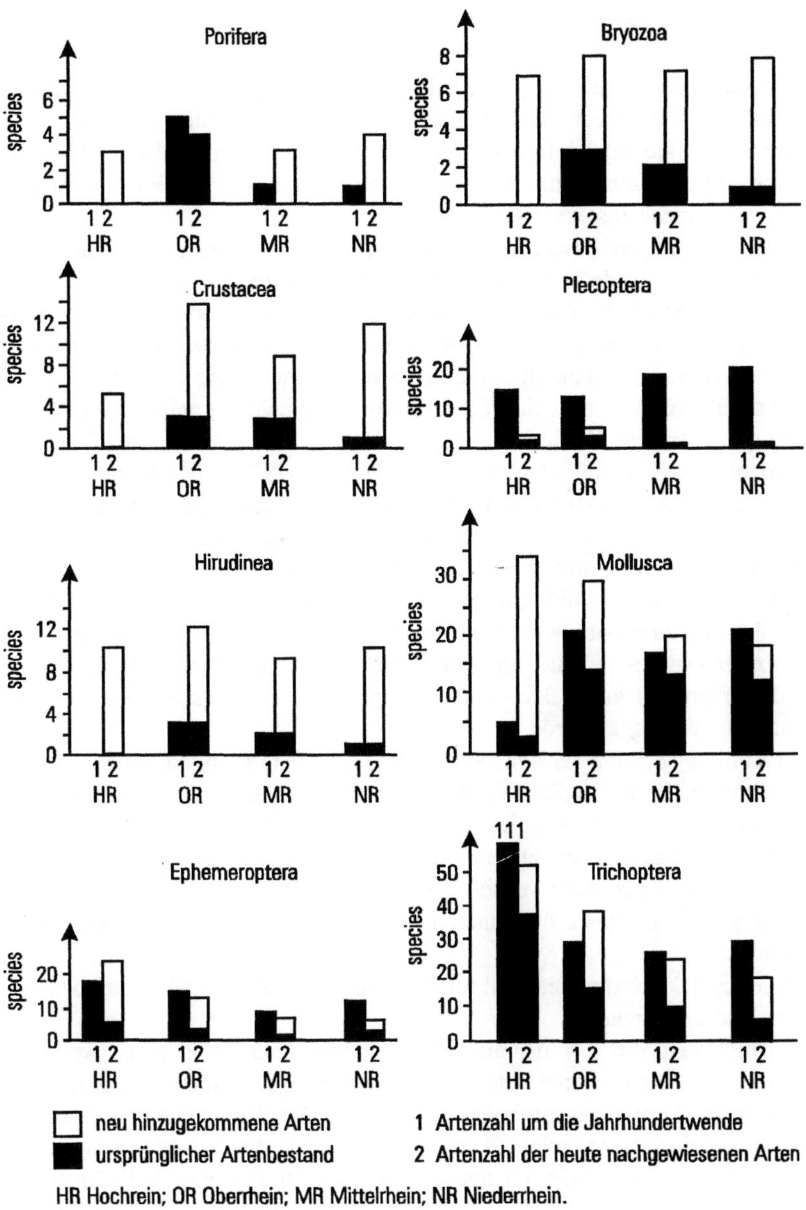

Abb. 5.3-5. Ehemalige und heutige Verbreitung der Makrozoen des Rheins (nach TITTIZER et al. 1993).

wurden insgesamt mehr Molluskenarten im Rhein nachgewiesen als um die Jahrhundertwende.

Der Bestand der Insekten (Eintagsfliegen, Steinfliegen und Köcherfliegen) wurde von der Gewässerverschmutzung am stärksten betroffen. Die ehemals artenreichste Gruppe der Benthoszoozönose war zu Beginn der siebziger Jahre im schiffbaren Rhein nahezu erloschen. Nur der Hochrhein wies in diesem Zeitraum noch eine artenreiche Insektenfauna auf.

Mit zunehmender Verbesserung der Wasserqualität war eine allmähliche Erholung der Insektenbestände in den übrigen Rheinabschnitten zu verzeichnen. Diese äußerte sich zuerst darin, daß die wenigen, in geringen Abundanzen noch vorkommenden, euryöken Insektenarten sich vermehrten, sogar stellenweise mangels Prädatoren und Nahrungskonkurrenten zur Massenentwicklung neigten.

Ein Beispiel dafür ist die Köcherfliege Hydropsyche contubernalis, welche Mitte der siebziger Jahre im Koblenzer Raum so massiv auftrat, daß die Insektenschwärme als Plage empfunden wurden (TITTIZER 1977). Bis heute ist eine weitere Zunahme der Artenzahlen besonders für die Eintagsfliegen und Köcherfliegen zu verzeichnen, wobei jedoch auf sehr große Unterschiede zwischen verschiedenen Rheinabschnitten hingewiesen werden muß.

Weiterhin geht aus der Abbildung 5.3–5 hervor, daß die tatsächlichen Artenverluste bei den Insekten noch wesentlich größer sind, als dies der bloße Vergleich der Artenzahlen vermuten läßt. Der irreführende Eindruck kommt dadurch zustande, daß der ursprüngliche Insektenbestand durch einige hinzugekommene, euryöke Insektenarten aufgestockt wird.

Der in Abbildung 5.3–5 für den Mittelrhein und Niederrhein dargestellte Steinfliegenbestand erscheint fraglich, da die historischen Angaben sich zum Teil auf die Mündungsbereiche von Ahr und Sieg beziehen (vgl. Tabelle 5.3–10) und insofern keine eindeutige Zuordnung zum Rhein vorliegt. Zudem beziehen sich die Angaben für den Niederrhein vorwiegend auf den oberen Niederrhein im Raum Bonn. Die Steinfliegenfauna des unteren Niederrheins war sicherlich wesentlich artenärmer.

Folgende Charakteristika der strukturellen Umgestaltung des Makrozoobenthos sind heute kennzeichnend:

Die verbliebenen Vertreter der autochthonen Rheinfauna sind meist weit verbreitete, euryöke Arten. Einige Arten der autochthonen Rheinfauna wurden durch die Veränderungen der Flußmorphologie begünstigt. Begünstigt wurden insbesondere die lithophilen Arten, wie z.B. die Flußnapfschnecke (Ancylus fluviatilis), die Langfühlerschnecke (Bithynia tentaculata), die Dreikantmuschel (Dreissena polymorpha), verschiedene Egel, die sessilen, koloniebildenden Arten der Schwämme, Moostierchen und Hohltiere sowie der Strömung angepaßte, abgeplattete Insektenlarven, welche vorwiegend das Felslückensystem bewohnen. Für diese ehemals weitgehend auf den Hochrhein und den Mittelrhein beschränkten

Arten wurden durch die Uferbefestigungsmaßnahmen (Steinsatz, Steinschüttung) entlang des gesamten Stromes günstige Ansiedlungsmöglichkeiten geschaffen.

Durch das hohe Angebot an Nährstoffen (Stickstoff- und Phosphorverbindungen) aus den Abwässern kam es über eine Förderung der Produzenten zu einer Erhöhung des Nahrungsangebotes für die Zoozönose. Dies äußert sich zunächst in einer Begünstigung der Primärkonsumenten, darunter vorwiegend der aufwuchs- und geschwebefressenden Arten. Besonders die letztgenannte Gruppe der Geschwebefresser, zu welcher die Filtrierer (Moostierchen und Schwämme) und die Netzfänger (z.B. Köcherfliegen der Gattung Hydropsyche) gehören, werden heute besonders arten- und individuenreich angetroffen. Im Längsverlauf des Rheins ist nach quantitativen Bestandserhebungen von FRANZ (1986) und JATZEK (1986a) eine kontinuierliche Zunahme der Geschwebefresser zu verzeichnen, welche sich mit der Zunahme des Chlorophyll-a-Gehalts im Seston des Rheins korrelieren läßt. Unterhalb des Bodenseeausflusses war aufgrund der hohen ausgeschwemmten Planktonfrachten schon ein beträchtlicher Bestand an Filtrierern, wie z.B. der Dreikantmuschel (Dreissena polymorpha) festzustellen.

Das Artenspektrum wurde erweitert durch Arten fremder Flußsysteme (Neozoen). Die Mittel und Wege der Verbreitung dieser „Neubürger“ waren vielfältig. In wenigen Fällen geschah dies durch absichtliches Aussetzen, wie z.B. im Falle des Amerikanischen Flußkrebses (Orconectes limosus), der Ende des 18. Jahrhunderts in Norddeutschland und in Frankreich als Ersatz für die einheimischen Astacus-Arten ausgesetzt wurde. Ein weiteres Beispiel ist der aus Nordamerika stammende Gebänderte Flohkrebs (Gammarus tigrinus), welcher 1957 von SCHMITZ in die Werra ausgesetzt wurde und sich von dort aus verbreitete. Die Mehrzahl der heute im Rhein vorkommenden Neozoen wurde passiv über Schiffe und Vögel verschleppt oder wanderte aktiv von der Küste her oder über die vom Menschen geschaffenen Kanäle ein.

Insgesamt werden heute 18 neue Faunenelemente im Rhein nachgewiesen, die zu verschiedenen systematischen Gruppen gehören. Besonders stark vertreten sind dabei die Krebse (8 Arten) und die Weichtiere (6 Arten), aber auch Vertreter der Hohltiere, Strudelwürmer und Ringelwürmer befinden sich darunter. Zeitlich gesehen können zwei Gruppen der Neozoen unterschieden werden:

- Arten, welche schon um die Jahrhundertwende im Rheinsystem heimisch waren. Dazu gehören neben dem schon oben erwähnten Amerikanischen Flußkrebs (Orconectes limosus), die Flußdeckelschnecke (Viviparus viviparus), der Flußsteinkleber (Lithogyphus naticoides), die Dreikantmuschel (Dreissena polymorpha) und die Süßwassermeduse (Craspedacusta sowerbyi). Der Anteil der Neozoen am Gesamtfaunenbestand betrug damals nur ca. 3 %.
- Arten, die erst zu Zeiten der Verschlechterung der Wasserqualität in diesem Jahrhundert in den Rhein eingewandert sind (vgl. Tabelle 5.3–5).

Während die erstgenannten Arten typische Fließwasserorganismen sind, gehören zu der zweiten Gruppe ausgesprochen euryöke Arten, die höhere Toleranzen gegenüber Sauerstoffmangel, Versalzung und hohen Wassertemperaturen als die einheimischen Arten aufweisen. Sie konnten somit die ehemals von einheimischen Arten belegten und durch die Zunahme der Gewässerbelastung freigewordenen Nischen besetzen. Es ist bezeichnend, daß nahezu alle der neu zugewanderten Krebsarten Brackwassertiere sind. Die Anzahl der Neozoen hat sich seit dem Jahrhundertbeginn fast vervierfacht. In der Tabelle 5.3–5 sind die Neozoen aufgeführt, welche seit 1980 im Rhein nachgewiesen wurden.

KINZELBACH, R. (1982) führt noch vier weitere Krebse und Weichtiere auf, welche jedoch nur lokal am Oberrhein oder im Rheindelta vorkommen sollen. Die Longitudinaluntersuchungen des Rheins in den Jahren 1976 (CONRATH & FALKENHAGE 1976), 1978 (SCHMIDT 1981), 1980 (FRANZ & JATZEK 1982), 1982 (JATZEK 1986a) und 1986–1988 (TITTIZER & SCHÖLL 1988) brachten jedoch keine Hinweise auf das Vorkommen dieser Arten.

Heutiges Makrozoobenthos des Rheins. Entsprechend seiner unterschiedlichen Abwasserbelastung ist der *Hochrhein* in zwei Abschnitte unterschiedlicher Wasserqualität zu unterteilen. Dort, wo die stark belastete Wutach und die Aare in den Rhein münden und das Kernkraftwerk Leibstatt dem Fluß Kühlwasser zuführt, schlägt die Gewässergüte von I–II (gering belastet) nach II (mäßig belastet) um. Zudem kommen im Unterlauf des Hochrheins Belastungen durch schwer oder nicht abbaubare Substanzen aus Abwässern der Industriebetriebe hinzu. Diese unterschiedlichen Belastungszonen sind auch in der Makrozoenbesiedlung nachweisbar. Nach KOSTER & WINKLER (1985a) weist der minder belastete Oberlauf eine größere Artenvielfalt auf als der Unterlauf. Für viele Organismen, besonders für verschiedene Insektenarten sind nur im Oberlauf geeignete Lebensbedingungen vorhanden. Auch nach der Umgestaltung des Hochrheins durch den Staustufenbau ist die Benthosbesiedlung hier im allgemeinen artenreicher als in den flußabwärts gelegenen Rheinabschnitten. Dies ist in erster Linie auf die zufriedenstellende Wasserqualität, aber auch auf die weitgehend naturbelassenen Ufer und Heterogenität der Substrate zurückzuführen. Besonders die Insektenfauna ist hier artenreich, wenn auch die stenöken Potamalarten bereits aus dem Besiedlungsbild verschwunden sind. Dies gilt generell für die Steinfliegen und unter den Eintagsfliegen für die ehemals in Massen aufgetretenen Arten Oligoneuriella rhenana und Rithrogena diaphana. Aus der Gruppe der Köcherfliegen fehlen u.a. die ehemals aspektbildenden Arten Rhyacophila tristis, Glossosoma boltoni, Chimarra marginata und Micrasema setiferum. Insgesamt ist ein vermehrtes Vorkommen von Leitarten eutropher Stillgewässer zu verzeichnen. Dafür sprechen auch der von CASPERS (1980a) festgestellte hohe Anteil lakustrischer Zuckmückenarten und die Zunahme der Wassermollusken. Die Ursache liegt in der Umgestaltung des Hochrheins in eine Seenkette mit weitgehend homogenen Strömungsverhältnissen und der vermehrten Zufuhr von Nährstoffen aus dem Bodensee und in Abwässern.

Tabelle 5.3–5. Liste der im Rhein vorkommenden Neozoen.

Taxa	Mittel der Verbreitung	Heimat	Besonderheit
Hohltiere (Coelenterata)			
Keulenpolyp (Cordylophora caspia)	Kanäle, Schiffe	Pontokaspis	salztolerant
Süßwassermeduse (Craspedacusta sowerbyi)	Aquarien, Vögel	S-Asien	temperatur-tolerant
Strudelwürmer (Turbellaria)			
Gefleckter Strudelwurm (Dugesia tigrina)	Aquarien	N-Amerika	euryök
Ringelwürmer (Annelida)			
Kiemenwurm (Branchiura sowerbyi)	Schiffe, Aquarien	S-Asien	temperatur-tolerant
Krebstiere (Crustacea)			
Süßwassergarnele (Atyaephyra desmaresti)	Kanäle Wanderung	Mittelmeer-gebiet	euryök, phytophil
Amerik. Flußkrebs (Orconectes limosus)	Aussetzung, Kanäle	N-Amerika	euryök
Wollhandkrabbe (Eriocheir sinensis)	Wanderung, Schiffe	O-Asien	salztolerant, erytherm
Mittelmeer-Wasserassel (Proasellus meridianus)	Kanäle, Schiffe, Wanderung	Mittelmeer-gebiet	salztolerant
Schlickkrebs (Corophium curvispinum)	Kanäle, Schiffe	Pontokaspis	salztolerant
Igelflohkrebs (Echinogammarus berilloni)	Kanäle, Wanderung	Mittelmeer-gebiet	salztolerant, erytherm
Gebänderter Flohkrebs (Gammarus tigrinus)	Aussetzung, Wanderung	N-Amerika	salztolerant
Süßwasserstrandfloh (Orchestia cavimana)	Kanäle, Wanderung	Pontokaspis	salztolerant
Weichtiere (Mollusca)			
Flußdeckelschnecke (Viviparus viviparus)	Kanäle, Schiffe	E-Europa	pelophil
Flußturmschnecke (Potamopyrgus antipodarum)	Schiffe, Vögel	Neuseeland	salztolerant pelophil
Flußsteinkleber (Lithoglyphus naticoides)	Kanäle, Schiffe	Pontokaspis	euryök
Spitze Blasenschnecke (Physa acuta)	Kanäle, Aquarien	Mittelmeer-gebiet	
Flache Mützenschnecke (Ferrissia wautieri)	Kanäle, Vögel	Mittelmeer- und Donauraum	salztolerant
Dreikantmuschel (Dreissena polymorpha)	Kanäle, Schiffe	Pontokaspis	

Die neueste Untersuchung der Benthalfauna am *Ober-, Mittel- und Niederrhein* wurde in dem Zeitraum 1986 bis 1988 von der Bundesanstalt für Gewässerkunde durchgeführt, um Schädigungen der Benthalfauna nach dem Brand bei der Firma Sandoz in Basel zu ermitteln (TITTIZER & SCHÖLL 1988). Durch den Einsatz neuer Untersuchungstechniken konnten die Bestandsaufnahmen an der Rheinsohle unabhängig von der Wasserführung des Rheins durchgeführt werden (TITTIZER & A. SCHLEUTER 1986; TITTIZER et al. 1988). Dabei konnten Informationen über Artenvorkommen und Individuendichten im Jahresverlauf gewonnen werden.

Insgesamt wurden 143 Arten und höhere Taxa nachgewiesen, darunter jedoch viele Arten, welche nur lokal oder vereinzelt vorkommen. Erfreulich ist das Vorkommen von 19 in der Roten Liste verzeichneten Arten, darunter typische potamale Organismen, welche sich aufgrund der verbesserten Wasserqualität wieder ausbreiten konnten. Beispiele sind die bedrohte Großlibelle Gomphus vulgatissimus, die Steinfliege Euleuctra geniculata, die als ausgestorben geltende Eintagsfliege Ephoron virgo und die vom Aussterben bedrohten Mollusken Theodoxus fluviatilis und Sphaerium solidum. Euleuctra geniculata konnte am kiesigen, nicht vom Wellenschlag beeinflußten Ufer der Insel Rettbergsaue (Rheingau) und Gomphus vulgatissimus unterhalb der Mainmündung nachgewiesen werden. Die als Weißwurm oder Uferaas bezeichnete Eintagsfliegenart Ephoron virgo besiedelt wieder Bereiche des nördlichen Oberrheins, des Mittel- und Niederrheins. Die Schnecke Theodoxus fluviatilis wird am südlichen Oberrhein bis Karlsruhe, seit 1988 am Mittelrhein unterhalb der Moselmündung (SCHÖLL & TITTIZER 1988) sowie im südlichen Niederrhein bei Mehlem (SCHILLER 1988) angetroffen. Zwei lebende Exemplare der Muschel Sphaerium solidum wurden 1988 im Gustavsburger Altrhein gefunden (NESEMANN & SCHÖLL 1988).

Insgesamt kommt im Rhein aufgrund der Uniformität der abiotischen Faktoren (Strömungsgeschwindigkeit, Substratbeschaffenheit, Temperatur, Chemismus) eine relativ homogen strukturierte Lebensgemeinschaft vor. Die von LAUTERBORN (1916–1918) noch festgestellte natürliche biozönotische Gliederung des Stromes ist heute nicht mehr zu erkennen.

Wie der Abbildung 5.3-6 zu entnehmen ist, sind nach den Erhebungen von TITTIZER & SCHÖLL (1988) 18 Arten bzw. höhere Taxa mit 100 % Konstanz an allen Untersuchungsbereichen nachgewiesen worden. 25 Arten kamen an ca. 90 % der Untersuchungsstellen vor. Zur demnach typischen Rheinfauna gehören neben den Zuckmücken (Chironomidae) und nicht näher bestimmten Würmern (Oligochaeta) der Gefleckte Strudelwurm (Dugesia tigrina), der Rollegel (Erpobdella octoculata), der Große Schneckenegel (Glossiphonia complanata), die Große Langfühlerschnecke (Bithynia tentaculata), die Dreikantmuschel (Dreissena polymorpha), die Wasserassel (Asellus aquaticus), der Flußflohkrebs (Gammarus pulex), die Wenigborster Stylaria lacustris, Criodrilus lacuum und Eiseniella tetraedra, die Eintagsfliege Caenis luctuosa und die Köcherfliege Hydropsyche contubernalis. Größere Individuendichten erreichen neben den Chironomiden und

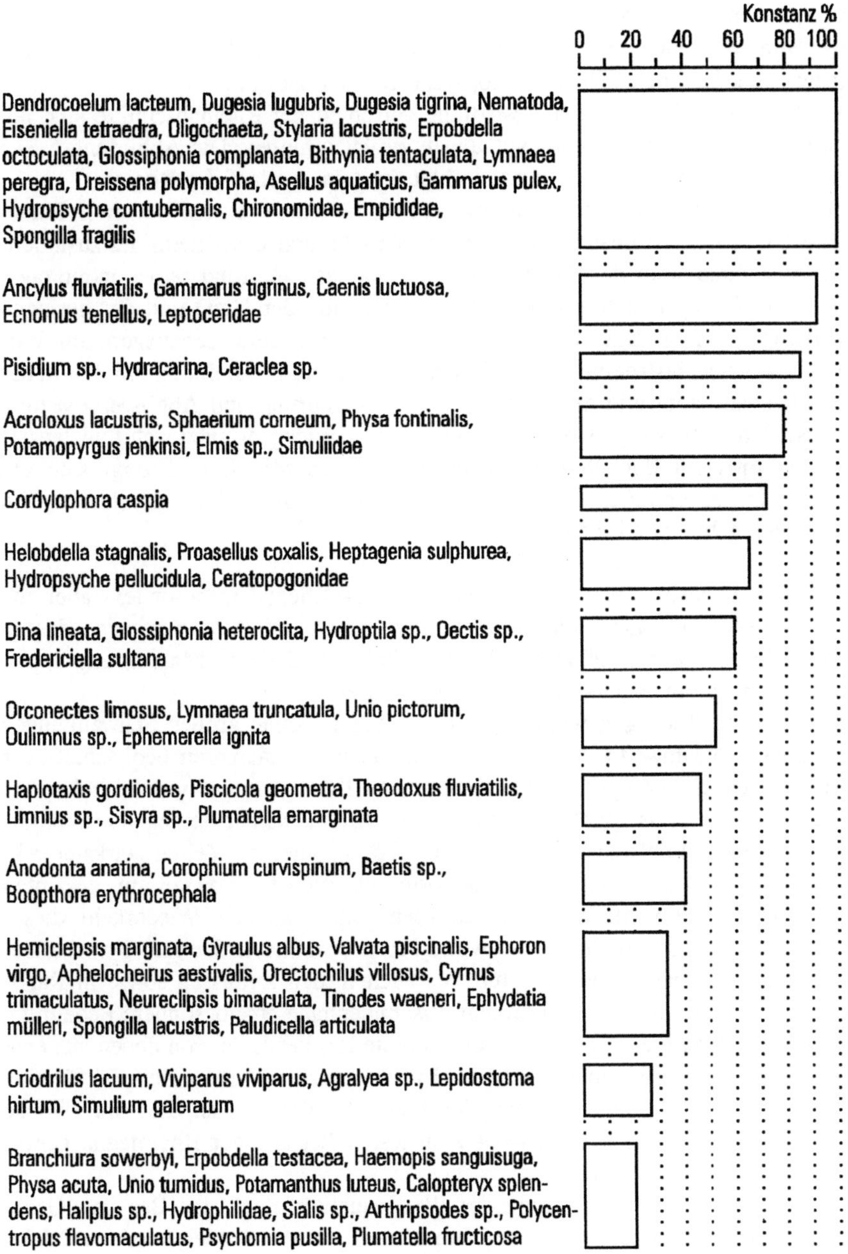

Abb. 5.3–6. Konstanz einzelner Arten (Rhein-km 166,0–745,0) (nach TITTIZER & SCHÖLL 1988).

Oligochaeten, die Studelwürmer Dugesia tigrina und Dugesia lugubris, die Weichtiere Bithynia tentaculata, Dreissena polymorpha, der Flohkrebs Gammarus tigrinus und die Köcherfliege Hydropsyche contubernalis.

Lokale Unterschiede in der Besiedlung verschiedener Rheinabschnitte sind auf unterschiedliche anthropogene Nutzungen zurückzuführen. Die Abbildung 5.3–7 zeigt die Verteilung der Gesamtartenzahlen im Längsverlauf des Rheins.

Am südlichen Oberrhein ist eine wesentlich höhere Artenzahl und Individuendichte als in den stromabwärts gelegenen Abschnitten des Rheins festzustellen. Eine Ausnahme stellt der Rheinseitenkanal dar, der aufgrund seiner monotonen Gestaltung (verfestigte Stromsohle, Betoneinfassung der Ufer) und der geringen Strömungsgeschwindigkeit eine wesentlich artenärmere Lebensgemeinschaft aufweist als der Restrhein. Unterhalb der Stauhaltung Iffezheim ist ein deutlicher Artenrückgang aufgrund der erhöhten Geschiebeführung und Abwasserbelastung festzustellen. Der bei Karlsruhe beobachtete Artenrückgang setzt sich flußabwärts zunächst fort. Im Bereich des Rheingaus und des Mittelrheins zeigt sich ein Anstieg der Artenzahlen, welcher infolge der höheren Abwasserbelastung im Niederrheingebiet wieder zurückgeht.

Fazit. Die intensive anthropogene Nutzung des Rheins, insbesondere aber die Gewässerverschmutzung, führten zu einem generellen Artenrückgang, dessen Höhepunkt Anfang der siebziger Jahre lag. Die verschiedenen Makrozoengruppen waren davon in unterschiedlichem Maße betroffen.

Der stärkste Rückgang wurde bei den stenöken (keine großen Schwankungen gegenüber den Umweltbedingungen tolerierenden) Potamalarten beobachtet, vor allem bei den Steinfliegen, Eintagsfliegen und Köcherfliegen, welche hohe Ansprüche an die Wasserqualität stellen. Jene Arten, welche streng an sommerwarme, größere Fließgewässer gebunden sind, konnten zu Zeiten stärkster Abwasserbelastung nicht auf Ersatzstandorte ausweichen. Da sie im gesamten Verbreitungsgebiet vielfach als ausgestorben gelten, ist eine Wiederkehr dieser Arten oft mit unüberwindbaren Schwierigkeiten verbunden. Den noch vorhandenen Refugialräumen sowohl im Fluß, als auch in den Zuflüssen sowie in Rand- und Seitengewässern kommt in diesem Zusammenhang eine besondere Bedeutung zu. Möglicherweise existieren noch unbekannte Restbestände, von denen aus eine Wiederbesiedlung erfolgen könnte. Ein Hoffnung versprechendes Beispiel für eine derartige Wiederkehr einer als ausgestorben geltenden Art ist die Eintagsfliege Ephoron virgo, welche heute wieder zum festen Bestand der Rheinfauna gehört (TITTIZER & SCHÖLL 1988).

Mit zunehmender Verbesserung der Wasserqualität durch den Bau von Großkläranlagen seit Mitte der siebziger Jahre stiegen die Artenzahlen wieder an. Dies ist ein wichtiger Beweis dafür, daß die Gewässerverschmutzung eine wesentliche Rolle bei dem Artenrückgang gespielt hat. Hierfür spricht auch der Tatbestand, daß seit Anfang dieses Jahrhunderts zumindest am Mittel- und Niederrhein keine

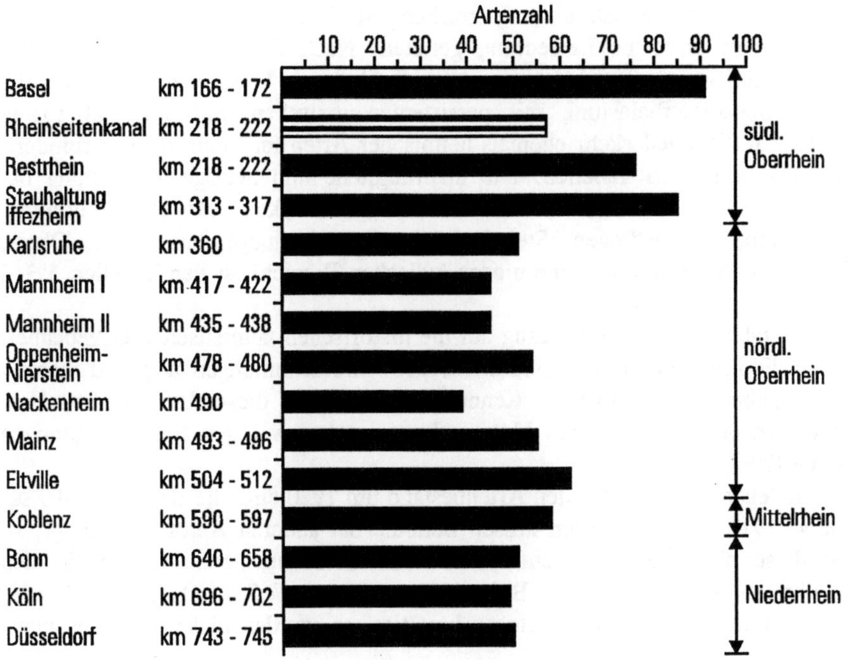

Abb. 5.3–7. Gesamtartenzahl im Rheinverlauf (Rhein-km 166,0–745,0) (nach TITTIZER & SCHÖLL 1988, verändert).

umfangreichen wasserbaulichen Maßnahmen mehr durchgeführt worden sind, die zu wesentlichen Veränderungen der Substrat- und Strömungsverhältnisse geführt hätten.

Gravierende wasserbauliche Veränderungen mit Auswirkungen auf die Zoozönosen durch die Verminderung der Strömungsgeschwindigkeit wurden lediglich am Hoch- und südlichen Oberrhein durch den Staustufenbau durchgeführt. Die Schiffahrt wirkt sich heute insofern negativ aus, als die im Wellenschlagbereich liegenden Uferbereiche individuenärmer besiedelt sind als die von der Schiffahrt nicht betroffenen Bereiche. Zudem wird dadurch eine natürliche Ausbreitung von Makrophyten im Uferbereich verhindert, so daß viele an Pflanzenbewuchs gebundene Tierarten (phytophile Arten) wie z.B. verschiedene Libellenarten weitgehend ausbleiben.

Die noch von LAUTERBORN (1916–1918) Anfang des 20. Jahrhunderts festgestellte biogeographische Gliederung des Rheinstromes existiert heute nicht mehr. Sie wurde zu Zeiten stärkster Abwasserbelastung ersetzt durch eine Gliederung in mehr oder weniger verschmutzte Abschnitte, d.h. durch eine Abfolge von Belastungszonen und Selbstreinigungsstrecken. An deren Stelle ist heute eine mehr oder weniger uniforme Besiedlung getreten. Nach der weitgehenden Normalisierung der Sauerstoffverhältnisse im Rhein bleibt die Frage offen, inwieweit die heutige Schadstoffbelastung mit persistenten toxischen und akkumulierbaren Substanzen die Wiederkehr ehemals heimischer Arten im Rhein noch verhindert.

Zu den folgenden Tabellen: Die ursprüngliche und heutige Verbreitung der Schwämme, Strudelwürmer, Moostierchen, Schnecken, Muscheln, höheren Krebstieren, Eintagsfliegen, Steinfliegen und Köcherfliegen an Hoch-, Ober-, Mittel- und Niederrhein (ohne niederländischen Bereich) ist den Tabellen 5.3-6 bis 5.3-11 zu entnehmen.

Diese Tabellen können in bezug auf die historischen faunistischen Gegebenheiten nur die Literaturbefunde dokumentieren. Fehlbestimmungen aufgrund ehemals nicht gegebener taxonomischer Kenntnisse können auf dieser Basis nicht rekonstruiert werden. Dafür wären Untersuchungen der jeweiligen Belegsammlungen erforderlich.

Grundlegende Quelle für den Artenbestand um 1920 sind die Befunde LAUTERBORNS (1916–1918). Wurden dessen Befunde bei anderen Autoren bestätigt, so sind diese nicht gesondert aufgeführt worden. Grundlegende Quelle für den Artenbestand um 1988 sind die Befunde von TITTIZER & SCHÖLL (1988). Wurden deren Befunde von anderen Autoren bestätigt, so wurden diese nicht gesondert aufgeführt.

Die zu den oben aufgeführten Quellen ergänzenden Nachweise wurden durch Ziffern markiert. Am Ende jeder Tabelle findet sich der spezielle Quellennachweis. Zur Ergänzung des Artenbestandes um 1988 wurden jeweils die neuesten Angaben seit 1980 herangezogen.

Die Nomenklatur entspricht der der Limnofauna Europaea (ILLIES 1978). Davon abweichende Bezeichnungen wurden mit Fragezeichen versehen. Die Verwendung von Synonymen für ehemalige Artennamen basiert weitgehend auf der Limnofauna Europaea (1. und 2. Auflage) und vereinzelt auf Angaben in der Bestimmungsliteratur.

Tabelle 5.3–6. Ursprüngliche und heutige Verbreitung der Schwämme, Strudelwürmer, Egel und Moostierchen im Rhein.

Taxa	Hochrhein		Oberrhein		Mittel-rhein		Nieder-rhein	
	um 1920	um 1988	um 1920	um 1988	um 1920	um 1988	um 1920	um 1988
Schwämme (Porifera)								
Spongillidae				*		*		*
Spongilla lacustris (L.)		*1	*	*	*		*	*
Eunapius fragilis (LEIDY)		*2	*	*		*		*
Ephydatia fluviatilis (L.)		*3	*	*1		*1		*5
Ephydatia mülleri (LIEBK.)			*	*		*1		*5
Trochospongilla horrida WELTN.			*					
Strudelwürmer (Tricladida)								
Dugesia gonocephala (DUGÈS)		*2	*		*			
Dugesia lugubris-Gr. (O. SCHMIDT)		*2		*		*		*
Dugesia tigrina (GIRARD) N		*1		*		*		*
Planaria torva (O.F. MÜLLER)								*5
Polycelis sp.				*1				
Polycelis nigra (O.F. MÜLLER) ?	*	*2						
Plycelis tenuis IJIMA ?		*2						
Bdellocephala punctata (PALLAS)			*					
Dendrocoelum lacteum (O.F. MÜLLER)		*2	*	*	*	*	*	*
Egel (Hirudinea)								
Glossiphonia complanata (L.)		*2	*	*		*		*
Glossiphonia complanata concolor (APAT.)				*		*		*
Glossiphonia heteroclita (L.)		*2	*	*		*1		*
Helobdella stagnalis (L.)		*2		*	*	*		*
Batracobdella paludosa (CARENA)				*				
Theromyzon tessolatum (O.F. MÜLLER)		*2		*				
Hemiclepsis marginata (O.F. MÜLLER)		*2		*		*1		*
Piscicola geometra (L.)		*2		*		*		*
Haemopis sanguisaga (L.)		*2		*				*
Erpobdella octoculata (L.)		*2	*	*		*	*	*
Erpobdella testacea (SAV.)		*2		*		*1		*1
Dina lineata (O.F. MÜLLER)		*2		*		*		*
Moostierchen (Bryozoa)								
Bryozoa				*		*		*
Paludicella articulata (EHRENBERG)		*2		*		*1		*
Fredericella sultana (BLUMENBACH)		*2	*	*		*		*
Plumatella Emarginata ALLMAN		*2	*	*		*		*
Plumatella fruticosa ALLMAN		*3		*				
Plumatella fungosa (PALLAS)		*2		*1				
Plumatella repens (L.)				*1				
Hyalinella punctata (HANCOCK)				*1				

Tabelle 5.3–6 (Fortsetzung)

Taxa	Hochrhein		Oberrhein		Mittel-rhein		Nieder-rhein	
	um 1920	um 1988	um 1920	um 1988	um 1920	um 1988	um 1920	um 1988
Moostierchen (Forts.)								
Lophopus cristallinus (CUVIER)		*2						
Cristatella mucedo CUVIER		*2	*	*1	*	*4		*1

* nachgewiesen. *?* Befund fraglich. *N* Neozoa. *I* Irrgast.
1 JATZEK 1986a; *2* KOSTER & WINKLER 1985a; *3* CASPERS 1980a; *4* SOPP 1983; *5* SCHILLER (1990).

Tabelle 5.3–7. Ursprüngliche und heutige Verbreitung der Weichtiere im Rhein.

Taxa	Hochrhein		Oberrhein		Mittel-rhein		Nieder-rhein	
	um 1920	um 1988	um 1920	um 1988	um 1920	um 1988	um 1920	um 1988
Schnecken (Gastropoda)								
Theodoxus fluviatilis (L.)			*	*	*	*	*1	*
Viviparus ater (CHRIST. & JAN)		*2						
Viviparus viviparus (L.)			*	*	*	*	*	*6
Valvata cristata O.F. MÜLLER		*2		*3				
Valvata pulchella STUDER		*2						
Valvata piscinalis (O.F. MÜLLER)		*2	*	*	*	*	*1	
Potamopyrgus antipodarum (E.A. SMITH) N		*2		*		*		*
Bytiospeum sp.				*				
Lithoglyphus naticoides (C. PFEIFFER) N			*		*	*	*	
Bithynia leachi (SHEPPARD)		*2		*3				
Bithynia tentaculata (L.)	*	*2	*	*	*	*	*	*
Physa acuta DRAPARNAUD N		*2		*		*4		*7
Physa fontinalis (L.)	*		*	*		*3	*	*
Lymnaea stagnalis (L.)		*2				*5		
Lymnaea palustris (O.F. MÜLLER)				*3				*3
Lymnaea corvus (GMELIN)		*2						
Lymnaea truncatula (O.F. MÜLLER)		*2		*				
Lymnaea turricula (HELD)		*2						
Lymnaea auricularia (L.)		*2	*		*		*1	
Lymnaea peregra/ovata	*	*2	*	*	*	*	*	*
Anisus leucostomus (MILLET)		*2						
Anisus spirorbis (L.)		*2						
Anisus contortus (L.)		*2		*?				
Anisus vorticulus (TROSCHEL)		*2						
Gyraulus albus (O.F. MÜLLER)		*2		*		*4		
Segmentina complanatus (L.)		*2						

Tabelle 5.3–7 (Fortsetzung)

Taxa		Hochrhein		Oberrhein		Mittel-rhein		Nieder-rhein	
		um 1920	um 1988	um 1920	um 1988	um 1920	um 1988	um 1920	um 1988
Schnecken (Forts.)									
Planorbis sp.					*				
Planorbis carinatus O.F. MÜLLER			*2						
Planorbis planorbis (L.)			*2						
Ancylus fluviatilis O.F. MÜLLER		*	*2	*	*	*	*	*	*
Ferrissia wautieri (MIROLLI)	N				*				
Acroloxus lacustris (L.)			*2		*		*		*
Muscheln (Bivalvia)									
Anodonta cygnea (L.)									*7
Anodonta anatina (L.)			*2	*	*	*	*	*	*
Pseudanodonta elongata HOLANDRE				*		*		*	
Unio crassus PHILIPSSON		*		*		*		*	
Unio pictorum (L.)			*2	*	*	*	*	*	*
Unio tumidus PHILIPSSON				*	*	*	*	*	
Pisidium sp.			*2		*		*		*
Pisidium amnicum (O.F. MÜLLER)			*2	*				*	
Pisidium casertanum (POLI)			*2		*3				
Pisidium henslowanum (SHEPPARD)			*2		*3		*3		*3
Pisidium milium HELD			*2						
Pisidium nitidum JENYNS			*2		*3				
Pisidium personatum MALM			*2						
Pisidium subtruncatum MALM			*2		*3				
Pisidium supinum A. SCHMIDT			*2	*	*3	*	*3	*	
Sphaerium corneum (L.)			*2	*	*	*	*	*	*
Sphaerium solidum (NORMAND)				*	*	*		*	
Spaerium lacustre (O.F. MÜLLER)			*2						
Sphaerium rivicola (LAMARCK)				*		*		*	*4
Dreissena polymorpha (PALLAS)	N		*2	*	*	*	*	*	*

1 BOETTGER 1912; *2* KOSTER & WINKLER 1985a; *3* JATZEK 1986a; *4* FRANZ & JATZEK 1982; *5* BLESS 1981a,b; *6* SCHMITZ 1986b; *7* SCHILLER 1990. Weitere Erläuterungen siehe Seite 260.

Nach dem Stichjahr 1988 wurden folgende Muschelarten gefunden: Pseudanodonta elongata, im Mittelrhein unterhalb der Moselmündung (BLESS 1990), Spaerium rivicola, im Oberrhein unterhalb der Mainmündung (SCHÖLL, mündl. Mitt.) und im Mittelrhein unterhalb der Moselmündung (BLESS 1990).

Tabelle 5.3–8. Ursprüngliche und heutige Verbreitung der höheren Krebstiere im Rhein.

Taxa		Hochrhein		Oberrhein		Mittel-rhein		Nieder-rhein	
		um 1920	um 1988	um 1920	um 1988	um 1920	um 1988	um 1920	um 1988
Zehnfüssige Krebse (Decapoda)									
Atyaephyra desmarestii (MILLET)	N								*
Orconectes limosus (RAFINESQUE)	N				*		*		*
Eriocheir sinensis H.M. EDWARDS	N						*2		
Wasserasseln (Isopoda)									
Asellus aquaticus (L.)			*1	*	*	*	*	*	*
Proasellus coxalis (DOLLFUS)			*1		*				*
Proasellus meridianus (RAC.)	N				*				*
Proasellus slavus (REMY)					*I				
Flohkrebse (Amphipoda)									
Corophium curvispinum SARS	N				*		*		*
Echinogammarus berilloni CATTA	N				*				
Gammarus fossarum KOCH			*1		*		*2		*4
Gammarus pulex pulex (L.)			*1	*	*	*	*		*
Gammarus roeseli GERVAIS			*1	*	*	*	*2		
Gammarus tigrinus SEXTON	N				*		*		*
Niphargus sp.					*I				
Orchestia cavimana HELLER	N				*		*3		*5

1 KOSTER & WINKLER 1985a; *2* SOPP 1983; *3* JATZEK 1986a; *4* FRANZ & JATZEK 1982; *5* SCHILLER 1990. Weiter Erläuterungen siehe Seite 260.

Tabelle 5.3–9. Ursprüngliche und heutige Verbreitung der Eintagsfliegen im Rhein.

Taxa	Hochrhein		Oberrhein		Mittel-rhein		Nieder-rhein	
	um 1920	um 1988	um 1920	um 1988	um 1920	um 1988	um 1920	um 1988
Eintagsfliegen (Ephemeroptera)								
Siphlonorus lacustris ETN.		*5						
Baetis sp.		*5	*	*				*
Baetis buceratus ETN.		*6						
Baetis fuscatus L.	*1	*6	*	*7	*	*10	*	*5
Baetis gemellus ETN.		*6						
Baetis lutheri MÜLLER-LIEBENAU		*6						
Baetis muticus L.					*4?			
Baetis rhodani PICTET		*6				*10		
Baetis scambus ETN.		*6						
Baetis vernus CURT.		*6		*8			*4	

Tabelle 5.3–9 (Fortsetzung)

Taxa	Hochrhein		Oberrhein		Mittel-rhein		Nieder-rhein	
	um 1920	um 1988	um 1920	um 1988	um 1920	um 1988	um 1920	um 1988
Eintagsfliegen (Forts.)								
Centroptilum luteolum MÜLL.		*6						
Centroptilum pennulatum ETN.	*1							
Cloeon dipterum L.		*6	*2					
Cloeon simile ETN.				*9				*5
Procloeon bifidum BGTSS.		*6						
Oligoneuriella rhenana IMH.	*		*		*3		*4	
Epeorus sylvicola PICT.				*				
Rhithrogena alpestris ETN.	*1							
Rhithrogena diaphana NAV.	*		*				*4	
Rhithrogena germanica ETN.	*1							
Rhithrogena semicolorata CURT.	*1			*				
Ecdyonurus (=Heptagenia) lateralis-Gr.?			*2		*4?			
Ecdyonurus fluminum Gr. ?	*1		*		*4?		*4?	
Ecdyonurus dispar CURT.		*6						
Ecdyonurus forcipula PICT		*6						
Ecdyonurus insignis ETN.	*1		*2					
Ecdyonurus venosus F.		*6		*	*4?			
Heptagenia coerulans ROST.	*1		*2					
Heptagenia flava ROST.			*2	*			*4	
Heptagenia longicauda STEPH.	*1		*					
Heptagenia sulphurea MÜLLER	*1	*6	*	*	*4	*	*4	*
Ephemerella notata ETN.		*6						
Ephemerella ignitia PODA	*1	*6	*	*		*		*
Caenis horaria L.		*6					*	
Caenis luctuosa BURM.		*6		*		*		*
Caenis macrura STEPH.				*9				
Caenis rhenicola MAIZ.		*6						
Caenis rivulorum ETN.		*6						
Prosopistoma foliaceum FOURCR.			*		*			
Leptophlebia sp.								
Leptophlebia marginata L.	*1							
Leptophlebia vespertina L.	*1						*4	
Paraleptophlebia submarginata STEPH.			*3	*				
Ephoron virgo OL.				*		*	*	*
Ephemera danica MÜLL.			*2					
Ephemera lineata ETN.	*1							
Ephemera vulgata L.		*6					*	

Tabelle 5.3–9 (Fortsetzung)

Taxa	Hochrhein		Oberrhein		Mittel-rhein		Nieder-rhein	
	um 1920	um 1988	um 1920	um 1988	um 1920	um 1988	um 1920	um 1988
Eintagsfliegen (Forts.)								
Palingenia longicauda OL.							*	
Potamanthus luteus L.	*1	*6	*	*	*			

1 NEERACHER 1910, Rhein bei Basel; *2* EIDEL 1937, *?*: unsichere Artbezeichnung; *3* ULMER 1927; *4* CREMER 1938, *?*: Ahr- oder Siegmündung; *5* CASPERS 1980a, 1980b; *6* KOSTER & WINKLER 1985a; *7* JATZEK 1986a; *8* FRANZ & JATZEK 1982; *9* ZIESE 1987a; *10* SOPP 1983. Weitere Erläuterungen siehe Seite 260.

Tabelle 5.3–10. Ursprüngliche und heutige Verbreitung der Steinfliegen im Rhein.

Taxa	Hochrhein		Oberrhein		Mittel-rhein		Nieder-rhein	
	um 1920	um 1988	um 1920	um 1988	um 1920	um 1988	um 1920	um 1988
Steinfliegen (Plecoptera)								
Taeniopterygidae				*				
Brachyptera braueri KLAP.					*		*3	
Brachyptera trifasciata PICTET	*1		*		*		*3	
Oemopteryx loewii ALB.							*3	
Rhabdiopteryx neglecta ALB.		*4						
Taeniopteryx nebulosa L.					*		*3	
Taeniopteryx kempnyi KLP. ?							*3?	
Nephelopteryx minuta (RAMB.) ?					*3?			
Amphinemura standfussi RIS					*3?			
Nemoura sp.				*		*		*
Nemoura marginata PICT.					*3?			
Nemurella picteti KLP.					*3?			
Protonemura meyeri PICT.							*3?	
Euleuctra geniculata STEPH.				*	*		*3	
Leuctra braueri KNP.							*3	
Leuctra fusca L.	*	*5	*	*			*3	
Leuctra cylindrica (de GEER) ?					*3?		*3?	
Leuctra hippopus KNP.							*3?	
Capnia nigra PICT.	*2							
Dictyogenus imhoffi (PICT.)	*		*					
Dictyogenus ventralis PICT.	*1		*					
Isogenus nubeluca NEWM.	*1		*		*		*	
Isoperla grammatica PODA	*		*		*		*3?	
Isoperla obscura ZETT.	*1		*		*		*3	
Perlodes sp.				*				

Tabelle 5.3–10 (Fortsetzung)

Taxa	Hochrhein		Oberrhein		Mittel-rhein		Nieder-rhein	
	um 1920	um 1988	um 1920	um 1988	um 1920	um 1988	um 1920	um 1988
Steinfliegen (Forts.)								
Perlodes microcephalus PICTET	*		*	*				
Dinocras cephalotes CURTIS	*		*					
Marthamea selysii PICT.					*3		*3	
Perla sp.			*					
Perla burmeisteriana CLAASSEN	*1				*		*3?	
Perla grandis RAMBUR	*		*		*		*3	
Perla marginata PANZ.	*1						*3	
Chloroperla tripunctata SCOP.	*		*		*		*3?	
Chloroperla venosa ST. ?					*3			
Siphonoperla burmeisteri PICTET					*		*3?	
Xanthoperla apicalis NEWM.	*2		*		*		*3	

1 NEERACHER 1910; *2* RIS 1897; *3* LE ROI 1912, *?*: Ahr- oder Siegmündung; *4* KOSTER & WINKLER 1985a; *5* JATZEK 1986a. Weitere Erläuterungen siehe Seite 260.

Tabelle 5.3–11. Ursprüngliche und heutige Verbreitung der Köcherfliegen im Rhein.

Taxa	Hochrhein		Oberrhein		Mittel-rhein		Nieder-rhein	
	um 1920	um 1988	um 1920	um 1988	um 1920	um 1988	um 1920	um 1988
Köcherfliegen (Trichoptera)								
Rhyacophila sp.		*6	*	*9				*
Rhyacophila aquitanica McL.		*7						
Rhyacophila dorsalis (CURTIS)	*	*7	*	*				
Rhyacophila fasciata HAGEN	*1							
Rhyacophila nubila (ZETTERSTEDT)	?1	*7			*			
Rhyacophila pascoei McL.	*		*					
Rhyacophila philopotamoides McL.		*7						
Rhyacophila torrentium PICTET	?1							
Rhyacophila tristis PICTET	*		*					
Rhyacophila vulgaris PICTET	?1							
Glossosoma boltoni CURTIS	*							
Glossosoma conformis NEBOISS	*1							
Synagapetus dubitans McL.	?1							
Agapetus fuscipes CURTIS		*7			*4?			
Agapetus laniger PICTET	*	*8			*4?			
Agapetus ochripes CURTIS	*	*7						
Ptilocolepsus granulatus (PICTET)	?1							

Tabelle 5.3–11 (Fortsetzung)

Taxa	Hochrhein um 1920	Hochrhein um 1988	Oberrhein um 1920	Oberrhein um 1988	Mittelrhein um 1920	Mittelrhein um 1988	Niederrhein um 1920	Niederrhein um 1988
Köcherfliegen (Forts.)								
Stactobiella risi FELBER	*1							
Orthotrichia angustella (McL.)	*1							
Orthotrichia costalis (CURTIS)							*4	
Ithytrichia lamellaris EATON	*2		*					
Oxyethira flavicornis (PICTET)	*1							
Hydroptila sp.		*6		*		*6		
Hydroptila angulata MOSELY				*10				
Hydroptila forcipata EATON	*	*8	*	*6				
Hydroptila rheni RIS	*							
Hydroptila sparsa CURTIS	*1	*7	*3					
Hydroptila tineoides DALMAN	*1	*7						
Hydroptila vectis CURTIS	*1							
Agraylea sp.				*		*		*
Agraylea sexmaculata CURTIS		*7						
Allotrichia pallicornis EATON	*1	*8						
Philopotamus ludificatus McL.	?1				*4			
Philopotamus montanus (DONOVAN)	?1							
Wormaldia occiptalis (PICTET)	?1							
Wormaldia subnigra McL.	*1							
Chimarra marginata (L.)	*				*4			
Hydropsyche sp.			*					
Hydropsyche angustipennis (CURT.)		*7	*3		*		*	
Hydropsyche contubernalis McL.[a]	*1	*7		*		*		*
Hydropsyche exocellata DUFOUR				*	*		*5	
Hydropsyche guttata (PICTET)	?1				*4		*	
Hydropsyche instabilis CURTIS	*1	*7						
Hydropsyche ornatula McL.[a]			*3		*		*	
Hydropsyche pellucidula CURT.	*	*7	*	*	*		*5	
Hydropsyche saxonica McL.	*1							
Hydropsyche siltalai DÖHLER		*8		*				
Cheumatopsyche lepida (PICTET)	*	*7	*	*	*		*	
Polycentropidae				*				
Neureclipsis bimaculata (L.)	*1	*7		*				
Plactrocnemia conspera (CURT.)		*7		*6				
Polycentropus flovamaculatus (PICTET)	*1	*7	*3	*	*4?			
Polycentropus irroratus (CURTIS)	*1							
Halocentropus dubius (RAMBOUR)	?1							
Cyrnus sp.						*11		
Cyrnus flavidus McL.		*7						
Cyrnus trimaculatus (CURTIS)		*7		*				

[a]Nach CASPERS (1980b) und JATZEK (1986a) beschrieb LAUTERBORN (1916–1918) Hydropsyche contubernalis als Hydropsyche ornatula.

Tabelle 5.3–11 (Fortsetzung)

Taxa	Hochrhein		Oberrhein		Mittel-rhein		Nieder-rhein	
	um 1920	um 1988	um 1920	um 1988	um 1920	um 1988	um 1920	um 1988
Köcherfliegen (Forts.)								
Psychomyia pusilla (FABR.)	*	*7	*	*	*		*5	*8
Lype phaeopa (STEPHENS)		*7						
Lype reducta (HAGEN)		*7						
Tinodes rostocki McL.		*7						
Tinodes waeneri (L.)	*1	*7		*			*4	
Ecnomus tenellus (RAMB.)	*1	*7		*		*		*
Agrypnia Pagetana (CURTIS)	?1							
Agrypnia varia (FARB.)	?1							
Phryganea bipunctata RETZIUS	?1							
Oligotricha striata (L.)	?1				*4		*4?	
Hagenella clathrata (KOL.)							*4	
Oligostomis reticulata (L.)	?1							
Brachycentrus montanus KLAP.		*7			*4?		*4?	
Brachycentrus subnubilis CURT.	*		*					
Oligoplectrum maculatum FOURCROY	*		*3		*4			
Micrasema minimum McL.	?1	*8						
Micrasema setiferum (PICTET)	*							
Limnephilidae				*				
Drusus chrysotus RAMBOUR	?1							
Drusus trifidus McL.	?1	*7						
Ecclisopteryx guttulata (PICTET)	?1							
Limnephilus affinis CURTIS							*4?	
Limnephilus auricula CURTIS	?1						*5	
Limnephilus extricatus McL.	*1							
Limnephilus flavicornis (FABR.)			*3				*5	
Limnephilus germanus McL.			*3					
Limnephilus griseus (L.)	*1						*5	
Limnephilus ignavus McL.	*1							
Limnephilus lunatus CURTIS	?1	*8	*3					
Limnephilus nigriceps (ZETT.)							*5	
Limnephilus rhombicus (L.)	*1						*4?	
Limnephilus stigma CURTIS							*4?	
Limnephilus vittatus (FABR.)	?1							
Grammotaulis nigropunctatus (RETZIUS)	*1							
Glyphotaelis pellucidus (RETZIUS)	*1							
Anabolia nervosa (CURTIS)	*1	*7	*3				*5	
Potamophylax cingulatus (STEPHENS)	?1							
Potamophylax latipennis (CURTIS)	?1							
Potamophylax luctuosus (PILL. & MITT.)?							*4	
Potamophylax nigricornis PICTET	*1							
Potamophylax rotundipennis (BRAUER)	?1							
Halesus digitatus (SCHRANK)		*7						
Halesus radiatus (CURTIS)		*7	*3	*				

Tabelle 5.3–11 (Fortsetzung)

Taxa	Hochrhein		Oberrhein		Mittel-rhein		Nieder-rhein	
	um 1920	um 1988	um 1920	um 1988	um 1920	um 1988	um 1920	um 1988
Köcherfliegen (Forts.)								
Halesus tesselatus (RAMB.)	*1	*7						
Melopophylax mucoreus HAGEN	?1							
Anisogamus difformis McL.	?1							
Parachiona picicornis (PICTET)					*4?			
Enoicyla pusilla BURM.					*4?			
Enoicyla reichenbachii KOL.	*1							
Stenophylax permistus McL.	?1						*4	
Micropterna testacea (GMELIN)	*1							
Mesophylax impuctatus McL.	?1							
Allogamus auricollis (PICTET)	?1							
Chaetopteryx villosa (FABR.)	*1	*7	*3		*4			
Annitella obscurata (McL.)	*1							
Goera pilosa (FABR.)	*1	*7						
Lithax niger (HAGEN)	?1							
Silo nigricornis (PICTET)	*1							
Silo pallipes (FABR.)	*1				*			
Silo piceus (BRAUER)	*							
Lepidostoma hirtum (FABR.)	*1	*7		*				
Lasicophala basalis (KOLENATI)	*1							
Leptoceridae				*		*		*
Athripsodes sp.		*6		*				*
Athripsodes albifrons (L.)	*1				*4			
Athripsodes aterrimus (STEPHENS)	?1							
Athripsodes bilineatus (L.)	*1							
Athripsodes cinereus (CURTIS)	*	*7			*		*4	
Athripsodes leucophaeus (RAMB.)					*4?			
Ceraclea sp.		*6		*		*		*
Ceraclea alboguttatta HAGEN	*1	*8	*3					
Ceraclea annulicornis (STEPHENS)	*1	*7	*3		*		*4	
Ceraclea aurea PICTET	*1							
Ceraclea dissimilis STEPHENS	*1	*8	*3	*10		*11	*5	*12
Ceraclea fulva (RAMB.)		*7						
Ceraclea nigrronervosa (RETZ.)	*1							
Ceraclea riparia ALBARDA							*4	
Mystacides sp.				*				
Mystacides azurea (L.)	?1	*7					*4?	
Mystacides longicornis (L.)	?1		*3				*4?	
Mystacides nigra (L.)	?1		*3				*4?	
Triaenodes conspersus (RAMBOUR)	?1							
Oecetis sp.		*6		*				*
Oecetis furva (RAMB.)		*7						
Oecetis lacustris (PICTET)	?1	*7						
Oecetis notata RAMBOUR	*	*8						

Tabelle 5.3–11 (Fortsetzung)

Taxa	Hochrhein		Oberrhein		Mittel-rhein		Nieder-rhein	
	um 1920	um 1988	um 1920	um 1988	um 1920	um 1988	um 1920	um 1988
Köcherfliegen (Forts.)								
Oecetis ochracea (CURTIS)	?1							
Oecetis testacea CURTIS	*1							
Setodes argentipunctellatus McL.		*7						
Setodes punctatus (FABR.)	*	*8	*3		*			
Setodes viridis FOURCROY			*3					
Leptocerus interruptus (FABR.)	*1		*3					
Notidobia ciliaris (L.)	*1							
Sericostoma sp.		*7		*				
Sericostoma flavicorne SCHNEIDER	*1							
Sericostoma personatum (K. & Sp.)	*1							
Beraea pullata CURTIS	?1							
Beraeodes minutus (L.)	?1							
Ernodes articularis (PICTET)	?1							
Odontocerum albicorne (SCOPOLI)	*1							
Molanna angustata CURTIS	?1	*7	*3				*	

1 CASPERS (1980a): Zusammenstellung des Trichopterenbestandes des Hochrheins nach Literaturdaten (FELBER 1908; NEERACHER 1910; LAUTERBORN 1916) sowie nach der Coll. LINIGER (Naturhistorisches Museum Basel) und der Coll. RIS (ETH Zürich), ?: Angabe beim Autor mit ? versehen; *2* RIS 1897; *3* EIDEL 1937; *4* LE ROI 1913, ?: Art der eigentlich nicht in Flüssen vorkommend oder Ahr-/Siegmündung; *5* PUHLMANN 1913; *6* JATZEK 1986a; *7* KOSTER & WINKLER 1985a; *8* CASPERS 1980a,b; *9* FRANZ & JATZEK 1982; *10* ZIESE 1987a; *11* SOPP 1983; *12* SCHILLER 1990. Weitere Erläuterungen siehe Seite 260.

Fischfauna

Potentiell-natürliche Fischfauna des Rheins. Obwohl im Vergleich zum Makrozoobenthos wesentlich mehr historische Angaben über die Verbreitung der Fische vorliegen, die sogar bis 1666 (BALDNER) zurückgehen, ist eine lückenlose Rekonstruktion der Fischfauna des Rheins nicht möglich. Insbesondere bei den kleinen und wirtschaftlich unbedeutenden Arten, wie z.B. Steinbeißer und Schlammpeitzger, reichen die alten Literaturdaten nicht aus, um frühere Verbreitung und Bestandsdichten zu rekonstruieren. In der Regel beruhen die älteren Angaben auf fischereilichen Erfahrungen, die aufgrund gezielter Fänge bestimmter Fischarten zustande kamen und deshalb nicht die tatsächliche Arten- und Bestandssituation widerspiegeln. Selbst da, wo das Artenspektrum relativ gut bekannt ist, gibt es nur wenige Anhaltspunkte über die tatsächlichen Bestandsdichten einzelner Fischarten. Es ist deshalb allenfalls sinnvoll, die Verbreitungsdaten mit groben quantitativen Angaben (wie häufig/massenhaft, verbreitet, selten) zu ergänzen, wie dies in den Tabellen 5.3–16 bis 5.3–20 vorgenommen wurde.

Die Tabellen 5.3–16 bis 5.3–20 (S. 289ff.) zeigen die ehemalige und heutige Zusammensetzung der Fischfauna von Hoch-, Ober-, Mittel- und Niederrhein (ohne den niederländischen Abschnitt) sowie deren Veränderung in mehreren Zeitphasen. Ähnliche Tabellen, welche auch über die zeitliche Veränderung der Fischfauna informieren, findet man bei SPOSNY (1975) und LELEK (1989). Dort werden jedoch mehrere Rheinabschnitte wie Hoch- und Oberrhein, Mittel- und Niederrhein, bzw. Hoch-, Ober- und Mittelrhein zusammengefaßt betrachtet. Hier sollen jedoch zwecks einer detaillierteren Darstellung die einzelnen Rheinabschnitte getrennt behandelt werden.

Die Quellen für die Darstellung sind im folgenden aufgeführt:

Hochrhein:	VETTER 1864; LEUTHNER 1877; LAUTERBORN 1916; STEINMANN 1923; CONTAG 1961; Bundesamt für Umweltschutz Bern 1988a–c; BERG 1987; BERG et al. 1989.
Oberrhein:	BALDNER 1666; NAU 1787a; SANDERS 1781; SPANNAGEL 1859; LEUTHNER 1877; REIBER 1888; DOSCH 1899; LAUTERBORN 1917; KNÖPP 1952; KRIEGSMANN 1970; KUHN 1976; LELEK 1976; 1978a,b, 1983; ROTH, J. & KINZELBACH 1986; ROTH, J. 1987b; BERG 1987; BERG et al. 1989.
Mittelrhein:	KIRSCHBAUM 1861; MELSHEIMER 1878; LAUTERBORN 1918; BÜRGER 1926; JENS 1952; ROTH, J. 1987b; MICHLING 1988
Niederrhein:	LAUTERBORN 1918; BÜRGER 1926; PEETERS & WOLF 1973; OLBRICH 1979; BÖVING 1980; MICHLING 1988; UNGEMACH schriftliche Mitteilung 1988.
Gesamtrhein:	SIEBOLD 1863; v.d. BORNE 1883; WITTMACK 1875; SRU 1976; BRENNER schriftl. Mitt. 1989; LELEK & KÖHLER 1989.

Die tatsächliche ursprüngliche Fischfauna des Rheins läßt sich aus den oben aufgeführten Gründen nicht rekonstruieren. Man kann jedoch aufgrund der vorhandenen Literaturdaten und der bekannten gewässermorphologischen und hydrologischen Gegebenheiten von folgender fischereibiologischer Gliederung des Rheins ausgehen (vgl. Abb. 5.3–8).

Der *Alpenrhein* gehört zwei fischereibiologischen Zonen an. Der von *Vorder- und Hinterrhein* gebildete *Quellrhein* stellt die *Forellenregion* des Flusses dar. Diese typischen Hochgebirgsbäche wiesen ein sehr großes Gefälle und starke Strömung auf. Das Wasser stürzte in einem von großen Blöcken und grobem Geschiebe gefüllten Bett schäumend zu Tal. In dem lebhaft bewegten oft reißenden Bach konnten sich nur litho-rheophile Pflanzen und Tiere behaupten. Unter den Fischen waren außer der Forelle die Elritze und die Groppe weit verbreitet. Die Seeforelle stieg aus dem Bodensee alljährlich zum Laichen in den Quellrhein auf.

Der Abschnitt des Alpenrheins von Reichenau bis zum Bodensee, von LAUTERBORN (1916) *Schweizer-Vorarlberger Rhein* genannt, bildete die Übergangszone *Forellen-/Äschenregion*. Dieser Rheinabschnitt war durch starke, ständige Geschiebeführung gekennzeichnet, wodurch eine Besiedlung des Flußbettes erschwert wurde. Anstehende Felsblöcke wie am Quellrhein gab es nicht. Standfische waren hier Bachforelle und Äsche, daneben kamen auch Barbe, Nase und Strömer vor.

Die fischereibiologische Einordnung des früheren *Hochrheins* erfolgte bei verschiedenen Autoren uneinheitlich. Einige Autoren, wie z.B. der Rat von Sachverständigen für Umweltfragen (SRU 1976), ordnen den Hochrhein der Äschenregion zu, andere (LAUTERBORN 1916, 1917; SCHWOERBEL 1959; KRIEGSMANN 1969) der Übergangsregion Äschen-/Barbenregion. Die den tatsächlichen Gegebenheiten wohl am besten entsprechende Zuordnung traf STEINMANN (1923), welcher den Hochrhein bis zur Aaremündung als *Äschenregion* und die darunter liegende Strecke der *Äschen-/Barbenregion* zuordnete. Diese Zweiteilung war in den morphologischen und hydrologischen Verhältnissen des Hochrheins begründet.

Der Hochrhein beherbergte ehemals 43 Fischarten. Die dominanten Arten waren unter den anadromen Wanderfischen (zum Laichen in die Flüsse aufsteigende Wanderfische) der Lachs (Salmo salar), sowie die typischen Flußfische wie Äsche (Thymallus thymallus), Forelle (Salmo trutta f. fario), Nase (Chondrostoma nasus) und die Barbe (Barbus barbus). Der Verbreitungsschwerpunkt von Forellen und Äschen lag oberhalb der Aaremündung, der von Barben und Nasen unterhalb der Aaremündung. Der Lachs laichte im Hochrhein vor allem bei Schaffhausen sowie in den Hochrheinzuflüssen. Der Maifisch (Alosa alosa) kam wesentlich seltener vor. Seine natürliche Verbreitungsgrenze bildeten die Stromschnellen von Laufenburg, welche er nicht überwinden konnte. Hauptlaichplätze der Maifische lagen in der Gegend um Basel, besonders in der Birs, einem Zufluß

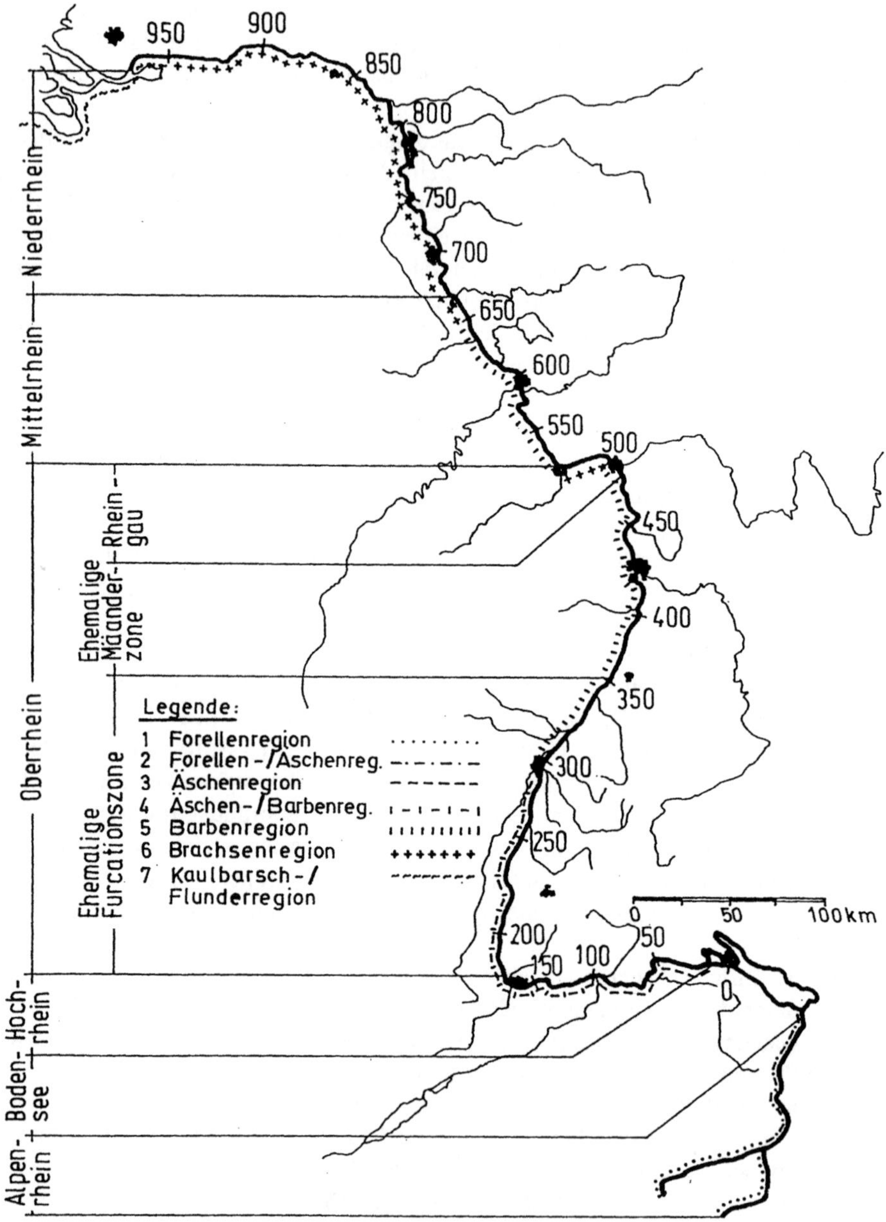

Abb. 5.3–8. Ursprüngliche fischereibiologische Gliederung des Rheins.

bei Basel. Es ist sehr unwahrscheinlich, daß auch die Meerforelle (Salmo trutta) bis in den Hochrhein gelangte. VETTER (1864) führt sie in seiner Auflistung zwar mit auf, doch unter dem Synonym Lachsforelle. Da dieser Begriff häufig auch synonym für Bach- und Seeforelle benutzt wurde, ist diese Angabe zweifelhaft. Auch nach LEUTHNER (1877) war das Auftreten der Meerforelle im Baseler Bereich strittig. Die Meerneunaugen (Petromyzon marinus) wanderten nach LEUTHNER (1877) im Hochrhein nur bis Rheinfelden, allerdings nur in geringer Zahl. Weniger selten waren die Flußneunaugen (Lampetra fluviatilis), die in größerer Zahl bis über Basel hinaus wanderten und erst nach und nach im Hochrhein seltener wurden.

Unter den Standfischen nahm die Nase eine dominante Stellung ein. Sie kam in heute unvorstellbaren Mengen vor. STEINMANN (1923) berichtet, daß 1664 auf dem Baseler Fischmarkt 200.000 Nasen angeboten wurden. Tagesfänge einzelner Fischer von 15.000 bis 20.000 Nasen sind ebenso belegt.

Insgesamt gesehen dominierten im Hochrhein die strömungsliebenden Arten. Strömungstolerante, das Stillwasser bevorzugende Arten wie Rotfeder, Plötze, Schleie, Brachsen, Blicke, Karpfen, Flußbarsch, Großer Stichling, Bitterling und von Laufenburg abwärts auch die Karausche kamen vorwiegend nur in stilleren Buchten und den wenigen Randgewässern vor.

Die immer wieder gefundenen Seeforellen, Seesaiblinge und Renken müssen als aus den Alpenseen abgedriftete Irrgäste gewertet werden. Man vermutet auch, daß es sich bei den Einzelnachweisen des Welses am Hochrhein, wie am südlichen Oberrhein, um aus dem Bodensee und aus verschiedenen Schweizer Seen abgewanderte Exemplare handelte. Eine für den Hochrhein und den südlichen Oberrhein (bis Neuenburg) charakteristische, in den anderen Rheinabschnitten fehlende Art war der Strömer.

Durch die ehemalige Gliederung des *Oberrheins* in Furcationszone, Mäanderzone und Rheingau sowie die ausgedehnte Flußaue gab es in diesem Abschnitt alle Übergänge vom stark strömenden bis zum stehenden Gewässer. Die hydrologische Gliederung des Oberrheins spiegelte sich auch in der fischereibiologischen Gliederung wider.

Auf der Strecke des *südlichen Oberrheins* vollzog sich ehemals der Übergang vom geschiebeführenden *Salmonidengewässer* zum sand- und schlammreichen *Cyprinidengewässer*. Der südliche Oberrhein zwischen Basel und Straßburg/Karlsruhe gehörte noch zu der Übergangszone *Äschen-/Barbenregion*. Der *nördliche Oberrhein* wird der *Barbenregion* zugeordnet. Der Stromabschnitt von Mainz bis Bingen (*Rheingau*) unterschied sich vom südlichen Bereich durch ruhige Strömung und zählte damit zur *Brachsenregion* (SRU 1976).

Das Artenspektrum des südlichen Oberrheins entsprach weitgehend dem des unteren Hochrheins. Der Strömer, welcher hohe Ansprüche an die Wasserqualität und Biotopstruktur stellt, kam noch im Bereich zwischen Basel und Neuenburg vor. Die Verbreitungsgrenze der Bachforelle und der Äsche lag etwa bei Straßburg. Vereinzelt wurden Coregoniden (Renken) angeführt (BALDNER 1666), bei denen nicht endgültig geklärt ist, ob es sich dabei um weit aufwärts gewanderte Nordseeschnäpel (Coregonus oxyrhynchus) oder um abgedriftete Renken aus den Alpenseen handelte.

Am ganzen Oberrhein vertreten waren die typischen Flußfische wie Barben und Nasen, daneben Döbel, Hasel, Ukelei, Schneider und Gründlinge. Strömungstolerante, das Stillwasser bevorzugende Arten wie Plötze, Rotfeder, Schleie, Brachsen, Blicke, Karpfen, Karausche, Giebel und der Bitterling traten in den zahlreichen Nebenarmen und Altwässern des Oberrheins auf. Das natürliche Vorkommen des Rapfens (Aspius aspius) im Oberrhein ist umstritten. BERG (1987), BERG et al. (1989) argumentieren für das ursprüngliche Vorkommen dieser Fischart, da im alten Badischen Fischereirecht nach FICKERT (1894) ein Schonmaß für den Rapfen angegeben ist. Unter den Raubfischen kamen Kaul- und Flußbarsch, Hecht, Trüsche, Aal und seit ca. 1880 auch der Zander vor. Aus der Gruppe der Schmerlenartigen lebten am Oberrhein neben der Schmerle der Steinbeißer und in den Altarmen der Schlammpeitzger.

Von den Wanderfischen besiedelte neben dem Lachs auch der Maifisch den Oberrhein in großen Beständen. Meerforellen wurden auch am Oberrhein nur vereinzelt nachgewiesen (SIEBOLD 1863). Aufstiege des Störs über den mittelrheinischen Bereich hinaus müssen als selten gelten. LEUTHNER (1877) berichtet von seltenen bis Basel aufgestiegenen Exemplaren. Auch KINZELBACH, R. (1987) dokumentiert für den Mittel- und Oberrhein insgesamt nur 178 Fangnachweise in einem Zeitraum von über 500 Jahren. Störe waren am Oberrhein so selten, daß sie gegen Entgelt zur Schau gestellt wurden. Dies läßt den Schluß zu, daß der Rhein niemals ein typisches Störgewässer war wie etwa die Elbe. Wie weit die Finte in den Oberrhein, aufstieg ist ungewiß. LEUTHNER (1877) gibt die Art für den Oberrhein an, stellt aber ihr Vordringen bis Basel in Frage. Nach LAUTERBORN (1917) wurde die Finte schon um die Jahrhundertwende seit längerer Zeit nicht mehr am Oberrhein beobachtet.

Der *Mittelrhein* wird der *Barbenregion* zugeordnet. In diesem Abschnitt nimmt der Rhein wieder den Charakter eines Gebirgsflusses an mit felsigem Grund und starker Strömung ähnlich dem Hochrhein. Die höheren Wassertemperaturen bewirkten aber, daß nicht die Äsche, sondern die Barbe weiterhin Leitfisch bleibt.

Für den Mittelrhein liegen nur wenige weit zurückliegende Daten vor. MELSHEIMER (1878) beschreibt speziell die mittelrheinische Fischfauna. Seine Angaben können durch die Aufstellung KIRSCHBAUMs (1861) ergänzt werden, welcher eine Zusammenstellung der Fische des damaligen Herzogtums Hessen-Nassau gibt. BÜRGER (1926) macht Angaben zu relativen Bestandsdichten einzelner Fischarten. Da wasserbauliche Maßnahmen in diesem Rheinabschnitt kaum durchgeführt worden sind, spiegeln diese Angaben recht gut das ehemalige Artenspektrum wieder.

Die Verhältnisse am Mittelrhein ähnelten denjenigen des Hochrheins. Da das Wasser sich im Sommer jedoch stark erwärmte, fehlten hier Forellen und Äschen im Besiedlungsbild. Die Standfische waren Barbe, Nase und Döbel, begleitet von weiteren typischen Stromfischen. Von der Nahe- bis zur Moselmündung war die Barbe mit ca. 40 % am Gesamtbestand beteiligt, von der Mosel- bis zur Siegmündung wurde die Barbe von der Nase als häufigster Standfisch abgelöst. Der Fischbestand setzte sich aus 25 % Nasen, 20 % Barben, 10 % Döbel und 45 % weiteren Flußfische zusammen. Die Friedfische bildeten 80–90 % des Gesamtfischbestandes. Unter den Raubfischen dominierte im nördlichen Abschnitt der Hecht, im südlichen Abschnitt der Barsch (BÜRGER 1926).

Der Mittelrhein war insofern reicher an Wanderfischen als der Oberrhein, da Meerforelle und Finte, sowie diejenigen Arten, die vor allem im Niederrhein laichten, wie Neunaugen, Schnäpel und Flunder hier häufiger anzutreffen waren.

Der *Niederrhein* nahm ab Bonn endgültig den Charakter eines Tieflandflusses an. Der Leitfisch der Region war der Brachsen (*Brachsenregion*). Mit dem Übergang zum Tieflandstrom änderte sich am Niederrhein auch die Struktur der Fischfauna. Die Arten des stark strömenden Wassers mit felsig steinigem Untergrund traten stromabwärts immer mehr zurück und wurden durch Arten ersetzt, welche sandig-schlickigen Boden sowie pflanzenbestandene Ufer- und Randgewässer bevorzugten. Dominant im Bestand waren Plötze, Rotfeder, Brachsen und Blicke. Obwohl der Niederrhein der Brachsenregion zugeordnet war, kamen Barben und Nasen in noch nennenswerter Zahl vor (BÜRGER 1926). Sehr häufig traten auch Ukelei und Gründling, daneben Döbel, Aland, Hasel und Aal auf. Karpfen, Karausche und Schleie waren fast ausschließlich auf die Altarme beschränkt. Als gemein galten Trüsche, Hecht, Barsch, Dreistachliger Stichling, Neunstachliger Stichling; weniger verbreitet waren Schneider, Bitterling und Kaulbarsch.

Der Niederrhein besaß für die Wanderfische bezüglich Artenzahl und Bestandsdichte die größte Bedeutung. Mengenmäßig am bedeutendsten waren Lachs und Maifisch, gefolgt von Meerforelle und Finte. Der Nordseeschnäpel wurde ehemals zahlreich bei Wesel gefangen, wanderte aber kaum über den Niederrhein hinaus, ebenso wie die Flunder, welche im Delta sehr häufig war und am Niederrhein bis Bonn gefangen wurde. Die Neunaugen, das Flußneunauge häufiger, das Meerneunauge seltener, waren weitere regelmäßige Gäste des Niederrheins. Störe waren ehemals individuenmäßig zwar nicht besonders zahlreich am Niederrhein, galten für die Fischer jedoch als wertvoller Beifang (BÖCKING 1981).

Der Brachsenregion folgt im *Rheindelta* die *Kaulbarsch-/Flunderregion*. Das Charakteristikum dieser Übergangszone zum Meer war und ist die große Unbeständigkeit aller abiotischen Faktoren und ein schon erheblicher Einfluß des Salzwassers. LAUTERBORN (1918) nannte als charakteristische Vertreter der Süßwasserfische, welche bis in das Brackwasser der Rheinmündung vordrangen, Kaulbarsch, Dreistachliger Stichling, Zwergstichling, Plötze und Ukelei. Vom

Meer her traten als charakteristische Salzwasserarten die Flunder, der Seestichling, die Aalmutter und der Hering ein. Der Stint war ein Wanderfisch, welcher in den Monaten März und April in den Mündungsbereich einwanderte und im Gegensatz zu den übrigen oben angeführten Wanderfischarten ausschließlich im Deltabereich des Rheins laichte.

Der Rhein - ein ehemaliger Lachsstrom. Da der Wiederkehr des Lachses im Rhein politisch eine Symbolfunktion zukommt, soll an dieser Stelle kurz auf die Biologie dieses charakteristischen Rheinfisches eingegangen werden.

Der Lachs gehört zu den sogenannten anadromen Wanderfischen, welche zum Laichen aus dem Meer in das Süßwasser zurückkehren. Beim Lachs weiß man aus zahlreichen Markierungsversuchen, daß er genau in das Gewässer zurückwandert, in dem er einige Jahre zuvor aus dem Ei geschlüpft ist. Es ist bekannt, daß der Wanderinstinkt des Lachses durch ein enormes Riechvermögen unterstützt wird, „das laichstimmige Tier schnüffelt sich gewissermaßen in sein Heimatgewässer zurück“ (JENS 1971, S. 9). Der Lachs wanderte früher während des ganzen Jahres rheinaufwärts. Den bis 25 Pfund schweren Winterlachsen, die am Jahresanfang erschienen, folgten die 10 bis 16 Pfund schweren Sommerlachse, nach dem 25. Juli die sogenannten 2 bis 4 Pfund schweren Jakobslachse und ab September die eigentlichen Laichlachse, welche Gewichte zwischen 16 und 25 Pfund erreichten (JENS 1971). Der Lachs laicht von Oktober bis Januar in den Oberläufen, wo die Fische Kiesbänke und stark fließendes kaltes Wasser finden. Das Weibchen schlägt an stark überströmten Stellen eine zwei bis drei Meter lange Laichgrube in den Kiesboden. Die Eier werden wieder mit Kies bedeckt. Da die erwachsenen Lachse während des Aufenthalts im Süßwasser keine Nahrung mehr zu sich nehmen, stirbt die Mehrzahl der Elternteile nach der Laichzeit. Die nach 70 bis 200 Tagen schlüpfenden Junglachse wandern nach 1–5 jährigem Süßwasseraufenthalt ins Meer, wo sie schnell heranwachsen und nach Erreichen der Laichreife wieder in die Heimatflüsse aufsteigen. Die Nahrung besteht im Süßwasser zunächst aus Kleinkrebsen und Insekten, später aus Fischen (LADIGES & VOGT 1979; TEROFAL 1984).

Die ehemaligen Laichgebiete des Lachses im Rhein lagen vor allem in den schnell fließenden Zuflüssen der Gebirgs- und Mittelgebirgsregion. Nennenswerte Laichplätze im Strom selber fand der Lachs nur im Bereich des südlichen Oberrheins. Max von dem BORNE (1883) verdanken wir eine ausführliche Darstellung der ehemaligen Laichgewässer des Lachses, welche in Tabelle 5.3–12 zusammengestellt wurden. Hier muß beachtet werden, daß zu Zeiten v.d. BORNEs die Aufstiege in die Rheinzuflüsse schon vielfach durch Wehranlagen und durch Wasserverschmutzung im Unterlauf behindert waren. Die mit einem Ausrufungszeichen (!) markierten Zuflüsse waren ehemals besonders wichtige Laichgewässer.

Tabelle 5.3–12. Ehemalige Laichgewässer des Lachses (nach v.d. BORNE 1883).

Rheinabschnitt	Zufluß
Hochrhein	Thur, bis Unter-Toggenburg Töss, Mündungsbereich Glatt, bis Glattfelden (Wehr) Aare, bis Thun (Wehr) und die Aarezuflüsse Saane, Grosse Emme, Reuss, Limmat Wutach, bis Thiengen
Oberrhein	Ill (ehemals, seinerzeit schon erschwert) Wiese, bis Schopfheim Kanderbach, bis Eimeldingen Elz (ehemals, seinerzeit schon erschwert) Kinzig, ehemals bis Wolfach Rench, bis Memprechtshofen (Wehr) Murg ! Neckar Main, ehemals waren Lachse im Main häufig, wanderten bis Bamberg, zu Zeiten v.d. BORNEs (1883) schon sehr selten!
Mittelrhein	Nahe Mosel, bis Metz (Schleusen) und Moselzuflüsse, v.a. Sauer mit deren Nebenbächen ! Nette (ehemals) Ahr (ehemals) Lahn (ehemals) Saynbach Wied (ehemals) Kasbach
Niederrhein	Sieg ! und deren Zuflüsse (seinerzeit schon erschwert) Wupper Ruhr (ehemals, seinerzeit schon erschwert)

Veränderungen im Fischbestand und heutiger Zustand. Der Rhein war ehemals ein arten- und individuenreiches Fischgewässer. Durch die vielfältigen anthropogenen Nutzungen kam es zu erheblichen Auswirkungen auf die Fischfauna des Rheins, welche sich ebenso wie beim Makrozoobenthos (vgl. Kap. 5.3.2) im Rückgang der Artenzahlen und in der Veränderung der Zusammensetzung der Zoozönose äußerte.

Da für die historische Entwicklung der Fischfauna etliche Literatur zur Verfügung steht, soll hier eine detaillierte Beschreibung der regional unterschiedlichen Bestandsänderungen vorgenommen werden. Den Tabellen 5.3–17 bis 5.3–20 ist die Veränderung der Fischfauna von Hoch-, Ober-, Mittel- und Niederrhein in mehreren Zeitphasen zu entnehmen.

Die Tabelle 5.3–13 zeigt die heutige Zusammensetzung der Fischfauna der Rheinabschnitte am Ober-, Mittel- und Niederrhein nach der neuesten fischereilichen Ergebung zwischen Basel und Emmerich (LELEK & KÖHLER 1989).

Die in fischereilichen Verhältnisse am *Hochrhein* waren bis Ende des 19. Jahrhunderts maßgebend, wenn auch die ersten Bestandseinbußen, insbesondere beim Lachs, sich bereits seit Mitte dieses Jahrhunderts abzeichneten. Schon v.d. BORNE (1883) führte an, daß der Hochrhein unterhalb des Rheinfalls bis Basel fischereilich unter den Verunreinigungen durch Fabriken zu leiden habe. Im Katalog der Fischausstellung in Basel im Jahre 1891 heißt es auf S. 135: „Von keiner Seite wird bestritten, daß der Fischreichtum unserer Gewässer abgenommen hat." (zitiert nach STEINMANN 1923, S. 8). Als fischereilich schädlich erkannte man Wasserverschmutzung, Errichtung von Wehren und Schleusen, Absperrung der Altwässer, Überfischung, Dampfschiffahrt und Fischepidemien.

In der ersten Hälfte des 20. Jahrhunderts kam es durch den Staustufenbau zu gravierenden Veränderungen in Hydrologie und Morphologie des Flusses (vgl. Kap. 3.1). Dies führt auch zu einer Faunenverschiebung. Insgesamt gesehen gingen die Bestände der strömungsliebenden Fischarten, neben Forelle, Äsche, Nase auch Schneider, Strömer und Schmerle zurück. Die Lebensbedingungen der Stillwasserarten wie Brachsen, Blicke, Plötze dagegen verbesserten sich durch den Aufstau (STEINMANN 1923).

Die Stauhaltungen selbst müssen nochmals differenziert betrachtet werden. In den nur wenige Kilometer langen Stauabschnitten gibt es Bereiche mit Geschiebetrieb (Stauwurzelbereich) und stillwasserähnliche Bereiche mit Geschiebe-, Sand- und Schluffablagerungen (Oberwasser der Wehre). Dies führt zu einer Zusammendrängung von ursprünglich großen Salmoniden- und Cyprinidenabschnitten auf kürzere Abschnitte. Durch die Sedimentablagerung und die Verdichtung der Flußsohle im Staubereich gehen den Kieslaichern die Laichplätze verloren. Besonders betroffen sind davon Lachs, Forelle und Äsche, welche beim Laichen Gruben in den Kiesgrund schlagen. KRIEGSMANN (1969) gibt den Verlust der Forellenlaichplätze am Hochrhein mit 90 % an. Rheophile Salmoniden und Cypriniden finden im Bereich der Stauwurzel noch hinreichende Aufwuchsbedingungen, doch die Fläche der nötigen Fortpflanzungshabitate ist stark reduziert worden.

Anstelle der ehemaligen Äschen- und Äschen-/Barbenregion liegt heute also eine Kette alternierender Salmoniden- und Cyprinidenabschnitte vor. Dadurch wird eine ehemals zusammenhängende Flußfischpopulation in eine Vielzahl kleiner und damit gegenüber Umweltbelastungen empfindlicheren Teilpopulationen aufgeteilt.

Die Durchwanderbarkeit des Rheins wurde durch die Stauregulierung weitgehend eingeschränkt, was sowohl zu Lasten der Lang- als auch der Kurzstreckenwanderer geht. Trotz vorhandener Fischpässe wird an jedem Wehr die Fischwanderung behindert, wenn auch die Fischtreppen von den verschiedenen Fischarten

Tabelle 5.3–13. Heutige Zusammensetzung der Fischfauna in verschiedenen Rheinabschnitten (nach LELEK & KÖHLER 1989).

Südlicher Oberrhein				Nördlicher Oberrhein			
Anzahl		Gewicht		Anzahl		Gewicht	
Habel	28,2 %	Döbel	26,0 %	Rotauge	48,0 %	Rotauge	37,5 %
Rotauge	24,3 %	Brachsen	19,0 %	Ukelei	21,2 %	Brachsen	14,8 %
Ukelei	18,5 %	Aal	11,0 %	Brachsen	16,6 %	Aal	12,5 %
Döbel	8,3 %	Hecht	10,1 %	Aal	3,6 %	Karpfen	6,0 %
Aal	4,9 %	Rotauge	8,2 %	Flußbarsch	3,4 %	Hecht	5,8 %
Flußbarsch	4,7 %	Habel	6,8 %	Blicke	3,1 %	Zander	5,2 %
Sonstige	3,3 %	Nase	6,8 %	Sonstige	2,9 %	Döbel	4,7 %
Brachsen	3,0 %	Sonstige	3,0 %	Döbel	1,2 %	Ukelei	4,7 %
Nase	2,0 %	Zander	2,9 %			Flußbarsch	3,2 %
Gründling	1,7 %	Ukelei	2,6 %			Blicke	2,8 %
Hecht	1,1 %	Flußbarsch	1,8 %			Sonstige	1,6 %
		Karpfen	1,8 %			Nase	1,3 %
Mittelrhein				**Niederrhein**			
Ukelei	43,6 %	Rotauge	40,7 %	Ukelei	37,1 %	Rotauge	45,1 %
Rotauge	35,6 %	Brachsen	20,3 %	Rotauge	25,6 %	Brachsen	12,9 %
Brachsen	8,4 %	Aal	10,5 %	Brachsen	12,2 %	Aal	11,9 %
Aal	4,2 %	Döbel	5,7 %	Aal	7,1 %	Zander	10,8 %
Sonstige	3,2 %	Ukelei	5,5 %	Flußbarsch	5,3 %	Flußbarsch	4,5 %
Flußbarsch	3,0 %	Hecht	3,8 %	Hasel	4,8 %	Blicke	4,3 %
Habel	2,0 %	Nase	3,6 %	Sonstige	4,2 %	Ukelei	3,8 %
		Flußbarsch	3,5 %	Gründling	2,5 %	Sonstige	3,3 %
		Habel	2,3 %	Döbel	1,2 %	Hasel	1,9 %
		Zander	2,1 %			Döbel	1,5 %
		Sonstige	2,0 %				

unterschiedlich akzeptiert werden (STEINMANN 1923; KRIEGSMANN 1969). Auch die Wiederkehr selten gewordener Arten aus Zuflüssen, wie z.B. des ehemals so charakteristischen Strömers, wird durch die Staustufen erschwert.

Zunehmende Eutrophierung und stoffliche Belastungen der Gewässer in den letzten Jahrzehnten verringerten weiter die Salmonidenbestände und begünstigten die Ausbreitung unempfindlicher Cypriniden. Die Auswirkung der Schadstoffbelastung auf den Fischbestand läßt sich am Beispiel der Äschenbestände gut verfolgen. In den sechziger Jahren gingen die Äschenbestände mit steigender Abwasserbelastung stark zurück und verschwanden in zahlreichen Flußabschnitten. Seitdem Mitte der siebziger Jahre zahlreiche Kläranlagen in Betrieb genommen wurden, läßt sich eine zunehmende Erholung der Bestände feststellen (BERG 1987).

Betrachtet man die heutigen Fischbestände, so muß beachtet werden, daß wegen der intensiven Besatzmaßnahmen keine den natürlichen Gegebenheiten entsprechenden Verhältnisse vorliegen. Nach Daten, welche das schweizerische Bundesamt für Umweltschutz (Bern) zur Verfügung gestellt hat, werden am Hochrhein Forellen, Regenbogenforellen, Äschen, Karpfen, Zander und Schleien eingesetzt. Gegenüber der Aufstellung im Sondergutachten des Rates von Sachverständigen für Umweltfragen (SRU 1976) zeigt sich, daß keine Aale mehr eingesetzt werden. Dagegen sind die Besatzmaßnahmen von Bachforellen, Regenbogenforellen und Äschen bis auf das 2,5-fache gestiegen.

Im Auftrag der Deutsch-Schweizerischen Fischereikommission wird z.Zt. eine eingehende Untersuchung zur fischereilichen Situation am Hochrhein durchgeführt, um Möglichkeiten zu finden, über Biotopveränderungen und Bewirtschaftungsmaßnahmen die fischereilichen Verhältnisse zu verbessern.

Die erste wesentliche Änderung in der Zusammensetzung der Fischfauna des *Oberrheins* geschah durch die TULLA'sche Oberrheinkorrektion im 19. Jahrhundert (vgl. Kap. 3). Dies und die zunehmende Gewässerverunreinigung äußerten sich nach und nach vor allem im Rückgang der Lachsbestände. Auch Forellen und Äschen wurden am südlichen Oberrhein immer seltener. Der ehemals zur Übergangszone der Äschen-/Barbenregion zählende südliche Oberrhein wandelte sich zur Barbenregion (KRIEGSMANN 1970). Doch insgesamt erlaubte die weitgehend durchlässige kiesige Flußsohle zuerst noch den kieslaichenden Fischarten eine Fortpflanzung und das noch bestehende Altrheinsystem diente als Brut- und Aufwuchsstätte. Die fortschreitende Grundwasserabsenkung führte jedoch dazu, daß die Altrheine nach und nach die ständige Verbindung mit dem Hauptstrom verloren und langsam verlandeten. Die in der Folgezeit veränderten Strömungsverhältnisse im Hauptstrom sowie die Schiffahrt trugen zur weiteren Reduzierung der Laichplätze bei. Durch die Baumaßnahmen im 20. Jahrhundert (vgl. Kap. 3) erfuhr der Oberrhein weitere einschneidende Veränderungen und somit auch seine Fischfauna.

Am *südlichen Oberrhein* ist zwischen Rheinseitenkanal, Restrhein, Rheinstauen und Altarmsystem zu unterscheiden (KRIEGSMANN 1970). Infolge der vorherrschenden unterschiedlichen Lebensbedingungen beherbergen diese Lebensräume auch verschiedenartige Fischbestände. Der Rheinseitenkanal wird im wesentlichen vom Aal und von anspruchslosen Cypriniden besiedelt. In den zusammenhängenden Restrheinstrecken des südlichen Oberrheins treten aufgrund einer größeren Biotopvielfalt neben krautlaichenden Arten wie Plötze und Ukelei auch kieslaichende Arten wie Döbel, Nase, Barbe und Äsche wieder häufiger auf und kennzeichnen die Übergangsstellung zum Hochrhein. Für die Staubereiche gilt das am Hochrhein Dargestellte. Nach den neuesten von LELEK & KÖHLER (1989) durchgeführten Bestandserhebungen dominieren am südlichen Oberrhein Hasel, Plötze, Ukelei und Döbel. Die Individuenhäufigkeiten von Plötze, Ukelei und Brachsen, welche als häufigste Fischarten in den Abschnitten des nördlichen

Oberrheins, des Mittelrheins und des Niederrheins zusammen stets über 75 % betragen, erreichen am südlichen Oberrhein lediglich 46 %, wodurch dieser sich deutlich von der flußabwärts gelegenen Rheinstrecke unterscheidet.

Im *nördlichen Oberrheinabschnitt* blieb der Rhein mit seinen Nebengewässern weiterhin erhalten. Zu den Nebengewässern zählen die Altrheine und die durch den Kiesabbau entstandenen Baggerseen mit Rheinanschluß. Die dominierenden Fischarten sind heute Plötze, gefolgt von Ukelei und Brachsen, welche bei den Untersuchungen von LELEK & KÖHLER (1989) nach der Individuenhäufigkeit ca. 86 % des Fischbestandes bilden. Besonders die Flußabschnitte mit Verbindung zu Altwässern und Seitenarmen weisen gute Bestände mit Schleien, Karpfen, Hecht, Barsch und Zander auf. Die immense Bedeutung der Altwässer als Laich-, Aufwuchs- und Ruhebereiche wurde von LELEK (1978b, 1979, 1983) mehrfach hervorgehoben.

Die Veränderung der Fischfauna am *Mittelrhein* ist folgendermaßen zu beschreiben. Die typischen Wanderfische sind verschwunden. Der Leitfisch der Region, die Barbe, bildete wohl nur noch bis in die fünfziger Jahre entsprechende Bestände (JENS 1952). Bei elektrofischereilichen Untersuchungen am südlichen Mittelrhein (ROTH, J. 1987b) und am nördlichen Mittelrhein (MICHLING 1988) wurden keine bzw. nur wenige Barben gefunden. Nach LELEK & KÖHLER (1989) ist die Ukelei die dominierende Art, gefolgt von Plötze, Brachsen und Aal. Ukelei, Plötze und Brachsen bilden zusammen ca. 88 % des Fischbestandes bezogen auf die Individuenhäufigkeit.

Bedingt durch die steigende Abwasserbelastung und durch die wasserbaulichen Maßnahmen blieben auch am *Niederrhein* die Wanderfische - außer dem Aal - nach und nach aus. Die typischen Flußfische zeigten deutliche Bestandseinbußen, wie schon BÜRGER (1926) anführte. Dies hatte erhebliche Konsequenzen für die Flußfischerei (vgl. Kap. 3.2). Schon 1924 war der Staat wegen der Wertminderung der Fischerei gezwungen, bei Neuverpachtungen die Pacht erheblich zu senken. Dieser Trend setzte sich in den fünfziger und sechziger Jahren durch die Gewässerverschmutzung so drastisch fort, daß stellenweise sogar eine biologische Verödung eintrat.

Gegenüber den fünfziger und sechziger Jahren haben sich heute vor allem die Bestände der anspruchslosen euryöken Arten erholt. Die Dominanz einiger weniger anspruchsloser Arten ist hier ebenso wie an anderen Rheinabschnitten charakteristisch. Bei den elektrofischereilichen Untersuchungen von MICHLING (1988) sowie LELEK & KÖHLER (1989) bildeten nur vier Arten, nämlich Ukelei, Plötze, Brachsen und Aal ca. 85 % bzw. 82 % des Fischbestandes. Weiterhin bilden Barsch, Hasel, Zander und Gründling im Unterschied zum nördlichen Oberrhein und Mittelrhein nennenswerte Bestände. Das Vorkommen von Karpfen, Schleie und Hecht ist von Besatzmaßnahmen abhängig, da die natürliche Vermehrung eine Bestandserhaltung nicht ermöglicht (MICHLING 1988). Allerdings zeigt die Untersuchung MICHLINGs (1988), daß sich die Bestandssituation auch einiger anspruchsvollerer Arten verbessert hat. Hierzu gehören Nase, Barbe, Meerforelle und Flunder. Diese Entwicklung wird als Erfolg der verbesserten Wasserqualität gewertet.

Gesamtbilanz der Veränderungen des Fischbestandes. Um 1800 beherbergte der Rhein 49 Fischarten (Tabelle 5.3-16, S. 289). Dabei wurde auch der Giebel mitgezählt, welcher im 18. Jahrhundert im Rhein eingebürgert wurde, sowie Arten berücksichtigt, welche als „Irrgäste" immer wieder im Hochrhein und südlichen Oberrhein auftauchten (Renken, Seeforellen, Wandersaibling). Das ursprüngliche Vorkommen von Rapfen (Aspius aspius) und Moderlieschen (Leucaspius delineatus) ist umstritten. Somit ist bei der Vernachlässigung der „Irrgäste" und der umstrittenen Arten von einem Minumumbestand von 43 Arten auszugehen.

Bei Berücksichtigung aller aktuellen Daten werden derzeit 43 Arten nachgewiesen, allerdings meist in Beständen, die weit unter den natürlichen Bestandsdichten liegen und die oft nur lokal verbreitet sind. Dazu gehören z.B. vier Wanderfischarten, die lange Zeit nicht mehr nachgewiesen wurden, heute jedoch zumindest in bestimmten Rheinabschnitten wieder mehr oder weniger regelmäßig vorkommen:

Meerneunauge: Mehrfach im Niederrhein nachgewiesen (TITTIZER & SCHLEUTER, M. 1987; MICHLING 1988). Vom nördlichen Oberrhein sind nur Einzelnachweise bekannt (KINZELBACH, R. 1985c; LELEK & KÖHLER 1989).

Flußneunauge: Nach Angaben eines Schokkerfischers zumindest am Niederrhein nie ganz verschwunden, nur sehr selten; MICHLING 1988.

Meerforelle: Etwa seit 1980 wurden einzelne Exemplare gemeldet, scheint jetzt selten, aber regelmäßig am gesamten Rhein bis Iffezheim vorzukommen (u.a. MICHLING 1988; ROTH, J. 1987b). Es besteht aber die Möglichkeit, daß es sich bei manchen Meldungen um Verwechselungen mit großen Bachforellen handelt.

Flunder: Einzelfunde am Oberrhein seit 1987 (ROTH, J. 1987b). Von MICHLING 1986/87 mehrfach am unteren Niederrhein nachgewiesen.

Es existieren Meldungen für einige Wanderfische, die seit den fünfziger Jahren restlos verschwunden schienen, in letzter Zeit jedoch immer wieder vereinzelt gefunden worden sind. So der Maifisch (Einzelfunde im Rhein bei Iffezheim und Helmlingen; BERG et al. 1989), die Finte (Einzelfunde am nördlichen Oberrhein; ROTH, J. 1987b; BERG et al. 1989) und der Nordseeschnäpel (Einzelfunde am nördlichen Oberrhein; ROTH, J. 1987b). Derartige Einzelmeldungen sind jedoch noch keine Beweise dafür, daß diese ehemals in großen Beständen vorgekommenen Arten wieder im Rhein heimisch geworden sind. Sie sind eher als sporadische Irrgäste zu betrachten (BERG et al. 1989). Auch die Bachneunaugenbestände gelten - bis auf Einzelfunde - als erloschen (BERG et al. 1989; LELEK & KÖHLER 1989).

Für den Stör und den Lachs gibt es seit langem keine Nachweise mehr. Der letzte sichere Störnachweis stammt von 1942 für den Niederrhein (BÖCKING 1981). Letzte Meldungen für das Vorkommen einzelner Lachse stammen aus den siebziger Jahren (JENS 1978b; BÖVING 1981; CAZEMIER 1984). Die in den achtziger Jahren gemeldeten Lachsfänge erwiesen sich immer wieder als Fehlbestimmungen (BERG et al. 1989; LELEK & KÖHLER 1989). Als Folge der Besatzmaßnahmen im Rahmen des Aktionsprogramms Lachs 2000 kehrten 1994 die ersten Lachse zum Laichen zurück in ihr heimatliches Gewässer, die Sieg mit ihren Zuflüssen.

Eine Gegenüberstellung historischer und heutiger Bestandszahlen ergibt für den Gesamtrhein folgende Bilanz:

	um 1800	heute
maximale Anzahl der einheimischen Fischarten	49 (43)	43
davon Wanderfische	10	5

Die Betrachtung der Gesamtzahlen allein ist jedoch irreführend und gestattet keine objektive Bilanzierung der Fischbestände. Aus diesem Grund wird im folgenden eine Beurteilung auf der Basis der strukturellen Veränderungen der Fischbestände vorgenommen.

Dominierende Fischarten sind die ökologisch wenig spezialisierten Arten wie Plötze, Ukelei und Brachsen, welche im gesamten deutschen Rheinabschnitt, bezogen auf die Individuenhäufigkeit, rund 75% des Fischbestandes bilden (LELEK & KÖHLER 1989).

Vom Menschen eingebracht wurden insgesamt mindestens 25 Arten (LELEK 1978a, 1983; KINZELBACH 1988), welche in der Tabelle 5.3-14 aufgelistet sind. Die Hälfte dieser Arten kamen oder kommen nur sporadisch vor. Die meisten von ihnen können ohne menschliche Hilfe (Besatzmaßnahmen) nicht überleben. Nur Giebel, Zwergwels, Sonnenbarsch und Zander pflanzen sich ohne menschliche Hilfe fort. Der Zander ist zudem ein wirtschaftlich bedeutender Fisch geworden.

Als Folge der fischereiwirtschaftlichen Besatzmaßnahmen ist es zu einem bedenklich hohen Raubfischanteil (vor allem Aal, Hecht, Zander und Flußbarsch) im Rhein bzw. einzelnen Rheinabschnitten gekommen (MEINERT 1985a,b; LELEK & PELZ 1986; MICHLING 1988). Auch wenn die Interaktionen zwischen Raubfisch- und Beutefischpopulationen noch nicht ausreichend geklärt sind, sollte dieser Aspekt beachtet werden, denn ein zu hoher Raubfischanteil kann bedenklich sein, z.B. hinsichtlich der Entwicklungschancen der Jungfische.

Nach LELEK & KÖHLER (1989) zeigen innerhalb der Biotoptypen die Alt- und Nebengewässer den höchsten Bestand an Raubfischen. Aal, Hecht, Zander und Flußbarsch erreichen hier zusammen einen Anteil von über 46 % bei der Betrach-

Tabelle 5.3–14. Liste der nach 1800 in den Rhein eingebrachten Fischarten.

Lachsartige (Salmonidae)
Huchen (Hucho hucho)[a]
Sibirischer Lachs (Oncorhynchus kisutch)
Pazifiklachs (Oncorhynchus tschawytscha)[a]
Regebogenforelle (Salmo gairdneri)[a]
Bachsaibling (Salvelinus fontinalis)[a]
Amerikanischer Saibling (Salvelinus namaycusch)
Karpfenartige (Cyprinidae)
Giebel (Carassius auratus)[a]
Goldorfe (Leuciscus idus ssp.)
Graskarpfen (Ctenopharyngodon idella)[a]
Silberkarpfen (Hypophthalmichthys molitrix)[a]
Blaubandbärbling (Pseudaspora parva)[a]
Marmorkarpfen (Aristichthys nobilis)
Zährte (Vimba vimba)[a]
Zwergwelse (Ictaluridae)
Zwergwels (Ictaluras melas)[a]
Sonnenbarsche (Centrarchidae)
Sonnenbarsch (Lepomis gibbosus)[a]
Schwarzbarsch (Micropterus dolomieu)[a]
Forellenbarsch (Micropterus salmoides)[a]
Barsche (Percidae)
Zander (Lucioperca lucioperca)[a]
Buntbarsche (Cichlidae)
Pfauenauge-Buntbarsch (Astronotus ocellatus)[a]
Natal-Cichlidae (Tilapia mosambica)
Guppy (Poecilia reticulata)
Moskitofisch (Gambusia affinis)

[a]Von LELEK & KÖHLER (1989) im Untersuchungszeitraum 1987–1988 nachgewiesen.

tung der Gewichtsverteilung (Tabelle 5.3–15). Im Strom selbst wurde ein relativ konstanter Anteil der Raubfische von 25 % bei der Gewichtsverteilung festgestellt, wobei der Aal ungefähr die Hälfte des Bestandes stellte. MICHLING (1988) stellte für den Niederrhein bei seinen Untersuchungen einen noch höheren Raubfischanteil fest. Er beurteilt vor allem den Anteil der Aale als bedenklich hoch und führt diesen auf die intensiven Besatzmaßnahmen in den Nebenflüssen des Rheins zurück, welche in der Vergangenheit sehr intenisiv betrieben wurden.

Nach MICHLING findet eine Selbstregulation der Aalbestände wie bei anderen Raubfischarten nicht statt. Da der Aal auch kein obligatorischer Raubfisch ist, sondern auch auf andere verfügbare Nahrung (Kleinlebewesen) ausweichen kann,

Tabelle 5.3–15. Individuenhäufigkeit und Gewichtsverteilung bei den Fischartengemeinschaften verschiedener Biotoptypen des Rheins (nach LELEK & KÖHLER 1989).

Strom: Uferlinie, Inseln und Buhnen				Restrhein			
Anzahl		Gewicht		Anzahl		Gewicht	
Rotauge	36,7 %	Rotauge	44,7 %	Hasel	36,3 %	Döbel	36,2 %
Ukelei	34,0 %	Brachsen	17,4 %	Rotauge	17,6 %	Brachsen	20,4 %
Hasel	8,6 %	Aal	5,9 %	Ukelei	14,3 %	Aal	10,8 %
Brachsen	5,9 %	Ukelei	5,7 %	Döbel	13,2 %	Hecht	8,0 %
Aal	3,9 %	Hasel	5,2 %	Aal	5,2 %	Rotauge	7,7 %
Flußbarsch	2,6 %	Zander	4,5 %	Sonstige	3,8 %	Zander	5,0 %
Sonstige	1,9 %	Döbel	4,4 %	Brachsen	3,1 %	Hasel	4,2 %
Blicke	1,9 %	Nase	3,8 %	Gründling	2,3 %	Nase	3,6 %
Gründling	1,9 %	Sonstige	3,6 %	Rotfeder	1,6 %	Sonstige	2,3 %
Döbel	1,4 %	Flußbarsch	1,7 %	Flußbarsch	1,4 %	Flußbarsch	1,7 %
Nase	1,2 %	Blicke	1,6 %	Elritze	1,2 %		
		Wildkarpfen	1,5 %				
Ausgebaute Hafenanlagen				Mündungsbereiche			
Rotauge	57,7 %	Rotauge	63,2 %	Ukelei	40,9 %	Rotauge	33,1 %
Brachsen	28,0 %	Brachsen	13,3 %	Rotauge	25,2 %	Brachsen	12,5 %
Blicke	3,9 %	Aal	12,0 %	Brachsen	12,6 %	Aal	9,8 %
Ukelei	3,9 %	Flußbarsch	4,0 %	Flußbarsch	5,1 %	Döbel	9,8 %
Flußbarsch	2,4 %	Schleie	2,6 %	Aal	5,0 %	Zander	7,7 %
Aal	2,1 %	Hecht	2,0 %	Hasel	4,2 %	Flußbarsch	5,4 %
Sonstige	2,0 %	Ukelei	1,9 %	Döbel	2,3 %	Blicke	5,2 %
		Blicke	1,0 %	Sonstige	2,3 %	Ukelei	4,9 %
				Blicke	1,3 %	echt	3,7 %
				Gründling	1,1 %	Nase	3,0 %
						Sonstige	3,0 %
						Hasel	2,0 %

Tabelle 5.3–15 (Fortsetzung)

Nebengewässer und Altwässer			
Anzahl		Gewicht	
Rotauge	40,0 %	Rotauge	22,3 %
Ukelei	22,8 %	Aal	22,3 %
Brachsen	15,0 %	Brachsen	15,8 %
Aal	7,1 %	Hecht	12,5 %
Flußbarsch	5,7 %	Zander	6,4 %
Sonstige	5,4 %	Wildkarpfen	5,0 %
Hasel	3,0 %	Flußbarsch	4,9 %
Gründling	1,1 %	Döbel	3,8 %
		Ukelei	2,4 %
		Sonstige	1,8 %
		Blicke	1,7 %
		Schleie	1,1 %

wird er zudem zu einem ernstzunehmenden Nahrungskonkurrenten für andere Fischarten des Stromes. Angesichts der Tatsache, daß die Fortpflanzungsbedingungen im Strom für viele Fischarten ungünstig sind und der Aal als ausgesprochener Laichräuber bekannt ist, wird der negative Einfluß zu hoher Aalbestände auf den Gesamtfischbestand im Rhein sehr deutlich. MICHLING (1988) stellte fest, daß Aale oft mehr als 50 % der Individuenmenge in typischen Laichrevieren wie z.B. überschwemmten Uferbereichen ausmachten. Ähnliche Beobachtungen machten auch LELEK & PELZ (1986) im Bereich des nördlichen Oberrheins und des südlichen Mittelrheins sowohl im Strom als auch in den Altarmen. LELEK & KÖHLER (1989) nehmen an, daß die hohe Bestandsminderung der Aale am südlichen Oberrhein infolge des Sandoz-Unfalls durch eine erstaunlich hohe Wiederbesiedlung aus den Neben- und Altwässern sowie aus Zuflüssen teilweise bereits kompensiert ist. Durch den im beträchtlichen Maße durchgeführten Glasaalbesatz ist nach Ansicht der letztgenannten Autoren in Zukunft sogar mit einer erheblichen Vergößerung der Bestände zu rechnen.

Interessant sind die Ergebnisse von LELEK & KÖHLER (1989) auch hinsichtlich der Fischartengemeinschaften in verschiedenen Biotoptypen des Rheins (Tabelle 5.3–15). Es zeigte sich eine deutlich höhere Arten-Diversität in naturnaheren Biotoptypen (Nebengewässer und Altwässer, Restrhein, Mündungsbereiche der Nebenflüsse) als in anthropogen stark beeinflußten Bereichen des Rheins (Rheinstrom, ausgebaute Hafenanlagen).

Als Resultat der intensiven anthropogenen Nutzung des Rheins ist die ursprüngliche fischereibiologische Gliederung des Stromes verlorengegangen. Ungeachtet lokaler Unterschiede sind heute die Fischgemeinschaften des nördlichen Oberrheins sowie des Mittel- und Niederrheins nahezu gleichartig zusammengesetzt.

Fazit. Die bloße Anzahl der Arten hat sich zwar nicht wesentlich verändert und zeigt heute sogar eine steigende Tendenz, das Verschwinden einiger charakteristischer Wanderfischarten wie z.B. das von Lachs und Maifisch sowie der starke Bestandsrückgang ehemals typischer Standfische wie z.B. der Barbe, sind jedoch deutliche Zeichen einer negativen Bestandsänderung.

Die Ursache für die Bestandsänderung ist multifaktoriell. Wesentliche Faktoren sind zu nennen: Gewässerverschmutzung, wasserbauliche Maßnahmen, Schiffahrt, Überfischung und fischereilische Bewirtschaftung.

Der extreme Rückgang der Fischbestände bis zur Verödung ganzer Stromstrecken in den fünfziger bis siebziger Jahren dieses Jahrhunderts wurde hauptsächlich durch die *Gewässerverschmutzung* verursacht. Durch die Verbesserung der Wasserqualität kam es ab Ende der siebziger Jahre zu einer Erholung der Bestände.

Die *wasserbaulichen Maßnahmen* (Errichtung von Wehren im Strom und in den Zuflüssen, Uniformierung der Ufer- und Flußbettstruktur) trugen durch die Zerstörung und Trennung der Laichgebiete vom Hauptstrom zum Bestandsrückgang aller Fischarten bei. Durch Beseitigung von Kies- und Sandbänken sowie durch Uferbefestigungen wurden die im Strom laichenden Kieslaicher so stark betroffen, daß z.B. ehemals für ganze Strombereiche charakteristische Vertreter wie die Barbe nur noch in geringen Beständen vorkommen. Durch die Trennung vieler Altrheine vom Rhein sowie durch den Rückgang der Makrophyten im Uferbereich verloren krautlaichende Arten Laichgebiete. Nicht zu unterschätzen ist auch der Verlust von Refugial-, Ruhe- und Aufwuchsräumen durch das Abschneiden vieler Altrheine sowie durch die Beseitigung von Unterständen und Kolken im Strombereich. Der Bau von Wehren im Rhein selbst wie in dessen Zuflüssen hat wesentlich zum Bestandszusammenbruch bei den „Langstreckenwanderern" wie Lachs- und Meerforelle beigetragen. Doch auch für viele andere Flußfische, die auf Laich-, Nahrungs- oder Kompensationswanderungen angewiesen sind wie z.B. die Nase, wurden dadurch die Wege verbaut. In den großen Flußstauen am Hoch- und Oberrhein ist die Lebensraumstruktur so verändert worden, daß ortstypische Flußfische, wie z.B. Vertretern der Salmoniden, ein Fortbestand unmöglich ist.

Die mechanische Belastung durch die *Schiffahrt* (Wellenschlag, Schraubenstrahl) verschlechtert die Laich- und Aufwuchsbedingungen der stromlaichenden Fischarten. Weiterhin wird dadurch die Ausbildung von Makrophytenbeständen verhindert, welche krautlaichenden Arten Laichsubstrat bieten. Die Lärmentwicklung und die durch die Schiffsschrauben erzeugte Turbulenz führt zusätzlich noch zur Beunruhigung der Fische (TRAHMS 1955a).

Die Einflüsse, die von der Fischerei selbst ausgingen, sind *Überfischung* und *Bewirtschaftungsmaßnahmen*. Die überintensive Befischung trug in erheblichem Maße zu Ausfällen bei einigen Wanderfischarten (z.B. Maifisch) bei (SELIGO 1926; JENS mdl. Mitt.). Die Überfischung, die ehemals Anlaß zu zwischenstaatlichen Abkommen war, spielt heute keine Rolle mehr. Heute sind eher fischereiliche Bewirtschaftungsmaßnahmen von Bedeutung. Mehrere Autoren (MEINERT 1985a,b; LELEK & PELZ 1986; MICHLING 1988) stellten bei fischereilichen Untersuchungen einen bedenklich hohen Raubfischanteil insbesondere des Aales im Rhein bzw. in einzelnen Rheinabschnitten fest. Bedenklich ist dies hinsichtlich der Entwicklungschancen des Jungfischbestandes. Angesichts der Tatsache, daß die Fortpflanzungsbedingungen im Strom ungünstig sind und der Aal als ausgesprochener Laichräuber bekannt ist, wird der negative Einfluß zu hoher Aalbestände auf den Gesamtfischbestand im Rhein deutlich.

Abschließend bleibt festzuhalten, daß als Resultat der anthropogenen Nutzung des Rheins, die natürliche fischereibiologische Zonierung verloren gegangen ist und der Fischbestand vor allem flußabwärts des südlichen Oberrheins nun durch eine mehr oder weniger angepaßte homogene Fischfauna geprägt wird.

Tabelle 5.3–16. Ursprüngliche und heutige Verbreitung der Fische im Rhein.

Taxa	Hochrhein		Oberrhein		Mittelrhein		Niederrhein	
	um 1920	um 1988	um 1920	um 1988	um 1920	um 1988	um 1920	um 1988
Neunaugen (Petromyzontidae)								
Meerneunauge (Petromyzon marinus L.) W	*	–	*	(*)	*	–?	**	*
Flußneunauge (Lampetra fluviatilis L.) W	**	–	**	(*)	**	–?	**	*
Bachneunauge (Lampetra planeri BL.)	**	(*)I	*	(*)I	**	–	–	–
Störe (Acipenseridae)								
Stör (Acipenser sturio L.) W	(*)	–	*	–	*	–	**	–
Heringsfische (Clupeidae)								
Maifisch (Alosa alosa L.) W	**	–	***	(*)?	***	–?	***	–?
Finte (Alosa fallax LAC.) W	?	–	**?	(*)?	**	–?	**	–?
Lachsfische (Salmonidae)								
Lachs (Salmo salar L.) W	***	–	***	–	***	–	***	–
Meerforelle (Salmo trutta L.) W	?	–	**	*	**	*	**	*
Bachforelle (Salmo trutta f. fario L.)	**	**	**	*	**	*	–	(*)
Seeforelle (Salmo trutta f. lacustris L.) I	(*)	(*)	(*)	–	–	–	–	–
Seesaibling (Salvelinus alp. salv. L.) I	(*)	(*)	(*)	–	–	–	–	–
Äschen (Thymallidae)								
Äsche (Thymallus thymallus L.)	***	**	**	*	*	–	–	(*)
Stinte (Osmeridae)								
Stint (Osmerus eperlanus L.) W	–	–	–	–	–	–	(*)	(*)
Renken (Coregonidae)								
Renke (Coregonus sp.) I	(*)	(*)	(*)	*	–	–	–	–
Schnäpel (Coregonus oxyrhynchus L.) W	–	–	(*)?	(*)?	*	?	**	–
Karpfenfische (Cyprinidae)								
Plötze (Rutilus rutilus L.)	**	***	**	***	**	***	**	***
Moderlieschen (Leucaspius delineatus HECK.)	-	(*)E	-	-	-	-	?	(*)
Döbel (Leuciscus cephalus L.)	**	***	**	**	**	*	**	**
Aland (Leuciscus idus L.)	?	*	*	*	**	-	**	*
Hasel (Leuciscus leuciscus L.)	**	**	**	**	**	*	**	**
Strömer (Leuciscus souffia agassizi C.V.)	**	(*)	**	-	-	-	-	-
Elritze (Phoxinus phoxinus L.)	**	*	**	*	**	-	**	-

Tabelle 5.3–16 (Fortsetzung)

Taxa	Hochrhein		Oberrhein		Mittelrhein		Niederrhein	
	um 1920	um 1988	um 1920	um 1988	um 1920	um 1988	um 1920	um 1988
Karpfenfische (Forts.)								
Rotfeder (Scardinius erythrophthalmus L.)	*	**	**	*	**	*	**	**
Rapfen (Aspius aspius L.)	-	-	*?	(*)	*?	-	?	(*)
Schleie (Tinca tinca L.)	*	**	**	**	**	*	**	**
Nase (Chrondrostoma nasus L.)	***	**	**	*	***	*	**	*
Gründling (Gobio gobio L.)	**	**	**	**	**	*	**	**
Barbe (Barbus barbus L.)	**	**	***	*	***	*	**	*
Ukelei (Alburnus alburnus L.)	**	***	**	***	**	***	***	***
Schneider (Alburnoides bipunctatus BLOCH)	**	*	**	*	**	-	**	*
Blicke (Blicca bjoerkna L.)	*	**	**	***	**	*	***	***
Brachsen (Abramis brama L.)	*	**	**	***	**	**	***	***
Bitterling (Rhodeus sericeus amarus BL.)	?	(*)	**	*	**	-	**	-
Giebel (Carassius carassius gibelio BL.)	-	(*)	*	*	?	-	?	*
Karausche (Carassius carassius L.)	-	(*)	**	*	**	*	**	*
Karpfen (Cyprinus carpio L.)	**	**	**	**	**	*	**	*
Schmerlen (Cobitidae)								
Schmerle (Noemacheilus barbatulus L.)	**	*	**	*	**	–	**	*
Schlammpeitzger (Misgurnus fossilis L.)	–	–	**	?	**	?	–	–
Steinbeißer (Cobitis taenia L.)	?	(*)	**	*	–	–	**	(*)
Welse (Siluridae)								
Wels (Silurus glanis L.)	*	*	*	*	(*)	–	–	*E
Aale (Anguillidae)								
Aal (Anguilla anguilla L.) W	**	***	**	***	**	***	**	***
Hechte (Esocidae)								
Hecht (Esox lucius L.)	**	**	**	**	**	*	**	**
Barsche (Percidae)								
Flußbarsch (Perca fluviatilis L.)	**	**	**	**	**	**	**	**
Kaulbarsch (Gymnocephalus cernua L.)	*	*	**	*	**	*	**	*
Groppen (Cottidae)								
Groppe (Cottus gobio L.)	**	*	**	(*)	**	–	**	–

Tabelle 5.3–16 (Fortsetzung)

Taxa		Hochrhein		Oberrhein		Mittelrhein		Nieder-rhein	
		um 1920	um 1988	um 1920	um 1988	um 1920	um 1988	um 1920	um 1988
Stichlinge (Gasterosteidae)									
Zwergstichling (Pungitius pungitius L.)		–	–	–	–	**	–	**	–
Dreistachliger Stichling (Gasterosteus aculeatus L.)		*	**	**	*	**	–	**	*
Schollen (Pleuronectidae)									
Flunder (Pleuronectes flesus L.)	(W)	–	–	*	(*)	**	?	**	*
Dorschfische (Gadidae)									
Quappe (Lota lota L.)		**	**	**	*	**	–	**	*

W Wanderfisch
(W) Meeresart, welche sporadisch ins Süßwasser einwandert.
I Irrgast
E Eingebürgerte Art

*** häufig bis massenhaft
** verbreitet
* selten
(*) sehr selten, Einzelfunde
– kein Nachweis, früherer Bestand erloschen
? Befund fraglich oder Daten fehlen

Quellen: vgl. S. 270.

Tabelle 5.3–17. Veränderung der Fischfauna des Hochrheins.

Taxa		bis 1815	1815 – 1910	1910 – 1950	1950 – 1975	1975 – 1989
Neunaugen (Petromyzontidae)						
Meerneunauge (Petromyzon marinus L.)	W	*	*	–	–	–
Flußneunauge (Lampetra fluviatilis L.)	W	**	**	–	–	–
Bachneunauge (Lampetra planeri BL.)		**	**	*	–	(*)I
Störe (Acipenseridae)						
Stör (Acipenser sturio L.)	W	(*)	(*)	–	–	–

Tabelle 5.3–17 (Fortsetzung)

Taxa		bis 1815	1815 – 1910	1910 – 1950	1950 – 1975	1975 – 1989
Heringsfische (Clupeidae)						
Maifisch (Alosa alosa L.)	W	**	*	–	–	–
Finte (Alosa fallax LAC.)	W	?	?	–	–	–
Lachsfische (Salmonidae)						
Lachs (Salmo salar L.)	W	***	**	*	–	–
Meerforelle (Salmo trutta L.)	W	?	?	–	–	–
Bachforelle (Salmo trutta f. fario L.)		**	**	**	**	**
Seeforelle (Salmo trutta f. lacustris L)	I	(*)	(*)	(*)	–	(*)
Seesaibling (Salvelinus alpinus L.)	I	(*)	(*)	–	–	(*)
Äschen (Thymallidae)						
Äsche (Thymallus thymallus L.)		***	***	**	**	**
Renken (Coregonidae)						
Renke (Coregonus sp.)	I	(*)	(*)	–	(*)	(*)
Karpfenfische (Cyprinidae)						
Plötze (Rutilus rutilus L.)		**	**	**	***	***
Moderlieschen (Leucaspius delineatus HECK.)		–	–	–	?	(*)E
Döbel (Leuciscus cephalus L.)		**	**	**	**	***
Aland (Leuciscus idus L.)		?	?	–	–	*
Hasel (Leuciscus leuciscus L.)		**	**	**	*	**
Strömer (Leuciscus souffia agassizi C.V.)		**	**	**	–	(*)
Elritze (Phoxinus phoxinus L.)		**	**	?	**	*
Rotfeder (Scardinius erythrophthalmus L.)		*	*	**	**	**
Schleie (Tinca tinca L.)		*	*	**	**	**
Nase (Chondrostoma nasus L.)		***	***	**	**	**
Gründling (Gobio gobio L.)		**	**	**	**	**
Barbe (Barbus barbus L.)		**	**	***	**	***
Ukelei (Alburnus alburnus L.)		**	**	**	*?	***
Schneider (Alburnoides bipunctatus BLOCH)		**	**	**	*	*
Blicke (Blicca bjoerkna L.)		*	*	**	**	**
Brachsen (Abramis brama L.)		*	*	**	**	**
Bitterling (Rhodeus sericeus amarus BL.)		?	?	–	?	(*)
Giebel (Carassius carassius gibelio BL.)		–	–	–	–	(*)
Karausche (Carassius carassius L.)		–	–	–	–	(*)
Karpfen (Cyprinus carpio L.)		**	**	**	**	**
Schmerlen (Cobitidae)						
Schmerle (Noemacheilus barbatulus L.)		**	**	**	*	*
Steinbeißer (Cobitis taenia L.)		–	–	–	–	(*)
Welse (Siluridae)						
Wels (Silurus glanis L.)		*	*	*	*	*
Aale (Anguillidae)						
Aal (Anguilla anguilla L.)	W	**	**	**	**	***

Tabelle 5.3–17 (Fortsetzung)

Taxa	bis 1815	1815 – 1910	1910 – 1950	1950 – 1975	1975 – 1989
Hechte (Esocidae)					
Hecht (Esox lucius L.)	**	**	**	**	**
Barsche (Percidae)					
Flußbarsch (Perca fluviatilis L.)	**	**	**	**	**
Kaulbarsch (Gymnocephalus cernua L.)	*	*	–	*	*
Groppen (Cottidae)					
Groppe (Cottus gobio L.)	**	**	–?	*	*
Stichlinge (Gasterosteidae)					
Dreistachliger Stichling (Gasterosteus aculeatus L.)	*	*	*	*	**
Dorschfische (Gadidae)					
Quappe (Lota lota L.)	**	**	–	**	**
Eingebrachte Arten (nach 1800)					
Bachsaibling (Salvelinus fontinalis)					*
Regenbogenforelle (Salmo gairdneri RICH.)				**	**
Zander (Lucioperca lucioperca L.)			*	**	**
Sonnenbarsch (Lepomis gibbosus L.)				*	*
Zwergwels (Ameirus nebulosus LE SUEUR)					*

Legende s. S. 291.

Tabelle 5.3–18. Veränderung der Fischfauna des Oberrheins.

Taxa		bis 1815	1815 – 1910	1910 – 1950	1950 – 1975	1975 – 1989
Neunaugen (Petromyzontidae)						
Meerneunauge (Petromyzon marinus L.)	W	*	*	(*)	–	(*)
Flußneunauge (Lampetra fluviatilis L.)	W	**	**	–	–	(*)
Bachneunauge (Lampetra planeri BL.)		*	*	?	*	(*)I
Störe (Acipenseridae)						
Stör (Acipenser sturio L.)	W	*	*	–	–	–
Heringsfische (Clupeidae)						
Maifisch (Alosa alosa L.)	W	***	*	–	–	(*)?
Finte (Alosa fallax LAC.)	W	**?	–	–	–	(*)?
Lachsfische (Salmonidae)						
Lachs (Salmo salar L.)	W					
Meerforelle (Salmo trutta L.)	W					

Tabelle 5.3–18 (Fortsetzung)

Taxa		bis 1815	1815 – 1910	1910 – 1950	1950 – 1975	1975 – 1989
Lachsfische (Forts.)						
Bachforelle (Salmo trutta f. fario L.)[a]						
Seeforelle (Salmo trutta f. lacustris L)[a]	I					
Seesaibling (Salvelinus alpinus L.)[a]	I					
Äschen (Thymallidae)						
Äsche (Thymallus thymallus L.)[a]		**	**	**	*	*
Renken (Coregonidae)						
Renke (Coregonus sp.)[a]	I	(*)	(*)	(*)	–	–
Schnäpel (Coregonus oxyrhynchus L.)	W	(*)?	(*)?	–	–	(*)?
Karpfenfische (Cyprinidae)						
Plötze (Rutilus rutilus L.)		**	**	***	***	***
Döbel (Leuciscus cephalus L.)		**	**	**	**	**
Aland (Leuciscus idus L.)		*	*	*	–	*
Hasel (Leuciscus leuciscus L.)		**	**	**	**	**
Strömer (Leuciscus souffia agassizi C.V.)[a]		**?	**	*	–	–
Elritze (Phoxinus phoxinus L.)		**	**	?	*	*
Rotfeder (Scardinius erythrophthalmus L.)		**	**	*	**	*
Rapfen (Aspius aspius L.)		*?	*?	–	–	(*)
Schleie (Tinca tinca L.)		**	**	**	**	**
Nase (Chondrostoma nasus L.)		**	**	**	*	*
Gründling (Gobio gobio L.)		**	**	**	*	*
Barbe (Barbus barbus L.)		***	***	**	*	*
Ukelei (Alburnus alburnus L.)		**	**	**	**	***
Schneider (Alburnoides bipunctatus BLOCH)		**	**	*?	*	*
Blicke (Blicca bjoerkna L.)		**	**	**	**	***
Brachsen (Abramis brama L.)		**	**	**	***	***
Bitterling (Rhodeus sericeus amarus BL.)		**	**	*	*	*
Giebel (Carassius carassius gibelio BL.)		*	?	?	*	*
Karausche (Carassius carassius L.)		**	**	*	*	*
Karpfen (Cyprinus carpio L.)		**	**	**	**	**
Schmerlen (Cobitidae)						
Schmerle (Noemacheilus barbatulus L.)		**	**	?	*	*
Schlammpeitzger (Misgurnus fossilis L.)		**	**	*	*	?
Steinbeißer (Cobitis taenia L.)		**	**	?	*	*
Welse (Siluridae)						
Wels (Silurus glanis L.)		*	*	?	*	*
Aale (Anguillidae)						
Aal (Anguilla anguilla L.)	W	**	**	**	***	***

[a]südlicher Oberrhein.

Tabelle 5.3–18 (Fortsetzung)

Taxa		bis 1815	1815 – 1910	1910 – 1950	1950 – 1975	1975 – 1989
Hechte (Esocidae)						
Hecht (Esox lucius L.)		**	**	**	**	**
Barsche (Percidae)						
Flußbarsch (Perca fluviatilis L.)		**	**	**	**	**
L. (Gymnocephalus cernua) (Kaulbarsch)		**	**	*	*	*
Groppen (Cottidae)						
Groppe (Cottus gobio L.)		**	**	?	?	(*)
Stichlinge (Gasterosteidae)						
Dreistachliger Stichling (Gasterosteus aculeatus L.)		**	**	**	*	*
Flunder (Pleuronectidae)						
Flunder (Pleuronectes flesus L.)	(W)	*	*	–	–	(*)
Dorschfische (Gadidae)						
Quappe (Lota lota L.)		**	**	*	*	*
Eingebrachte Arten (nach 1800)						
Bachsaibling (Salvelinus fontinalis (MITCHELL))						*
Regenbogenforelle (Salmo gairdneri RICH.)				*	*	*
Zander (Lucioperca lucioperca L.)			*	*	**	**
Pfauenaugenbuntbarsch (Astronotus ocellatus (CUV.))						*
Sonnenbarsch (Lepomis gibbosus L.)				*	*	*
Zwergwels (Ameirus nebulosus LE SUEUR)					*	*
Graskarpfen (Ctenopharyngodon idella (VALENCIENNES))						*

Legende s. S. 291.

Tabelle 5.3–19. Veränderung der Fischfauna des Mittelrheins.

Taxa		bis 1815	1815 – 1910	1910 – 1950	1950 – 1975	1975 – 1989
Neunaugen (Petromyzontidae)						
Meerneunauge (Petromyzon marinus L.)	W	*	*	–?	*	–?
Flußneunauge (Lampetra fluviatilis L.)	W	**	**	–?	*	–?
Bachneunauge (Lampetra planeri BL.)		**	**	–	–	–
Störe (Acipenseridae)						
Stör (Acipenser sturio L.)	W	*	(*)	–	–	–

Tabelle 5.3–19 (Fortsetzung)

Taxa		bis 1815	1815 – 1910	1910 – 1950	1950 – 1975	1975 – 1989
Heringsfische (Clupeidae)						
Maifisch (Alosa alosa L.)	W	***	**	–	–	–
Finte (Alosa fallax LAC.)	W	**	*	–	–	–
Lachsfische (Salmonidae)						
Lachs (Salmo salar L.)	W	***	**	*	(*)	(*)
Meerforelle (Salmo trutta L.)	W	**	**	*	–	*
Bachforelle (Salmo trutta f. fario L.)		**	**	*	*	*
Äschen (Thymallidae)						
Äsche (Thymallus thymallus L.)		*	?	–	–	–
Renken (Coregonidae)						
Schnäpel (Coregonus oxyrhynchus L.)	W	*	*	*?	–	?
Karpfenfische (Cyprinidae)						
Plötze (Rutilus rutilus L.)		**	**	***	***	***
Döbel (Leuciscus cephalus L.)		**	**	**	**	*
Aland (Leuciscus idus L.)		**	**	**?	–	–
Hasel (Leuciscus leuciscus L.)		**	**	**	*	*
Elritze (Phoxinus phoxinus L.)		**	–	–	–	–
Rotfeder (Scardinius erythrophthalmus L.)		**	**	*	*	*
Rapfen (Aspius aspius L.)		*?	–	–	–	–
Schleie (Tinca tinca L.)		**	**	*?	*	*
Nase (Chondrostoma nasus L.)		***	***	*	*	*
Gründling (Gobio gobio L.)		**	**	**?	**	*
Barbe (Barbus barbus L.)		***	***	***	*	*
Ukelei (Alburnus alburnus L.)		**	**	**?	*?	***
Schneider (Alburnoides bipunctatus BLOCH)		**	**	–	?	–
Blicke (Blicca bjoerkna L.)		**	**	**	**	*
Brachsen (Abramis brama L.)		**	**	**	**	**
Bitterling (Rhodeus sericeus amarus BL.)		**	**	–	*?	–
Karausche (Carassius carassius L.)		**	**	*?	*	*
Karpfen (Cyprinus carpio L.)		**	**	?	*	*
Schmerlen (Cobitidae)						
Schmerle (Noemacheilus barbatulus L.)		**	**	**?	*?	–
Schlammpeitzger (Misgurnus fossilis L.)		**	**	–	–	?
Welse (Siluridae)						
Wels (Silurus glanis L.)		(*)	–	–	*	–
Aale (Anguillidae)						
Aal (Anguilla anguilla L.)	W	**	**	**	***	***
Hechte (Esocidae)						
Hecht (Esox lucius L.)		**	**	**	*	*

Tabelle 5.3–19 (Fortsetzung)

Taxa		bis 1815	1815 – 1910	1910 – 1950	1950 – 1975	1975 – 1989
Barsche (Percidae)						
Flußbarsch (Perca fluviatilis L.)		**	**	*	**	**
Kaulbarsch (Gymnocephalus cernua L.)		**	**	**?	**	*
Groppen (Cottidae)						
Groppe (Cottus gobio L.)		**	**	–	–	–
Stichlinge (Gasterosteidae)						
Zwergstichling (Pungitius pungitius L.)		**	**	–	–	–
Dreistachliger Stichling (Gasterosteus aculeatus L.)		**	**	–	**?	–
Flunder (Pleuronectidae)						
Flunder (Pleuronectes flesus L.)	(W)	**	*	–	–	?
Dorschfische (Gadidae)						
Quappe (Lota lota L.)		**	**	–	*?	–
Eingebrachte Arten (nach 1800)						
Regenbogenforelle (Salmo gairdneri RICH.)					*	*
Zander (Lucioperca lucioperca L.)			*	*	*	*
Sonnenbarsch (Lepomis gibbosus L.)					**	
Zwergwels (Ameirus nebulosus LE SUEUR)					*	

Legende s. S. 291.

Tabelle 5.3–20. Veränderung der Fischfauna des Niederrheins (ohne niederländischen Bereich).

Taxa		bis 1815	1815 – 1910	1910 – 1950	1950 – 1975	1975 – 1989
Neunaugen (Petromyzontidae)						
Meerneunauge (Petromyzon marinus L.)	W	**	**	**	*	*
Flußneunauge (Lampetra fluviatilis L.)	W	**	**	**	?	*
Störe (Acipenseridae)						
Stör (Acipenser sturio L.)	W	**	*	*	–	–
Heringsfische (Clupeidae)						
Maifisch (Alosa alosa L.)	W	***	**	*	–	–
Finte (Alosa fallax LAC.)	W	**	**	*	–	–

Tabelle 5.3–20 (Fortsetzung)

Taxa		bis 1815	1815 – 1910	1910 – 1950	1950 – 1975	1975 – 1989
Lachsfische (Salmonidae)						
Lachs (Salmo salar L.)	W	***	**	*	(*)	(*)
Meerforelle (Salmo trutta L.)	W	**	**	*	*	*
Bachforelle (Salmo trutta f. fario L.)	I	–	–	–	–	(*)
Äschen (Thymallidae)						
Äsche (Thymallus thymallus L.)	I	–	–	–	–	(*)
Stinte (Osmeridae)						
Stint (Osmerus eperlanus L.)	W	(*)	–	–	–	(*)
Renken (Coregonidae)						
Schnäpel (Coregonus oxyrhynchus L.)	W	**	**	*	*	–
Karpfenfische (Cyprinidae)						
Plötze (Rutilus rutilus L.)		**	**	***	***	***
Moderlieschen (Leucaspius delineatus HECK.)		?	?	?	?	(*)
Döbel (Leuciscus cephalus L.)		**	**	**	**	**
Aland (Leuciscus idus L.)		**	**	**	**	*
Hasel (Leuciscus leuciscus L.)		**	**	**	**	**
Elritze (Phoxinus phoxinus L.)		**	**	–	–	–
Rotfeder (Scardinius erythrophthalmus L.)		**	**	**	**	**
Rapfen (Aspius aspius L.)		?	–	–	–	(*)
Schleie (Tinca tinca L.)		**	**	**	**	**
Nase (Chondrostoma nasus L.)		**	**	**	*	*
Gründling (Gobio gobio L.)		**	**	**	**	**
Barbe (Barbus barbus L.)		**	**	**	*	*
Ukelei (Alburnus alburnus L.)		***	***	***	?	***
Schneider (Alburnoides bipunctatus BLOCH)		**	**	**	?	*
Blicke (Blicca bjoerkna L.)		***	***	***	**	***
Brachsen (Abramis brama L.)		***	***	***	**	***
Bitterling (Rhodeus sericeus amarus BL.)		**	**	**	*	–
Giebel (Carassius auratus gibelio BL.)		?	*	–	–	*
Karausche (Carassius carassius L.)		**	**	**	*?	*
Karpfen (Cyprinus carpio L.)		**	**	**	**	*
Schmerlen (Cobitidae)						
Schmerle (Noemacheilus barbatulus L.)		**	**	**	–	*
Steinbeißer (Cobitis taenia L.)		**	**	–	–	(*)
Welse (Siluridae)						
Wels (Silurus glanis L.)		–	–	–	–	*E
Aale (Anguillidae)						
Aal (Anguilla anguilla L.)	W	**	**	**	**	***
Hechte (Esocidae)						
Hecht (Esox lucius L.)		**	**	**	**	**

Tabelle 5.3–20 (Fortsetzung)

Taxa	bis 1815	1815 – 1910	1910 – 1950	1950 – 1975	1975 – 1989
Barsche (Percidae)					
Flußbarsch (Perca fluviatilis L.)	**	**	**	**	**
Kaulbarsch (Gymnocephalus cernua L.)	**	**	**	**	*
Groppen (Cottidae)					
Groppe (Cottus gobio L.)	**	**	–	–	–
Stichlinge (Gasterosteidae)					
Zwergstichling (Pungitius pungitius L.)	**	**	–	–	–
Dreistachliger Stichling (Gasterosteus aculeatus L.)	**	**	**	**	*
Flunder (Pleuronectidae)					
Flunder (Pleuronectes flesus L.) (W)	**	**	*	*	*
Dorschfische (Gadidae)					
Quappe (Lota lota L.)	**	**	**	–	*
Eingebrachte Arten (nach 1800)					
Regenbogenforelle (Salmo gairdneri RICH.)					*
Zander (Lucioperca lucioperca L.)		*	*	**	**
Forellenbarsch (Micropterus salmoides LAC.)				*	*
Sonnenbarsch (Lepomis gibbosus L.)				?	(*)

Legende s. S. 291.

5.4 Ursachen biozönotischer Veränderungen

Die anthropogenen Eingiffe, die zu Veränderungen des Ökosystems Rhein/Rheinaue führten, lassen sich grundsätzlich zwei Kategorien zuordnen:

- Eingriffe in die Morphologie
- Eingriffe in den Stoffhaushalt.

5.4.1 Eingriffe in die Morphologie

Nichtstoffliche Einflüsse führten und führen bis heute zu morphologischen und hydrologischen Veränderungen und damit zu Veränderungen bis hin zur Vernichtung von Lebensgemeinschaften (vgl. Kap. 3, 5.1–5.3). Hervorzuheben sind:

- Wasserbauliche Maßnahmen zur Verbesserung der Schiffbarkeit, zum Hochwasserschutz und zur Energiegewinnung (z.B. Begradigung, Durchstiche, Dammbauten, Uferbefestigungen, Beseitigung von Kies- und Sandbänken, Vertiefungen der Fahrrinne, Bau von Buhnen und Leitwerken, Staustufenbau),
- Land- und Forstwirtschaft (z.B. Kahlschlagwirtschaft, Entwässerung, Flurbereinigung in den Auen),
- Industrie, Gewerbe, Wohnungs- und Straßenbau (z.B. Flächenverbrauch und Flächenversiegelung in der Aue durch Ansiedlung von Industrie, Gewerbe und Kommunen, Straßenbau und Rohstoffgewinnung),
- Freizeit und Erholung (z.B. Freizeiteinrichtungen, Wassersport),
- Schiffahrt (z.B. Schraubenstrahl, Wellenschlag),
- Fischerei (z.B. Überfischung, Fischbesatz).

Wie die Tabelle 5.4–1 zeigt, treten die Folgen spezifischer nichtstofflicher anthropogener Eingriffe für die Biozönosen oftmals mehr oder weniger unmittelbar ein, so daß sich die Ursache-Wirkungs-Beziehungen eindeutig einander zuordnen lassen. In anderen Fällen ist die Zuordnung zu einem nichtstofflichen oder stofflichen Bereich in mehrfacher Weise unsicher, wie zum Beispiel:

- Eingriffe, die dem nichtstofflichen Bereich zugeordnet werden, haben oftmals auch Schadstoffemissionen zur Folge (z.B. Schiffahrt: Mineralölabsonderung; Rohstoffgewinnung: Freisetzung von Schadstoffen; Land- und Forstwirtschaft: Eintrag von Pestiziden, Düngemitteln),
- nichtstoffliche Eingriffe, die oftmals erst die Voraussetzungen für mögliche Schadwirkungen schaffen (z.B. Stauhaltungen: Anreicherung eutrophierender Stoffe, Sauerstoffmangel),
- nichtstoffliche und stoffliche Eingriffe, die sich in ihrer Wirkung verstärken (z.B. Stauhaltungen: Akkumulierung sauerstoffzehrender Stoffe).

Tabelle 5.4–1. Ursachen und Folgewirkungen nichtstofflicher Eingriffe für die Biozönosen.

Ursache	Folgewirkung
Beseitigung von Kiesinseln, Sandbänken	Verlust von Brutplätzen für zahlreiche Vogelarten (z.B. Seeschwalbe, Flußuferläufer) Rückgang der Kieslaicher (z.B. Barbe)
Uferbefestigungen	Erschwerung der Wiederansiedlung zahlreicher Tierarten (z.B. Ringelnatter, Biber, Otter) Begünstigung einiger Tierarten (z.B. Flußnapfschnecke, Dreikantmuschel, Hohltiere, Moostierchen)
Bau von Wehranlagen	Bestandsrückgang der Langstreckenwanderer (z.B. Lachs, Meerforelle) Bestandsrückgang der Laich-, Nahrungs- und Kompensationswanderer (z.B. Nase)
Tiefenerosion/Grundwasserabsenkung	Umwandlung der Eichen-Ulmen-Auenwälder zu Eichen-Trockenwäldern und Hainbuchenwälder
Forstwirtschaft	Veränderung der Baumartenzusammensetzung zugunsten standortfremder Nutzhölzer Rückgang höhlenbrütender Vogelarten

Vergleichsweise zur Fülle der Arbeiten zum stofflichen Bereich (vgl. Kap. 4) mangelt es im nichtstofflichen Bereich an Arbeiten, die sich mit den nichtstofflichen Eingriffen und ihren Auswirkungen detailliert auseinandersetzten. Meist sind die Ursache/Wirkungs-Beziehungen in den „biozönotischen" Schriften beschrieben (vgl. Kap. 5.1–5.3).

5.4.2 Eingriffe in den Stoffhaushalt

Wegen der Heterogenität und Komplexität der stofflichen Einflußfaktoren erscheint es sinnvoll, die bisher lediglich in Ansätzen diskutierte Ursachenfrage gesondert und zusammenhängend aufzugreifen. Hierbei werden die in den Kapiteln 5.1–5.3 dargestellten biozönotischen Entwicklungen in Beziehung zur Entwicklung der stofflichen Einflußfaktoren gesetzt. In der biozönotischen Literatur wird meist ganz pauschal „Verschmutzung" als Ursache der Veränderungen angegegeben. Werden bestimmte stoffliche Parameter erwähnt, dann handelt es sich meist um Sauerstoff oder eutrophierende Stoffe. Hinweise zur Beantwortung der Frage nach spezifischen Stoff-Wirkungsbeziehungen fehlen meist. Zwar mangelt es nicht an toxikologischen Arbeiten, die der Frage nach stofflichen Wirkungen nachgehen, doch basieren diese meist auf Laboruntersuchungen, deren

Übertragbarkeit auf die ökologischen Verhältnisse im Rhein nur bedingt möglich ist.

Allgemein lassen sich stoffliche Einflüsse in nicht-toxische, eutrophierende und toxische Wirkungen einteilen.

- Wirkungen von *Sauerstoffmangel*: Diese können sich akut (z.B. Fischsterben) oder chronisch (z.B. Abwandern oder Aussterben von Organismen, die viel Sauerstoff benötigen) äußern. Beschrieben sind auch negative Wirkungen z.B. auf Mikroorganismen und Fische durch ein Überangebot von Sauerstoff.
- Wirkungen erhöhten *Salzgehalts*: Beobachtet werden vor allem das Abwandern salzempfindlicher Arten und das Auftreten salztoleranter oder auf mehr Salz angewiesener Arten (vgl. Kap. 5.3.3).
- Wirkungen der *Pflanzennährstoffe*: Diese können zumindest in Bereichen mit geringer Fließgeschwindigkeit (z.B. Oberwasser der Wehranlagen) Eutrophierungserscheinungen zur Folge haben, mit erheblichen Folgen auf die Artenzusammensetzung nicht nur der Produzenten, sondern auch der Primär- und Sekundärkonsumenten bis hin zu den Fischen (vgl. Kap. 5.2, 5.3).
- *Ökotoxikologische Wirkungen*: Giftig wirkende Stoffe können sich durch Aufnahme aus dem Wasser oder mit der Nahrung im Organismus anreichern und diesen schädigen. Eine toxische Wirkung kann akut, subchronisch oder chronisch eintreten. Von den im Rhein festgestellten toxischen Wirkungen ist die Vergiftung des Selbstreinigungsvermögens hervorzuheben.

Bei der Interpretation der Stoff-Wirkungs-beziehungen muß die *kombinatorische Wirkung*, d.h. das Zusammenwirken der Schadstoffe bedacht werden, durch welche die Wirkung der Substanzen additiv oder überadditiv gesteigert, aber auch verringert werden kann. Hierüber liegen nur vereinzelte Untersuchungen vor (z.B. MATTHIAS 1989).

Vielfach werden ökologische und ökotoxikologische Untersuchungen durch spektakuläre Unfälle veranlaßt, wie z.B. den Sandoz-Unfall im Jahr 1986 (BINNEMANN 1988; BRAUCKMANN et al. 1987; BRAUNBECK et al. 1990; BURCKHARDT-HOLM et al. 1990; CASPERS & JAEGER 1988; DK 1986a, 1988a; EAWAG 1986, 1987; IKSR 1986, 1988b; IRION et al. 1988; KINZELBACH, R. & FRIEDRICH 1990; LWA 1986a; MATTHIAS 1989; MAUCH 1988; Rijkswaterstaat, Dienst Binnenwateren/Riza 1987).

Sauerstoffmangel. In den dreißiger Jahren und zwischen Ende der fünfziger und Ende der siebziger Jahre herrschte in Abschnitten des nördlichen Oberrheins, des Mittelrheins und Niederrheins Sauerstoffmangel (vgl. Kap. 4.1, 4.3.2; Anlage III, Abb. III-2, III-3).

Akuter Sauerstoffmangel führte zu zahlreichen *Massenfischsterben* im Rhein. Im Niedrigwasserjahr 1949 wurde „der Rhein etwa von Walsum bis weit nach Holland hinein seines Fischbestandes völlig beraubt." (TRAHMS 1955a, S. 53). Im

Regierungsbezirk Darmstadt wurden im gleichen Jahr an mehr als 20 Stellen Fischsterben registriert (GENNERICH 1950). Nach statistischen Untersuchungen von BANDT (1958, zit. aus FRITSCH 1959) waren ca. 60 % aller Fischsterben in Mitteldeutschland auf Sauerstoffmangel zurückzuführen; 23 % wurden durch Abwassergifte verursacht. Ein Fischsterben zwischen Mainz und Koblenz trat im Juni 1969 auf (KOTHÉ 1969). Vom 9.–11. Juni 1971 (Niedrigwasserjahr) kam es zu einem großen Fischsterben im Mittel- und Niederrhein (Mainmündung bis in den Raum Köln); hierbei war das Rheinwasser ca. 24 h aufgrund einer Überbelastung mit organischen Schmutzstoffen völlig sauerstofffrei. Während der Kurzeit-BSB (BSB_{7h}) am 9. Juni nur geringfügig (auf 1,29 mg O_2/l) angestiegen war hatte sich die Zusätzliche Zehrung für Pepton (ZZ_{Pepton}) an diesem Tag fast verdreifacht (von 0,54 mg O_2/l auf 1,50 mg O_2/l) (KLEINSTEUBER 1971).

Aussagen darüber, wie sich *langfristiger Sauerstoffmangel* auf bestimmte Organismenarten im Rhein auswirkte, lassen sich nur äußerst bedingt treffen, unter anderem da in der fraglichen Zeitperiode auch andere, z.B. toxische und eutrophierend wirkende Stoffe, in den genannten Rheinabschnitten vorhanden waren. Deshalb werden hier zusammenfassend aus den Kap. 5.2 und 5.3 Befunde angeführt, die zumindest eine *Beteiligung des Sauerstoffmangels an langfristigen Auswirkungen* wahrscheinlich machen:

- Die Zonierung der Fließgewässer in Salmoniden und Cyprinidenregionen (vgl. Abb. 5.3–8) orientiert sich auch am Sauerstoffbedürfnis der Fische. So treten im Hochrhein - dessen Sauerstoffverhältnisse sich seit den fünfziger Jahren nur geringfügig verändert haben - noch immer anspruchsvollere Fließwasserarten auf. Am Hochrhein (bei Stein) lagen die Jahresmittel der Sauerstoffsättigungswerte auch zu Zeiten der kritischsten Belastung bis zu den siebziger Jahren meist oberhalb der Sättigungsgrenze; die Minima gingen selten unter 70 % zurück (vgl. Anlage III, Abb. III–2, III–3).
- Die Entwicklung der Makrozoen im Rhein läßt sich mit der Entwicklung der Sauerstoffminima und den anderen Parametern zum Sauerstoffhaushalt (z.B. BSB_5) in Beziehung setzen: Ende der sechziger bis zur Mitte der siebziger Jahre erreichten die Jahresmittel und die Jahresminima der Sauerstoffkonzentrationen im nördlichen Oberrhein (vor allem im Rheingau), Mittel- und Niederrhein ihre niedrigsten Werte (bis zu 4 mg/l); entsprechend wurden die Maxima der BSB_5-Konzentrationen ebenfalls in diesem Zeitraum erreicht (um 8 mg/l) (vgl. Anlage III, Abb. III–2.4).

  Bestandsaufnahmen wichtiger Makrozoengruppen ergaben für diesen Zeitraum auch die schlechtesten biozönotischen Werte; so konnten im Jahr 1971 nur noch 27 Arten nachgewiesen werden. Mit der Abnahme der organischen Belastung und dem Anstieg der Sauerstoffkonzentration erhöhte sich die Anzahl der Makrozoenarten: Im Jahr 1988 betrug die Anzahl der Arten 143 (vgl. Tabelle 5.3–4 und Abb. 5.3–4). Vor allem hat sich hierbei die Artenvielfalt der Insekten erhöht (TITTIZER et al. 1987a, 1990).

Das erstmals 1975 an bestimmten Stellen unterhalb der Moselmündung (linksseitig) am Rhein beobachtete Wiederauftreten der Köcherfliegenlarve Hydropsyche contubernalis läßt sich neben der günstigen morphodynamischen Beschaffenheit auch auf den Einfluß des im Vergleich zum Rheinwasser sauerstoff- und algenreicheren Moselwassers zurückführen. Am gegenüberliegenden Rheinufer wurde Hydropsyche nicht gefunden; die Besiedlung war dort auch insgesamt arten- und individuenärmer (TITTIZER 1977).

Auch das Wiederauftreten der Eintagsfliege Ephoron virgo im Rhein läßt sich mit dem Sauerstoffgehalt (und der geringeren Belastung mit organischen Stoffen) des Rheinwassers in Verbindung bringen (TITTIZER et al. 1987a, 1990). Ebenso ist im Fall lokaler Funde der Flußkahnschnecke Theodoxus fluviatilis im Niederrhein zu vermuten, daß sich der Sauerstoffanstieg seit den siebziger Jahren positiv auf die Wiederbesiedlung dieser Art auswirkte.

So plausibel derartige Korrelationen auch scheinen mögen, sie bedeuten keineswegs, daß der Rückgang der leicht abbaubaren Stoffe und der Sauerstoffanstieg als alleinige Ursache für diese positive Entwicklung in Frage kommen: So hatten zum Beispiel Substanzen aus der Gruppe der organischen Mikroverunreinigungen und Schwermetalle Anfang der siebziger Jahre ebenfalls ihr Maximum erreicht, so daß durch diese Parameter hervorgerufene chronisch-toxische Effekte nicht auszuschließen sind.

Eine eindeutige Zuordnung von Ursache und Wirkung wird ferner erschwert durch die Entwicklung der Konzentrationen eutrophierend wirkender Stoffe im Rhein (vgl. Kap. 5.4.2).

Chlorid. Die Chloridfrachten im Rhein haben sich zweimal, zwischen 1880 und 1915 sowie zwischen 1945–1960 wesentlich erhöht. Höchste Werte (im Mittel von 1966–1987: 167 mg/l), werden bei Kleve-Bimmen erreicht (vgl. Kap. 4.3.3; Anlage III, Abb. III-12). Ein erheblicher Teil der Neozoen im Rhein besteht aus *salztoleranten Arten*: Von den insgesamt 18 im Rhein vorkommenden Neozoen sind 9 salztolerante oder auf Salz angewiesene Arten (Tabelle 5.3-5). Diese Beobachtung deutet zunächst auf einen Zusammenhang zwischen Salzgehalt und Besiedlung des Rheins durch bestimmte Neozoen hin. Es läßt sich jedoch nicht ausschließen, daß aut- und/oder synökologische Faktoren hierbei eine Rolle gespielt haben. LIEBMANN & STAMMER (1960) geben als Grenzwert für die akut toxische Wirkung von Natriumchlorid auf die Selbstreinigung im Gewässer 10 g/l an. Für Fische liegen die Schädlichkeitsgrenzen von Kaliabwässern bei 6–13 g/l, für die übrigen Wassertiere bei 3 bis ca. 8 g/l. Derartige Konzentrationen werden im Rhein unmittelbar unterhalb der Einleitung von Kaliabwässern überschritten, so daß die Beobachtung lokaler Verödungen mit toxischen Wirkungen erklärt werden kann.

Pflanzennährstoffe

Entwicklung des Phytoplanktons im Rhein. In stark strömenden und abwasserbelasteten Fließgewässern wird die Wirkung der anorganischen Pflanzennährstoffe auf die Algendichte überlagert durch die Fließ- und Wachstumszeit, durch das von der Sonneneinstrahlung, der Tiefe und der Trübung abhängige „Lichtklima" im Wasser, eventuell auch durch toxische Wasserinhaltsstoffe und durch aus den Abwassereinleitungen stammende organische Nährstoffe. Strenggenommen kann deshalb für den Rhein keine Korrelation zwischen Phytoplanktonentwicklung und Konzentrationen an Pflanzennährstoffen abgleitet werden. Folgende Feststellungen kennzeichnen die historische Entwicklung (sie beschränken sich auf die Entwicklung nach 1945, da es an verwertbaren Meßergebnissen aus früherer Zeit fehlt):

- In der Zeit nach dem 2. Weltkrieg stiegen mit den Nitrat- und Phosphatkonzentrationen auch die maximalen Zelldichten des Phytoplanktons in sämtlichen Rheinabschnitten an.
- Im Niederrhein korrelieren die höchsten Stoffkonzentrationen mit den höchsten Zellzahlen.
- Im Niederrhein dominieren seit Ende der fünfziger Jahre zentrische Kieselalgen als Indikatoren für eutrophe Gewässer.
- Seit etwa 10 Jahren haben sich im Niederrhein die Zellzahlen weder in der Richtung einer Zunahme, noch in der einer Abnahme geändert; der Nitratgehalt ist in diesem Zeitraum weiter angestiegen und der Phosphatgehalt ist geringer geworden (vgl. Abb. 4.3-6, 4.3-8; Anlage III, Abb. III-9, III-10).
- Die im niederländischen Teil des Niederrheins seit einiger Zeit beobachtete Dezimierung des Phytoplanktons ist Folge einer starken Vermehrung des Zooplanktons (de RUYTER van STEVENINCK et al. 1989).

Entwicklung der Eutrophierung des Bodensees und ihre Folgen. Seit den ersten Untersuchungen durch HOPPE-SEYLER im Jahr 1895 bis zum Ende der dreißiger Jahre des 20. Jahrhunderts zeigte sich der Bodensee/Obersee als typisches oligotrophes Gewässer (NÜMANN 1964b).

Das pflanzenverfügbare freie *Phosphat* wurde in den dreißiger Jahren im Obersee noch nicht nachgewiesen, obgleich die analytischen Voraussetzungen dafür bestanden; seine Konzentrationen lagen unter 1-2 μg/l; auch die Menge an Gesamtphosphat-Phosphor war mit 10 μg/l in den dreißiger Jahren im Obersee noch gering (WAGNER, G. 1977). Phosphat wirkte damals in der Tat noch als „Produktionsbremse" (ELSTER 1977), so daß Phytoplankton und in der Folge davon Zooplankton in ihrer Entwicklung gehemmt waren. Erstmals 1948 wurde im Freiwasser des Obersees Phosphat gefunden, dessen Menge vor allem aufgrund zunehmenden Waschmittelverbrauchs ständig zunahm, Mitte der siebziger Jahre ca. 90 μg/l (gemessen als Gesamtphosphat-Phosphor) erreichte und seitdem abnimmt. Seit 1980 sanken die Konzentrationen an Phosphat-Phosphor im Bodensee bis zum Frühjahr 1989 um fast die Hälfte (1989: 48 μg/l Bodensee/Überlinger See). Die *Phytoplanktondichte* stieg mit der Phosphatzufuhr erheblich an; Schätzungen von GRIM (1956) zufolge hat sich die Produktion des Phytoplanktons von den zwanziger bis zu den fünfziger Jahren mindestens um das Zehnfache erhöht. Der in neuerer Zeit einsetzende Rückgang der Biomasse-Produktion ist jedoch vergleichsweise zu anderen Seen (Zürich-See, Walensee) gering (STABEL et al. 1989). Die Abbildung 5.4-1 veranschaulicht die skizzierte Entwicklung.

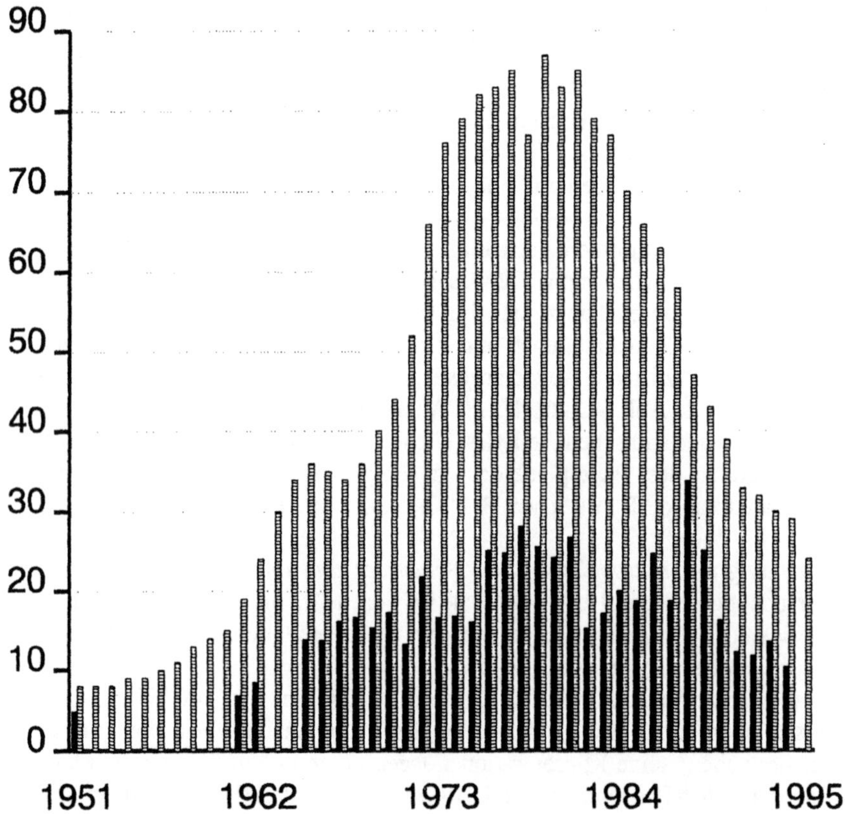

Abb. 5.4-1. Phytoplankton Biomasse im Bodensee-Obersee und Gesamtphosphor (1951–1995) (aus LfU 1995).
Dunkel: Biomasse [g/m^2]; *hell schraffiert*: Gesamtphosphor [mg/m^3].

Die stärkere Phytoplanktonproduktion hatte eine Zunahme des Zooplanktons zur Folge (NÜMANN 1964a,b). Folgen der gesteigerten pflanzlichen Produktion im Bodensee sind unter anderem (WAGNER, G. 1977; ELSTER 1977):

- das Auftreten von Algenblüten im Frühjahr und Sommer,
- Verschiebungen im Artenspektrum des Planktons,
- Freisetzung algenbürtiger, geruchs- und geschmacksbeeinträchtigender Stoffe,
- Veränderungen im Sauerstoffhaushalt,
- Freisetzung von Eisen, Mangan, Phosphor aus Sedimenten aufgrund Sauerstoffmangels im Tiefenwasser; Bildung von Nitrit, Ammoniak, Schwefelwasserstoff und Methan,
- Schädigung empfindlicher Lebensformen (Tiefenformen) wegen zunehmender Sauerstoffarmut in der Tiefenregion,
- Veränderungen im Bestand an Fischnährtieren (u.a. Zooplankton) und im Fischbestand.

Veränderungen im *Fischbestand* und in der Fischvergesellschaftung des Bodensees als Folge von Abwassereinleitungen hat erstmals KRIEGSMANN (1959) beschrieben. So stiegen bis Mitte der fünfziger Jahre die Fangerträge im Obersee (fischereibiologisch ein „Felchensee") von 7–10 kg/ha auf 13 kg/ha. Hierbei ging der prozentuale Anteil der Blaufelchen an den Fangerträgen im Obersee von 74 % (1909–1920) auf 61 % (1950–1959) zurück (NÜMANN 1971, zit. aus AMANN 1975). KRIEGSMANN (1959) vermutete schon damals, daß die durch die Eutrophierung bedingte erhöhte Sauerstoffzehrung auf dem Seegrund die Entwicklung der Blaufelcheneier unmöglich machen könne. Von 1957 an und beschleunigt zwischen 1960–1963 kam es tatsächlich zu einem rapiden Rückgang der Felchenerträge im Bodensee, so daß ihr Anteil Anfang der sechziger Jahre nur noch ca. 10 % betrug.

Der Hauptgrund des Rückgangs der Blaufelchen ab 1949 war eine Überfischung. Die Tiere wuchsen infolge günstigerer Ernährungsbedingungen schneller und erreichten die zum Fang vorgeschriebene Mindestgröße vor der Geschlechtsreife, so daß der Nachwuchs ausblieb. Gleichzeitig konnte nachgewiesen werden, daß die Eier der Blaufelchen durch den im Tiefenwasser des Bodensees vorliegenden Sauerstoffmangel geschädigt wurden (NÜMANN 1966), so daß sie erstickten oder einen größeren Prozentsatz mißgebildeter Nachkommen hervorbrachten. Zudem hatte infolge des höheren Nahrungsangebots in der Tiefe die Anzahl der Strudelwürmer zugenommen, welche die Blaufelcheneier als Nahrung nutzten (ELSTER 1977).

Infolge der Eutrophierung kam es auch zu einer Zunahme des Barschbestandes im Bodensee. Im Bodensee/Obersee stiegen die Barscherträge von 9 % (1909–1920) auf 22 % (1950–1959) und auf 46 % (1960–1969) (NÜMANN 1971, zit. aus AMANN 1975). Hierbei gingen die Bodenseebarsche von ihrer ursprünglichen Ernährung mit Jungfischen im wesentlichen auf Planktonnahrung über. Der skizzierte Zusammenhang zwischen Phosphateinträgen, Phytoplankton-Entwicklung, Fischfangerträgen an allen Fischen sowie Wachstums- und Altersklassen-Zusammensetzung der Blaufelchen geht aus der Abbildung 5.4–2 hervor.

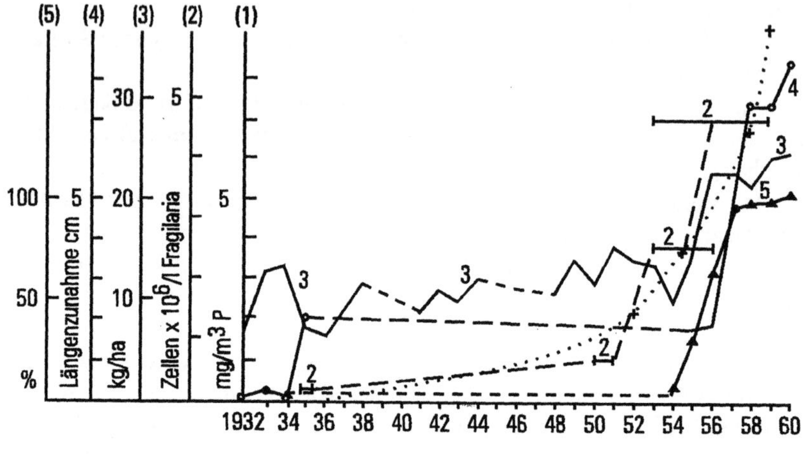

Abb. 5.4–2. Veränderungen im Phosphatgehalt *(1)* und Phytoplankton *(2)*, in Hektarerträgen an allen Fischen *(3)* sowie im Wachstum *(4)* und in der Altersklassenzusammensetzung der Blaufelchen *(5)*, = %-Anteil der nach 1 oder 2 Jahren gefangenen Fische) (Bodensee/Obersee, 1932–1960) (aus NÜMANN 1966).

Die Entwicklung der Fischbestände (Felchen, Barsch und andere) im Bodensee von 1945 bis zur Ggenwart gibt die Abbildung 5.4–3 zusammenfassend wieder.

Als Fazit ihrer Arbeiten zum Bodensee, Züricher See und Walensee kommen STABEL & ZIMMERMANN (1988) zu folgenden Schlußfolgerungen:

- gleiche Nährstoffvoraussetzungen in chemisch vergleichbaren Seen einer Region führen nicht direkt zu vergleichbaren Biomassekonzentrationen,
- mit kontinuierlicher Verminderung der Phosphorgehalte ist nicht unbedingt ein kontinuierlicher, linearer Rückgang der Algenbiomasse zu erwarten,
- ein langfristiger Trend zur Verminderung der Biomasse ist erkennbar.

Die Biomasseproduktion in Seen scheint nicht nur von Phosphat gesteuert zu werden. So zeigte GRIM (1967) anhand experimenteller Untersuchungen, daß Phytoplankton sich in Gegenwart großer Mengen von Stickstoff, Spuren von Eisen und ausreichenden Phosphatkonzentrationen noch heftiger entwickelt als nur bei Phosphat allein (nach NÜMANN 1971). Um diese und andere Lücken in der limnologischen Theorie zur Korrelation zwischen Pflanzennährstoffen und Bio-

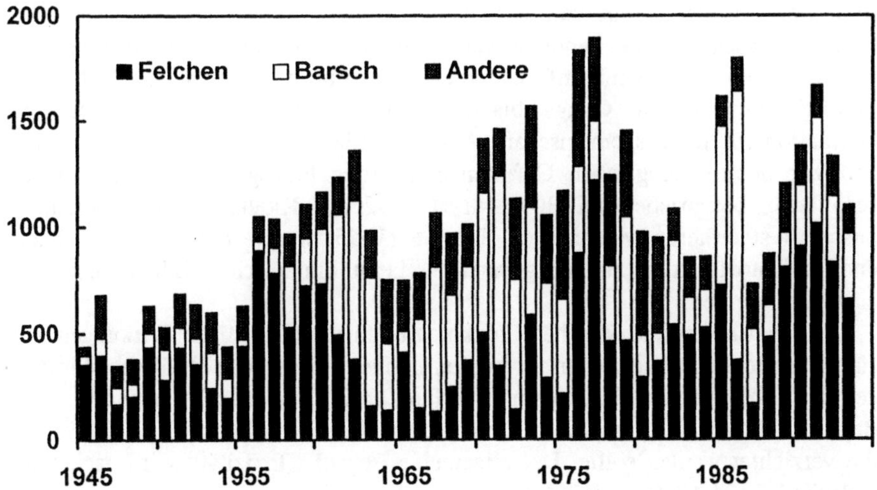

Abb. 5.4-3. Entwicklung der Fischbestände im Bodensee seit 1945 (aus LfU 1995).

masseproduktion zu schließen, sollte nach STABEL & ZIMMERMANN (1988) Datenmaterial gesammelt werden, das auf langjährigen Beobachtungen beruht.

Weitere Daten zur Eutrophierungsproblematik des Bodensees finden sich bei DEMOLL (1925), KRIEGSMANN (1958), ELSTER (1960, 1974, 1982), ELSTER & NÜMANN (1961), KLIFFMÜLLER (1960, 1962a,b), ELSTER et al. (1963), VOSS (1963), LIEBMANN (1965), WAGNER, G. (1967), WIESER & LINK (1970), SCHMITZ (1979), (IGKB 1982a,b), MÜLLER, G. & RÖPER (1966), MÄCKLE et al. (1987), STABEL et al. (1988).

5.4.3 Ökotoxikologische Wirkungen

Nach NAGEL (1988) beschreibt die Ökotoxikologie „schädliche Veränderungen der Strukturen und Funktionen von Ökosystemen, die durch Umweltchemikalien verursacht werden". Die Antwort auf die Frage, was ein Ökosystem sei, ist nach NAGEL schwierig: Das reale Ökosystem wird auf das untersuchte System reduziert, also auf das, was wir beschreiben, messen und verstehen können. Erst die Biozönosen sind genaueren experimentellen Untersuchungen zugänglich; hierbei können die Biowissenschaften lediglich die Organisationsebene der Population zuverlässig beschreiben (RUDOLPH & BOJE 1986). Entscheidende Forschungsebene der Ökotoxikologie ist nach RUDOLPH & BOJE zur Zeit das Individuum (bzw. der Organismus) als Vertreter einer Art.

PLUTA beschreibt die hypothetischen Stufen der biologischen Wirkung von Umweltgiften – beginnend auf der molekularen Ebene und aufsteigend über die Zellorganellen, Zellen, Organe bis hin zum Individuum und weiter über die Population zur Lebensgemeinschaft. Auf allen Ebenen können Effekte gemessen und zur ökotoxikologischen Gefahrenabschätzung herangezogen werden (nicht veröffentl., beschrieben bei HOPPENHEIT 1992 und KREBS 1992). Suborganismische Testverfahren werden nach HANSEN (1995) wegen ihrer Empfindlichkeit und Indikatorfunktion zukünftig verstärkt beim biologischen Effektmonitoring eingesetzt werden.

Im Gegensatz zur klassischen Toxikologie, mit der stoffliche Wirkungen auf einen Testorganismus exakt erfaßt werden können, lassen sich stoffliche Wirkungen auf ökosystemare Strukturen und Funktionen nicht exakt ermitteln. Der Begriff „Ökotoxizität" impliziert diese Möglichkeit, so daß nach LAY (1987) auf ihn verzichtet werden sollte. Der allgemeine Begriff „Toxizität" wird nach DIN 4049 Teil 2 (04.1990) definiert als

> „die Fähigkeit eines Stoffes, aufgrund seiner chemischen Eigenschaften und Konzentration unter bestimmten Bedingungen auf Organismen oder Biozönosen schädigend zu wirken."

Da gewässertoxikologische Untersuchungen innerhalb des ökologischen Wirkungsgefüges schwierig und darüber hinaus besonders langwierig sind, können sie nur mit wenigen ausgewählten Stoffen durchgeführt werden. Die große Zahl der Umweltchemikalien selbst kann nur mit weniger aufwendigen Verfahren geprüft werden. Diesen Anspruch erfüllen organismische Untersuchungsmethoden, die auf der Testung einer Spezies beruhen. Um mit Hilfe dieser „einfachen" Tests dennoch zu einer ökotoxikologischen Gefahrenabschätzung zu kommen, werden verschiedene Organismen unterschiedlicher Organisations- und Trophieebenen als Stellvertreter für Strukturen und Prozesse im Ökosystem untersucht. Als Modellorganismen dienen möglichst empfindliche Arten, die in Reproduktions- und Langzeittests geprüft werden:

- Grünalgen als Modellorganismen für Primärproduzenten,
- Kleinkrebse als Modellorganismen für Primärkonsumenten,
- Fische als Modellorganismen für Sekundärkonsumenten,
- Bakterien als Modellorganismen für Destruenten.

Von einer derartigen Palette von Tests wird ein hinreichend sicheres Abbild stofflicher Einwirkungen im Ökosystem erwartet. Mit dieser Testkonzeption, bei der der jeweils empfindlichste Test maßgebend ist, werden Zielvorgaben für Einzelstoffe abgeleitet. Der LAWA-Arbeitskreis „Zielvorgaben für oberirdische Gewässer (LAWA ZV)" (vormals Bund/Länder-Arbeitskreis „Gefährliche Stoffe

- Qualitätsziele für oberirdische Gewässer (BLAK QZ)") benutzt zur Ermittlung der Unbedenklichkeit bestimmter Konzentrationsbereiche für die Gewässerbiozönosen festgeschriebene standardisierte Langzeittests. Der niedrigste NOEC-Wert, d.h. der im Test empfindlichste Organismus ist Ausgangspunkt für die Ableitung von Zielvorgaben (vgl. Kap. 4.4; BLAK QZ 1989, 1990c). Die Übertragbarkeit derartiger Laboruntersuchungen auf die Verhältnisse im Ökosystem ist jedoch nur mit Vorbehalt möglich, z.B. aufgrund der komplexen Stoffmatrix im Gewässer oder möglicher Kombinationseffekte. Bei der Festlegung von Zielvorgaben wird dieser Problematik durch Ausgleichsfaktoren Rechnung getragen.

Anreicherung von Schadstoffen. Die Anreicherung von Schadstoffen in Organismen läßt sich nicht durch eine einfache Beziehung etwa im Sinne einer Proportionalität zwischen Schadstoffmenge im Wasser und im Organismus beschreiben. Vielmehr bestehen zahlreiche Abhängigkeiten, die das Ausmaß der Anreicherung der Substanz im Organismus bestimmen, wie zum Beispiel bei Fischen (IKSR 1993c, LWA 1991b):

- die Polarität und Wasserlöslichkeit der Schadstoffe,
- die Lebens- und Ernährungsweise der Fische,
- Fettgehalt, Alter und Standorttreue der Fische sowie
- die Umsetzung der Stoffe im Körper (Metabolisierung) und Ausscheidung der Schadstoffe.

Aufgrund der großen Zahl von Schadstoffen im Wasser und der Komplexität möglicher Einwirkungen ist es schwierig, langfristige biozönotische Veränderungen im Rhein mit der Anreicherung bestimmter Substanzen in Beziehung zu setzen. Es besteht ferner ein erheblicher Mangel an zu Zeitreihenvergleichen tauglichen Daten. Zwar werden zur Ermittlung der Verzehrfähigkeit von Rheinfischen seit langem Routineuntersuchungen durchgeführt, doch ist eine langfristige Datenvergleichbarkeit unter anderem dadurch erschwert, daß sich Fischfangergebnisse nicht voraussagen und standardisieren lassen. Im Rahmen des „Aktionsprogramms Rhein" suchte die IKSR (1993c) die durch Unterschiede in Art, Alter und Standorttreue der Fische bedingte Schwankungsbreite der Schadstoffgehalte dadurch zu begrenzen, daß bestimmte Fischarten und Größen ausgewählt wurden. Die Auswahl wurde hierbei aufgrund der Häufigkeit des Fischvorkommens auf der gesamten Rheinstrecke (die in 5 Abschnitte eingeteilt wurde) und ihrer wirtschaftlichen Bedeutung vorgenommen. Jedoch konnten die Vorgaben nicht konsequent eingehalten werden, so daß Trendaussagen aus den Befunden der Jahre 1985 und 1990 nur teilweise möglich sind. Im folgenden werden Daten aus Einzeluntersuchungen und Zeitreihenvergleichen zur Akkumulation von Schwermetallen und organischen Mikroverunreinigungen aufgeführt. Die Bedeutung dieser Daten liegt einerseits darin, daß Fische als Nahrungsmittel für den Menschen verwendet werden. Andererseits können die Daten im Rahmen des Biomonitorings Aufschluß über die Belastung des Rheins mit Stoffen vermitteln, die im Rheinwasser, zum Teil wegen zu niedriger Konzentrationen, nicht nachweisbar sind.

Organische Mikroverunreinigungen. Nach EICHNER (1973, 1976) zeigten alle 1971 untersuchten Bodenseefische Rückstände an Pestiziden. Die höchsten Konzentrationen wiesen Barsch (Raubfisch) und Aal (Grundfisch) auf. Neben DDT wurde hauptsächlich Lindan gefunden. Insgesamt ließen Fische aus den vom Rhein durchflossenen Teilen des Bodensees etwas geringere Rückstände erkennen als Fische aus den weniger bewegten Teilen des Bodensees (z.B. Überlinger See, Gnadensee, Radolfzeller Bucht, Bodman und Konstanzer Trichter) (Tabelle 5.4–2). EICHNER konnte ferner am Beispiel der Anreicherung von DDT und Lindan in Felchen, Barschen und Aalen des Bodensees zeigen, daß die Rückstandsmengen vom März bis zum Juni deutlich zunahmen.

Die Fische des Oberrheins enthielten insgesamt geringere Pestizid-Wirkstoff-Konzentrationen als die Bodenseefische; die PCB-Gehalte waren jedoch wesentlich höher.

PAREY (1986) untersuchte 63 Hechte und 46 Rotaugen des Hoch- und Oberrheins zwischen Schaffhausen und Straßburg auf Rückstände chlororganischen Pestiziden und Umweltchemikalien (Tabelle 5.4–3). Von den untersuchten Organochlorverbindungen stellten die PCB bei beiden Fischarten die bedeutendsten Anteile; es folgten Chlorbenzole und DDT einschließlich seiner Umwand-

Tabelle 5.4–2. Rückstände an Pflanzenschutzmitteln in Fischen des Bodensees im Jahr 1971 (nach EICHNER 1973).

Art	HCH + Lindan	Aldrin	Dieldrin	Endosulfan	DDT (+ DDE, DDD)	PCB
Felchen	0,03–0,28	0–0,05	0,03–0,09	0–0,09	0,06–0,37	Spuren
	0,03–0,02	0–0,02	0,03–0,07	< 0,02	0,06–0,31	Spuren
Weißfisch	0,02–0,35	0,01–0,09	0,05–0,12	0,07–0,15	0,11–0,39	0,05–0,10
	0,01–0,24	Spuren	0,04–0,09	0,02–0,10	0,09–0,32	0,05–0,09
Barsch	0,03–0,42	0,01–0,06	0,04–0,11	0,04–0,14	0,08–0,59	0,08–1,20
	0,03–0,32	0,01–0,04	0,03–0,10	0,03–0,11	0,07–0,48	0,10–0,90
Aal	0,10–0,52	0,02–0,12	0,09–0,28	0,05–0,21	0,17–0,41	0,03–0,40
	0,10–0,39	0,02–0,10	0,07–0,25	0,05–0,18	0,12–0,35	0,05–0,30

Obere Zahlen [mg/kg]: Fische aus weniger bewegten Teilen des Bodensees. *Untere Zahlen*: Fische aus vom Rhein durchflossenen Teilen des Bodensees. Angaben bezogen auf das Frischgewicht der eßbaren Teile.

Tabelle 5.4–3. Rückstandsuntersuchungen in Fischen (nach PAREY 1986).

Schwermetalle	chlororganische Pestizide	chlororganische Umweltchemikalien
Blei Cadmium Quecksilber	α-, β-, γ-Hexachlorcyclohexan DDT, DDE, DDD Pentachlornitrobenzol (Quintozen)[a] cis/trans Nonachlor[a] Nirofen[a] γ-Chlordan[a]	Polychlorierte Biphenyle (PCB) Tri-, Tetra-, Penta-, Hexachlorbenzol Pentachloranisol Octachlorstyrol Hexachlorbutadien Tetrachlornitrobenzol[a] Heptachlorepoxid[a]

[a]Nicht nachgewiesene Substanzen.

lungsprodukte. Bei mehr als der Hälfte der untersuchten Tiere überstiegen die Rückstände an Hexachlorbenzol die zulässige Höchstmenge von 0,05 mg/kg Frischgewicht. Verglichen zu früheren Zeitmeßreihen haben die Belastungen mit Hexachlorbenzol allerdings erheblich abgenommen. Fettgehalte der Filetproben beider Fischarten waren mit dem Gehalt von Organochlorverbindungen positiv korreliert. Hierbei unterschieden sich die mittleren Rückstandsgehalte des Filets bei beiden Fischarten nicht. Nach PAREY deutet dies darauf hin, daß die Rückstandsmengen weniger durch Anreicherung über die Nahrungsketten zustande kommen, sondern vielmehr durch Verteilungsgleichgewichte bestimmt werden.

Nach Untersuchungen der Chemischen Landesuntersuchungsanstalt Offenburg (CLUA 1985) haben sich die Rückstände ausgewählter organischer Substanzen (HCB, DDT, PCB) von 1976–1985 verringert; die Änderungen sind allerdings seit 1977/78 relativ gering. Noch im Jahr 1987 wurden in 41 % der Fälle die zur Nutzung der Fische als Lebensmittel festgelegten Höchstmengen von HCB (0,5 mg/kg bezogen auf den Fettgehalt) überschritten; im Jahre 1986 waren es lediglich 26 %. Entsprechend stiegen im Jahr 1987 die Mittelwerte aller untersuchten Proben gegenüber 1986 wieder an. (Die Werte von 1988 lassen keine Aussage über Tendenzen zu, da die untersuchten Proben nicht repräsentativ waren.) Auch die Belastung von Fischen mit PCB ist so hoch, daß sie bei Durchsetzung des geplanten Grenzwertes im gesamten baden-württembergischen Rheinabschnitt zu zahlreichen Grenzwertüberschreitungen führen würde (BERG 1987).

Das Landesamt für Wasser und Abfall Nordrhein-Westfalen (LWA 1988) führte Untersuchungen an in Rhein- und Trinkwasser gehälterten Forellen durch. Diese Untersuchungen ergaben, daß die im Rheinwasser gehälterten Fische signifikant größere Substanzmengen angereichert hatten als die in Trinkwasser gehälterten Tiere. Höchste Konzentrationen in Innereien nach Hälterung der Fische in Rheinwasser wurden gefunden für Hexachlorbenzol (200 μg/kg), 1,2,4-Trichlorbenzol (190 μg/kg), 1,2-Dichlorbenzol (140 μg/kg) und 1,4-Dichlorbenzol (100 μg/kg). Die höchsten Konzentrationen für in Trinkwasser gehälterte Fische lagen im

Muskelgewebe (Tetrachlormethan: 12 μg/kg; Octachlorstyrol: 9,7 μg/kg). Eine weitere Versuchsreihe im Jahr 1988 ergab einen Hinweis auf eine in Fischen akkumulierte organische Zinnverbindung.

Analysen des zur Hälterung verwendeten Rhein- und Trinkwassers auf die in den Fischen besonders akkumulierten Substanzen ergaben keine Konzentrationsunterschiede, da die Gehalte jeweils unter der Nachweisgrenze lagen. Da Effekte aus Ernährungszustand, verabreichter Nahrung und dem Sediment aufgrund der Versuchsanordnung ausgeschlossen werden können, müssen die Akkumulationsunterschiede durch analytisch nicht erfaßbare höhere Konzentrationen im Rheinwasser bedingt sein.

Die nordrhein-westfälische Landesanstalt für Fischerei (LAF) untersucht seit 1978 Rheinfische auf Rückstände an chlororganischen Verbindungen und Schwermetallen. Von den chlororganischen Verbindungen werden Rheinfische routinemäßig auf ihre Gehalte an Hexachlorbenzol (HCB), polychlorierten Biphenylen (PCB) und Gesamt-DDT (DDT, DDE, DDD) untersucht. Zwar bestehen für DDT (seit 1972) und PCB (seit 1989) Produktions- und Anwendungsverbote, doch gelangen diese Substanzen noch aus diffusen Quellen (Auslaugung von Altlasten, Eintrag durch die Atmosphäre) in die Gewässer. Wesentliche Ergebnisse der Untersuchungen von 1988–1990 sind (LWA 1991c):

- Aufgrund ihres im Vergleich zu den anderen untersuchten Fischen höheren Fettgehalts weisen Aale im allgemeinen größere Mengen gespeicherter lipophiler Substanzen auf. Sie bewegen sich bei diesen Tieren in den Bereichen 0,2 mg (HCB), 1,7 mg (PCB als Summe aus 6 Kongeneren) und 0,26 mg/kg Filet (DDT + Metabolite).
- Die Gehalte an HCB liegen bei den anderen Fischen mit Ausnahme der Barbe durchschnittlich bei 0,03 mg/kg Filet (Barbe: ca. 0,05); höhere Werte an PCB weisen Barbe (0,84) und Döbel (0,8) auf; für DDT und Metaboliten zeigen die meisten Fischarten Werte zwischen 0,04–0,06 mg/kg im Filet, wobei die Werte für Döbel (0,07) und Barbe (0,09) wiederum etwas höher liegen.

Das LWA zieht aus diesen Befunden und im Vergleich mit früheren Analysen die Schlußfolgerung, daß PCB und DDT sich aufgrund der Anwendungsverbote langfristig verringern lassen und Abnahmetrends bereits zu beobachten sind.

Die IKSR (1993c) hat im Rahmen des „Aktionsprogramms Rhein“ nach 1985 eine zweite Bestandsaufnahme der Schadstoffgehalte in Rheinfischen für das Rheinlängsprofil vorgelegt. Von den zur Analyse ausgewählten Fischspezies (Aal, Barbe Hecht, Rotauge/Rotfeder) konnten für die Barben keine Mittel- und Medianwerte für den 3. und 4. Rheinabschnitt (km 321–432 bzw. 440–630) angegeben werden. Im Jahr 1985 wurden die Rheinfische in Fried- und Raubfische (ohne Aale) sowie in Aale eingeteilt. Für die Auswertung im Jahr 1990 wurden hingegen die vier Fischarten Aal (Allesfresser), Rotauge (Zooplankton- und Pflanzenfresser), Barbe (frißt Fischnährtiere und kleine Fische) und Hecht (Raubfisch) herangezogen. Deshalb sind Trendaussagen zur Entwicklung der Schadstoffbelastung nur für Aale möglich. Ausgewertet wurden die Rückstände von Hexachlorbenzol (HCB), Octachlorstyrol, PCB (Kongenere 28, 52, 101, 138, 153, 180), DDT (einschließlich der Umwandlungsprodukte DDD und DDE) sowie weitere chlorierte organische Mikroverunreinigungen (Hexachlorcyclohexan-Isomere, Chlorbenzole, Hexachlorbutadien, Pentachloranisol, Triphenyl- und Tributylzinn). Die Werte wurden mit vorliegenden Rechtsnormen der Anrainerstaaten für Höchstmengen verglichen. Aus dem Statusbericht Rhein (IKSR 1993c) werden hier die wesentlichen Ergebnisse wiedergegeben:

- Für HCB und in geringerem Maße für Octachlorstyrol steigen die Gehalte der bei Rheinfelden entnommenen Proben sprunghaft an. Der Anstieg ist am deutlichsten für die HCB-Gehalte bei Aalen mit Bezug auf den Fettgehalt zu beobachten. Höchstmengen-Überschreitungen nach nationalem Recht werden im deutschen Rheinabschnitt auch bei einigen Rotaugen und Barben mit Schwerpunkt bei Rhein-km 154–180 gefunden (Abb. 5.4–4).
- Vergleicht man die HCB-Rückstände von 1990 mit den Befunden von 1985, so stellt man fest, daß die Werte im wesentlichen in den gleichen Größenordnungen liegen. Lediglich in den vergleichbaren Niederrheinabschnitten (1990: km 642–1055 (1985: km 860–915) ergab sich eine 1990 eine Abnahme gegenüber 1985.
- Wieder weisen die Aale die höchsten PCB-Rückstände in den vergleichbaren Rheinabschnitten auf. Die höchsten Mittelwerte liegen in dem niederländischen Rheinabschnitt (863–1055). Gegenüber 1985 zeigen die nieder und höher chlorierten PCB 1990 in Rheinaalen deutlich abnehmende Gehalte (Tabelle 5.4–4).
- Die Mittelwerte von Gesamt-DDT liegen bei allen Fischarften im 2. Rheinabschnitt (km 112–313) am höchsten.
- Vergleicht man die Median- und Mittelwerte der anderen organischen Mikroverunreinigungen in gleichen Rheinabschnitten für die verschiedenen Fischarten, so ergeben sich bei Bezug auf Fett Gehalte in vergleichbarer Größenordnung. Dagegen zeigen Aale bei Bezug auf Frischgewicht deutlich höhere Gehalte im Vergleich zu anderen Fischarten.
- Über Triphenyl- und Tributylzinn können nur Aussagen zum niederländischen Rheinabschnitt gemacht werden, da diese Substanzen nur dort gemessen wurden. Meist lagen die Konzentrationen unter 0,1 mg/kg.

Die niederländische RIWA (Samenwerkende Rijn- en Maaswaterleidingbedrijven) führen seit 1975 Hälterungsuntersuchungen mit Regenbogenforellen in Lekwasser durch. Wie die Tabelle 5.4–5 für bestimmte Organohalogene zeigt, hat die Anreicherung in bezug auf die untersuchten Substanzen im Lek seit 1975 abgenommen (RIWA 1989).

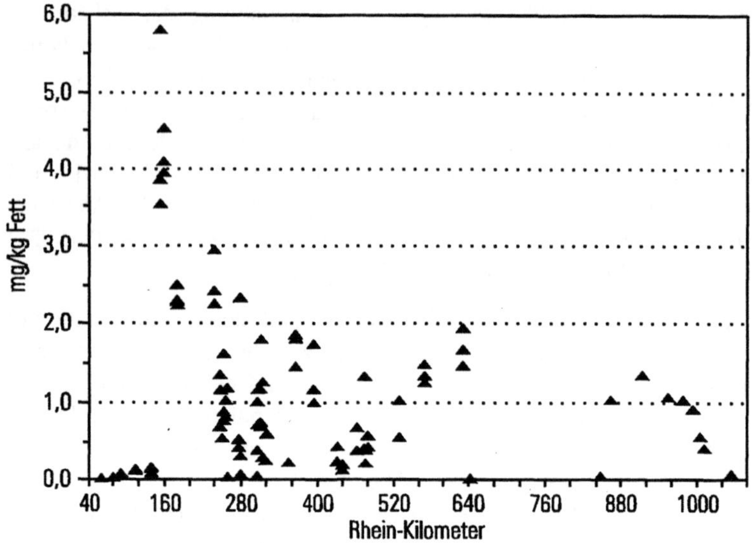

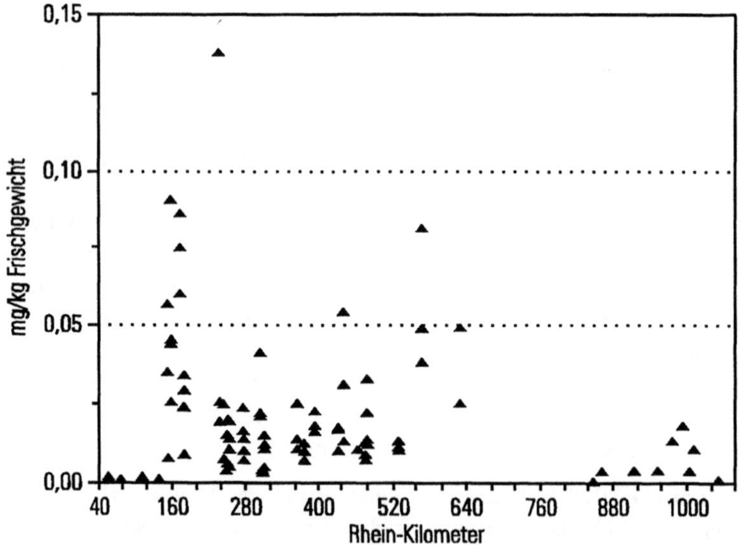

Abb. 5.4–4. HCB-Gehalte im Rhein-Längsprofil (1990) (aus IKSR 1993c).
Oben: Aale, Einzelproben (Höchstmenge an HCB in Deutschland bei Fischen mit einem Fettgehalt von >10 %: 0,5 mg/kg). *Unten:* Rotaugen; Frischgewicht: Höchstmenge in Deutschland 0,05 mg/kg).

Tabelle 5.4–4. PCB-Gehalte von Rheinaalen in mg/kg Frischgewicht, 1985 und 1990 (aus IKSR 1993c).

Jahr	Rhein-km	PCB 28	PCB 52	PCB 101	PCB 138	PCB 153	PCB 180
1990 1985	321–432 341–382	0,004	0,023	0,045	0,151	0,126	0,058
1990 1985	440–630 366–632	0,004 0,028	0,033 0,049	0,057 0,072	0,223 0,242	0,210 0,255	0,094 0,129
1990 1985	 440–530	 0,019	 0,074	 0,130	 0,290	 0,370	 0,130
1990 1985	642–1055 860–915	0,010 0,042	0,093 0,490	0,109 0,465	0,267 0,830	0,431 0,900	0,148 0,275

Tabelle 5.4–5. Anreicherung von Organohalogenen im Fett von Regenbogenforellen in Lekwasser während der Wintermonate von 1975–1987. Angabe in mg/kg Fett (aus RIWA 1989).

Substanz	1975	1976	1982	1984	1987
Pentachlorbenzol	1,7	2,3	0,6	0,36	0,15
Hexachlorbenzol	5,5	5,9	1,2	0,21	0,19
α-Hexachlorcyclohexan	0,73	< 0,05	< 0,05	0,05	0,04
β-Hexachlorcyclohexan	0,21	< 0,05	< 0,05	< 0,02	0,03
γ-Hexachlorcyclohexan	0,44	< 0,05	0,26	0,26	0,27
Dieldrin	0,07	0,10	< 0,10	< 0,03	0,05
Endosulfan	0,13	< 0,10	< 0,10	–	–

Schwermetalle. Anfang der siebziger Jahre wurden in Fischen des *Oberrheins* hohe Quecksilbergehalte gefunden:

- Bei Gernsheim (zwischen Mainz und Mannheim) lagen die Werte zwischen 0,1 bis 0,81 mg/kg; hierbei wiesen nur die Raubfische Konzentrationen >0,5 mg/kg auf (ROTH 1972, zit. aus FÖRSTNER & MÜLLER 1974).
- Bei Mainz lagen die Konzentrationen zwischen 0,13–0,32 mg/kg (ROTH 1972, zit. aus FÖRSTNER & MÜLLER 1974).
- Untersuchungen im südlichen Oberrhein ergaben bei allen zwischen Istein (nördlich von Basel) und Breisach untersuchten Fischen Konzentrationen >0,5 mg/kg. Rheinaufwärts (um Basel) und rheinabwärts zwischen Whyl und Rhein-km 176,5 wurden diese Werte nur in einem Teil der untersuchten Proben gefunden. Sedimentuntersuchungen (Fraktion <2 μm) ergaben zwischen Basel

und Weil einen starken Anstieg der Quecksilberkonzentrationen (FÖRSTNER & MÜLLER 1974).

Im Rheinwasser bei Germersheim wurden 0,003 mg/l Quecksilber und in der Galle des Hechtes 5 mg/kg (mehr als das 1.600fache als im Rheinwasser) gefunden (Tabelle 5.4–6).

Tabelle 5.4–6. Quecksilbergehalte im Rheinwasser bei Germersheim und in Organen der dort gefangenen Fische (nach VOGT & KITTELBERGER (1976).

Rheinwasser [mg/l]	Fischorgane	Fischart [mg/kg]			
		Rotauge	Brassen	Zander	Hecht
	Leber	0,08	0,05	0,05	0,2
	Galle	0,08	0,1	–	0,3
0,003	Niere	0,07	0,05	0,1	0,05
	Eingeweide	0,1	0,05	0,05	0,05
	Fleisch	0,2	0,05	0,07	0,3

Untersuchungen an Fangstellen zwischen Germersheim (Rhein-km 381–383), Ludwigshafen-Mannheim (Rhein-km 430–435) und Gernsheim (Rhein-km 464–465) erbrachten hohe Unterschiede zwischen den Metallgehalten im Wasser und den Organen der Fische (VOGT & KITTELBERGER 1976). Die Ergebnisse der Untersuchungen lassen ferner Unterschiede der Akkumulation je nach Ernährungsweise der Fischart erkennen: So waren vor allem in Leber und Galle des Raubfisches Hecht höhere Gehalte gespeichert als in den gleichen Organen des Friedfisches Rotauge.

Nach Untersuchungen BINNEMANNs et al. (1983) und der Chemischen Landesuntersuchungsanstalt Offenburg (CLUA 1988) haben die Quecksilbergehalte in Fischen des *Hoch- und Oberrheins* von 1976 bis 1988 um ca. 50 % abgenommen (1976: ca. 0,6 mg/kg; 1988: ca. 0,3 mg/kg) (Abb. 5.4–5).

HÄUSER (1983) ermittelte die Gehalte der Schwermetalle Quecksilber, Blei und Cadmium in Rotaugen des Oberrheins zwischen Mannheim und Wiesbaden in Abhängigkeit von Wasserführung und Jahreszeit. Bei der Aufarbeitung von insgesamt 132 Fischen fand die Autorin im Filet durchschnittlich 511 µk/kg (maximal 1.470 µg/kg) Quecksilber, 2,1 (10,3) µg/kg Cadmium und 232,8 (1.100) µg/kg Blei. Durchschnittlich höhere Werte wurden in Fischen unterhalb der Mainmündung festgestellt. Eine Gegenüberstellung der Durchschnittswerte mit den von der Deutschen Kommission zum Schutze des Rheins bei Mainz (1981) ermittelten Werten ergab für Quecksilber eine Anreicherung auf das 500fache, für Cadmium auf das 10fache und für Blei auf das 45fache (Tabelle 5.4–7).

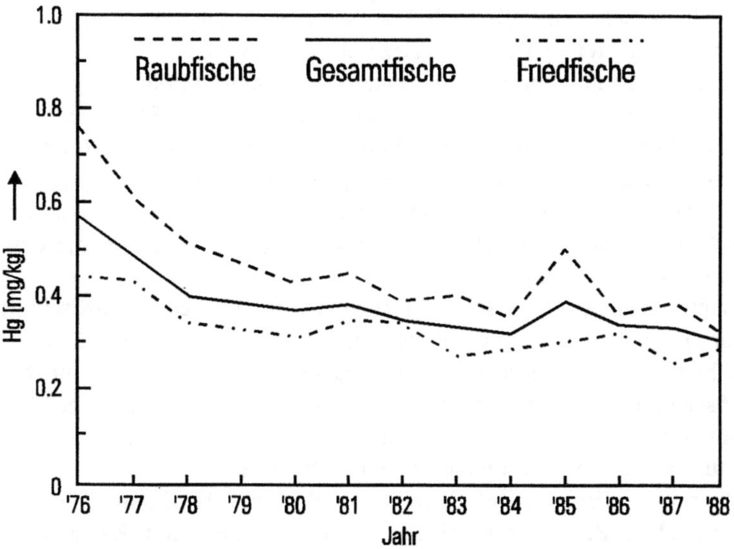

Abb. 5.4–5. Quecksilber-Rückstände in Fischen des Hoch- und Oberrheins (Konstanz, Rhein-km 0; Helmlingen, Rhein-km 312) (1976–1988) (aus CLUA 1988). Mengen bezogen auf Frischgewicht der eßbaren Teile.

Tabelle 5.4–7. Durchschnittliche Schwermetallkonzentrationen im Filet von Rotaugen des nördlichen Oberrheins und im Rheinwasser bei Mainz (1981) (aus HÄUSER 1983).

	Rotaugenfilet [μg/kg]	Wasser [μg/l]
Quecksilber	511	0,1
Cadmium	2,1	0,3
Blei	232,8	5,0

Während sich eine Korrelation zwischen unterschiedlicher Schwermetallkonzentration im Fischfilet und der Wasserführung sowie Metallgehalt im Wasser nicht herstellen ließ, wurden deutliche Abhängigkeiten von der Jahreszeit gefunden. So wurde für alle drei Metalle, insbesondere aber für Blei, ein Konzentrationsanstieg im Filet von Mai bis September festgestellt; Tiefstwerte lagen in den Wintermonaten vor. Bei gleichbleibenden Konzentrationen der Substanzen im Wasser ist zu vermuten, daß der Konzentrationsanstieg im Filet der Fische mit der durch den Temperaturanstieg des Wassers im Sommer erhöhten Stoffwechselleistung der Fische zusammenhängt. Eine Abhängigkeit des Metallgehaltes von Größe oder Alter der Fische ließ sich aus methodischen Gründen nicht nachweisen. Bemerkenswert ist, daß die Schwermetalle nach 3monatiger Hälterung der kontaminierten Fische in schadstofffreiem Wasser „nahezu eliminiert waren".

Im Rahmen seiner schon zitierten Arbeit untersuchte PAREY (1986) die genannten Fischarten (Hechte und Rotaugen) auch auf die Rückstände an Blei, Cadmium und Quecksilber. Er fand „relativ geringe" Belastungen der Hechte und Rotaugen mit Blei und Cadmium; die Belastungen mit Quecksilber waren höher, jedoch gegenüber den Werten der 70er Jahre rückläufig. Bei Hechten, nicht jedoch bei Rotaugen, bestanden positive Korrelationen zwischen Alter der Fische und dem Quecksilbergehalt von Leber und Filet.

Rückstandsuntersuchungen an Fischen im rheinland-pfälzischen Rheinabschnitt erbrachten vor allem Ende der siebziger Jahre hohe Quecksilbergehalte. Höchstmengenüberschreitungen an Quecksilber waren seitdem selten und traten nur bei großen Raubfischen auf. Höchstmengenüberschreitungen für Cadmium und Blei traten nicht auf. Eine Zusammenstellung detaillierterer Rückstandsdaten wurde im Ministerium für Umwelt und Gesundheit (Mainz) erarbeitet.

Die nordrhein-westfälische Landesanstalt für Fischerei bestimmte für den Niederrhein zwischen Bad Honnef (Rhein-km 646 rechts) und Kalkar-Rees (Rhein-km 847,8 links) Rückstände an Cadmium, Blei und Quecksilber (1988–1990). Hierzu wurden die gleichen Fischarten wie im Rahmen der Untersuchungen von organischen Mikroverunreinigungen verwendet. Die wichtigsten Befunde (LWA 1991c):

- Alle untersuchten Fischarten mit Ausnahme des Aals weisen Cadmiumwerte von <0,005 mg/kg Filet auf. Im Filet des Aals wurden 4–5mal höhere Cadmiumrückstände gemessen. Für Deutschland liegt der Richtwert für Cadmiumgehalte in zum Verzehr bestimmten Fischen bei 0,5 mg/kg Frischgewicht.
- Der Gehalt an Quecksilber liegt bei Hecht und Zander im Mittel bei 0,5 mg/kg Filet (Höchstmenge für diese Fischarten: 1 mg/kg Fett). Diese Werte werden von den anderen Fischarten nicht annähernd erreicht.
- Der mittlere Gehalt an Blei im Filet von Rheinfischen schwankt zwischen 0,03–0,1 mg/kg. Brassen zeigen dabei die höchsten Werte. Die Richtwerte für Blei werden in keinem Fall erreicht. Die LWA zieht aus diesen Befunden die Schlußfolgerung, daß hohe Belastungen der Fische mit Blei nicht auftreten. Dies kann mit dem allgemeinen Rückgang der Bleibelastung im Wasser und im Sediment und – bei einzelnen Fischarten – mit deren Lebens- und Ernährungsweise zusammenhängen.

Die IKSR (1993c) stellte im Rheinlängsprofil für Quecksilber einen Anstieg bis zum Rheinabschnitt 321–432 und dann wieder einen Abfall bis km 1055 bei den Aalen und Barben (Abb. 5.4–6) fest. Bei Rotaugen und Hechten liegt das Maximum bei Rheinabschnitt km 112–313. Bei Barben liegt das Maximum bis nahe 1,0 mg/kg von km 57–180. Hierdurch kommt es zu zahlreichen Höchstmengenüberschreitungen.

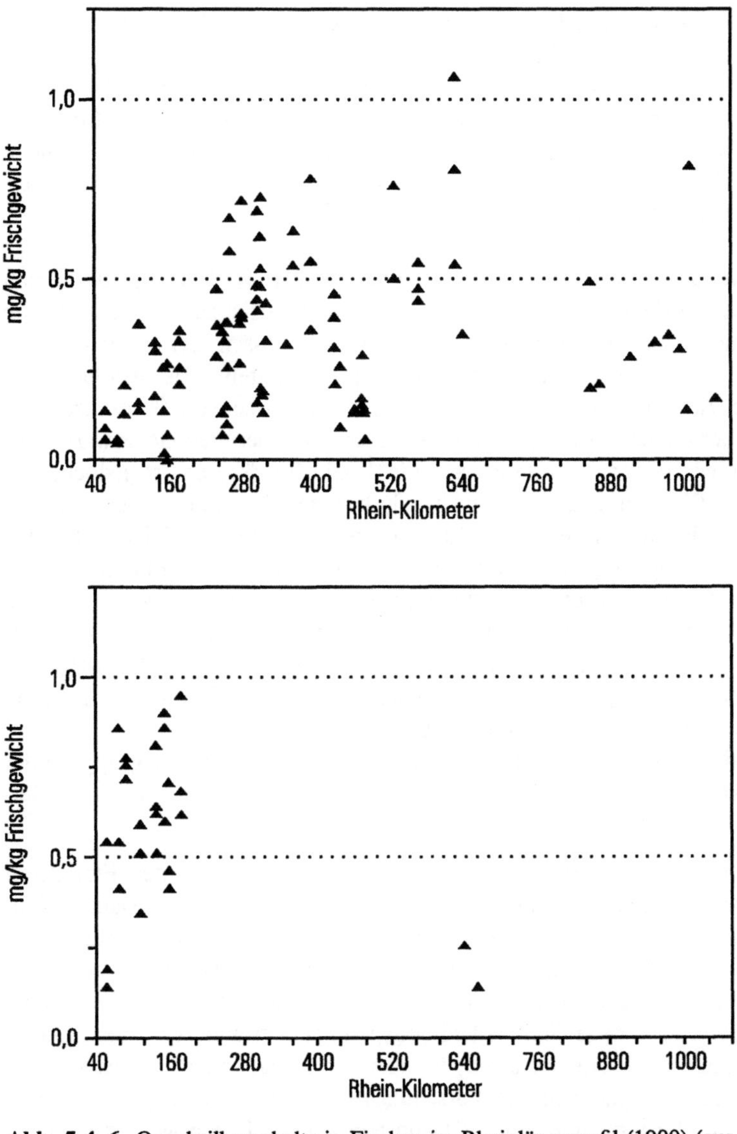

Abb. 5.4–6. Quecksilbergehalte in Fischen im Rheinlängsprofil (1990) (aus IKSR 1993c). *Oben:* Aale, mg/kg Frischgewicht pro Einzelprobe (Höchstmenge für Aale in der Schweiz: 0,5 mg/kg; in Deutschland und den Niederlanden: 1,0 mg/kg). *Unten:* Barben, mg/kg Frischgewicht pro Einzelprobe (Höchstmenge in Deutschland und der Schweiz: 0,5 mg/kg; in den Niederlanden: 1,0 Frischgewicht).

Auch bei Hechten treten vereinzelt Höchstmengenüberschreitungen (Rhein-km 247–278) auf. Wie für Aale liegt die Höchstmenge in Deutschland bei 1,0 mg/kg Fettgehalt. Zahlreiche Werte liegen >0,5 mg/kg.

Die Rückstände an Blei und Cadmium liegen in allen untersuchten Fischarten wesentlich niedriger als bei Quecksilber. Die höchsten Werte treten für Aale, Barben und Rotaugen bei Blei im 5. Rheinabschnitt auf. Aus diesen Befunden zieht die IKSR die Schlußfolgerung, daß bei Rheinfischen keine wesentliche Blei- und Cadmiumbelastung vorliegt.

Toxische Wirkungen von Schadstoffen. *Akut toxische Wirkungen*, etwa durch unfallbedingte Stoffeinträge, lassen sich in ihren kurzfristigen Folgen für die Rhein-Biozönosen einigermaßen sicher erfassen. Oft lassen sich auch die verursachenden Substanzen oder Substanzgemische ermitteln. Es werden auch längerfristige Auswirkungen akuter Intoxikationsereignisse von Substanzen beschrieben. Über die *längerfristigen Auswirkungen* der dauernden Gegenwart chronisch-toxisch wirkender Substanzen auf die Rhein-Biozönosen ist jedoch, mit Ausnahme von Bioakkumulationsdaten, wenig bekannt. Vor allem ist es aufgrund der außerordentlich komplexen Matrix anthropogen eingebrachter Substanzen noch nicht überzeugend gelungen, Änderungen an Arten oder gar biozönotische Veränderungen auf chronisch-toxische Effekte spezifischer Substanzen oder Substanzgruppen zurückzuführen. Ehe etwa chronisch-toxische Wirkungen auf die Entwicklung von Fischen angenommen werden können, müssen Eutrophierungseffekte als verursachende Faktoren ausgeschlossen werden; hierüber herrscht ein erhebliches Informationsdefizit (BERG 1987).

Zum Nachweis chronisch-toxischer Wirkungen definierter Substanzgruppen oder Substanzen können verschiedene experimentelle Ansätze dienen, wie zum Beispiel:

- Organismen (z.B. Fische) werden in Rheinwasser gehältert, der Fremdstoff oder das Fremdstoffgemisch werden in unterschiedlichen, rheinrelevanten Konzentrationen hinzugegeben. Sodann werden, etwa in Lebenszyklus-Tests, Untersuchungen zur Wirkung vorgenommen. Die Übertragbarkeit dieser Art von „Modellökosystem“ in die reale Umwelt ist allerdings nur eingeschränkt möglich, da verschiedene Freilandbedingungen kaum simuliert werden können (z.B. jahreszeitliche Veränderungen, Temperaturschwankungen). Untersuchungen hierzu sind im Rahmen des Forschungsverbundes „Wirkung von Fremdstoffen auf die Struktur und Stabilität von aquatischen Lebensgemeinschaften“ vorgesehen (NAGEL 1988).
- Rheinorganismen werden auf den Gehalt von Schadstoffen untersucht; der Schadstoffgehalt wird dann in Beziehung zu Lebensäußerungen (z.B. Befruchtungsrate von Fischen) gesetzt, die unter kontrollierten Bedingungen beobachtet werden. Dies ist z.B. der Versuchsansatz PAREYs bei seinen Untersuchungen zu einer vermuteten Korrelation zwischen der Höhe an Rückständen von Organo-

chlorverbindungen und Fortpflanzungsstörungen in Rotaugen und Hechten des Hoch- und Oberrheins. PAREY kam zu dem Ergebnis, daß sich hohe Gehalte an Organochlorverbindungen im Filet der Hechtrogner (nicht jedoch der Rotaugen) korrelieren lassen mit der Befruchtungsrate und Anteil der zum Schlupfzeitpunkt normal entwickelten Embryonen sowie der Schlupferwartung insgesamt. In Brutbeständen von Hechtrognern mit höheren Rückständen an Organochlorverbindungen traten PAREYs Untersuchungen zufolge auch Störungen der Embryonalentwicklung (z.B. abnormer Epibolieverlauf, Mortalität während der Embryonal- und frühen Larvalphase) signifikant häufiger auf. Hingegen schien das Ausmaß der Kontamination des Hecht-Rogens mit chlororganischen Verbindungen für das Brutergebnis nicht wesentlich zu sein. Seine Beobachtungen wertet PAREY insgesamt als Nachweis der „Beeinträchtigungen des Reproduktionsvermögens in Folge der Kontamination der Laichfische mit chlororganischen Pestiziden und Umweltchemikalien" bei Hechten des Hoch- und Oberrheins. Zwar macht die von PAREY gefundene Korrelation eine Beteiligung von Organochloren wahrscheinlich, doch könnten grundsätzlich auch solche Substanzen und Synergismen in Frage kommen, die in den Untersuchungen nicht erfaßt worden sind. Bei diesem Ansatz der retrospektiven Beurteilung der Belastung von Fischen mit Umweltchemikalien werden zwar alle Umwelteinflüsse erfaßt, doch bestehen bei der Bewertung große Unsicherheiten (NAGEL 1988).

- Ein weiterer Ansatz zur experimentellen Erfassung längerfristiger stofflicher Wirkungen, der jedoch keine Zuordnung zu definierten Substanzen erlaubt, basiert auf den schon erwähnten Hälterungsexperimenten von Fischen in Rheinwasser. Im Rheinwasser (Lek) gehälterte Regenbogenforellen werden nach einer bestimmten Expositionszeit untersucht und mit Tieren einer Kontrollgruppe in reinem Wasser verglichen, z.B. im Hinblick auf Veränderungen in Körpergewicht, Leber und Niere. Derartige Experimente, bei denen Expositionszeiten von 18 Monaten verwendet wurden, haben POELS et al. (1980) vorgenommen. Auf dieser Methodik beruhen Untersuchungen, die seit 1976 zur Beurteilung toxischer Eigenschaften des Lekwassers durchgeführt werden (Tabelle 5.4-8). Daten aus diesen Untersuchungen zufolge hat die Toxizität des Lekwassers gegenüber den bei Regenbogenforellen untersuchten Parametern seit 1976 im wesentlichen abgenommen. Die Untersuchungen erlauben jedoch keine Aussagen zu den verursachenden Faktoren.

Erwähnt seien schließlich genotoxische Untersuchungen die ebenfalls keine Schlußfolgerungen zur Bedeutung für das Individuum bis hin zur Biozönose erlauben. An Kiemen und Hoden von Hundsfischen (Umbra pigmaea DE KAY), die 3–11 Tage lang Rheinwasser (entnommen aus dem Lek) ausgesetzt waren, wurden vermehrte Chromosomenbrüche festgestellt (PREIN et al. 1978).

Tabelle 5.4–8. Wachstumsveränderungen bei Forellen nach 6monatigem Aufenthalt in Lekwasser gegenüber einer Kontrollgruppe (aus RIWA 1989). Angaben in Prozent gegenüber der Kontrollgruppe.

	1975	1976	1982	1984	1987
Längenabnahme	9,0	21,8	8,0	3,2	2,7
Gewichtsabnahme	21,5	35,5	21,6	4,9	7,0
Gewichtszunahme der Leber[a]	40,0	54,0	21,0	13,0	11,0
Gewichtszunahme der Niere[a]	64,0	30,0	20,0	13,0	b

[a]Daten von 1974/75, 1975/76, 1981/82, 1983/84, 1986/87.
[b]kein Unterschied zur Kontrollgruppe.

Untersuchungen der mutagenen Aktivität des Rheinwassers bei Lobith werden seit 1981 durchgeführt. Verwendet hierzu wird der AMES-Test (TA 98) nach Anreicherung der Substanzen an XAD-Harz (Tabelle 5.4–9). Hiernach hat sich das relative Niveau der mutagenen Aktivität seit dem Jahr 1981 von „hoch" zu „niedrig" verschoben. Die Befunde weisen darauf hin, daß mutagene Substanzen im Rhein abnehmen, doch ist ebenfalls nicht ersichtlich, ob und inwiefern dies ökologisch bedeutsam ist.

Tabelle 5.4–9. Mutagene Aktivität des Rheinwassers bei Bimmen nach dem AMES-Test (TA 98, pH = 7) nach Aktivitätsklassen (nach RIWA 1989).

Jahr	Anzahl der Gesamtproben	relatives Niveau der mutagenen Aktivität		
		niedrig	mittel	hoch
1981	12	2	6	4
1983	6	4	1	1
1984	6	0	5	1
1985	7	2	4	1
1986	6	3	3	0
1987	7	6	1	0

niedrige Aktivität: <50 rev./0.5 l.eq.; hohe Aktivität: >100 rev./0.5 l.eq.

Vergiftung der Selbstreinigung. Schon zur Zeit der Jahrhundertwende war die Beteiligung physikalischer, chemischer und biochemischer Prozesse an den grundlegenden Vorgängen der Selbstreinigung erkannt und dem damaligen naturwissenschaftlichen Kenntnisstand gemäß zutreffend beschrieben worden (Kap. 4.1.2).

Das Wissen um den biologischen Teil der Selbstreinigung (beteiligte Organismen, biochemische Mechanismen) ist gegenwärtig jedoch wesentlich differenzierter, als es zur Jahrhundertwende war. Die biologische Selbstreinigung im Wasser vollzieht sich hiernach in zwei komplexen biologisch-biochemischen Prozessen:

- Abbau (Mineralisation) organischer Verunreinigungen durch Bakterien und Pilze unter Sauerstoffverbrauch (Zehrung). Mineralische Endprodukte des Abbaus werden ebenfalls unter Sauerstoffverbrauch oxidiert und damit für Phytoplankton und höhere Wasserpflanzen verfügbar.
- Aufbau körpereigener Substanz (Assimilation) aus den Mineralisationsprodukten durch Algen und grüne Wasserpflanzen unter gleichzeitig (aufgrund der Photosynthese) freiwerdendem Sauerstoff (biogene Belüftung der Gewässer).

Daß Selbstreinigungsprozesse durch giftige Abwässer geschädigt werden könnten, wurde schon um 1900 vermutet (z.B. KÖNIG 1899a,b; LAUTERBORN 1911b; vgl. Kap. 4.1.2). Erst mehr als ein halbes Jahrhundert später konnte die Richtigkeit dieser Annahme für bestimmte Rheinabschnitte bestätigt werden (KNÖPP 1967a,b; KNÖPP & MAUCHER 1968; KNÖPP 1970; KREBS 1978d). Die Schadwirkung von Substanzen auf die biologische Selbstreinigung wurde bis etwa zum Ende der fünfziger Jahre fast ausschließlich in Abwasserreinigungsanlagen und den dort vorliegenden konzentrierteren Rohabwässern untersucht (z.B. BUCKSTEEG & THIELE 1957, zit. aus KNÖPP 1958). Erst nachdem KNÖPP (1958) auf die Notwendigkeit und Möglichkeit der Ermittlung der Schadwirkung auch in - vergleichsweise zu den Abwässern - schwachbelasteten Oberflächengewässern hingewiesen und hierzu Versuchsanordnungen entwickelt hatte (KNÖPP 1958, 1959a,b 1960, 1961a,b, 1962, 1963, 1964a,b, 1965, 1967a,b, 1968a,b), wurden die Untersuchungen auf die Vorfluter ausgedehnt. Aufgrund von Untersuchungen des Mittel- und Niederrheins von Neuwied bis Emmerich im Jahr 1965 mittels der Parameter BSB, Zusätzliche Zehrung Pepton und Zusätzliche Zehrung Glucose konnte erstmals auf eine Vergiftung der Selbstreinigung durch toxische Abwässer geschlossen werden (KNÖPP 1967a,b). Wegen ihrer möglichen Bedeutung für das geplante ökologische Beobachtungssystem des Rheins werden die folgenden Untersuchungen zur Vergiftung der Selbstreinigung auch hinsichtlich ihrer Methodik dargestellt.

In den Jahren 1966–1968 wurden 10 Untersuchungen des Rheins von Kapellen-Stolzenfels (oberhalb der Lahnmündung, Rhein-km 585,2) bis oberhalb Millingen (nördliche Landesgrenze, Rhein-km 865,3) durchgeführt (KNÖPP & MAUCHER 1968; KNÖPP 1970). Untersucht wurden folgende biochemischen Parameter:

- Biochemischer Sauerstoffbedarf (Kurzzeit-BSB, BSB_{7h})

- Zusätzliche Zehrung (ZZ) für Pepton (Modellsubstanz für den Eiweißabbau) und Glucose (Modellsubstanz für den Kohlenhydratabbau) bei einer Zehrungsdauer von 7 Stunden (ZZ_{Pepton}, $ZZ_{Glucose}$)
- Sauerstoffproduktionspotential (SPP).

Die Ergebnisse der Untersuchungen bestätigten die im Jahr 1965 festgestellte Intoxikation der Selbstreinigung. Auf bestimmten Abschnitten des Niederrheins wurden der sauerstoffzehrende mikrobielle Abbau und die sauerstoffliefernde Assimilation um bis zu 40 % gehemmt. Für diese Hemmung konnten keine trophischen Faktoren verantwortlich gemacht werden. Ein Vergleich zwischen dem Abwasserlastplan des Niederrheins (Abb. 5.4–7) und den Werten für die Zusätzliche Zehrung ($ZZ_{Glucose}$, ZZ_{Pepton}) und das Sauerstoffproduktionspotential (SPP) (Abb. 5.4–8) legte diese Schlußfolgerung nahe. So wäre zu erwarten, daß die Parameter BSB, $ZZ_{Glucose}$, ZZ_{Pepton} und SPP (phasenverschoben) dem Aufwärtstrend der Kurve des Abwassserlastplans folgen, da dieser die organische Belastung widerspiegelt. Wie die Abb. 5.4–8 zeigt, stieg der BSB jedoch nur bis Rhein-km 730 an. Unterhalb dieses Bereichs sanken die BSB-Werte und erreichten auch im Gebiet der Emschermündung (Rhein-km 800) nicht die laut Abwasserplan zu erwartende Steigerung. Auf die gleiche Weise markant war auch der steile Abfall der $ZZ_{Glucose}$ und der SPP-Kurve unterhalb von Rhein-km 750. Nach KNÖPP (1970) konnte diese Kombination biochemischer Charakteristika nur der Effekt einer nachhaltigen Vergiftung des Rheinwassers durch toxische Abwässer sein. Auch aus dem Verlauf der Kurve für den Quotienten aus gemessenem BSB und theoretischer Abwasserlast ließ sich auf eine Vergiftung der Selbstreinigung schließen.

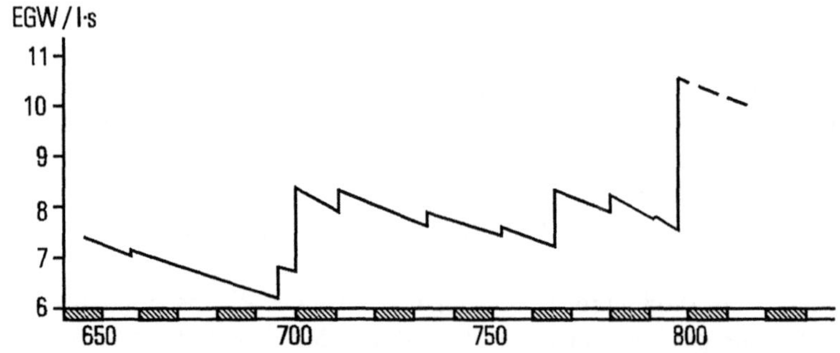

Abb. 5.4–7. Abwasserlastplan des Niederrheins zwischen Königswinter und Emmerich (1968) (aus KNÖPP & MAUCHER 1968). Theoretischer Abwasserlastplan, berechnet nach Angaben des Regierungspräsidiums Düsseldorf über Abwasserlasten der einzelnen Einleiter für sommerliche Wassertemperaturen (20 °C) und unter der Annahme einer täglichen Abbaurate von $alpha_d$ = 20,6 % (aus KNÖPP 1970).

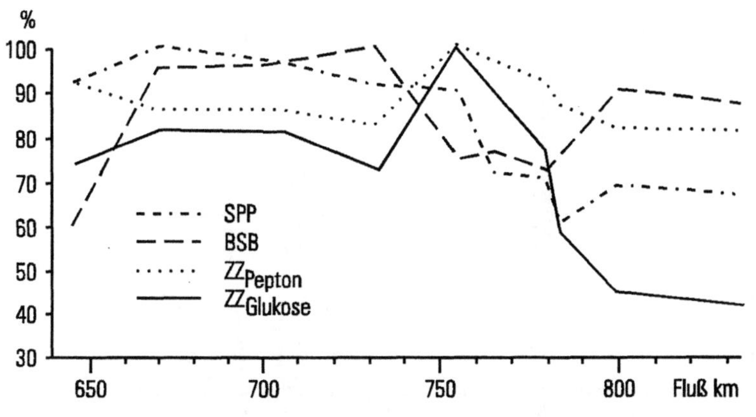

Abb. 5.4-8. Biochemisches Längsprofil des Niederrheins vom 20.9.1966 (aus KNÖPP & MAUCHER 1968). Kurzzeit-BSB, Zusätzliche Zehrung für Pepton und Glucose und Sauerstoffproduktionspotential. Aus 8 Längsprofilen ausgewähltes Beispiel mit mittleren Werten.

Neben den stoffwechseldynamischen Längsprofiluntersuchungen am Niederrhein wurden toxikologische Laboruntersuchungen an Abwässern durchgeführt mit dem Ziel, die Ursache für die ermittelte Vergiftung der Selbstreinigung in den fraglichen Rheinabschnitten herauszufinden (KNÖPP & MAUCHER 1968; KNÖPP 1970). Untersucht wurden mit Hilfe von Assimilations-Zehrungs-Tests (Versuchszeit 24 Stunden) insgesamt 64 Proben aus 39 verschiedenen Einleitungen bzw. Nebenflüssen. In der Abb. 5.4-9 sind nur solche Abwässer berücksichtigt, die bei Verdünnung auf 1/2 MNQ (Mittleres Niedrigwasser) noch eine Intoxikationsquote von 5 % aufwiesen. Bei diesem Verdünnungsverhältnis wirkten 6 Abwässer noch stark toxisch auf den mikrobiellen Abbau, und 13 Abwässer hemmten die photosynthetische Sauerstoffproduktion. In den Rheinabschnitten unterhalb Wesseling, Leverkusen, Duisburg und der Emschermündung konnten vier Schwerpunkte giftig wirkender Abwässer ausgemacht und die industriellen Einleiter ermittelt werden.

Intoxikationen der Selbstreinigungskraft führen zu einer Verlängerung der Belastungsstrecken. Schon aufgrund der Rheinbereisungen in den Jahren 1965 und 1966 konnte KNÖPP (1967b, S. 154) begründen, „warum eine solche Vergiftung jahrzehntelang trotz aller intensiver Untersuchungen nicht in ihrer Bedeutung erkannt“ wurde. Aus der Bilanzierung seiner stoffwechseldynamischen Untersuchungsergebnisse zog KNÖPP folgende Schlüsse:

- Auf einer Tagesfließstrecke des Niederrheins (ca. 86 km) werden etwa 300 Tonnen BSB bakteriell oxidiert. Bei einer Vergiftungsquote von mindestens 30–50 % werden auf dieser Strecke etwa 100–150 Tonnen (dies entspricht etwa

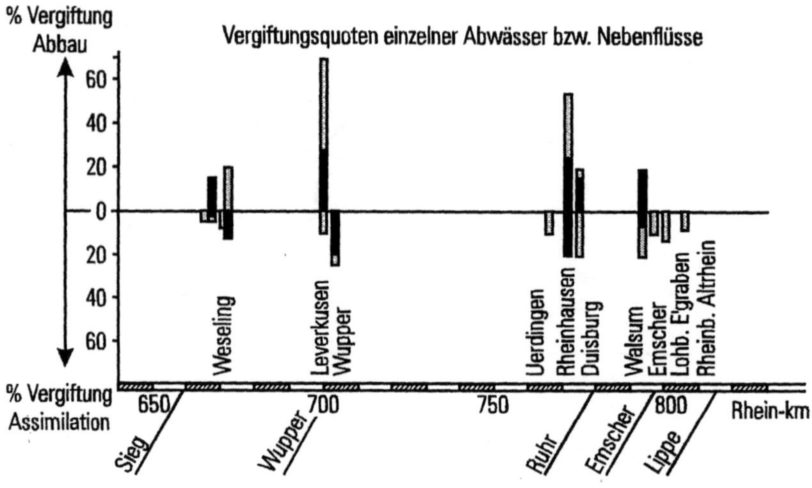

Abb. 5.4–9. Die Giftwirkung der dem Niederrhein (1966–1968) zugeführten Abwässer nach Assimilations-Zehrungs-Test (aus KNÖPP & MAUCHER 1968).
Nach oben abgetragen: relative Vergiftung des biologischen Abbaus (bezogen auf die Verdünnung des Abwassers auf 1/2 MNQ). *Nach unten abgetragen:* relative Vergiftung der Photosynthese (biogene Belüftung) (bezogen auf die Verdünnung des Abwassers auf 1/2 MNQ). *Ausgefüllte Säulen:* minimale Vergiftungsquoten mehrfach untersuchter Abwässer. *Unausgefüllte Säulen:* maximale Vergiftungsquoten mehrfach untersuchter Abwässer. Aufgenommen sind nur toxische Abwässer mit Giftquoten von >5 %.

5–7,5 Millionen Einwohnergleichwerten) nicht oxidiert, die ohne die beschriebene Vergiftung abgebaut worden wären.

- Das Phytoplankton des Mittelrheins bei Koblenz produziert im Sommer auf einer Tagesfließstrecke netto etwa 200 Tonnen Sauerstoff. Bei einer Vergiftung im Niederrhein um 30–50 % fehlen innerhalb einer Tagesfließstrecke 70–100 Tonnen Sauerstoff, die ohne die beschriebene Vergiftung produziert worden wären.

Sauerstoffbedarf des mikrobiellen Abbaus und Sauerstoffproduktion des Phytoplanktons werden also infolge der Vergiftung in ähnlichem Umfang beeinträchtigt. Nach KNÖPP (1967b) ändert die Vergiftung

> „am wichtigsten Kriterium der Wassergütebeurteilung, dem Sauerstoffgehalt, praktisch nichts oder nur sehr wenig, ja es wird sogar durch diese Vergiftung eine höhere Selbstreinigungsleistung im Strom vorgetäuscht, weil der BSB entnommener Flußwasserproben ebenfalls durch die Teilvergiftung vermindert wird und damit eine geringere Restverschmutzung anzeigt, als es dem Gehalt des Flußwassers an organischen Schmutzstoffen entspräche.“ (S. 154)

Aufgrund der in den Jahren 1972 und 1973 von der Bundesanstalt für Gewässerkunde durchgeführten stoffwechseldynamischen Untersuchungen am Rhein konnten die oben skizzierten Befunde wiederholt und um weitere Angaben (z.B. zur Giftadaptation) ergänzt werden (KREBS 1978a–d). Dabei wurden folgende Parameter ausgewertet:

- Biochemischer Sauerstoffbedarf mit einer Zehrungsdauer von 7 Stunden, 1 Tag und 5 Tagen (BSB_{7h}, BSB_1, BSB_5),
- Biochemischer Sauerstoffbedarf (BSB_{7h}, BSB_1) bei Flußtemperatur und bei Aufwärmung auf 10 °C über Flußtemperatur; Ermittlung der Temperaturkoeffizienten (Q_{10}-Werte),
- Zusätzliche Zehrung Pepton (ZZ_{Pepton}), Zusätzliche Zehrung Glucose ($ZZ_{Glucose}$) und Zusätzliche Zehrung Kresol (ZZ_{Kresol}) bei einer Zehrungsdauer von 7 Stunden,
- Saprophytenzahl,
- Gesamter organisch gebundener Kohlenstoff (TOC),
- Gelöster organisch gebundener Kohlenstoff (DOC),
- Gesamter anorganisch gebundener Kohlenstoff (TIC),
- Gelöster anorganisch gebundener Kohlenstoff (DIC).

Mit Hilfe der Aufwärmversuche (Ermittlung des Temperaturkoeffizienten des biochemischen Sauerstoffbedarfs) ließ sich zeigen, daß im Gegensatz zum Ober- und Mittelrhein, wo die entsprechend der van't Hoff'schen RGT-Regel (Reaktions-Geschwindigkeits-Temperatur-Regel) zu erwartenden Steigerungsraten erreicht wurden, an bestimmten Abschnitten des Niederrheins entweder keine Steigerungen ($Q_{10} = 1$) oder gar Hemmungen auftraten ($Q_{10} < 1$). Diese negativen Temperatureffekte wurden als Ausdruck einer Intoxikation gedeutet.

Untersuchungen der $ZZ_{Glucose}$ und der ZZ_{Pepton} im Längsprofils des Rheins zeigten, daß die Selbstreinigungskraft unterhalb der Abwassereinleitung im Raum Mannheim/ Ludwigshafen (Rhein-km 419,0) über eine Strecke von 60 km stark anstieg und mit der Mainmündung (Rhein-km 496,6) ein Maximum erreichte, das mit dem Sauerstoffminimum zusammenfiel (Abb. 5.4–10).

Am Mittelrhein nahm die Zusätzliche Zehrung wegen der durch die Selbstreinigung verminderten Belastung mit biologisch abbaubaren Stoffen ab. Sie erreichte im Raum Koblenz (Rhein-km 592) ihr Minimum (Erholungsstrecke des Rheins). Mit zunehmender Belastung stiegen die ZZ-Werte ($ZZ_{Glucose}$, ZZ_{Pepton}) wieder an. Im Bereich Wesseling (Rhein-km 670) fielen sie dann abrupt ab, während die BSB-Werte anstiegen. Eine plötzliche Reduktion stoffwechselphysiologischer Leistungen im Längsprofil des Rheins ist ganz allgemein das Kriterium für einen Intoxikationsnachweis. Die prozentualen Hemmwerte sind gleichsam die Basis für eine Quantifizierung der durch Abwässer hervorgerufenen Schadwirkung.

Nach KREBS waren die damaligen, zur Zeit des Verschmutzungsmaximums angetroffenen relativ hohen Sauerstoffsättigungswerte am Niederrhein nicht

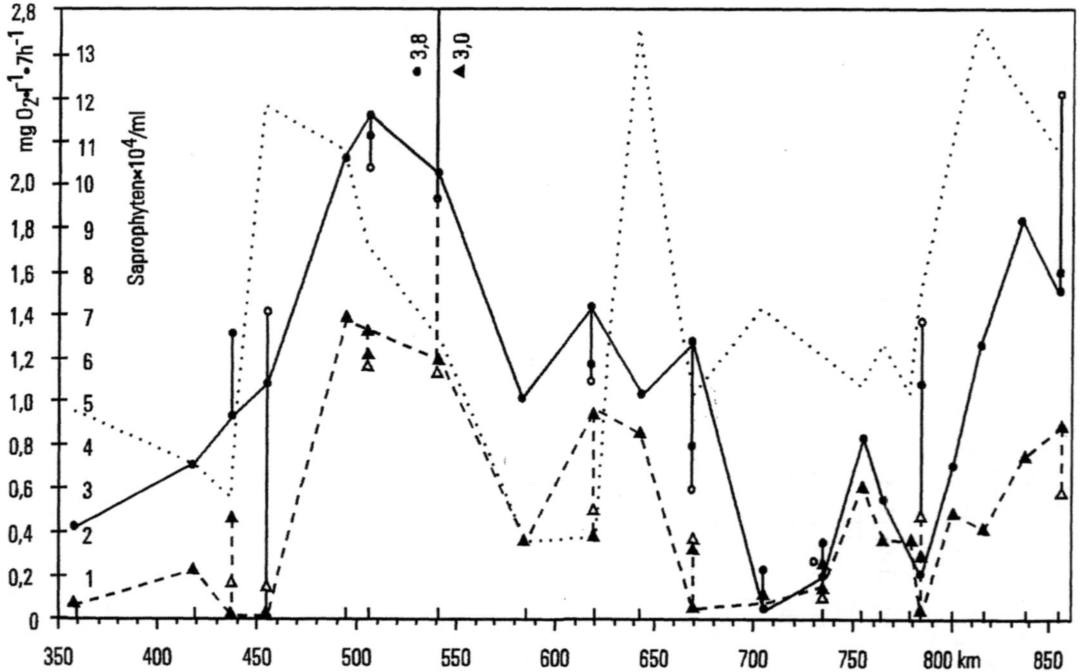

Rhein: Längsprofil, 16.-18. u. 25.-26.10.1972; "Zusätzliche Zehrung Pepton" (●)," Zusätzliche Zehrung Glucose" (▲), Saprophytenzahl (···); Probenahmestellen: -●-, -▲- Flußmitte; ●, ▲ rechte Flußseite; ○, △ linke Flußseite; Inkubationstemp. = 20°C

Abb. 5.4-10. Stoffwechseldynamische Aktivität im Rhein (1972) (aus KREBS 1978b).

Zeichen eines gesunden Flusses, sondern Folge der durch Vergiftungen gebremsten Selbstreinigungsleistung. Seit den Untersuchungsergebnissen von KNÖPP im Jahre 1965 hatte sich hieran nichts geändert. In Anbetracht neuerer Untersuchungsergebnisse zur Hemmung der Selbstreinigung am Oberrhein bei Mainz erschiene es notwendig zu untersuchen, ob auch am Niederrhein noch akute Intoxikationen der Selbstreinigung auftreten.

Die Bundesanstalt für Gewässerkunde untersuchte auch die Fähigkeit der Bakterien, sich an die verschiedensten Giftstoffe im Wasser zu adaptieren (KREBS 1978c). Als Modellsubstanz diente o-Kresol (Vertreter für die große Gruppe der Phenole), das in vielen Industrieabwässern zu finden ist. Diese Substanz wirkt auf aquatische Organismen schon im Milligramm-Bereich toxisch.

Die Wirkung von o-Kresol auf die Abbauvorgänge im Rheinwasser bei Koblenz wurde vom Juli 1971 bis Dezember 1974 täglich untersucht. Belüftete Rheinwasserproben wurden dazu mit 200 mg o-Kresol/l versetzt und im Brutschrank bei 20 °C über 24 Stunden bebrütet. Die durch den Kresolzusatz hervorgerufene Änderung der Sauerstoffzehrung wurde in Relation zum biochemischen Sauerstoffbedarf (BSB_1) der unbehandelten Probe gesetzt und die prozentuale Zehrungsänderung ermittelt (Abb. 5.4–11).

Die Abbildung 5.4–11 zeigt, daß während 1971 Hemmwerte von zum Teil mehr als 70–80 % (die auf das Fehlen von adaptierten Mikroorganismen hinweisen) bei intaktem Sauerstoffproduktionspotential ermittelt wurden, 1972 bereits vereinzelt Zehrungssteigerungsraten bis zu 100 % nachgewiesen werden konnten. Das Sauerstoffproduktionspotential lag in diesem Jahr deutlich unter den Werten des Jahres 1971. Mit dem Novemberhochwasser des Jahres 1972 wurde die Zehrung durch Kresolzugabe um mehr als 200 % gesteigert. Das Jahr 1973 war durch eine fast durchgehende, hohe Kresolabbaukapazität charakterisiert. Hierbei erreichte das Sauerstoffproduktionspotential selten die 2 mg-Marke. Ähnliche Verhältnisse lagen im Jahr 1974 vor; die Kresolabbaukapazitäten erreichten zum Teil Spitzenwerte von 200–300 %iger Zehrungssteigerung. Wesentliches Ergebnis dieser vierjährigen Untersuchungsreihe ist der deutliche Rückgang des Sauerstoffproduktionspotentials bei gleichzeitiger Zunahme der Kresolabbaukapazität.

Mit Hilfe von Längsprofiluntersuchungen (Oktober 1972) der Kresolabbaukapazität wurde auch der Nachweis erbracht, daß es Rheinabschnitte gibt, in denen eine Zehrungshemmung nicht auf eine fehlende Adaptation der Bakterien zurückzuführen, sondern wahrscheinlich eine Folge der Einleitung giftig wirkender Abwässer ist. Dies war etwa bei Rhein-km 455 (Biblis) und Rhein-km 670 (Wesseling) der Fall. Nach KREBS (1978c) zeigt demgemäß der bloße Nachweis einer Kresolabbaukapazität die Belastung eines Vorfluters mit industriellen Abwässern auf. Das Zehrungsverhalten spiegelt das Ausmaß einer biozönotischen Adaptation an einen Abwasserinhaltsstoff wider, der normalerweise auf heterotrophe Bakterien toxisch wirkt. Kresolabbauende Bakterien sind empfindliche Indikatororganismen für den Nachweis von Gewässerintoxikationen.

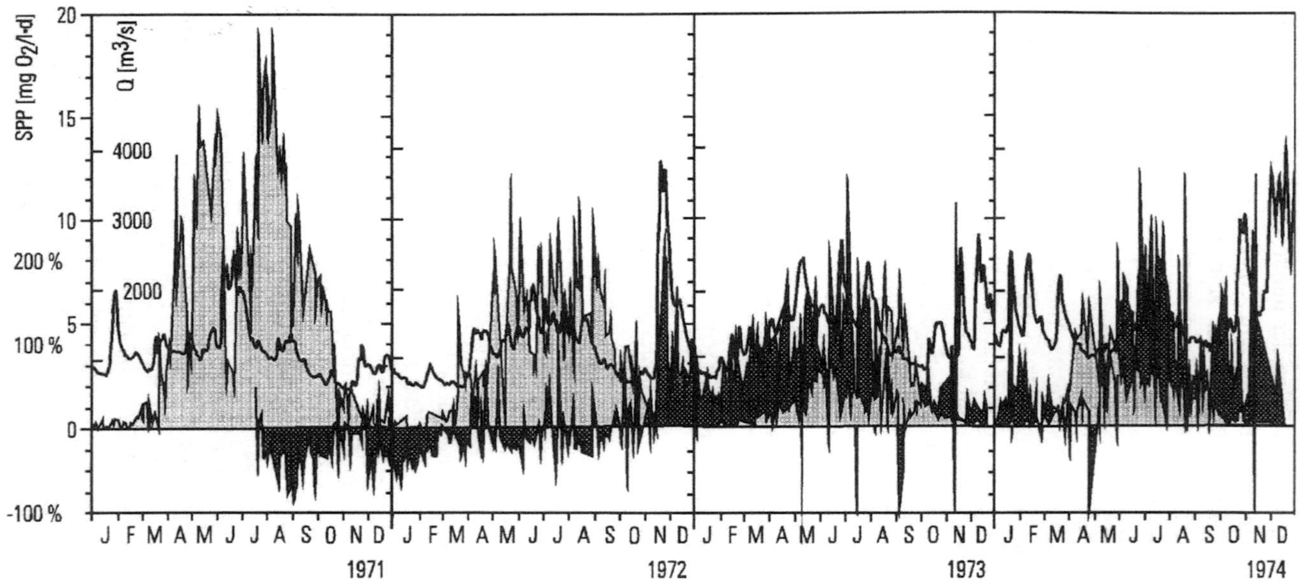

Abb. 5.4-11. Sauerstoffproduktionspotential und Kresolabbaukapazität im Rhein bei Koblenz (1971 bis 1974) (aus Krebs 1978c). Dargestellt sind die Jahrgangslinien 1971 bis 1974.
Q Abfluß (Linie); *SPP* Sauerstoffproduktionspotential (hell schraffiert); Kresolabbaukapazität in % (dunkel schraffiert).

Auswirkungen von Niedrigwasser auf die Selbstreinigung im Rhein. Nach neueren Untersuchungen des Rheins bei Mainz (Rhein-km 500,6 links) korreliert die mikrobielle Selbstreinigungsleistung direkt mit der Wasserführung in dem Sinne, daß die Abbauleistung bei niedrigem Wasserstand abnimmt (SCHMITT-BIEGEL 1989; OBST & SCHMITT-BIEGEL 1990; SCHMITT-BIEGEL & OBST 1990). Dies war bereits aufgrund früherer Arbeiten vermutet worden (HOLZAPFEL-PSCHORN et al. 1987). Bei ihren Untersuchungen konnten die Autorinnen aufgrund von Additionsversuchen mit Chlorid ausschließen, daß die Minderung der mikrobiellen Umsatzaktivität auf bei Niedrigwasser erhöhtem Salzgehalt beruht. Auch die Temperatur übte auf die mikrobielle Aktivität keinen maßgeblichen Einfluß aus. Demgemäß läßt sich eine Aufkonzentrierung toxischer Wasserinhaltsstoffe bei Niedrigwasser für die geringere Selbstreinigungsleistung verantwortlich machen.

Zur Untersuchung der Konzentrations-Wirkungs-Beziehung zwischen der Konzentration im Rheinwasser und der mikrobiellen Abbauaktivität wurde Rheinwasser bei verschiedenen Abflüssen entnommen und Verdünnungsreihen mit sterilem Medium angelegt. Enzymaktivitätstests (Esterasen, ß-Glucosidasen, Alanin-Aminopeptidasen, Proteasen, Elektronen-Transport-System) ergaben bei mittlerer Wasserführung (Pegel Mainz: 1580 m^3/s) einen nahezu linearen Kurvenverlauf, das heißt, es lag keine Hemmung vor. Hingegen wurde in der Niedrigwasserprobe (Pegel Mainz: 750 m^3/s) bei steigendem Rheinwasseranteil eine deutliche Minderung der Enzymaktivität beobachtet: Es lag also eine Hemmung vor. Auch weitere Versuche (z.B. Simulation der Niedrigwassersituation durch Einengen von Rheinwasserproben) haben gezeigt, daß die bei niedrigem Abfluß auftretende geringere Selbstreinigungsleistung auf eine Hemmung der Mikroorganismen durch die erhöhte Konzentration toxischer Wasserinhaltsstoffe zurückzuführen ist.

Die Gesamtschau stoffwechseldynamischer Untersuchungsergebnisse ermöglicht zuverlässige Hinweise auf Vergiftungserscheinungen. Die an verschiedenen Rheinabschnitten nachweisbaren Intoxikationen auf photosynthetischer und heterotropher Ebene der mikrobiellen Selbstreinigung sind Ausdruck einer unzulänglichen oder in den siebziger Jahren z.T. völlig fehlenden Abwasserreinigung. Die Tatsache, daß unter bestimmten Bedingungen auch gegenwärtig noch mit Vergiftungen der Selbstreinigung zu rechnen ist, macht entsprechende stoffwechseldynamische Untersuchungen auch im Hinblick auf eine ökologische Rheinbeobachtung und -überwachung dringlich.

Fazit. Aus den Literaturdaten läßt sich nicht ableiten, daß grundsätzlich der einen oder der anderen Kategorie von Eingriffen – Eingriffe in die Morphologie oder Eingriffe in den Stoffhaushalt – prioritäre Bedeutung für die anthropogenen ökosystemaren Änderungen des Rheins zukommt. Es gibt aber Perioden und/oder lokal begrenzte Rheinabschnitte, in denen Eingriffe einer der beiden Kategorien vorherrschen. Allgemein muß von einem komplexen synchronen oder sukzessiven

Zusammenwirken ausgegangen werden, bei dem es oftmals zu Wirkungsverstärkungen kommen kann. Häufig wird erst eine Zuordnung der Wirkungen in die eine oder die andere Kategorie getroffen werden können, wenn sich nachweisen läßt, daß für eine bestimmte Rheinstrecke und zu einem bestimmten Zeitpunkt lediglich einer der beiden Faktorenkomplexe wirksam war.

Regenerationsmaßnahmen müssen somit im stofflichen und nichtstofflichen Ursachenbereich stattfinden. So werden unter großem finanziellen Aufwand morphologische Voraussetzungen geschaffen, die den Wanderfischen eine Rückkehr in den Rhein ermöglichen sollen. Es ist aber nicht auszuschließen, daß örtliche spezifische Schadstoffbelastungen eine Wiederbesiedlung mit diesen Fischen verzögern können.

6 Schlußfolgerungen und Empfehlungen

Die hier vorgelegte Literaturstudie stellt eine Vorstufe zur Entwicklung einer Konzeption für ein ökologisches Beobachtungssystem des Rheins dar. Ihre Aufgabe besteht darin, den ökologisch relevanten Bestand an Wissen über den Rhein im Hinblick auf langfristig geeignete Beobachtungsparameter auszuwerten und diesbezüglich mögliche Kenntnisdefizite zu ermitteln. Damit soll die weitere Konzeption eines ökologischen Beobachtungssystems auf eine überschaubare und wissenschaftlich fundierte Grundlage gestellt werden. Aufgabe des ökologischen Beobachtungssystems ist es, fortlaufend festzustellen, ob sich infolge eingeleiteter Maßnahmen eine Verbesserung für das Ökosystem Rhein/Rheinaue abzeichnet, wie sie das politisch geforderte, unter dem Schlagwort „Lachs 2000“ propagierte, langfristige Qualitätsziel vorgibt.

Mit dem zitierten Qualitätsziel ist die Reaktivierung eines Zustands angesprochen, wie er vor längerer Zeit einmal geherrscht hat. Ob dieser anzustrebende *Zielzustand* angemessen ist, läßt sich nur nach einer Beurteilung der Reversibilität der Veränderungen beurteilen, denen das Rheinökosystem seit frühester Vergangenheit bis zur Gegenwart ausgesetzt ist. Die hier vorgelegte Datenbasis ermöglicht zunächst eine *Bilanzierung* der ökologischen Veränderungen des Rheinökosystems vom durch den Menschen weitgehend unbeeinflußten Zustand in der Vergangenheit bis zum anthropogen stark beeinflußten gegenwärtigen Zustand. Aus dem vergangenen Zustand läßt sich sodann ein *Referenzzustand* ableiten, der dem anzustrebenden Zielzustand zugrunde gelegt werden sollte.

An dem im „Aktionsprogramm Rhein“ vorgegebenen Qualitätsziel sowie an weiteren Zielsetzungen für Detailbereiche orientiert sich ein umfangreiches Bündel von bereits durchgeführten oder in die Wege geleiteten Maßnahmen zur Rhein-Reaktivierung. Die Literaturauswertung kann die Notwendigkeit dieser Maßnahmen im wesentlichen bestätigen und einen „idealisierten“, am ermittelten Referenzzustand ausgerichteten Maßnahmenkatalog vorlegen.

Weiterhin liefern die Literaturdaten eine Grundlage für Empfehlungen zur Beschaffenheit der Parameter, die zur langfristigen ökologischen Beobachtung des Rheinökosystems geeignet erscheinen. Daß diese gleichermaßen biotische

(Spezies, Populationen, Biozönosen) wie abiotische (hydrologisch-morphologische, physikalische, stoffliche) Parameter umfassen, bringt den gesamtökologischen Aspekt dieser Literaturstudie zum Ausdruck.

Die aufgrund der Literaturdaten vorgeschlagenen Beobachtungsparameter lassen sich vielfach noch nicht hinreichend in ihrer Bedeutung für das Ökosystem Rhein/Rheinaue interpretieren. Hierzu bedarf es begleitender Forschungsarbeiten und weiterer Bestandsaufnahmen, zu denen hier aufgrund der Datenauswertung Empfehlungen ausgesprochen werden können.

6.1 Ökologische Bilanz

Um Veränderungen des Ökosystems Rhein/Rheinaue festzustellen und um Konsequenzen aus den gewonnenen Erkenntnissen abzuleiten, ist eine vergleichende Gegenüberstellung vergangener und gegenwärtiger Zustände dieses Ökosystems erforderlich. Im folgenden wird der vom Menschen unbeeinflußte Zustand dem gegenwärtigen Zustand gegenübergestellt.

Der vergangene vom Menschen nahezu unbeeinflußte Zustand

Morphologischer und biozönotischer Zustand. Das natürliche, vom Menschen noch nicht nachhaltig beeinflußte Rheinökosystem stellte sich zum Beginn des Mittelalters (also etwa vom 4.–6. Jahrhundert) wie folgt dar:

Alpen- und *Hochrhein* waren aufgrund morphologischer Gegebenheiten nicht oder nur von schmalen Auenwäldern gesäumt.

Am *Oberrhein* erreichten die Auenwälder eine Ausdehnung bis zu 12 km Breite. Der Gebirgsflußcharakter mit ausgeprägter Wasserwechseldynamik bot Lebensbedingungen für Pionierkrautfluren, Pioniergehölze, Pflanzen der Weichholz- und Hartholzauen. In den Randsenken traten Niedermoore oder Bruchwälder auf. Eine Vielzahl unterschiedlicher Gewässertypen wie zeitweilig durchströmte Altarme, Druckwassertümpel, Kolke, Gießen und Moorgewässer hatten sich in den Auen entwickelt.

Der Rhein gliederte sich im Bereich der Furkationszone (südlicher Oberrhein) in Haupt- und Nebenrinnen, die ständig in Umlagerung begriffen waren, in Altrinnen, in stehende Gewässer, Gießen und Feuchtflächen.

Im Bereich der Mäanderzone (nördlicher Oberrhein) war der Rhein weniger alpin geprägt; es traten vermehrt feinkörnige Sedimente, fruchtbare Auenböden und natürlich entstandene Altwässer auf. Dynamische Weichholzauenwälder und ausgedehnte Hartholzauenwälder mit eingestreuten Biberwiesen sowie eine artenreiche Wasserflora in den Auengewässern prägten das Bild. Der Rhein wies zwischen Basel und Mainz mehr als 2000 Inseln auf.

Das enge *Mittelrheintal* wies Auenwälder nur in Talweitungen an Inseln und an Flußmündungen auf, zeigte aber eine artenreiche Trockenrasenvegetation und Traubeneichen-Trockenwälder an den besonnten Steilhängen.

Am *Niederrhein* wuchsen großflächige Auenwälder in einer Talaue mit einer Ausdehnung bis zu 15 km Breite und auf den Pleistozänterrassen Buchen- und Trockeneichenwälder. Im Mündungsgebiet kamen ausgedehnte Schilfflächen, Sümpfe und Seen hinzu.

Die natürliche Flußlängsgliederung - Steilgefälle im Oberlauf, allmähliche Abflachung im Mittellauf, geringes bis fehlendes Gefälle im Unterlauf - ließ der Rhein in dreimaliger Abfolge erkennen.

Die geomorphologischen und hydrologischen Gegebenheiten prägten eine charakteristische Zonierung der *aquatischen Biozönosen*. Die Zusammensetzung der Planktonorganismen wurde wesentlich durch den Bodensee und über den Zufluß der Aare durch den Züricher See geprägt. Grundsätzlich kam es stromabwärts zu einer Verringerung der Individuendichten. In der Zusammensetzung des Makrozoobenthos waren vom Hochrhein über den südlichen zum nördlichen Oberrhein und vom Mittelrhein zum Niederrhein jeweils eine sukzessive Abnahme der strömungsliebenden, steinbewohnenden Fauna und eine Zunahme der Sand- und Schlickbewohner zu erkennen. Das Besiedlungsbild war durch Artenvielfalt geprägt, wobei der Reichtum an typischen potamalen Insektenarten hervorzuheben ist. Besonders deutlich zeigte sich die biologische Längszonierung des Stromes in der Fischfauna. Die einzelnen Rheinabschnitte beherbergten charakteristische Fischgemeinschaften. Besonders rheintypisch waren die Wanderfische Lachs, Meerforelle, Maifisch, Finte, Nordseeschnäpel, Stör, Meer- und Flußneunauge, welche nahezu 20 % der rheinischen Fischarten ausmachten. Eine artenreiche amphibisch-terrestrische Fauna, deren Spitzenkonsumenten wie z.B. Otter und Europäischer Nerz weit verbreitet und in großer Individuenzahl vorkamen, bevölkerte die Auen zu beiden Seiten des Flusses. Unter den Vogelarten der Auenwälder, die große Areale beanspruchten, sind Schreiadler, Schlangenadler, Fischadler, Auerhuhn und Kolkrabe als ehemalige Arten zu nennen.

Stofflicher Zustand. Zur stofflichen Situation des Rheins zur Zeit des beginnenden Mittelalters lassen sich trotz fehlender Meßdaten einige Angaben machen. Aus vergleichbaren Daten zu Flüssen aus anthropogen weniger beeinträchtigten Landschaften und gleichen Typs wie der Rhein kann der Schluß gezogen werden, daß der Rhein damals - von atomaren Zerfallsprodukten abgesehen - die gleiche elementare Zusammensetzung aufwies wie heute.

In den mittelalterlichen Städten gab es keine bedeutenden Abwassereinleitungen, da Kanalisationen weitgehend fehlten. Schmutzstoffe gelangten vor allem aufgrund von Abschwemmungen und Versickerungen in den Rhein. Die Selbstreinigungskraft des Flusses hat damals zweifellos ausgereicht, derartige Stoffeinträge abzubauen. Der Sauerstoffgehalt des Rheins dürfte sich demgemäß an den allein durch biotische Prozesse (Aufbau und Abbau organischer Substanz) und physikalische Faktoren (Temperatur, Fließgeschwindigkeit) gegebenen Sättigungsgrenzen bewegt haben. Der durch biotische und abiotische Prozesse im Rhein enthaltene Nährstoffgehalt war gering; im schnellfließenden Rhein sind Eutrophierungserscheinungen sicherlich nicht aufgetreten; allenfalls dürften diese sich auf stehende Seitengewässer erstreckt haben. Wie Vergleiche mit anderen Gewässern, sowie Untersuchungen datierter, alter Sedimente zeigen, bewegte sich der Schwermetallgehalt der Rheinsedimente im Bereich der geogen vorgegebenen Grenzen. Naturfremde Substanzen (Xenobiotika), wie synthetisch hergestellte Chlorkohlenwasserstoffe, fehlten völlig.

Der gegenwärtige vom Menschen stark beeinflußte Zustand

Morphologischer Zustand. Nachhaltige Eingriffe in das Ökosystem Rhein/Rheinaue stellten bereits die Rodungen der Auenwälder an Hoch- und Oberrhein im 9.–12. Jahrhundert und am Niederrhein im Mittelalter und vor allem vom 14.–16. Jahrhundert dar.

Mit dem Ausbau des Niederrheins (1765–1781), der TULLA'schen Oberrheinkorrektion (1817–1885) und den darauf folgenden Ausbau- und Aufstaumaßnahmen (Niedrigwasserregulierung, Staustufenbau, Bau des Rheinseitenkanals) an Rhein und Rheinnebenflüssen wurden die Eingriffe fortgesetzt. Wesentliche Folgen dieser Eingriffe in die Morphologie des Rheins sind:

- die nahezu vollständige Trennung der natürlichen Einheit von Fluß und Aue,
- die Ausschaltung der für Fluß und Aue lebenswichtigen hydrodynamischen Prozesse,
- Veränderungen der Biozönosen,
- Verlust von natürlichen Lebensräumen.

Zum Verlust natürlicher Lebensräume kam es unter anderem durch:

- Laufverkürzung des Rheins (Oberrhein ca. 82 km, Niederrhein ca. 23 km, Verlust von mehr als 2000 Inseln),
- Rodung, Überbauung und sonstige Nutzung der Auenwälder sowie Verlust von Auenflächen z.B. durch Grundwasserabsenkung (Oberrhein mit nur noch ca. 5 % naturnahen Auenwäldern, Mittelrhein-Auen fast ohne naturnahe Vegetation, Niederrhein-Auenwälder im 17. und 18. Jahrhundert endgültig gerodet, heute nur Restbestände einer Sekundärvegetation),
- Befestigung der Ufer (Flußufer mit Steinschüttung/Steindecke: 72 %, natürliches Flußufer: 28 %, davon 2/3 am Niederrhein),
- Bau der Staustufen,

- Schaffung physikalischer Schranken für die Fortpflanzung und Ausbreitung von Tieren und Pflanzen.

Biozönotischer Zustand. Das Zusammenwirken der Eingriffe in Morphologie und Stoffhaushalt führte zu Veränderungen der Biozönosen, die sich in Artenverlusten, Rückgang der Individuenzahlen sowie in einer Begünstigung einiger Organismengruppen äußern:

- *Artenverlust*, z.B.: Biber, Otter, Europäischer Nerz, Europäische Sumpfschildkröte, Lachs, Stör, Maifisch, Finte, verschiedene potamale Insektenarten, verschiedene Muschelarten sind heute aus der Lebensgemeinschaft verschwunden.
- *Rückgang von Bestandsdichten*, z.B.: Eichen, Eschen, Ulmen, Schwarzpappeln, Weiden, Erlen, Wildapfel, Wildbirne, Deutscher Tamariske, Laichkräutern, Wassermoosen, Wasserfeder, Schwimmfarn sowie verschiedenen Greifvogel- und Limikolenarten, Laubfrosch, Würfelnatter, verschiedenen Muschel-, Schnecken- und Insektenarten.
- *Begünstigung von Organismengruppen*, z.B.:
  - Förderung lithophiler Makrozoobenthosarten durch Befestigung der Ufer mit Bruchsteinen und Beton,
  - Verschiebung des Artenspektrums von Fließ- zu Stillwasserarten in staugeregelten Flußabschnitten,
  - Ausbreitung von Pflanzen, die eutrophe Gewässer bevorzugen,
  - Ausbreitung salztoleranter und thermophiler Tierarten.

Stofflicher Zustand. Die seit der Mitte des 19. Jahrhunderts mit dem Wachstum der Industrie und der städtischen Ballungsgebiete eingebrachten Schadstoffe (sauerstoffzehrende, akut und chronisch toxische, akkumulierbare Substanzen sowie Pflanzennährstoffe und Chloride) führten zu Belastungen und schließlich zu Schädigungen des Ökosystems vor allem im Niederrheingebiet. Wesentliche Folgen waren vor allem

- die Hemmung der Selbstreinigungsleistung des Rheins und
- die Veränderungen der Biozönosen.

Vergleich des vergangenen und gegenwärtigen Zustands. Aus dem in den vorangegangenen Kapiteln 2–5 dargestellten Vergleich zwischen dem anthropogen weitgehend unbeeinflußten und dem gegenwärtigen Zustand des Rheinökosystems ergibt sich, daß die zahlreichen Eingriffe grundlegende Mechanismen zur Selbsterhaltung und dynamischen Fortentwicklung des Rheinökosystems unterbrochen oder zerstört haben.

Die Begünstigung weniger Tier- und Pflanzenarten bei gleichzeitigem Artenrückgang der natürlichen Fauna und Flora ist Ausdruck der Monotonisierung der Biotope und der fortschreitenden Einengung der naturnahen Landschaftsteile. Die

Fähigkeit des Ökosystems zur Selbstregulierung bei genügender Pufferkapazität gegen Störeinflüsse ist dadurch stark vermindert.

Auch ohne anthropogene Eingriffe hätte sich das Ökosystem Rhein/Rheinaue verändert; jedoch wäre seine Entwicklung qualitativ und quantitativ wesentlich langsamer und günstiger verlaufen. Zwar lassen sich die Folgen der Eingriffe in Morphologie und Stoffhaushalt, sowie die Folgen von Forst- und Landwirtschaft, fischereilicher Nutzung und Schiffahrt weitgehend dingfest machen, doch läßt die Gesamtbilanz der Veränderungen keine Zuordnung der Ursachen zu ausschließlich nichtstofflichen oder ausschließlich stofflichen Eingriffen erkennen.

Beide Eingriffsformen haben das Ökosystem Rhein/Rheinaue verändert, so daß auch die Maßnahmen zu dessen Regeneration nicht bevorzugt an der einen oder der anderen Eingriffsform ausgerichtet werden dürfen.

6.2 Ziele der Reaktivierung des Ökosystems Rhein/Rheinaue

Voraussetzung für die Ableitung von Parametern für eine ökologische Beobachtung des Rheins ist die Konkretisierung eines anzustrebenden „Zielzustandes" des Ökosystems Rhein/Rheinaue. Wie ein solcher Zielzustand zu definieren ist, hängt von wissenschaftlichen Bewertungsmaßstäben, aber auch von gesellschaftlichen Wertsetzungen ab.

Zur Definition ökologischer Zielvorstellungen. Ein anzustrebender Zielzustand läßt sich zunächst aus einem *Vergleich vergangener und gegenwärtiger ökosystemarer Zustände* herleiten (vgl. Kap. 6.1). Ein solcher auf wissenschaftlichen Fakten basierender Vergleich erlaubt es, kurzfristige ökosystemare Schwankungen von längerfristigen permanenten Änderungen zu unterscheiden. Diesen Weg beschritt die Literaturstudie: Die Analyse der hier vorgelegten, bis zum 17. Jahrhundert zurückreichenden Originaldaten ermöglicht es,

- die Entwicklung des Rheinökosystems bis zu einem weitgehend anthropogen unbeeinflußten Zustand in der Vergangenheit zurückzuverfolgen und auf der Grundlage dieser Daten
- einen Referenzzustand zu benennen, der als Bemessungsgrundlage zugrunde gelegt werden kann.

Ein weiterer wissenschaftlicher Bewertungsmaßstab setzt an *Einflußfaktoren des gegenwärtigen Zustandes* an: Beispielsweise werden aus wissenschaftlichen Untersuchungen zur ökologischen Wirkung spezifischer Substanzen *zahlenmäßige Zielvorgaben* für diese Substanzen (die es zum größten Teil erst seit neuester Zeit im Rhein gibt) hergeleitet, bei deren Unterschreitung nach dem Stand des Wissens keine Schädigungen für das Rheinökosystem zu erwarten sind. Auch *Umweltverträglichkeitsprüfungen* bei beabsichtigten Eingriffen in den hydrologisch-morphologischen Bereichen basieren auf dem gegenwärtigen Zustand und auf einer daraus abgeleiteten Zielvorstellung.

Neben wissenschaftlichen Fakten bestimmen allerdings auch *gesellschaftliche Wertsetzungen* die Beschaffenheit des Zielzustandes: Wenn der Rhein als Abwasserkanal dienen soll, so gelten alle Eingriffe als sinnvoll, die diese Funktion erhalten und optimieren sollen. Wird der Rhein als ein Lachsgewässer betrachtet, so sind jegliche Eingriffe positiv einzuschätzen, die eine Herbeiführung dieses Qualitätszustands ermöglichen. Oder: Wird dem Rheinökosystem neben der Befriedigung menschlicher Nutzungsansprüche auch ein eigener Wert zugestanden, so gilt all das als Verbesserung, was diesen Eigenwert fördert. Dem wird z.B. dadurch Rechnung getragen, daß neben dem Schutzgut „Trinkwasserversorgung" auch „Aquatische Lebensgemeinschaften" als Schutzgut definiert worden sind (BLAK QZ 1989).

Der Zielzustand aufgrund der Literaturauswertung.

Zielzustand. Unter „Zielzustand" ist derjenige Zustand des Ökosystems Rhein/Rheinaue zu verstehen, der - unter weitestgehender Wahrung menschlicher Nutzungsansprüche - einen möglichst naturnahen Zustand dieses Systems zu reaktivieren versucht. Dem unter menschlicher Beeinflussung zu erreichenden künftigen Zielzustand muß ein in der Vergangenheit liegender Zustand zugrunde gelegt werden. An diesem *Referenzzustand* sollte sich die Beschaffenheit des Zielzustandes orientieren. Bei der Definition eines Zielzustandes des Ökosystems Rhein/Rheinaue müssen - unter Berücksichtigung der hydrologischen Längszonierung und der Quergliederung des Rhein-Ökosystems - unterschieden werden

- der hydrologische und morphologische Zustand als Lebensgrundlage für die Biozönosen,
- der biotische Zustand, das heißt sämtliche Organismen (von den Spezies bis hin zu den Biozönosen) in ihren aut- und synökologischen Gegebenheiten und
- der stoffliche Zustand, also die stoffliche Zusammensetzung des Wassers.

Referenzzustände. Die aufgrund der Literaturrecherche verfügbare Datenbasis erbrachte deutliche Hinweise auf die Beschaffenheit dieser Zustände und deren zeitliche Entwicklung. Hiernach wäre ein möglicher Referenzzustand für das Ökosystem Rhein/Rheinaue *vor dem 9. Jahrhundert* anzusetzen, das heißt vor Beginn der Abholzung der Auenwälder im Hoch- und Oberrheingebiet und dem damit verbundenen Einsetzen der Nutzbarmachung des Rheins und seiner Auen.

Nun werden Ökosysteme über einen so langen Zeitraum wie von damals bis heute allein durch nicht anthropogene Faktoren (z.B. natürliche klimatische Schwankungen, natürliche hydrologische und morphodynamische Prozesse) verändert, so daß der Versuch der Reaktivierung eines solchen Zustandes schon deshalb wenig sinnvoll erscheint. Darüber hinaus fehlt es an wissenschaftlich verwertbaren Daten zur damaligen Beschaffenheit des Ökosystems.

Ein denkbarer späterer Referenzzustand ist aufgrund der Literaturdaten *eingangs des 19. Jahrhunderts* anzusiedeln:

- Zwar wurden am Rhein *wasserbauliche Maßnahmen* wie Durchstiche, Dammbauten und Uferbefestigungen schon seit dem 14. Jahrhundert durchgeführt, doch erwiesen sich diese frühen Eingriffe gegenüber der natürlichen Flußdynamik als nicht beständig. Schwerwiegendere Eingriffe in Morphologie und Hydrologie begannen erst Anfang des 19. Jahrhunderts mit der Begradigung des Oberrheins durch TULLA und setzten sich mit der Stauregulierung des Hochrheins, dem Stautufenbau an Hoch- und Oberrhein, den Mittel- und Niedrigwasserregulierungen sowie Hochwasserschutzmaßnahmen bis zur Gegenwart fort.
- Über Details zur *organismischen Besiedlung* liegen zwar eingangs des 19. Jahrhunderts nur wenige verläßliche Angaben vor, doch ist vor allem aufgrund von Kenntnissen zur morphologisch-hydrologischen und stofflichen Beschaffenheit anzunehmen, daß sie bis zum Ende des 18. Jahrhunderts (mit Ausnahme von Auengebieten) anthropogen gering beeinflußt war.
- *Land- und forstwirtschaftliche Maßnahmen* in den verbliebenen Auenwäldern und Sekundärstandorten waren angesichts der damals noch spärlichen Besiedlung des Rheintals durch den Menschen noch nicht intensiviert.
- Die *stoffliche Beschaffenheit* des Rheinökosystems änderte sich allmählich erst mit der Industrialisierung und dem damit einhergehenden Bevölkerungswachstum im Rheintal, also etwa seit Beginn des 19. Jahrhunderts.

Unter Vernachlässigung der schon in den Auen erfolgten Umwandlungen kann der Zustand des Ökosystems Rhein/Rheinaue um 1800 als relativ natürlich/naturnah angesehen werden. Eine Festlegung des Referenzzustandes eingangs des 19. Jahrhunderts hat jedoch mehr einen theoretischen Wert im Sinne eines idealen Leitbildes. Daraus lassen sich aufgrund mangelnder Datenverfügbarkeit vor allem hinsichtlich der qualitativen und quantitativen Zusammensetzung der Biozönosen nur wenige Parameter für eine ökologische Beobachtung des Rheins ableiten.

Es ist demnach angemessener als Referenzzeitraum die *Wendezeit zum 20. Jahrhundert* heranzuziehen:

- Die TULLA'sche Oberrheinkorrektion und weitere *wasserbauliche Maßnahmen* am gesamten Rhein riefen schon ökologische Folgen hervor, doch waren diese im Vergleich zu den Folgen der Ausbaumaßnahmen des 20. Jahrhunderts noch relativ gering.

- Historische Angaben zur *organismischen Besiedlung* des Rheins und seiner Auen gibt es bis auf Ausnahmen erst seit Mitte bis Ende des 19. Jahrhunderts. Die ersten umfassenden Untersuchungen zur Biologie des Rheins wurden Anfang des 20. Jahrhunderts (durch LAUTERBORN) durchgeführt. Nach den darauf basierenden Angaben kann eine potentiell-natürliche Biozönose beschrieben werden, auch wenn sie gegenüber dem idealen Leitbild vom Zustand eingangs des 19. Jahrhunderts schon Abweichungen zeigt.
- Die *stoffliche Belastung* von Hoch-, Ober- und Mittelrhein war in dem fraglichen Zeitraum noch weitgehend punktuell, so daß resultierende Schäden örtlich begrenzt waren. Nur für Teile des Niederrheingebiets waren schon im ausgehenden 19. Jahrhundert großräumige ökologische Schäden aufgrund stofflicher Faktoren festzustellen.

Der Referenzzustand vermittelt eine Vorstellung darüber, welche Reaktivierungsmaßnahmen durchgeführt werden müßten und welche biologischen Indikatoren die Erfolge dieser Maßnahmen signalisieren würden. Die Definition des Referenzzustandes sagt noch nichts darüber aus, ob der an ihn angelehnte Zielzustand tatsächlich wieder herbeigeführt werden kann. Viele der seither eingetretenen anthropogenen Veränderungen und Nutzungen sind irreversibel (z.B. die großflächige Versiegelung ehemaliger Auenflächen durch Siedlungen, Verkehrswege und Industriegebiete). Derartige Nutzungen müssen allerdings nach Maßgabe dieses Referenzzustandes in ihrer Vielfalt und Qualität neu überdacht und bewertet werden. So ist zum Beispiel die Extensivierung der forst- und landwirtschaftlichen Nutzung ehemaliger Auenflächen durchaus denkbar. An geeigneten Standorten ist die Erhaltung, Wiederherstellung oder Neuschaffung von naturnahen Flächen nach Maßgabe des Referenzzustandes anzustreben. Dort wo dies aus verschiedensten Gründen nicht möglich ist, soll das jeweilige Optimum der Randbedingungen für die Entwicklung der potentiell-natürlichen Lebensgemeinschaft angestrebt werden.

Ziele des „Aktionsprogramms Rhein"

Überblick. Die zuständigen Minister und Vertreter der Kommission der Europäischen Gemeinschaft haben auf ihrer 8. Ministerkonferenz am 1. Oktober 1987 das „Aktionsprogramm Rhein" (APR) verabschiedet, mit dessen Hilfe etwa bis zum Jahr 2000 folgende Ziele erreicht werden sollen (vgl. Kap. 1.1):

- Früher vorhandene höhere Arten (z.B. Lachs) sollen im Rhein wieder heimisch werden.
- Die Nutzung des Rheinwassers für die Trinkwasserversorgung muß weiterhin möglich sein.

- Die Schadstoffbelastung des Rheins muß weiterhin reduziert werden, auch mit dem gemeinsamen Ziel einer deutlichen Reduktion der Sedimentbelastung.

Aufgrund eines Vorschlags der Internationalen Kommission zum Schutze des Rheins gegen Verunreinigung (IKSR) wurde das APR um eine 4. Zielsetzung zum Schutz der Nordsee erweitert. Neben der Zielsetzung der deutlichen Reduzierung langlebiger, toxischer und zur Bioakkumulation neigender Stoffe im Rhein soll die Gesamtphosphorbelastung deutlich herabgesetzt werden; besondere Aufmerksamkeit ist auch der Gesamtstickstoffbelastung des Rheins zu widmen.

Während die stoffbezogenen Zielsetzungen schon im Jahr 1987 definiert wurden (Reduktion der als „gefährlich" definierten Schadstoffe im Zeitraum von 1985–2000 um 50 %), folgte eine Präzisierung der Ziele im Hinblick auf Biologie, Morphologie und Hydrologie mit Vorlage des Syntheseberichts im Jahr 1989 (IKSR 1989d). Darin wird es für notwendig erachtet

- auch Uferzonen und Auengebiete in die Maßnahmenprogramme einzubeziehen und
- bessere Randbedingungen für die Entwicklung von Lebensgemeinschaften bis hin zu höheren Arten zu schaffen.

Bewertung. Grundsätzlich bestätigen die Literaturdaten, daß sich die Ziele einer Reaktivierung des Ökosystems Rhein/Rheinaue nicht überwiegend an höheren Arten orientieren dürfen. Höhere Arten dürfen nicht als isolierte Bestandteile der Biozönosen betrachtet werden. Die Rückkehr des Lachses ist noch kein Beweis für die Regeneration des gesamten Systems. Ziel der Reaktivierung muß die Annäherung an die frühere Biozönose in ihrer qualitativen und quantitativen Zusammensetzung sein.

6.3 Maßnahmen zur Reaktivierung des Ökosystems Rhein/Rheinaue

Die in der Literaturstudie aufgezeigte Entwicklung der Biozönosen macht deutlich, daß ein multifaktorielles Wirkungsgefüge das Ökosystem Rhein/Rheinaue seit langer Zeit verändert hat, und daß diese Entwicklung durch nichtstoffliche und stoffliche Eingriffe verursacht worden ist. Reaktivierungsmaßnahmen müssen deshalb an beiden Eingriffsformen ansetzen.

Empfehlungen aufgrund der Literaturauswertung. Die erörterten Zielsetzungen erfordern Maßnahmen zur weitmöglichsten Reaktivierung naturnaher Verhältnisse sowie zur Sicherung und Förderung der Fähigkeit des Ökosystems zur Selbstregulation. Im folgenden werden die notwendigen Maßnahmen stichwortartig aufgelistet.

Maßnahmen zur Verbesserung der hydrologischen Verhältnisse

- Kombination von Renaturierung und Hochwasserschutz. Hierdurch könnte ein breitflächiges Einströmen des Hochwassers in die Aue realisiert und durch Retention die Hochwasserspitzen abgetragen werden.
- Bewahrung ausgewählter Altrheine und oligotropher (nährstoffarmer) Nebengewässer vor dem schädlichen Einfluß zu langer Überflutungen. Die dort vorhandene Lebewelt könnte somit für die (spätere) Ausbreitung erhalten bleiben.
- Wiederherstellung der Kommunikation von Grund- und Oberflächenwasser durch regelmäßige Überflutungen mit anschließendem Trockenfallen. Hierdurch könnte eine Beseitigung der Verschlammung und somit eine Reaktivierung der Auengewässer erreicht werden.
- Verbesserung des natürlichen Auf- und Abtrags von absetzbaren bzw. abgesetzten Stoffen durch Überschwemmungen.
- Bereitstellung ausreichender Restwassermengen in den Ausleitungsstrecken von Wasserkraftwerken.

Maßnahmen zur Verbesserung der morphologischen Verhältnisse

- Aufhebung der Trennung von Fluß und Aue an geeigneten Standorten durch Entfernung und Verlegung von Deichen; Anschluß von Altrheinen. Durch regelmäßige Überschwemmungen könnten Auenstandorte wieder reaktiviert werden. Für Fischarten, welche in ihrer Fortpflanzung auf Randgewässer angewiesen sind, würde dies die Schaffung neuer Laichplätze bedeuten.
- Renaturierung der vorhandenen Rohstoffentnahmestellen durch Verfüllung mit unschädlichem Material und landschaftgerechte Gestaltung der künstlichen Gewässer als Ersatzbiotope.
- Erhöhung der Strukturvielfalt im Gewässerlängs- und querschnitt. Durch eine abwechslungsreiche Ufer- und Stromsohlengestaltung könnte die Lebensraumqualität wesentlich erhöht werden. Dadurch würden auch die Laichbedingungen der stromlaichenden Fischarten verbessert werden.
- Ermöglichung der Durchwanderbarkeit des Rheins und seiner Zuflüsse als unverzichtbare Bedingung für die Langstreckenwanderer (z.B. Lachs, Meerforelle, Maifisch und Finte) und Kurzstreckenwanderer (z.B. Nase). Dies könnte durch die Beseitigung von Wanderhindernissen sowohl im Hauptstrom wie in den Nebenflüssen (Abbau von Wehranlagen, Einrichtung leistungsfähiger Fischtaufstiege) erreicht werden.

Maßnahmen zur Änderung der das Ökosystem gefährdenden Nutzungen

- Änderung der Nutzungsarten in den Auen und Uferzonen am gesamten Rhein durch Stillegung intensiv genutzter landwirtschaftlicher Flächen sowie von Materialgewinnungsflächen und -anlagen.
- Umsiedlung baulicher Einrichtungen, wo dies aus ökologischen Gründen notwendig ist und soweit es möglich ist.
- Umgestaltung von Raumordnungsplänen zugunsten großer, zusammenhängender Auenflächen.
- Vermeidung des Baus weiterer Industrieanlagen und der Gründung neuer Siedlungen sowie der Inbetriebnahme neuer Kieswerke, Freizeiteinrichtungen und Verkehrsanlagen in der Rheinniederung.
- Umorientierung der forstlichen Nutzungen zu natürlicher Auenwaldzusammensetzung mit standortgemäßen Baum- und Holzarten.
- Sanierung der ehemaligen Auenflächen durch Beseitigung von Altlasten (Müll, Bauschutt) und Herstellung der natürlichen Morphologie (Altformen) soweit möglich.
- Unterlassung von fischereilichen Bewirtschaftungsmaßnahmen, die das Artgefüge verfälschen und die Neubildung eines naturnahen Bestandes gefährden.

Maßnahmen zum Biotop- und Artenschutz

- Absoluter Vorrang des Schutzes noch bestehender naturnaher Uferabschnitte und Auenbereiche sowie von Inseln vor anderen Nutzungen.
- Besondere Berücksichtigung aller Schutzgebiete nationaler und internationaler Kategorien. Ausweitung von Naturschutzgebieten, Schutz der Kernbereiche durch Anordnung von Pufferzonen.
- Erhebungen zur Bewertung der Biotope entlang des Rheins.
- Bestandserhebungen der in ihrem Bestand bedrohten Arten.

Maßnahmen zur Verbesserung der Wasserqualität (einschließlich der Schwebstoffe und Sedimente)

- Quellenbezogene emissionsverringernde Maßnahmen: Reduktion der Emissionen aus punktförmigen und diffusen Quellen, aus Unfällen und unerlaubten Einleitungen.
- Stoffbezogene emissionsverringernde Maßnahmen: Reduktion der Emissionen von Pflanzennährstoffen, Chloriden, organischen Mikroverunreinigungen und Schwermetallen (Berücksichtigung der Altlasten). Regelmäßige Fortschreibung prioritärer Listen.
- Immissionsbezogene Maßnahmen: Zahlenmäßige Zielvorgaben sowie deren gesetzliche Verbindlichkeit und regelmäßige Fortschreibung für Pflanzennährstoffe, Chloride und (weitere) gefährliche Stoffe.

- Maßnahmen zur Beobachtung: Vernetzung des chemischen und biologischen Monitorings der Rheinwasserqualität und Ausbau des biologischen Monitorings entsprechend dem chemischen Monitoring.
- Regelmäßige Bestandsaufnahmen der Einleitungen aus punktförmigen und diffusen Quellen von sauerstoffzehrenden Stoffen, Pflanzennährstoffen, toxischen und akkumulierenden Stoffen.
- Ermittlung der Hintergrundbelastungen längs des Rheins für sauerstoffzehrende Stoffe, Chloride, Pflanzennährstoffe, schwer abbaubare organische Stoffe und Schwermetalle im Wasser, in Schwebstoffen und Sedimenten.

Diskussion der Maßnahmen des „Aktionsprogramms Rhein“ (APR)

Jegliche *„Regenerations“maßnahmen* sind an verschiedene Prämissen geknüpft:

- „Regeneration“ ist nur mit dem Vorbehalt möglich, daß auch unter naturbelassenen Bedingungen im strengen Sinne eine „Wieder“herstellung nicht möglich ist; die Bezeichnung *„Reaktivierung“* scheint angemessener.
- Wegen der hohen menschlichen Besiedlungsdichte sind viele Eingriffe in weiten Bereichen *irreversibel*, so daß Reaktivierung von vornherein nur eingeschränkt möglich oder gänzlich ausgeschlossen ist.
- Zwar lassen sich die stofflichen Belastungen minimimieren, doch können dadurch die ursprünglichen stofflichen Verhältnisse nicht wiederherbeigeführt werden. Ebenso wenig ist die ursprüngliche, durch Rheinkorrektion und Rheinausbau zerstörte Morphologie reaktivierbar. Vorstellbar scheinen im morphologischen Bereich lediglich etwa Maßnahmen zur Extensivierung und Rückführung landwirtschaftlicher Nutzung.

Das übergreifende Qualitätsziel („Lachs 2000“) erfordert grundsätzlich folgende Maßnahmen:

- Sicherung und Förderung der Fähigkeit des Ökosystems Rhein/Rheinaue zur Selbstregulation
- weitestgehende Reaktivierung eines naturnahen Zustandes, also zumindest eines Referenzzustandes des ausgehenden 19. Jahrhunderts, der für den Niederrhein noch wesentlich früher angesetzt werden müßte
- Berücksichtigung und Neubewertung der Vielfalt und Qualität menschlicher Nutzungen des Ökosystems im Hinblick auf ihre Umweltverträglichkeit.

Maßnahmen zur Hydrologie, Morphologie und Biologie. Die im Rahmen des APR vorgenommene Auswertung nationaler Bestandsaufnahmen zu den notwendigen hydrologischen, morphologischen und biologischen Bedingungen führte zu der Einschätzung, daß erfolgversprechende Maßnahmen folgende Bereiche umfassen sollten:

- Schutz und Wiederherstellung möglichst natürlicher Verbindungen zwischen Hauptstrom und Nebengewässern; Reaktivierung von Altarmen und Altwässern.
- Reaktivierung und Schutz der Rheinauen.
- Schutz der Uferzonen und Verbesserung der ökologischen Strukturvielfalt und, soweit wie möglich, der Gewässersohle.
- Festlegung ökologisch vertretbarer Restwassermengen in Ausleitungsbereichen.
- Verbesserung der Durchwanderbarkeit des Rheins zur Rückkehr vorhandener Wanderfischarten.
- Schaffung und Wiederherstellung von Laichplätzen für Fische.

Bewertung. Die im Synthesebericht der IKSR (IKSR 1989d) konkret aufgeführten laufenden und geplanten Maßnahmen zu den oben genannten Bereichen entsprechen weitgehend den aus den Literaturdaten gewonnenen Erkenntnissen. Vor allem ist zu begrüßen, daß mit den vorgeschlagenen Maßnahmen verstärkt der Verflechtungsbereich Flußbett-Uferzone-Aue berücksichtigt wird.

Es läßt sich aus der Literaturstudie nicht beurteilen, ob die für bestimmte Rheinabschnitte vorgeschlagenen Projekte und Untersuchungen den jeweils standörtlichen Bedingungen angemessen sind.

Grundsätzlich sollten sämtlich Maßnahmen nicht bevorzugt an der Rückkehr höherer Arten ausgerichtet werden, sondern immer die Organismen sämtlicher Trophieebenen einbeziehen.

Stoffbezogene Maßnahmen. Die stoffbezogenen Maßnahmen zielen in erster Linie auf eine Reduktion der Stoffe mit gefährlicher Wirkung, sodann auf biologisch leicht und schwer abbaubare Stoffe, Pflanzennährstoffe und Mineralsalze wie z.B. Chloride.

In der 1987 vorgelegten und im Jahr 1989 erweiterten „Liste vorrangig zu reduzierender Stoffe, anderer Stoffe und der Parameter im Rahmen des Aktionsprogramms Rhein" werden 38 Einzelsubstanzen sowie der Summenparameter AOX aus der Gruppe der organischen Mikroverunreinigungen, 7 Schwermetalle sowie Phosphate und Ammonium aufgeführt. Das APR benennt auch biologische Parameter, mit deren Hilfe erkannt werden kann, ob prioritäre Stoffe im Rheinwasser enthalten sind (Fischgiftigkeit, Daphniengiftigkeit, Cholinesterasehemmung, Bakteriengiftigkeit, Algengiftigkeit, Mutagenität).

Im Rahmen seiner Maßnahmenprogramme zur Verringerung der produktionsbezogenen Einleitungen wird eine Reduktion der Gesamtmenge der Einleitung prioritärer Stoffe in der Größenordnung von 50 % von 1985–1995 angestrebt. Schwerpunkte der diesbezüglichen emissionsseitigen und teilweise schon konkretisierten Maßnahmen sind:

- die Anwendung des Standes der Technik im industriellen Bereich nach definierten Grundsätzen (z.B. Anwendung umweltverträglicher Produktionsverfahren, der bereits verfügbaren Wasseraufbereitungsmethoden, der modernsten Sicherheitsvorkehrungen u.a.m.),
- eine verschärfte und harmonisierte Störfallvorsorge,
- Verringerung der Einträge aus diffusen Quellen,
- Durchsetzung der Mindestanforderungen für kommunale Einleitungen.

Immissionsseitig wird eine Festlegung von Zielvorgaben verlangt für die Bereiche

- Wasser/Rohwasser für die Trinkwassergewinnung,
- Organismen/Fische (höhere Arten bis hin zum Lachs),
- Ökologie/Schwebstoffe.

Auf der Grundlage der vom Bund/Länder-Arbeitskreis „Gefährliche Stoffe – Qualitätsziele für oberirdische Gewässer" (BLAK QZ) erarbeiteten Konzeption wurden für zahlreiche prioritäre Stoffe zahlenmäßige Zielvorgaben für das Jahr 2000 erstellt. Für Schwermetalle wurden hierbei im wesentlichen die Bodengrenzwerte nach der Klärschlammverordnung herangezogen (IKSR 1994b). Es wurden auch für Pflanzennährstoffe Zielvorgaben festgelegt.

Bewertung. Grundsätzlich sind sämtliche stoffbezogenen, der Verbesserung der Wasserqualität des Hauptstroms dienenden Maßnahmen aus der Sicht der in der Literaturstudie beurteilten Daten notwendig. Das APR trägt mit seinen emissions- und immissionsseitigen Maßnahmen der Belastung des Rheins mit toxischen und akkumulierbaren Substanzen (vor allem organische Mikroverunreinigungen) Rechnung.

Es läßt sich jedoch nicht beurteilen, ob die vorgesehene Schadstoffreduktion die Realisation der Ziele des Aktionsprogramms, besonders im Hinblick auf den zu verbessernden Zustand des Rheinökosystems, ermöglichen wird. Zwar wird sich die Gesamtbelastung des Rheins mit Schadstoffen aufgrund der emissions- und immissionsseitigen Maßnahmen des APR erheblich reduzieren lassen, doch ist es aufgrund mangelnder analytischer Möglichkeiten und fehlenden ökologischen Wissens nicht sicher, ob dann unter den zehntausenden anthropogen eingebrachter chemischer Substanzen die ökologisch bedeutendsten reduziert worden sind: Allein von den etwa 10.000 in den Oberflächengewässern vorkommenden, industriell hergestellten Chlorkohlenwasserstoffen sind bisher maximal 25 % identifiziert. Zielvorgaben, bei deren Einhaltung nach dem derzeitigen Stand ökotoxikologischen Wissens die Strukturen und Funktionen des Rheinökosystems nicht gefährdet sind, wurden bisher für nicht einmal 1 % dieser Substanzen erstellt.

6.4 Beobachtungs- und Überwachungsparameter

Voraussetzungen

Vernetztes Monitoring. Eine wesentliche Funktion des geplanten ökologischen Beobachtungs- und Überwachungssystems des Rheins ist es, die Effektivität von Maßnahmen zur Verbesserung der ökologischen Situation zu überprüfen. Es muß also ein Instrument geschaffen werden, das den ökologischen Zustand beschreibt und bewertet, Veränderungen registriert und auftretende kritische Zustände signalisiert. Eine solche Erfolgskontrolle ist grundsätzlich durch ein Monitoring möglich, das umfassen soll:

- biotische Parameter (Spezies, Populationen, Lebensgemeinschaften) aus sämtlichen Trophieebenen
- abiotische Parameter (hydrologisch-morphologisch, physikalisch, stofflich).

In Planung und Verwirklichung dieses vernetzten Monitorings sollten:

- laufende biologische und nichtbiologische Meß- und Untersuchungsprogramme einbezogen,
- eine länderübergreifende und interdisziplinäre Zusammenarbeit sichergestellt sowie
- einheitliche Untersuchungsmethoden und -techniken verwendet werden.

Notwendig scheint es vor allem, ein *Informationszentrum zur Speicherung, Aufarbeitung und Bereitstellung der ermittelten Daten* einzurichten.

Das Beobachtungs- und Überwachungssystem muß alle wesentlichen und charakteristischen Teilbereiche des Ökosystems Rhein umfassen, wobei die biologischen Aspekte, daß heißt die einzelnen Arten und Lebensgemeinschaften in ihren Wechselbeziehungen zur Umwelt, im Vordergrund stehen. Dabei ist neben der Längszonierung des Rheins auch dessen Querprofil zu beachten:

- Aquatische Zone: dieser Bereich umfaßt den Wasserkörper und das Gewässerbett.
- Gewässer der Aue: die Gewässer der Aue umfassen alle Varianten von stehenden bis fließenden Gewässern, darunter Altarme und Altwasser sowie ständig oder zeitweise mit Wasser gefüllte Vertiefungen wie Flutmulden, Tümpel, Teiche, Kiesgruben und Gießen.
- Amphibische Zone: dazu zählen die Ufer unter- und oberhalb des Mittelwasserstandes (Wasserwechselzone).
- Terrestrische Zone: dieser Bereich besteht aus den oberhalb des amphibischen Bereiches gelegenen Ufern sowie der von Überschwemmungen und vom Grund-

wasser beeinflußten Aue. Am Rhein ist weiterhin zwischen dem Bereich der Altaue und der Überflutungsaue zu unterscheiden.

Innerhalb dieser Zonen befindet sich eine Vielzahl von Biotoptypen. Dazu gehören:

- Biotoptypen der fließenden und stehenden Gewässer und deren Ufer (z.B. verschiedene Gewässertypen der Auen, schnell- und langsamfließende Gewässer und deren gestaute Strecken, Pelagial, Benthal, Interstitial, Pionierbiotop der Kies-, Sand- und Schlammbänke, Röhricht- und Großseggenbiotope),
- Biotoptypen der tiefliegenden nassen bis feuchten Zonen der Aue (z.B. Silberweidenwald, Erlen/Eschen-Sumpfwald, Bruchwald, Feucht- und Naßwiesen),
- Biotoptypen der hochliegenden frischen bis mäßig trockenen Zonen der Aue (z.B. Eichen-, Ulmen-Hartholzauenwald, Halbtrockenrasen).

Eine Auswertung von Expertenbefragungen ergab erste Anhaltspunkte für mögliche Beobachtungsstandorte längs des Rheins (vgl. Anlagen I, IV).
Bei der Konzeptionierung eines Beobachtungs- und Überwachungssystems für den Rhein ist die Auswahl konkreter größerer Untersuchungsräume, welche die ökologische Zonierung des Rheins abdecken, unerläßlich. Von Fall zu Fall muß vor Ort entschieden werden, welche Biotoptypen charakteristisch sind und in die Beobachtung einbezogen werden müssen. Eine möglichst vollständige Erfassung aller Biotoptypen ist anzustreben (vgl. Kap. 7).

Biotische Parameter. In den einzelnen Untersuchungsräumen soll möglichst umfassend die Entwicklung der Lebensgemeinschaften (Biozönosen) beobachtet werden, weil hieraus Erkenntnisse über Struktur und Funktion von wesentlichen Teilen des Ökosystems gewonnen werden können. Zur Beobachtung von Biozönosen gibt es heute nur wenige allgemein anerkannte Ansätze. Diese müssen anhand der Erfahrungen, welche in der Anwendung des Beobachtungssystems gesammelt werden, ständig weiterentwickelt werden. Grundsätzlich soll bei der Beobachtung einer Biozönose folgendes erfaßt werden:

- Verbreitung, Abundanz und Gefährdungsgrad einzelner Arten,
- Altersaufbau, Geschlechterverteilung und Gesundheitszustand einzelner Populationen,
- Artenvielfalt, Aufbau des Nahrungsnetzes und Ursprünglichkeit der Biozönosen.

Zur Beobachtung der Lebensräume sollen ausgewählte Arten oder Artengruppen herangezogen werden. Die Auswahl wäre nach folgenden Kriterien vorzunehmen:

- Die Arten oder Artengruppen müssen charakteristisch für die einzelnen Lebensräume des Rheinökosystems sein.
- Die Arten oder Artengruppen sollen möglichst bestimmte Biotopqualitäten wie z.B. Größe, Struktur und Vielfalt anzeigen. Beim derzeitigen Kenntnisstand der

autökologischen Ansprüche der Tier- und Pflanzenarten ist jedoch ein weitgreifendes Bioindikationssystem noch nicht anwendbar. Deshalb können bei einer ökologischen Langzeitbeobachtung nur solche Arten oder Artengruppen herangezogen werden, die beim heutigen Kenntnisstand in Ansätzen eine Beurteilung der Lebensraumqualität gestatten.

Hinweis: Taxa, die im Rahmen der ökologischen Bewertung zu einer Erfolgskontrolle herangezogen werden können, werden in Kap. 7 skizziert.

Beobachtungen im amphibisch-terrestrischen Lebensraum

Auenvegetation: An ihr ist die Funktion der Wasserwechseldynamik und damit die Entwicklung der natürlichen und morphodynamischen Prozesse ablesbar. Zu beobachten sind alle potentiell natürlichen und kulturhistorisch bedingten Pflanzengesellschaften der Aue (z.B. Pioniergehölze, Weichholzaue, Hartholzaue, Stromtalwiesen, Salbeiwiesen, Bruchwälder und Röhrichte).
Ausgewählte Arthropodengruppen: Spinnen, Libellen, Heuschrecken, Laufkäfer, Schmetterlinge. Vertreter dieser Gruppen weisen enge Habitatbindungen und besondere Besiedlungsstrategien auf.
Ausgewählte Wirbeltiergruppen: Lurche, Kriechtiere, Vögel, Säugetiere. Vertreter dieser Gruppen integrieren eine Vielzahl von Ansprüchen an Struktur, Größe und Nahrungsdargebot ihrer Biotope.

Beobachtungen im aquatischen Lebensraum

Phytoplankton: Das Phytoplankton stellt den wesentlichen Teil der Planktonlebensgemeinschaft größerer Fließgewässer. Die Beobachtung des Phytoplanktons ermöglicht die Abschätzung der Entwicklung der Nährstoffverhältnisse im Gewässer. Wichtig für die Interpretation der Ergebnisse ist, daß das Plankton vom Ort seiner Entstehung durch die Strömung weit verfrachtet wird. Qualitative Aufsammlungen allein haben daher nur geringen regionalbezogenen Aussagewert. Quantitative Auswertungen der Phytoplanktondichte ermöglichen jedoch eine Beurteilung der Trophie der „fließenden Welle“.
Aufwuchs: Strukturanalysen des Aufwuchses geben wichtige Hinweise über die Saprobitätsverhältnisse im Gewässer. Aufwuchsorganismen sind wegen ihrer fehlenden bzw. eingeschränkten Beweglichkeit den lokalen Einflüssen ständig unterworfen und besitzen daher großen Aussagewert über vorherrschende Lebensbedingungen. Der Gruppe der Kieselalgen (Diatomeen) und der Wimpertiere (Ciliaten) kommt dabei die wesentliche Rolle zu. Die Bearbeitung dieser Gruppen ist jedoch relativ schwierig und zeitaufwendig.
Makrozoobenthos: Die benthischen Invertebraten besitzen ebenfalls für Teilbereiche des Rheins einen großen Aussagewert, da sie weitgehend ortsgebunden sind

und viele von ihnen ganzjährig im Gewässer vorkommen. Durch die meist kurzzeitigen Entwicklungszyklen der einzelnen Arten sind Veränderungen in der Struktur der Biozönose schnell erkennbar. Eine wichtige Rolle kommt dem Makrozoobenthos bei der Beurteilung von Saprobität, Salinität und Toxizität des Gewässers sowie bei der Ermittlung von Art und Intensität der morphodynamischen Prozesse zu.

Fischfauna: Die Fische stellen den wesentlichen Teil der Lebensgemeinschaft des Freiwassers (Pelagial). Da die ehemalige Ichthyozönose relativ gut bekannt ist, kann die Wiederkehr derzeit fehlender bzw. die Verbreitung heute nur in geringen Abundanzen vorkommender Fischarten allgemein eine Verbesserung des ökologischen Zustands anzeigen. Dabei ist nicht das bloße Auftreten der Art, sondern der Nachweis beständiger Populationen entscheidend. Die enge Bindung einzelner Fischarten an ganz bestimmte Lebensraumstrukturen bzw. Wasserqualitäten erlaubt, über eine Erhebung der Fischbestände Rückschlüsse auf die Qualität des Lebensraumes zu ziehen. Rückstandsanalysen im Fischfleisch ermöglichen eine Beurteilung der Belastung des Lebensraumes mit Schadstoffen.

Die alleinige Beobachtung der Entwicklung der Arten oder Artengruppen reicht jedoch nicht aus, um

- eingetretende Veränderungen kausalanalytisch zu beurteilen,
- Bedingungen für die Erhaltung des Ökosystems festzustellen sowie
- Wirkungsweisen stofflicher und nichtstofflicher Einflußfaktoren auf Arten und Wechselwirkungen zwischen den Arten zu ermitteln.

Daher ist weiterhin die Erhebung hydrologischer (Wasserstände, Abfluß, Fließgeschwindigkeiten, Geschiebetrieb), physikalischer (Temperatur, Trübung) und stofflicher Daten (Sauerstoff, organische Summenparameter, Pflanzennährstoffe, Chlorid) notwendig, die sämtlich schon im Rahmen laufender Meßprogramme erhoben werden.

Hydrologische, physikalische und stoffliche Parameter. Daten zur Hydrologie (Wasserstände, Abfluß, Fließgeschwindigkeiten), dem physikalischen (Temperatur, Trübung) und stofflichen Zustand werden im Rahmen kontinuierlich fortgeschriebener Meßprogramme routinemäßig erfaßt. Auf die stofflichen Parameter wird hier näher eingegangen.

Die laufenden *chemisch-physikalischen* Meß- und Untersuchungsprogramme mehrerer internationaler und nationaler Institutionen sowie der Bundesländer produzieren eine große Datenfülle zu Konzentrationen und Frachten der verschiedensten stofflichen Parameter im *Wasser* des Rheins. Hinzu kommen gesonderte *Schwebstoff-* und *Sediment*messungen. Regelmäßige Wasserqualitätsuntersuchungen mit Hilfe *biologischer* (z.B. Saprobitätsuntersuchungen) und *ökotoxikologischer Methoden* (z.B. Rückstandsuntersuchungen von Schadstoffen in Fischen,

Biotests) sowie *mikrobiologisch-stoffwechseldynamische* Untersuchungen liefern ebenfalls eine Fülle von Informationen zur Entwicklung und zum Stand der Belastung des Rheins mit Schadstoffen.

Für die im folgenden aufgeführten stofflichen Parameter ist es im Hinblick auf eine Einschätzung ihrer ökologischen Relevanz von Bedeutung, daß nicht nur die *Jahresmittel*, sondern auch die *Jahresmaxima* (Sauerstoff: Minima) bei der Datenpräsentation angegeben werden. Wesentlich sind ebenso die *Jahresgänge* der Stoffkonzentrationen (vor allem Sauerstoff und Ammonium). Um zu hinreichend sicheren Aussagen über Belastungstrends zu kommen und um Belastungen bei Niedrigwasser prospektiv abschätzen zu können, muß die *Wasserführung* in die Datenauswertung sämtlicher stofflichen Parameter einbezogen werden. Wegen der unterschiedlichen Konzentrations-Abfluß-Beziehungen der Substanzen genügt ein einfaches Hochrechnen von Konzentrationen auf Frachten nicht.

„Klassische" Parameter. Wesentlich sind – neben allgemeinen Parametern wie Temperatur, pH-Wert und elektrischer Leitfähigkeit – aus der Sicht der ausgewerteten Literatur zunächst die „klassischen" Parameter:

- Sauerstoff (Sauerstoffkonzentration, Sauerstoffsättigung)
- Biochemischer Sauerstoffbedarf (BSB_5, C-BSB) als Maß für die biologisch abbaubaren Stoffe
- Chemischer Sauerstoffbedarf (CSB) als Maß für die Summe der biologisch abbaubaren und nicht abbaubaren Stoffe
- Gelöster organischer Kohlenstoff (DOC) als Maß für die gelösten organischen Verbindungen
- Gesamter organischer Kohlenstoff (TOC) als Maß für die Gesamtheit organischer Verbindungen
- Pflanzennährstoffe (Nitrat, Phosphat, Ammonium)
- Chlorid.

Sauerstoffgehalt und organische Summenparameter. Die Parameter zum Sauerstoffhaushalt und die organischen Summenparameter (vor allem der BSB) haben die bisherige Entwicklung der stofflichen Belastung des Rheins in bezug auf die leicht abbaubaren Stoffe hinreichend sicher wiedergegeben. Aufgrund von Zeitreihenvergleichen läßt sich eine Korrelation zwischen den Artenzahlen im Rhein und den Sauerstoffverhältnissen ableiten. Ergänzend zum DOC kann auch der Spektrale Absorptionskoeffizient bei 254 nm (SAK 254) gemessen werden, da er in der Regel mit dem DOC gut korreliert.

Pflanzennährstoffe. Wegen der vor allem in strömungsberuhigten Abschnitten des Rheins sowie im Bodensee nachgewiesenen eutrophierenden Wirkung der Pflanzennährstoffe (Ammonimum, Nitrat, Phosphat) und ihrer Wirkung auf die Nordsee müssen diese Substanzen in der langfristigen Beobachtung des Rheins erfaßt werden. Im Falle des Nitrats wäre darüber hinaus zu prüfen, ob sich sein Anstieg durch eingeleitete Maßnahmen aufhalten läßt. Dies ist fraglich, da sich gezeigt hat, daß das in Kläranlagen erzeugte Nitrat nur einen Teil der Gesamtbelastung ausmacht.

Chlorid. Zusammenhänge sind auch erkennbar zwischen der Entwicklung des Salzgehalts und der Neozoen im Rhein. Von 18 im Rhein angetroffenen Neozoen sind 9 salztolerant oder sogar auf Salz angewiesen. Hinsichtlich des Chlorids wäre langfristig auch festzustellen, inwieweit sich die Konzentration im Rheinwasser aufgrund der angekündigten Schließung der Kaliminen im Elsaß reduziert.

Schwermetalle und Arsen; organische Mikroverunreinigungen. Von den Schwermetallen und Arsen sowie den organischen Mikroverunreinigungen sollten vorrangig diejenigen Substanzen analysiert werden, für die die Zielvorgaben des APR bisher (Stand 1994) noch nicht erreicht worden sind (Quecksilber, Cadmium, Kupfer, Zink und Blei; γ-Hexachlorcyclohexan, Hexachlorbenzol, Polychlorierte Biphenyle [6 Isomere]). Schwermetalle und schwerflüchtige organische Mikroverunreinigungen müssen bevorzugt in Schwebstoffen und Sedimenten gemessen werden. Darüber hinaus sollten auch andere Substanzen dieser Substanzgruppen kontrolliert werden (u.U. in geringerer Probenahmefrequenz und an spezifischen ausgewählten Meßstellen). Hierzu gehören die polyzyklischen aromatischen Kohlenwasserstoffe (PAK), die polychlorierten Dibenzodioxine (PCDD) und die Dibenzofurane (PCDF).

Entsprechend einem aus den Ergebnissen des Forschungsvorhabens „Organische Mikroverunreinigungen" resultierenden Vorschlag sollten künftig folgende organischen Paramtern gemessen werden (BRAUCH & FLEIG 1992):

- Summarische Parameter: DOC (TOC), SAK (254), AOX, AOS
- leichtflüchtige Parameter: Trichlormethan
- Stickstoff- und phosphorhaltige Pflanzenschutzmittel-Wirkstoffe: Atrazin, Desethylatrazin, Simazin, Metazachlor, Chlortoluron, Diuron, Isoproturon, Bentazon, Anthranilsäureisopropylamid (AIPA), Chloridazon, iso-Chloridazon
- schwerflüchtige Parameter: Nitrobenzol, 1,2-Dichlorbenzol, 2-Nitrotoluol, 2,6-Dimethylanilin, N,N-Dimethylanilin, 4-Chlor-2,6-Dimethylanilin
- weitere Stoffe: NTA, EDTA.

Rückstände in Organismen. In ihrem Vorschlag für künftige Untersuchungsprogramme zur Bestimmung von Schadstoffgehalten in Rheinfischen nennt die IKSR (Untergruppe Pl 1989) folgende Schadstoffe:

- Tri-, Tetra- und Pentachlorbenzole
- Hexachlorbenzol

- Pentachloranisol
- γ-Hexachlorcyclohexan
- Gesamt-DDT
- Octachlorstyrol
- Hexachlorbutadien
- PCB Nr. 28, 52, 101, 138, 153, 180.

Von den Schwermetallen sollten nach diesem Vorschlag Quecksilber, Blei und Cadmium in Rückstandsbestimmungen erfaßt werden. Die Literaturdaten sowie im Rahmen des APR vorgenommene Untersuchungen weisen darauf hin, daß vor allem Hexachlorbenzol, die höherchlorierten PCB's und Quecksilber längerfristig beobachtet werden sollten.

Weitere biologisch relevante Parameter. In das Beobachtungs- und Überwachungssystem des Rheins sollten weitere biologisch relevante Paramter aufgenommen werden. Einem Vorschlag der IKSR folgend sollten zur Erfassung der Phytoplanktonentwicklung im Rhein folgende Parameter gemessen werden:

- Chlorophyll a
- gelöstes Silizium
- Schwebstoffgehalt oder Trübung
- Kohlenstoff-, Stickstoff- und Phosphorgehalt der Schwebstoffe
- Sauerstoffproduktionspotential (SPP)
- Mineralisationsraten.

Erfassung toxischer Wirkungen auf die Selbstreinigung. Zur Erfassung möglicher toxischer Wirkungen auf die Selbstreinigung des Rheins ist der Einsatz stoffwechseldynamischer und ökotoxikologischer Methoden erforderlich. Hierbei sollten vor allem der Kurzzeit-BSB, Untersuchungen mittels Temperaturkoeffizienten biochemischer Prozesse sowie der Kresolabbaukapazität eingesetzt werden. Diese Methoden führten Ende der 60er/Anfang der 70er Jahre zum Nachweis der ökotoxischen Wirkung von Abwasserinhaltsstoffen im Rhein. Mittels enzymatischer Methoden ist auch ein Nachweis der Vergiftung der Selbstreinigung durch Konzentrierung toxischer Substanzen bei Niedrigwasser möglich. Auch diese Methoden sollten im Rahmen einer langfristigen Beobachtung eingesetzt werden.

Nutzung zeitnaher Meß- und Untersuchungsstrategien für die langfristige Rheinbeobachtung. Mit Hilfe der aufgeführten stofflichen Meßparameter sowie der zitierten chemisch-physikalischen und ökotoxikologischen Methoden kann die *längerfristige* Auswirkung der Wasserbeschaffenheit (einschließlich Schwebstoffen und Sedimenten) auf die Rheinbiozönosen erfaßt werden. Es wurden jedoch auch Meßstrategien entwickelt, die im Sinne von Alarm- und Warnmessungen auch *kurzfristige*, etwa unfallbedingte und unerlaubte Einleitungen feststellen sollen, wie zum Beispiel das im Aufbau befindliche, kontinuierlich arbeitende Überwachungssystem mit Biomonitoren längs des Rheins (z.B. IRMER 1992; KREBS et al. 1994; SCHMITZ, P. et al. 1994a–c; WIR 1994, 1995; BLÜBAUM-GRONAU et al. 1996; HOFFMANN, M. et al. 1996).

Derartige *Online-Monitoringsysteme* dienen der Schnellindikation von Schadstoffwellen und eignen sich zunächst nur zum Nachweis unerlaubter Einleitungen und von Störfällen (SCHMITZ-MÖLLER & KREBS 1996). Sie könnten aber auch im Rahmen eines langfristigen ökologischen Beobachtungssystems des Rheins insofern eine Rolle spielen, als bei Alarm ökologische Folgeuntersuchungen veranlaßt und die Befunde zu weiteren physikalisch-chemischen und biologischen Daten in Beziehung gesetzt werden. Auf diese Weise könnten die langfristigen Folgen kurzfristiger Wirkungen auf die Biozönosen abgeschätzt werden. Zudem würde ein über längere Zeit beobachteter Rückgang der Alarmhäufigkeit eine Verbesserung der stofflichen Belastungssituation signalisieren.

6.5 Ergänzender Forschungsbedarf

Der hier vorgelegte umfangreiche Wissensbestand vermittelt ein anschauliches Bild der Veränderungen des Ökosystems Rhein/Rheinaue. Jedoch lassen sich die aus den Daten abgeleitenden Beobachtungsparameter vielfach noch nicht hinreichend in ihrer Bedeutung für das Ökosystem Rhein/Rheinaue verstehen. Hierzu bedarf es begleitender Forschungsarbeiten, die folgenden Bereichen zugeordnet werden können:

- Zielzustand des Ökosystems Rhein/Rheinaue
- Istzustand des Ökosystems Rhein/Rheinaue
- Autökologie
- Methodik der Bewertung von Biozönosen
- Ökologische Chemie
- Ökotoxikologie.

Der Zielzustand des Ökosystems Rhein/Rheinaue. Der Referenzzustand, der dem anzustrebenden Zielzustand zugrunde gelegt werden sollte, ist für Festlegung der zu ergreifenden Maßnahmen sowie für die Konzeption eines ökologischen Beobachtungssystems äußerst wichtig. Die Literaturstudie konnte nach dem Kenntnisstand der derzeitig verfügbaren Quellen, den Zustand der biologischen und biogeographischen Gegebenheiten des weitgehend unbeeinträchtigten Rheinökosystems darlegen.

Dennoch ist das Wissen lückenhaft. So liegen zum Beispiel keine quantitativen Angaben zur ehemals natürlichen Populationsstruktur und -dynamik der Arten vor. Besondere Bedeutung kommt daher der weiteren Erforschung der ursprünglichen Lebensgemeinschaften des Rheins und seiner Auen sowie der Funktionszusammenhänge im Ökosystem.

Der Istzustand des Ökosystems Rhein/Rheinaue. Zur Realisierung eines ökologischen Beobachtungssystems des Rheins bedarf es einer erweiterten Kenntnis des gegenwärtigen Zustandes des Rheinökosystems. Zur Beurteilung künftiger Entwicklungen ist vor allem die Erarbeitung aktueller Flächenbilanzen erforderlich. Es fehlen aktuelle Daten hinsichtlich

- der natürlichen, naturnahen und durch Bebauung versiegelten Teile des Ökosystems Rhein/Rheinaue,
- der durch Landwirtschaft, Forstwirtschaft, Industrie, Gewerbe, Siedlung und Verkehr beanspruchten Teile des Ökosystems,
- der durch Steinschüttung, Steinsatz, Spundwand und Beton befestigten Rheinufer und
- der Fläche der Flußufer und der Aue, die für eine Reaktivierung (Renaturierung) zur Verfügung stehen.

Weiterhin fehlen Daten

- zur Charakterisierung der aquatischen, amphibischen und terrestrischen Habitat- und Biotopstrukturen und deren Merkmalen und
- zur Beurteilung der Biotope hinsichtlich ihrer Funktionen und Wertigkeiten.

Weitere noch fehlende Elemente einer umfassenden Situationsanalyse sind die Vervollständigungen von Bestandsaufnahmen von Tier- oder Pflanzengruppen des Rheins, die in vielen Fällen nur unzureichend bekannt sind, die aber vermutlich bedeutende Funktionen im Rhein-Ökosystem ausüben, so daß ihnen eine erhebliche Funktion im Ökosystem zukommt. Hierzu zählt die Gruppe der Wenigborster (Oligochaeten) und der Zuckmücken (Chironomiden).

Die Erfassung und Bewertung der Artinventare der Rheinzuflüsse ist ebenfalls wichtig, da diese als potentielle Laichgewässer des Lachses und anderer Fischarten sowie als Refugialräume für ehemals im Rhein heimische Invertebraten unbedingt in das Konzept der Reaktivierungsmaßnahmen sowie in das Überwachungssystem einzubeziehen sind.

Neben der Erfassung der Arteninventare müssen die Populationsstruktur und die Populationsdynamik der Arten untersucht werden, um anthropogen bedingte Populationsveränderungen deutlich von natürlichen Schwankungen in Dichte und Zusammensetzung der Tier- und Pflanzenbestände unterscheiden zu können.

Autökologie. Die grundlegenden Kenntnisdefizite bezüglich der funktionalen Zusammenhänge im Ökosystem werden offenkundig bei den Fragestellungen und Erwägungen, die beispielsweise im Rahmen der Reaktivierung von Auenflächen aufgeworfen werden. Die Voraussetzung, nun die bestehenden Kenntnisdefizite aufzuklären, liegt in der Erforschung der Lebensansprüche der Tier- und Pflanzenarten (autökologische Forschung). Erst die Kenntnis von Habitatsansprüchen, Lebensäußerungen und Reaktionsnormen einzelner Arten läßt Rückschlüsse auf Bedingungen und gegenseitige Abhängigkeiten im Lebensraum zu.

Methodik der Bewertung von Biozönosen. Ein ökologisches Beobachtungssystem muß im Anschluß an eine deskriptive Zustandserfassung des Ökosystems bzw. repräsentativer Teile des Ökosystems eine Bewertung dieses Zustandes vornehmen. Das bedeutet, daß es allgemein anerkannte Bewertungsmaßstäbe geben müßte, die auf einer genauen Kenntnis der Biozönosen aller Biotoptypen basieren. Dieser Bewertungsmaßstab (Zielzustand für Biotoptypen) existiert aber nicht. Genauso wenig werden heute standardisierte Methoden zur Beobachtung von Biozönosen angewendet. Derzeit ist es nur möglich auf Grundlage der bloß lückenhaft ermittelbaren Kenntnis des anthropogen unbeeinflußten Ökosystemzustandes, eine Bemessungsgrundlage zu entwickeln. Da diese Bemessungsgrundlage nicht ausreicht, um den Zielzustand des Rheins detaillierter zu beschreiben, ist eine Intensivierung der biozönologischen Forschung dringend erforderlich.

Ökologische Chemie und Ökotoxikologie. Im Hinblick auf die stofflichen Einflußfaktoren bestehen vor allem Unsicherheiten in der ökologischen Einschätzung der meisten anthropogen eingebrachten Substanzen. Hierdurch werden gezielte und erfolgsversprechende Maßnahmen zur ökologischen Rheinbeobachtung mit dem Ziel einer Reaktivierung beschränkt.

Zwar liegt eine Fülle von Arbeiten zum Verhalten und zur Toxizität von Einzelstoffen an Einzelspezies im Labor vor, doch mangelt es erheblich an Untersuchungen unter den Ökosystem-Bedingungen des Rheins. Beispiele für diesbezüglich wenig oder unzureichend untersuchte Fragestellungen sind:

- Aufnahme, Verteilung, Anreicherung, Metabolismus von Schadstoffen in Organismen (vor allem: halogenorganische Verbindungen, Schwermetalle).
- Langfristige (chronische) Wirkungen von Schadstoffen im Organismus, Bedeutung dieser Wirkungen für das Individuum, die Population und die Biozönose.
- Langfristige Wirkungen der Spitzenkonzentrationen von Schadstoffen.
- Kombinationswirkung (additive, überadditive, antagonistische Wirkung) von Schadstoffen auf Organismen.
- Folgen der Eutrophierung für die Zusammensetzung der Gruppe der Konsumenten.
- Beeinflussung der Selbstreinigungsprozesse im Rhein durch toxische Stoffe.

Es bedarf der Klärung dieser Fragen nicht nur für die aquatischen, sondern auch für die amphibischen und terrestrischen Biozönosen. Grundsätzlich sollten die ökotoxikologischen Forschungsarbeiten mit den biologischen (Auswahl der biotischen Parameter) in einem Forschungsverbundsystem abgestimmt werden.

Einen pragmatischen Lösungsansatz für die Frage der ökologischen Bewertung spezfischer Schadstoffe hat der Bund/Länder-Arbeitskreis „Gefährliche Stoffe - Qualitätsziele für oberirdische Gewässer (BLAK QZ)" erarbeitet. Die Arbeiten zur Ableitung substanzspezifischer Zielvorgaben für den Rhein sollten intensieviert werden, so daß auch die neu als prioritär eingestuften Substanzen erfaßt und Aussagen zu solchen Substanzen möglich werden, über deren ökologische Wirkungen bisher noch keine Erkenntnisse vorliegen. In derartige Forschungen sollten vor allem auch die bisher unzureichend berücksichtigten amphibischen und terrestrischen Bereiche des Rheinökosystems einbezogen werden. Notwendig ist auch die Weiterentwicklung analytischer Verfahren, vor allem dort, wo künftig Zielvorgaben ermittelt werden, die bisher die analytischen Bestimmungsgrenzen unterschreiten.

Zur Beobachtung der Verbesserung der stofflichen Verhältnisse im Rhein und zur Überwachung von Qualitätszielen sind Kenntnisse der Hintergrundbelastung des Rheins in seinen verschiedenen hydrologischen Abschnitten notwendig. Eine Bestandsaufnahme vor allem für Schwermetalle wäre wünschenswert.

7 Indikatororganismen zur Beurteilung von Veränderungen der Lebensraumqualität

Für die Lebensgemeinschaften aquatischer, amphibischer und terrestrischer Biotope gibt es keine konkreten, in Zahlen festgelegten Orientierungsvorgaben, etwa zu Artenspektren oder Abundanzen. Die Effektivität der Maßnahmen zur Verbesserung des ökologischen Zustands des Rheins läßt sich im Rahmen der biologischen Langzeitbeobachtung nicht anhand konkret festgelegter Orientierungswerte beurteilen, wie dies für stoffliche Parameter möglich ist. Beim derzeitigen lückenhaftem Kenntnisstand der Lebensraumansprüche der Tier- und Pflanzenarten ist ebenso kein differenziertes Bioindikationssystem anwendbar. Zur Zeit können für eine Erfolgskontrolle nur Arten oder Artengruppen herangezogen werden, die eine integrative Beurteilung der Lebensraumqualität gestatten.

Die nachstehenden Arten oder Artengruppen zählten oder zählen zur autochthonen Biozönose des Rheinökosystems. Ihr zahlenmäßiger Rückgang oder Verschwinden aus der Biozönose deutet auf negative Veränderungen des Ökosystems, ihre Wiederkehr oder Verbreitung dagegen auf Verbesserungen der Lebensraumqualität hin. Von einigen Arten ist bekannt, welche Ansprüche sie an die einzelnen Lebensräume stellen. Ihre Wiederkehr und Verbreitung im Rhein erlaubt somit konkrete Aussagen über die Verbesserung einzelner Umweltfaktoren oder -faktorenkomplexe.

Die Wiederkehr und Verbreitung ehemals typischer Arten ist als Anzeichen für eine allgemeine Verbesserung der Lebensraumqualität zu werten, ohne daß dies derzeit an konkreten Faktoren festgemacht werden kann. Dies wird erst nach weitergehender Kenntnis der Autökologie der Arten möglich sein.

7.1 Amphibisch-terrestrischer Lebensraum

Vegetation. Da zum gegenwärtigen Zeitpunkt nur maximal 10 % der Auen am gesamten deutschen Rhein als naturnah oder natürlich bezeichnet werden können, muß zur Verbesserung des ökologischen Zustands des Rheins eine natürliche Vegetation angestrebt werden. Die Beobachtung der Entwicklung dieser Vegetation muß sich zunächst auf Pflanzengesellschaften mit kurzer Entwicklungsdauer stützen. Die Ausbreitung dieser Pflanzengesellschaften erlaubt Aussagen über eine wiedereinsetzende Hydro- und Morphodynamik in den Auen. Folgende Vegetationstypen und Pflanzen eignen sich für diesen Zweck:

- Pionierkrautfluren
- Pioniergehölze
- Alpenschwemmlinge (Oberrhein)
- Schlammbodenvegetation
- Auenwiesenarten
- Weichholzauenarten.

Das vermehrte Auftreten dieser Pflanzengesellschaften und ihrer Verjüngungsstadien (Weichholzaue) bildet die Grundlage einer naturnahen Auenwaldentwicklung.

Für die mittelelsässische Rheinebene erarbeiteten CARBIENER & ORTSCHEIT (1987) ein Indikationssystem zur Überwachung der Grundwasserbäche. Indiziert werden Phosphat- und Ammoniakgehalt in Stufen von jeweils ca. 20 ppb.

Trophiegrad	Vegetationstyp
A oligotroph	Potamogetonetum colorati (Laichkraut-Gesellschaft)
B oligo-mesotroph	Mentha aquatica submersa – Sium erectum submersa (Wasserminze – Aufrechter Merk-Gesellschaft)
C meso-eutroph	Sium – Callitriche obtusangula (Merk-Nußfrüchtiger Wasserstern-Gesellschaft)
D eutroph	Zannichellia palustris – Potamogeton densis – Callitriche obtusangula (Teichfaden – Laichkraut – Nußfrüchtiger Wasserstern-Gesellschaft)
E stark eutroph	Ranunculetum fluitantis (Flutender Hahnenfuß-Gesellschaft)

Die räumliche Verteilung dieser Wasserpflanzengesellschaften erlaubt Rückschlüsse über die Austauschbedingungen zwischen Oberflächen- und Grundwasser.

Die undifferenziert betrachtete Verbesserung der Wasserqualität des Rheins und seiner Randgewässer kann anhand der Verbreitung folgender Arten beobachtet werden:

- Wassermoose (Fissidens rufulus, Pachyfissidens grandifrons),
- Gras-Laichkraut (Potamogeton gramineus),
- Schwimmendes Laichkraut (Potamogeton natans),
- Schmalblättriges Laichkraut (Potamogeton angustifolius),
- Wasserfeder (Hottonia palustris),
- Tannenwedel (Hippurus vulgaris),
- Schwimmfarn (Salvinia natans),
- Rotalge (Hildenbrandia rivularis),
- Armleuchteralgen-Arten (Chara div. spec.).

Fauna. Eine Beurteilung der Lebensraumqualität ist auch anhand der Biotopstruktur und der Biotopgröße möglich. Die Zunahme der Strukturvielfalt des Lebensraumes läßt sich aufgrund der wachsenden Artenzahl, sowohl der seßhaften als auch der wandernden Arten (Vögel, Schmetterlinge), dokumentieren. Eine ausreichende Biotopgröße wird durch das Vorhandensein überlebensfähiger Populationen von Tierarten mit Endkonsumenten-Funktion in der Nahrungskette angezeigt.

Biotopgrößenzeiger (gleichzeitig auch Strukturvielfaltzeiger):

Säugetiere: Fischotter (Lutra lutra), Europäischer Nerz (Mustela lutreola), Biber (Castor fiber albicus), Wasserspitzmaus (Neomys fodiens), Sumpfspitzmaus (Neomys anomalus).
Kriechtiere: Europäische Sumpfschildkröte (Emys orbicularis), Ringelnatter (Natrix natrix), Würfelnatter (Natrix tessellata), Kreuzotter (Vipera berus).
Lurche: Erdkröte (Bufo bufo), Springfrosch (Rana dalmatina), Grasfrosch (Rana temporaria).
Vögel: Fischadler (Pandion haliaetus), Schlangenadler (Circaetus gallicus), Uhu (Bubo bubo), Wanderfalke (Falco peregrinus), Kolkrabe (Corvus corax).

Zeigerarten für spezielle Biotopstrukturen:

- Indikatoren für Auengewässer mit Bruträumen und Rastplätzen in Baumhöhlen, strukturreiche Weich- und Hartholzaue:
  Säugetiere: Wasserfledermaus (Myotis daubentoni), Teichfledermaus (Myotis dasicneme), Abendsegler (Nyctalus noctula).

- Indikatoren für eine natürliche Hydrodynamik in der Überflutungsaue:
  Lurche: Laubfrosch (Hyla arborea).
- Indikatoren für Pionierstadien von Sand- und Kiesbänken (Brutbiotop) sowie Flüsse mit naturnahen Ufern (Nahrungsbiotop):
  Vögel: Flußuferläufer (Actitis hypoleucos), Flußregenpfeifer (Charadrius dubius), Flußseeschwalbe (Sterna hirundo), Zwergseeschwalbe (Sterna albifrons).
- Indikatoren für strukturreiche Auen (Steilwand-Höhlenbrüter):
  Vögel: Eisvogel (Alcedo ispida), Uferschwalbe (Riparia riparia).
- Indikatoren für vegetationsfreie Ufer, kiesig-sandiges Substrat:
  Libellen: Kleine Zangenlibelle (Onychogomphus forcipatus, O. simillimus), Gemeine Flußjungfer (Gomphus vulgatissimus).
- Indikatoren für vegetationsarme Auentümpel:
  Libellen: Plattbauch-Libelle (Libellula depressa).
- Indikatoren für Auenseen, bis 3 m Tiefe:
  Libellen: Pokal-Azurjungfer (Cercion lindeni).
- Indikatoren für feinkörniges Sediment, Wasserpflanzen, Rohrkolbenried und Kreuzblütler als Ufervegetation:
  Libellen: Gebänderte Prachtlibelle (Calopteryx splendens), Kleinfleck-Libelle (Anaciaeschna isosceles), Kleine Mosaikjungfer (Brachytron pratense), Große Königslibelle (Anax imperator), Kleiner Blaupfeil (Orthetrum coerulescens), Helmazurjungfer (Coenagrion mercuriale).
- Indikatoren für nährstoffreiche Auengewässer mit reichem Pflanzenwuchs, Schwimmblattpflanzen:
  Libellen: Große Königslibelle (Anax imperator), Großes Granatauge (Erythromma najas), Kleines Granatauge (Erythromma viridulum).
  Libellen zeigen im Larvalstadium eine enge Bindung an einen arttypisch ausgebildeten Lebensraum. Die Vielzahl der von ihnen besiedelten Teillebensräume in der Aue, sowohl als Larve wie auch als Imago, in Verbindung mit vielfältigen Ansprüchen an die Gewässerqualität läßt sie den Status eines integrativen Bioindikators einnehmen. Dies um so mehr, als sie ihre Larvalentwicklung zwei bis sechs Jahre an das Habitat bindet.
- Indikatoren für den Wasserhaushalt der Auen:
  Laufkäfer (Carabiden) eignen sich als Indikatoren für den Wasserhaushalt der Auen. Sie bilden den Wasserverhältnissen entsprechende Gemeinschaften und zeigen Anpassungen an die periodischen Überflutungen wie auch an die auftretenden Trockenphasen. Die Artenzusammensetzungen variieren dabei je nach Substrat, Bodenfeuchte und Lichtklima. Für die einzelnen Rheinabschnitte müßten die Carabiden-Zönosen in den naturnahen Biotopen erfaßt und ihre Entwicklung verfolgt werden.

Auch Spinnen (Arachnida), Schmetterlinge (Lepidoptera) und Heuschrecken (Saltatoria) eignen sich zur Indikation der Wasserhaushaltsverhältnisse in den

Auen. Sie kennzeichnen zugleich die verschiedenen Entwicklungsstadien eines Lebensraumes zu einem naturnahen Biotop.

7.2 Aquatischer Lebensraum

Fischfauna. Die Auswahl besonders zu beachtender Fischarten und -gruppen, die sich für eine Erfolgskontrolle eignen, orientiert sich am Vergleich der heutigen mit der ehemaligen Fischfauna des Rheins. Die heute noch fehlenden bzw. in zu niedrigen Bestandsdichten vorkommenden Fischarten lassen sich auf der Grundlage ihrer derzeit bekannten ökologischen Ansprüche verschiedenen Gruppen zuordnen, welche am stärksten durch die anthropogene Veränderung des Rheins betroffen wurden. Es zeigte sich, daß die Wanderfische, die im Strom laichenden Kieslaicher und die auf Auengewässer angewiesene Fischarten die stärksten Artenverluste und Bestandseinbußen erfahren mußten. Inwieweit die chemische Belastung vor-, gleich- oder nebenrangig heute eine weitere Ausbreitung der unten angeführten Fischarten verhindert, kann derzeit nicht beurteilt werden. Auf jeden Fall kommt eine Verbesserung der stofflichen Belastungssituation allen gefährdeten Fischarten zugute.

Im folgenden wird eine Auswahl besonders zu beachtender Fischarten und -gruppen vorgestellt, welche sich für eine Erfolgskontrolle eignen. Die Klassifizierung und Auswahl orientierte sich daran, inwiefern deren Vorkommen auf spezielle Lebensraumqualitäten hinweist oder ob die Arten ehemals typisch für den gesamten Rhein oder für die fischereibiologischen Zonen des Rheins waren.

- Indikatoren für die Durchwanderbarkeit des Rheins und seiner Zuflüsse:
  Eine Verbesserung der Durchwanderbarkeit, sei es durch Abbau von Wanderhindernissen oder durch Bau gut funktionierender Fischaufstiege läßt sich an der Wiederkehr bzw. Bestandserholung und weiteren Ausbreitung der *anadromen Wanderfische* Lachs, Meerforelle, Maifisch, Finte, Nordseeschnäpel, Stör, Meer- und Flußneunauge ablesen. Maßnahmen zur Verbesserung der Durchwanderbarkeit reichen alleine nicht. Sie müssen stets durch Maßnahmen zur Verbesserung der Lebensraumstruktur ergänzt werden.
  Lachs: Laichreife Lachse wanderten ehemals in großen Scharen rheinaufwärts bis Schaffhausen. Durch den Bau von Stauwehren am Rhein und dessen Zuflüssen wurden nach und nach die ehemaligen Laichgebiete abgeschnitten. Durch die zunehmende Wasserverschmutzung kamen die Bestände in den fünfziger Jahren endgültig zum Erliegen. Seitdem sind nur vereinzelt Lachse gemeldet worden, z.B. 1978 vom Mittelrhein (JENS 1978b). Die seit 1990 in der Bröl

(Siegzufluß) gefangenen Einzelexemplare sind auf Besatzmaßnahmen zurückzuführen.
Meerforelle: Laichreife Meerforellen wanderten meist bis in den Mittelrhein, nur vereinzelt bis in den Oberrhein. Sie blieben mit der Zunahme der Wasserverschmutzung aus. Etwa seit 1980 werden Meerforellen wieder im Rhein beobachtet, kommen derzeit selten aber regelmäßig bis Iffezheim vor.
Maifisch und *Finte*: Zwei Vertreter der Heringsfische, von denen der Maifisch aufgrund des massenhaften Vorkommens fischereiwirtschaftliche Bedeutung hatte. Der Maifisch wanderte ehemals rheinaufwärts bis Laufenburg am Hochrhein. Anfang des Jahrhunderts soll der Maifischaufstieg schon nicht mehr über Mainz hinaus gegangen sein und mit fortschreitender Zeit ging infolge der Wasserverschmutzung, des Verlustes von Laichgründen, aber auch wesentlich aufgrund der zu starken Befischung das Auftreten der Frühjahrszüge nicht nur quantitativ zurück, sondern die Wanderungen führten immer weniger weit stromaufwärts bis sie schließlich ganz ausblieben (JENS 1978a). Heute gibt es nur wenige Einzelmeldungen (BERG et al. 1989).
Nordseeschnäpel: Ein heute verschwundener Vertreter der Renken, welcher ehemals vereinzelt bis in den Oberrhein wanderte, dessen Laichgebiet hauptsächlich jedoch seichte Sand- und Kiesbänke des Niederrheins bildeten.
Meer- und *Flußneunauge*: Zwei Vertreter der Neunaugen, von denen das Flußneunauge ehemals regelmäßig bis Basel wanderte, während das Meerneunauge hauptsächlich im Mittel- und Niederrhein laichte. Nach einem erheblichen Bestandsrückgang werden sie zunehmend häufiger gemeldet. Da die Larven der Neunaugen zwei bis fünf Jahre im Feinsediment eingegraben leben, weist eine weitere Verbreitung der Neunaugen auch auf eine zumindest stellenweise günstige Sedimentbeschaffenheit hin.
Stör: Die Hauptlaichgebiete des Störs lagen im Niederrhein. Er wanderte auch regelmäßig bis in den Mittelrhein, aber nur selten weiter flußaufwärts. Da der Stör in flachen Nebenrinnen des Strombettes flußaufwärts wandert und in Kolken ablaicht (BLESS 1978), verschwand der Stör mit dem Ausbau des Rheins zur Schiffahrtsstraße.

Auch *Kurzstreckenwanderer* wie die *Nase* und die *Barbe*, welche besonders zur Laichzeit recht weite Wanderungen unternehmen, profitieren von den Maßnahmen zur Verbesserung der Durchwanderbarkeit. Weiterhin zeigt die Wiederkehr der ehemals typischen Wanderfische an, daß sich die Laichbedingungen und die Wasserqualität des Rheins sowie der Rheinzuflüsse, welche potentielle Laichgewässer darstellen, verbessert haben.

- Indikatoren für eine Verbesserung der Laichbedingungen für Kieslaichern:
  Eine Verbesserung der Laichbedingungen für Fischarten, welche im Strom über seichten Kiesbänken laichen, wird durch die Festigung der Bestände und weitere Verbreitung folgender Fischarten angezeigt:

Äsche: Ein ehemals charakteristischer Standfisch des Hochrheins oberhalb der Aaremündung, unterhalb der Aare am Hoch- sowie am Oberrhein bis Straßburg verbreitet. Aufgrund seiner hohen Empfindlichkeit gegenüber der Gewässerverschmutzung, daraus resultierenden Krankheiten und des Verlustes von Laichplätzen wurde ehemals eine starke Abnahme der Bestände verzeichnet, welche seit Verbesserung der Wasserqualität jedoch wieder zunehmen. Die Äschenbestände am Hochrhein werden heute durch Besatzmaßnahmen gestützt. Anzustreben ist die Ermöglichung einer natürlichen Bestandserhaltung durch die Fortführung der Gewässerreinhaltungsmaßnahmen und die Wiederherstellung strukturreicher Gewässer mit Untiefen, Kiesbänken und wechselnden Strömungsverhältnissen.
Barbe: Leitfisch einer nach ihr benannten Fließgewässerregion, welche den nördlichen Oberrhein und den Mittelrhein charakterisierte. Heute tritt sie nur vereinzelt auf.
Nase: Ehemals ein dominierender Massenfisch der Äschen- und Barbenregion des Rheins. Die Nase kommt heute nur vereinzelt oder in geringen Bestandsdichten vor.
Strömer: Ein anspruchsvoller Kleinfisch der Äschenregion, welcher sauberes, sauerstoffreiches Wasser und ein strukturreiches Gewässerbett benötigt. Der Strömer war ehemals charakteristisch für den Hochrhein und den südlichen Oberrhein. Heute kommt er nur noch sehr vereinzelt am Hochrhein vor.
Schneider: Ein Schwarmfisch schnell fließender, sauberer und strukturreicher Gewässer, welcher ehemals im ganzen Rhein verbreitet war, heute aber nur noch selten vorkommt.

- Indikatoren für naturnahe Struktur und Funktionalität der Auengewässer:
  Einige Fischarten sind besonders eng an Auengewässer gebunden, da sie diese entweder als Laichplatz und „Kinderstube" oder intensiv zur Nahrungsaufnahme nutzen. Eine Bestandsverbesserung der an Auengewässer gebundenen Fischarten weist auf eine Verbesserung der Funktionalität der Aue hin (Ausdehnung, Strukturreichtum, Anbindung an den Fluß, Ausgewogenheit der Raub- und Friedfischbestände). Zu dieser Gruppe gehören folgende Fischarten:
  Steinbeißer: Ehemals war der Steinbeißer am Ober- und Niederrhein verbreitet. Heute kommt er am Oberrhein nur selten vor, vom Niederrhein ist nur ein Einzelfund belegt. So berichtet LELEK (1978a, LELEK & KÖHLER 1989) von Restvorkommen dieser Art in einem verschlammten Altwasser des Oberrheins, dem Schusterwörther Altrhein, und von einem Einzelfund am Niederrhein bei der Erftmündung.
  Schlammpeitzger: Ein gegen Sauerstoffmangel widerstandsfähiger Bodenfisch pflanzenreicher stehender Gewässer mit Schlammgrund. Er war ehemals vor allem in den Altwässern des Oberrheins verbreitet, wird jedoch heute nur

vereinzelt in Restbeständen angetroffen (BERG et al. 1989, LELEK & KÖHLER 1989).

Karpfen (Wildform): Ein Bewohner langsam fließender Gewässer mit Altarmen und Überschwemmungsgebiet, der zur Fortpflanzung flaches, seichtes Wasser mit Sumpfpflanzen bzw. feinem Wurzelwerk der Auenbäume benötigt. Eine erfolgreiche Reproduktion ist auch von den chemisch-physikalischen Beschaffenheit des Wassers abhängig. Als Folge der starken Eutrophierung ist die Alkalität des Wassers oft so hoch, daß der Übergang vom Larval- zum Jungfischstadium nicht vollzogen werden kann (LELEK 1983). Die Wildform des Karpfens ist vom Aussterben bedroht.

Bitterling: Ein typischer Bewohner von Altwässern, welcher zwingend auf das Vorkommen von Unioniden (Flußmuscheln) angewiesen ist, da deren Eier in die Kiemen der Muscheln abgelegt werden und sich dort entwickeln. Der Bitterling war ehemals an Ober-, Mittel- und Niederrhein verbreitet. Heute werden nur Einzelvorkommen am Hoch- und Oberrhein gemeldet.

7.3 Makrozoobenthos

Aus der Reihe der ehemals im Rhein vorkommenden Arten wurden typische Taxa ausgewählt, die sich für eine Erfolgskontrolle eignen. Diese Arten waren ehemals im ganzen Rhein bzw. in einzelnen Rheinabschnitten weit verbreitet und kommen heute nicht mehr oder nur noch sehr selten vor. Bei dieser Auswahl gilt wie bei den Fischen, daß nicht das bloße vereinzelte Auftreten einer Art ausreicht, um eine Verbesserung der ökologischen Situation zu signalisieren. Nur die weite Ausbreitung in dem ehemals besiedelten Strombereich und die Bildung stabiler Populationen lassen derartige Aussagen zu. Eine derartige Indikation ist jedoch relativ träge und läßt keinen Kausalbezug zu den jeweiligen physikalischen, chemischen und morphologischen Faktoren zu. Von einer Funktion der betrachteten Taxa als Bioindikatoren im eigentlichen Sinn ist daher abzusehen. Nur durch eine begleitende autökologische Forschung kann deren spezieller Indikationswert aufgeklärt werden.

Im folgenden wird eine Liste ausgewählter Arten des Makrozoobenthos präsentiert, deren Wiederauftreten oder weitere Ausbreitung im Rhein als Indiz für eine Verbesserung der ökologischen Verhältnisse herangezogen werden kann. Es eignen sich hierfür Vertreter der Schnecken, Muscheln, Eintagsfliegen, Köcherfliegen und Steinfliegen. Zur differenzierteren Betrachtung wird die ehemalige und heutige Verbreitung der jeweiligen Art angeführt, wobei für Hoch-, Ober-, Mittel- und Niederrhein die Abkürzungen HR, OR, MR und NR stehen.

- *Schnecken (Gastropoda):*

Theodoxus fluviatilis (ehemals am OR, MR und NR):

Galt in den 60er Jahren bis auf Restbestände in den Altarmen des südlichen Oberrheins als ausgestorben. Derzeit können die Bestände dieser vom Aussterben bedrohten Schneckenart (Angaben zum Gefährdungsgrad nach BLAB et al. [1984]) im südlichen Oberrhein zwischen Basel und Karlsruhe als gesichert gelten. 1987 wurde die Art erstmals wieder am Niederrhein bei Mehlem (SCHILLER nach SCHÖLL & TITTIZER 1988) und bei Bonn (TITTIZER et al. 1987a) angetroffen. 1988 konnte unterhalb der Moselmündung am Mittelrhein ein stabiler Bestand nachgewiesen werden (SCHÖLL & TITTIZER 1988); ebenso am Niederrhein bei Wesseling (BLESS 1990). 1992 wurde T. fluviatilis im Mittelrhein bei Lorch festgestellt (SCHÖLL, mündl. Mitt.). Eine weitere Ausbreitung dieser stenöken Art scheint ein Anzeichen für eine weitere Verbesserung der Wasserqualität des Rheins zu sein.

Lithoglyphus naticoides (ehemals am OR, MR und NR):

Diese Art ist ein typischer Bewohner potamaler Sand- und Schlickzonen. Sie verschwand schon sehr früh aus dem Rhein. Bereits MIEGEL (1963) konnte sie nicht mehr nachweisen. Restvorkommen beschränkten sich auf Altarme (KINZELBACH, R. 1972). Auch die neueste Angabe bezieht sich auf einen Altarm bei Koblenz (TITTIZER & SCHÖLL 1988). Seit Anfang der 90-iger Jahre werden Einzelexemplare sowohl am nördlichen Oberrhein als auch am Niederrhein zwischen Bonn und Köln gefunden (SCHÖLL, mündl. Mitt.). Eine weitere Ausbreitung dieser gefährdeten Schneckenart wäre aus den Altarmen sowie auch aus Zuflüssen (Bsp. Rhein-Herne-Kanal, HARBERS 1987) möglich. Da sie zur Zeit starker Wasserverschmutzung aus dem Rhein verschwand, kann eine weitere Ausbreitung dieser Art als Anzeichen für eine Verbesserung der Wasserqualität gewertet werden.

Viviparus viviparus (ehemals am OR, MR und NR):

Die sauerstoff- und schmutzwasserempfindliche Sumpfdeckelschnecke war Anfang der siebziger Jahre nach Untersuchungen der Arbeitsgemeinschaft Umwelt Mainz (1972) zwischen Straßburg und Koblenz im Rheinstrom verschwunden. Ihr Vorkommen beschränkte sich auf Altwässer, Häfen und vereinzelte Stillwasserzonen. Fundangaben der gefährdeten Sumpfdeckelschnecke aus dem Strom selbst liegen von SCHMITZ, M. (1986) für den Bereich Köln-Niehl und von TITTIZER & SCHÖLL (1988) für den Rheinabschnitt oberhalb der Mainmündung, von BLESS (1990) für den Mittelrhein unterhalb der Moselmündung vor. Anfang der 90-iger Jahre konnte V. viviparus in weiten Teilen des Ober-, Mittel- und Niederrheins in z.T. erheblichen Individuendichten festgestellt werden (SCHÖLL, mündl. Mitt.). Die Schnecke gilt als Indikator für die Gewässergüteklasse II.

- *Muscheln (Lamellibranchiata):*

Unio crassus (ehemals am HR mit der Rasse *Unio crassus cytherea* sowie am OR, MR und NR mit der Rasse *Unio crassus batavus* vertreten):

Im Zuge der starken Gewässerbelastung verschwand sie aus der Lebensgemeinschaft des Rheins. Die Art gilt als stark gefährdet und wurde im Rhein lange Zeit als erloschen geführt (NESEMANN 1986). 1992 konnte U. crassus unterhalb der Moselmündung erstmals wieder nachgewiesen werden (SCHÖLL, mündl. Mitt.). Eine Ausbreitung dieser Muschel hängt davon ab, ob in Zuflüssen oder Randgewässern weitere Restpopulationen vorhanden sind, von denen eine Einwanderung in den Rhein erfolgen kann. Eine relativ schnelle Ausbreitung wird dadurch erleichtert, daß die Larven (Glochidien) sich an Fische anheften und so rasch größere Areale besiedeln können. In geringen Bestandsdichten besiedelt sie den Main von Miltenberg bis oberhalb Aschaffenburgs. Nach MEINERT & KINZELBACH (1985) gibt es noch Nachweise nach 1970 für die Mosel. Weitere Reliktvorkommen sind in verschiedenen Altwässern zu vermuten, in denen diese Muschel auch noch zu Zeiten stärkster Abwasserbelastung gefunden wurde, so. z.B. Kühkopf (HEMMEN 1973), Hördter Rheinaue (KINZELBACH, R. 1976), Schusterwörth (KINZELBACH nach JATZEK 1986). Eine Ausbreitung der stark gefährdeten Muschel wäre ein deutliches Anzeichen für die Verbesserung des ökologischen Zustands des Rheins.

Pseudanodonta elongata (ehemals in sandigen Buchten des OR, MR und NR):

Die Bestände sind weitgehend erloschen. Nach KINZELBACH, R. (1976) kommt ein Restbestand dieser eigentlich strömungsliebenden Art im Sondernheimer Altrhein vor, vereinzelt wurde diese Muschel auch im sauerstoffreichen Ottersteiner Altrhein gefunden. 1989 wurde diese Art erstmals wieder im Mittelrhein unterhalb der Moselmündung angetroffen (BLESS 1990). Die derzeit größten lebenden Bestände dieser vom Aussterben bedrohten Muschel gibt es im Main zwischen Miltenberg und Aschaffenburg (NESEMANN 1986). Eine weitere Ausbreitung dieser Art im Rhein ist aus diesen Bereichen denkbar.

Sphaerium solidum (ehemals am OR, MR und NR):

Diese Muschel ist eine vom Aussterben bedrohte stenöke Art schnell fließender Flüsse mit kiesigen Grund. Sie wurde 1988 im Gustavsburger Altrhein oberhalb der Mainmündung angetroffen (NESEMANN & SCHÖLL 1988). Weitere Funde vom Mittelrhein (Hammersteiner Werth) und Niederrhein (Köln, Hafen Niehl) stammen aus dem Jahre 1992 (SCHÖLL, mündl. Mitt.). Offenbar überdauerten Restpopulationen die Zeiten stärkster Abwasserbelastungen in Altarmsystemen, Häfen oder hinter Inseln und Leitwerken. Eine rasche Wiederbesiedlung des Rheins wird dadurch erschwert, daß diese Muschelart lebendgebärend und damit weitgehend ortsgebunden ist.

Sphaerium rivicola (ehemals am OR, MR und NR):

Nachdem diese Muschelart zeitweise ganz aus dem Rhein verschwunden war, wurde sie 1989 wieder im Rhein unterhalb der Mainmündung nachgewiesen (SCHÖLL, mündl. Mitt.). Weitere neuere Fundangaben dieser stark gefährdeten Art sind für den Mittelrhein unterhalb der Moselmündung (BLESS 1990), für den Niederrhein bei Köln und Emmerich (SCHÖLL, mündl. Mitt.) und den niederländischen Rhein (FRANZ & JATZEK 1982; van den BRINK et al. 1990) bekannt. Die Art gilt als Indikator für die Gewässergüteklasse II.

- *Eintagsfliegen (Ephemeroptera):*

Oligoneuriella rhenana (ehemals massenhaft am HR, auch am OR, MR und NR):

Heute ist diese vom Aussterben bedrohte Art am Rhein verschwunden. Sie gilt als stark empfindlich gegenüber stagnierendem Wasser und gegen Sauerstoffmangel.

Rithrogena diaphana (= *R. aurantiaca*) (ehemals massenhaft am HR, auch am OR, MR und NR):

Heute ist diese gefährdete Art am Rhein verschwunden.

Ecdyonurus fluminum-Gruppe (*E. aurantiacus* oder *E. dispar*) (ehemals am HR, OR, MR/Ahrmündung und NR/Siegmündung):

Heute liegen nur für den Hochrhein Nachweise für Ecdyonurus dispar vor (KOSTER & WINKLER 1985a).

Ecdyonurus (Heptagenia) lateralis-Gruppe (*E. affinis* oder *E. quadrilineatus*) (ehemals am OR und MR/Ahrmündung):

Heutige Nachweise fehlen.

Heptagenia longicauda (= *H. flavipennis*) (ehemals am HR und OR):

Heutige Nachweise für diese vom Aussterben bedrohte Art fehlen.

Caenis horaria (= *C. dimidiata*) (ehemals am NR):

Heutige Nachweise vom Niederrhein fehlen. Eine Wiederbesiedlung wäre jedoch aus der Sieg möglich, in der diese Art von GELLERT (1987) im Mündungsgebiet und Mittellauf nachgewiesen wurde.

Prosopistoma foliaceum (= *P. punctifrons*) (ehemals am OR und MR):

Diese Art gilt heute als ausgestorben. Eine Wiederkehr der Art ist sehr unwahrscheinlich, da Reliktvorkommen der schon ehemals seltenen Art nicht bekannt sind.

Ephemera vulgata (ehemals am NR):

Heutige Nachweise fehlen. Diese potamale Eintagsfliegenart gehört zu dem grabenden Eintagsfliegentypus. Sie bauen u-förmige Wohnröhren in den sandigen bis tonig-lehmigen Gewässergrund. Eine Wiederkehr dieser gefährdeten Eintagsfliegenart weist so auch auf eine ausreichende strukturelle und stoffliche Sedimentbeschaffenheit hin.

Palingenia longicauda (ehemals am NR, massenhaft im Deltarhein):

Auch diese Art baut u-förmige Wohnröhren in den Gewässergrund. Dies läßt ebenfalls vermuten, daß bestimmte strukturelle und chemische Mindestanforderungen an die Sedimentbeschaffenheit zu stellen sind. Die Art gilt heute als ausgestorben. Eine Wiederkehr gilt als unwahrscheinlich, da Reliktvorkommen im Rheineinzugsgebiet nicht bekannt sind.

Potamanthus luteus (ehemals am HR, OR und MR):

Am Hochrhein ist sie auch heute noch vertreten. Nach KOSTER & WINKLER (1985a) ist dort diese Art die zweithäufigste Eintagsfliegenart. Das Vorkommen am Oberrhein ist auf den südlichen Bereich etwa bis Breisach beschränkt (TITTIZER & SCHÖLL 1988); vom Mittelrhein liegen keine Nachweise dieser als stark gefährdet geltenden Art vor.

- *Steinfliegen (Plecoptera):*

Brachyptera trifasciata (ehemals am HR, OR, MR und NR):

Heutige Nachweise dieser als ausgestorben geltenden potamalen Steinfliegenart fehlen.

Isogenus nubeluca (ehemals am HR, OR, MR und NR):

Rezente Nachweise der als ausgestorben geltenden Art fehlen.

Isoperla obscura (ehemals am HR, OR, MR und NR):

Heutige Nachweise der als ausgestorben geltenden Art fehlen.

Euleuctra geniculata (ehemals am MR und NR/Siegmündung):

Wiederfund an der Insel Rettbergsaue im Rheingau (SCHÖLL & SCHLEUTER 1989), eine weitere Ausbreitung der stark gefährdeten Steinfliegenart im ehemaligen Verbreitungsgebiet wäre ein Zeichen für eine Verbesserung der Wasserqualität des Rheins. Die Art gilt als Indikator für die Gewässergüteklasse I–II.

Leuctra fusca (ehemals am HR, OR und NR bei Bonn und an der Siegmündung):

Neuere Nachweise liegen nur für den HR (JATZEK 1986a) und den südlichen OR (TITTIZER & SCHÖLL 1988) vor.

Isoperla grammatica (ehemals am HR, OR, MR und NR/Siegmündung):

Heutige Nachweise fehlen.

- *Köcherfliegen (Trichoptera):*

Rhyacophila nubila (ehemals am HR und MR):

Heute auch noch am Hochrhein, v.a. im oberen Hochrheinabschnitt vertreten (KOSTER & WINKLER 1985a). Erste Nachweise vom Mittelrhein nach langer Zeit durch Lichtfallenfänge 1990/91 (SCHÖLL & BECKER 1992).

Rhyacophila pascoei (ehemals am HR und OR):

Heute fehlen Nachweise dieser stark gefährdeten Art.

Rhyacophila tristis (ehemals massenhaft am HR, auch am OR):

Rezente Nachweise fehlen.

Glossosoma boltoni (= *G. vernalis*) (ehemals massenhaft am HR):
Heutige Nachweise fehlen.

Ithytrichia lamellaris (ehemals am HR und OR):
Heutige Nachweise dieser vom Aussterben bedrohten Art fehlen.

Chimarra marginata (ehemals massenhaft am HR, auch MR/ Ahrmündung):
Die Art gilt heute als ausgestorben.

Hydropsyche angustipennis (ehemals am OR, MR und NR):
Heutige Nachweise für die ehemals besiedelten Strombereiche fehlen weitgehend. Nur am südlichen Oberrhein konnten neuerdings Larven dieser Art nachgewiesen werden (SCHÖLL & BECKER 1992).

Hydropsyche pellucidula (ehemals am HR, OR, MR und NR):
Die ehemals häufigste Art unter den im Rhein vorkommenden Hydropsychiden bildet heute nur noch an HR und südlichen OR verbreitet stabile Populationen. Am nördlichen OR und MR kommt sie vereinzelt vor. Am NR fehlt diese Art.

Cheumatopsyche lepida (ehemals am HR, OR, MR, NR):
Die Art wurde von KOSTER & WINKLER (1985a) vom HR gemeldet, am südlichen OR wurde sie bei Basel und Breisach angetroffen (TITTIZER & SCHÖLL 1988). Nachweise dieser gefährdeten Art vom nördlichen OR, MR und NR fehlen.

Brachycentrus subnubilis (ehemals am HR und OR):
Heutige Nachweise der gefährdeten Art fehlen bis auf vereinzelte Imaginalnachweise aus Lichtfallenfängen 1990/91 an der Stauhaltung Kehl (SCHÖLL & BECKER 1992). Die Art gilt als Indikator für die Gewässergüteklasse II.

Oligoplectrum maculatum (ehemals am HR, OR und MR):
Rezente Nachweise der gefährdeten Art fehlen. Die Art gilt als Indikator für die Gewässergüteklasse I–II.

Micrasema setiferum (= *M. nigrum*) (ehemals massenhaft am HR):
Heutige Nachweise fehlen.

Chaetopteryx villosa (ehemals am HR, OR und MR):
KOSTER & WINKLER (1985a) nennen diese Art nur von einer Stelle am gesamten Hochrhein. Nachweise von OR und MR fehlen.

Silo piceus, S. pallipes (ehemals am HR und MR):
Heutige Nachweise fehlen. Beide Arten sind Indikatoren der Gewässergüte I–II.

Molanna angustata (ehemals am OR und NR):
Heutige Nachweise fehlen.

Die Chancen einer Wiederkehr bzw. einer weiteren Ausbreitung der genannten Arten sind unterschiedlich groß. Die Verbreitungsmöglichkeiten hängen davon ab, inwieweit die Arten heute noch in Restbeständen im Rhein oder seinen Zuflüssen und Randgewässern vorkommen.

Eine Verbesserung des ökologischen Zustands des Rheins wird zuerst eine Zunahme der Artenvielfalt zur Folge haben. Diejenigen der oben aufgeführten

Arten, welche in einzelnen Rheinabschnitten bereits heute schon vorkommen, werden sich relativ schnell ausbreiten können. Hierzu gehören die Flußkahnschnecke (Theodoxus fluviatilis), die Flußdeckelschnecke (Viviparus viviparus), die Eintagsfliegenart Potamanthus luteus sowie die Köcherfliegenarten Hydropsyche pellucidula und Cheumatopsyche lepida.

Für eine weitere Artengruppe existieren Zuwanderungsmöglichkeiten aus den Auengewässern und anderen Randgewässern bzw. aus den Zuflüssen des Rheins. So besteht z.B. für die Muschel Unio crassus die Zuwanderungsmöglichkeit aus der Mosel und aus dem Main. Die vom Aussterben bedrohte Muschel Sphaerium solidum überdauerte wohl die Zeiten stärkster Abwasserbelastung in den Altarmsystemen des Rheins, von wo aus eine Wiederbesiedlung erfolgen könnte. Eine relativ schnelle Verbreitung der Großmuscheln wird dadurch ermöglicht, daß deren Larven sich an Fischen anheften und so rasch größere Areale besiedeln können. Die Kleinmuscheln dagegen, wie z.B. die Kugelmuscheln (Sphaerium sp.), sind lebendgebährend und weitgehend ortsgebunden. Dennoch ist auch bei deren Vertretern eine langsame Vergößerung ihrer Verbreitungsareale möglich (NESEMANN 1986).

Für das erneute Auftreten der aus dem Rhein verschwundenen potamalen Insektenarten spielen wohl Rheinzuflüsse eine große Rolle. Eine detaillierte Beurteilung der Möglichkeiten der Neubesiedlung des Rheins setzt die genaue Kenntnis der Wirbellosenfauna der Zuflüsse, vor allem der weitgehend unbelasteten Zuflüsse voraus. Hierzu sind jedoch aus der Literatur nur unzureichende Angaben bekannt. Die Ergebnisse der Arbeitsgruppe Angewandte Limnologie Konstanz, welche diesbezüglich das Regenerationspotential der Zuflüsse des Hochrheins und des südlichen Oberrheins untersucht, bleiben abzuwarten. Als Beispiel für ein derartiges Regenerationspotential seien die Eintagsfliegenart Caenis horaria (= C. dimidiata) und die Köcherfliegenarten Rhyacophila nubila und Hydropsyche pellucidula genannt, ehemals am Niederrhein bzw. Mittelrhein verbreitet, welche von GELLERT (1987) in der Sieg angetroffen wurden. Durch dieses vorhandene Artenpotential ist eine Wiederbesiedlung dieser Arten möglich.

Kritisch zu beurteilen bleiben die Chancen zur Wiederkehr der als ausgestorben geltenden oder der vom Aussterben bedrohten Arten, welche durch die gewaltige Gewässerverschmutzung und/oder durch dauerhafte Veränderungen der morphologischen und hydrologischen Verhältnisse und aus Rhein Zuflüssen verschwunden sind. Hierzu gehören die Eintagsfliegen Prosopistoma foliaceum und Palingenia longicauda, die Köcherfliege Chimarra marginata und die Steinfliegen Brachyptera trifasciata, Isogenus nubeluca und Isoperla obscura. Es fehlen Kenntnisse bezüglich Restvorkommen dieser potamalen Insektenarten, von denen aus eine Rückbesiedlung erfolgen könnte. Dennoch wird ein Wiederauftreten dieser Arten nicht gänzlich ausgeschlossen. So besiedelt auch heute wieder die ehemals als ausgestorben oder verschollen geltende Eintagsfliegenart Ephoron virgo weite

Abschnitte des Rheins. Neuere Funde am Rhein und Main weisen auf ein beachtliches Wiederbesiedlungsvermögen dieser Art hin.

8 Anlagen auf Diskette

8.1 Erläuterung zu den Disketten

Die Disketten sind für IBM-kompatible PCs mit einer Speicherkapazität von 1.44 MB formatiert. Die Dateien *(disk1.zip, disk2.zip)* wurden mit dem Programm ZIP der Info-Zip-Gruppe komprimiert, weil andernfalls zur Speicherung der Daten 6 Disketten erforderlich gewesen wären. (Die Zip-Dateien, die mit diesem Programm erstellt wurden, können auch mit den Programmen PKZIP und PKUNZIP für DOS der Firma PKWARE gelesen werden.) Hier die entsprechende copyright notice von UNZIP (Info-ZIP):

> Note: The data of the *Anlagen* are packaged on these diskettes using Info-ZIP's compression utility. Info-Zip's software (ZIP, UNZIP and related utilities) is free and can be obtained as source code or executables from various bulletin board services and anonymous-ftp sites, including CompuServe's IBMPRO forum and ftp.uu.net:/pub/archiving/zip/*.

Die Programme ZIP und UNZIP der Info-ZIP-Gruppe sind sogenannte Freeware, d.h. die Programme dürfen weitergegeben werden, solange die Dokumentation ebenfalls weitergegeben wird (am besten als Archiv Datei *unz512x.zip*, auf Diskette 2 gespeichert). Für die Weitergabe dürfen nur ein geringer Betrag (für die Kosten des Mediums (CD-ROM, Disketten usw.) und eine geringe Kopiergebühr berechnet werden. Die jeweils aktuelle Version von ZIP und UNZIP mit Quellcode sind bei den in der copyright notice genannten Adressen und auch auf ftp-Servern in Deutschland frei erhältlich.

8.2 Installation der Dateien

Um die Dateien zu dekomprimieren, führen Sie bitte folgende Schritte aus:

1. Starten Sie DOS oder, wenn Sie bereits MS-Windows gestartet haben, öffnen Sie die MS-DOS-Eingabeaufforderung.
2. Am besten legen Sie für die Anlagen mit dem DOS Befehl `mkdir` ein eigenes Verzeichnis an (z.B. `mkdir anlagen`). Wechslen Sie mit dem DOS Befehl `cd` in das Verzeichnis, in das Sie die Daten ablegen möchten (z.B. `cd anlagen`).
3. Legen Sie Diskette 1 ein und geben Sie den Befehl `a:\unzip a:\disk1.zip` ein (bzw. `b:\unzip b:\disk1.zip`, wenn Ihr 3.5" Laufwerk auf `b:` liegt).
4. Legen Sie Diskette 2 ein und geben Sie den Befehl `a:\unzip a:\disk2.zip` ein (bzw. `b:\unzip b:\disk2.zip`, wenn Ihr 3.5" Laufwerk auf `b:` liegt).

Folgende Dateien befinden sich nun in dem von Ihnen gewählten Verzeichnis (bzw. in dem Verzeichnis *anlagen*) auf ihrer Festplatte:

ab_*_.tif*	Unter diesen Namen sind die Abbildungen III–1.1 (*ab_1_1.tif*) bis III–22.4 (*ab_22_4.tif*) im TIFF-Format (5.0 compressed) abgelegt. Die Graphiken können mit den meisten graphikfähigen Textverarbeitungsprogrammen oder mit speziellen Graphikprogrammen eingelesen und weiterverarbeitet (bzw. ausgedruckt) werden.
anlagen.doc	Deckblätter und Inhaltsverzeichnis der Anlagen im Format Word für Windows (6 Seiten).
anl_1.doc	Anlage I im Format Word für Windows (12 Seiten).
anl_2.doc	Anlage II im Format Word für Windows (12 Seiten).
anl_3.doc	Anlage III im Format Word für Windows (84 Seiten mit 179 Graphiken).
anl_4.doc	Anlage IV im Format Word für Windows (11 Seiten).
anl_5.doc	Anlage V.1–V.4 im Format Word für Windows (316 Seiten).
lit_v_*.doc	Filialdokumente für das Zentraldokument *anl_5.doc*.
anl_55.doc	Anlage V.5 im Format Word für Windows (238 Seiten).

8.3 Anlagenverzeichnis

V Literaturverzeichnis
V.1 Einführung in das Literaturverzeichnis
V.2 Literaturverzeichnis für den Teilbereich:
Aquatische Ökologie des Rheins
V.2.1 Chronologisches Literaturverzeichnis
V.2.2 Alphabetisches Literaturverzeichnis

V.3 Literaturverzeichnis für den Teilbereich:
Amphibisch-terrestrische Ökologie des Rheins
V.3.1 Chronologisches Literaturverzeichnis
V.3.2 Alphabetisches Literaturverzeichnis

V.4 Literaturverzeichnis für den Teilbereich:
Stoffliche Einflüsse auf das Rheinökosystem
V.4.1 Chronologisches Literaturverzeichnis
V.4.2 Alphabetisches Literaturverzeichnis

V.5 Gesamtliteraturverzeichnis
V.5.1 Chronologisches Literaturverzeichnis
V.5.2 Alphabetisches Literaturverzeichnis

9 Glossar

Abbau[1] — Zerlegung einer organischen Verbindung in einfachere Bestandteile (Metabolite) durch physikalisch-chemische Einwirkungen (z.B. photolytischer Abbau durch Licht) und/oder biologische Aktivität (z.B. biologischer Abbau durch *Destruenten*). *Anmerkung:* Man unterscheidet: a) Primärabbau, durch den der Stoff durch Zerlegung in einfachere Bestandteile bestimmte charakteristische Eigenschaften (Identität, Aktivität) verliert. b) Endabbau, vollständiger Abbau zu thermodynamisch stabilen anorganischen Produkten, z.B. Kohlendioxid und Wasser.

Abfluß[2] — a) allgemein: Unter dem Einfluß der Schwerkraft auf und unter der Landoberfläche sich bewegendes Wasser.
b) Quantitativ: Wasservolumen aus einem Einzugsgebiet, das den Abflußquerschnitt in der Zeiteinheit durchfließt.
Zeichen: Q. Einheiten: m^3/s, l/s.

abiotisch[1] — Ökologisch wirksame Einflußgrößen der unbelebten Umwelt bezeichnend (z.B. Temperatur, Strömung).

Abundanz — Anzahl der Individuen einer Art in einem Biotop, bezogen auf eine Flächen- oder Volumeneinheit.

allochton[1] — Stoffe und Organismen bezeichnend, die nicht am Ort ihres Vorkommens entstanden sind.

AOS — Adsorbable Organic Sulfur: adsorbierbare organische Halogenverbindungen. Summenparameter, der die Mehrzahl organischer Schwefelverbindungen im Gewässer erfaßt (μg/l).

AOX — Adsorbable Organic Halogen (Chlor [Cl], Brom [Br] oder Jod [J]: adsorbierbare organische Halogenverbindungen. Summenparameter, der die Mehrzahl organischer Halogenverbindungen im Gewässer erfaßt (μg/l).

Artendichte — auch: Arten*abundanz*: Anzahl der Arten pro Flächen- oder Volumeneinheit.

[1]Definition nach DIN 4049 Teil 2 (April 1990)

[2]Definition nach DIN 4049 Teil 1 (September 1979)

Äschenregion[1]	Abschnitt eines Fließgewässers unterhalb der *Forellenregion* und oberhalb der *Barbenregion. Anmerkung:* Fließgeschwindigkeit und Sauerstoffgehalt des Wassers sind geringer als in der Forellenregion, das Gewässerbett ist kiesig/sandig.
Aufwuchs[1]	An eine feste Unterlage gebundene Mikroorganismen. *Anmerkung:* Hierzu zählen festsitzende (sessile) und auch bewegliche (vagile) Formen, die zwischen den festsitzenden Organismen leben.
autochton[1]	Stoffe und Organismen bezeichnend, die am Ort ihres Vorkommens entstanden sind.
Autökologie	Teilgebiet der Ökologie, das die Anpassung der einzelnen Art an die biotischen und abiotischen Umweltfaktoren untersucht.
autotroph[1]	Die Ernährungsweise derjenigen pflanzlichen Organismen bezeichnend, die ausschließlich aus anorganischen und organischen Stoffen Körpersubstanz und Energie durch *Photosynthese* oder *Chemosynthese* selbst erzeugen.
Barbenregion[1]	Abschnitt eines Fließgewässers unterhalb der *Äschenregion* und oberhalb der *Bleiregion. Anmerkung:* Größere Schwankungen der Wassertemperatur und des Sauerstoffgehaltes als in der *Salmonidenregion*, das Gewässerbett ist sandig.
BCF	Biokonzentrationsfaktor: beschreibt den Anreichungsgrad eines Stoffes in einem Wasserorganismus oder seinem Gewebe gegenüber der Wasserphase (vgl. *Bioakkumulation*).
Belastungsstoff[1]	Stoff, der aufgrund seiner Konzentration die *Gewässergüte* nachteilig verändert.
Benthos	Lebensgemeinschaft des Lebensraums im Bereich des Gewässerbettes.
BG	Bestimmungsgrenze: untere Grenze des Beobachtungsbereiches; Grenze, bis zu der die Labors mit einem vorhersehbaren analytischen Fehler von 20-30 % arbeiten können (DK 1987a).
Bioakkumulation	Anreicherung von Stoffen in lebenden Organismen aus der Umwelt (vgl. *BCF*).
Biomasse[1]	Gesamtheit der Organismen in einem System, die sich je nach Fragestellung durch verschiedene Verfahren bestimmen läßt (z.B. Bestimmung der Trockenmasse).
Biotest[1]	Biologisches Verfahren, bei dem die hemmende oder fördernde Wirkung von Stoffen auf Organismen oder Biozönosen unter definierten Bedingungen festgestellt und quantifiziert wird.
biotisch[1]	Ökologisch wirksame Einflußgrößen der belebten Umwelt bezeichnend (z.B. Nahrungsmangel, Parasitismus).
Biotop	Lebensraum einer Biozönose.

Biozönose[1]	Lebensgemeinschaft verschiedenartiger Pflanzen und Tiere in einem Biotop, die durch gegenseitige Abhängigkeit und Beeinflussung bedingt ist.
Bleiregion[1] (auch Brachsen- oder Brassenregion)	Abschnitt eines Fließgewässers unterhalb der *Barbenregion* und oberhalb der *Kaulbarsch-Flunder-Region. Anmerkung:* Die Fließgeschwindigkeit ist gering, das Gewässerbett ist sandig/schlammig.
BSB	Biochemischer Sauerstoffbedarf: die Menge an Sauerstoff, die Wasserlebewesen (Bakterien) zum Abbau organischer Substanz („biologisch abbaubare Stoffe“) im Wasser benötigen (vgl. *BSB_5*).
BSB_5	Biochemischer Sauerstoffbedarf in 5 Tagen: Maßzahl für die Menge an Sauerstoff (mg/l O_2), die Bakterien zum Abbau organischer Substanz („biologisch abbaubare Stoffe“) im Zeitraum von 5 Tagen bei einer Versuchstemperatur von 20 °C benötigen (vgl. *BSB*).
Chemosynthese	Aufbau von Kohlenhydraten aus Kohlendioxid bei *autotrophen* Organismen ohne Nutzung des Lichts.
CSB	Chemischer Sauerstoffbedarf: Maßzahl für die Menge an Kaliumdichromat- (oder Kaliumpermanganat-) Sauerstoff (mg O_2/l), die zur Oxidation chemisch oxidierbarer Stoffe (Summe der biologisch abbaubaren + nicht abbaubaren Stoffe) im Wasser benötigt wird.
Cyprinidenregion[1]	Zusammenfassung der *Barbenregion* und der *Bleiregion*.
Denitrifikation	Reduktion oxidierter Stickstoffverbindungen durch bestimmte Bakterien zu gasförmigem Stickstoff oder Ammonium (vgl. *Nitrifikation*).
Detritus	Schwebe- und Sinkstoffe im Gewässer aus zerfallendem und verwesendem tierlichen und pflanzlichen Material einschließlich der mineralischen Sinkstoffe.
Destruenten	Bakterien und Pilze, die organische Stoffe bis zu anorganischen Stoffen abbauen.
Diversität	Artenmannigfaltigkeit, Bezeichnung für die Vielfalt in *Biozönosen*. Diese läßt sich nach den *Artendichten* und nach der Einheitlichkeit der Individuendichten beurteilen und nach verschiedenen Formeln annähernd berechnen (z.B. anhand der Shannon-Weaver-Formel).
DOC	Dissolved Organic Carbon (gelöster organisch gebundener Kohlenstoff): Maßzahl für den Gehalt im Wasser gelöster organischer Stoffe (g/l Kohlenstoff).

EGW	Einwohnergleichwert: Bemessungsgröße für Abwässer, die auf dem Biochemischen Sauerstoffbedarf in fünf Tagen basiert. 1 EGW entspricht der Menge an Sauerstoff, die zur Oxidation der biologisch abbaubaren Abwasserinhaltsstoffe gebraucht wird, die ein Einwohner während *eines* Tages hervorruft. Diese Menge wird zur Zeit mit 60 g Sauerstoff pro Einwohner und Tag angegeben (vgl. *BSB_5*).
Emission[1]	Abgabe von Stoffen und Energie in ein Gewässer (vgl. *Immission*).
euryök[1]	Organismen bezeichnend, die durch einen weiten Toleranzbereich gegenüber den verschiedenen Einflußgrößen ihres Lebensraumes charakterisiert sind (vgl. *stenök*).
Eutrophierung[1]	Verstärkte *Trophie* im Gewässer, die durch gesteigerte Verfügbarkeit und Ausnutzung von Nährstoffen bewirkt wird.
Exposition	Ausgesetztsein von Organismen und Biozönosen gegenüber spezifischen Umwelteinflüssen (z.B. Schadstoffe).
Feststoffe[2]	Feste Stoffe, die vom Wasser fortbewegt oder abgelagert werden, ausschließlich Eis.
Fischzonen	Abschnitte in Fließgewässern mit charakteristischen Vertretern der Fischfauna (vgl. Fließgewässer-Biozönosen).
Fließgewässer-Biozönosen	In Mitteleuropa werden die Regionen eines Flusses nach dem Überwiegen charakteristischer Fischarten benannt. Der an die Quelle (*Krenal*) anschließende oberste Abschnitt bildet die *Forellenregion* (Salmo trutta fario), ihm schließen sich in Richtung zur Mündung hin die *Äschenregion* (Thymallus thymallus), die *Barbenregion* (Barbus fluviatilis), die *Bleiregion* (Abramis brama) und im Brackwassermündungsgebiet die *Kaulbarschregion* (Acerina cernula) an. Die Forellen-(Epirhithral) und die Äschenregion werden als Salmoniden- oder Bergbachregion (vgl. Rhitral) zusammengefaßt, die 3 übrigen als *Cypriniden-* oder *Flußregion* (vgl. *Potamal*).
Forellenregion[1]	Oberster Abschnitt eines Fließgewässers bis zur *Äschenregion*. *Anmerkung:* Das Wasser ist schnellfließend, kalt und hat einen hohen Sauerstoffgehalt, das Gewässerbett ist steinig/kiesig.
Geschiebe[2]	Feststoffe, die an der *Gewässersohle* bewegt werden.
Gewässerbelastung[1]	Einwirkung auf den Gewässerzustand durch nachteilige Faktoren, z.B. Belastungsstoffe, Schadstoffe. *Anmerkung:* Die einwirkenden Faktoren können geogenen, biogenen oder anthropogenen Ursprungs sein. Übermäßige Gewässerbelastungen können zur *Gewässerschädigung* führen.
Gewässergüte[1]	Nach vorgegebenen Kriterien bewertete Gewässerbeschaffenheit. *Anmerkung:* Solche Kriterien sind z.B. Schutzziele, Nutzungsansprüche.

Gewässerschädigung[1]	Nachteilige Veränderung des Gewässerzustandes, die das Ökosystem nachteilig beeinträchtigt oder die Möglichkeiten zur Gewässernutzung einschränkt.
Gewässersohle[2]	Teil des Gewässerbettes zwischen den beiden Ufern.
Gewässer-verunreinigung[1]	Vorgang und sein Ergebnis, bei dem Stoffe oder Gegenstände in das Gewässer gelangen oder dort entstehen, so daß die Möglichkeiten zur Gewässernutzung beeinträchtigt werden. *Anmerkung:* Gewässerverunreinigung durch radioaktive Stoffe oder Krankheitserreger: Kontamination.
Hartflora[1]	Fischereibiologischer Sammelbegriff für emerse (= über die Wasseroberfläche hinausragende Makrophyten, z.B. Schilf und Binsen (vgl. *Weichflora*).
HCB	Hexachlorbenzol: Substanz, die unter anderem als Fungizid (Mittel gegen Pilze), als Beizmittel und als Weichmacher verwendet wird.
HCH	Hexachlorcyclohexan: Pestizid-Wirkstoff mit hoher Fischgiftigkeit.
HOV	Sammelbezeichnung für halogenorganische Verbindungen.
Huminsäuren	Saure Zersetzungsprodukte, die im Boden durch chemische Reaktionen und biologische Prozesse aus abgestorbenem, vornehmlich pflanzlichem Material entstehen.
Immission[1]	Stoffe und Energie, die aus vorhergehenden Emissionen und auf natürliche Weise in das Gewässer gelangt sind (vgl. *Emission*).
Indikatororganismen[1]	Organismen, die aufgrund ihrer artspezifischen Umweltansprüche durch ihr Vorhandensein, insbesondere bei zahlreichem Auftreten, Rückschlüsse auf bestimmte Umweltbedingungen zulassen, z.B. hinsichtlich des *Saprobiegrades* oder der *Salinität.*
Kaulbarsch-Flunder-Region	Abschnitt eines Fließgewässers unterhalb der *Bleiregion* im Brackwasser (Mischung von Meerwasser und Süßwasser).
Kombinationswirkung	Wirkung durch gleichzeitiges (synchrones) oder aufeinanderfolgendes (sukzessives) Einwirken zweier oder mehrerer abiotischer Umweltfaktoren (z.B. Stoffe, Stoff + Temperatur). Man unterscheidet im Hinblick auf die K. von Stoffen: additive Wirkung (die Wirkung entspricht der Summe der Wirkungen der Einzelsubstanzen), synergistische Wirkung (die Wirkung der Stoffkombination ist stärker, als es die Addition der Einzelwirkungen erwarten läßt) und antagonistische Wirkung (die Gesamtwirkung ist geringer als es aufgrund der Einzelwirkungen zu erwarten wäre.
Konsumenten[1]	*Heterotrophe* Organismen, die andere Organismen oder Teile davon als Nahrung aufnehmen.
Korngröße[2]	experimentell ermittelter Durchmesser der Bodenteilchen. *Anmerkung:* z.B. durch Sieben oder Sedimentieren.
Krenal[1]	Quellbereich eines Fließgewässers.

Krenon[1]	Biozönose des *Krenals*.
LC_{50}	Konzentration eines Schadstoffes (Schadstoffgemisches), bei der 50 % der Testorganismen innerhalb eines gegebenen Zeitraums getötet werden.
limnophile Organismen[1]	Lebewesen, die bevorzugt in Gewässerbereichen mit geringer oder fehlender Strömung leben.
lithophile Organismen	Lebewesen, die im Gewässer bevorzugt an Steinen und anderen Festsubstraten leben.
Makrophyten[1]	Wasserpflanzen, die makroskopisch als Individuen erkennbar sind. *Anmerkung:* Aquatische Makrophyten werden als submers bezeichnet, wenn sie ganz unter der Wasseroberfläche leben. Über die Wasseroberfläche hinausragende Pflanzen werden als emers bezeichnet.
MBAS	Methylenblauaktive Substanzen, Bestimmungsmethode/Maßzahl, die anionische Tenside (aber auch andere Stoffe) im Wasser erfaßt.
Meßstation	Stationäre Einrichtung zur Messung und Registrierung von *Parametern* der Gewässerbeschaffenheit und der *Wasserbeschaffenheit*.
Meßstelle	Lagemäßig festgelegte Stelle zur Messung und Registrierung von *Parametern* der *Wasserbeschaffenheit* an einem oder mehreren Meßpunkten.
MHQ	Mittlerer Hochwasser-Abfluß (m^3/l), vgl. *Abfluß*.
MNQ	Mittlerer Niedrigwasser-Abfluß (m^3/l), vgl. *Abfluß*.
MQ	Mittlerer Abfluß (m^3/l), vgl. *Abfluß*.
Nahrungskette[1]	Modellvorstellung über die Beziehung von Organismen verschiedener trophischer Ebenen, wobei eine *heterotrophe* Art zugleich als *Konsument* und als Nahrungsgrundlage anderer Arten auftritt. *Anmerkung:* Eine einfache Nahrungskette ist z.B. Alge, Wasserfloh, Fisch.
Nekton[1]	Tiere des *Pelagials*, die zu zielgerichteten Ortsveränderungen größeren Ausmaßes befähigt sind, z.B. Fische.
Nitrifikation	Oxidation von Ammonium zu Nitrit und Nitrat durch bestimmte Bakterien (Nitrifikanten).
NOEC	No Observed Effect Concentration: die höchste geprüfte Konzentration der Prüfsubstanz, bei der in einem längerfristigen Test weder eine letale Wirkung auf die Elterntiere noch eine Verminderung der Reproduktionsrate, eine Verzögerung des ersten Auftretens von Nachkommen oder eine nachteilige Veränderung eines anderen biologisch relevanten Parameters im Vergleich zur Kontrolle auftritt. (BLAK QZ 1990a)
Ökologie	Wissenschaft von den Beziehungen der Organismen untereinander und mit ihrer Umwelt.

ökologische Nische	Modellvorstellung zur Gesamtheit der Beziehungen zwischen einer Art und den abiotischen und biotischen Umweltfaktoren. Eine ö. N. ist nicht als ein abgegrenzter Raum zu verstehen, der besetzt oder aufgegeben wird, sondern als ein Beziehungsgefüge, das im Verlauf der Evolution einer Art in Anpassung an ihre Umwelt aufgebaut wurde.
Ökosystem[1]	Funktionelle Einheit aus *Biozönose* und *Biotop*, gekennzeichnet durch stoffliche, energetische und informatorische Wechselwirkungen zwischen den Organismen untereinander und ihrer Umwelt.
Ökosystemforschung (auch Ökosystemanalyse)	Untersuchung von *Ökosystemen* auf Arteninventar, Siedlungsdichte, Biomasse der Organismen und Interaktionen. Ermittlung von Funktion und Leistung einzelner Komponenten sowie der Funktionszusammenhänge.
Ökotoxikologie	In Anlehnung an Ernst Haeckel, der für die Wissenschaft von den Beziehungen der Organismen untereinander und mit ihrer Umwelt im Jahre 1866 das Wort *Ökologie* schuf, nennt René Truhaut den Wissenschaftszweig, der sich mit toxikologischen Untersuchungen innerhalb dieses Wirkungsgefüges befaßt, Ökotoxikologie (TRUHAUT 1975, 1977).
Ökotoxizität[1]	Toxizität in bezug auf Organismen (z.B. Fisch: Fischtoxizität) und *Biozönosen* unter Ausklammerung der Schadwirkung auf den Menschen (Humantoxizität).
Parameter	Nach bestimmten Verfahren feststellbare Kenngröße zur Beschreibung von Eigenschaften des Gewässers.
Pelagial	Freiwasserraum eines Gewässers.
pelophile Organismen	Lebewesen, die bevorzugt in Gewässerbereichen mit schlammigen Substraten leben.
Pelos	Lebensgemeinschaft des schlammigen Grundes in Gewässern und semiterrestrischen Lebensräumen.
Persistenz[1]	Weitgehende Beständigkeit der Struktur einer chemischen Verbindung, z.B. gegen mikrobiellen Abbau, photochemische Oxidation oder Hydrolyse unter Umweltbedingungen.
Photosynthese[1]	Aufbau von Kohlenhydraten aus Kohlendioxid und Wasser (Wasser wird im Sinn der DIN-Norm als Sammelbezeichnung für alle in der Natur vorkommende Arten von Wasser einschließlich aller darin gelösten, emulgierten und suspendierten Stoffe und Mikroorganismen verstanden) bei *autotrophen* chlorophyllhaltigen Pflanzen mit Hilfe des Lichts. *Anmerkung:* Hierbei wird molekularar Sauerstoff freigesetzt.
Plankton[1]	Die im *Pelagial* schwebenden Pflanzen (Phytoplankton), Tiere (Zooplankton) und Bakterien (Bakterioplankton) mit fehlender oder geringer Eigenbewegung.

Population	Gesamtheit der Individuen einer Art in einem spezifischen Biotop, die in einer Fortpflanzungsgemeinschaft über mehrere bis viele Generationen miteinander verbunden sind.
Potamal[1]	Lebensraum in der sandig-schlammigen Region (Unterlauf) eines sommerwarmen Fließgewässers.
Potamon[1]	*Biozönose* des *Potamals*.
Primärproduktion[1]	Erzeugung von organischer Substanz durch *autotrophe* Organismen.
Produzenten	*Autotrophe* Organismen.
Psammon	Lebensgemeinschaft des sandigen Grundes in Gewässern, auch des Sandes in terrestrischen Lebensräumen (Lebensraum = Psammol).
psammophile Organismen	Lebewesen, die bevorzugt in Gewässerbereichen mit sandigen Substraten leben.
Q	Vgl. *Abfluß*.
rheophile Organismen[1]	Lebewesen in Fließgewässern mit speziellen Anpassungen an das Leben im Strömungsbereich.
Rhithron	Lebensgemeinschaft der Bachregion eines Fließgewässers.
Salinität[1]	Maß für den Gehalt an gelösten Salzen in Salzwasser und Meerwasser, hauptsächlich Natriumchlorid.
Salmonidenregion[1]	Zusammenfassung der *Forellenregion* und der *Äschenregion*.
Saprobie[1]	Intensität des biologischen *Abbaus*.
Saprobiebereich[1] (auch Saprobiegrad)	Zustandsbereich im *Saprobiensystem*. *Anmerkung:* Auf der Grundlage der von der Saprobie abhängigen Indikatororganismen und charakteristischen Lebensgemeinschaften, die je nach ihrer Widerstandsfähigkeit gegen Verunreinigungen, speziell gegen Sauerstoffmangel und Fäulnisgifte, am Standort vorkommen, werden polysaprobe, alpha-mesosaprobe, beta-mesosaprobe und oligosaprobe Zustandsbereiche unterschieden.
Saprobien[1]	*Indikatororganismen*, die die unterschiedlichen *Saprobiebereiche* anzeigen, aber nicht notwendig *Saprobionten* sind; entsprechend ihrer Zuordnung werden unterschieden Oligosaprobier, Mesosaprobier und Polysaprobier.
Saprobiensystem[1]	Empirische Einteilung der *Saprobien*.
Saprobionten[1]	Heterotrophe, an Standorte mit faulenden Stoffen gebundene Organismen.
Schadstoff[1]	Stoff, der sich bereits in geringer Konzentration entweder selbst oder im Zusammenwirken mit anderen Stoffen oder durch seine Abbauprodukte auf die *Biozönose* des Gewässers oder auf die Gewässernutzung schädlich auswirken kann.
Schwebstoffe[2]	Feststoffe, die mit dem Wasser im Gleichgewicht stehen oder durch Turbulenz in Schwebe gehalten werden.

Schwebstoffgehalt[2]	Quotient aus der Masse der *Schwebstoffe* und dem Volumen des Wassers (mg/l, g/m³).
Seston[1]	Im Wasser schwebende Partikel. *Anmerkung:* Bioseston (z.B. Plankton), Abioseston (z.B. mineralische Trübstoffe).
stenök[1]	Organismen bezeichnend, die durch einen engen Toleranzbereich gegenüber den verschiedenen Einflußgrößen ihres Lebensraumes charakterisiert sind (vgl. *euryök*).
Stoffhaushalt[1]	Gesamtheit des in einem System vorhandenen Stoffbestandes und der in einer bestimmten Zeitspanne ablaufenden Stoffumsätze.
Stygal[1]	Gesamtsystem der unterirdischen aquatischen Lebensräume.
Stygobionten[1]	Speziell an die Lebensbedingungen im *Stygal* gebundene Grundwasserorganismen.
Stygon[1]	Lebensgemeinschaft des *Stygals*.
Synergismus	Vgl. *Kombinationswirkung*.
Synökologie	Teilgebiet der Ökologie, das die Beeinflussung der einzelnen Art durch das Zusammenleben mit anderen Organismen untersucht.
TOC	Total Organic Carbon (gesamter organisch gebundener Kohlenstoff): Maßzahl für den Gesamtgehalt organischer Stoffe (g/l Kohlenstoff).
Toxizität[1]	Fähigkeit eines Stoffes, aufgrund seiner chemischen Eigenschaft und Konzentration unter bestimmten Bedingungen auf Organismen oder Biozönosen schädigend zu wirken. *Anmerkung:* Akute toxische Wirkung: Die Schadwirkung tritt nach einmaliger oder kurzzeitiger Einwirkung (Applikation) des toxischen Stoffes ein. Chronische toxische Wirkung: Die Schadwirkung tritt nach mehrmaliger Einwirkung oder längerer Einwirkungszeit erst nach längerer Zeit, gegebenenfalls erst bei nachfolgenden Generationen ein (vgl. *Ökotoxizität*).
Toxizitätsmessung[1]	Quantifizierung einer Giftwirkung mit Hilfe eines *Biotests*.
Trophie[1]	Intensität der *Primärproduktion*.
Trophiegrad[1]	Zustandsbereich im Trophiesystem; unterschieden werden oligotroph (nährstoffarmer, schwachproduktiver Zustand) und eutroph (nährstoffreicher, starkproduktiver Zustand). *Anmerkung:* Extreme Trophiegrade werden als hyper- oder polytroph bezeichnet. Der Übergangsbereich zwischen oligotroph und eutroph wird als mesotroph bezeichnet.
trophische Ebenen[1]	Zusammenfassung von Funktionsträgern (*Produzenten*, *Konsumenten*, *Destruenten*) im *Ökosystem* entsprechend ihrer Nahrungsgrundlage in aufsteigender Reihe der *Nahrungskette*.

Untersuchungs-programm[2]	Festlegung der zur Beantwortung einer auf das Gewässer bezogenen Fragestellung erforderlichen Untersuchungen. *Anmerkung:* Es besteht aus: Zielsetzung, Festlegen von Meßstellennetz und Meßrogramm sowie Datenerfassung, Datenverarbeitung und Auswertung.
Wasserbeschaffenheit[1]	Durch physikalische, chemische und biologische Kenngrößen sowie beschreibende Begriffe wertneutral angegebene Eigenschaften des Wassers.
Wassergüte[1]	Nach vorgegebenen Kriterien bewertete *Wasserbeschaffenheit*. *Anmerkung:* Solche Kriterien sind z.B.: Schutzziele, Nutzungsansprüche.
Wasserinhaltsstoffe[1]	Bestandteile des Wassers, die im Wasser gelösten und ungelösten organischen und anorganischen Stoffe umfassend.
Wasserprobe[1]	Nach einem festgelegten Verfahren (Probenahme) einem Gewässer entnommenes Wasser zur Ermittlung von Kenngrößen der *Wasserbeschaffenheit*. *Anmerkung:* Solche Kriterien sind z.B. Schutzziele, Nutzungsansprüche.
Weichflora	Sammelbezeichnung für unter der Wasseroberfläche lebende *Makrophyten* (vgl. *Hartflora*).

10 Literaturverzeichnis

ADMIRAAL, W. & van der VLUGT, Jo C. (1988): High rates of denitrification in a storage reservoir fed with water of the river Rhine.– Arch. Hydrobiol. 113: 593–605.

ADMIRAAL, W. & van ZANTEN, B. & de RUYTER van STEVENICK, E.D. (1990): Biological and chemical processes in communities of bacteria, phytoplankton and zooplankton in the lower river Rhine.– In: KINZELBACH & FRIEDRICH, S. 151–160.

ALTHAUS, H. (1975): Sonderuntersuchungen auf einzelne definierte organische Schadstoffe. Organochlorpestizide, polycyclische Aromaten.– In: ARW, 32. Bericht: 46–55.

ALTNER, G. (1979): Wahrnehmung der Interessen der Natur – Bestimmung des Eigenrechts der Natur und Möglichkeiten, dieses im Zivilisationsprozeß zur Geltung zu bringen.– In: MEYER-ABICH, K.M. (Hrsg.): Frieden mit der Natur. Herder, Freiburg/ Br.: 112–130.

AMANN, E. (1975): Nahrungsumstellung und Zunahme der Barsche (Perca fluviatilis) im Bodensee-Obersee infolge der Eutrophierung.– Österr. Fisch. 28 (5/6): 72–76.

AMTHOR, C. & ZINK, J. (1895): Untersuchungen des Rheinwassers.– Mber. Ges. Förderung Wiss., Ackerbau, Künste im Unterelsaß 29: 24–30.

AMTMANN, E. (1963): Ein Waschbär am unteren Niederrhein in freier Wildbahn.– Säugetierkundl. Mitt. 11: 182–183.

ANGELETTI, G. & BJORSETH, A. (eds.) (1988): Organic Micropollutants in the Aquatic Environment.- Kluwer Acadamic Publishers, Dordrecht/Boston.

ANNA, H., GOERTZ, W. & ALBERTI, J. (1985): Konzeption und Aufbau einer zeitlich dichten Rheinüberwachung.– Vom Wasser 64: 93–105.

ANT, H. (1967): Dr. Ulrich Steusloffs Studien über rezente und fossile Pisidien des Rhein-Ruhr-Emscher-Lippe-Gebietes.– N. Jb. geol. Paläont. Mh. 3: 179-184.

ANT, H. (1969): Biologische Probleme der Verschmutzung und akuten Vergiftung von Fließgewässern, unter besonderer Berücksichtigung der Rheinvergiftung im Sommer 1969.– Schr.-R. Landschaftspfl. u. Naturschutz 4: 97–126.

Arbeitsgemeinschaft Umwelt Mainz (1972): Bestandsrückgang der Schneckenfauna des Rheins zwischen Straßburg und Koblenz.– Natur u. Museum 102 (6): 197–206.

Arge Rhein (Arbeitsgemeinschaft der Länder zur Reinhaltung des Rheins) (1968): Die Verunreinigung des Rheins und seiner wichtigsten Nebenflüsse in der Bundesrepublik Deutschland.– Denkschrift. Arge Rhein, Textheft: 22 S. + 21 Anl.

Arge Rhein (1971): Wärmelastplan Rhein. Aaremündung bis holländische Grenze.– Landesstelle f. Gewässerkunde u. wasserwirtschaftl. Planung Bad.-Württ., Wiesbaden: 22 S. + 8 Anl.

Arge Rhein (1976): Studie über die Reglementierung der Einleitung von Abwärme in ein fließendes Oberflächengewässer - dargelegt am Beispiel des Rheins.- Arbeitsgruppe „Wärmelastplan Rhein" der Arge Rhein und LfU, Inst. f. Wasser- u. Abfallwirtsch.: 14 S. + Anl.

ARNDT, U., NOBEL, W. & SCHWEIZER, B. (1987): Bioindikatoren: Möglichkeiten, Grenzen und neue Erkenntnisse.- Ulmer, Stuttgart: 388 S.

ARW (Arbeitsgemeinschaft Rhein-Wasserwerke) (1969ff.): Jahresberichte.- Düsseldorf.

ARW (1971): Überlegungen zum Zusammenhang zwischen Wasserführung und Fracht an gelösten organischen Stoffen.- In: ARW, 28. Bericht: 31–39.

ARW (1987): 44. Bericht. 30 Jahre ARW.- Düsseldorf: 233 S.

ARW (1988): 45. Bericht.- 231 S.

ASAL, K. (1959): Das Hochrheingebiet und der Bodensee.- Natur Landsch. 34 (11): 161–164.

AURAND, K., HERZEL, F., HOFFKEN, F., KOPPE, P., NIEMITZ, W. & SIEVERS, J.F. (1971): Untersuchungen über den Endosulfan-Gehalt im Rhein, Main und in Uferfiltraten (Juni 1969 - Februar 1970).- GWF Wasser/Abwasser 112: 445–447.

AURAND, K. & SPAANDER, J. (Hrsg.) (1980): Reinhaltung des Wassers.- Erich Schmidt Verlag, Berlin.

AWBR (Arbeitsgemeinschaft Wasserwerke Bodensee-Rhein) (1969ff.): Jahresberichte.- Karlsruhe.

BACH, M. (1844): Systematisches Verzeichnis der bis jetzt bei Boppard, Trier und einigen anderen Orten der preussischen Rheinlande aufgefundenen Mollusken.- Verh. naturhist. Ver. preuß. Rheinl. u. Westf. 1: 13–16.

BÄCHLE, H. (1981): Verunreinigungen von Grundwasser durch leichtflüchtige Chlorkohlenwasserstoffe im Einzugsbereich der Wasserwerke Seckenheim und Rheinau.- WaBoLu-Ber. 3/1981: 75–84.

BACHMANN, W. & FLEISCHER, L. (1925): Über die Veränderung des Rheinwassers durch die Düsseldorfer Abwässer.- Gesundh.-Ing. 48 (43): 549–552.

BACKHAUS, D. & KEMBALL, A. (1978): Gewässergüteverhältnisse und Phytoplanktonentwicklung im Hochrhein, Oberrhein und Neckar.- Arch. Hydrobiol. 82: 166–206.

BACKHAUS, D. & KRAUSE, W. (1974): Beiträge zur Algenflora des Taubergießengebietes.- In: LNL, S. 177–179.

BALDNER, L. (1666): Vogel-, Fisch- und Thierbuch.- Straßburg. Faksimile Druck 1974, Müller u. Schindler, Stuttgart.

BANAT, K., FÖRSTNER, U. & MÜLLER, G. (1972a): Schwermetallanreicherungen in den Sedimenten wichtiger Flüsse im Bereich der Bundesrepublik Deutschland.- Interner Bericht. Inst. f. Sedimentforsch., Univ. Heidelberg: 230 S.

BANAT, K., FÖRSTNER, U. & MÜLLER, G. (1972b): Schwermetalle in den Sedimenten des Rheins.- Umschau 72: 192–193.

BANAT, K., FÖRSTNER, U. & MÜLLER, G. (1972c): Schwermetalle in Sedimenten von Donau, Rhein, Ems, Weser und Elbe im Bereich der Bundesrepublik Deutschland.- Naturwiss. 59: 525–528.

BANDT, H.J. (1958): Phenolabwässer und Abwasserphenole, ihre Entstehung, Schadwirkung und abwassertechnische Behandlung.- Akademie Verlag, Berlin.

BARSCH, D. (1968): Das Hochrheingebiet und das Problem der Hochrheinschiffahrt.- Jb. Schutz Alpenpfl. -tiere 33: 29–67.

BASF (1977): Gewässerschutz am Rhein.– Verlag Wissenschaft und Politik, Köln: 175 S.
BAUER, F.W. (1951): Die Überführung der badischen Auenwaldungen in Hochwald.– Verlag der Landesforstverwaltung, Freiburg/Br.: 138 S.
BAUMEISTER, R. (1903): Gutachten über Wasserspülaborte und Schwemmsystem in Heidelberg.– J. Hörning, Heidelberg: 19 S.
BECK, H. (1957): Ölverschmutzung am Bodensee.– VDG Mitt. 3/4: 12–14.
BEHNING, A. (1928): Das Leben der Wolga.– In: THIENEMANN, A. (Hrsg.): Die Binnengewässer V. Stuttgart.
BENISCH, J. (1954): Das augenblickliche biologische Bild des Rheines auf der Strecke von Honnef bis Emmerich, dargestellt aufgrund einer Rheinuntersuchung im Oktober 1953.– Vom Wasser 21: 33–83.
BENSING, W. (1958): Der Rhein als Vorfluter.– Ber. Abwassertech. Verein. 9: 120–132.
BENSING, W. (1964): Gewässerkundliche Einflüsse auf Ölverschmutzungen des Bodensees.– GWF Wasser/Abwasser 105: 826.
BERG, R. (1987): Zur Situation des Fischbestandes im Rhein im Bereich zwischen Schaffhausen und Mannheim.– LfU, Inst. f. Seenforsch. u. Fischereiwesen, Langenargen: 36 S.
BERG, R.; STRUBELT, T. & BLANK, S. (1989): Fische in Baden-Württemberg. Ergebnisse einer landesweiten Fischartenkartierung.– Ministerium für Ernährung, Landwirtschaft und Forsten Baden-Würrtemberg, Stuttgart.
BERGMANN, H. & HELLMANN, H. (1980): Beobachtungen einer Schadstoff (Endosulfan-) Welle im Rhein unter Einsatz eines automatischen Probenehmers.– Dt. Gewässerk. Mitt. 24: 31-32.
BERTH, P., GERIKE, P., GODE, P. & STEBER, J. (1988): Zur ökologischen Bewertung technisch wichtiger Tenside.– Tenside, Detergents 25 (2): 108–115.
BETTAG, E. (1973): Verschollene oder bedrohte Lepidopteren der Auwaldlandschaft.– Pfälzer Heimat 24 (1): 13–14.
BEYER, M., PETZOLD, S., PRANGE, A. & WILKEN, R.-D. (Hrsg.) (1990): 3. Magdeburger Gewässerschutzseminar. Zur Belastung der Elbe.- Bericht. Tagung 28.-30.11.1990, Magdeburg. GKSS-Forschungszentrum Geesthacht: 342 S.
BFANL (Bundesforschungsanstalt für Naturschutz und Landschaftsökologie) (1980): Vegetationskundlich, Gewässerkundlich und Avifaunistisch vorrangig erhaltenswerte Flächen der badischen Rheinaue.– Bonn: 70 S.
BFANL (1988): Hochwasserschutzmaßnahmen am Oberrhein im Raum Breisach zur Prüfung der Umweltverträglichkeit.– Bonn: 148 S.
BfG (Bundesanstalt für Gewässerkunde) (1976): Untersuchungen über Wasserstände, Abflussverhältnisse und Geschiebefrachten des Oberrheins im Abschnitt Gambsheim-Maxau mit Schätzung der zu erwartenden Erosion unterhalb der Staustufe Iffezheim.– Nr. 10, unveröff.
BfG (1985): Untersuchung der Abfluss- und Geschiebeverhältnisse des Rheins.– Zusammenfassender Bericht über den Stand der Untersuchungen im November 1985 für die Rheinsohlenstabilisierung/Geschiebezugabe.
BfG (1994): Zur Ermittlung von jährlichen Stofffrachten in großen Fließgewässern am Beispiel der IKSR-Zahlentafeln 1991.- BfG-0827: 1-15 + Anhang.

BFVNL (Bundesforschungsanstalt für Vegetationskunde, Naturschutz und Landschaftspflege) (1975): Ermittlung und Untersuchung der schutzwürdigen und naturnahen Bereiche entlang des Rheins.- Rhein. Landsch., H. 11: 163 S.

BICK, H., HANSMEYER, K.-H., OLSCHOWY, G. & SCHMOOCK, P. (Hrsg.): Angewandte Ökologie. Mensch und Umwelt.- Bd. I, II. G. Fischer, Stuttgart.

BINNEMANN, P. (1988): Der Brand bei Sandoz. Ablauf, Ergebnisse, Folgen.- GIT, Suppl. 2: 54–63.

BINNEMANN, P., SANDMEYER, U. & SCHMUCK, E. (1983): Gehalte an Schwermetallen, Organochlorpesticiden, PCB und flüchtigen Organohalogenverbindungen in Fischen des Hochrheins, Oberrheins und Bodensees.- Z. Lebensmittel-Unters. -Forsch. 176: 253–261.

BIRNBACHER, D. (1979): Was kann Verantwortung für die Natur heißen? - In: MEYER-ABICH, K.M. (Hrsg.): Frieden mit der Natur. Herder, Freiburg/Br.: 91-111.

BIRNBACHER, D. (Hrsg.) 1980): Ökologie und Ethik.- Reclam, Stuttgart: 252 S.

BIRNBACHER, D. (1984): Natur und Landschaft für den Menschen schützen.- In: BICK, H. et al., Bd. II, S. 306–309.

BITZ, A. (1979): Verbreitung der Brutvogelarten Rheinhessens 1979.- Ber. Arbeitskreise Ges. Naturschutz Ornithol. Rheinl.-Pf., Landau. GNOR, H. 2: 2–90.

BLAB, J. (1979): Die Amphibienfauna des Bonner Raumes.- Rhein. Landsch., H. 16: 11–13.

BLAB, J., NOWAK, E., TRAUTMANN, W. & SUKOPP, H. (1984): Rote Liste der gefährdeten Tiere und Pflanzen in der Bundesrepublik Deutschland. 4. Aufl.- Kilda-Verlag, Greven: 270 S.

BLAK QZ (Bund/Länder-Arbeitskreis „Gefährliche Stoffe - Qualitätsziele für oberirdische Gewässer") (1989): Konzeption zur Ableitung von Qualitätszielen zum Schutz oberirdischer Binnengewässer vor gefährlichen Stoffen.- WA I 3 - 523 000/12. Stand 10.10.1989. BMU, Bonn: 63 S.

BLAK QZ (1990a): Ableitung von Qualitätszielen zum Schutz oberirdischer Binnengewässer für die Schwermetalle Blei, Cadmium, Chrom, Kupfer, Nickel, Quecksilber und Zink.- Stand 15.03.1990. Umweltbundesamt, Berlin: 106 S.

BLAK QZ (1990b): Qualitätsziele für ausgewählte gefährliche Stoffe. Grundlagen für ihre Bewertung.- [Konzeption, Qualitätsziele, Datenblätter.] Stand: Juni 1990. Umweltbundesamt, Berlin.

BLASIUS, R., BÜSING, F.W., GERSON, G.H., RICHTER, E., VOGEL, J.H., WEHMER, WERNICH & WEYL, Th. (1897): Die Städtereinigung.- WEYL, Th. (Hrsg.): Handbuch der Hygiene. Bd. II. G. Fischer, Jena.

BLAUFUSS, A.; NIEHUIS, M. & SCHNEIDER, W. (1981): Zur Bedeutung des geplanten Naturschutz-Gebietes 'Unteres Nahetal'.- Naturschutz Ornith. Rheinl.-Pf. 2 (1): 10–60.

BLESS, R.(1978): Bestandsänderungen der Fischfauna in der Bundesrepublik. Ursachen, Zustand und Schutzmaßnahmen.- Naturschutz Aktuell 2: 66 S.

BLESS, R. (1981a): Beobachtungen zur Muschelfauna des Rheins zwischen Köln und Koblenz.- Decheniana 134: 234–243.

BLESS, R. (1981b): Zur Muschelfauna eines Mittelrheinabschnittes.- Natur Landsch. 56 (10): 362–364.

BLESS, R. (1988): Grundlagen für die Aufstellung eines bioökologischen Forschungsprogramms „Rhein".- Manuskr. BFANL.

BLESS, R. (1990): Bestandsentwicklung der Molluskenfauna des Rheins zwischen Köln und Koblenz in den letzten 10 Jahren.- Natur Landsch. 65 (9): 423-430.

BLOCK, W. & SCHNEIDER, H. (1967): Zur Frage der Belastbarkeit des Rheins mit radioaktiven Nukliden. I. Mitt.: Sorption von Radionukliden durch den organischen Anteil der Schwebstoffe.- GWF Wasser/Abwasser 108: 1249-1957.

BLÜBAUM-GRONAU, E., HOFFMANN, M. & KREBS, F. (1996): Kontinuierliche Gewässerüberwachung mit Fischen: Verhaltensänderung als Schadstoffindikatoren.- In: Min. für Umwelt und Forsten Rh.-Pf. (Hrsg.): Wie sauber ist der Rhein wirklich? Biomonitoring.- Mainz: 119-125.

BLUMER, M. (1971): Verunreinigung der Gewässer durch Oel. Zum Problem der persistenten Chemikalien in der Umwelt.- EAWAG, Separatum Nr. 398: 21 S.

BMI (Der Bundesminister des Innern) (1983): Wassergüte des Rhein 1981.- Umwelt 13 (96): 19-21.

BMU (Der Bundesminister für Umwelt, Naturschutz und Reaktorsicherheit) (1987a): Rhein-Bericht. Bericht der Bundesregierung über die Verunreinigung des Rheins durch die Brandkatastrophe bei der Sandoz AG/Basel und weitere Chemieunfälle.- Umweltbrief Nr. 34: 1-95.

BMU (1987b): Ablauf, Folgen und Konsequenzen der Chemieunfälle.- Umwelt 1/87: 17-25.

BMV (Der Bundesminister für Verkehr) (1987): Untersuchung der Abfluß- und Geschiebeverhältnisse des Rheins.- Schlußbericht. Abt. Binnenschiffahrt und Wasserstraßen: 111 S.

BMV (1994): Der Rhein von Rheinfelden bis zur Nordsee.- Wasserstraßenkarte. Ausgabe Stand Mai 1993. BMV BW 27.

BÖCKING, W. (1981): Störe im Rhein.- Allg. Fisch.-Ztg. 31 (11): 627-629.

BOETTGER, C.R. (1912): Die Molluskenfauna der preussischen Rheinprovinz.- Arch. Naturgesch. 78, Abt. A (8): 149-310.

BORNE, M. von dem (1880): Die Fischerei-Verhältnisse des Deutschen Reiches, Oesterreich-Ungarns, der Schweiz und Luxemburgs.- Verlag der Stuhr'schen Buchhandlung, Berlin.

BORNE, M. von dem (1883): Die Fischereiverhältnisse des Deutschen Reiches, Oesterreich-Ungarns, der Schweiz und Luxemburgs.- W. Moeser Hofbuchdruckerei, Berlin: 286 S.

BORTLISZ, J. (1987): Zum Stand der CSB-Bestimmung.- Gewässerschutz, Wasser, Abwasser 92: 1-29.

BÖVING, H.-P. (1980): Die Fischfauna des Rheinstromes und seiner direkt angrenzenden Altwässer im Niederrheingebiet.- Staatsexamensarbeit. Univ. Köln: 110 S.

BÖVING, H.-P. (1981): Die Fischfauna des Rheinstromes und seiner direkt angrenzenden Altwässer im Niederrheingebiet.- Decheniana 134: 260-273.

BOYNE, R. (1936): Vom Entwicklungsgang der Abwasserbeseitigung in den letzten hundert Jahren.- Technikgesch. 25: 57-65.

BRAUCH, H.-J. (1989): Forschungsvorhaben „Organische Mikroverunreinigungen“.- 2. Zwischenbericht. DVGW-Forschungsstelle am Engler-Bunte-Institut der Univ. Karlsruhe: 25 S. + Anl.

BRAUCH, H.-J. & FLEIG, M. (1990): Forschungsvorhaben „Organische Mikroverunreinigungen".- 3. Zwischenbericht. DVGW-Forschungsstelle am Engler-Bunte-Institut der Univ. Karlsruhe: 78 S. + Anl.

BRAUCH, H.-J. & M. FLEIG (1992): Vorkommen wichtiger organischer Mikroverunreinigungen im Rhein unter besonderer Berücksichtigung des Zusammenhangs von Einzelstoffanalytik und Summenparametern sowie der Trinkwasserrelevanz.- Abschlußbericht. Karlsruhe: 1-265.

BRAUCH, H.-J., KARRENBROCK, F. & KURZ, R. (1988): Entwicklung der Pestizidbelastung des Rheins in den Jahren 1986–1988.– In: ARW, 45. Bericht: 55–80.

BRAUCH, H.-J. & KÜHN, W. (1984): Organische Spurenstoffe im Rhein und bei der Trinkwasseraufbereitung.– In: ARW, 41. Bericht: 177–190.

BRAUCH, H.-J. & KÜHN, W. (1987): Organische Spurenstoffe im Rhein - Ergebnisse eines 2-jährigen Sonderuntersuchungsprogramms.– In: ARW, 44. Bericht: 59–90.

BRAUCH, H.-J. & KÜHN, W. (1988): Organische Spurenstoffe im Rhein und bei der Trinkwasseraufbereitung.– GWF Wasser/Abwasser 129: 189–196.

BRAUCH, H.-J. & SONTHEIMER, H. (1982): Identifizierung und quantitative Bestimmung organischer Mikroverunreinigungen im Rhein.– In: ARW, 39. Bericht: 56–68.

BRAUCH, H.-J. & SONTHEIMER, H. (1983): Identifizierung und quantitative Bestimmung organischer Mikroverunreinigungen im Rhein.– In: AWBR, 15. Bericht: 77–89.

BRAUCKMANN, U., JÖCHLE, G., PINTER, I., SCHMITZ, W. & VOBIS, H. (1987): Der ökologische Zustand des Rheins und seiner Nebengewässer nach dem Sandoz-Unfall.– LfU, Inst. Wasser- u. Abfallwirtschaft: 12 S.

BRAUNBECK, T., BURKHARDT-HOLM, P. & STORCH, V. (1990): Liver pathology in eels (Anguilla anguilla L.) from the Rhine river exposed to the chemical spill at Basle in November 1986.– In: KINZELBACH & FRIEDRICH, S. 371–392.

BRECHTEL, F. (1986): Die Stechimmenfauna des Bienwaldes und seiner Randbezirke (Südpfalz) unter besonderer Berücksichtigung der Ökologie Kunstnestbewohnender Arten.– Pollichia, Buch 9: 284 S., Museum für Naturkunde, Bad Dürkheim.

BRECHTEL, F. (1987): Zur Bedeutung der Rheindämme für den Arten- und Biotopschutz, insbesondere als Bestandteile eines vernetzten Biotopsystems, am Beispiel der Stechimmen (Hy. oculeata) und Orchideen (Orchidaceae), unter Berücksichtigung der Pflegesituation.– Natur Landsch. 62 (11): 459–462.

BREDER, R. (1981): Die Belastung des Rheins mit toxischen Metallen.– Diss. Inst. f. Angew. Physik. Chemie, KFA Jülich u. Univ. Bonn: 236 S.

BRENNER (1989), schriftl. Mitt.

BRETZENDORFER, F. (1974): Die Kleinsäugerfauna des Taubergießengebietes.– In: LNL, S. 636-637.

BRIX, J., IMHOFF, K. & WELDERT, R. (Hrsg.) (1934): Die Stadtentwässerung in Deutschland. Bd. 1, 2.– G. Fischer, Jena.

BRÜGGEMANN, R., BORCHERS, C. & ROHLEDER, H. (1987): Anwendung des Modells EXWAT zum Vergleich von Chemikalien in Fließgewässern am Beispiel eines Chemieunfalls.– Dt. Gewässerk. Mitt. 31: 103–107.

BRUNNER, H., WEBERRUSS, U. & HAGENMAIER, H. (1988): Determination of PCDD/PCDF and other Selected Organochlorine Compounds in Fish from River Rhine.– Poster present. 4th Int. Congr. Analyt. Tech. Env. Chem. Barcelona (1988). Inst. Org. Chem. Univ. Tübingen.

BÜHRER, H. & WAGNER, G. (1982): Die Belastung des Bodensees mit Phosphor- und Stickstoffverbindungen und organischem Kohlenstoff im Abflußjahr 1978/79.- IGKB, 28. Bericht: 68 S.

Bundesamt für Umweltschutz Bern (1988a): Bestandsaufnahme der Fischfauna im Rhein im Jahr 1988 und im Jahr 1985.- Manuskr. Bern.

Bundesamt für Umweltschutz Bern (1988b): Fangergebnisse 1987 im Hochrhein.- Manuskr. Bern.

Bundesamt für Umweltschutz Bern (1988c): Fischeinsätze im Hochrhein.- Manuskr. Bern.

BURCKHARDT, H. & BURGSDORF, H.L. (1964): Flora des Altrheins (bei Xanten) und seiner Umgebung.- Gewässer Abwässer 37/38: 7–45.

BURCKHARDT, H. & BURGSDORF, H.L. (1966): Flora des Altrheins (bei Xanten) und seiner Umgebung.- Gewässer Abwässer 43: 7–47.

BÜRGER, F. (1926): Die Fischereiverhältnisse im Rhein im Bereich der preußischen Rheinprovinz.- Z. Fisch. 24: 217–399.

BUTZ, H. (1968): Wasserwirtschaftliche Anpassung.- Schr.-R. Dt. Rat Landespfl. 10: S.32.

CANTZLER, A. & SPLITTGERBER, A. (1915a-e): Die Ergebnisse von Rheinwasseruntersuchungen aus den Jahren 1907 bis 1913 auf der Strecke von Mannheim bis Worms.- Wasser u. Gas 5 (21/22), (23/24); 6 (1/2), (3/4), (5/6).

CANTZLER, A. & SPLITTGERBER, A. (1916): Die Ergebnisse von Rheinwasseruntersuchungen aus den Jahren 1907 bis 1913 auf der Strecke von Mannheim bis Worms.- Ver. Wasser- u. Gaswirtsch., Vereinsschr. 1: 5–55.

CAPEL, P.D. & GIGER, W. (1988): The Sandoz/Rhine Accident. The Environmental Fate and Transport of Twentyone Pesticides Introduced to the Rhine River.- In: ANGELETTI & BJORSETH, S. 189–194.

CAPEL, P.D., GIGER, W., REICHERT, P. & WANNER, O. (1988): Accidental input of pesticides into the Rhine River.- Env. Sci. Tech. 22 (9): 992–996.

CARBIENER, R. (1974): Die linksrheinischen Naturräume und Waldungen der Schutzgebiete von Rhinau und Daubensand (Frankreich): eine pflanzensoziologische und landschaftsökologische Studie.- In: LNL, S. 438–535.

CARBIENER, R. & ORTSCHEIT, A. (1987): Wasserpflanzengesellschaften als Hilfe zur Qualitätsüberwachung eines der größten Grundwasser-Vorkommens Europas (Oberrheinebene).- MIYAWAKI, A. et. al. (eds.): Vegetation ecology and creation of new environments. Proc. Int. Symp. Tokyo. Tokai Univ. Press, Tokyo: 283-312.

CASEMIR, H. (1962): Spinnen am Ufer des Altrheins bei Xanten/Niederrhein.- Gewässer Abwässer, H. 30/31, 7–36.

CASEMIR, H. (1963): Spinnen an niederrheinischen Gewässern.- Niederrheinische Jahrbücher, Bd.6: 91–100, - Ver. linker Niederrh., Krefeld.

CASPERS, N. (1980a): Die Makrozoobenthos-Gesellschaften des Hochrheins bei Bad Säckingen.- Carolinea 39: 115–142.

CASPERS, N. (1980b): Die Makrozoobenthos-Gesellschaften des Rheins bei Bonn.- Decheniana 133: 93–106.

CASPERS, N. & JÄGER, D. (1988): Der ökologisch-saprobiologische Zustand des Rheins.- Z. Wasser-, Abwasser-Forsch. 21 (2): 31–35.

CAZEMIER, W.G. (1984): Zeldsame vissen, kreeften en krabben in de binnenwateren.- Visserij 37 (5): 117–132.

CLASSEN, H. (1898a): Neue Untersuchungen über die Grenzen hydrometrischer Werte der Selbstreinigung fliessender Gewässer.- Gesundh. 23 (24): 375-384.

CLASSEN, H. (1898b): Zur Selbstreinigung der Flüsse.- Gesundh. 23 (1): 1-3.

CLASSEN, H. (1899): Gutachten über die drohende Verunreinigung des Rheinstroms.- Gesundh. 24 (4): 51-58.

CLAUSSEN, T. (1983): Überschwemmungsgebiet des Niederrheins schwermetallverunreinigt.- Wasser u. Boden 35 (12): 536-538.

CLUA (Chemische Landesuntersuchungsanstalt Offenburg) (1985): Lebensmittelüberwachung und Umweltschutz im Regierungsbezirk Freiburg. Jahresbericht 1985.- Offenburg.

CLUA (1988): Lebensmittelüberwachung und Umweltschutz im Regierungsbezirk Freiburg. Jahresbericht 1988.- Offenburg.

CONRATH, W. & FALKENHAGE, B. (1976): Die Invertebratenfauna des Rheins nach einer Besammlung im September 1976.- Staatsexamensarbeit. Univ. Mainz: 84 S.

CONRATH, W., FALKENHAGE, B. & KINZELBACH, R. (1977): Übersicht über das Makrozoobenthon des Rheins im Jahre 1976.- Gewässer Abwässer 62/63: 63-84.

CONTAG, E. (1961): Fischerei im Hochrhein.- Allg. Fisch.-Ztg. 86: 291-294.

COPPIK, L. & SCHÖMANN, G. (1989): Phosphor im Abwasser der Kläranlagen in Rheinhessen.- Wasser Boden 41 (4): 236-239.

CREMER, E. (1938): Beitrag zur Kenntnis der Ephemeropterenfauna Westdeutschlands.- Decheniana 97 B: 147-167.

CZERNIN-CHUDENITZ, C.W. (1958): Limnologische Untersuchungen des Rheinstromes. Bd. 3. Quantitative Phytoplanktonuntersuchungen.- Forsch.ber. Wirtsch.- u. Verkehrsmin. Nordrh.-Westf., Nr. 536: 264 S., Opladen.

DANNAPFEL, K.-H. (1977): Faunistik und Ökologie von Wasserkäfern im Naturschutzgebiet „Hördter Rheinaue" bei Germersheim (Insecta: Coleoptera).- Mitt. Pollichia 65: 5-81.

DE BRUIN, D. et al. (1987): OOIEVAAR, de toekomst van het rivierengebied.- Stichting Gelderse Milieufederatie, Uitg.: 43 S.

DE GROOT, A.J., GOEIJ, J.J.M. de & ZENGERS, C. (1971): Content and behaviour of mercury as compared with other heavy metals in sediments from the rivers Rhine and Ems.- Geol. Mijnbouw 50: 393-398.

DEHNAD, F. & FÖRSTNER, U. (1988): Einfluß ausgewählter Komplexbildner auf die Sorption von Schwermetallen an Gewässersedimente.- Z. Wasser-, Abwasser-Forsch. 21: 46-50.

DEHNAD, F., SALECKER, M. & EBERLE, S.H. (1984): Remobilisierung von Schwermetallen aus Feststoffen von Oberflächengewässern durch Nitrilotriessigsäure.- In: GDCh, NTA-Studie über die aquatische Umweltverträglichkeit von Nitrilotriacetat (NTA). Verlag Hans Richarz, St. Augustin: 306-384.

DEHNAD, F., WISSER, K. & RIECK, M. (1987): Zur Remobilisierung von Schwermetallen aus Flußsedimenten durch organische Komplexbildner. 2. Mitt.: Remobilisierung von Cu, Pb, Cd, Ni, Zn und Mn durch Versauerung des Gewässers und durch NTA.- Z. Wasser-, Abwasser-Forsch. 20: 114-117.

DEMOLL, R. (1925): Düngung des Bodensees.- Inst. f. Seenforsch. u. Seenbewirtsch., Langenargen. Jahresbericht: 9-13.

DENZER, H.W. (1966): Beitrag über die Schädigung der Berufsfischerei am Rhein im Lande Nordrhein-Westfalen (1949-1962) hinsichtlich ihres Umfanges, ihrer Ursachen und ihrer Nachweisbarkeit.- Fischwirt 16 (10): 253-264.

de RUYTER van STEVENINCK, E.D., ADMIRAAL, W. & van ZANTEN, B. (1989): Phases in the development of riverine plankton: examples from the rivers Rhine and Meuse.- Vortrag. 24. Kongr. Int. Ges. Limnol., München: 14 S.

DEURER, R. (1978): Bindungsarten von Schwermetallen in Seesedimenten verschiedener Klimazonen unter besonderer Berücksichtigung des Bodensees.- Diss. Fak. f. Geowiss., Univ. Heidelberg: 147 S.

Deutscher Rat für Landespflege (1968): Landespflege am Oberrhein. Stellungnahme des Deutschen Rates für Landespflege und Berichte über den Ausbau des Oberrheines zwischen Basel und Karlsruhe und seine landespflegerischen Auswirkungen.- Schr.-R. Dt. Rat Landespfl. 10: 66 S.

Deutscher Rat für Landespflege (1981): Umweltprobleme im Rhein-Neckar-Raum.- Schr.-R. Dt. Rat Landespfl. 37: 575-664.

DEYHLE, C. (1985): Aufbau und Betrieb von Wärmehaushalt-Meßstationen am Rhein.- Dt. Gewässerk. Mitt. 29: 37-45.

DFG (Deutsche Forschungsgemeinschaft (1982a): Forschungsbericht Schadstoffe im Wasser. Bd. I: Metalle.- Harald Boldt Verlag, Boppard: 446 S.

DFG (1982b): Nitrat - Nitrit - Nitrosamine in Gewässern. Mitteilung III der Kommission für Wasserforschung in Verbindung mit der Kommission zur Prüfung von Lebensmittelzusatz- und Inhaltsstoffen.- Verlag Chemie, Weinheim: 240 S.

DFG (1987): Bioakkumulation in Nahrungsketten. Zur Problematik der Akkumulation von Umweltchemikalien in aquatischen Systemen. Ergebnisse aus dem Schwerpunktprogramm „Nahrungskettenprobleme".- Verlag Chemie, Weinheim: 327 S.

DIETERICH, H. & HARBORT, C. (1962): Steigt die Versalzung des Rheins? - GWF Wasser/Abwasser 103: 799-801.

DISSANAYAKE, C.B., TOBSCHALL, H.J., PALME, H., RAST, U. & SPETTEL, B. (1983): The abundance of some major and trace elements in highly polluted sediments from the Rhine River near Mainz, West Germany.- Sci. Total Env. 29 (3): 243-260.

DISTER, E. (1980a): Geobotanische Untersuchungen in der hessischen Rheinaue als Grundlage für die Naturschutzarbeit.- Diss. Univ. Göttingen: 170 S.

DISTER, E. (1980b): Bemerkungen zur Ökologie und soziologischen Stellung der Auenwälder am nördlichen Oberrhein.- Colloq. phytosociol. 9: 343-363, Strasbourg.

DISTER, E. (1985a): Taschenpolder als Hochwasserschutzmaßnahme am Oberrhein? - Geogr. Rdsch. 37 (5): 241-247.

DISTER, E. (1985b): Auenlebensräume und Retentionsfunktion.- Laufener Seminarbeiträge, Akad. f. Naturschutz u. Landschaftspfl., Bd. 3: 74-90.

DISTER, E. (1986a): Hochwasserschutzmaßnahmen am Oberrhein.- Geowiss. i. u. Z.: 4 (6): 194-203.

DISTER, E. (1986b): Regeneration von Auenwäldern im Zuge von Hochwasserschutzmaßnahmen am Oberrhein - Möglichkeiten und Grenzen (Kurzfassung).- In: LARSEN, P.: Naturnahe Umgestaltung ausgebauter Fließgewässer. Inst. f. Wasserbau u. Kulturtech., Versuchsanst. f. Wasserbau, Univ. Fredericiana, Mitt. Inst., H. 174: 187-193, Karlsruhe.

DISTER, E. (1988): Die große Flut, die kommt erst noch.- Der Spiegel 14: 106-107.

DK (Deutsche Kommission zur Reinhaltung des Rheins) (1986a): Deutscher Bericht zum Sandoz-Unfall. Folgen des Sandoz-Unfalls, getroffene Maßnahmen, Wiederherstellungsprogramm.- 103 S.

DK (1987a): Deutsches Meßprogramm Rhein. Anweisungen für die Untersuchungen sowie für die Datenerfassung,- auswertung und -publikation.- 34 S. + Anl.

DK (1988a): 2. Deutscher Bericht zum Sandoz-Unfall. Zustand des Rheins „1 Jahr danach".- 56 S.

DOSCH, L. (1899): Die Fischwasser und Fische des Großherzogtums Hessen mit Einschluß der Teichwirtschaft und Gesetzeskunde.- E. Roth, Stuttgart: 152 S.

DUNBAR, W. (1907): Leitfaden für die Abwasserreinigungsgrade.- Oldenbourg, München.

DVWK (Deutscher Verband für Wasserwirtschaft und Kulturbau) (1989): Beurteilung der Aussagekraft des Biochemischen Sauerstoffbedarfs.- Merkblatt. DVWK-F.A. 4.11, Bonn: 7 S.

EAWAG (Eidgenössische Anstalt für Wasserversorgung, Abwasserreinigung und Gewässerschutz) (1986): Bestandesaufnahme, Oekologische Beurteilung, Empfohlene Massnahmen und Absichten für weitere Untersuchungen nach dem Schadensfall Sandoz im Rhein bei Basel.- Erster Zwischenbericht. Dübendorf: 70 S. + Anl.

EAWAG (1987): Biologischer Zustand des Rheins unterhalb von Schweizerhalle in der ersten Hälfte 1987. Vorinformation aus 2. Untersuchungsbericht der EAWAG unter spezieller Berücksichtigung der Fisch-Situation.- Dübendorf: 3 S.

EAWAG (1987): Verhalten der Chemikalien im Rhein, biologischer Zustand und Wiederbelebung des Rheins nach dem Brand in Schweizerhalle.- 2. Zwischenbericht. Dübendorf: 93 S.

EAWAG (1988): Stichproben zur Bestimmung von Ammonium im Rhein.- Dübendorf.

EBELING, G. (1954): Sauerstoff-Übersättigung in fließenden und stehenden Gewässern.- Vom Wasser 21: 84–99.

EBELING, G. (1955): Über den Sauerstoffgehalt des Rheinwassers auf der Strecke Maxau-Linz.- Vom Wasser 22: 38–64.

EGGER, E. (1885): Die wechselnde Zusammensetzung des Wassers des Rhein und Main bei Mainz im Jahre 1884.- 2. Rechenschaftsbericht des chemischen Untersuchungsamts für die Provinz Rheinhessen, Mainz 1885: 34–46.

EGGER, E. (1908): Beiträge zur hydrochemischen Untersuchung des Rheins und seiner hauptsächlichsten Nebenflüsse.- Notizbl. Ver. Erdkunde u. Großherzogl. geol. Landesanstalt Darmstadt, IV. F. 29: 105–146.

EICHNER, M. (1973): Über Rückstandsbestimmungen von chlorierten Insecticiden und polychlorierten Biphenylen in Fischen des Bodensees, des Oberrheins und dessen Zuflüssen sowie in diesen Gewässern. 1. Mitt.- Z. Lebensmittel-Untersuch. -Forsch. 151: 376–383.

EICHNER, M. (1976): Über Rückstandsbestimmungen von chlorierten Insecticiden und polychlorierten Biphenylen in Fischen des Bodensees, des Oberrheins und dessen Zuflüssen sowie in diesen Gewässern. 2. Mitt.- Z. Lebensmittel-Untersuch. -Forsch. 161: 327–336.

EIDEL, K. (1937): Beiträge zur Insektenfauna des Rheins.- Carolinea 2 (1): 40–48.

ELM, R. (1971): Die Einwanderung der Bisamratte (Ondatra zibethicus) ins Rheinland.- Decheniana 123 (1/2): 223–233.

ELSTER, H.-J. (1960): Der Bodensee als Organismus und die Veränderungen seines Stoffwechsels in den letzten Jahrzehnten.- GWF Wasser/Abwasser 101: 171-180.

ELSTER, H.-J. (1974a): Wechselwirkung zwischen Chemie und Biologie bei der Eutrophierung des Bodensees.- Vom Wasser 43: 1-14.

ELSTER, H.J. (1974b): Das Ökosystem Bodensee in Vergangenheit, Gegenwart und Zukunft.- Schr. VG Bodensee 92: 233-250.

ELSTER, H.-J. (1977): Der Bodensee - Bedrohung und Sanierungsmöglichkeiten eines Ökosystems.- Naturwiss. 64: 207-215.

ELSTER, H.-J. (1982): Neuere Untersuchungen über die Eutrophierung und Sanierung des Bodensees.- GWF Wasser/Abwasser 123: 277-287.

ELSTER, H.-J., KNORR, M., LEHN, H., MÜHLEISEN, R. & MÜLLER, W.J. (1963a): Bodensee-Projekt der Deutschen Forschungsgemeinschaft. Zweiter Bericht.- Franz Steiner Verlag, Wiesbaden: 165 S. + Anl.

ELSTER, H.-J., LEHN, H., LOSSNITZER, H., KNORR, M. & PÖPEL, F. (1963b): Bodensee-Projekt der Deutschen Forschungsgemeinschaft. Erster Bericht.- Franz Steiner Verlag, Wiesbaden: 55 S. + Anl.

ELSTER, H.-J. & NÜMANN, W. (1961): Ist der Bodensee in Gefahr? Untersuchungen über die Änderungen seines Stoffwechsels.- Wasserwirtsch. 51: 261-264.

ENGLÄNDER, H. (1976): Gutachten über die ornithologische Bedeutung des Naturschutzgebietes Biener Altrhein.- Zool. Inst., Univ. Köln: 13 S.

ENGSTFELD, C. (1985): Zum Freilandverhalten des Bisam Ondatra zibethicus (L.) an Fließgewässern.- Z. Angew. Zool. 72 (1/2): 239-249.

ERZ, W. (1983): Betrachtungen zur Vogelfauna des Rheinlandes.- Rhein. Heimatpfl., N.F. 20 (1): 17-21.

EULENBERG (1883): Gutachten der Königlichen wissenschaftlichen Deputation für das Medicinalwesen über die Canalisation der Stadt Cöln.- Vjschr. gerichtl. Med. u. öff. Gesundh.wes., Suppl. 39: 68-78.

FABRICIUS (1879): Die Rheinischen Auewaldungen.- Allg. Forst- u. Jagdztg. 55: 84-88.

FELBER, J. (1908): Die Trichopteren von Basel und Umgebung mit Berücksichtigung der Trichopteren-Fauna der Schweiz.- Arch. Naturgesch. 74: 199-282.

FELKEL, K. (1972a): Das Sohlenkorn des Rheins zwischen Strassburg und Bingen.- Mitt. des Bundesamts für Wasserbau 32: 77-87.

FELKEL, K. (1972b): Die Wechselbeziehungen zwischen der Morphogenese und dem Ausbau des Oberrheins.- Jb. Mitt. Oberhess. geol. Ver. 54: 23-44, Stuttgart.

FELKEL, K. (1981): Das Problem der Sohlenstabilisierung des Oberrheins und die Naturversuche mit Geschiebezugabe.- Beitr. Rheinkunde 33: 20-35.

FELKEL, K. (1987): Acht Jahre Geschiebezugabe am Oberrhein.- Wasserwirtsch. 77: 181-185.

FELKEL, K., KUHL, D. & STEITZ, K. (1977): Naturversuche mit künstlicher Geschiebezuführung zwecks Verhütung der Sohleneintiefung des Oberrheins (Freistetter Versuche).- Wasserwirtsch., H. 5: 119-125.

FICKERT, C. (1894): Die Fische Süddeutschlands.- J. Weise's Kgl. Hofbuchhandlung, Stuttgart: 33 S.

FISCHER, L. (1985): Die Chloridbelastung des Rheins.- In: IAWR, 10. Arbeitstagung: 75-78.

FISCHER, W.K. (1980): Entwicklung der Tensidkonzentrationen in den deutschen Gewässern.- Tenside, Detergents 17 (5): 250-261.

FISCHER, W.K. & WINKLER, K. (1976): Detergentienuntersuchungen im Stromgebiet des Rheins 1958-1975.- Vom Wasser 47: 81-129.

FLEIG, H. (1973): Gewässerkundliche Probleme in Zusammenhang mit der Aufstellung von Wärmelastplänen.- Dt. Gewässerk. Mitt., Sonderh.: 61-63.

FLINSBACH, D. (1972): Die rechnerische Simulation der Wärmeaustauschvorgänge in einem Gewässer am Beispiel des Wärmelastplans für den Rhein.- Tech. Mitt. Haus der Technik 65 (5): 201-205.

FOLZ, H.G. (1983): Wasservogelbeobachtungen im Europareservat Rheinauen (NSG'e Fulderaue - Ilmenaue, Mariannenaue) in den Winterhalbjahren 1981/82, 1982/83.- Ber. Arbeitskr. Ges. Naturschutz Ornithol. Rheinl.-Pf., Landau. GNOR, H. 4/5: 155-164.

FONDS, A. W., KEMPF, T., MINDERHOUD, A. & SONNEBORN, M. (1980): Der Schwermetallgehalt verschiedener Wässer.- In: AURAND & SPAANDER, S. 78-88.

FÖRSTNER, U. (1978): Metallanreicherungen in rezenten See-Sedimenten.- Mitt. Arbeitsgr. Nationalkomitee Bundesrepublik Deutschland für das Internationale Hydrologische Programm der UNESCO 2: 66 S.

FÖRSTNER, U. (1983): Entwicklung und Bedeutung der Sedimente im Rhein.- Schr.-R. Chemie u. Fortschr. 1: 20-22.

FÖRSTNER, U. & MÜLLER, G. (1973a): Heavy metal accumulation in river sediments - a response to environmental pollution.- Geoforum 14: 53-61.

FÖRSTNER, U. & MÜLLER, G. (1973b): Schwermetallanreicherungen in datierten Sedimentkernen aus dem Bodensee und aus dem Tegernsee.- Tschermaks Mineralog. Petrograph. Mitt. 21: 145-163.

FÖRSTNER, U. & MÜLLER, G. (1974): Schwermetalle in Flüssen und Seen.- Springer, Berlin/Heidelberg: 225 S.

FÖRSTNER, U. & SALOMONS, W. (1983): Freisetzung schädlicher Metallverbindungen aus Sedimenten.- Geowiss. i. u. Z. 1 (2): 37-45.

FÖRSTNER, U. & SALOMONS, W. (1984): Mobilisierung von Schwermetallen bei Wechselwirkungen mit Sedimenten.- In: MERIAN et al., S. 171-179.

FÖRSTNER, U. & STIEFEL, R. (1975): Metallanreicherungen im Altrheinhafen Mannheim - Auswirkungen der Neckarverschmutzung auf den Rhein.- Jahresbericht, Mitt. Oberrhein. Geol. Verein. 57: 77-85.

FRANK, G. (1888): Die Veränderungen des Spreewassers innerhalb und unterhalb Berlin, in bacteriologischer und chemischer Hinsicht.- Z. Hyg. 1888 (3): 355-403.

FRANTZ, A. (1982): Die Radioaktivität im österreichischen Abschnitt von Rhein und Bodensee von 1960 bis 1980.- Österr. Wasserwirtsch. 34: 260-268.

FRANZ, H. (1986): Filtrierende Organismen im Rhein.- In: Beitr. Limnol. Teil 1. Landschaftsentwicklung und Umweltforschung 40: 307-322.

FRANZ, H. (1990): Schwebstoffe im Rhein.- In: KINZELBACH & FRIEDRICH, S. 161-180.

FRANZ, H. & JATZEK, H.J. (1982): Das Makrozoobenthon des schiffbaren Rheins im Jahre 1980.- Dipl.-Arb. Univ. Mainz: 349 S.

FREY, A. (1970): Tiergeographische Untersuchungen über säkulare quantitative und qualitative Veränderungen im Brutvogelbestand der Oberrheinischen Tiefebene und der Wetterau.- Decheniana, Beih. 16: 177 S.

FRIEDRICH, G. & MÜLLER, D. (1984): Rhine.- In: WHITTON, S. 265-315.

FRIEDRICH, G. & VIEHWEG, M. (1984): Recent developments of the phytoplankton and its activity in the Lower Rhine.– Verh. Int. Verein. Limnol. 22: 2029–2935.

FRIEDRICH, G. & VIEHWEG, M. (1987): Messung der Chlorophyll-Fluoreszenz bei der Überwachung des Rheins – Ergebnisse und Probleme.– Arch. Hydrobiol., Beih. Ergebn. Limnol. 29 : 117–122.

FRIEGE, H. (1987): Probleme der CSB-Bestimmung in Abwässern.– Gewässerschutz, Wasser, Abwasser 92: 31–47.

FRIEGE, H. (1988): Monitoring of the River Rhein – Experience Gathered from Accidental Events in 1986.– In: ANGELETTI & BJORSETH, S. 132–143.

FRIEGE, H., ALBERTI, J., GRUBERT, G., STOCK, H.-D., STOCK, W., REUPERT, R., PLÖGER, E., WILLEMSEN, H.-G., KNIE, J., JUHNKE, I. & HÄLKE, A. (1987): Rheinüberwachung und Einleiterkontrolle – Auswertung der Störfälle im Jahr 1986.– Vom Wasser 69: 107–126.

FRIEGE, H., KLÖS, H., LEUCHS, W., STOCK, H.-D. & KIRCHNER, W. (1989): Contamination of Sediments of the River Rhein. Recent Developments and Perspectives.– In: Der Hafen – Eine ökologische Herausforderung. Int. Umweltkongress, Umweltbehörde Hamburg. Hamburg: 128–131.

FRIMMEL, F.H., GRENZ, R. & KORDIK, E. (1988): Phosphor in Fließgewässern und seine analytische Bestimmung.– Fresenius Z. analyt. Chemie 331: 253–259.

FRITSCH, W. (1959): Phenole als Abwassergifte in Fischgewässern.– Allg. Fisch.-Ztg. 84: 295–298.

GANS, I., MATTERN, F.C.M., REGT, H.J.B. de & RUEHLE, H. (1980): Der Gehalt des Wassers an künstlichen radioaktiven Stoffen.– In: AURAND & SPAANDER, S. 42–57.

Gasinstitut der Technischen Hochschule Karlsruhe, Abt. für Wasserforschung und Wassertechnologie (1954-1969): Untersuchungen über die Ursachen von Geruchs- und Geschmacksbeeinträchtigungen uferfiltrierter Wässer am Niederrhein [sowie Vorschläge für Maßnahmen für deren Beseitigung].– 1.-24. Bericht. Karlsruhe.

GDCh (Gesellschaft deutscher Chemiker) (1984): NTA-Studie über die aquatische Umweltverträglichkeit von Nitrilotriacetat (NTA).- Verlag Hans Richarz, St. Augustin.

GDCh (1987): HOV-Studie. Halogenorganische Verbindungen in Wässern.– Forschungsbericht Wasserwirtschaft 102 04 323. Berlin: 515 S.

GDCh (1991): Studie über Wirkungen und Qualitätsziele von Nährstoffen in Fließgewässern.- Hrsg.: HAMM, A. Academia Verlag, Sankt Augustin: 830 S.

GELLERT, G. (1987): Limnologische Untersuchung der Sieg zwischen Auer Mühle und Mündung (Fluß-km 76–146) unter besonderer Berücksichtigung der Gewässergüte.– Decheniana 140: 148–163.

GEISENHEYNER, L. & NOLL (Nachwort) (1874): Die Würfelnatter, Tropidonotus tessellatus, in der Nahe.– Zool. Garten, A.F. 15: 430–434.

GENNERICH, J. (1950): Fischsterben im Regierungsbezirk Darmstadt im Jahre 1949.– Wasserwirtsch. 8: 236–238.

GEPP, J. (1985): Auengewässer als Ökozellen.– Grüne Reihe des Bundesministeriums für Gesundh. u. Umweltschutz, Bd. 4.

GERIKE, P., WINKLER, K., SCHNEIDER, W. & JAKOB, W. (1988): Residual LAS in German Rivers. Residual Linear Alkylbenzene Sulfonate in German Rivers.– Tenside, Detergents 26 (2): 136–140.

GERIKE, P., WINKLER, K., SCHNEIDER, W. & JAKOB, W. (1989): Zur Wasserqualität des Rheins bei Düsseldorf.– Tenside, Detergents 26 (1): 21–26.

GERKEN, B. (1980a): Maßnahmen zur Rettung der Oberrheinauen.– WWF-Z. für Förderer und Freunde des World Wildlife Fund, 2.6.1981: 5–6.

GERKEN, B. (1980b): Intakte Auen am südlichen Oberrhein im Hinblick auf bodenlebende Coleopteren.– Colloq. phytosociol. 9: 717–730, Strasbourg.

GERKEN, B. (1981): Zum Einfluß periodischer Überflutungen auf bodenlebende Coleopteren in Auenwäldern am südlichen Oberrhein.– Mitt. Dt. Ges. allg. angew. Entomol. H. 3: 130–134.

GERKEN, B. (1985): Zonationszönosen bodenlebender Käfer der Oberrheinniederung. Spiegel einer Landschaft.– Mitt. Dt. Ges. allg. angew. Entomol. 4.

GERKEN, B. (1988a): Auen - verborgene Lebensadern der Natur.– Verlag Rombach, Freiburg/Br.: 132 S.

GERKEN, B. (1988b), mündl. Mitt.

GERKEN, B. & WINSKI, W. (1983): Führer zur Exkursion der Deutschen Botanischen Gesellschaft am 18.09.1982 in die südliche Oberrheinaue.– Ber. Dt. Bot. Ges. 96: 323–341.

GERSON, G. (1889): Die Verunreinigung der Wasserläufe durch die Abflusswässer aus Städten und Fabriken und ihre Reinigung.– Verlag der Polytechnischen Buchhandlung A. Seydel, Berlin: 215 S.

Gesellschaft für Ökologie (GfÖ) (Hrsg.) (1988): 1. Tagung des Arbeitskreises „Biozönologie" in Freiburg vom 14.–15. Mai 1988.– Verh. Ges. Ökol., Beih. 1.

Gesellschaft Rheinischer Ornithologen e.V. (1986): Rote Liste der in Nordrhein-Westfalen gefährdeten Vogelarten.– In: LÖLF (Hrsg.), Rote Liste der in Nordrhein-Westfalen gefährdeten Pflanzen und Tiere, 2. Fassung: 146–158, Recklinghausen.

GEUSEN & LOOCK (19O3): Beitrag zur mechanischen Reinigung von Kanalwasser. Bemerkungen zur Kanalisation von Düsseldorf.– Mitt. Kngl. Prüfungsanst. Wasserversorg. u. Abwässerbeseit. 2: 99–114.

GILBERT, P.A. & KLEISER, H.H. (1988): Beurteilung der Umweltverträglichkeit von LAS.– Tenside, Detergents 25 (2): 128–133.

GLANDT, D. (1971): Zur Verbreitung und Ökologie der Kreuzotter, Vipera berus (L. 1758) (Reptilia, Viperidae) am Niederrhein.– Decheniana 123 (1/2): 275-279.

GLANDT, D. (1972): Zur Verbreitung und Ökologie der Schlingnatter, Coronella austriaca laur. (Reptilia, Colubridae) am Niederrhein.– Decheniana (125) (1-2): 131-136.

GLASER, L. (1868): Mitteilungen über das Thierleben um Worms mit Beziehung auf den hohen Wasserstand von 1862 und 1866/67.– Zool. Garten, A.F. 9 (1): 103-108.

GLASER, L. (1870a): Allerlei Beobachtungen aus dem Thierleben, insbesondere um Worms am Rhein.– Zool. Garten, A.F. 11: 93-95.

GLASER, L. (1870b): Allerlei Beobachtungen aus dem Thierleben, insbesondere um Worms am Rhein.– Zool. Garten, A.F. 11: 154-160.

GLÜCK, C. (1984): Wechselwirkungen von Schwermetallen, Schwebstoffen und organischen Komplexbildnern in natürlichen Wässern.– Diss. TH Darmstadt.

GLÜCK-MACHOLDT, C. & LIESER, K.H. (1987): Untersuchung des Verhaltens von Zn, Cd, Hg und Pb in Wasser ohne und mit Zusatz von Schwebstoffen und Komplexbildnern sowie in Rheinwasser mit Hilfe der Radionuklidtechnik.– Vom Wasser 69: 183-201.

GLÜCK-MACHOLDT, C. & LIESER, K.H. (1988a): Untersuchung von Schwebstoffen im Rheinwasser mit Hilfe des Lichtmikroskops und des Rasterelektronenmikroskops mit Mikrosonde.- Vom Wasser 70: 245-253.

GLÜCK-MACHOLDT, C. & LIESER, K.H. (1988b): Untersuchung der Sorption von Schwermetallen an Schwebstoffen des Rheins mit Hilfe der Mikroautoradiographie.- Vom Wasser 70: 255-264.

GOLDFUSS, O. (1851): Verzeichnis der in der Umgegend von Bonn beobachteten Land- und Wassermollusken.- Verh. naturhist. Ver. preuß. Rheinl. u. Westf. 8: 309-326.

GOLDFUSS, O. (1856): Verzeichnis der bis jetzt in der Rheinprovinz und Westphalen beobachteten Land- und Wassermollusken, nebst kurzen Bemerkungen über deren Zungen, Kiefer und Liebespfeile.- Verh. naturhist. Ver. preuß. Rheinl. u. Westf. 13: 29-36.

GÖRS, S. & MÜLLER, T. (1974): Flora der Farn- und Blütenpflanzen des Taubergießengebietes.- In: LNL, S. 209-283.

GRASSMANN, P. (1973): Wohin mit der Abwärme? - Chem.-Ing.-Tech. 45 (5): 229-236.

GREBENAU, H. (1870): Der Rhein vor und nach seiner Regulierung auf der Strecke von der französisch-bayerischen Grenze bis Germersheim.- Pollichia, 28./29. J.ber.: 84-142.

GREVE, P.A. (1971): Pestizide im Rheinwasser.- In: IAWR, 2. Arbeitstagung: 81-88.

GREVE, P.A., HERZEL, F., KUSSMAUL, H. & WEGMAN, R.C.C. (1980): Analytik und Vorkommen von Pestiziden im Wasser.- In: AURAND & SPAANDER, S. 32-41.

GREVE, P.A. & WIT, S.L. de (1971): Endosulfan in the Rhine River.- J. WPCF 43: 2338-2348.

GRIM, J. (1956): Die chemischen und planktologischen Veränderungen des Bodensee-Obersees in den letzten 30 Jahren.- GWF Wasser/Abwasser 97: 227-228.

GRIM, J. (1967): Der Phosphor und die pflanzliche Produktion im Bodensee.- GWF Wasser/Abwasser 108: 1261-1271

GRIM, J. (1972): 15 Jahre Radioaktivitätsmessungen im Rheinwasser der Bodensee-Wasserversorgung.- In: AWBR, 4. Bericht: 96.

GRIMM, H., LINDNER, G., LÖFFLER, H., MÜLLER, H., SANTSCHI, P.H., SANZIN, W., STAUB, E. & WAGNER, B. (1987): Die Entwicklung der Radioaktivität im Bodensee nach dem Unfall Tschernobyl.- IGKB, 36. Bericht: 75 S.

GRIMMER, G. & BÖHNKE, H. (1977): Schadstoff-Untersuchungen an datierten Sedimentkernen aus dem Bodensee. I: Profile der polycyclischen aromatischen Kohlenwasserstoffe.- Z. Naturforsch. 32c: 703-708.

GROSSE-BOHLE, H. (1900): Beiträge zur Frage der Selbstreinigung der Gewässer.- Diss. Kgl. Akad. Münster. Verlag J. Stahl, Arnsberg: 68 S.

GROTH, H. & WÜBBENHORST, D. (1985): Internationales Feuchtgebiet „Unterer Niederrhein".- Schr.-R. Dt. Bund f. Vogelschutz, Landesverband Nordrh.-Westf., H. 3: 1-131.

GRUSCHWITZ, M. (1978): Untersuchungen zu Vorkommen und Lebensweise der Würfelnatter (Natrix tessellata) im Bereich der Flüsse Mosel und Lahn (Rheinland-Pfalz) (Reptilia, Serpentes, Colubridae).- Salamandra 14 (2): 80-89.

GÜNNEBERG, F. (1973): Abwärme in Gewässern.- Dt. Gewässerk. Mitt. 17: 14-21.

GÜNNEBERG, F. (1976): Untersuchungen über den Einfluß von Warmwassereinleitungen auf die Gewässer.- Abschlußbericht. Teil B. Forschungsvorhaben Wasser 8/69, BMI. BfG: 79 S.

HAAG, R., WEBERRUSS, U. & HAGENMAIER, H. (1988): PCDD and PCDF in Lake and River Sediments from South-West Germany.– Poster present. 4th Int. Congr. Analyt. Tech. env. Chem. Barcelona. Inst. Org. Chem. Univ. Tübingen.

HAARMANN, K. (1977): Nordrheinische Feuchtgebiete mit besonderer Bedeutung für Wat- und Wasservögel.– Rhein. Landsch., H. 11.

HAAS, F. (1912): Die geographische Verbreitung der westdeutschen Najaden.– Verh. naturhist. Ver. preuß. Rheinl. u. Westf. 68: 505-528.

HABERER, K. (1970): Die thermische Gewässerbeeinträchtigung.– In: IAWR, 1. Arbeitstagung: 137-154.

HABERER, K. (1978): Niedrigsiedende Organohalogenverbindungen im Mittelrhein bei Wiesbaden-Schierstein.– In: ARW, 35. Bericht: 84-85.

HABERER, K. & KARRENBROCK, F. (1982): Organische Spurenstoffe in Rhein und Main. Ergebnisse eines laufenden Untersuchungsprogramms.– In: ARW, 39. Bericht: 43-54.

HABERER, K. & KARRENBROCK, F. (1983): Organische Spurenstoffe in Rhein und Main im Jahr 1983.– In: ARW, 40. Bericht: 139-146.

HABERER, K. & KARRENBROCK, F. (1984a): Chloridgehalt des Rheins bei Niedrig- und Hochwasserführung im vierten Quartal 1983.– In: ARW, 40. Bericht: 161-167.

HABERER, K. & KARRENBROCK, F. (1984b): Organische Spurenstoffe in Rhein und Main im Jahr 1983.– In: ARW, 40. Bericht: 139-146.

HABERER, K., NORMANN, S. & DREWS, M. (1988): Untersuchungen zu einzelnen organischen Spurenstoffen aus Rhein und Main im Hinblick auf die Trinkwasser- versorgung.– GWF Wasser/Abwasser 129: 197-201.

HABERER, K., OEHMICHEN, U. & KARRENBROCK, F. (1989): Die Belastung des Rheins mit Pflanzenschutzmitteln - 2 Jahre nach dem Sandoz-Brand.– GWF Wasser/ Abwasser 130: 115-120.

HAGENMAIER, H. (1987): Belastung der Umwelt mit Dioxinen.– Inst. f. Org. Chemie, Univ. Tübingen: 135 S.

HAGENMAIER, H., BRUNNER, H., HAAG, R. & BERCHTOLD, A. (1986): PCDDs and PCDFs in Sewage Sludge, River and Lake Sediments from South West Germany.– Chemosph. 15: 1421-1428.

HAGENMAIER, H. & KAUT, H. (1981): Polycyclische aromatische Kohlenwasserstoffe in Sedimenten von Neckar, Neckarnebenflüssen, Rhein und Donau.– Chemiker Ztg. 105 (6): 181-186.

HAILER, N. (1982): Natur und Landschaft am Oberrhein: Versuch einer Bilanz, Referate und Aussprachen der Arbeitstagung 1977.– Veroff. Pfälz. Ges. Förderung Wiss. Speyer 70: 105 S.

HAMM, A. (1982): Einführung in das Biologische Untersuchungsprogramm zur Erfassung der Zusammenhänge zwischen Wärmehaushalt und Gewässergüte an Kraftwerkstandorten.– Münchener Beitr. Abwasser-, Fisch.-, Flußbiol. 35: 9-14.

HANDKE, K. & HANDKE, U. (1982): Ergebnisse sechsjähriger Brutvogel-Bestandsaufnahmen im NSG „Lampertheimer Altrhein", Kreis Bergstraße (1974-79).– Z. Vogelkunde u. Naturschutz in Hessen, Vogel und Umwelt 2: 75-124.

HÄNDLER, V. (1987): ICP-atomemissionsspektrometrische Untersuchungen zu Herkunft, Transport und Verbleib von Metallen im Rhein.– In: LWA, LWA-Materialien 6: 148 S.

HANSEN, P.-D. (1995): The Potential and Limitations of New Technical Approaches to Ecotoxicology Monitoring.– In: RICHARDSON, M. (ed.): Environmental Toxicology Assessment. Taylor & Francis Publ., London: 14–28.

HARBERS, P., HINZ, W. & GERSS, W. (1988): Fauna und Siedlungsdichten - insbesondere der Mollusken - auf der Sohle des Rhein-Herne-Kanals.– Decheniana 141: 241-270.

HÄRINGER, G. (1959): Ölverschmutzung des Rheins durch die Schiffahrt und Maßnahmen zu ihrer Behebung im Bereich der Wasser- und Schiffahrtsdirektion Duisburg.– Wasserwirtsch. 49: 150-152.

HARTERT, E. (1887): Über die Vögel der Gegend von Wesel am Niederrhein.– J. Ornithol. 35: 248-270.

HÄUSER, P. (1983): Quecksilber-, Blei- und Cadmiumgehalt in der Rückenmuskulatur von Rotaugen (Rutilus rutilus) des nördlichen Oberrheins in Abhängigkeit von der Wasserführung und Jahreszeit. Eine Feldstudie.– Diss. FB Veterinärmed. u. Tierzucht, Univ. Gießen: 94 S.

HAUSRATH, H. (1899): Zum Vordringen der Kiefer und Rückgang der Eiche in den Waldungen der Rheinebene.– Verh. Naturw. Ver. Karlsruhe, H. 13.

HEINZEL, H., FITTER, R. & PARSLOW, J. (1983): Alle Vögel Europas, Nordafrikas und des Mittleren Ostens.– Parey, Hamburg/Berlin: 334 S.

HELBING, H. (1934a): Der Lippeverband.– In: BRIX et al, 2. Bd., S. 497-501.

HELBING, H. (1934b): Die Emschergenossenschaft in Essen.– In: BRIX et al., 2. Bd., S. 478-493.

HELLMANN, H. (1970a): Die Absorption von Schwermetallen an den Schwebstoffen des Rheins - eine Untersuchung zur Entgiftung des Rheinwassers (ein Nachtrag).– Dt. Gewässerk. Mitt. 14: 42-47.

HELLMANN, H. (1970b): Die Charakterisierung von Sedimenten auf Grund ihres Gehaltes an Spurenmetallen.– Dt. Gewässerk. Mitt. 14: 160-164.

HELLMANN, H. (1973a): Mineralöl in den Sedimenten des Bodensees? - Dt. Gewässerk. Mitt. 17: 154-158.

HELLMANN, H. (1973b): Mit welchen Analysenmethoden können Mineralölverschmutzungen dem Verursacher nachgewiesen werden? - Vom Wasser 41: 45-64.

HELLMANN, H. (1973c): Neuere Untersuchungen über Auftreten, Menge, Herkunft und Verhalten von Mineralölen im Rhein.– Dt. Gewässerk. Mitt., Sonderh.: 63-64.

HELLMANN, H. (1973d): Zum Abbau von Mineralölkohlenwasserstoffen im Rheinstrom.– Tenside, Detergents 10 (6): 285-289.

HELLMANN, H. (1974a): Auftreten und Herkunft von sogenannten kanzerogenen und anderen polyzyklischen Kohlenwasserstoffen in Gewässern.– Dt. Gewässerk. Mitt. 18: 155-157.

HELLMANN, H. (1977a): Einfluß hydrologischer Gegebenheiten auf die chemische Beschaffenheit von Oberflächengewässern am Beispiel des Rheins.– Beitr. Hydrol. 4: 25-29.

HELLMANN, H. (1977b): Zur Phosphatbelastung des Rheins in gewässerkundlicher Darstellung.– GWF Wasser/Abwasser 118: 259-263.

HELLMANN, H. (1978): Aniontenside im Rhein 1971-1977. Tensidabbau und Abbaupotenz im Strom.– Tenside, Detergents 15 (6): 291-294.

HELLMANN, H. (1980): Auftreten, Herkunft und Abbau von polycyclischen aromatischen Kohlenwasserstoffen im Rhein.– GWF Wasser/Abwasser 121: 178-184.

HELLMANN, H. (1984): Leichtflüchtige Chlorkohlenwasserstoffe in den Gewässern der Bundesrepublik Deutschland - Auftreten und Bilanz.– Gesundh.-Ing. 105 (5): 269-278.

HELLMANN, H. (1985): Zur Adsorption und Desorption leichtflüchtiger Chlorkohlenwasserstoffe am Beispiel von Sedimenten und Schwebstoffen.– Dt. Gewässerk. Mitt. 29: 111-115.

HELLMANN, H. (1986a): Analytik von Oberflächengewässern.– Georg Thieme, Stuttgart/New York: 225 S.

HELLMANN, H. (1986b): Schwermetalle in den Schwebstoffen des Mittelrheins 1974, 1979, und 1983/84 - ein Beitrag zur Trendermittlung.– Z. Wasser-, Abwasser-Forsch. 19: 85-90.

HELLMANN, H. (1986c): Zum Problem der Frachtberechnung in Fließgewässern.– Z. Wasser-, Abwasser-Forsch. 19: 133-139.

HELLMANN, H. (1987): Trendermittlung bei unterschiedlichen Abflüssen am Beispiel der Schwermetallgehalte von Schwebstoffen.– Z. Wasser-, Abwasser-Forsch. 20: 1-5.

HELLMANN, H. (1988): Phosphatbelastung des Mittelrheins 1960-1986.– GWF Wasser/ Abwasser 129: 710-715.

HELLMANN (1989a), BfG.

HELLMANN, H. (1989b): Nitrat und Ammonium im Rhein - Konzentrationen, Frachten, Trendverhalten und Herkunft 1954-1988.– Z. Wasser-, Abwasser-Forsch. 22: 212-222.

HELLMANN, H. & BRUNS, F.J. (1970): Untersuchungen zur Kohlenwasserstofffracht des Rheins 1968/69 - ein Beitrag zur Frage der Mineralölverschmutzung der Gewässer.– Dt. Gewässerk. Mitt. 14: 14-18.

HELLMANN, H. & GRIFFATONG, A (1972): Herkunft der Sinkstoffablagerungen in Gewässern (1. Mitt.: Chemische Untersuchungen der Schwermetalle).– Dt. Gewässerk. Mitt. 16: 14-18.

HELLMANN, H. & SCHUMACHER (1977a): Gewässerkundliche Untersuchungen über die Dynamik des Umsatzes von Phosphat, Nitrat und Borat im Rhein.– Forschungsvorhaben Nr. 8/74 (W) für das Bundesministerium des Innern. BfG: 73 S.

HELLMANN, H. & SCHUMACHER (1977b): Phosphate, Borate und Nitrate - Dynamik in Auftreten und Umsatz im Rheinstrom.– Tenside, Detergents 14 (6): 321-325.

HELLMANN, H., NÖTHLICH, I. & REUTER, W. (1988): Biologische und chemische Messungen in Verbindung mit dem Kerosin-Unfall vom 13.4.1988 bei Rhein-km 519.– Dt. Gewässerk. Mitt. 32: 85-86.

HELVERSEN, O. von (1974a): Die Wolfsspinnen (Lycosidae) im Schutzgebiet „Taubergießen“.– In: LNL, S. 547-549.

HELVERSEN, O. von (1974b): Verzeichnis der nachgewiesenen Geradflügler (Orthoptera).– In: LNL, S. 550-551.

HELVERSEN, O. von (1974c): Vorläufige Listen der Amphibien und Reptilien.– In: LNL, S. 589-590.

HEMMEN, J. (1973): Die Mollusken-Fauna der Rheininsel Kühkopf.– Jb. Nassauischer Ver. Naturkunde 102: 175-207.

HENNES, E.-C. (1983): Entwicklung und experimentelle Überprüfung eines komplexchemischen Gleichgewichtsmodells für Gewässer am Beispiel des Rheinwassers.– Diss. Fak. f. Chemie, Univ. (TH) Karlsruhe: 163 S.

HENNES, E.C. & EBERLE, S.H. (1984): Berechnung der Komplexierung von Schwermetallen im Rheinwasser durch Nitrilotriessigsäure.– In: GDCh, S. 293-305.

HENRICHFREISE, A. (1981): Zum Naturschutzwert der Wälder in der badischen Rheinaue.– Natur Landsch. 56 (10): 359-362.

HENRICHFREISE, A. (1983): Die Rheinaue, ihre Schutzwürdigkeit und existenznotwendigen Faktoren.– Hochwasserschutz Oberrhein, Informationsveranstaltung am 20.5.1983 in Rastatt. Ministerium für Ernährung [u.a.] Bad.-Württ., Wasserwirtschaftsverwaltung: 28-39.

HENTSCHEL, E.J. & WAGNER, G. (1993): Zoologisches Wörterbuch.- G. Fischer, 5. Aufl., Stuttgart: 576 S.

HLU, LfUG, LfU, & BFANL (1988): Biotopsystem nördliche Oberrheinniederung.– Bonn, Karlsruhe, Oppenheim, Wiesbaden: 137 S.

HEUSS, K. (1970): Zur Flora und Fauna des Niederrheines und deren Bedeutung für Betrachtungen über die Gewässergüte.– Gewässerschutz, Wasser, Abwasser 3: 267-275.

HEUSS, K. (1975): Das Phytoplankton der Ströme Rhein und Donau.– Ein Vergleich.– 18. Jahres-Arbeitstagung Int. Arbeitsgem. Donauforsch.: 217-226.

HINRICH, H. (1972): Rhein bei Karlsruhe und Koblenz. Gegenüberstellung von Abfluß, Schwebstoffgehalt und Salzgehalt (einschließlich der Frachten).– Wasser, Luft u. Betrieb 16 (12): 421-424.

HOFER, H. (1960a): Bemerkenswerte Winterbeobachtungen einiger Limikolenarten 1958/59 an der Siegmündung bei Bonn.– Ornithol. Mitt. 12: 25-26.

HOFER, H. (1960b): Sichel- und Temminckstrandläufer an der Siegmündung bei Bonn.– Ornithol. Mitt. 12: 54.

HOFER, H. (1962a): Purpurrheiher an der Siegmündung.– Ornithol. Mitt. 14: 36.

HOFER, H. (1962b): Eisenten an der Siegmündung.– Ornithol. Mitt. 14: 71.

HOFFMANN, E.-W. & POLL, K.G. (1985): Schwermetallbestimmungen an nicht belasteten Tonsedimenten des Rheintals bei Dinslanken.– Z. Wasser-, Abwasser-Forsch. 18 (1): 31-34.

HOFFMANN, F.O. (1974): Wärmebelastung des Rheins abhängig von der Wasserverschmutzung.– Umschau 74 (21): 667-668.

HOFFMANN, G., SAUTER, H. & SCHIKARSKI, W. (1974): Untersuchungen zur thermischen Belastung des Rheins.– Kernforschungszentrum Karlsruhe (KFK), KFK-Nachr. 3: 6-9, Karlsruhe.

HOFFMANN, M., BLÜBAUM-GRONAU, E. & KREBS, F. (1996): Kontinuierliche Gewässerüberwachung mit Muscheln: die Schalenbewegung als Schadstoffindikator.– In: Min. für Umwelt und Forsten Rh.-Pf. (Hrsg.): Wie sauber ist der Rhein wirklich? Biomonitoring.– Mainz: 127–133.

HOLLUTA, J. (1955): Untersuchungen über die Ursachen der Geruchs- und Geschmacksbeeinträchtigungen uferfiltrierter Trinkwässer am Niederrhein. GWF Wasser/Abwasser 96: 449-461.

HOLLUTA, J. (1961): Zur Frage der Mineralöllast des Rheines.– GWF Wasser/Abwasser 102: 355.

HOLLUTA, J. BAUER, L. & KÖLLE, W. (1968): Über die Einwirkung steigender Flußwasserverschmutzung auf die Wasserqualität und die Kapazität der Uferfiltrate.– GWF Wasser/Abwasser 109: 1406-1409.

HOLLUTA, J. & BRUNE, I. (1963): Untersuchungen über die Mineralöllast des Niederrheins und deren Herkunft.– Forsch.ber. Land Nordrh-Westf. 1177: 83 S.

HOLZAPFEL-PSCHORN, A., OBST, U. & SCHMITT, B. (1987): Beeinflussung der mikrobiellen Stoffwechselaktivität im Rhein.- Vom Wasser 69: 225-231.

HOLZWARTH, G., MÜLLER, W. & WESTERMANN, K. (1969): Brutnachweise der Reiherente (Aythya fuligula) und Tafelente (Aythya ferina) am südlichen Oberrhein.- Mitt. bad. Landesver. Naturkunde u. Naturschutz, N.F. 10: 195-197, Freiburg/Br.

HOMAGK (1983a): Konzeption für den Hochwasserschutz am Oberrhein. Möglichkeiten und Grenzen.- In: Ministerium für Ernährung [u.a.] Bad.-Württ. (Hrsg.): Hochwasserschutz Oberrhein. Informationsveranstaltung am 20.5.1983 in Rastatt. Niederschrift: 8-26.

HOMAGK (1983b): 2. Konzeption für den Hochwasserschutz am Oberrhein - Möglichkeiten und Grenzen.- In: Ministerium für Ernährung [u.a.] Bad.-Württ.: Hochwasserschutz Oberrhein. Informationsveranstaltung am 20.5.1983 in Rastatt. Niederschrift: 8-14.

HONSELL, M. (1885): Die Korrektion des Oberrheins von der Schweizer Grenze unterhalb Basel bis zur Großherzoglich-Hessischen Grenze unterhalb Mannheim.- Centralbureau für Meteorologie und Hydrographie (Hrsg.): Beitr. Hydrogr. Großherzogtum Baden, H. 3: 97 S., Karlsruhe.

HOPPE (1970): Die grossen Flußverlagerungen des Niederrheins in den letzten 2000 Jahren und ihre Auswirkungen auf Lage und Entwicklung der Siedlungen.- Forschungen zur deutschen Landeskunde: 189 S.

HOPPENHEIT, M. (1992): Vorschlag zur Durchführung einer biologischen Überwachung im Rahmen des Bund/Länder-Meßprogramms für die Nordsee: Effektmonitoring.- Stand 10.10.1992. Biologische Anstalt Helgoland. Hamburg 1992.

HUBER, E. (1981): Der heutige Stand der Auewaldungen in der Rheinebene.- Forst- u. Holzwirt 36 (19): 461-469.

HUBER, L. (1985): Stand der Kenntnisse über das ökologische Verhalten von Tensiden.- Münchener Beitr. Abwasser-, Fisch.-, Flußbiol. 39: 189-208.

HUBER, L. (1989): Folgerungen für eine ökologische Beurteilung von LAS.- Tenside, Detergents 26 (2): 177-179.

HUBER, M. (1976): Die Verkrautung des Hochrheins unter besonderer Berücksichtigung von Ranunculus fluitans LAM.- Dipl.-Arb. Univ. Zürich: 147 S.

HUBER, W. (1974): Ermittlung des Komplexierungs- und des Remobilisierungsvermögens von Wässern gegenüber Schwermetallverbindungen.- Z. Wasser-Abwasser-Forsch. 7 (3): 71-73.

HÜGIN, G. (1980): Die Auenwälder des südlichen Oberrheintales und ihre Veränderung durch den Rheinausbau.- Colloq. phytosociol. 9: 343-363, Strasbourg.

HÜGIN, G. (1981): Die Auenwälder des südlichen Oberrheintales - Ihre Veränderung und Gefährdung durch den Rheinausbau.- Landsch. u. Stadt 13 (2): 78-91.

HUSMANN, W. (1963): Chemische und biologische Auswirkungen der Abwasserbelastung des Rheines und Feststellung der Minderung seiner Selbstreinigungskraft.- Forsch.ber. Land Nordrh.-Westf., Nr. 1136.

IAWR (Internationale Arbeitsgemeinschaft der Wasserwerke im Rheineinzugsgebiet) (1970ff.): Berichte über Arbeitstagungen.- Amsterdam, zweijährlich.

IAWR (1973): Rheinwasserverschmutzung und Trinkwassergewinnung. Memorandum der IAWR.- Gas, Wasser, Abwasser 53 (6): 1-5.

IAWR (1982): Rheinbericht '81/82.- 85 S. + Anl.

IAWR (1986): Rhein-Memorandum 1986.– 24. S.

IAWR (1987): Rheinbericht '86/87.– 72 S. + Anl.

IAWR (1988): Salz im Rhein - Rost im Rohr.– 32 S.

IGKB (Internationale Gewässerschutzkommission für den Bodensee) (1982a): Die Auswirkungen der Reinhaltemassnahmen auf die limnologische Entwicklung des Bodensees (Lagebericht).– 30. Bericht: 33 S.

IGKB (1982b): Limnologische Auswirkungen der Schiffahrt auf den Bodensee.– 29. Bericht: 31 S. + Anl.

IGKB (1985b): Quantitative Mikroanalyse flüchtiger, organischer Verbindungen im Bodenseewasser.– 32. Bericht: 19 S. + Anl.

IKSR (Internationale Kommission zum Schutze des Rheins gegen Verunreinigung) (1956-1966): Bericht [der Experten-Kommission] über die physikalisch-chemische Untersuchung des Rheinwassers [sowie der Mosel] [1954-1956 bis 1961-1965].

IKSR (1956): Bericht der Experten-Kommission über die physikalisch-chemische Untersuchung des Rheinwassers (1. Serie Juni 1953 bis Juni 1954).– Birkhäuser, Basel/Stuttgart: 53 S. + Anl.

IKSR (1957): Bericht über die physikalisch-chemische Untersuchung des Rheinwassers Nr. 2. Juni 1954 bis Juni 1956.– Birkhäuser, Basel/Stuttgart: 32 S. + Anl.

IKSR (1960): Bericht über die physikalisch-chemische Untersuchung des Rheinwassers. III. 1956-1958.– Birkhäuser, Basel/Stuttgart: 38 S. + Anl.

IKSR (1961ff.): [Zahlen]Tafeln der physikalisch-chemischen Untersuchungen des Rheins [sowie der Mosel/Koblenz].

IKSR (1963): Bericht über die physikalisch-chemische Untersuchung des Rheinwassers. IV. 1959-1960.– Imprimerie de la Cour Victor Buck, Luxembourg: 48 S. + Anl.

IKSR (1966): Bericht über die physikalisch-chemische Untersuchung des Rheinwassers. V. 1961-1965.– Görres-Druckerei, Koblenz: 148 S.

IKSR (1986): Verunreinigung des Rheins nach dem Brandunfall bei Sandoz AG - Sachstand.– Koblenz: 10 S.

IKSR (1987a): Aktionsprogramm „Rhein“ (APR).– APR-Bericht Nr. 1, Straßburg, 30.09.1987. Koblenz: 28 S.

IKSR (1987b): Tätigkeitsbericht 1987.– Koblenz: 75 S. + Anl.

IKSR (1987c): Verunreinigung des Rheins nach dem Brandunfall bei Sandoz AG. Sachstand.– Koblenz.

IKSR (1987d): Zahlentafeln der physikalisch-chemischen Untersuchungen des Rheinwassers 1987.– Koblenz: 121 S.

IKSR (1988a): Bericht über das Großeinleiterinventar sauerstoffzehrender Stoffe.– APR-Bericht Nr. 4, Koblenz: 8 S.

IKSR (1988b): Die Auswirkungen des Brandunfalls am 1. November 1986 in Schweizerhalle auf den biologischen Zustand des Rheins.– APR-Bericht Nr. 7, Koblenz: 70 S.

IKSR (1988c): Tätigkeitsbericht 1988.– Koblenz: 77 S. + Anl.

IKSR (1988d): Aktionsprogramm „Rhein“. Arbeitsplan für die Durchführung.– APR-Bericht Nr. 2, Koblenz: 35 S.

IKSR (1988e): Bericht des Präsidenten der Internationalen Kommission zum Schutze des Rheins gegen Verunreinigung an die 9. Rheinministerkonferenz.– APR-Bericht Nr. 9, Koblenz: 12 S. + Anl.

IKSR (1989a): Bericht des Präsidenten der Internationalen Kommission zum Schutze des Rheins gegen Verunreinigung an die 10. Rheinministerkonferenz.- APR-Bericht Nr. 16, Koblenz: 122 S. + 22 S.
IKSR (1989b): Bestandsaufnahme der Einleitung prioritärer Stoffe 1985 und Vorausschau über die bis 1995 erzielbaren Verringerungen der Einleitungen.- APR-Bericht Nr. 10, Koblenz: 83 S.
IKSR (1989c): Inventar der Wärmeeinleitungen.- APR-Bericht Nr. 15, Koblenz: 3 S.
IKSR (1989d): Synthesebericht über die z.Z. laufenden und bereits geplanten Maßnahmem zur Verbesserung des Ökosystems „Rhein" inkl. seiner Nebengewässer.- APR-Bericht Nr. 11, Koblenz: 95 S.
IKSR (1990a): Tätigkeitsbericht 1990.- Koblenz: 32 S. + Anl.
IKSR (1990b): Zahlentafeln der physikalisch-chemischen Untersuchungen des Rheinwassers 1990.- Koblenz: 157 S.
IKSR (1990c): Die Stickstoffbilanz des Rheins - Erste Abschätzung.- APR-Bericht Nr. 19, Koblenz: 10 S.
IKSR (1991): Tätigkeitsbericht 1991.- Koblenz: 36 S. + Anl.
IKSR (1992a): Tätigkeitsbericht 1992.- Koblenz: 34 S. + Anl.
IKSR (1992b): Schätzung der diffusen Einträge von Pflanzenschutzmitteln in Gewässern des Rheineinzugsgebietes und Vorausschau der möglichen Reduzierung.- APR-Bericht Nr. 35, Koblenz: 13 S.
IKSR (1993a): Tätigkeitsbericht.- Koblenz: 18 S. + Anl.
IKSR (1993b): Atmosphärische Deposition als diffuse Quelle der Gewässerbelastung im Rheineinzugsgebiet - Reduktion der Emissionen von Stoffen der prioritären Liste in die Atmosphäre.- APR-Bericht Nr. 42, Koblenz: 35 S.
IKSR (1993c): Statusbericht Rhein: Chemisch-physikalische und biologische Untersuchungen bis 1991; Vergleich Istzustand 1990 - Zielvorgaben.- Koblenz: 120 S.
IKSR (1993d): Aktionsprogramm „Rhein". Statusbericht Rhein 1990. Auswertung des internationalen Schwebstoffmeßprogramms.- APR-Bericht Nr. 49a, Koblenz: 39 S. + Anl.
IKSR (1993e): Aktionsprogramm „Rhein". Statusbericht Rhein 1990. Sedimentqualität im Längsprofil des Rheins.- APR-Bericht Nr. 49b, Düsseldorf: 85 S.
IKSR (1993g): Diffuse Nährstoffeinträge in Gewässer - Gesamtbilanz für das Rheineinzugsgebiet unterhalb der schweizerischen Seen.- APR-Bericht Nr. 39, Koblenz: 6 S.
IKSR (1994a): Aktionsprogramm Rhein. Vergleich der Gewässergüte des Rheins mit den Zielvorgaben 1990-1993. Zwischenbilanz.- Koblenz: 40 S.
IKSR (1994b): Aktionsprogramm Rhein. Bestandsaufnahme der punktuellen Einleitungen prioritärer Stoffe 1992.- APR-Bericht Nr. 55, Koblenz: 64 S.
IKSR (1994c): Frachtabschätzung prioritärer Stoffe für die internationale Meßstation Bimmen/Lobith 1985, 1990 und 1992.- APR-Bericht Nr. 59, Karlsruhe: 9 S.
IKSR (1994d): Lachs 2000.- Sonderpublikation, APR-Bericht Nr. 61, Koblenz: 32 S.
IKSR (1994e): Aktionsprogramm „Rhein". Vergleich des Istzustandes des Rheins 1991 mit den Zielvorgaben. P15/94, rev. 07.07.94, Koblenz: 5 S. + Anlagen.
IKSR (1994f): Aktionsprogramm „Rhein". Vergleich des Istzustandes des Rheins 1992 mit den Zielvorgaben.- P16/94, rev. 01.06.94, Koblenz: 4 S. + Anlagen.
IKSR (1994g): Vergleich der Gewässergüte des Rheins mit den Zielvorgaben 1990-1993. Zwischenbilanz.- APR-Bericht Nr. 62, Koblenz: 40 S.

IKSR (1994h): Der Rhein auf dem Weg zu vielseitigem Leben.- APR-Sonderpublikation, Koblenz: 55 S.

IKSR (1994): Aktionsprogramm „Rhein". Stoffdatenblätter für die Zielvorgaben.- Koblenz: 261 S.

IKSR Untergruppe Ps (1989): Sedimentqualität im Längsprofil des Rheins 1988. Orientierende Untersuchung der IKSR-Untergruppe Ps.– Manuskr. Ps 34/89, rev. 8.5.1989. Lelystad: 11 S. + Anl.

ILLIES, J. (1961): Versuch einer allgemeinen biozönotischen Gliederung der Fließgewässer.– Int. Revue Hydrobiol. 46 (2): 205-213.

ILLIES, J. (Hrsg.) (1978): Limnofauna Europaea. 2. Aufl. G. Fischer, Stuttgart: 523 S.

ILLIES, J.H. (1982): Lebendige Tektonik am Oberrhein.– In: HAILER, N. S. 9-20.

IMHOFF, K. (1934): Die Arbeiten des Ruhrverbandes.– In: BRIX et al., Bd. 2, S. 455-477.

IMHOFF, K. (1947): Die Abwasserlast der deutschen Flüsse.– Gesundh.-Ing. 68 (4): 108-113.

IRION, G., MÜLLER, H., SCHÄFER, W. & SCHNEIDER, K. (1988): Der Brand bei Sandoz/ Basel aus ökotoxikologischer Sicht. Versuch einer Beurteilung der Ökotoxizität der freigesetzten Pestizide.– ÖKO-Institut, Freiburg. Werkstattreihe Nr. 44: 101 S.

IRMER, U. (1992): Biologische Warnsysteme zur Erfassung von Störfällen am Rhein.- Schr.-R. WaBoLu 89: 203–210.

IRMER, U. & SCHMITZ, P. (1993): Einsatz von Biotestverfahren bei der Gewässerüberwachung.– Kongreß „Wasser Berlin 93", Berlin.

IRMER, U., MARKARD, C., BLONDZIK, K., GOTTSCHALK, C., KUSSATZ, C., RECHENBERG, B. & SCHUDOMA, D. (1994): Ableitung und Erprobung von Zielvorgaben für gefährliche Stoffe in Oberflächengewässern.– Z. Umweltchem. Ökotox. 6 (1): 19-27.

IRMER, U., WOLTER, R. & KUSSATZ, C. (1993): Problembereich Pflanzenschutzmittel aus wasserwirtschaftlicher Sicht.- Schr.-R. Agrarspektrum 21: 22–33.

ITTNER, von (1818): Über die Bildung von Rhein-Inseln im Breisgau.– Eleutheria oder Freiburger literar. Bl. 1 (1): 193-226, Freiburg/Br.

JAAG, O. (1938): Die Kryptogamenflora des Rheinfalls und des Hochrheins von Stein bis Eglisau.– Mitt. Naturforsch. Ges. Schaffhausen 14: 3-158.

JAAG, O. (1954): Gewässerschutzprobleme des Rheins unter Berücksichtigung der Trink- und Brauchwasserversorgung von den Quellen bis zur Mündung.– Wasser- u. Energiewirtsch. 46 (5/6/7): 196-206.

JAAG, O. (1956): Internationale Zusammenarbeit zur Reinhaltung des Rheinstromes.– VDG Mitt. 10/11: 4-7.

JANSEN, P., SCHIKARSKI, W. & STEHFEST, H. (1971): Beitrag zur Analyse der zulässigen Kraftwerksbelegung des Rheins im Hinblick auf die thermische Belastung.– Ges. Kernforsch., Karlsruhe, KFK Nr. 1511: 27 S.

JATZEK, H.-J. (1986a): Die Dynamik des Makrozoobenthons des schiffbaren Rheins in den Jahren 1976 bis 1982.– Diss. Univ. Mainz: 353 S.

JENS, G. (1952): Untersuchungen an Aalschokkerfängen im Rhein.– Dipl.-Arb. Univ. Hamburg.

JENS, G. (1971): Fische und Fischerei des Rheins.– Beitr. Rheinkunde 23: 8-14.

JENS, G. (1978a): Wanderfische des Rheins - einst und jetzt.– In: The Rhine, i. Dr.

JENS, G. (1978b): Seit 30 Jahren der erste Lachs.– Fischer u. Teichwirt 10: 174.

JURISCH, K.W. (1890): Die Verunreinigung der Gewässer. Eine Denkschrift im Auftrage der Flusscommission des Vereins zur Wahrung der Interessen der chemischen Industrie Deutschlands.- R. Gaertner's Verlagsbuchhandlung, Berlin: 108 S.

KAESS, A. (1951): Allgemeine Betrachtungen über die Verschmutzung des Rheins, insbesondere des Niederrheins.- Gesundh.-Ing. 72 (17/18): 301-302.

KALWEIT, H. (1976): Auswirkungen der Urbanisierung auf die Wasserwirtschaft eines großen Flußgebietes - Modell Rhein.- Wasserwirtsch. 66: 14-24.

KALWEIT, H. (1985): Rheinwasserbeschaffenheit unterhalb der BASF-Kläranlage während der Störung im Mai 1984.- Wasser Boden 37 (10): 476-478, 481.

KAMMEL, H.-G. (1960): Die Mikroorganismen des freien Rheinwassers im Raume von Köln im Jahreszyklus und in ihrer Stellung im Saprobiensystem.- Diss. Univ. Köln.

KARRENBROCK, F. & HABERER, K. (1984): Determination of volatile organic substances in water by GC/SIM. Results of an investigation on the rivers Rhine and Main.- Analysis of Organic Micropollutants in Water (III. European Symposium): 179-188.

KELLER, M. (1987): AOX-Gehalte in Fließgewässern der Bundesrepublik Deutschland.- Dt. Gewässerk. Mitt. 31: 38-42.

KELLER, M. (1989): AOX-Belastung von Oberflächengewässern im Jahr 1987.- Vom Wasser 72: 199-210.

KELLER, M., HELLMANN, H. & PETERSEN, R. (1988): Schadstoffbelastung in Gewässern, Organohalogene, Schwermetalle und nichtionische Tenside.- Forschungsbericht. Umweltforschungsplan des Bundesministers für Umwelt, Naturschutz und Reaktorsicherheit (102 04 216/03.). BfG: 82 S.

KELLER, R. (1978/79): Hydrologischer Atlas der Bundesrepublik Deutschland. Karten und Erläuterungen.- Karten und Textband. Boldt-Verlag, Boppart.

KETTNER, W.F. von (1849): Darstellung der ornithologischen Verhältnisse des Großherzogtums Baden.- Beitr. rhein. Naturgesch. 1: 39-100.

KEUNE, H. (1977): Wärmeeinleitung durch die Chemie.- Umwelt-Report 7 (5): 383-384.

KINZELBACH, R. (1972): Einschleppung und Einwanderung von Wirbellosen in Ober- und Mittelrhein.- Mainzer Naturwiss. Arch. 11: 109-150.

KINZELBACH, R. (1976): Die Wassermollusken des Naturschutzgebietes „Hördter Rheinaue".- Mitt. Pollichia 64: 139-152.

KINZELBACH, R. (1982): Veränderung der Fauna im Oberrhein.- In: HAILER, S. 66-86.

KINZELBACH, R. (1983): Zur Dynamik der Zoobenthon-Biozönosen des Rheins.- Verh. Ges. Ökol. 10: 263-271.

KINZELBACH, R. (Hrsg.) (1985): Die Tierwelt des Rheins einst und jetzt.- Mainzer Naturwiss. Arch., Beih. 5: 183 S.

KINZELBACH, R. (1985a): Zur Entstehung der Zoozönose des Rheins.- Mainzer Naturwiss. Arch., Beih. 5: 5-49.

KINZELBACH, R. (1985c): Ein Nachweis des Meerneunauges (Petromyzon marinus) am hessischen Oberrhein.- Hess. Faunist. Briefe 5 (4): 56-58.

KINZELBACH, R. (1987): Das ehemalige Vorkommen des Störs, Acipenser sturio (Linnaeus, 1758), im Einzugsgebiet des Rheins (Chondrostei: Acipenseridae).- Z. angew. Zool. 74 (2): 167-200.

KINZELBACH, R. (1988): Die Tierwelt im Rhein nach November 1986.- In: KOHLER, A. & RAHMANN, H. (Hrsg.): Gefährdung und Schutz von Gewässern.- Hohenheimer Arb.: 37-48.

KINZELBACH, R. & FRIEDRICH, G. (Hrsg.) (1990): Biologie des Rheins.- Limnologie Aktuell, Bd. 1. G. Fischer, Stuttgart/New York: 496 S.

KINZELBACH, W.K.H. (1981): Managing the Cooling Capacity of the Upper Rhine. A Case Study.- Env. Manag. 5 (1): 69-77.

KIRSCHBAUM, C.L. (1861): Die Reptilien und Fische des Herzogthums Nassau. Verzeichnis und Bestimmungshilfe.- Jb. Nassauischer Ver. Naturkunde 16: 77-122.

KLAUSEWITZ, W., SCHÄFER, W. & TOBIAS, W. (1971): Umwelt 2000.- Senckenberg. Naturforsch. Ges. (Hrsg.): Kleine Senckenberg-R. 3.

KLEINSTEUBER, H. (1971): Dokumentation zum Fischsterben im Rhein am 8.-10. Juni 1971.- BfG: 12 S.

KLIFFMÜLLER, R. (1960): Beiträge zum Stoffhaushalt des Bodensees (Obersee). I. Die in den Bodensee (Obersee) eingebrachten Schmutz- und Nährstoffe und ihr Verbleib.- Int. Revue Hydrobiol. 45 (3): 359-380.

KLIFFMÜLLER, R. (1962a): Bilanz der dem Bodensee (Obersee) 1958/59 zugeführten Schmutz- und Düngestoffe.- GWF Wasser/Abwasser 103: 1365.

KLIFFMÜLLER, R. (1962b): Der Anstieg des Phosphats und Phosphors als Ausdruck fortschreitender Eutrophierung des Bodensees (Obersee).- Int. Revue Hydrobiol. 47 (1): 118-122.

KLOPP, R. (1986): Über die Ermittlung von Frachten in Fließgewässern.- Vom Wasser 66: 149-158.

KLOSE, H. (1968): Untersuchungen über den Indikatorwert des Potamoplanktons.- Int. Revue Hydrobiol. 53 (5): 781-805.

KLOSTERKEMPER, H. (1973): Der Bilgenentwässerungsverband.- In: IAWR, 3. Arbeitstagung: 113-117.

KLOSTERKEMPER, H. (1975): Die Bilgenentölung auf dem Rheinstromgebiet. Wasser- u. Energiewirtsch. 67 (5/6): 223-226.

KLOTTER, H.E. (1955): Die Bedeutung des Phytoplanktons für Rhein und Neckar.- Arch. Hydrobiol., Suppl. 22: 347-353.

KNÄBLE, K. (1968): Zur Frage des Kraftausbaues des Oberrheins zwischen Kehl/Strassburg und Lauterburg.- Schr.-R. Dt. Rat Landespfl. 10: 19-23.

KNECHT, A. (1985): Ökologische und experimentelle Untersuchungen zur Massenentwicklung von Ranunculus fluitans LAM im Rhein.- Diss. Philos. Fak. II, Univ. Zürich: 127 S.

KNOP, E. (1964): Vorarbeiten für das Klärwerk Emschermündung.- GWF Wasser/ Abwasser 105: 821-825.

KNÖPP, H. (1952): Der Oberrhein, ein Aal-, kein Lachsstrom.- Z. Fisch. 1, N.F. (1/2): 81-94.

KNÖPP, H. (1957a): Die heutige biologische Gliederung des Rheinstroms.- Dt. Gewässerk. Mitt. 1: 56-63.

KNÖPP, H. (1957b): Gutachten über den biologischen Zustand des Rheinstroms im Bereich der WSD Mainz vom 24.10.- 3.11.1955 und 22.11.- 23.11.1956.- Gutachten. BfG, unveröff.

KNÖPP, H. (1958): Experimentelle Untersuchungen über die Schädigung von Selbstreinigungsvorgängen durch Abwassergifte.- Dt. Gewässerk. Mitt. 2: 79-83.

KNÖPP, H. (1959a): Über den Einfluß des Planktons auf die Sauerstoffzehrung von Flußwasser.- Dt. Gewässerk. Mitt. 3: 65-70.

KNÖPP, H. (1959b): Über die Rolle des Phytoplanktons im Sauerstoffhaushalt von Flüssen.- Dt. Gewässerk. Mitt. 3: 139-147.

KNÖPP, H. (1960): Untersuchungen über das Sauerstoff-Produktions-Potential von Flussplankton.- Schweiz. Z. Hydrol. 22: 152-166.

KNÖPP, H. (1961a): Der A-Z-Test, ein neues Verfahren zur toxikologischen Prüfung von Abwässern (Begründung und Beschreibung der Methode).- Dt. Gewässerk. Mitt. 5: 66-73.

KNÖPP, H. (1961b): Die „Zusätzliche Zehrung" - eine neue biochemische Kennzahl zur Bewertung von Selbstreinigungskraft und Verschmutzung.- GWF Wasser/Abwasser 105: 92-98.

KNÖPP, H. (1962): Der Assimilations-Zehrungstest, ein einfaches Verfahren zur biochemischen Prüfung und Bewertung von Abwasser.- GWF Wasser/Abwasser 103: 786.

KNÖPP, H. (1963): Biochemische Abwasserprüfung und ihre Beziehungen zum Stoffhaushalt der Vorfluter.- Föderation Europäischer Gewässerschutz, FEG Informationsbl. 8: 55-56.

KNÖPP, H. (1964a): Die „Zusätzliche Zehrung" - eine neue biochemische Kennzahl zur Bewertung von Selbstreinigungskraft und Verschmutzung.- GWF Wasser/Abwasser 105 92-98.

KNÖPP, H. (1964b): Messung der „Selbstreinigungskraft" von Gewässern.- Umschau 64 (21): 670.

KNÖPP, H. (1965): Neue Erkenntnisse zum Sauerstoffhaushalt von Fließgewässern.- Dt. Gewässerk. Mitt., Sonderh.: 17-23.

KNÖPP, H. (1967a): Biochemical analysis and charting of flowing waters.- Advances in water pollution research. Washington D.C. 1: 146-151.

KNÖPP, H. (1967b): Untersuchungen über die Selbstreinigungskapazität und Selbstreinigungsleistung von Strömen und über die Vergiftung dieser Funktionen durch industrielle Abwässer.- Vortrag Donautagung Kiew 1967. Sonderbd. Ukrainische Akad. d. Wiss. Kiew: 149-156.

KNÖPP, H. (1968a): Gutachterliche Stellungnahme über die voraussichtlichen Auswirkungen einer geplanten Kühlwassereinleitung bei Rhein-Km 799,2 auf die biologischen Verhältnisse im Rhein.- BfG: 30 S.

KNÖPP, H. (1968b): Stoffwechseldynamische Untersuchungsverfahren für die biologische Wasseranalyse.- Int. Revue Hydrobiol. 53 (3): 409-441.

KNÖPP, H. (1969): Neuere Untersuchungen über die Wirkung von Kühlwasser auf die Selbstreinigung.- Dt. Gewässerk. Mitt., Sonderh.: 63-69.

KNÖPP, H. (1970): Neuere Studien zur Biologie und Biochemie des Rheins.- Gewässerschutz, Wasser, Abwasser 3: 67-82.

KNÖPP, H. (1973b): Biologisch-chemische Probleme der Abwärmebelastung unserer Gewässer.- VDI-Berichte 204: 17-23.

KNÖPP, H. & MAUCHER (1968): Minderung der Selbstreinigungskraft des Niederrheins durch Gifte aus Abwässern und die Quellen dieser Schädigung.- Zwischenbericht, Forschungsauftrag zu G5/355.02/3056. BfG: 23 S. + Anl.

KNÖRZER, K.H. (1960): Die Salbei-Wiesen am Niederrhein.- Mitt. Florist.-soziol. Arbeitsgem., N.F. 8: 169-180, Stolzenau/Weser.

KOBELT, W. (1908): Zur Erforschung der Najadeenfauna des Rheingebietes.- Nachr.bl. dt. Malakozool. Ges. 40 (2): 49-59.

KOCH, W. (1955): Die Rheinfischerei in Vergangenheit, Gegenwart und Zukunft unter dem Einfluß der Rheinkorrektion und Energiewirtschaft.- Arch. Hydrobiol., Suppl. 22: 369-380.

KOCK, D. (1981): Rauhhaut-Fledermäuse im Rhein-Main Gebiet.- Natur u. Museum, 111 (1): 20-24.

KÖHLE, H. (1973): Die Kühlwasserfrage bei der Energieerzeugung.- Vom Wasser 41: 425-455.

KÖHNE, M., SIEPMANN, F.W. & HEESEN, D. te (1986): Der BSB_5 und der kontinuierliche Kurzzeit-BSB (BSB-M3) im Vergleich.- Korresp. Abwasser 33 (9): 787-793.

KOLKWITZ, R. (1912): Quantitative Studien über das Plankton des Rheinstroms von seinen Quellen bis zur Mündung. 1. Mitt.- Mitt. Kngl. Prüfungsanst. Wasserversorg. u. Abwässerbeseit. 16: 167-209.

KÖLLE, W. (1971): Aspekte der Schwermetallbelastung des Rheins.- GWF Wasser/ Abwasser 112: 517.

KÖLLE, W., DORTH, K., SMIRICZ, G. & SONTHEIMER, H. (1971): Aspekte der Belastung des Rheins mit Schwermetallen.- Vom Wasser 38: 183-196.

KÖNIG, J. (1899a): Die Verunreinigung der Gewässer, deren schädliche Folgen sowie die Reinigung von Trink- und Schmutzwasser. Bd. 1.- J. Springer, Berlin: 454 S.

KÖNIG, J. (1899b): Die Verunreinigung der Gewässer, deren schädliche Folgen sowie die Reinigung von Trink- und Schmutzwasser. Bd. 2.- J. Springer, Berlin: 513 S.

KORNECK, D. (1974): Xerothermvegetation in Rheinland-Pfalz und Nachbargebieten.- Schr.-R. Vegetationskunde, H. 7, Hiltrup.

KOSTER, B. & WINKLER, J. (1985a): Das Makrozoobenthon des Hochrheins im Jahre 1983.- Dipl.-Arb. Zool. Inst., TH Darmstadt: 332 S.

KOSTER, B. & WINKLER, J. (1985b): Das Makrozoobenthon des Hochrheins.- Mainzer Naturwiss. Arch., Beih. 5: 51-66.

KOTHÉ, P. (1956): Die Technisierung der Oberelbe zwischen Alandmündung und Hamburg in ihrer Auswirkung auf die makroskopische Lebewelt des Stromes.- Dipl.-Arb., Zool. Inst. Univ. Hamburg: 66 S.

KOTHÉ, P. (1961): Hydrobiologie der Oberelbe. Natürliche, industrielle und wasserwirtschaftliche Faktoren in ihrer Auswirkung auf das Benthos des Stromgebietes oberhalb Hamburgs.- Archiv Hydrobiol. Suppl. 26: 221-343.

KOTHÉ, P. (1967): Die Biologie als Hilfsmittel bei der Erforschung morphologisch-quantitativer Vorgänge in den Gewässern.- Dt. Gewässerk. Mitt. Sonderheft 1967: 220-226.

KOTHÉ, P. (1969): Biologische Untersuchung des Rheins am 26. und 27. Juni 1969 im Bereich des Fischsterbens zwischen Mainz und Koblenz.- Bericht, BfG: 6 S.

KRAMER, H. (1968): Literatur über die Limnofauna der ehemaligen Rheinprovinz.- Decheniana 121 (1/2): 151-163.

KRAUSE, W. (1968): Beobachtungen zum Grundwasseraustritt in der Rheinaue vor und nach dem Bau des elsässischen Rheinseitenkanals, Stauhaltung Rheinau-Sundhausen.- Landespflege am Oberrhein 10: 55-59.

KRAUSE, W. (1974a): Die Wasservegetation im Taubergießengebiet vor Inbetriebnahme des Rheinseitenkanals mit Ausblicken auf die künftige Entwicklung.- In: LNL, S. 306-324.

KRAUSE, W. (1974b): Das Taubergießengebiet, Beispiel jüngster Standortgeschichte in der Oberrheinaue.- In: LNL, S. 147-172.

KRAUSE, W. (1974c): Veränderungen des Chloridgehaltes der Rheinauengewässer in Zusammenhang mit dem Bau des Rheinseitenkanals.- Ber. Naturforsch. Ges. Freiburg/ Br. 64: 5-23.

KRAUSE, W. (1981): Über das Verhältnis von Beständigkeit und Veränderung in der Wasservegetation der Oberrheinaue.- Ber. Int. Symposien. Int. Verein. Vegetationskunde, Verlag J. Cramer, Vaduz: 133-154.

KRAUSE, W. & CARBIENER, R. (1975): Die Chloridkonzentration in den Gewässern der Oberrheinebene und ihrer Randgebirge.- Erdkunde 29 (4): 267-277.

KRAUSE, W. & HÜGIN, G. (1987): Ökologische Auswirkungen von Altarmverbundsystemen am Beispiel des Altrheinausbaus.- Natur Landsch. 62 (1): 9.

KREBS, F. (1978a): Kresol-Abbau im Rhein als Folge bakterieller Giftadaptation.- Vortragsband. Tagung deutscher Limnologen, Karlsruhe, Sept. 1978. Hrsg.: LfU, Inst. f. Wasser- u. Abfallwirtsch.: 118-119.

KREBS, F. (1978b): Stoffwechseldynamische Untersuchungsmethoden als ökotoxikologische Testverfahren, dargestellt am Beispiel von Längsprofiluntersuchungen des Rheins.- In: KREBS (1978d), S. 11-53.

KREBS, F. (1978c): Untersuchungen zur bakteriellen Giftadaptation im Vorfluter: Kresolabbauende Bakterien als Bioindikatoren für toxische Industrieabwässer.- In: KREBS (1978d), S. 54-82.

KREBS, F. (1978d): Vergiftung der Selbstreinigung durch toxische Abwässer. Teil I: Ökotoxikologische Untersuchung des Rheins mit stoffwechseldynamischen Analysenmethoden.- Forschungsbericht. Umweltforschungsplan des Bundesministers des Innern (102 04 301). BfG: 182 S.

KREBS, F. (1992): Über die Notwendigkeit ökotoxikologischer Untersuchungen an Sedimenten.- Dt. Gewässerk. Mitt. 36: 165-169.

KREBS, F., BLESSING, B., FRITZ-LANGEN, H., BLÜBAUM-GRONAU, E., HOFFMANN, M. & SCHMITZ, P. (1994): Entwicklung, Erprobung und Implementation von Biotestverfahren zur Überwachung des Rheins; Teilvorhaben 2: Bakterientoximeter, Verhaltensfischtest und Koordination/Zentrale Auswertung.- Forschungsbericht. BMFT (033 929 9D). BfG, Koblenz: 402 S.

KRIEGSMANN, F. (1958): Der Fischbestand des Bodensees als Indikator für Veränderungen des allgemeinen See-Reagierens.- Münchener Beitr. Abwasser-, Fisch.-, Flußbiol. 4: 153-166.

KRIEGSMANN, F. (1959): Biologische Grundlagen, Bedeutung und Gefährdung der Bodensee-Fischerei.- Allg. Fisch.-Ztg. 84: 89-92.

KRIEGSMANN, F. (1969): Die Rheinfischerei Baden-Württembergs und die Entwicklung des Rheinstromes zur Hochwasserrinne und zum Kraftwerkskanal.- Allg. Fisch.-Ztg. 94 (12): 382-385.

KRIEGSMANN, F. (1970): Gutachten über die Rheinfischerei und die Wirkungen der Teilkanalisierung zwischen Breisach und Kehl.- Ministerium für Ernährung [u.a.] Bad.-Württ. (Hrsg.): 88 S.

KRUSE, W. (1899): Ueber Verunreinigung und Selbstreinigung der Flüsse.- Centralbl. allg. Gesundh.pfl. 18: 16-48.

KUHL, D. (1980): Naturversuche mit einer Geschiebezugabe im Rhein unterhalb der Staustufe Iffezheim.- Binnenschiff., H. 2.

KUHLMANN, J. (1911): Die chemische Zusammensetzung und das biologische Verhalten der Gewässer.- Diss. Philos. u. Naturwiss. Fak., Univ. Münster: 65 S. + Anl.

KUHN, G. (1971): Die Rheinflußfischerei in Nordbaden.- Dipl.-Arb. Univ. Mannheim.

KUHN, G. (1976): Fischerei am Oberrhein.- Schr.-R. Univ. Hohenheim, R. Agrarökonomie, H. 83: 193 S.

KÜHN, R., PATTARD, M., PERNAK, K.-D. & WINTER, A. (1989): Results of the harmful effects of water pollutants to Daphnia magna in the 21 day reproduction test.- Water Res. 23 (4): 501-510.

KÜHN, W. (1987): Der Beitrag aus diffusen Quellen zur Verunreinigung des Rheins.- In: IAWR, 11. Arbeitstagung: 77-91.

KUNZ, E. (1982): Flußbauliche Maßnahmen am Oberrhein von Tulla bis heute mit ihren Auswirkungen.- In: HAILER, S. 34-50.

KURZ, R. (1987): Pestiziduntersuchungen im Rhein und Rheinuferfiltrat.- In: ARW, 44. Bericht: 91-102.

KURZ, R. (1988): Pestiziduntersuchungen im Rhein und Rheinuferfiltrat.- In: LWA (Hrsg.): Pestizide im Gewässer. Pestizide im Grund- und Rohwasser. LWA-Materialien 2: 82-97.

KUSSMAUL, H. FRITSCHI, U., FRITSCHI, G. & SCHINZ, V. (1978): Leichtflüchtige Halogenkohlenwasserstoffe im Rheinwasser, Uferfiltrat und Trinkwasser.- WaBoLu-Berichte 3/78: 5-85.

KYLL, T. (1877): [Correferat über die Frage der Canalisation der Stadt Köln.] - Corr.-Bl. Niederrh. Ver öff. Gesundh.pfl. 6 (7,8,9): 123-137.

LANDBECK, L. (1847): Systematisches Verzeichnis der Vögel Württembergs.- Jh. Ver. vaterländ. Naturkunde Württ. 2: 212-238.

Landesanstalt für Gewässerkunde und Gewässerschutz Nordrhein-Westfalen (1969): Biologische und chemische Untersuchung zur Kennzeichnung der Beschaffenheit des Rheins am Ende einer extremen Niedrigwasserperiode im November 1969.- 90 S.

Landesanstalt für Gewässerkunde und Gewässerschutz Nordrhein-Westfalen (1973a): Biologische und chemische Untersuchungen des Rheines bei Niedrigwasser im Oktober 1971.- Schr.-R. Landesanstalt f. Gewässerkunde u. Gewässerschutz Land Nordrh.-Westf. 35: 44 S.

Landesanstalt für Gewässerkunde und Gewässerschutz Nordrhein-Westfalen (1973b): Jahresbericht.- Krefeld: 17 S.

LANGE-BERTALOT, H. & LORBACH, K.-D. (1979): Die Diatomeenbesiedelung des Rheins in Abhängigkeit von der Abwasserbelastung.- Arch. Hydrobiol. 87: 347-363.

LASKOWSKI, N. et al. (1974): Hohe Quecksilberkonzentrationen in Sedimenten des Ginsheimer Altrheins.- Naturwiss. 61: 681.

LASKOWSKI, N. et al. (1975): Heavy-metal and organiccarbon content of recent sediments near Mainz.- Naturwiss. 62: 136.

LAUTERBORN, R. (1896a): Diagnosen neuer Protozoen aus dem Gebiete des Oberrheins.- Zoolog. Anz. 19: 14-18.

LAUTERBORN, R. (1896b): Ueber das Vorkommen der Diatomeen-Gattungen Attheya und Rhizosolenia in den Altwassern des Oberrheins.- Ber. Dt. Botan. Ges. 14: 11-15.

LAUTERBORN, R. (1905): Die Ergebnisse einer biologischen Probeuntersuchung des Rheins.- Arb. Kais. Gesundh.amt 22: 630-652.

LAUTERBORN, R. (1907a): Bericht über die Ergebnisse der vom 2.-14. Oktober 1905 ausgeführten biologischen Untersuchung des Rheines auf der Strecke BaselMainz.- Arb. Kais. Gesunh.amt 25: 99-139.

LAUTERBORN, R. (1907b): Einige Bemerkungen zu dem Artikel des Herrn Prof. Dr. C. Weigelt: Industrie- sowie Hausabwässer und der Rhein.- Chem. Ind. 30 (12): 277-280.

LAUTERBORN, R. (1908a): Bericht über die Ergebnisse der 2. biologischen Untersuchung des Oberrheins auf der Strecke Basel-Mainz (30. April bis 12. Mai 1906).- Arb. Kais. Gesundh.amt 28: 1-28.

LAUTERBORN, R. (1908b): Bericht über die Ergebnisse der 3. biologischen Untersuchung des Oberrheins auf der Strecke Basel-Mainz vom 9.-22. August 1906.- Arb. Kais. Gesundh.amt 28: 62-91.

LAUTERBORN, R. (1908c): Bericht über die Ergebnisse der 4. biologischen Untersuchung des Rheins auf der Strecke Basel-Mainz (vom 14. bis 25. März 1907).- Arb. Kais. Gesundh.amt 28: 532-548.

LAUTERBORN, R. (1908d): Protozoen-Studien. 5. Teil. Zur Kenntnis einiger Rhizopoden und Infusorien aus dem Gebiete des Oberrheins.- Z. wiss. Zool. 90: 645-669.

LAUTERBORN, R. (1909a): Bericht über die Ergebnisse der 5. biologischen Untersuchung des Rheins auf der Strecke Basel-Mainz (vom 4.-16. Juli 1907).- Arb. Kais. Gesundh.-amt 30: 523-542.

LAUTERBORN, R. (1909b): Bericht über die Ergebnisse der 6. biologischen Untersuchung des Oberrheins auf der Strecke Basel-Mainz (vom 15-30. November 1907).- Arb. Kais. Gesundh.amt 32: 35-58.

LAUTERBORN, R. (1910a): Bericht über die Ergebnisse der 7. biologischen Untersuchung des Oberrheins auf der Strecke Basel-Mainz (vom 21. Januar bis 4. Februar 1908).- Arb. Kais. Gesundh.amt 33: 453-472.

LAUTERBORN, R. (1910b): Die Vegetation des Oberrheins.- Verh. Naturhist.-Med. Ver., N.F. 10 (4): 450-502, Heidelberg.

LAUTERBORN, R. (1911a): Bericht über die Ergebnisse der 8. biologischen Untersuchung des Oberrheins auf der Strecke Basel-Mainz (vom 4. bis 16. Juli 1908).- Arb. Kais. Gesundh.amt 36: 239-259.

LAUTERBORN, R. (1911b): Die biologische Selbstreinigung unserer Gewässer.- Verh. naturhist. Verein preuß. Rheinl. u. Westf. 68: 473-487.

LAUTERBORN, R. (1916): Die geographische und biologische Gliederung des Rheinstromes. I. Teil.- Sitzungsber. Heidelberger Akad. Wiss., Math.-naturwiss. Kl., Abt. B. VII, 6. Abh.: 61 S.

LAUTERBORN, R. (1917): Die geographische und biologische Gliederung des Rheinstromes. II. Teil.- Sitzungsber. Heidelberger Akad. Wiss., Math.-naturwiss. Kl., Abt. B. VII, 5. Abh.: 70 S.

LAUTERBORN, R. (1918): Die geographische und biologische Gliederung des Rheinstroms. III. Teil.- Sitzungsber. Heidelberger Akad. Wiss., Math.-naturwiss. Kl., Abt. B., 1. Abh.: 87 S.

LAUTERBORN, R. (1926a): Das Laichen des Flußneunauges (Lampetra fluviatilis L.) in den Seitengewässern des Oberrheins.- Zool. Anz. 68: 142-146.

LAUTERBORN, R. (1926b): Faunistische Beobachtungen aus dem Gebiet des Oberrheins und des Bodensees. 6. Reihe.- Mitt. Bad. Landesverb. Naturkunde u. Naturschutz 2 (1/2): 3-12.

LAWA (Länderarbeitsgemeinschaft Wasser) (1977): Grundlagen für die Beurteilung der Wärmebelastungen von Gewässern. Teil 1: Binnengewässer.– 2. Aufl., Mainz: 123 S.

LAWA (1980): Die Gewässergütekarte der Bundesrepublik Deutschland.– Ministerium für Ernährung [u.a.] Bad.-Württ., Stuttgart: 16 S. + Karte.

LAWA (1990): Gewässergütekarte der Bundesrepublik Deutschland. Ausgabe 1990.– Der Hessisches Ministerium für Umwelt und Reaktorsicherheit, Wiesbaden.

LAWA (1993): Konzeption zur Ableitung von Zielvorgaben zum Schutz oberirdischer Binnengewässer vor gefährlichen Stoffen.- Arbeitspapier. Stand: 6. Mai 1993: 30 S. + Anl.

LAWA (1994): Erprobung von Zielvorgaben für Schwermetalle an ausgewählten Fließgewässern 1990-1992.- 1. Entwurf. Okt. 1994: 1-94.

LAWA & UBA (1994): Erprobung von Zielvorgaben für 28 gefährliche Wasserinhaltsstoffe an ausgewählten Fließgewässern 1988-1991.- Umweltbundesamt, Berlin, Texte 9/94: 1-20 + Anlagen.

LAY, J.P. (1987): Wirkungsbezogene Konzepte und Kriterien.– In: KORTE, F. (Hrsg.): Lehrbuch der Ökologischen Chemie. Georg Thieme, Stuttgart/New York: 141-172.

LEHMACHER, H. (1978): Faunistisch-Ökologische Untersuchung der Carabiden (Coleoptera, Carabidae) im Gebiet der Siegmündung.– Decheniana 131: 188-197.

LEHMANN, C. (1930): Die Auswirkung der zur Reinhaltung der unteren Ruhr getroffenen Maßnahmen auf den Rhein.– Z. Fisch. 28: 453-476.

LEHMANN, H. (1965): Ökologische Untersuchungen über die Carabidenfauna des Rheinufers in der Umgebung von Köln.– Z. Morphol. Ökol. Tiere 55: 597-630.

LEHMANN, K.B., KELLER & SPITTA, O. (1913) Gutachten des Reichs-Gesundheitsrats, betreffend die Abwässerbeseitigung der Stadt Offenbach am Main.– Arb. Kais. Gesundh.amt 44: 227-285.

LEIST, N. (1978): Die Spinnen des Rußheimer Altrheins.– In: LfU, S. 365-398.

LELEK, A. (1976): Veränderung der Fischfauna in einigen Flüssen Zentraleuropas (Donau, Elbe und Rhein).– In: Veränderungen der Flora und Fauna in der Bundesrepublik Deutschland - Schr.-R. Vegetationskunde 10: 295-308.

LELEK, A. (1978a): Die Fischbesiedlung des nördlichen Oberrheins und des südlichen Mittelrheins.- Natur u. Museum 108 (1): 1-9.

LELEK, A. (1978b): Die Bedeutung der Altrheine für die Fischfauna des Rheinhauptstromes am Beispiel des Schusterwörther Altrheins.– In: SCHÄFER, W. (1978b), S. 109-154.

LELEK, A. (1979): Die Altrheine - Kinderstube der Rheinfische.- Fisch u. Fang 20 (9): 730-731.

LELEK, A. (1983): Ichthyologische und fischereibiologische Arbeiten in den hessischen Altrheinen.– In: Forsten und Naturschutz in Hessen, Jber. 1981/82: 54-57.

LELEK, A. (1989): The Rhine River and Some of its Tributaries Under Human Impact in the Last Two Centuries.– Can. Spec. Publ. Fish. Aquat. Sci. 106: 469-487.

LELEK, A. & KÖHLER, C. (1989): Zustandsanalyse der Fischgemeinschaften im Rhein (1987-1988).– Fischökol. 1 (1): 47-64.

LELEK, A. & PELZ, G.R. (1986): Untersuchungen zur ökologischen Bedeutung von Aalen Anguilla anguilla und Aalbesatzmaßnahmen.– Cour. Forsch.-Inst. Senckenberg 85: 57-64.

LE ROI, O. (1912): Zur Kenntnis der Plecopteren von Rheinland-Westfalen.- Verh. naturhist. Ver. preuß. Rheinl. u. Westf. 69, E: 25-51.

LE ROI, O. (1913): Die Trichopteren-Fauna der Rheinprovinz.- Verh. naturhist. Ver. preuß. Rheinl. u. Westf. 70, D: 14-44.

LEUT (1877a): Referat über den materiellen Inhalt der Polizei-Verordnung vom 10. Juli 1876, betreffend den obligatorischen Anschluss der Hausentwässerungs-Anlagen an das Canalsystem.- Corresp.-Bl. Niederrhein. Ver. öff. Gesundh.pfl. 6 (7,8,9): 107-123.

LEUT (1877b): Zur Frage der Flußverunreinigung in Deutschland.- Corresp.-Bl. Niederrhein. Ver. öff. Gesundh.pfl. 6 (7,8,9): 105-140.

LEUTHNER, F. (1877): Die Mittelrheinische Fischfauna mit besonderer Berücksichtigung des Rheins bei Basel.- H. Georg, Basel: 59 S.

LEUZINGER, H. & SCHUSTER, S. (1970): Auswirkungen der Massenvermehrung der Wandermuschel (Dreissena polymorpha) auf die Wasservögel des Bodensees.- Ornithol. Beob., H. 67: 269-274.

LfU (Landesanstalt für Umweltschutz Baden-Württemberg) (1978): Der Rußheimer Altrhein, eine nordbadische Auenlandschaft.- Die Natur- und Landschaftsschutzgebiete Baden-Württembergs. Bd. 10, Karlsruhe: 1–622.

LfU (1980-1988): Deutsches Gewässerkundliches Jahrbuch, Rheingebiet Teil 1.- Rheingebiet Teil 1, Abflussjahre 1980-1988.

LfU (1985): Deutsches Gewässerkundliches Jahrbuch, Rheingebiet Teil 1.- Abflußjahr 1985.

LfU (1995): Seenforschung im Wandel der Zeit.- In: 20 Jahre LfU 1975–1995. Karlsruhe: 99–110.

LIEBMANN, H. (1965): Nährstoffanreicherung der Gewässer durch häusliche und industrielle Abwässer, beschrieben am Beispiel des Bodensees.- Münchener Beitr. Abwasser-, Fisch.-, Flußbiol. 12: 84-102.

LIEBMANN, H. & STAMMER, H.A. (1960): Toxikologie des Abwassers.- In: LIEBMANN, H.: Handbuch der Frischwasser- und Abwasser-Biologie. Bd. II. R. Oldenbourg, München: 679-974.

LNL (Landesstelle für Naturschutz und Landschaftspflege Baden-Württemberg) (Hrsg.) (1974): Des Taubergießengebiet. Eine Rheinauenlandschaft.- Die Natur- und Landschaftsschutzgebiete Bad.-Württ. 7, Ludwigsburg.

LOHMANN, G. (1934): Flußwasser-Untersuchungsämter.- In: BRIX et al., Bd. 2, S. 435-451.

LOHMEYER, W. (1970): Über das Polygono-Chenopodietum in Westdeutschland unter besonderer Berücksichtigung seiner Vorkommen am Rhein und im Mündungsgebiet der Ahr.- Schr.-R. Vegetationskunde 5: 7-28, Bonn.

LOHMEYER, W. (1981): Über die Flora und Vegetation der dem Uferschutz dienenden Bruchsteinmauern, -pflaster und -schüttungen am nördlichen Mittelrhein.- Natur Landsch. 26 (7/8): 253-260.

LÖLF (Landesanstalt für Ökologie, Landschaftsentwicklung und Forstplanung Nordrhein-Westfalen) (1985): Rheinauenkonzept.- Düsseldorf: 130 S.

LÖLF & LWA (1985a): Bewertung des ökologischen Zustands von Fließgewässern. Teil 1: Bewertungsverfahren.- Recklinghausen: 26 S.

LÖLF & LWA (1985b): Bewertung des ökologischen Zustandes von Fließgewässern. Teil 2: Grundlagen für das Bewertungsverfahren.- Recklinghausen: 65 S.

LÜSSEM, H. (1966): Einfluß eisenhaltiger Abwässer auf den Rhein.- Wasser Boden 18 (8): 286-288.

LÜSSEM, H. & FRIKER (1970): Der Nachweis von Ölverunreinigungen im Wasser.- In: Ministerium für Ernährung [u.a.] Nordrh.-Westf. (Hrsg.): Wasserwirtschaft in Nordrhein-Westfalen. Düsseldorf: 21-23.

LÜSSEM, H. & SCHLIMME, E. (1971): Lokalisierung des Pflanzenschutzmittels Endosulfan im Rhein und dessen Wirkung auf Fische.- GWF Wasser/Abwasser 112: 18-21.

LWA (Landesanstalt [Landesamt] für Wasser und Abfall Nordrhein-Westfalen) (1982ff.): Gewässergüteberichte '81ff.

LWA (1986a): Brand bei Sandoz und Folgen für den Rhein in NRW.- LWA-Sonderbericht. Düsseldorf: 13 S.

LWA (1986b): Sedimentuntersuchungen in Fließgewässern (1978-1983).- LWA-Schr.-R. 41: 48 S. + Karten.

LWA (1987): Gewässergütebericht '86.- 80 S. + Karte.

LWA (1988): Gewässergütebericht '87.- 80 S. + Karte.

LWA (1989): Rheingütebericht NRW '88.- 56 S. + Anl.

LWA (1991a): Corophium curvispinum - ein Einwanderer aus dem Osten - im Rhein.- In: LWA (1991): Jahresbericht '90.- S. 55.

LWA (1991b): Jahresbericht '90.- 71 S.

LWA (1991c): Rheingütebericht NRW '90.- 74 S. + Anl.

LWA (1993): Rheingütebericht '92.- 54 S. + Anl.

MÄCKLE, H., ZIMMERMANN, U. & STABEL, H.-H. (1987): Phytoplanktonentwicklungen in tiefen Voralpenseen - biologische Indikation der Gewässergüte.- GWF Wasser/ Abwasser 128: 544-550.

MAHLER, S. & MAHLER, U. (1978): Die Vogelwelt des Rußheimer Altrheines.- In: LfU, S. 559-597.

MAHR, G. (1934): Der Wupperverband.- In: BRIX et al., 2. Bd., S. 503-506.

MAKIES, A. (1988): Die volkswirtschaftlichen Kosten der Gewässerverschmutzung - dargestellt am Beispiel des Rheins.- Dipl.-Arb. Fb. Wirtschaftswiss., Univ. Hamburg: 81 S.

MALISCH, R. SCHULTE, E. & ACKER, L. (1981): Chlororganische Pestizide, polychlorierte Biphenyle und Phthalate in Sedimenten aus Rhein und Neckar.- Chem.-Ztg. 105: 187-194.

MALLE, K.-G.(1985): Metallgehalt und Schwebstoffgehalt im Rhein II.- Z. Wasser, Abwasser-Forsch. 18: 207-209.

MALLE, K.-G. (1988): Die Nitratbelastung des Rheins.- Z. Wasser-, Abwasser-Forsch. 21 (3): 83-85.

MALLE, K.-G. & MÜLLER, G. (1982): Metallgehalt und Schwebstoffgehalt im Rhein.- Z. Wasser- u. Abwasser-Forsch. 1 (1): 11-15.

MALZ, F. (1987): Tenside und Gewässerschutz.- Tenside, Detergents 24 (6): 354-360.

MARKARD, C. (1992): Gefährliche Stoffe - Qualitätsziele zum Schutz oberirdischer Gewässer (BLAK QZ).- Schr.-R. WaBoLu 89: 85-97.

MARSSON, M. (1907-1912): Bericht über die Ergebnisse der [1.-8.] vom [...] bis [...] ausgeführten biologischen Untersuchung des Rheins auf der Strecke Mainz bis Coblenz.- Arb. Kais. Gesundh.amt 25, 28, 30, 32, 33, 36.

MARSSON, M. (1907): Bericht über die Ergebnisse der vom 14. bis zum 21. Oktober 1905 ausgeführten biologischen Untersuchung des Rheins auf der Strecke Mainz bis Coblenz.- Arb. Kais. Gesundh.amt 25: 140-163.

MARSSON, M. (1908a): Bericht über die Ergebnisse der zweiten am 12. Mai und vom 16. bis zum 22. Mai 1906 ausgeführten biologischen Untersuchung des Rheins auf der Strecke Weisenau-Mainz bis Coblenz-Niederwerth.- Arb. Kais. Gesundh.amt 28: 29-62.

MARSSON, M. (1908b): Bericht über die Ergebnisse der dritten vom 15. bis zum 22. August 1906 ausgeführten biologischen Untersuchung des Rheins auf der Strecke Mainz bis Coblenz.- Arb. Kais. Gesundh.amt 28: 92-124.

MARSSON, M. (1908c): Bericht über die Ergebnisse der 4. biologischen Untersuchung des Rheins auf der Strecke Mainz bis unterhalb Koblenz vom 18. bis zum 25. März 1907.- Arb. Kais. Gesundh.amt 28: 549-571.

MARSSON, M. (1909): Bericht über die Ergebnisse der 5. biologischen Untersuchung auf der Strecke Mainz bis Koblenz (vom 9. bis 16. Juli 1907).- Arb. Kais. Gesundh.amt 30: 543-574.

MARSSON, M. (1910): Bericht über die Ergebnisse der vom 29. November bis zum 7. Dezember 1907 ausgeführten 6. biologischen Untersuchung des Rheins auf der Strecke Mainz bis Coblenz.- Arb. Kais. Gesundh.amt 32: 59-88.

MARSSON, M. (1911): Bericht über die Ergebnisse der 7. biologischen Untersuchung des Rheins auf der Strecke Mainz bis unterhalb Coblenz vom 27. Januar bis zum 5. Februar 1908.- Arb. Kais. Gesundh.amt 33: 473-499.

MARSSON, M. (1912): Bericht über die Ergebnisse der 8. biologischen Untersuchung des Rheins auf der Strecke Mainz bis Coblenz vom 18. bis 22. Juli 1908.- Arb. Kais. Gesundh.amt 36: 260-289.

MARSSON, M., SPITTA, O. & THUMM, K. (1905): Gutachten über die Zulässigkeit der Fäkalienabschwemmung der Stadt Hanau in den Main. Erstattet im Auftrage des Magistrats der Stadt Hanau von der Königlichen Prüfungsanstalt für Wasserversorgung und Abwässerbeseitigung.- Mitt. Kngl. Prüfungsanst. Wasserversorg. u. Abwässerbeseit. 5: 60-129.

MATTHIAS, U. (1989): Ökotoxikologische Bewertung des Sandoz-Schadenfalles.- Proc. Envirtech Vienna 1989, i. Dr.

MAUCH, E. (1988): Die Auswirkungen des Chemie-Unfalles bei Sandoz in Basel im November 1986 auf die Bodenbesiedlung des Rheins bei Karlsruhe.- GWF Wasser/Abwasser 129: 168.

MAYER, R. (1939): Einleitung von Abwässern in die Reichswasserstraßen.- Dt. Wasserwirtsch. 34: 502-509.

MAYER, R. (1940): Einleitung von Abwässern in die Reichswasserstraßen.- Dt. Wasserwirtsch. 35: 1-9.

MEIJERS, A.P. (1970): Das Vorkommen von Öl im Rhein bei Rotterdam.- In: IAWR, 1. Arbeitstagung: 93-107.

MEIJERS, A.P. (1985): Die Entwicklung der Belastung des Rheins mit organischen Spurenstoffen.- In: IAWR, 10. Arbeitstagung: 97-117.

MEIJERS, A.P. (1988): Organische Spurenstoffe im Rheinwasser und Rheinuferfiltrat.- GWF Wasser/Abwasser 129: 208-211.

MEIJERS, A.P. & van der LEER, R.C (1976): The occurence of organic micropollutants in the river Rhine and the river Maas in 1974.- Water Res. 10 (7): 597-604.

MEINERT, W. (1985a): Fischbewegung zwischen Rhein bzw. Altrhein und blind endenden Seitengewässern.- Diss. Univ. Mainz, 285 S.

MEINERT, W. (1985b): Untersuchungen über Fischbestandsverschiebungen zwischen Rhein beziehungsweise Altrhein und blind endenden Seitengewässern in der Vorderpfalz.- Mainzer Naturwiss. Arch., Beih. 5: 131-149.

MEINERT, W. & KINZELBACH, R. (1985): Die Limnischen Schnecken und die Muscheln von Rheinland-Pfalz (Mollusca: Gastropoda et Bivalvia).- Mainzer Naturwiss. Arch., Beih. 4: 58 S.

MELSHEIMER (1878): Über bei Linz im Rheine gefangene Fische.- Verh. naturhis. Ver. preuß. Rheinl. u. Westf. 35, 4. F., 5. Jg., 2. Hälfte: 95-98.

MERIAN, E., GELDMACHER-V. MALLINCKRODT, M., MACHATA, G., NÜRNBERG, H.W., SCHLIPKOTER, H.W. & STUMM, W. (Hrsg.) (1984): Metalle in der Umwelt. Verteilung, Analytik und biologische Relevanz. Verlag Chemie, Weinheim.

MERKEL, F. (1979): Vom Tierleben des Kühkopfes.- In: PFEIFER, S.: (Hrsg.): Das Naturschutzgebiet Kühkopf-Knoblochsaue. 4. Aufl. Frankfurt/M.: 55-95.

MERKEL, H.-E. (1975): Quecksilber in Gewässern.- In: Ministerium für Ernährung [u.a.] Nordrh.-Westf. (Hrsg.), S. 107-113.

METTLER, W. (1988): Bodensee und Rhein: Geschwindigkeitsbeschränkungen allein genügen nicht.- Natur u. Mensch, Nr. 3: 65-67.

MICHLING, G. (1988): Fischereibiologische Untersuchungen am Rhein in den Grenzen von Nordrhein-Westfalen 1986/87.- Gutachten. Rheinfischereigenossenschaft, Bonn: 56 + 20 S., unveröff.

MIEGEL, H. (1963): Untersuchungen zur Molluskenfauna linksrheinischer Gewässer im Niederrheinischen Tiefland und des Rheingebietes.- Gewässer Abwässer 33: 1-75.

Ministerium für Umwelt Baden-Württemberg (1988a): Hochwasserschutz und Ökologie - ein „Integrales Rheinprogramm“ schützt vor Hochwasser und erhält naturnahe Flußauen.- Stuttgart: 27 S.

Ministerium für Umwelt Baden-Württemberg (1988b): Ökologisches Gutachten zur räumlichen Entwicklung im Rheingraben zwischen Karlsruhe und Lahr.- Gutachten. Stuttgart: 9 S., unveröff.

Ministerium für Umwelt und Gesundheit Rheinland-Pfalz (1986): Verbesserung der Rheinwasserbeschaffenheit 1973-1985.- Mainz: 28 S.

Ministerium für Umwelt und Gesundheit Rheinland-Pfalz (1988): Gewässergütekarte mit Erläuterungen. Ausgabe 1988.- Mainz: 57 S. + Anl.

MÖHLER, G. (1990): Erwartungen staatlicher Verwaltung an die wissenschaftlichen Arbeiten für ein ökologisches Beobachtungssystem Rhein.- In: KINZELBACH & FRIEDRICH, S. 27-37.

MÖLLER, D. (1984): Die Halbinsel Salmorth/Kreis Kleve, ein zukünftiges Schutzgebiet für seltene Wasservögel? - Niederrhein, H. 2: 78-81.

MONE, L.J. (1853): Über die Flußfischerei und den Vogelfang vom 14. bis zum 16. Jahrhundert in Baden, Elsaß, Bayern und Hessen.- Z. Gesch. Oberrhein 4: 67-97.

MOOIJ, J.H. (1979): Winterökologie der Wildgänse in der Kulturlandschaft des Niederrheins.- Charadrius 15 (2): 49-73.

MOOIJ, J.H. & WITT, R. (1985): Zugzwang.- Natur 3: 74-79.

MÜLLER, D. (1984): Biochemischer Abbau, Nitrifikation und Algenaktivität in Gewässern: Was kann man messen? Was muß man messen? - GIT, Suppl. 4 (1): 30-35.

MÜLLER, D. & KIRCHESCH, V. (1981): Nitrifikation in Fließgewässern. Bedeutung, Messung, Berechnng.- Vom Wasser 57: 199-213.

MÜLLER, D. & KIRCHESCH, V. (1985a): On nitrification in the River Rhine.- Verh. Int. Verein. Limnol. 22: 2754-2760.

MÜLLER, D. & KIRCHESCH, V. (1985b): Zur Bedeutung der Nitrifikation für den Stoffhaushalt des Rheins.- Korresp. Abwasser 32: 498-500.

MÜLLER, E. (1972): Die Erwärmung des Rheins zwischen Basel und der deutschholländischen Grenze.- Energie u. Technik 24: 11-15.

MÜLLER, G. (1972): Ungewöhnlich hohe Strontium/Calcium-Verhältnisse im Wasser des Bodensees und des Alpenrheines, ihre Herkunft und ihre Rolle bei der Carbonat-Sedimentation im Bodensee.- Fortschr. Wasserchemie 14: 103.

MÜLLER, G. (1977): Schadstoff-Untersuchungen an datierten Sedimentkernen aus dem Bodensee. Teil III: Historische Entwicklung von N-und P-Verbindungen - Beziehung zur Entwicklung von Schwermetallen und polycyclischen aromatischen Kohlenwasserstoffen.- Z. Naturforsch. 32c: 920-925.

MÜLLER, G. (1978): Die Belastung des Bodensees mit Schadstoffen und Bio-Elementen: Ergebnisse geochemischer Untersuchungen an Sedimenten.- Polizei, Technik, Verkehr 3: 73-82.

MÜLLER, G. (1979): Schwermetalle in den Sedimenten des Rheins - Veränderungen seit 1971.- Umschau 79: 778-783.

MÜLLER, G. (1983a): Flüsse - vom Menschen vergiftet.- Bild der Wiss. 20: 95-98, 100.

MÜLLER, G. (1983b): Zur Chronologie des Schadstoffeintrags in Gewässer. Oder: 100 Jahre Umweltverschmutzung - aufgezeigt am Schadstoffgehalt datierter Sedimente.- Geowiss. i. u. Z. 1: 2-11.

MÜLLER, G. (1985a): Heavy Metal Concentration in Sediments of Major Rivers within the Federal Republic of Germany: 1972 and 1985.- In: LEKKAS, T.D. (ed.): International Conference Heavy Metals in the Environment. Athens 1985. Vol. 1. CEP Consultants Ltd., Edinburgh U.K.: 110-112.

MÜLLER, G. (1985b): Unseren Flüssen geht's wieder besser.- Bild Wiss. 10: 75-97.

MÜLLER, G. (1987): Der Zusammenhang zwischen Einleitungen und dem Gehalt an Verunreinigungen in den Schwebstoffen und Sedimenten des Rheins.- In: IAWR, 11. Arbeitstagung: 95-107.

MÜLLER, G. (1988): Die Schwermetallbelastung größerer Flüsse in der Bundesrepublik Deutschland und des Bodensees: Ausmaß und zeitliche Entwicklung.- In: KOHLER, A. & RAHMANN, H. (Hrsg.): Gefährdung und Schutz von Gewässern. Tagung über Umweltforschung an der Univ. Hohenheim. Ulmer, Stuttgart: 19-34.

MÜLLER, G. & FÖRSTNER, U. (1975): Heavy Metals in Sediments of the Rhine and Elbe Estuaries: Mobilization or Mixing Effect.- Env. Geol. 1: 33-39.

MÜLLER, G. & RÖPER, H.P. (1966): Erste Ergebnisse hydrochemischer Untersuchungen am Bodensee.- GWF Wasser/Abwasser 107: 825-830.

MÜLLER, G. & TIETZ, G. (1966): Der Phosphorgehalt der Bodensee-Sedimente, seine Beziehung zur Herkunft des Sediment-Materials sowie zum Wasserkörper des Bodensees.- Mineral. Abh. 105: 41-62.

MÜLLER, G., GRIMMER, G. & BÖHNKE, H. (1977): Sedimentary record of heavy metals and polycyclic aromatic hydracarbons in Lake Constance.- Naturwiss. 64: 427-431.

MÜLLER, G., HAAMANN, L., KUBAT, R. & NOE, K. (1987): Schwermetalle und Nährstoffe in den Böden des Rhein-Neckar-Raums: Ergebnisse flächendeckender Untersuchungen.- Heidelberger Geowiss. Abh. 13: 346 S.

MÜLLER, R.E. (1972): Studie über die thermische Belastbarkeit des Rheins.- Z. Wasser-, Abwasser-Forsch. 5: 180-187.

MÜLLER, T. (1974a): Die naturräumliche Lage und Klimadaten des Taubergießengebietes.- In: LNL, S. 142-146.

MÜLLER, T. (1974b): Zur Kenntnis einiger Pioniergesellschaften im Taubergießengebiet.- In: LNL, S. 284-305.

MÜLLER, T. (1974c): Gebüschgesellschaften im Taubergießengebiet.- In: LNL, S. 400-421.

MUNDSCHENK, H. (1983a): Über Auswirkungen des Kernwaffenversuchs der Volksrepublik China vom 16.10.1980 im Bereich der Bundeswasserstraßen.- Dt. Gewässerk. Mitt. 27 (5/6): 158-167.

MUNDSCHENK, H. (1983b): Zur Sorption von Caesium an Schwebstoff bzw. Sediment des Rheins am Beispiel der Nuklide Cs 133, 134 und 137. Teil I - Naturmessungen.- Dt. Gewässerk. Mitt. 27: 12-20.

MUNDSCHENK, H. (1983c): Zur Sorption von Caesium an Schwebstoff und Sediment des Rheins am Beispiel der Nuklide Cs 133, 134 und 137. Teil II - Laboruntersuchungen.- Dt. Gewässerk. Mitt. 27: 62-68.

MUNDSCHENK, H. (1985): Über das Austauschverhalten von Radionukliden an Schwebstoff/Sediment des Rheins.- Dt. Gewässerk. Mitt. 29: 4-13.

MUNDSCHENK, H. (1988): Kritische Anmerkungen zum Abschlußbericht der Arbeitsgruppe „Sedimentforschung“ über „Radionuklide in Wasser-Schwebstoff-Sediment-Systemen und Abschätzung der Strahlenexposition“.- Dt. Gewässerk. Mitt. 32: 168-170.

MUNDSCHENK, H. & TOLKSDORF, W. (1988): Methodische Untersuchungen zur Sedimentation mit Hilfe radioaktiver Leitstoffe am Beispiel eines Kleinhafens am Mittelrhein.- Dt. Gewässerk. Mitt. 32: 110-119.

MUSALL, H. (1969): Die Entwicklung der Kulturlandschaft der Rheinniederung zwischen Karlsruhe und Speyer vom Ende des 16. bis zum Ende des 19. Jahrhunderts.- Geogr. Inst., Univ. Heidelberg. Heidelberger Geogr. Arb. 22: 279 S.

MUSALL, H. (1982): Die Veränderungen des Oberrheinlaufs zwischen Seltz im Elsaß und Oppenheim vom 16. Jh. bis zur Tullaschen Korrektion.- In: HAILER, S. 21-34.

NAGEL, R. (1988): Umweltchemikalien und Fische - Beiträge zu einer Bewertung.- Habilitationsschr. Inst. f. Zool., Univ. Mainz: 256 S.

NAU, B.S. (1787a): Oekonomische Naturgeschichte der Fische in der Gegend um Mainz.- Schillerscher Verlag, Mainz: 21 S.

NAU, B.S. (1787b): Naturgeschichte der Lamprete des Rheins.- Schr. Ges. naturforsch. Freunde Berlin 7: 466-470.

NAUDASCHER, E. & ZIMMERMANN, C. (1972): Modellversuche über die Wärmebelastung eines Flusses durch ein Kernkraftwerk.- Energie 24 (1): 6.

NEERACHER, F. (1910): Die Insektenfauna des Rheins und seiner Zuflüsse bei Basel. Faunistik, Biologie, Systematik.- Revue Suisse de Zool. 18 (3): 497-589.

NESEMANN, H. (1986): Über die aktuelle Verbreitung und Bestandsänderung der Flußmuscheln (Mollusca, Bivalvia) in den Flußunterläufen des nördlichen Oberrheintales.- Hess. Faun. Briefe 6 (3): 48-58, Darmstadt.

NESEMANN, H. & SCHÖLL, F. (1988): Zum Vorkommen von Sphaerium solidum (NORMAND 1844) im Rhein- und Loire-Gebiet.– Mitt. dt. Malakozool. Ges. 43: 33-34.

NIEHUIS, M. (1982): Änderungen in der Vogelfauna von Rheinland-Pfalz.– Pfälzer Heimat 33 (2/3): 96-125.

NISSING, W. (1975a): Die Spurenelement-Belastung des Niederrheins und ihre Bedeutung für die Trinkwasserversorgung.– In: ARW 32. Bericht: 3-94.

NISSING, W. (1975b): Einfluß von Emscher und Lippe auf die Wasserqualität des Niederrheins.– In: ARW, 32. Bericht: 95-104.

NISSING, W. (1976): Zur Belastung des Niederrheins mit gelösten Spurenelementen und ihre Bedeutung für die Trinkwasserversorgung. Einfluß der Beschaffenheit des Rheinwassers auf die Qualität des Uferfiltrats.– In: ARW, 33. Bericht: 139-159.

NISSING, W. (1978): Die Spurenelementbelastung des Niederrheins und ihre Bedeutung für die Trinkwasserversorgung.– In: ARW, 35. Bericht: 98-109.

NÜCHEL, G. (1974): Streifzüge durch die Flußufervegetation des Mittelrheingebietes in der Umgebung von Koblenz.– Göttinger Florist. Rundbr. 8 (2): 54-57.

NÜMANN, W. (1964a): Die Eutrophierung des Bodensees, die Zunahme der Barsche und die intensive Befischung als Ursache für den rapiden Rückgang der Blaufelchenfänge.– Allg. Fisch.-Ztg. 89: 308-311.

NÜMANN, W. (1964b): Die Veränderungen im Blaufelchenbestand (Coregonus wartmanni) und in der Blaufelchenfischerei als Folge der künstlichen Eutrophierung des Bodensees.– Verh. Int. Verein Limnol. 15: 514-523.

NÜMANN, W. (1966): Der Rückgang der Felchenbestände im Bodensee als Folge der Abwasserbelastung.– GWF Wasser/Abwasser 107: 368-370.

NÜMANN, W. (1971): Die Eutrophierung unserer Gewässer durch Phosphoreinträge, unter besonderer Berücksichtigung der Vorgänge im Bodensee.– Tenside, Detergents 8 (2): 82-83.

OBERDORFER, E. (1977): Süddeutsche Pflanzengesellschaften.– Teil 1, 2. Aufl. Stuttgart/New York: 311 S.

OBERT, H.J. (1977): Ökologische Untersuchungen zum Rückgang von Froschlurchen in zwei Biotopen des Rhein-Sieg-Gebietes zwischen 1971 und 1976.– Salamandra 13 (3-4): 121-140, Bonn.

OBST, U. & SCHMITT-BIEGEL, B. (1990): Mikrobiologische Selbstreinigung im Rhein in Abhängigkeit von der Wasserführung.– In: IAWR, 12. Arbeitstagung: 129-136.

ODUM, E. (1980): Grundlagen der Ökologie. Bd. 1, 2.– Thieme, Stuttgart: 836 S.

OEHMICHEN, U. & HABERER, K. (1986): Stickstoffherbizide im Rhein.– Vom Wasser 66: 225-241.

OEHMICHEN, U. & HABERER, K. (1988): Dauer- und Stoßbelastung des Rheins mit Pflanzenschutzmitteln.– Vom Wasser 70: 221-232.

OHLMÜLLER (1903): Gutachten des Reichsgesundheitsrates über die Einleitung des Mainzer Kanalwassers einschließlich der Fäkalien in den Rhein.– Arb. Kais. Gesundh.amt 20: 258-337.

OLBRICH, P. (1979): Untersuchungen über die Fischfauna des unteren Niederrheins im Raume Rees-Emmerich.– Staatsexamensarbeit. Zool. Inst., Univ. Köln: 141 S.

OPITZ, H. (1974): Die Vogelwelt des Landschaftsschutzgebietes „Taubergießen“ 1. Nachtrag.– In: LNL, S. 628-635.

OTREMBNICK, U. (1978): Untersuchungen zur Spinnenfauna der Altrheinlandschaft um Grietherbusch/Niederrhein.- Abh. Landesmuseum Naturschutz Münster/Westfalen 40 (1): 3-56.

OTTO, H. (1908): Beiträge zur Vogelfauna des Niederrheins.- Zool. Garten, A.F. 49: 136-144.

OTTO, H. (1909): Schlangen am Niederrhein.- Zool. Garten, A.F. 50: 47-54.

OTTO, H. (1912): Beiträge zur Vogelfauna des Niederrheins.- Zool. Garten, A.F. 53: 114-118.

PAREY, K. (1986): Belastung von Rheinfischen mit Schwermetallen und Organochlorverbindungen und Auswirkungen auf die Reproduktion und deren weitere Gefährdung durch die „virale hämorrhagische Septikämie (VHS)".- Diss. Fak. f. Biol., Univ. Freiburg/ Br.: 166 S. + Tabellenanhang.

PATTARD, M. & PERNAK, K.-D. (1992): NOEC-Werte aus dem 21 d-Daphnientest im Vergleich zum akuten Daphnientest und zum Scenedesmus-Zellvermehrungshemmtest.- Schr.-R. WaBoLu 89:99-108.

PÄTZE, D. (1970): Die Überwachung der Radioaktivität unserer Gewässer.- In: Ministerium für Ernährung [u.a.] Nordrh.-Westf. (Hrsg.): Wasserwirtschaft in Nordrhein--Westfalen. Düsseldorf: 62-64.

PÄTZE, D. (1975): Radioaktivitätsüberwachung der Gewässer.- In: Ministerium für Ernährung [u.a.] Nordrh.-Westf. (Hrsg.), S. 83-89.

PEETERS, J.C.H. & WOLFF, W.J. (1973): Macrobenthos and fishes of the rivers Meuse and Rhine, The Netherlands.- Hydrobiol. Bull. 7: 121-126.

PELZ, H.J. (1985): Häufigkeit des Bisams (Ondatra zibethicus) im Vergleich verschiedener Regionen der Bundesrepublik Deutschland.- Z. Angew. Zool. 72 (1/2): 229-237.

PETTENKOFER, M. v. (1867): Ueber die Kanalisirung der Stadt Basel, mit besonderer Rücksicht auf das Bett des Birsig-Flusses.- Z. Biol. 3: 275-307.

PETTENKOFER, M. v. (1891): Zur Selbstreinigung der Flüsse.- Arch. Hyg. 12: 269-274.

PFEIFER, H. (1980): Umwelt und Ethik. Kausale Therapie für Mensch und Erde? - Beih. Veröff. Naturschutz u. Landschaftspfl. Bad.-Württ. 15: 96 S.

PFEIFER, S. (Hrsg.) (1952): Das Naturschutzgebiet Kühkopf-Knoblochsaue. 2. Aufl. Frankfurt/M.: 20-36.

PFEIFER, S. (Hrsg.) (1970a): Das Naturschutzgebiet Kühkopf-Knoblochsaue. Verlag A. Büchse, Bergen-Enkheim.

PFEIFER, S. (1970b): Die Schnakenplage des Naturschutzgebietes Kühkopf-Knoblochsaue.- In: PFEIFER, (1970a) S., S. 118-119.

PHILIPPI, G. (1968): Zur Kenntnis der Zwergbinsengesellschaften (Ordnung Cyperetalia fusci) des Oberrheingebietes.- In: Veröff. Landesstelle Naturschutz u. Landschaftspflege Bad.-Württ. 36: 65-130.

PHILIPPI, G. (1978a): Die Vegetation des Altrheingebietes bei Rußheim.- In: LfU, S. 103-267.

PHILIPPI, G. (1978b): Veränderungen der Wasser- und Uferflora im badischen Oberrheingebiet.- Beih. Veröff. Naturschutz u. Landschaftspfl. Bad.-Württ. 11: 99-134.

PHILIPPI, G. (1982a): Erlenreiche Waldgesellschaften im Kraichgau und ihre Kontaktgesellschaften.- Carolinea 40.

PHILIPPI, G. (1982b): Änderungen der Flora und Vegetation am Oberrhein.- Veröff. Veröff. Pfälz. Ges. Förderung Wiss. Speyer 70: 87-100.

PILZ, U. & WERNER, M. (1988): Ein potentiostatisches Verfahren zur empfindlichen Bestimmung des chemischen Sauerstoffbedarfs (CSB).– Z. Wasser- u. Abwasser-Forsch. 21 (5): 203-208.

Planungsgruppe Ökologie und Umwelt (1982): Ökologische Beweissicherung und Risikoeinschätzung im Grundwassergewinnungsgebiet Altriper Rheinbogen.– Hannover: 59 S.

Planungsgruppe Ökologie und Umwelt (1983): Untersuchung zur Grundwassernutzung im Altriper Rheinbogen.- Hannover: 31 S.

Planungsgruppe Ökologie und Umwelt (1984a): Ökologische Risikobeurteilung der Grundwassergewinnung im Einzugsbereich des neuen Wasserwerkes Ibersheim - Pilotstudie.– Hannover: 98 S.

Planungsgruppe Ökologie und Umwelt (1984b): Pflege- und Entwicklungsplan für vorhandene und geplante Naturschutzgebiete im Raum Speyer-Römerberg.– Hannover: 78 S.

Planungsgruppe Ökologie und Umwelt (1986a): Pflege- und Entwicklungsplan für das Naturschutzgebiet Lauterniederung.– Hannover: 134 S.

Planungsgruppe Ökologie und Umwelt (1986b): Ökologische Risikoanalyse und Landschaftspflegerische Begleitplanung zum geplanten Taschenpolder Hördt.– Hannover: 137 S.

POELS, C.L.M., van der GAAG, M.A. & van de KERKHOFF, J.F.J. (1980): An investigation into the long term effects of Rhine water on rainbow trout.– Water Res. 14 (8): 1029-1035.

POELS, C.L.M., SNOEK, O. & HUIZENGA, L. (1978): Toxic Substances in the Rhine River.– Ambio 7 (5-6): 218-225.

POHLIG, H. (1886): Über die Formen des Genus Unio aus dem Rhein bei Bonn.– Verh. naturhist. Ver. preuß. Rheinl. u. Westf. 43: 91f.

PREIN, A.E., THIE, G.M., ALINK, G.M., KOEMAN, J.H., & POELS, C.L.M. (1978): Cytogenetic Changes in Fish Exposed to Water of the River Rhine.– Sci. Total Env. 9 (3): 287.

PUHLMANN, E. (1913): Beitrag zur Trichopteren-Fauna des Niederrheins.- Mitt. naturwiss. Museum d. Stadt Krefeld 1913: 27-30.

PYRIKI, S. (1981): Zooplankton des Rheins bei Mainz: Fragen der Herkunft.– Dipl.-Arb. Univ. Mainz.

PYRIKI, S. (1985a): Zur Dynamik des Potamoplanktons des Oberrheins.– Diss. Univ. Mainz: 96 S.

PYRIKI, S. (1985b): Das Rheinplankton bei Mainz 1982/1984.– Mainzer Naturwiss. Arch., Beih. 5: 103-118.

QUENTIN, K.-E. (1984): Chlorkohlenwasserstoffe in Gewässern erzwingen Problemlösungen.– Korresp. Abwasser 31: 477.

RAABE, W. (1968): Wasserbau und Landschaftspflege am Oberrhein.– Schr.-R. Dt. Rat Landespfl. 10: 24-31.

REIBER, F. (1888): Catalogue des Poissons observés en Alsace, et surtout aux environs de Strasbourg.– Bull. Soc. hist. natur. Colmar 27e, 28e et 29 Années: 91-97.

REICHELT, G. (1986): Laßt den Rhein leben! Strom im Spannungsfeld zwischen Ökologie und Ökonomie.– W. Girardet, Düsseldorf: 110 S.

REICHERT, J.K. (1973): Untersuchungen von Fließgewässern auf Spurenelemente (Metalle-Metalloide).– Gewässerschutz, Wasser, Abwasser 10: 377-389.

REICHERT, J.K. GRUBER, H. & LOCHTMAN, J. (1979): Untersuchungen über die Mobilität von Schwermetallen unter dem Einfluß von Salzeinleitungen sowie unter dem Einfluß von künstlichen und natürlichen Komplexbildnern.- Forschungsbericht. Umweltforschungsplan des BMI, FE 102 04 028. Lehrgebiet für Chemie der Wassergewinnung und des Gewässerschutzes, RWTH-Aachen: 87 S.

REICHHOLF, J. (1976): Zur Öko-Struktur von Flußstauseen.- Natur Landsch. 51 (7/8): 212-218.

REINECK, H.E. & SINGH, T.B. (1975): Depositional Sedimentory Environments.- Springer, Berlin/Heidelberg: 439 S.

RHEINHEIMER, G. (1991): Mikrobiologie der Gewässer.- G. Fischer, Stuttgart: 294 S.

REUTHER, C. (1985): Die Bedeutung der Uferstruktur für den Fischotter Lutra lutra und daraus resultierende Anforderungen an die Gewässerpflege.- Z. Angew. Zool. 72 (1/2): 93-128.

RIEDER, N. (1985): Erste Versuche zur Wiedereinbürgerung des Bibers (Castor fiber) in Südwestdeutschland.- Z. Angew. Zool. 72 (1/2): 181-189.

RIEDER, N. & ROHRER, P. (1982): Über die Möglichkeit der Wiederansiedlung des Bibers (Castor fiber L.) in Südwestdeutschland.- Carolinea 40: 91-98, Karlsruhe.

Rijkswaterstaat, Dienst Binnenwateren/RIZA (1987): Niederländischer Bericht über den Sandoz-Unfall.- Ministerie van Verkeer en Waterstand. Den Haag: 20 S. + Anl.

Rijkswaterstaat, Rijksinstituut voor zuivering van afvalwater, Deltadienst (1983a): Zware metallen in aquatische systemen. Bijlage 1: Geochemische inventarisatie.- Waterloopkundig laboratorium, Delft hydraulics laboratory. Delft: 127 S.

Rijkswaterstaat, Rijksinstituut voor zuivering van afvalwater, Deltadienst(1983b): Zware metallen in aquatische systemen. Bijlage 2: Geochemische processen.- Waterloopkundig laboratorium, Delft hydraulics laboratory. Delft: 50 S.

RINNE, D. (1983): Zur Situation der Schwermetalle im Rhein nach Untersuchungen des Landesamtes für Gewässerkunde Rheinland-Pfalz.- Wasser Boden 35 (12): 532-534.

RIS, F. (1897): Fragmente der Neuropterenfauna des Rheins.- Mitt. Schweiz. Entomol. Ges. 9 (10): 423-431.

RITTER, K. (1981): Temperatur-, Sauerstoff- und Zehrungsmessungen im Rhein unterhalb der Kühlwassereinleitung des Kernkraftwerks Biblis.- Wasserwirtsch. 71: 135-138.

RITTER, K. (1982): Belastung der Gewässer durch die Abwärme der thermischen Kraftwerke - Kühlwassereinleitung des Kernkraftwerkes Biblis.- Gewässerschutz, Wasser, Abwasser 50: 801-818.

RIWA (Rijncommissie Waterleidingbedrijven) (1974ff.): Jahresberichte '73-'85.- Amsterdam.

RIWA (1989): De samenstelling van het Rijnwater in 1986 en 1987.- 191 S. + Anl.

ROER, H. (1980): Population trends of bats in the Federal republic of Germany with particular reference to the rhineland.- Proc. int. bat res. conf. 5: 193-198.

RÖHL, R. (1985): AOX, EOX und POX als summarische Parameter zur Erfassung der Gewässerbelastung mit halogenorganischen Verbindungen.- Münchener Beitr. Abwasser-, Fisch.-, Flußbiol. 39: 63-92.

ROTH, J. (1987): Untersuchung über die Fischfauna des Nördlichen Oberrheins und des Mittelrheins im Jahre 1986.- Gutachten. Ministerium für Landwirtschaft [u.a.] Rheinl.--Pf., Mainz: 133 S., unveröff.

ROTH, J. & KINZELBACH, R. (1986): Der Status der Fischfauna des Nördlichen Oberrheins im Jahre 1985.– Untersuchungsbericht. Ministerium für Landwirtschaft [u.a.] Rheinl.-Pf., Mainz: 17 S.

RUBNER & SCHMIDTMANN (1903): Gutachten des Reichsgesundheitsrates über die Einleitung der Mannheimer Kanalwässer in den Rhein.– Arb. Kais. Gesundh.amt 20:

RUDOLPH, P. & BOJE, R. (1986): Ökotoxikologie - Grundlagen für die ökotoxikologische Bewertung von Umweltchemikalien nach dem Chemikaliengesetz.– Ecomed, Landsberg/München: 106 S.

SALOMON (1901): Ueber bakteriologische, chemische und physikalische Rheinwasser-Untersuchungen.– Vjschr. gerichtl. Med. u. öff. Sanit.wes., 3. F., 11. Suppl.: 25-60.

SALOMONS, W. (1983): Trace Metals in the Rhine, their Past and Present (1920-1983) Influence on Aquatish and Terrestrial Ecosystems.– Proc. 4. Int. Conf. Heavy Metals Env., Heidelberg: 764-771.

SANDBERGER, G. (1857): Vergleichender Beitrag zur Fauna der warmblütigen Wirbelthiere des Mittelrheins.– Verh. naturhist. Verein. preuß. Rheinl. u. Westf. 14: 69-106.

SANDERS (1781): Beyträge zur Naturgeschichte der Fische im Rhein. Erstes Stück.– Naturforscher 15: 163-183.

SAUER, K.F.J. (1956/57): Die natürliche Holzartenzusammensetzung einiger Waldgesellschaften im Flachland der Niederrheinischen Bucht östlich Köln.– Der. Dt. Bot. Ges. 69: 109–120.

SCHADER, H. (1983): Die Bedeutung der Rheinauen zwischen Worms und Oppenheim für die Amphibien Rheinhessens.– Ber. Arbeitskr. Ges. Naturschutz Ornithol. Rheinl.-Pf., Landau. GNOR, H. 4/5: 165-191.

SCHAEFER, H. (1935): Zur Kenntnis der Kleinsäuger am Niederrhein. I.– Natur am Niederrhein 11 (1): 5-11.

SCHAEFER, M. (1992): Ökologie.– G. Fischer, Stuttgart, UTB 430: 433 S.

SCHÄFER, W. (1971): Keine Hoffnung für den Rhein?.– Jb. Nassauischer Ver. Naturkunde 101: 47-52.

SCHÄFER, W. (1973): Altrhein-Verbund am nördlichen Oberrhein.– Cour. Forsch.-Inst. Senckenberg 7: 63 S.

SCHÄFER, W. (1973): Nördlicher Oberrhein ökologisch und ökotechnisch.– Cour. Forsch.-Inst. Senckenberg 2: 34 S.

SCHÄFER, W. (1973a-f): Der Oberrhein, sterbende Landschaft? [...].- Natur u. Museum 103: 1-29,, 73-81, 110-123, 137-153, 177-192, 312-319 Frankfurt/M.

SCHÄFER, W. (1974a-d): Der Oberrhein, sterbende Landschaft? [...].- Natur u. Museum 104: 248-252, 297-305, 331-343, 358-363, Frankfurt/M.

SCHÄFER, W. (1975a): Der Oberrhein, sterbende Landschaft? Der Oberrhein technisch gestaltet und wirtschaftlich genutzt.– In: Natur u. Museum 105: 72-84.

SCHÄFER, W. (1978a): Der Oberrhein, ökotechnisch gesehen.– Cour. Forsch.-Inst. Senckenberg 31: 87 S.

SCHEELE, M. & NATALIS, G. (1981): Biologie Dokumentation. Bibliographie der deutschen biologischen Zeitschriftenliteratur 1796-1965.- München.

SCHEIFELE, M (1968): Aufforstungsfragen im Oberrheingebiet.– Schr.-R. Dt. Rat Landespfl. 10: 44-46.

SCHENK, H. (1893): Ueber die Bedeutung der Rheinvegetation für die Selbstreinigung des Rheines.– Centralbl. allg. Gesundh.pfl. 12: 365-455.

SCHILLER, W. (1988): Die Entwicklung der Makrozoobenthonbesiedelung des Rheins in Nordrhein-Westfalen im Zeitraum 1969-1987.- Manuskr. Rheinkongreß Darmstadt: 20 S.

SCHILLER, W. (1990): Die Entwicklung der Makrozoobenthonbesiedlung des Rheins in Nordrhein-Westfalen im Zeitraum 1969-1987.- In: KINZELBACH & FRIEDRICH, S. 259-275.

SCHLEICHERT, U. (1975): Schwermetallgehalte der Schwebstoffe des Rheins bei Koblenz im Jahresablauf.- Dt. Gewässerk. Mitt. 19: 150-157.

SCHLEICHERT, U. &, HELLMANN, H. (1977): Untersuchungen über die Mobilität von Schwermetallen unter dem Einfluß von Salzeinleitungen sowie unter dem Einfluß von künstlichen und natürlichen Komplexbildnern.- Forschungsvorhaben Wasser II A 207 W (1) für das Umweltbundesamt. BfG: 37 S.

SCHLITZ, schriftl. Mitt.

SCHMASSMANN, H., BENSING, W., EBELING, G., MÜLLER, R. & WUHRMANN, K. (1957a): Die Verunreinigung des Rheins vom Bodensee bis Karlsruhe.- Wasser- u. Energiewirtsch. 49: 115-126.

SCHMASSMANN, H., BENSING, W., EBELING, G., MÜLLER, R. & WUHRMANN, K. (1957b): Die Verunreinigung des Rheins vom Bodensee bis Karlsruhe.- Wasser- u. Energiewirtsch. 49: 247-267.

SCHMID, G. (1978): Schnecken und Muscheln vom Rußheimer Altrhein.- In: LfU, S. 269-363.

SCHMID-BEY, W. (1925a-d): Die Vögel der Rheinebene zwischen Karlsruhe und Basel.- Ornithol. Mschr. Dt. Ver. Schutz Vogelwelt 50 (6): 108-116; (7): 117-129; (8): 133-144; (9): 150-158. schafts- und Verkehrsministerium Nordrhein-Westfalen, Nr. 509, Köln.

SCHMIDT, U. (1981): Das Makrozoobenthon des Rheinkanals 1978.- Diss. Fb. Biol., Univ. Mainz: 75 S.

SCHMIDT-RIES, H. (1973): Limnologische Untersuchung des Rheinstromes. Bd. IV: Hydrobiologische Untersuchungen von 1951 bis 1971.- Forsch.ber. Land Nordrh.-Westf., Nr. 2301, Opladen: 233 S.

SCHMITT, N. (1964): Der Bisam, seine Ausbreitung und Bekämpfung in Rheinland-Pfalz.- Z. Rhein. Naturforsch. Ges. Mainz 3: 36-40.

SCHMITT-BIEGEL, B. (1989): Abhängigkeit der biologischen Selbstreinigungskraft im Rhein und rheinbeeinflußten Grundwasser von der Wasserführung.- Abschlußbericht. DVGW-Forschungsvorhaben, Stadtwerke Mainz AG, Abt. Wasserversorgung. Mainz: 80 S.

SCHMITT-BIEGEL, B. & OBST, U. (1990): Hemmung der mikrobiellen Reinigungsleistung im Rhein und rheinbeeinflußten Grundwasser.- Vom Wasser, i. Dr.

SCHMITZ, M. (1985): Ökologische und systematische Untersuchungen an Ciliaten (Protozoa, Ciliophora) des Rheines bei Bonn, Bundesrepublik Deutschland.- Verh. Int. Verein. Limnol. 22: 2292-2296.

SCHMITZ, M. (1986a): Ökologische und systematische Untersuchungen an Ciliaten (Protozoa, Ciliophora) am oberen Niederrhein.- Diss. Inst. f. Landwirtsch. Zool. u. Bienenkunde, Univ. Bonn.

SCHMITZ, M. (1986b): Untersuchung des Makrozoobenthons der Stromsohle im oberen Niederrhein mit Hilfe eines Taucherschachtes.- Decheniana 139: 363-372.

SCHMITZ, P., IRMER, U. & KREBS, F. (1994a): Automatische Biotestverfahren in der Gewässerüberwachung.– Schr.-R. WaBoLu 93: 1–17.

SCHMITZ, P., IRMER, U. & KREBS, F. (1994b): Vergleichende Erprobung und Beurteilung von automatischen Biotestverfahren für den Einsatz in Meßstationen.– Schr.-R. WaBoLu 93: 19–39.

SCHMITZ, P., KREBS, F. & IRMER, U. (1994c): Development, testing and implementation of automated biotests for the monitoring of the River Rhine, demonstrated by bacteria and algae tests.– Wat. Sci. Tech. 29: 215–221.

SCHMITZ-MÖLLER, P. & KREBS, F. (1996): Detektion von Schadstoffwellen im Rhein mit kontinuierlich arbeitenden Biotestverfahren.– In: Min. für Umwelt und Forsten Rh.-Pf. (Hrsg.): Wie sauber ist der Rhein wirklich? Biomonitoring.– Mainz: 101–117.

SCHNEIDER, E. & SCHULTE, R. (1985): Befunde zu den Habitatansprüchen des Europäischen Bibers Castor fiber L. aus einem Wiederansiedlungsversuch an einem Mittelgebirgsbach der nördlichen Eifel.– Z. Angew. Zool. 72: 168-179.

SCHNEIDER, H. (1969): Zur Frage der Belastbarkeit des Rheins mit radioaktiven Nukliden. IV. Mitteilung: Sorption von Radionukliden durch den planktonischen Anteil der Schwebstoffe des Rheins.– GWF Wasser/Abwasser 110: 624-652.

SCHNEIDER, H. (1970): Zur Frage der Belastbarkeit des Rheins mit radioaktiven Nukliden. VI. Mitteilung: Sorption von Radionukliden durch ausgewählte Minerale. GWF Wasser/Abwasser 111: 21-26.

SCHNEIDER, H. & BLOCK, W. (1968): Zur Frage der Belastbarkeit des Rheins mit radioaktiven Nukliden. III. Mitteilung: Sorption von Radionukliden durch Sedimente des Rheins. GWF Wasser/Abwasser 109: 1410-1415.

SCHNELL, P. (1971): Die Wirbeltiere der Dormagener Rheinaue, Oberkasseler Rheinaue und linksrheinischer Niederterrassenebene zwischen Worringen und Neuß.– Decheniana 123: 147-163.

SCHNELL, W. & SCHNELL, P. (1971): Die Wirbeltiere im Ostteil des Kreises Kempen-Krefeld.– Decheniana 123: 199-222.

SCHÖBERL, P., BOCK, K.J. & HUBER, L. (1988): Ökologisch relevante Daten von Tensiden in Wasch- und Reinigungsmitteln. - Tenside, Detergents 25: 86-107.

SCHÖLL, F. (1988), mündl. Mitt.

SCHÖLL, F. & BECKER, C. (1992): Beitrag zur Köcherfliegenfauna des Rheins.– Lauterbornia 9: 1–12.

SCHÖLL, F. & SCHLEUTER, M. (1989): Zum Vorkommen von Leuctra geniculata (STEPHENS 1835) (Plecoptera) in Rhein und Main.– Lauterbornia. 2: 33-34.

SCHÖLL, F. & TITTIZER, T. (1988): Wiederauftreten größerer Populationen von Theodoxus fluviatilis (LINNÉ 1758) am Mittelrhein.– Mitt. dt. Malakozool. Ges. 43: 35-36.

SCHRÖPFER, R. (1983): Die Wasserspitzmaus (Neomys fodiens PENNANT 1771) als Biotopgüteanzeiger für Uferhabitate an Fließgewässern.– Verh. dt. Zool. Ges. 137-141.

SCHRÖPFER, R. (1985a): Symposium über semiaquatische Säugetiere und ihre Lebensräume.– Z. Angew. Zool. 72 (1/2): 1-10.

SCHRÖPFER, R. (1985b): Ufergebundenes Verhalten und Habitatselektion bei der Wasserspitzmaus Neomys fodiens (PENNANT, 1771).– Z. Angew. Zool. 72 (1/2): 37-48.

SCHUA, L. & SCHUA, R. (1981): Wasser. Lebenselement und Umwelt. Die Geschichte des Gewässerschutzes in ihrem Entwicklungsgang dargestellt und dokumentiert.– Verlag Karl Alber, Freiburg/München: 358 S.

SCHULTE-WÜLWER-LEIDIG, A. (1994): Zielvorgaben der IKSR für den Rhein.- Wasser Boden 3/1994: 15-19.

SCHULZE-RETTMER, R. & BÖHNKE, B. (1973): Beiträge zum Sauerstoffhaushalt des Rheins.- Vom Wasser 41: 187-208.

SCHÜTZ, W. (1934): Linksniederrheinische Entwässerungs-Genossenschaft.- In: BRIX et al., Bd. 2, S. 494-496.

SCHWARZMANN, H. (1964): War die Tulla'sche Oberrheinkorrektion eine Fehlleistung im Hinblick auf ihre Auswirkungen?- Wasserwirtsch. 54: 279-287.

SCHWOERBEL, J. (1959): Die biologische Gliederung des Rheinstromes.- GWF Wasser/ Abwasser 100: 1130-1135.

SCHWOERBEL, J. (1980): Einführung in die Limnologie.- 4. Aufl. G. Fischer, Stuttgart: 196 S.

SEDLAG, U. & WEINERT, E. (1987): Biogeographie, Artbildung, Evolution.- G. Fischer, Stuttgart: 333 S.

SEELER, T. (1936): Über eine quantitative Untersuchung des Planktons der deutschen Ströme unter besonderer Berücksichtigung der Einwirkung von Abwässern und der Vorgänge der biologischen Selbstreinigung. II. Rhein.- Arch. Hydrobiol. 30: 85-114.

SEIBT, D. (1980): Erfassung der organismischen Drift im Rhein. Ein Beitrag zur faunistischen Bestandsaufnahme am Niederrhein.- Dipl.-Arb. Zool. Inst., Univ. Köln: 93 S.

SELIGO, A. (1926): Die Fischerei in den Fließen, Seen und Strandgewässern Mitteleuropas. Die Fischerei im Rhein und seinen Zuflüssen.- In: DEMOLL, R. & MAIER, H.N. (Hrsg.): Handbuch der Binnenfischerei Mitteleuropas 5: 194-214, Stuttgart.

SIEBOLD, C.T.E. (1863): Die Süßwasserfische von Mitteleuropa.- W. Engelmann, Leipzig: 430 S.

SIEGRIST, H., ALDER, A., GUJER, W. & GIGER, W. (1988): Verhalten der organischen Komplexbildner NTA und EDTA in Belebungsanlagen.- Gas, Wasser, Abwasser 68 (3): 101-109.

SIEPE, A. (1985): Einfluß häufiger Überflutungen auf die Spinnen-Besiedlung am Oberrhein-Ufer.- Mitt. Dt. Ges. allg. angew. Entomol. 4: 281-284.

SIERP, F. (1955): Die Verschmutzung des Rheines durch häusliche und städtische und durch gewerbliche und industrielle Abwässer.- Essen: 494 S.

SIMSON, J. v. (1978): Die Flußverunreinigungsfrage im 19. Jahrhundert.- Vjschr. Sozial-Wirtschaftsgesch. 65 (3): 370-390.

SINSCH, U. (1978): Die Amphibien des Hülser Bruchs (Krefeld).- Decheniana 131: 147-154.

SLADECEK, V. (1973): System of Water Quality from the Biological Point of View.- Ergebn. Limnol., Beih. 7: 217 S.

SONTHEIMER, H. (1977b): Wasserführung und Schadstoffkonzentration. Untersuchungen zur Beurteilung von Veränderungen der Konzentration an organischen Wasserinhaltsstoffen am Beispiel des Rheins.- In: BASF, S. 37-46.

SONTHEIMER, H. (1986): Sichere Trinkwasserversorgung trotz Tschernobyl und Sandoz. Versuch einer Bilanz über die Unfälle im Jahre 1986.- In: AWBR, 18. Bericht: 27-56.

SONTHEIMER, H. & GIMBEL, R. (1977): Untersuchungen zur Veränderung der Fracht an organischen Wasserinhaltsstoffen mit der Wasserführung am Beispiel des Rheins.- GWF Wasser/Abwasser 118: 165-173.

SONTHEIMER, H., GIMBEL, R. & WEINDEL, W. (1979): Die Rheinwasserqualität. Vorschlag einer neuen Darstellung aus der Sicht der Trinkwasserversorgung.- In: IAWR, 7. Arbeitstagung: 60-81.

SONTHEIMER, H. & KÜHN, W. (1986): Summen- und Gruppenparameter als Maß für die Belastung eines Gewässers mit organischen Stoffen, dargestellt am Beispiel des Rheins.- Fresenius Z. analyt. Chemie 324 (3/4): 225.

SONTHEIMER, H. & SCHNITZLER, M. (1982): EOX oder AOX? - Zur Anwendung von Anreicherungsverfahren bei der analytischen Bestimmung von chemischen Gruppenparametern.- Vom Wasser 59: 169-179.

SONTHEIMER, H. & WEINDEL, W. (1974): Anwendung summarischer Parameter bei der Bestimmung organischer Wasserinhaltsstoffe unter besonderer Berücksichtigung der UV-Extinktion.- Hydrochem. hydrogeol. Mitt. 1: 55-70.

SOPP, E. (1983): Verteilung des Makrozoobenthons im Querprofil des Rheins bei der Loreley.- Verh. Ges. Ökol. 10: 279-285.

SPÄH, H. (1977): Ökologische Untersuchung an Carabiden zweier Auwälder der Rhein- und Erftniederung.- Decheniana, Beih. 20: 96-103.

SPANNAGEL (1859): Verzeichnis der Fische der bayrischen Rheinpfalz.- Jber. Pollichia 16/17: 26-38.

SPÄTH, V. (1985): Vogelwelt und Waldstruktur: Die Vogelgemeinschaften badischer Rheinauenwälder und ihre Beeinflussung durch die Forstwirtschaft.- Ornithol. Jb. Bad.-Württ. 1: 7-56.

SPERBER, H. (1981): Die Vegetation des Rheinhauptdammes bei Ingelheim.- Landesamt f. Umweltschutz Rheinl.-Pf. Beitr. Landespfl. Rheinl.-Pf., H. 8: 166-181, Oppenheim.

SPITTA, O. (1900): Untersuchungen über die Verunreinigung und Selbstreinigung der Flüsse. Teil I.- Arch. Hyg. 38: 160-213.

SPLITTGERBER, A. (1917a): Die in Literatur und Praxis gemachten Fortschritte auf dem Gebiete der Ueberwachung der Flüsse.- Wasser Gas 7 (13/14): 165-176.

SPLITTGERBER, A. (1917b): Über biologische Flusswasseruntersuchungen mit besonderer Berücksichtigung des Rheins und Neckars in der Gegend von Mannheim.- Wasser Gas 8 (5/6): 49-64.

SPOSNY, W. (1975): Die Fischfauna des Rheins.- Staatsexamensarbeit. Univ. Mainz: 137 S.

SRU (Der Rat von Sachverständigen für Umweltfragen) (1976): Umweltprobleme des Rheins.- W. Kohlhammer, Stuttgart/Mainz: 258 S.

STABEL, H.-H. & ZIMMERMANN, U. (1988): Führt die Seesanierung zu einer Abnahme der Algenbiomasse? - In: AWBR, 20. Bericht: 41-49.

STABEL, H.-H., ZIMMERMANN, U., LEDERGERBER, H.-P. & MÄCKLE (1989): Phosphatrückgang, Algenentwicklung und Wasserqualtität in den Seen des Einzugsgebiets der AWBR.- GWF Wasser/Abwasser 130: 525-532.

Statistisches Bundesamt (1989), Wiesbaden, unveröff.

STAUFFERT, I. (1959): Messungen zur Frage der Versalzung des Rheines bei Mannheim.- GWF Wasser/Abwasser 100: 1149-1150.

STEHFEST, H. (1984): Die mögliche zukünftige Nitrilotriessigsäure (NTE)-Konzentration im Rhein.- In: GDCh, S. 66-78.

STEIN, M. & WAGNER, R. (1984): Der Einfluß von NTA auf die Metallrücklösung aus Gewässersedimenten.- Z. Wasser-, Abwasser-Forsch. 17: 252-262.

STEINEBACH, G. (1994): Das Alarmmodell Rhein und weitergehende Methoden zur Stofftransportberechnung.- Wasser u. Boden, in Dr.

STEINEBACH, G. & KELLER, M. (1994): Entwicklung des Sauerstoffgehaltes im Rhein zwischen 1970 und 1992.- Manuskript. BfG: 1-4.

STEINLEIN, H. (1982): Der Einfluß der Kühlwassernutzung auf den Temperatur- und Sauerstoffhaushalt in Fließgewässern.- Münchener Beitr. Abwasser-, Fisch.-, Flußbiol. 35: 85-93.

STEINMANN, P. (1923): Die Bedingungen der Fischerei im Hochrhein.- Mit besonderer Berücksichtigung der durch die Kraftwerke geschaffenen Veränderungen.- H.R. Sauerländer, Aarau: 85 S. + Anl.

STEINMANN, P. (1925): Die Lachsfischerei im Hochrhein.- Schweiz. Fisch.-Ztg. 33: 26-27, 59-64, 81-87.

STEUERNAGEL, C. (1888): Die Entwässerungsanlagen der Stadt Köln.- In: Köln. Festschrift [...]. Köln: 187-212.

STEUERNAGEL, C. (1893): Untersuchungen über die Verunreinigung des Rheins durch die Kölner Kanalwässer, sowie die Selbstreinigung desselben.- Gesundh.-Ing. 15: 474-486.

STEUERNAGEL, C. (1904): Die Probekläranlage zu Cöln-Niehl und die daselbst angestellten Untersuchungen und erzielten Ergebnisse.- Mitt. Kngl. Prüfungsanst. Wasserversorg. u. Abwässerbeseit. 4: 1-124.

STEUERNAGEL, C. & GROSSE-BOHLE, H. (1907): Untersuchungen über den Einfluss der Niederschläge und der Abwässer auf die Zusammensetzung des Rheinwassers bei Köln.- Mitt. Kngl. Prüfungsanst. Wasserversorg. u. Abwässerbeseit. 8: 58-99.

STIEFEL (1975): Schwermetallanreicherungen in pelitischen Sedimenten in Binnenhäfen am Rhein und Neckar-Plochingen, Stuttgart, Heilbronn, Mannheim.- Dipl.-Arb. Inst. f. Sedimentforsch., Univ. Heidelberg.

STÖBER, I. (1987): Die Folgen von Tschernobyl in den Gewässern Nordrhein-Westfalens.- In: LWA, Jahresbericht '86: 14-18.

STOCK, H.-D. (1981): Zeitreihenanalyse der Sauerstoffgehalte des Rheins bei km 865 (Kleve-Bimmen).- Vom Wasser 57: 289-296.

STOCK, H.-D. (1988): Pestizidbelastung von Oberflächengewässern in NRW.- In: LWA (Hrsg.): Pestizide im Gewässer. LWA-Materialen 2/88: 103-115.

STRELL, M. (1913): Die Abwasserfrage in ihrer geschichtlichen Entwicklung von den ältesten Zeiten bis zur Gegenwart.- Verlag F. Leineweber, Leipzig 1913.

STRELL, M. (1915): Abwasser-Kläranlagen deutscher Städte. Bericht über eine im Herbst 1915 ausgeführte amtliche Studienreise.- Verlag „Die Städtereinigung", Göttingen.

STUTZER, A. & KNUBLAUCH, O. (1894a): Untersuchungen über den Bakteriengehalt des Rheinwassers oberhalb und unterhalb der Stadt Köln.- Centralbl. allg. Gesundh.pfl. 13: 123-133.

STUTZER, A. & KNUBLAUCH, O. (1894b): Untersuchungen über den Bakteriengehalt des Rheinwassers oberhalb und unterhalb der Stadt Köln. (Schluß.) - Centralbl. allg. Gesundh.pfl. 13: 165-179.

SUTER, W. (1982a): Die Bedeutung von Untersee-Ende/Hochrhein (Bodensee) als wichtiges Überwinterungsgewässer für Tauchenten (Aythya, Bucephala) und Bläßhuhn (Fulica atra).- Ornithol. Beob. 79 (2): 73-96.

SUTER, W. (1982b): Vergleichende Nahrungsökologie von überwinternden Tauchenten (Bucephala, Aythya) und Bläßhuhn (Fulica atra) am Untersee-Ende/Hochrhein (Bodensee).- Ornithol. Beob. 79 (4): 225-254.

SYMADER, W. (1986): Weitergehende Auswertung von Gewässergütedaten am Beispiel des Rheins in Nordrhein-Westfalen.- LWA & Univ. Trier. 102 01 601. Trier: 277 S.

SYMADER, W. (1988): Zur Problematik der Frachtermittlung.- Vom Wasser 71: 145-161.

SYMADER, W., GÖRTZ, W. & BECK, W. (1985a): Zeitliche Meßfehlerschwankungen bei Nitrat, Nitrit und Ammonium in Flußwasserproben.- Vom Wasser 65: 81-91.

SYMADER, W., GÖRTZ, W. & BÖHME, R. (1985b): Zur Beschaffenheit des Rheinwassers. Eine Beurteilung bestehender Meßprogramme mit Hilfe der linearen Regression.- Dt. Gewässerk. Mitt. 29: 105-111.

SYMADER, W., SYMADER, C. & BECK, W. (1988): Spektralanalytische Betrachtungen der zeitlichen Varianz von Gewässerbeschaffenheitsgrößen.- Vom Wasser 70: 79-92.

TÄUBER, G. (1988): Zum Umweltverhalten von Kationtensiden.- Tenside, Detergents 25 (2): 134-136.

TEROFAL, F. (1984): Süßwasserfische in europäischen Gewässern.- Mosaik, München: 287 S.

THIENEMANN, A. (1912a): Die Verschmutzung der Ruhr.- Wasser Gas, Jg. 1912/13, H. 19: 419-422.

THIENEMANN, A. (1912b): Die Verschmutzung der Ruhr im Sommer 1911.- Z. Fisch. Jg. 1912/15, H. 16: 55-86.

THOMAS, E.A. (1976): Der flutende Hahnenfuss (Ranunculus fluitans Lam.), ein neues limnologisches Problem am Rhein.- Wasser, Energie, Luft 68 (10): 230-233.

TISCHLER, W. (1990): Ökologie der Lebensräume: Meer, Binnengewässer, Naturlandschaften, Kulturlandschaften.- G. Fischer, Stuttgart, UTB 1535: 356 S.

TISCHLER, W. (1993): Einführung in die Ökologie.- G. Fischer, Stuttgart: 528 S.

TITTIZER, T. (1977): Über die Verbreitung und die Ursachen des Larvenvorkommens der Köcherfliege, Hydropsyche contubernalis McLACHLAN, im Rhein bei Koblenz.- BfG: 4 S. + Anl.

TITTIZER, T. & SCHLEUTER, A. (1986): Eine neue Technik zur Entnahme quantitativer Makrozoobenthosproben aus Sedimenten größerer Flüsse und Ströme, erläutert am Beispiel einer faunistischen Bestandsaufnahme am Main. Dt. Gewässerk. Mitt. 30: 147–149

TITTIZER, T. & SCHLEUTER, A. (1989): Über die Auswirkungen von wasserbaulichen Maßnahmen auf die biologischen Verhältnisse in den Bundeswasserstraßen.- Dt. Gewässerk. Mitt. 33: 91–97.

TITTIZER, T. & SCHLEUTER, M. (1987): Faunistische Erhebungen zur Festsetzung von ökologischen Ausgleichsmaßnahmen im Rahmen des Planfeststellungsverfahrens „Sohlenstabilisierung des Rheins im Bereich Bonn-Beuel".- Gutachten Nr. 0385. BfG.

TITTIZER, T., SCHLEUTER, M. & FEY, A. (1987a): Faunistische Erhebungen zur Festsetzung von ökologischen Ausgleichsmaßnahmen bei Ausbauarbeiten zur Sohlenstabilisierung des Rheins im Bereich Köln-Niehl (Rhein-km 692,0–702,0).- Gutachten Nr. 0390. BfG.

TITTIZER, T., SCHLEUTER, M. & LEUCHS, H. (1987b): Biotop- und Artenschutz an Bundeswasserstraßen. Int. Arbeitsgem. Donauforsch. (IAD), 26. Arbeitstagung, Passau: 458–461.

TITTIZER, T. & SCHÖLL, F. (1988): Faunistische Erhebungen an der Rheinsohle zur Feststellung und Bewertung der Schädigung der Benthosbiozönose durch den Brand bei der Fa. Sandoz in Basel. 2. Teil: Berichtszeitraum 1.1.– 31.12.1988.– Forschungsbericht Forschungsvorhaben 10607073. BfG.

TITTIZER, T., SCHÖLL, F., SCHLEICHERT, U. & SPEER, W. (1988): Untersuchungen zum biologisch-ökologischen Verhalten von Bergematerial im Rhein.– Gutachten Nr. 0439. BfG.

TITTIZER, T., SCHÖLL, F. & SCHLEUTER, M. (1987c): Faunistische Erhebungen an der Rheinsohle zur Feststellung und Bewertung der Schädigung der Benthosbiozönose durch den Brand bei der Fa. Sandoz in Basel.– Forschungsbericht. Forschungsvorhaben 106 07 073. BfG: 54 S. + Anl.

TITTIZER, T., SCHÖLL, F. & SCHLEUTER, M. (1990): Beitrag zur Struktur und Entwicklungsdynamik der Benthalfauna des Rheins von Basel bis Düsseldorf in den Jahren 1986 und 1987.– In: KINZELBACH & FRIEDRICH, S. 293-323.

TITTIZER, T., SCHÖLL, F., SCHLEUTER, M. & SCHLEUTER, A. (1988): Einsatz von Taucherschacht und Taucherglocke bei benthosbiologischen Untersuchungen.– Dt. Gewässerk. Mitt. 32: 141-144.

TITTIZER, T., KREBS, F., ZIMMER, M., DOMMERMUTH, M. & BÄTHE, J. (1994): Erarbeitung einer Konzeption für ein langfristiges ökologisches Beobachtungssystem des Rheins, 1. Stufe: Literaturstudie.– Forschungsbericht. Umweltforschungsplan BMU (109 02 041). BfG, Text- und Anlagenband.

TÖNDURY, G.A. (1954): Wildbachverbauungen und Flußkorrektionen im bündnerischen Einzugsgebiet des Rheins.– Wasser- u. Energiewirtsch. 46 (5/6/7): 131-132.

TRAHMS, O. (1955a): Der Rhein: Abwasserkanal oder Fischgewässer? - Beitr. Rheinkunde, H. 7: 43-56.

TRAHMS, O. (1955b): Die Fischerei an Rhein und Ruhr.– Allg. Fisch.-Ztg. 80: 321-323.

TRUHAUT, R. (1975): Ecotoxicologie - a new branch of toxicology: a general survey of its aims, methods and prospects.– In: MCINTYRE, A.D. & MILLS, C.F. (eds.): Ecological toxicology research: effects of heavy metals and organohalogen compounds. Plenum Press, New York: 3–23

TRUHAUT, R. (1977): Ecotoxicology: objectives, principles and perspectives.– Ecotoxicology and Environmental Safety 1: 151–174.

TULLA, J.G. (1825): Über die Rectification des Rheins, von seinem Austritt aus der Schweiz bis zum Eintritt in das Großherzogtum Hessen.– Verlag C.F. Müller: 60 S.

TUNA, S. (1969): Die Mollusken der Hördter Rheinaue.– Mainzer Naturw. Arch. 8: 308-332.

TUREKIAN, K.K. & WEDEPOHL, K.H. (1961): Distribution of the elements in some major units of the earth's crust.– Bull. Geol. Soc. Amer. 72: 175-192.

UHDE (1955): Die derzeitige Verschmutzung von Bodensee, Hoch- und Oberrhein.– Beitr. Rheinkunde 7: 29-35.

UHLMANN, D. (1975): Hydrobiologie.– G. Fischer, Stuttgart: 345 S.

ULMER, G. (1927): Verzeichnis der deutschen Ephemeropteren und ihrer Fundorte.– Konowia 6 (4): 234-262.

UNGEMACH (1988), schriftl. Mitt.

UNGER, U. (1971): Untersuchungen über die Verunreinigung des Bodensees durch Mineralöl.– GWF Wasser/Abwasser 112: 256-261.

van CRAENENBROECK, W., SMITS, A., BAARDOLF, B. & MEIJERS, A. (1985): Die statistische Ermittlung der für die Beschreibung der Wasserqualität erforderlichen Probenahmehäufigkeit.– GWF Wasser/Abwasser 126: 486–492.

van den BRINK, F.W.B. & van der VELDE, G. (1986): Observations on the population dynamics and distribution ot the White Prawn Palaemon longirostris H. MILNE EDWARDS, 1837 (Crustacea, Decapoda, Natantia) in the Netherlands, with special reference to its occurrence in the major rivers.– Arch. Hydrobiol. 107: 465–495.

van den BRINK, F.W.B., van der VELDE, G. & CAZEMIER, W.G. (1990): The faunistic composition of the freshwater section of the river Rhine in The Netherlands: present state and changes since 1900.– In: KINZELBACH & FRIEDRICH, S. 191–216.

van der VEEN, J. (1985): The Distribution of Otters and their Biotope in the South-West of the Netherlands.– Z. Angew. Zool. 72 (1/2): 71-81.

van URK, G. & SMIT, H. (1989): The Lower Rhine: Geomorphological changes.– In: PETTS, G.E., MÖLLER, H. & ROUX, A.L.: Historical Change of Large Alluvial Rivers. John Wiley & Sons, Chichester/New York: 167-182.

VCI (Verband der Chemischen Industrie) (1983): Rheinwasser. Eine kritische Bestandsaufnahme.– Schr.-R. Chemie u. Fortschr. 1: 35 S.

VERKAIK, A.Z. & KEULEN, P. (1985): Food detection by muskrats (Ondatra zibethicus L.) and its consequences for Baiting.– Z. Angew. Zool. 72 (1/2): 219-227.

VETTER, I. (1864): Die Schiffahrt, Flößerei und Fischerei auf dem Oberrhein (Schaffhausen-Basel) sowie: Geschichte der alten Schiffergesellschaften.– G. Braun'sche Hofbuchdruckerei, Karlsruhe: 219 S.

VIEHL, K. (1950): Über den Einfluß der Temperatur auf die biologischen Umsetzungen im Wasser und Schlamm unter besonderer Berücksichtigung der Wirkung von Warmwassereinleitungen auf Vorfluter.– Gesundh.-Ing. 71 (21/22): 349-352.

VIERLING, H. (1891): Die Frage der Einleitung der Fäkalien der Stadt Mainz in den Rhein.– Gutachten. Druck von Florian Kupferberg, Mainz: 27 S.

VIERTEL, B. (1976): Die Amphibien Rheinhessens unter besonderer Berücksichtigung der Umgebung von Oppenheim.– Mainzer Naturw. Arch. 15: 183-221.

VIERTEL, B. (1980): Die Amphibien des hessischen Naturschutzgebietes Kühkopf-Knoblochsaue.– Natur u. Museum 110: 19-27.

VIESER, H.J. (1980): Hochwasserschutzmaßnahmen am Oberrhein-Ausgangssituation und Empfehlungen der Hochwasser-Studienkommission.– In: Ministerium für Ernährung, [u.a.] Bad.-Württ.: Hochwasserschutz am Oberrhein. Informationsveranstaltung am 27.2.1980 in Rastatt, Niederschrift: 12-30.

VIESER, H.J. (1985): Hochwasserverschärfung durch Ausbau des Oberrheins.– Wasserbau-Mitt. TH Darmstadt 24: 31-45.

VOGT, D. (1978): Biologie und Ökologie der Amphibien in der Rheinaue bei Brühl.– Staatsexamensarbeit. Univ. Heidelberg: 111 S.

VOGT, G. & KITTELBERGER (1976): Schwermetallanreicherung in Fischen des Rheines.– Fisch u. Umwelt 2: 9-12.

VOHL, H. (1871): Ueber die Bestandtheile des Rheinwassers bei Cöln und seine Verwendbarkeit zu technischen und Haushaltungs-Zwecken.– Dingler's polytechnisches J. 199: 311-323.

VOIGT, K. (1978a): Die Wanzen des Rußheimer Altrheingebietes.– In: LfU, S. 407-444.

VOIGT, K. (1978b): Die Zikadenfauna des Naturschutzgebietes „Rußheimer Altrhein".– In: LfU, S. 445-450.

VOSS, W. (1963): Der Beitrag des Waschmittel-Phosphors zur Eutrophierung des Bodensees. Eine Analyse, durchgeführt im Flußgebiet der Schussen.– GWF Wasser/Abwasser 104: 397-399.

WaBoLu (Institut für Wasser-, Boden- und Lufthygiene des Bundesgesundheitsamts) (1989): Entwicklung und Erprobung eines kombinierten Untersuchungsverfahrens zum Nachweis und zur Bewertung mutagener Stoffe im Wasser. Bd. 1.– Abschlußbericht. Forschungsvorhaben CMT 48 A. Berlin und Langen: 45 S

WAGNER, G. (1967) Beiträge zum Sauerstoff-, Stickstoff- und Phosphorhaushalt des Bodensees.– Arch. Hydrobiol. 63: 86-103.

WAGNER, G. (1977): Direkte und indirekte Wirkungen von Phosphaten.– In: Kongreß Wasser Berlin 1977. Bd. 1. Colloquium Verlag, Berlin: 203-209.

WAGNER, G., BÜHRER, H. & AMBÜHL, H. (1976): Die Belastung des Bodensees mit Phosphor-, Stickstoff- und organischen Verbindungen im Seejahr 1971/72.– IGKB, 17. Bericht: 45 S. + Anl.

WAGNER, H. (1957): Die Verölung der Flüsse.– Dt. Gewässerk. Mitt. 1: 51-45.

WAGNER, I. (1985): Die Bedeutung der Salzbelastung des Rheins für die Korrosionsprobleme in der Trinkwasserversorgung.– In: IAWR, 10. Arbeitstagung: 79-85.

WAGNER, O. (1954): Wildbachverbauungen und Flusskorrektionen im Vorarlbergischen Einzugsgebiet des Rheins.– Wasser- u. Energiewirtsch. 46 (5/6/7): 132-135.

WALTER, H. (1979): Allgemeine Geobotanik.– Ulmer, Stuttgart: 260 S.

WALTER, J.M. (1979a): Étude des structures spatiales en forêt alluviale rhenane. 1.– Oecol. Plant. 14 (3): 345-359.

WALTER, J.M. (1979b): Étude des structures spatiales en forêt alluviale rhenane. 5. l'architecture forestier observée.– Oecol. Plant. 14 (3): 401-410.

WASER, E., BLÖCHLIGER, G. & THOMAS, E.A. (1943): Untersuchungen am Rhein von Schaffhausen bis Kaiserstuhl 1938-1939 und 1940-1941.– Schweiz. Z. Hydrol. 9: 225-309.

Waterloopkundig laboratorium, Delft hydraulics laboratory (1980): Invloed van fosfaatsubstituenten op metaalconcentraties in de Nederlandse wateren. Verslag literatuuronderzoek.– Delft: 36 S. + Anl.

WEIGELT, C., SAARE, O. & SCHWAB, L. (1885): Die Schädigung von Fischerei und Fischzucht durch Industrie- und Haus-Abwässer. Eine experimentelle Studie - Separat-Abdruck aus dem „Archiv für Hygiene", Bd. III (1). Oldenbourg, München: 81 S.

WEINDEL, W. (1981): Flüchtige halogenierte Kohlenwasserstoffe im Rhein zwischen Strom-km 350 (Lauterbourg) und Strom-km 362 (Karlsruhe-Maxau/Maximiliansau).– In: AWBR, 13. Bericht: 188-194.

WEINDEL, W. (1988): Verunreinigungen des Rheins durch Schadensfälle.– In: ARW, 45. Bericht: 103-110.

WEINDEL, W. & SONTHEIMER, H. (1979): Sonderuntersuchungen: Schwermetalle als anorganische Mikroverunreinigungen in Gewässern des Untersuchungsbereichs der AWBR.– In: AWBR, 11. Bericht: 160-165.

WEISS, W. & RÖTHER, W. (1975): Der Tritiumabfluß des Rheins 1961-1973.– Dt. Gewässerk. Mitt. 19: 1-5.

WELDERT, R. (1934): Die Planbewirtschaftung der Selbstreinigung der Flüsse.- In: BRIX et al., S. 520-530.
WERNER, K.W. (1976): Europa-Reservat im Rhein: Vogelschutzgebiet zwischen Bingen und Erbach.- Gefiederte Welt 100 (6): 118-121.
WERNET, J. & EBERT, J. (1977): Über die Relevanz von Tripolyphosphat als Komplexbildner im Abwasser und Oberflächenwasser.- Z. Wasser-, Abwasser-Forsch. 10 (1): 24-30.
WESTERMANN, K. & SAUMER, F. (1974): Die Vögel des Landschaftsschutzgebietes „Taubergießen" und einiger angrenzender Gebiete.- In: LNL, S. 591-628.
WESTERMANN, K. & SCHARFF, G. (1987-88): Auen-Renaturierung und Hochwasserrückhaltung am südlichen Oberrhein.- Naturschutzforum, Bd. 1/2: 95-158.
Westfälische Ornithologen-Gesellschaft (1986): Rote Liste der in Nordrhein-Westfalen gefährdeten Vogelarten.- In: LÖLF (Hrsg.) Rote Liste der in Nordrhein-Westfalen gefährdeten Pflanzen und Tiere, 2. Fassung, S. 146-158.
WESTRICH, P. (1985): Zur Bedeutung der Hochwasserdämme in der Oberrheinebene als Refugien für Wildbienen.- Natur Landsch. 60 (3): 92-97.
WHITTON, B.A. (ed.) (1984): Ecology of European Rivers.- Blackwell Scientific Publications, Oxford/London.
WIBAUT-MOENS, N.L. (1957): Die Verschmutzung des Rheins und ihre Bedeutung für die holländische Wasserwirtschaft.- VDG Mitt. 1/2: 6-8.
WIEDEMANN, E. (1930): Die Amphibien und Reptilien des rechten Niederrheingebietes.- Natur am Niederrhein 6 (1): 1-9.
WIESER, E. & LINK, P. (1970): Ein Beitrag zur Frage der Eutrophierung des Bodensees durch den Alpenrhein.- Schweiz. Z. Hydrol. 32: 439-452.
WILLI, P. (1985): Langfristige Bestandstaxierungen im Rheindelta.- Egretta 28 (1-2): 1-62.
WIR (Bund/Länder-Arbeitskreis „Wirkungstests Rhein") (1989): Rahmenkonzept für Forschungsvorhaben zur Entwicklung, Erprobung und Implementation von Biotestverfahren zur Überwachung des Rheins.- UBA, Berlin.
WIR (1994): Kontinuierliche Biotestverfahren zur Überwachung des Rheins - Zusammenfassung, Empfehlungen und Darstellung der Testverfahren.- UBA, Berlin. UBA-Texte 34/94: 60 S.
WIR (1995): Kontinuierliche Biotestverfahren zur Überwachung des Rheins.- Gesamtabschlußbericht. Forschungsvorhaben „Entwicklung, Erprobung und Implementation von Biotestverfahren zur Überwachung des Rheins". UBA, Berlin. Berichte 1/95: 289 S.
WITTMACK, L. (1875): Beiträge zur Fischerei-Statistik des Deutschen Reichs sowie eines Theiles von Österreich-Ungarn und der Schweiz.- Moeser W., Berlin: 251 S.
WOLF, H. (1985): Biotopgestaltung von Wasservogellebensräumen am Beispiel von Stauseen und Hochwasserrückhaltebecken.- Wasserwirtsch. 75: 57-66.
WOLTERING, D.M., LARSON, R.J., HOPPING, W.D., JAMIESON, R.A. & OUDE, N.T. de (1988): Verbleib und Wirkungen von Waschmittelchemikalien in der Umwelt.- Tenside, Detergents 25 (2): 116-127.
WSD Südwest (Wasser- und Schiffahrtsdirektion Südwest) (1988): Information über Bundeswasserstraßen und Schiffahrt.- Mainz: 128 S.
WULSCH, A. (1916): Ueber das Fließen und die Selbstreinigung der Flüsse.- Z. Transportwesen 33 (25): 460-464.

WUNDERLICH, M. (1982): Stoffwechseldynamische Aspekte der Gewässererwärmung.– Münchener Beitr. Abwasser-, Fisch.-, Flußbiol. 35: 37-55.

WUNDERLICH, M. & MÜLLER, D. (1976): Untersuchungen über den Einfluß von Warmwassereinleitungen auf die Gewässer - chemisch-biologische Auswirkungen.– Abschlußbericht, Teil C, Forschungsvorhaben Wasser Nr. 8/69 des Bundesministeriums des Innern. BfG: 74 S.

WWV-NW (Wasserwirtschaftsverwaltung des Landes Nordrhein-Westfalen) & WSD Duisburg (Wasser- und Schiffahrtsdirektion Duisburg) (Hrsg.) (1956): Die Verunreinigung des Rheins im Lande Nordrhein-Westfalen. Stand: Ende 1956. Maßnahmen zu ihrer Bekämpfung.– Düsseldorf: 43 S. + Anl.

ZIESE, M. (1987a): Das Makrozoobenthos des Rheins im Bereich von Mainz und Wiesbaden.– Mainzer Naturwiss. Arch., Beih. 7: 132 S.

ZIMMER, M. (1992): Historische Aspekte zur Schadstoffbelastung des Rheins.– In: FREY, H.D. (Hrsg.): Festschrift zum 65. Geburtstag von Prof. Dr. Berthold Schwemmle. Tübingen: 60–66.

ZIMMERMANN, U. (1989): Der limnologische Zustand des Zürichsees.– In: AWBR, 21. Bericht: 73-74.

ZIMMERMANN, U. & WEINDEL, W. (1986): Organische Einzelsubstanzen (Mikroverunreinigungen) in Tiefenprofilproben aus dem Bodensee-Obersee, Bodensee Überlinger See, Walensee, Zürichsee.– In: AWBR, 18. Bericht: 111-136.

ZWICK, schriftl. Mitt.

11 Autoren- und Namenregister

12 Sachregister

Springer Verlag und Umwelt

Als internationaler wissenschaftlicher Verlag sind wir uns unserer besonderen Verpflichtung der Umwelt gegenüber bewußt und beziehen umweltorientierte Grundsätze in Unternehmensentscheidungen mit ein. Von unseren Geschäftspartnern (Druckereien, Papierfabriken, Verpackungsherstellern usw.) verlangen wir, daß sie sowohl beim Herstellungsprozess selbst als auch beim Einsatz der zur Verwendung kommenden Materialien ökologische Gesichtspunkte berücksichtigen.
Das für dieses Buch verwendete Papier ist aus chlorfrei bzw. chlorarm hergestelltem Zellstoff gefertigt und im pH-Wert neutral.

GPSR Compliance

The European Union's (EU) General Product Safety Regulation (GPSR) is a set of rules that requires consumer products to be safe and our obligations to ensure this.

If you have any concerns about our products, you can contact us on ProductSafety@springernature.com

In case Publisher is established outside the EU, the EU authorized representative is:

Springer Nature Customer Service Center GmbH
Europaplatz 3
69115 Heidelberg, Germany

Batch number: 10620143

Printed by Printforce, the Netherlands